普通高等教育“十一五”国家级规划教材
21世纪高等教育土木工程系列规划教材

钢结构

第2版

主　编　赵根田　孙德发
参　编　王　姗　万　馨
　　　　柳长江　姜　宏
主　审　徐国彬

机械工业出版社

本书是普通高等教育“十一五”国家级规划教材，是按GB 50017—2003《钢结构设计规范》等现行国家标准，以“概念准确、基础扎实、突出应用、淡化过程”为基本原则，专为培养工程应用型和技术管理型人才的高等院校土木工程专业编写的教材，主要包括钢结构原理和设计、制作与安装。钢结构原理为土木工程专业的技术基础课，内容包括钢结构的特点、应用，钢结构材料性能，钢结构的连接设计方法以及钢结构基本构件（轴心受拉和受压构件、受弯构件、拉弯和压弯构件）的工作原理和设计方法；钢结构设计为土木工程专业建筑工程方向的专业必修课，内容包括单层厂房结构、多层和高层房屋结构以及大跨度房屋结构。最后介绍了钢结构的制作与安装。附录列出了供设计查用的各种数据。各章还列举了必要的设计例题，以利于有关基本理论和设计方法的学习和掌握。鉴于本书工程应用性和工程实践性突出，故还可供有关工程技术人员参考。

图书在版编目（CIP）数据

钢结构/赵根田，孙德发主编．—2版．—北京：机械工业出版社，2010.1（2023.9重印）
普通高等教育“十一五”国家级规划教材．21世纪高等教育土木工程系列规划教材
ISBN 978-7-111-28786-5

Ⅰ.钢…　Ⅱ.①赵…②孙…　Ⅲ.钢结构—高等学校—教材　Ⅳ.TU391

中国版本图书馆CIP数据核字（2009）第236223号

机械工业出版社（北京市百万庄大街22号　邮政编码100037）
策划编辑：马军平　责任编辑：马军平　封面设计：张　静
责任校对：陈延翔　责任印制：邓　博
北京盛通商印快线网络科技有限公司印刷
2023年9月第2版第13次印刷
184mm×260mm　·26.25印张·1插页·651千字
标准书号：ISBN 978-7-111-28786-5
定价：54.80元

电话服务　　网络服务
客服电话：010-88361066　机工官网：www.cmpbook.com
010-88379833　机工官博：weibo.com/cmp1952
010-68326294　金书网：www.golden-book.com
封底无防伪标均为盗版　机工教育服务网：www.cmpedu.com

序

随着21世纪国家建设对专业人才的需求，我国工程专门人才培养模式正在向宽口径方向转变，现行的土木工程专业已包括建筑工程、交通土建工程、矿井建设、城镇建设等8个专业的内容。经过几年的教学改革和教学实践，组织编写一套能真正体现专业大融合、大土木的教材的时机已日臻成熟。

迄今为止，我国高等教育已为经济战线培养了数百万专门人才，为经济的发展作出了巨大贡献。但据IMD1998年的调查，我国“人才市场上是否有充足的合格工程师”指标世界排名在第36位，与我国科技人员总数排名第一的现状形成了极大的反差。这说明符合企业需要的工程技术人员，特别是工程应用型技术人才供给不足。

科学在于探索客观世界中存在的客观规律，它强调分析，强调结论的惟一性。工程是人们综合应用科学理论和技术手段去改造客观世界的客观活动，所以它强调综合，强调实用性，强调方案的优选。这就要求我们对工程应用型人才和科学研究型人才的培养实施不同的方案，采用不同的教学模式，使用不同的教材。

机械工业出版社为适应高素质、强能力的工程应用型人才培养的需要而组织编写了本套系列教材，目的在于改革传统的高等工程教育教材，结合大土木的专业建设需要，富有特色、有利于应用型人才的培养。本套系列教材的编写原则是：

1）加强基础，确保后劲。在内容安排上，保证学生有较厚实的基础，满足本科教学的基本要求，使学生日后发展具有较强的后劲。

2）突出特色，强化应用。本套系列教材的内容、结构遵循“知识新、结构新、重应用”的方针。教材内容的要求概括为“精”、“新”、“广”、“用”。“精”指在融会贯通“大土木”教学内容的基础上，挑选出最基本的内容、方法及典型应用实例；“新”指在将本学科前沿的新技术、新成果、新应用、新标准、新规范纳入教学内容；“广”指在保证本学科教学基本要求前提下，引入与相邻及交叉学科的有关基础知识；“用”指注重基础理论与工程实践的融会贯通，特别是注重对工程实例的分析能力的培养。

3）抓住重点，合理配套。以土木工程教育的专业基础课、专业课为重点，做好实践教材的同步建设，做好与之配套的电子课件的建设。

我们相信，本套系列教材的出版，对我国土木工程专业教学质量的提高和应用型人才的培养，必将起到积极作用，为我国经济建设和社会发展作出一定的贡献。

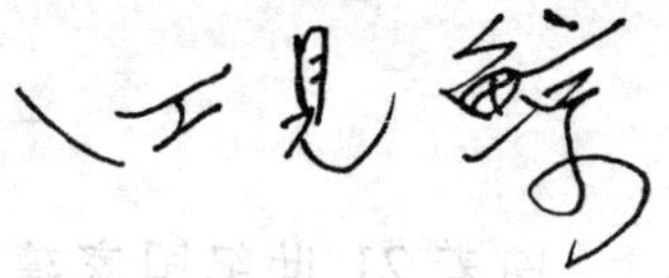

第2版前言

本书第1版于2005年9月出版，多所高校土木工程专业的钢结构课程选用了本书。编写组根据钢结构教学的新要求，吸收了部分读者的意见或建议，提出了第2版修订方案，并入选普通高等教育“十一五”国家级规划教材。

根据高校土木工程专业指导委员会制订的教学计划，钢结构原理为土木工程专业的技术基础课，钢结构设计、制作与安装为土木工程专业建筑工程方向的专业必修课。本书是按GB 50017—2003《钢结构设计规范》等现行国家标准编写，以“概念准确、基础扎实、突出应用、淡化过程”为基本原则，专为培养工程应用型和技术管理型人才的高等院校土木工程专业编写的教材。本书将钢结构原理和钢结构设计、制作与安装合编为一册，主要供土木工程专业建筑工程方向使用。

全书共分10章，第1~6章为钢结构原理部分。第1章介绍了钢结构的特点、应用和钢结构采用的设计方法；第2章介绍了钢结构所用的材料及其性能；第3章介绍了钢结构连接的工作原理和设计方法；第4~6章分别介绍了轴心受拉和受压构件、受弯构件、拉弯和压弯构件的工作原理和设计方法。第7~9章为钢结构设计部分，包括单层厂房结构、多层和高层房屋结构以及大跨度钢结构制作与安装。第7章介绍了普通单层厂房及轻型门式刚架的承重框架、屋盖结构、吊车梁系统以及墙架体系的工作特点和设计方法；第8章介绍了多、高层房屋结构的体系、形式以及组合楼盖、抗侧力结构、梁、柱、节点的设计特点和方法；第9章介绍了各种大跨度结构的形式及设计特点。第10章介绍了钢结构制作过程、安装方法及注意事项。

参加本书编写的有赵根田(第1、2章、附录)、王姗(第3、10章)、柳长江(第4、6章)、姜宏(第5章)、孙德发(第7、9章)、万馨(第8章)，全书由赵根田、孙德发主编。徐国彬教授在百忙之中对本书的编写大纲及全书进行了审阅，在此表示衷心的感谢。

曹芙波、李奉阁及任利民等协助部分原稿的打印、制图等，在此都予以衷心的感谢。

书中不当之处，谨请使用本书的师生及其他读者批评指正。

编　者

目　录

第1章 绪论

1

1.1 钢结构的特点和应用范围

1.1.1 钢结构的特点

钢结构是用钢板、角钢、工字钢、槽钢、H型钢、钢管和圆钢等热轧钢材或冷加工成形的薄壁型钢制造而成的结构。它和其他材料的结构相比有如下特点：

(1) 建筑钢材强度高，塑性、韧性好 较高的强度适用于建造跨度大、高度高、承载重的构件或结构。一般钢结构构件截面小而壁薄，在受压时有时不能充分发挥钢材强度高的特点，需要满足稳定性要求。

良好的塑性可使结构或构件破坏前变形比较明显且易于被发现，在一般条件下不会因超载而突然断裂。此外，良好的塑性可调整结构或构件局部的高峰应力，使应力变化趋于平缓。

良好的韧性可使结构或构件在动荷载作用下破坏时要吸收比较多的能量。良好的吸能能力和延性使钢结构具有优越的抗震抗风性能，适宜在动力荷载下工作。

(2) 材质均匀，与力学计算的假定比较符合 由于冶炼和轧制过程的科学控制，钢材材质比较稳定，内部组织比较均匀，接近各向同性，为理想的弹-塑性体，因此，钢结构的实际受力情况和工程力学计算结果比较符合。

(3) 钢结构的质量轻 钢材密度大，强度高，做成的结构却比较轻。结构的轻质性可以用材料的强度f和密度ρ的比值来衡量，比值越大，结构相对越轻。显然，建筑钢材的f/ρ值要比钢筋混凝土大得多。以同样跨度承受同样的荷载，钢屋架的质量最多不过为钢筋混凝土屋架的1/3～1/4，冷弯薄壁型钢屋架甚至接近1/10。

钢结构质量轻，可减轻基础的负荷，降低地基、基础部分的造价，同时还方便运输和吊装。轻质的屋盖结构可减小地震作用，但对可变荷载的变化比较敏感，如风吸力可造成钢屋架的拉、压杆反号。

(4) 钢结构制造简便，施工工期短 钢结构或构件所用材料单一且为轧制成的各种型材，一般在金属结构厂制作，加工简易而迅速，准确度和精密度较高。钢构件较轻，连接简单，安装方便，施工周期短。小量钢结构和轻型钢结构尚可在现场制作，简易吊装。钢结构因连接简单，故易于加固、改建和拆迁。

（5）钢结构耐蚀性差　钢材容易锈蚀，对钢结构必须注意防护，特别是薄壁构件更要注意，因此，处于较强腐蚀介质内的建筑物不宜采用钢结构。钢结构在涂装前应彻底除锈，油漆质量和涂层厚度均应符合要求。在使用中应避免使结构受潮，设计上应尽量避免出现难于检查、维修的死角。

（6）钢材耐热但不耐火　钢材长期经受辐射热，当温度在100℃以内时，其主要性能(屈服强度和弹性模量)几乎没有变化，具有一定的耐热性能。温度超过200℃后，材质变化较大，强度逐步降低。达600℃时，钢材进入塑性状态，已不能承载。因此，设计规定钢材表面温度超过150℃后即需加以隔热防护，对有防火要求者，更需按相应规定采取隔热保护措施。

（7）钢结构密闭性较好　钢结构的钢材和连接(如焊接)的水密性和气密性较好，适宜于做要求密闭的板壳结构，如高压容器、油库、气柜、管道等。

1.1.2 钢结构的应用范围

钢结构的合理应用范围不仅取决于钢结构本身的特性，还受到钢材品种、产量和经济水平的制约。过去由于我国钢产量不能满足国民经济各部门的需要，钢结构的应用受到一定的限制。近几年来我国钢材产量大幅增加，新型结构形式不断推出，使得钢结构的应用得到了很大发展。

根据实践经验和技术要求，钢结构的合理应用范围大致如下：

（1）工业厂房　钢铁企业和重型机械制造企业中，起重机起重量较大或其工作较繁重的车间多采用钢骨架，如冶金厂房的转炉炼钢车间、连铸连轧车间；重型机械厂的铸钢车间、水压机车间、锻压车间等。

（2）大跨结构　大跨结构最能体现钢结构强度高而质量轻的特点，如飞机装配车间、飞机库、大会堂、体育馆、展览馆、大跨桥梁等，其结构体系可为平板网架、网壳、空间桁架、斜拉、悬索和拱架等。

（3）高耸结构　高耸结构主要包括塔架和桅杆结构，如广播或电视的发射塔、发射桅杆、高压输电线塔、环境大气监测塔等。

（4）多层和高层建筑　由于钢结构具有优越的抗震抗风性能，多层和高层建筑的骨架可采用钢结构或钢和混凝土组合成的组合结构，如刚架-支撑结构、筒体结构、钢管混凝土结构、型钢混凝土组合结构等。

（5）承受振动荷载影响及地震作用的结构　钢材具有良好的韧性，设有较大锻锤的车间，其骨架直接承受的动力尽管不大，但间接振动却极为强烈，所以，对于承受振动荷载影响及抵抗地震作用要求高的结构宜采用钢结构。

（6）板壳结构　如油罐、煤气柜、高炉炉壳、热风炉、漏斗、烟囱、水塔以及各种管道等。

（7）其他特种结构　如栈桥、管道支架、井架和海上采油平台等。

（8）可拆卸或移动的结构　建筑工地的生产、生活附属用房、临时展览馆等，这些结构是可拆迁的。移动结构如塔式起重机、履带式起重机的吊臂、龙门起重机等。

（9）轻型钢结构　轻型钢结构包括轻型门式刚架房屋钢结构、冷弯薄壁型钢结构以及钢管结构。这些结构可用于荷载较轻或跨度较小的建筑。

随着我国钢材品种和产量的进一步增加，新型钢结构研究的不断深入，钢结构的应用范围将更加广泛。

1.2 钢结构的设计原则

结构设计的目的是既要保证所设计的结构和构件在施工和使用过程中能满足预期的安全性和使用性要求，还要保证其经济的合理性。因此，钢结构的设计原则要求做到技术先进、经济合理、安全适用、确保质量。为确保安全适用，结构由各种作用所产生的效应(内力和变形)不应大于结构(包括连接)由材料性能和几何因素等所决定的抗力或规定限值。然而，影响结构功能的各种因素(如作用、材料性能、几何尺寸、计算模式、施工质量等)都具有不确定性，作用和抗力的变异可能使作用效应大于结构抗力，结构不可能百分之百地可靠，而只能对其作出一定的概率保证。这种以概率论和数理统计为基础，对作用和抗力进行定量分析的方法，称为概率极限状态设计法。

1.2.1 概率极限状态设计方法

概率极限状态设计方法的前提是必须明确结构或构件的极限状态。当结构或其组成部分超过某一特定状态就不能满足设计规定的某一功能要求时，此特定状态就称为该功能的极限状态。结构的极限状态可以分为下列两类：

(1) 承载能力极限状态　对应于结构或构件达到最大承载能力或出现不适于继续承载的变形，包括倾覆、强度破坏、疲劳破坏、丧失稳定、结构变为机动体系或出现过度的塑性变形。

(2) 正常使用极限状态　对应于结构或构件达到正常使用或耐久性能的某项规定限值，包括出现影响正常使用或影响外观的变形，出现影响正常使用或耐久性能的局部损坏以及影响正常使用的振动。

结构的工作性能可用结构的功能函数来描述。若结构设计时需要考虑影响结构可靠度的随机变量有 n 个，即 $x_1, x_2, \cdots, x_n$，则在这 n 个随机变量间通常可建立函数关系

$$Z = g(x_1, x_2, \cdots, x_n) \tag{1-1}$$

式(1-1)即称为结构的功能函数。

结构的可靠度通常受荷载、材料性能、几何参数和计算公式精确性等因素的影响。这些具有随机性的因素称为“基本变量”。对于一般建筑结构，可以归并为两个基本变量，即荷载效应 S 和结构抗力 R，并设这两者都服从正态分布。因此，结构的功能函数为

$$Z = R - S \tag{1-2}$$

函数 Z 也是一个随机变量，并服从正态分布。在实际工程中，可能出现下列三种情况：

1) $Z>0$，结构处于可靠状态。

2) $Z=0$，结构达到临界状态，即极限状态。

3) $Z<0$，结构处于失效状态。

由于基本变量具有不定性，作用于结构的荷载有出现高值的可能，材料性能也有出现低值的可能，即使设计者采用了相当保守的设计方案，但在结构投入使用后，谁也不能保证它绝对可靠，因而对所设计的结构的功能只能作出一定概率的保证。只要可靠的概率足够大，

或者说，失效概率足够小，便可认为所设计的结构是安全的。

按照概率极限状态设计方法，结构的可靠度定义为：结构在规定的时间内，在规定的条件下，完成预定功能的概率。这里所说“完成预定功能”就是对于规定的某种功能来说结构不失效($Z\geqslant0$)。这样若以 p_s 表示结构的可靠度，则上述定义可表达为

$$p_s=P(Z\geqslant0) \tag{1-3}$$

结构的失效概率以 p_f 表示，则

$$p_f=P(Z<0) \tag{1-4}$$

由于事件($Z<0$)与事件($Z\geqslant0$)是对立的，所以结构可靠度 p_s 与结构的失效概率 p_f 符合下式

$$p_s=1-p_f \tag{1-5}$$

因此，结构可靠度的计算可以转换为结构失效概率的计算。可靠的结构设计指的是使失效概率小到人们可以接受的程度。

为了计算结构的失效概率 p_f，最好是求得功能函数 Z 的分布。图 1-1 中$f_Z(Z)$为功能函数 Z 的概率密度曲线，图中横坐标 $Z=0$ 处，结构处于极限状态；纵坐标以左 $Z<0$，结构处于失效状态；纵坐标以右 $Z>0$，结构处于可靠状态。图1-1 中阴影面积表示事件($Z<0$)的概率，就是失效概率，可用积分求得

$$p_f=P(Z<0)=\int_{-\infty}^{0}f_Z(Z)\,\mathrm{d}Z \tag{1-6}$$

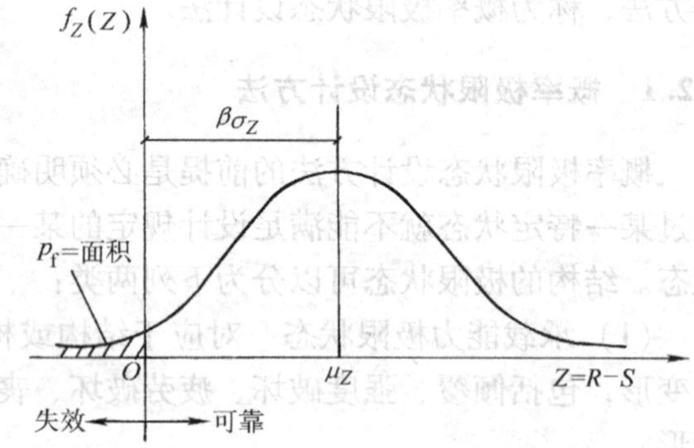

图 1-1 Z 的概率密度曲线 $f_Z(Z)$ 曲线

但一般来说，Z 的分布很难求出。因此失效概率的计算仅仅在理论上可以解决，实际上很难求出，这使得概率设计法一直不能付诸实用。20 世纪 60 年代末期，美国学者康奈尔(Cornell C. A.)提出比较系统的一次二阶矩的设计方法，才使得概率设计法进入了实用阶段。

一次二阶矩法不直接计算结构的失效概率 p_f，以 μ 代表平均值，以 σ 代表标准差，将图 1-1 中 Z 的平均值 μ_Z 用 Z 的标准差 σ_Z 来度量。根据平均值和标准差的性质可知

$$\left.\begin{aligned}\mu_Z&=\mu_R-\mu_S\\ \sigma_Z^2&=\sigma_R^2-\sigma_S^2\end{aligned}\right\} \tag{1-7}$$

由于标准差都取正值，式(1-4)可改写成

$$p_f=P\left(\frac{Z}{\sigma_Z}<0\right)$$

和

$$p_f=P\left(\frac{Z-\mu_Z}{\sigma_Z}<\frac{-\mu_Z}{\sigma_Z}\right)$$

因为$\dfrac{Z-\mu_Z}{\sigma_Z}$服从标准正态分布，所以又可写成

$$p_f=\Phi\left(-\frac{\mu_Z}{\sigma_Z}\right) \tag{1-8}$$

$\Phi(\cdot)$为标准正态分布函数。

令$\beta=\frac{\mu_Z}{\sigma_Z}$，并用式(1-7)的值代入，则有

$$\beta=\frac{\mu_R-\mu_S}{\sqrt{\sigma_R^2-\sigma_S^2}} \tag{1-9}$$

式(1-8)成为

$$p_f=\Phi(-\beta) \tag{1-10}$$

因为是正态分布，所以

$$p_s=1-p_f=\Phi(\beta) \tag{1-11}$$

由式(1-10)、式(1-11)可见，β和p_f(或p_s)具有数值上的一一对应关系。已知β后即可由标准正态分布函数值的表中查得p_f。图1-1和表1-1都给出了β和p_f之间的对应关系。由于β越大p_f就越小，结构也就越可靠，所以称β为可靠指标。

表1-1 正态分布时β和p_f的对应值

可靠指标β	4.5	4.2	4.0	3.7	3.5	3.2	3.0	2.7	2.5	2.0
失效概率p_f	3.4×10^{-6}	1.34×10^{-5}	3.17×10^{-5}	1.08×10^{-4}	2.33×10^{-4}	6.87×10^{-4}	1.35×10^{-3}	3.47×10^{-3}	6.21×10^{-3}	2.28×10^{-2}

以上推算均假定R和S都服从正态分布。实际上结构的荷载效应多数不服从正态分布，结构的抗力一般也不服从正态分布。然而对于非正态的随机变量可以作当量正态变换，找出它的当量正态分布的平均值和标准差，然后就可以按照正态随机变量一样对待。

为了使不同结构能够具有相同的可靠度，GB 50068—2001《建筑结构可靠度设计统一标准》规定了各类构件按承载能力极限状态设计时的可靠指标，即目标可靠指标(见表1-2)。目标可靠指标的取值从理论上说应根据各种结构构件的重要性、破坏性质及失效后果，以优化方法确定。但是，实际上这些因素还难以找到合理的定量分析方法。因此，目前各个国家在确定目标可靠指标时都采用“校准法”，通过对原有规范作反演算，找出隐含在现有工程结构中相应的可靠指标值，经过综合分析后确定设计规范中相应的可靠指标值。这种方法的实质是从整体上继承原有的可靠度水准，是一种稳妥可行的办法。对钢结构各类主要构件校准的结果，β一般在3.16~3.62之间。一般的工业与民用建筑的安全等级属于二级。钢结构的强度破坏和大多数失稳破坏都具有延性破坏性质，所以钢结构构件设计的目标可靠指标一般为3.2。但是也有少数情况，主要是某些壳体结构和圆管压杆及一部分方管压杆失稳时具有脆性破坏特征。对这些构件，可靠指标按表1-2应取3.7。疲劳破坏也具有脆性特征，但我国现行设计规范对疲劳计算仍然采用允许应力法。钢结构连接的承载能力极限状态经常是强度破坏而不是屈服，可靠指标应比构件为高，一般推荐用4.5。

表1-2 目标可靠指标

破坏类型	安全等级		
	一 级	二 级	三 级
延性破坏	3.7	3.2	2.7
脆性破坏	4.2	3.7	3.2

1.2.2 设计表达式

GB 50017—2003《钢结构设计规范》规定，除疲劳计算外，采用以概率理论为基础的极限状态设计方法，用分项系数的设计表达式进行计算。这是考虑到用概率法的设计式，广大设计人员不熟悉也不习惯，同时许多基本统计参数还不完善，不能列出，因此，《建筑结构可靠度设计统一标准》建议采用广大设计人员所熟悉的分项系数设计表达式

$$\frac{R_k}{\gamma_R} \geqslant \gamma_G S_{Gk} + \gamma_Q S_{Qk} \tag{1-12}$$

式中 R_k——抗力标准值(由材料强度标准值和截面公称尺寸计算而得)；

S_{Gk}——按标准值计算的永久荷载(G)效应值；

S_{Qk}——按标准值计算的可变荷载(Q)效应值；

γ_R、γ_G、γ_Q——抗力分项系数、永久荷载分项系数和可变荷载分项系数。

三个分项系数都与目标可靠指标β有关，而可靠度又和所有的基本变量有关。为了方便设计，《建筑结构可靠度设计统一标准》经过计算和分析规定，一般情况下荷载分项系数$\gamma_G = 1.2$，$\gamma_Q = 1.4$；当永久荷载效应与可变荷载效应异号时，这时永久荷载对设计是有利的(如屋盖构件设计中,当风吸力作用使屋盖掀起时)，应取$\gamma_G = 1.0$，$\gamma_Q = 1.4$。

在荷载分项系数统一规定的条件下，现行钢结构设计规范对钢结构构件抗力分项系数进行分析，使所设计的结构构件的实际β值与预期的β值差值甚小，并结合工程经验规定，Q235钢的$\gamma_R = 1.087$；Q345、Q390和Q420钢的$\gamma_R = 1.111$。

钢结构设计用应力表达，采用钢材强度设计值。强度设计值（用f表示）是钢材的屈服强度(f_y)除以抗力分项系数γ_R的商。如Q235钢抗拉强度设计值为$f = f_y/1.087$；对于端面承压和连接则为抗拉强度(f_u)除以抗力分项系数γ_{Ru}，即$f = f_u/\gamma_{Ru} = f_u/1.538$。

施加在结构上的可变荷载往往不止一种，这些荷载不可能同时达到各自的最大值。因此，还要根据组合荷载效应的概率分布来确定荷载的组合系数。对于承载能力极限状态荷载效应的基本组合按下式确定

$$\gamma_0\left(\gamma_G \sigma_{Gk} + \gamma_{Q1} \sigma_{Q1k} + \sum_{i=2}^{n} \gamma_{Qi} \Psi_{ci} \sigma_{Qik}\right) \leqslant f \tag{1-13}$$

式中 γ_0——结构重要性系数，对安全等级为一级或设计使用年限为100年以上的结构构件，不应小于1.1，对安全等级为二级或设计使用年限为50年的结构构件，不应小于1.0，对安全等级为三级或设计使用年限为5年的结构构件，不应小于0.9；

σ_{Gk}——永久荷载标准值在结构构件截面或连接中产生的应力；

σ_{Q1k}——起控制作用的第一个可变荷载标准值在结构构件截面或连接中产生的应力(该值使计算结果为最大)；

σ_{Qik}——第i个可变荷载标准值在结构构件截面或连接中产生的应力；

γ_G——永久荷载分项系数，当永久荷载效应对结构构件的承载能力不利时取1.2，但遇到以永久荷载为主的结构时则取1.35，当永久荷载效应对结构构件的承载能力有利时取1.0，验算结构倾覆、滑移或漂浮时取0.9；

γ_{Q1}、γ_{Qi}——第1个和第i个可变荷载分项系数，当可变荷载效应对结构构件的承载能力不

利时，取 1.4（当楼面活荷载大于 4.0kN/m^2 时，取 1.3）；有利时，取为 0；

Ψ_{ci}——第 i 个可变荷载的组合值系数，可按 GB 50009—2001《建筑结构荷载规范》的规定采用。

对于一般排架、框架结构，可采用简化式计算，对由可变荷载效应控制的组合，设计式为

$$\gamma_0\left(\gamma_G\sigma_{Gk}+\Psi_c\sum_{i=1}^{n}\gamma_{Qi}\sigma_{Qik}\right)\leqslant f \tag{1-14}$$

式中 Ψ_c——简化式中采用的荷载组合值系数，一般情况下可采用 0.9，当只有 1 个可变荷载时，取为 1.0。

对于偶然组合，极限状态设计表达式宜按下列原则确定：偶然作用的代表值不乘分项系数；与偶然作用同时出现的可变荷载，应根据观测资料和工程经验采用适当的代表值，具体的设计表达式及各种系数，应符合专门规范的规定。

对于正常使用极限状态，按《建筑结构可靠度设计统一标准》的规定要求分别采用荷载的标准组合、频遇组合和准永久组合进行设计，并使变形等设计值不超过相应的规定限值。

钢结构只考虑荷载的标准组合，其设计式为

$$v_{Gk}+v_{Q1k}+\sum_{i=2}^{n}\Psi_{ci}v_{Qik}\leqslant[v] \tag{1-15}$$

式中 v_{Gk}——永久荷载的标准值在结构或构件中产生的变形值；

v_{Q1k}——起控制作用的第 1 个可变荷载的标准值在结构或构件中产生的变形值（该值使计算结果为最大）；

v_{Qik}——第 i 个可变荷载标准值在结构或构件中产生的变形值；

$[v]$——结构或构件的允许变形值。

1.3 钢结构的发展

金属结构所用的材料，由原来的铸铁、锻铁，发展到钢和铝合金。钢结构的连接方式，在铸铁和锻铁时代是销钉连接，19 世纪初采用铆钉连接，20 世纪初有了焊接连接，随后则发展了高强度螺栓连接。钢结构的应用也是从桥梁、塔，发展到土木工程的各个领域。与其他结构相比，钢结构是一种具有较大优势和发展潜力的土木工程结构，近年来随着我国钢材产量的提高和品种的增加，钢结构得到了迅速发展，并体现在以下四个方面：

（1）高强度钢材与连接材料的开发与应用　目前土木工程结构普遍采用的钢材有 Q235 钢、Q345 钢、Q390 钢和 Q420 钢，其中 Q235 钢是普通碳素结构钢，其余三种为低合金高强度结构钢。Q420 钢是 GB 50017—2003《钢结构设计规范》新增加的钢种，该钢种已在九江长江大桥上成功使用。从发展趋势来看，高强度结构钢的研制和开发还将不断进行。在强度增加的同时，还应具有优良的塑性性能和韧性性能。另外，改进钢材的耐蚀性和耐火性，也是今后的发展方向。上海宝钢集团已开发出一种耐腐蚀的结构用热轧钢板及钢带，其耐候性为普通钢的 2~8 倍。H 型钢在国内已应用多年，正方形和矩形管的应用，也正在推广和发展。

配合高强度钢材的连接材料，焊条由原来的 E43 型、E50 型，新增加了 E55 型。制作普通螺栓的钢号，由 3 号钢改进为 4.6 级和 4.8 级（C 级）、5.6 级和 8.8 级（A、B 级）。用于制

作8.8级高强螺栓的钢号有40B钢、45钢和35钢，用于制作10.9级高强螺栓的钢号为20MnTiB钢。

（2）深入了解和掌握结构的极限状态，持续改进结构和构件的计算方法　现代钢结构已广泛应用新的计算技术和测试技术，为对结构和构件的实际工作性能进行深入了解提供了有利条件。先进的计算和测试技术决定了材料的合理使用，从而保证了结构的安全，也增强了经济效益。改进钢结构设计方法的前提是对结构承载能力的充分认识，采用考虑分布类型的二阶矩概率法计算结构可靠度，制订了以概率理论为基础的极限状态设计法（简称概率极限状态设计法）。这个方法的特点是根据各种不定性分析所得的失效概率（或可靠指标）去度量结构可靠性，并使所计算的结构构件的可靠度达到预期的一致性和可比性。但是这种方法还有待发展，因为它计算的可靠度还只是构件或某一截面的可靠度，而不是结构体系的可靠度，也不适用于疲劳计算的反复荷载或动力荷载作用下的结构。另外，钢结构连接的极限状态及整体结构的极限状态还需要做大量的研究工作。

钢结构设计规范中，反映了近年来的研究成果，这些成果也是当前工程设计中经常遇到的问题。例如，针对钢管结构的杆件和节点承载力，增加了空间圆管节点强度计算公式和矩形管或方管结构设计计算方法，以及一些构造规定。对钢-混凝土组合梁，增加了连续组合梁负弯矩部位的计算方法、楼板为压型钢板做底模的组合梁计算和构造做法，以及部分抗剪连接的组合梁的设计规定。在构造要求中增加了大跨度屋盖结构的设计和构造要求，增加了提高寒冷地区抗脆断能力要求等。这些新规定是改进计算方法的一个重要方面。人们对结构承载能力极限状态的了解越清楚，设计中对钢材的利用就越合理。

（3）对结构形式的改进和研究新的结构形式　高强度钢材和新结构形式的应用是提高钢结构成效的重要因素，新的结构形式有薄壁型钢结构、悬索结构、悬挂结构、网架结构和预应力钢结构等，超高层结构近年来得到很大发展和应用。

索和拱配合使用，常被称为杂交结构，这是结构形式的杂交。钢-混凝土组合结构可以认为是不同材料的杂交。相信今后还会有其他方式的杂交结构出现。

（4）钢-混凝土组合结构的研究和应用　钢-混凝土组合结构是由两种不同性质的材料取长补短，相互协作而形成的，钢的强度高，宜受拉，混凝土则宜受压，两种材料结合，都能充分发挥各自优势，是一种合理的结构。楼板采用混凝土翼板与钢梁通过抗剪连接件组成一体的组合结构，其组合梁的混凝土板受压，钢梁受拉，各得其所，是非常经济的结构形式。采用压型钢板作混凝土翼缘板底模的组合梁，也有同样的经济效益。高层建筑和多层住宅已广泛采用钢-混凝土组合梁。

另一种钢-混凝土组合结构是钢管混凝土结构，这种结构具有承载力高，塑性、韧性好，节省材料，施工方便，经济效益较好等特点。它采用薄壁钢管（圆管或方管）内灌素混凝土，在压力作用下，钢管和混凝土之间产生相互作用的紧箍力，使混凝土处于三向受压的应力状态下工作，大大提高了混凝土抗压强度，改善了塑性，提高了抗震性能，而薄钢管在混凝土挤压下不易屈曲，提高了钢管局部稳定性，使钢材强度得到充分发挥。钢管混凝土柱特别适用于轴心受压构件，在高层建筑、工业厂房及多层住宅已有很多应用，很有发展前景。

另外，结构设计的优化与计算机辅助设计都得到很大发展，钢结构制造工业的机械化水平方面也有进一步提高，今后还应继续研究改进。

习 题

1-1 钢结构与其他材料的结构相比，具有哪些特点?

1-2 钢结构采用什么设计方法?其原则是什么?

1-3 两种极限状态指的是什么?其内容有哪些?

1-4 简述可靠性设计理论和分项系数设计公式中各符号的意义。

第 2 章

钢结构的材料

2.1　钢材的主要性能

2.1.1　钢材的破坏形式

钢材有两种性质完全不同的破坏形式，即塑性破坏和脆性破坏。钢结构所用的材料虽然有较高的塑性和韧性，一般为塑性破坏，但在一定的条件下，仍然有脆性破坏的可能性。

塑性破坏是由于变形过大，超过了材料或构件可能的应变变形能力而产生的，而且仅在构件的应力达到了钢材的抗拉强度 f_u 后才发生。破坏前构件产生较大的塑性变形，断裂后的断口呈纤维状，色泽发暗。在塑性破坏前，由于总有较大的塑性变形发生，且变形持续的时间较长，很容易及时发现而采取措施予以补救，不致引起严重后果。另外，塑性变形后出现应力重分布，使结构中原先受力不等的部分应力趋于均匀，因而可以提高结构的承载能力。

脆性破坏前塑性变形很小，甚至没有塑性变形，计算应力可能小于钢材的屈服强度 f_y，断裂从应力集中处开始。冶金和机械加工过程中产生的缺陷，特别是缺口和裂纹，常是断裂的发源地。破坏前没有任何预兆，破坏是突然发生的，断口平直并呈有光泽的晶粒状。由于脆性破坏前没有明显的预兆，无法及时觉察和采取补救措施，而且个别构件的断裂常引起整个结构塌毁，危及人民生命财产的安全，后果严重，损失较大。在设计、施工和使用钢结构时，要特别注意防止出现脆性破坏。

2.1.2　单向受拉时的性能

钢材标准试件在常温静载情况下，单向均匀受拉试验时的应力-应变（σ-ε）曲线如图 2-1 所示。由此曲线获得的有关钢材力学性能指标如下：

1. 强度

（1）比例极限 f_p　图 2-1 中 σ-ε 曲线的 OP 段为直线，表示钢材具有完全弹性性质，称为线弹性阶段，这时应力可由弹性模量 E 定义，即 $\sigma = E\varepsilon$，而 $E = \tan\alpha$，P 点的应力 f_p 称为比例极限。钢材的弹性模量 $E = 2.06 \times 10^5 \text{N/mm}^2$。

曲线的 PE 段称为非线性弹性阶段，这时的模量叫做切线模量 $E_t = d\sigma/d\varepsilon$。此段上限 E 点的应力 f_e 称为弹性极限。弹性极限和比例极限相距很近，实际上很难区分，故通常只提比例极限。

（2）屈服点 随着荷载的增加，曲线出现 *ES* 段，这时任一点的变形中都包括有弹性变形和塑性变形，其中的塑性变形在卸载后不能恢复，即卸载曲线成为与 *OP* 平行的直线（见图 2-1 中的虚线），留下永久性的残余变形。此段上限 *S* 点的应力 f_y 称为屈服点。对于低碳钢，出现明显的屈服台阶 *SC* 段，即在应力保持不变的情况下，应变继续增加。

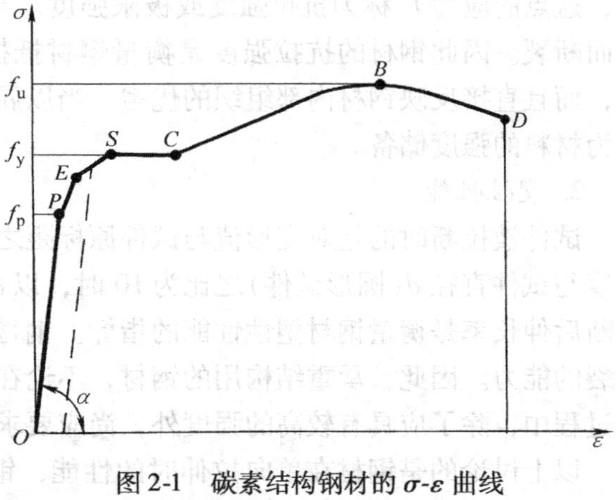

图 2-1 碳素结构钢材的 σ-ε 曲线

在开始进入塑性流动范围时，曲线波动较大，以后逐渐趋于平稳，其最高点和最低点分别称为上屈服点和下屈服点。上屈服点和试验条件（加荷速度、试件形状、试件对中的准确性）有关；下屈服点则对此不太敏感，设计中以下屈服点为依据。因此，钢材的屈服强度（或屈服点）是衡量结构承载能力和确定强度设计值的重要指标。

对于没有缺陷和残余应力影响的试件，比例极限和屈服点比较接近，且屈服点前的应变很小（对低碳钢约为 0.15%）。为了简化计算，通常假定屈服点以前钢材为完全弹性的，屈服点以后则为完全塑性的，这样就可把钢材视为理想的弹-塑性体，其应力-应变曲线表现为双直线，如图 2-2 所示。当应力达到屈服点后，将使结构产生很大的在使用上不允许的残余变形（此时，对低碳钢 $\varepsilon_c = 2.5\%$），表明钢材的承载能力达到了最大限度。因此，在设计时取屈服点为钢材可以达到的最大应力。

高强度钢没有明显的屈服点和屈服台阶。这类钢的屈服条件是根据试验分析结果而人为规定的，故称为条件屈服点（或屈服强度）。条件屈服点是以卸荷后试件中残余应变为 0.2% 所对应的应力定义的（有时用 $f_{0.2}$ 表示）（见图 2-3）。

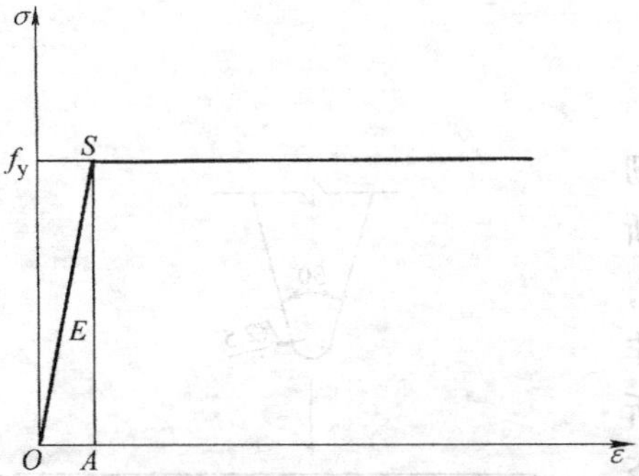

图 2-2 理想的弹-塑性体的应力-应变曲线

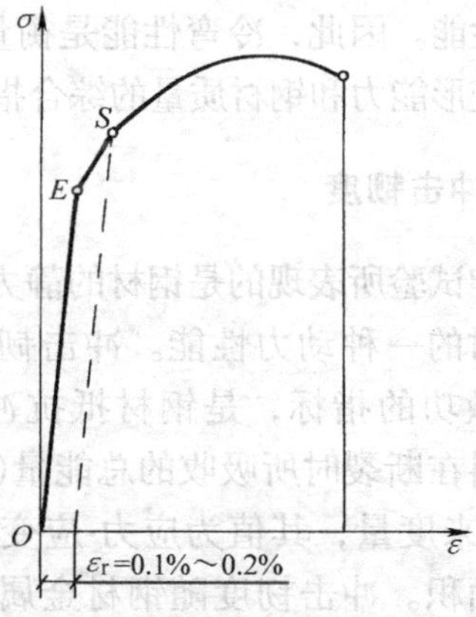

图 2-3 高强度钢的应力-应变曲线

由于这类钢材不具有明显的塑性平台，设计中不宜利用它的塑性。碳素结构钢和低合金结构钢在受力到达屈服强度以后，应变急剧增长，从而使结构的变形迅速增加以致不能继续使用。所以钢结构的强度设计值一般都是以钢材屈服强度为依据而确定的。

（3）抗拉强度 f_u 超过屈服台阶，材料出现应变硬化，曲线上升，直至曲线最高处的 *B*

点，这点的应力 f_u 称为抗拉强度或极限强度。当应力达到 B 点时，试件发生颈缩现象至 D 点而断裂。因此钢材的抗拉强度是衡量钢材抵抗拉断的性能指标，它不仅是一般的强度指标，而且直接反映钢材内部组织的优劣。当以屈服点的应力 f_y 作为强度限值时，抗拉强度 f_u 成为材料的强度储备。

2. 塑性性能

试件被拉断时的绝对变形值与试件原标距之比的百分数，称为断后伸长率。当试件标距长度与试件直径 d(圆形试件)之比为10时，以 δ_{10} 表示；当该比值为5时，以 δ_5 表示。钢材的断后伸长率是衡量钢材塑性性能的指标。钢材的塑性是在外力作用下产生永久变形时抵抗断裂的能力。因此，承重结构用的钢材，不论在静力荷载或动力荷载作用下，以及在加工制作过程中，除了应具有较高的强度外，尚应要求具有足够的断后伸长率。

以上讨论的是钢材在单向拉伸时的性能，钢材在单向受压(粗而短的试件)时，受力性能基本上和单向受拉时相同。受剪的情况也相似，但屈服点 τ_y 及抗剪强度 τ_u 均较受拉时为低；切变模量 G 也低于弹性模量 E。

2.1.3 冷弯性能

钢材的冷弯性能是塑性指标之一，同时也是衡量钢材质量的一个综合性指标。冷弯性能由冷弯试验来确定(见图2-4)。试验时按照规定的弯心直径在试验机上用冲头加压，使试件弯成180°，如试件外表面不出现裂纹和分层，即为合格。通过冷弯试验不仅能直接检验钢材的弯曲变形能力或塑性性能，还能暴露钢材内部的冶金缺陷，如硫、磷偏析和硫化物与氧化物的掺杂情况，在一定程度上也是鉴定焊接性能的一个指标。结构在制作、安装过程中要进行冷加工，尤其是焊接结构焊后变形的调直等工序，都需要钢材有较好的冷弯性能。因此，冷弯性能是衡量钢材在弯曲状态下的塑性变形能力和钢材质量的综合指标。

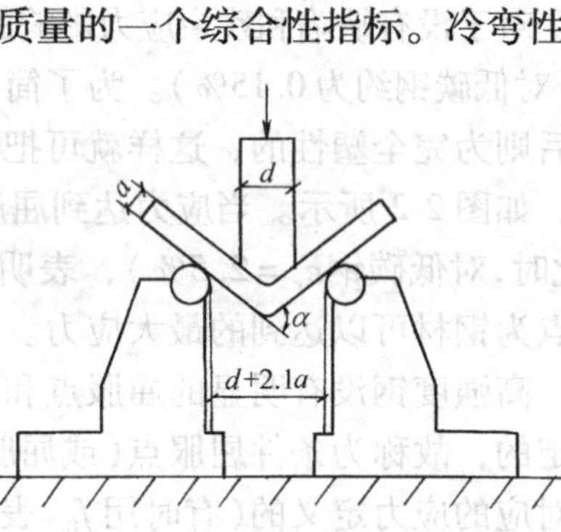

图2-4 钢材冷弯试验示意图

2.1.4 冲击韧度

拉伸试验所表现的是钢材的静力性能，而冲击韧度是钢材的一种动力性能。冲击韧度是衡量钢材断裂时所做功的指标，是钢材抵抗冲击荷载的能力，它用材料在断裂时所吸收的总能量(包括弹性能和非弹性能)来度量，其值为应力-应变曲线与横坐标所包围的面积。冲击韧度随钢材金属组织和结晶状态的改变而急剧变化，是钢材强度和塑性的综合指标。钢中的非金属夹杂物、带状组织、脱氧不良等都将给钢材的冲击韧度带来不良影响。冲击韧度是钢材在冲击荷载或多向拉应力下具有可靠性能的保证，可间接反映钢材抵抗低温、应力集中、多向拉应力、

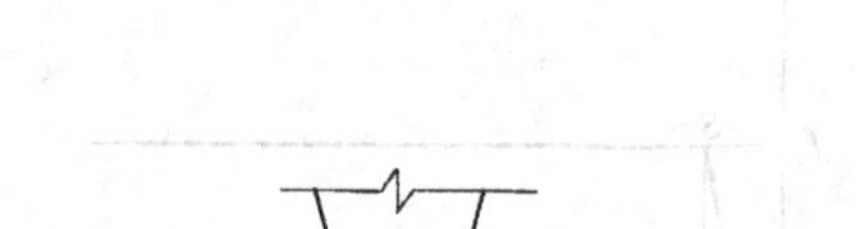

图2-5 冲击韧度试验

加荷速率（冲击）和重复荷载等因素导致脆断的能力。

材料的冲击韧度数值随试件缺口形式和使用试验机不同而异。由于夏比试件具有尖锐的V形缺口，接近构件中可能出现的严重缺陷，近年来用 C_V 能量来表示材料冲击韧度的方法日趋普遍。2006年发布的GB/T 700—2006《碳素结构钢》规定，采用夏比（Charpy）V形缺口试件（见图2-5）在夏比试验机上进行，冲击韧度以所消耗的功 C_V 表示，单位为J。

由于低温对钢材的脆性破坏有显著影响，在寒冷地区建造的结构不但要求钢材具有常温（20℃）冲击韧度指标，还要求具有负温（0℃、-20℃或-40℃）冲击韧度指标，以保证结构具有足够的抗脆性破坏能力。

2.2 影响钢材性能的主要因素

2.2.1 化学成分

建筑结构中所用的钢材为低碳钢和低合金钢，铁（Fe）是钢材的基本元素。在低碳钢中铁（Fe）约占99%（质量分数），碳（C）和其他元素约占1%（质量分数），其他元素包括硅（Si）、锰（Mn）、硫（S）、磷（P）、氮（N）、氧（O）等。低合金钢中除上述元素外，还含有总量通常不超过3%（质量分数）的合金元素，如铜（Cu）、钒（V）、钛（Ti）、铌（Nb）、铬（Cr）、镍（Ni）等。组成钢材的化学成分及其含量对钢材的性能特别是力学性能有着重要的影响。

（1）碳　在低碳钢中，碳是仅次于纯铁的主要元素。碳含量虽然很低，但直接影响钢材的强度、塑性、韧性和焊接性等。碳含量增加，钢的强度提高，而塑性和韧性下降，同时恶化钢的焊接性和耐蚀性。因此，尽管碳是使钢材获得足够强度的主要元素，但在钢结构所用的钢材中，对碳含量要加以限制，一般其质量分数不应超过0.22%，在焊接结构中其质量分数还应低于0.20%。

（2）硫和磷　硫是钢中的有害成分，对钢材的力学性能和焊接接头的裂纹敏感性有较大影响，它可降低钢材的塑性、韧性、焊接性和疲劳强度。在800～1000℃高温下加工时，硫使钢材变脆，可能出现裂纹，称为热脆。因此，对硫含量必须严格控制，一般其质量分数应不超过0.045%。磷既是杂质元素也是可利用的合金元素。在低温时，磷使钢变脆，称为冷脆。在低碳钢中，磷的质量分数也应严格控制在0.045%以下。磷作为可利用的合金元素，能够提高钢材的强度和耐蚀能力。若使用磷的质量分数在0.05%～0.12%的高磷钢，则应减少钢材中的碳含量，以保持一定的塑性和韧性。

（3）氧和氮　氧和氮也是钢中的有害杂质。氧的作用和硫类似，使钢热脆；氮的作用和磷类似，使钢冷脆。由于氧、氮容易在熔炼过程中逸出，一般不会超过极限含量，故通常不要求作含量分析。

（4）硅和锰　硅和锰是钢中的有益元素，它们都是炼钢的脱氧剂。它们使钢材的强度提高，含量不过高时，对塑性和韧性无显著的不良影响。在低碳钢中，硅的质量分数应控制在0.3%以下，锰的质量分数为0.3%～0.8%。对于低合金高强度结构钢，锰的质量分数为1.0%～1.6%，硅的质量分数应控制在0.55%以下。

（5）铬、镍、钒、铌和钛　铬、镍、钒、铌和钛是钢中的合金元素，能提高钢的强度，又不显著降低钢的塑性和韧性。

(6) 铜 铜在低碳钢中属于杂质成分。它可以显著地提高钢的耐蚀性，也可以提高钢的强度，但对焊接性有不利影响。

2.2.2 冶金过程

目前，土木工程结构中主要使用氧气顶吹转炉生产的钢材。钢材的冶金过程包括冶炼、浇铸、轧制和热处理。冶炼过程中形成钢材的化学成分与含量、钢的金相组织结构。浇铸是把熔炼好的钢液浇注成钢锭或钢坯。近年来迅速发展的连铸技术可使钢中的化学成分分布比较均匀，但也不可避免地存在冶金缺陷。常见的冶金缺陷有偏析、非金属夹杂、气孔、裂纹及分层等。偏析是指钢中化学成分分布不均匀，如硫、磷偏析会严重恶化钢材的性能。非金属夹杂是指钢中含有硫化物与氧化物等杂质。气孔是浇注钢锭时，由氧化铁与碳作用所生成的一氧化碳气体不能充分逸出而形成的。这些缺陷都将影响钢材的力学性能。浇注时的非金属夹杂物在轧制后能造成钢材的分层，会严重降低钢材的冷弯性能。钢材的轧制过程可使气泡、裂纹等焊合，辊轧次数多的薄板的强度比厚板的强度略高。钢材一般以热轧状态交货，热处理的目的在于取得高强度的同时能够保持良好的塑性和韧性，所以对新型高强度钢材可提出进行热处理后交货。

冶金缺陷对钢材性能的影响，不仅在结构或构件受力工作时表现出来，有时在加工制作过程中也可表现出来。

2.2.3 钢材硬化

钢材的性能和各种力学指标，除受化学成分和冶金过程影响外，制作和使用过程对其也有影响。如制作过程中的冷拉、冷弯、冲孔、机械剪切等冷加工可使钢材产生很大塑性变形，从而提高钢的屈服强度，同时降低了钢的塑性和韧性，这种现象被称为冷加工硬化(或应变硬化)。在一般钢结构中，不利用硬化所提高的强度，应将局部硬化部分用刨边或扩钻予以消除。但用于冷弯薄壁型钢结构的冷弯型钢，可以利用在冷轧成形或弯曲成形时提高的屈服强度和抗拉强度。

在使用过程中，随着时间的延长，高温时熔于铁中的少量氮和碳，逐渐从纯铁中析出，形成自由碳化物和氮化物，对纯铁体的塑性变形起遏制作用，从而使钢材的强度提高，塑性、韧性下降。这种现象称为自然时效。自然时效的过程一般很长。若在材料塑性变形后加热，可加速自然时效发展。这种方法称为人工时效。有些重要结构要求对钢材进行人工时效后检验其冲击韧度，以保证结构具有足够的抗脆性破坏能力。

此外还有应变时效，是应变硬化后又加自然时效。

2.2.4 温度

随着温度的升高或降低，钢材性能变化很大。一般来说，温度升高，钢材强度降低，应变增大；温度降低，钢材强度略有增加，却降低了塑性和韧性，材料因此而呈现脆性(见图2-6)。

(1) 正温范围 在200℃以内时钢材性能没有很大变化，430～540℃之间强度急剧下降，600℃时强度很低不能承担荷载。但在250℃左右，钢材的强度反而略有提高，同时塑性和韧性均下降，材料有转脆的倾向，钢材表面氧化膜呈现蓝色，称为蓝脆现象。钢材应避免在蓝脆温度范围内进行热加工。温度在 260 ~ 320℃时，钢材会产生徐变，即在应力持续不变的情况下，钢材以很缓慢的速度继续变形。

（2）负温范围　当温度处在负温范围时，钢材强度有一定提高，但其塑性和韧性降低，材料逐渐变脆，这种性质称为低温冷脆。图 2-7 是钢材冲击韧度与温度的关系曲线。由图可见，随着温度的降低，C_v 值迅速下降，材料将由塑性破坏转变为脆性破坏，同时这一转变是在一个温度区间 T_1T_2 内完成的，此温度区称为钢材的脆性转变温度区，在此区内曲线的反弯点（最陡点）所对应的温度 T_0 称为转变温度。如果把低于 T_0 完全脆性破坏的最高温度 T_1 作为钢材的脆断设计温度，即可保证钢结构低温工作的安全。每种钢材的脆性转变温度区及脆断设计温度需要由大量破坏或不破坏的使用经验和实验资料统计分析确定。

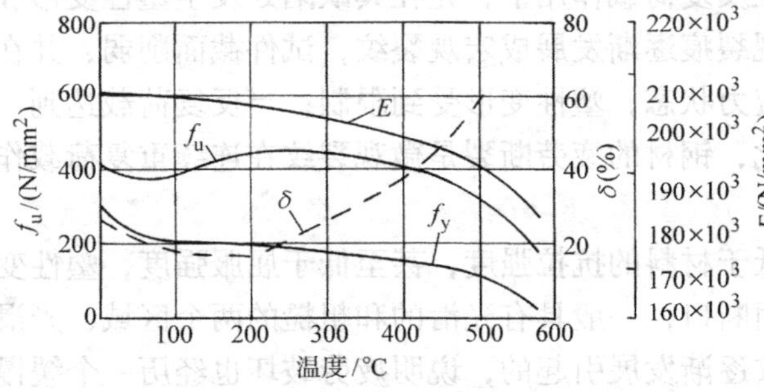

图 2-6　温度对钢材力学性能的影响

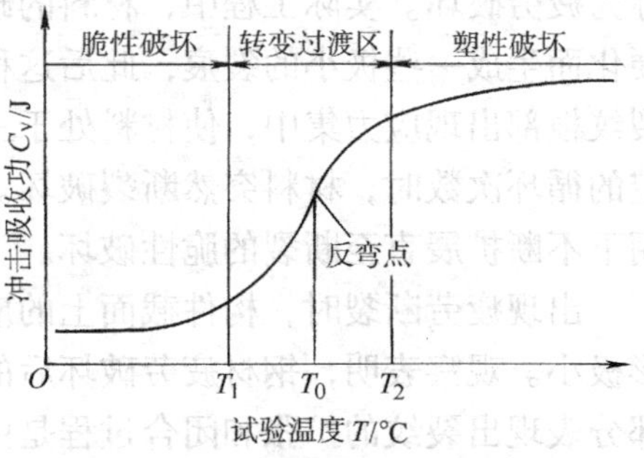

图 2-7　冲击韧度与温度的关系曲线

2.2.5　应力集中

钢结构构件中经常存在的孔洞、槽口、凹角、截面突然改变以及裂纹等缺陷，常常使截面的完整性遭到破坏。此时，构件中的应力分布将变得很不均匀，在缺陷和截面改变处产生局部高峰应力，形成应力集中现象（见图 2-8）。高峰区的最大应力与净截面的平均应力之比称为应力集中系数。研究表明，在应力高峰区域总是存在着同号的双向或三向应力，这是因为由高峰拉应力引起的截面横向收缩受到附近低应力区的阻碍而引起垂直于内力方向的拉应力 σ_y，在较厚的构件里还产生 σ_z，使材料处于复杂受力状态，由能量强度理论得知，这种同号的平面或立体应力场有使钢材变脆的趋势。应力集中系数越大，变脆的倾向亦越严重。但由于建筑钢材塑性较好，在一定程度上能促使应力进行重分配，使应力分布严重不均的现象趋于平缓。故受静荷载作用的构件在常温下工作时，在计算中可不考虑应力集中的影响。但在负温下或动力荷载作用下工作的结构，应力集中的不利影响将十分突出，往往是引起脆性破坏的根源，故在设计中应采取措施避免或减小应力集中，并

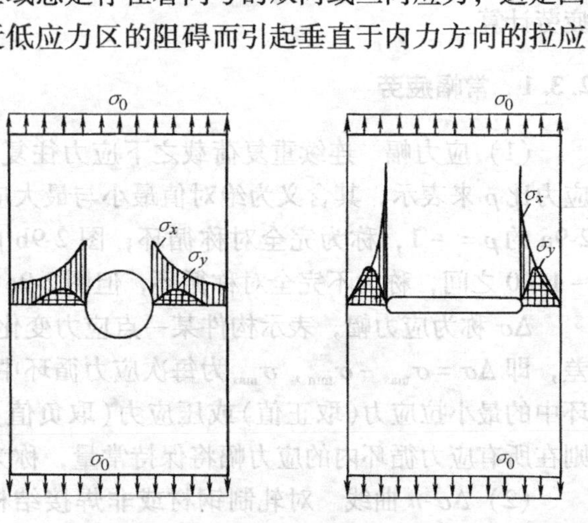

图 2-8　孔洞及槽孔处的应力集中

选用质量优良的钢材。

2.2.6 反复荷载作用

关于钢材的疲劳性能，详见本章第3节。

实践证明，构件的应力水平不高或反复次数不多的钢材一般不会发生疲劳破坏，计算中不必考虑疲劳的影响。但是，长期承受频繁的反复荷载的结构及其连接，如承受重级工作的起重机梁等，在设计中就必须考虑结构的疲劳问题。

2.3 钢材的疲劳

钢材在直接连续反复的动力荷载作用下，由于材料的损伤累积，会突然发生脆性断裂，称为疲劳破坏。实际工程中，材料的缺陷在反复荷载作用下，先在其缺陷处发生塑性变形和硬化而生成一些极小的裂痕，此后这种微观裂痕逐渐发展成宏观裂纹，试件截面削弱，并在裂纹根部出现应力集中，使材料处于三向应力状态，塑性变形受到限制；当反复荷载达到一定的循环次数时，材料突然断裂破坏。因此，钢材的疲劳断裂是微观裂纹在连续重复荷载作用下不断扩展直至断裂的脆性破坏。

出现疲劳断裂时，构件截面上的应力低于材料的抗拉强度，甚至低于屈服强度，塑性变形极小。观察表明，钢材疲劳破坏后的截面断口，一般具有光滑的和粗糙的两个区域，光滑部分表现出裂纹的扩张和闭合过程是由裂纹逐渐发展引起的，说明疲劳破坏也经历一个缓慢的转变过程；而粗糙部分表明，钢材最终断裂一瞬间的脆性破坏性质，与拉伸试验的断口颇为相似，破坏是突然的，因而比较危险。因此，疲劳断裂的过程可分为裂纹的形成、裂纹缓慢扩展与最后迅速断裂三个阶段。

通常钢结构的疲劳破坏属于高周疲劳，应变幅值小，破坏前荷载循环次数多。钢材的疲劳强度取决于应力集中(或缺口效应)和应力循环次数。截面几何形状的突然改变、钢材中存在的残余应力将加剧疲劳破坏的发生。由于钢材疲劳破坏的极限状态目前正在研究中，钢结构设计规范规定，疲劳强度验算采用允许应力幅方法，当循环次数 $n \geqslant 5\times10^4$ 时，应进行疲劳计算。

2.3.1 常幅疲劳

(1) 应力幅　连续重复荷载之下应力往复变化一周叫做一个循环。应力循环特征常用应力比 ρ 来表示，其含义为绝对值最小与最大应力之比(拉应力取正值,压应力取负值)。图 2-9a 的 $\rho=-1$，称为完全对称循环；图 2-9b 的 $\rho=0$，称为脉冲循环；图 2-9c、d 的 ρ 在 $-1\sim0$ 之间，称为不完全对称循环，但图 2-9c 以拉应力为主，而图 2-9d 以压应力为主。

$\Delta\sigma$ 称为应力幅，表示构件某一点应力变化的幅度，是应力谱中最大应力与最小应力之差，即 $\Delta\sigma=\sigma_{max}-\sigma_{min}$，$\sigma_{max}$ 为每次应力循环中的最大拉应力(取正值)，σ_{min} 为每次应力循环中的最小拉应力(取正值)或压应力(取负值)。如果重复作用的荷载数值不随时间变化，则在所有应力循环内的应力幅将保持常量，称为常幅疲劳。

(2) $\Delta\sigma$-n 曲线　对轧制钢材或非焊接结构，在循环次数 n 一定的情况下，根据试验资料可绘出 n 次循环的疲劳图，即 σ_{max} 和 σ_{min} 的关系曲线。由于此曲线的曲率不大，可近

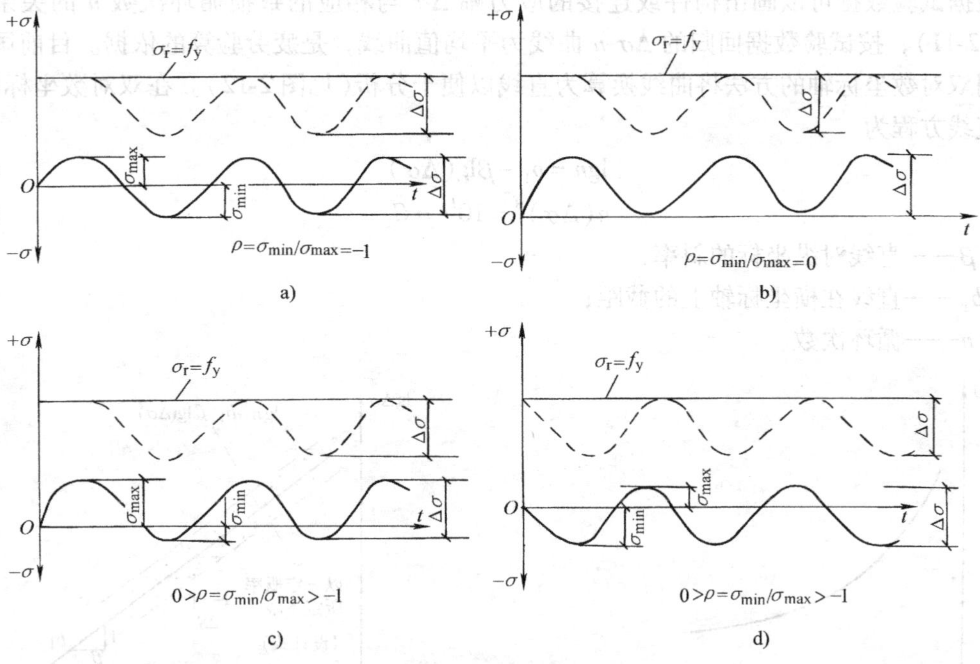

图 2-9 循环应力谱

似用直线来代替，所以只要求得两个试验点便可决定疲劳图。

图 2-10 所示为 $n=2\times10^6$ 次的疲劳图。当 $\rho=0$ 和 $\rho=-1$ 时的疲劳强度分别为 σ_0 和 σ_{-1}，由此便可决定 $B(-\sigma_{-1},\sigma_{-1})$ 和 $C(0,\sigma_0)$ 两点，并通过 B、C 两点得直线 $ABCD$。D 点的水平线代表钢材的屈服强度，即使 σ_{max} 不超过 f_y，当坐标为 σ_{max} 和 σ_{min} 的点落在直线 $ABCD$ 上或其上方，则这组应力循环达到 n 次时，将发生疲劳破坏，线段 BCD 以受拉为主，线段 AB 以受压为主。对轧制钢材或非焊接结构，疲劳强度与最大应力、应力比、循环次数和缺口效应（构造类型的应力集中情况）有关。

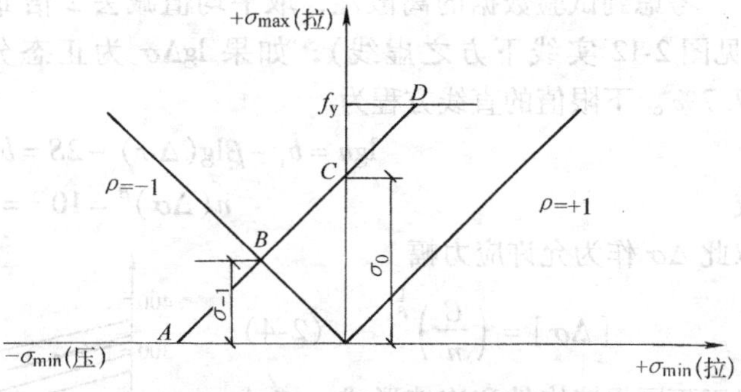

图 2-10 非焊接结构的疲劳图

对焊接结构则不同，由于焊接的加热和冷却过程，截面上产生很大的残余应力，尤其在焊缝及其附近主体金属部位，残余拉应力通常达到钢材的屈服强度 f_y，而此部位正是形成和发展疲劳裂纹最为敏感的区域。在重复荷载作用下，循环内应力开始处于增大阶段时，焊缝附近的高峰应力将不再增加（只是塑性范围加大），即 $\sigma_{max}=f_y$ 之后，循环应力下降到 σ_{min}，再升至 $\sigma_{max}=f_y$，即不论应力比 ρ 值如何，焊缝附近的实际应力循环情况均形成在拉应力范围内的 $\Delta\sigma=f_y-\sigma_{min}$ 的循环（见图 2-9 中的虚线）。所以焊接结构的疲劳强度与名义最大应力和应力比无关，而与应力幅 $\Delta\sigma$ 有关。图 2-9 中的实线为名义应力循环应力谱，虚线为实际应力谱。

根据试验数据可以画出构件或连接的应力幅 $\Delta\sigma$ 与相应的致损循环次数 n 的关系曲线(见图 2-11)，按试验数据回归的 $\Delta\sigma$-n 曲线为平均值曲线，是疲劳验算的依据。目前国内外都常用双对数坐标轴的方法将曲线换算为直线以便于分析(见图 2-12)。在双对数坐标图中，疲劳直线方程为

$$\lg n = b_1 - \beta\lg(\Delta\sigma) \tag{2-1}$$

或

$$n(\Delta\sigma)^{\beta} = 10^{b_1} = C_1 \tag{2-2}$$

式中 β——直线对纵坐标的斜率；

b_1——直线在横坐标轴上的截距；

n——循环次数。

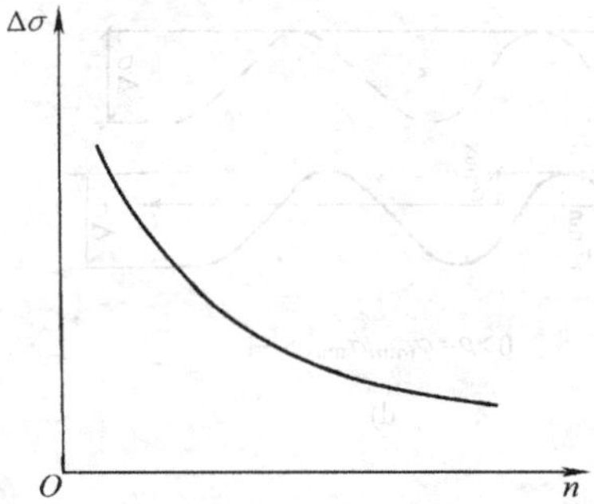

图 2-11 $\Delta\sigma$-n 曲线

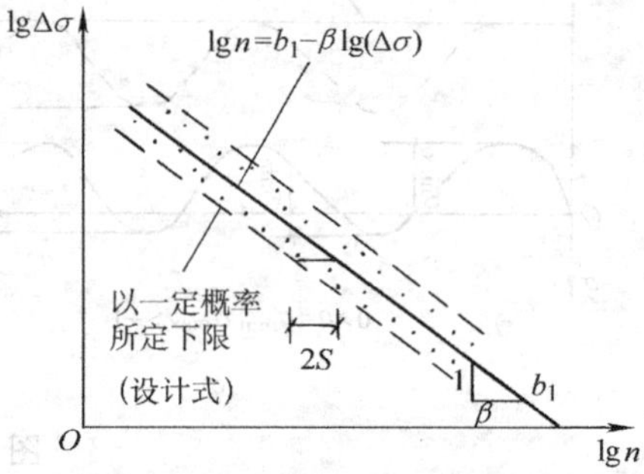

图 2-12 $\lg\Delta\sigma$-$\lg n$ 曲线

考虑到试验数据的离散性，取平均值减去 2 倍 $\lg n$ 的标准差($2S$)作为疲劳强度下限值(见图 2-12 实线下方之虚线)，如果 $\lg\Delta\sigma$ 为正态分布，则构件或连接抗力的保证率为 97.7%。下限值的直线方程为

$$\lg n = b_1 - \beta\lg(\Delta\sigma) - 2S = b_2 - \beta\lg(\Delta\sigma)$$

或

$$n(\Delta\sigma)^{\beta} = 10^{b_2} = C \tag{2-3}$$

取此 $\Delta\sigma$ 作为允许应力幅

$$[\Delta\sigma] = \left(\frac{C}{n}\right)^{\frac{1}{\beta}} \tag{2-4}$$

对于不同焊接构件和连接形式，按试验数据回归的直线方程，其斜率不尽相同。为了设计的方便，《钢结构设计规范》按连接方式、受力特点和疲劳强度，再适当照顾 $\Delta\sigma$-n 曲线簇的等间距布置、归纳分类，划分为 8 类(见图 2-13)，其 β 和 C 值见表 2-1。构件和连接分类的构造图见附录6。

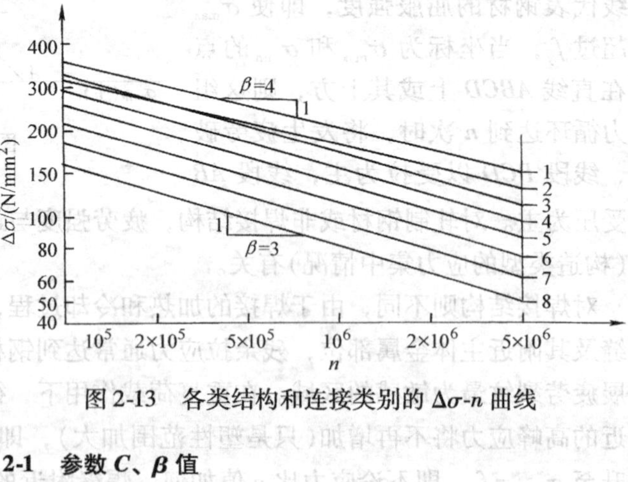

图 2-13 各类结构和连接类别的 $\Delta\sigma$-n 曲线

表 2-1 参数 C、β 值

构件的连接类别	1	2	3	4	5	6	7	8
C	1940×10^{12}	861×10^{12}	3.26×10^{12}	2.18×10^{12}	1.47×10^{12}	0.96×10^{12}	0.65×10^{12}	0.41×10^{12}
β	4	4	3	3	3	3	3	3

(3) 常幅疲劳验算 对于直接承受动力荷载重复作用的构件及其连接，如起重机梁、输送栈桥以及这些构件的连接，《钢结构设计规范》规定，当应力循环次数 $n \geqslant 5\times10^4$ 时应进行疲劳验算。对焊接结构的焊接部位的常幅疲劳，应按下式计算

$$\Delta\sigma = \sigma_{max} - \sigma_{min} \leqslant [\Delta\sigma] \tag{2-5}$$

对于非焊接部位，最大应力或应力比对疲劳强度有直接影响，允许应力幅采用折算应力幅，其疲劳强度由下式确定

$$\Delta\sigma = \sigma_{max} - 0.7\sigma_{min} \leqslant [\Delta\sigma] \tag{2-6}$$

2.3.2 变幅疲劳和起重机梁的欠载效应系数

常幅疲劳属于特殊的情况，实际生产中，结构（如厂房起重机梁）所受荷载经常变化，其值一般小于计算荷载，称之为变幅荷载，或称随机荷载。变幅疲劳的应力谱如图2-14所示。

常幅疲劳的研究结果可推广到变幅疲劳，但需引入累积损伤法则。当前通用的是 Palmgren-Miner 方法，简称 Miner 方法。

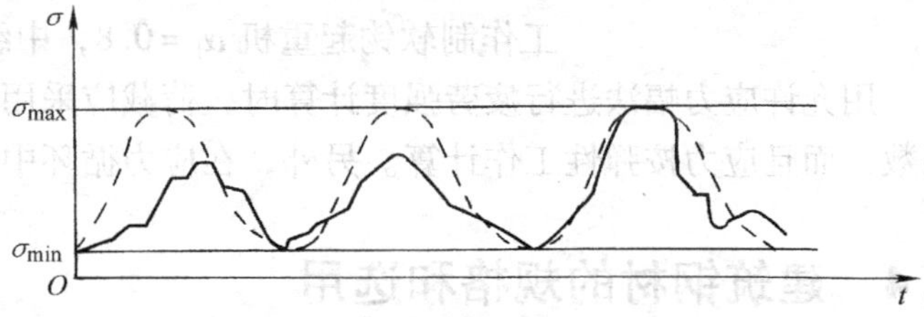

图2-14 变幅疲劳的应力谱

从设计应力谱可知应力幅水平 $\Delta\sigma_1, \Delta\sigma_2, \cdots, \Delta\sigma_i, \cdots$ 和对应的循环次数 $n_1, n_2, \cdots, n_i, \cdots$。再假设 $\Delta\sigma_1, \Delta\sigma_2, \cdots, \Delta\sigma_i, \cdots$ 为常幅时，相对应的疲劳寿命是 $N_1, N_2, \cdots, N_i, \cdots$。$N_i$ 表示在常幅疲劳中 $\Delta\sigma$ 循环作用 N_i 次后，构件或连接即产生破损。则在应力幅 $\Delta\sigma_1$ 作用下的一次循环所引起的损伤为 $1/N_1$，n_1 次循环为 n_1/N_1。按累积损伤法则，将总的损伤按线性叠加计算，则得发生疲劳破坏的条件为

$$\frac{n_1}{N_1} + \frac{n_2}{N_2} + \cdots + \frac{n_i}{N_i} + \cdots = \sum \frac{n_i}{N_i} = 1 \tag{2-7}$$

或写成

$$\sum \frac{n_i}{\sum n_i} \frac{\sum n_i}{N_i} = 1 \tag{2-8}$$

若认为变幅疲劳与同类常幅疲劳有相同的曲线，则任一级应力幅水平均有

$$(\Delta\sigma_i)^{\beta} N_i = C \text{ 或 } N_i = \frac{C}{(\Delta\sigma_i)^{\beta}} \tag{2-9}$$

设想由常幅 $\Delta\sigma_e$ 作用 $\sum n_i$ 次使同一结构也产生疲劳破坏，则有

$$(\Delta\sigma_e)^{\beta} \sum n_i = C \text{ 或 } \sum n_i = \frac{C}{(\Delta\sigma_e)^{\beta}} \tag{2-10}$$

式中 $\Delta\sigma_e$——等效应力幅。

将式(2-9)和式(2-10)的 N_i 和 $\sum n_i$ 值代入式(2-8)得

$$\Delta\sigma_e = \left[\sum \frac{n_i(\Delta\sigma_i)^{\beta}}{\sum n_i}\right]^{\frac{1}{\beta}} \tag{2-11}$$

令 $\Delta\sigma_e = \alpha_f \Delta\sigma_{max}$，由此

$$\alpha_f = \frac{\Delta\sigma_e}{\Delta\sigma_{max}} = \frac{1}{\Delta\sigma_{max}}\left[\sum \frac{n_i(\Delta\sigma_i)^\beta}{\sum n_i}\right]^{\frac{1}{\beta}} \tag{2-12}$$

式中 $\Delta\sigma_{max}$——变幅疲劳中的最大应力幅；

α_f——变幅荷载的欠载效应系数，《钢结构设计规范》给出以 $n=2\times10^6$ 次为基准的 α_f 值。

因此，《钢结构设计规范》规定：重级工作制起重机梁和重级、中级工作制起重机桁架的疲劳可作为常幅疲劳按下式计算

$$\alpha_f\Delta\sigma \leqslant [\Delta\sigma]_{n=2\times10^6} \tag{2-13}$$

式中 $[\Delta\sigma]_{n=2\times10^6}$——循环次数 $n=2\times10^6$ 的允许应力幅，应按式(2-4)计算；

α_f——变幅荷载的欠载效应系数，对重级工作制硬钩起重机 $\alpha_f=1.0$，重级工作制软钩起重机 $\alpha_f=0.8$，中级工作制起重机 $\alpha_f=0.5$。

用允许应力幅法进行疲劳强度计算时，荷载应采用标准值，不考虑荷载分项系数和动力系数，而且应力按弹性工作计算。另外，在应力循环中不出现拉应力的部位可不计算疲劳。

2.4 建筑钢材的规格和选用

2.4.1 钢结构对材料的要求

根据用途的不同，钢材可分为多种类别，性能也有很大差别。适用于钢结构的钢材必须符合下列要求：

（1）较高的抗拉强度 f_u 和屈服强度 f_y　f_y 是衡量结构承载能力和确定强度设计值的重要指标。f_y 高则可减轻结构自重，节约钢材和降低造价。f_u 是衡量钢材经过较大变形后抵抗拉断的性能指标。它直接反映钢材内部组织的优劣，而且与疲劳强度有着比较密切的关系，同时 f_u 高可以增加结构的安全保障。

（2）较好的塑性和韧性　塑性好，结构在静载作用下有足够的应变能力，破坏前变形明显，可减轻或避免结构脆性破坏的发生；塑性好，又可通过较大的变形调整局部应力，提高构件的延性，使其具有较好的抵抗重复荷载作用的能力，有利于结构的抗振。冲击韧度好，可在动荷载作用下破坏时吸收较多的能量，提高结构抵抗动力荷载的能力，避免发生裂纹和脆性断裂。

（3）良好的加工性能（包括冷加工、热加工和焊接性能）　钢材经常在常温下进行加工，良好的加工性能不但可保证钢材在加工过程中不发生裂纹或脆断，而且不致因加工而对结构的强度、塑性、韧性等造成较大的不利影响。

此外，在符合上述要求的条件下，根据结构的具体工作条件，有时还要求钢材具有适应低温、高温和腐蚀性环境的能力。

按以上要求，《钢结构设计规范》规定：承重结构采用的钢材应具有抗拉强度、伸长率、屈服强度和硫、磷含量的合格保证，对焊接结构尚应具有碳含量的合格保证；焊接承重结构以及重要的非焊接承重结构采用的钢材还应具有冷弯试验的合格保证，对某些承受动力荷载的结构以及重要的受拉或受弯的焊接结构尚应具有常温或负温冲击韧度的合格保证。

2.4.2 钢的种类

根据钢结构对材料的要求，用于钢结构的钢材主要有两个大类，即碳素结构钢和低合金高强度结构钢。目前这两种钢主要采用氧气顶吹转炉进行冶炼，如没有特殊要求，一般钢结构用材不对冶炼方法提出要求。钢的牌号由代表屈服强度的字母Q、屈服点数值(N/mm^2)、质量等级符号(A、B、C、D)、脱氧程度符号等四个部分按顺序组成。根据钢液在浇铸过程中脱氧程度的不同，钢分为沸腾钢(代号为F)、半镇静钢(代号为b)、镇静钢(代号为Z)和特殊镇静钢(代号为TZ)，镇静钢和特殊镇静钢的代号可以省去。镇静钢脱氧充分，沸腾钢脱氧较差，半镇静钢介于镇静钢和沸腾钢之间。目前轧制钢材的钢坯多采用连续铸锭法生产，钢材必然为镇静钢，所以推荐采用镇静钢。下面分别对碳素结构钢和低合金高强度结构钢的牌号和性能作一简要介绍：

(1) 碳素结构钢 《碳素结构钢》按质量等级将钢分为A、B、C、D四级，A级钢只保证抗拉强度、屈服强度、伸长率，必要时尚可附加冷弯试验的要求，化学成分对碳、锰可以不作为交货条件；B、C、D级钢均保证抗拉强度、屈服强度、伸长率、冷弯和冲击韧度等力学性能。其中，B级要求常温(20℃)冲击韧度冲击值不小于27J，C级和D级则分别要求0℃和-20℃的冲击值不小于27J。另外对碳、硫、磷等化学成分的极限含量也有严格要求。

碳素结构钢的牌号有Q195、Q215、Q235、Q255和Q275，其中Q195和Q215的强度比较低，而Q255和Q275的碳含量均超出结构用钢的要求，所以钢结构一般仅用Q235。因此钢的牌号根据需要可表示为：Q235A，代表的意义是屈服强度为$235N/mm^2$、A级、镇静钢。Q235BF，代表的意义是屈服强度为$235N/mm^2$、B级、沸腾钢。另外还有Q235C、Q235D等。冶炼方法一般由供方自行决定，设计者不再另行提出，如需方有特殊要求时可在合同中加以注明。上述屈服强度的数值是钢材厚度(或直径)≤16mm时的屈服强度数值，根据钢材厚度的不同，屈服强度的数值有所不同，应用时参见附表1-1。

(2) 低合金高强度结构钢 GB/T 1591—2008《低合金高强度结构钢》于2009年10月1日实施。标准采用与碳素结构钢相同的钢的牌号表示方法，仍然根据钢材厚度(或直径)≤16mm时的屈服强度大小，分为Q295、Q345、Q390、Q420和Q460。其中Q345、Q390和Q420是钢结构设计规范规定采用的钢种。钢的牌号仍有质量等级符号，除与碳素结构钢A、B、C、D四个等级相同外增加一个等级E，主要是要求-40℃的冲击韧度。钢的牌号如：Q345B、Q390C等。低合金高强度结构钢一般为镇静钢，因此钢的牌号中不注明脱氧方法。冶炼方法也由供方自行选择。

A级钢应进行冷弯试验，其他质量级别钢如供方能保证弯曲试验结果符合规定要求，可不作检验。Q460和各牌号D、E级钢一般不供应型钢、钢棒。

2.4.3 钢材的选择

为保证承重结构的承载能力，防止在一定条件下出现脆性破坏，做到安全可靠和经济合理，应根据下列因素综合考虑，选择合适的钢材牌号和材性。

(1) 结构的重要性 按照《建筑结构可靠度设计统一标准》的规定，建筑结构及其构件依其破坏可能产生的后果(危及人的生命、造成经济损失、产生社会影响等)的严重性，把建筑物分为一级(重要的)、二级(一般的)和三级(次要的)。安全等级不同，要求的钢材质量也应不同。对重要结构，如重型厂房结构、大跨度结构、高层或超高层的民用建筑结构或构筑物等，应考虑选用质量好的钢材；对一般工业与民用建筑结构，可按工作性质分别选用普通质量的钢材。

（2）荷载特征　荷载可分为静态荷载和动态荷载两种。直接承受动态荷载的结构和强烈地震区的结构，应选用综合性能好的钢材；一般承受静态荷载的结构则可选用价格较低的Q235钢。

（3）连接方法　钢结构的连接方法有焊接和非焊接两种。焊接的不均匀加热和冷却产生的焊接变形、焊接应力以及其他焊接缺陷，会导致结构产生裂纹或脆性断裂。因此，焊接结构钢材的材质要求应高于同样情况的非焊接结构钢材。例如，在化学成分方面，焊接结构必须严格控制碳、硫、磷的极限含量；而非焊接结构对碳含量可降低要求。

（4）结构的工作环境　结构的工作环境包括温度和腐蚀性介质。钢材的塑性和韧性随温度的降低而降低，处于低温时容易冷脆，因此在低温条件下工作的结构，尤其是焊接结构，应选用具有良好抗低温脆断性能的镇静钢。对处于露天环境，且对耐腐蚀有特殊要求的结构以及在腐蚀性气态或固态介质作用下的承重结构的钢材，应选择不同材质的钢材。

（5）钢材厚度　薄钢材辊轧次数多，轧制的压缩比大，厚度大的钢材压缩比小。所以厚度大的钢材不但强度较低，而且塑性、冲击韧度和焊接性能也较差。因此，厚度大的焊接结构应采用材质较好的钢材。

综合考虑上述因素，承重结构的钢材宜选用Q235钢、Q345钢、Q390钢和Q420钢，其质量要求应保证抗拉强度、屈服强度、伸长率和硫磷的极限含量，焊接结构尚应保证碳的极限含量。

焊接承重结构以及重要的非焊接承重结构的钢材应具有冷弯试验的合格保证。

对于需要验算疲劳的焊接结构的钢材，应具有常温冲击韧度的合格保证。当结构工作温度等于或低于0℃但高于-20℃时，Q235钢和Q345钢应具有0℃冲击韧度的合格保证；对Q390钢和Q420钢应具有-20℃冲击韧度的合格保证。当结构工作温度等于或低于-20℃时，对Q235钢和Q345钢应具有-20℃冲击韧度的合格保证；对Q390钢和Q420钢应具有-40℃冲击韧度的合格保证。

对于需要验算疲劳的非焊接结构的钢材亦应具有常温冲击韧度的合格保证。当结构工作温度等于或低于-20℃时，Q235钢和Q345钢应具有0℃冲击韧度的合格保证；对Q390钢和Q420钢应具有-20℃冲击韧度的合格保证。

另外，下列情况的焊接承重结构和构件不应采用Q235沸腾钢：①直接承受动力荷载或振动荷载且需要验算疲劳的结构；②工作温度低于-20℃时的直接承受动力荷载或振动荷载但可不验算疲劳的结构以及承受静力荷载的受弯及受拉的重要结构；③工作温度等于或低于-30℃的所有承重结构。对于工作温度等于或低于-20℃的直接承受动力荷载且需要验算疲劳的非焊接结构也不应采用Q235沸腾钢。

钢材的脆性破坏受多种因素影响，如温度降低、荷载速度增大、使用应力较高等，特别是这些因素同时存在时，材料或构件就有可能发生脆性断裂。根据现阶段研究情况来看，在建筑钢材中脆性断裂还不是一个单纯由设计计算或者加工制造某一个方面来控制的问题，而是一个必须由设计、制造及使用等多方面来共同加以防止的事情。

为了防止脆性破坏的发生，一般需要在设计、制造及使用中注意下列各点：

（1）合理的设计　构造设计应力求合理，使其能均匀、连续地传递应力，避免构件截面急剧变化。低温下工作，受动力作用的钢结构应选择合适的钢材，使所用钢材的脆性转变温度低于结构的工作温度，如分别选用 Q235C(或 D)、Q345C(或 D)钢等，并尽量使用较薄的材料。

（2）正确的制造　应严格遵守设计对制造所提出的技术要求。例如尽量避免使材料出现应变硬化，因剪切、冲孔而造成的局部硬化区，要通过扩钻或刨边来除掉；要正确地选择焊接工艺，保证焊接质量，不在构件上任意起弧、打火和锤击，必要时可用热处理的方法消除重要构件中的焊接残余应力，重要部位的焊接，要由经过考试挑选的有经验的焊工操作。

（3）正确的使用　例如，不在主要结构上任意焊接附加的零件，不任意悬挂重物，不任意超负荷使用结构；要注意检查维护，及时涂装防锈，避免任何撞击和机械损伤；原设计在室温工作的结构，在冬季停产检修时要注意保暖等。

对设计工作者来说，不仅要注意适当选择材料和正确处理细部构造设计，对制造工艺的影响也不能忽视。对使用也应提出在使用期中应注意的主要问题。

2.4.4　钢材的规格

钢结构采用的型材有热轧成形的钢板和型钢以及冷弯(或冷压)成形的薄壁型钢。

（1）热轧钢板　热轧钢板有厚钢板(厚度为 4.5 ~ 60mm)和薄钢板(厚度为 0.35 ~ 4mm)，还有扁钢(厚度为 4 ~ 60mm，宽度为 30 ~ 200mm，此钢板宽度小)。钢板的表示方法为，在符号“—”后加“厚度×宽度×长度”，单位为毫米，如—12×450×1200。

（2）热轧型钢　热轧型钢有角钢、工字钢、槽钢和钢管(见图 2-15)。角钢分等边和不等边两种。不等边角钢的表示方法为，在符号“∟”后加“长边宽×短边宽×厚度”，如∟100×80×8；对于等边角钢则以边宽和厚度表示，如∟100×8，单位皆为 mm。

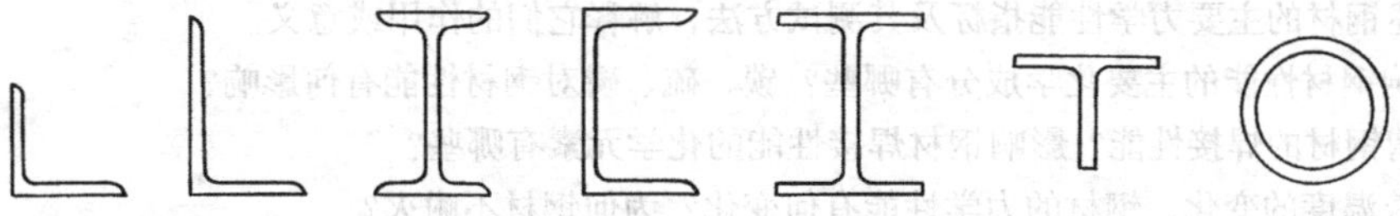

图 2-15　热轧型钢截面

工字钢有普通工字钢、轻型工字钢和 H 型钢。普通工字钢和轻型工字钢用号数表示，号数即为其截面高度的厘米数。20 号以上的工字钢，同一号数有三种腹板厚度，分别为 a、b、c 三类，如 I30a、I30b、I30c。a 类腹板较薄，用作受弯构件较为经济，c 类腹板较厚。轻型工字钢的腹板和翼缘均较普通工字钢薄，因而在相同质量下其截面系数和回转半径均较大。H 型钢是世界各国使用很广泛的热轧型钢，与普通工字钢相比，其翼缘内外两侧平行，便于与其他构件相连。它可分为宽翼缘 H 型钢，代号 HW，翼缘宽度 B 与截面高度 H 相等；中翼缘 H 型钢，代号 HM，$B=(1/2\sim2/3)H$；窄翼缘 H 型钢，代号 HN，$B=(1/3\sim1/2)H$。各种 H 型钢均可剖分为 T 型钢供应，代号分别为 TW、TM 和 TN。H 型钢和剖分 T 型钢的规格标记均采用：高度 $H\times$宽度 $B\times$腹板厚度 $t_1\times$翼缘厚度 t_2 表示。例如 HM340×250×9×14，其剖分 T 型钢为 TM170×250×9×14，单位均为 mm。

槽钢有普通槽钢和轻型槽钢两种，也以其截面高度的厘米数编号，如［30a。号码相同的轻型槽钢，其翼缘较普通槽钢宽而薄，腹板也较薄，回转半径较大，质量较轻。

钢管有无缝钢管和焊接钢管两种，用符号“ϕ”后面加“外径×厚度”表示，如$\phi400\times6$，单位为mm。

（3）薄壁型钢　薄壁型钢（见图2-16）是用薄钢板（一般采用Q235或Q345钢），经模压或弯曲而制成，其壁厚一般为1.5～5mm，在国外薄壁型钢厚度有加大范围的趋势，如美国可用到1in（25.4mm）厚。有防锈涂层的彩色压型钢板（见图2-16j），所用钢板厚度为0.4～1.6mm，可用作轻型屋面及墙面等构件。

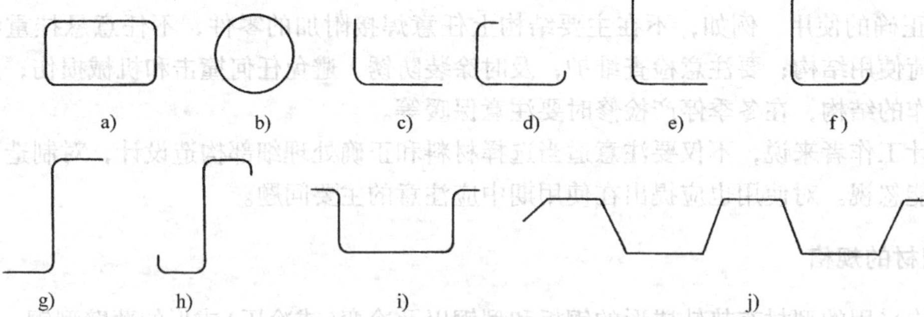

图2-16　薄壁型钢截面

习　题

2-1　何谓碳素结构钢、低合金高强度结构钢？生产和加工过程对其工作性能有何影响？钢材中常见的冶金缺陷有哪些？

2-2　钢材有哪两种主要破坏形式？与其化学成分和组织构造有何关系？

2-3　试述钢材的主要力学性能指标及其测试方法，解释它们的作用或意义。

2-4　影响钢材性能的主要化学成分有哪些？碳、硫、磷对钢材性能有何影响？

2-5　何谓钢材的焊接性能？影响钢材焊接性能的化学元素有哪些？

2-6　随着温度的变化，钢材的力学性能有何变化？为何钢材不耐火？

2-7　解释下列名词：①低温冷脆；②时效硬化；③冷作硬化；④应变时效硬化；⑤转变温度；⑥低周疲劳；⑦高周疲劳；⑧线性累积损伤准则。

2-8　引起钢材脆性破坏的主要因素有哪些？设计中应如何防止脆性破坏的发生？

2-9　什么是疲劳断裂？它的特点如何？简述其破坏过程。

2-10　为何影响焊接结构疲劳强度的主要因素是应力幅，而不是应力比？

2-11　何谓等效应力幅$\Delta\sigma_e$？它是根据什么原理求得的？

2-12　钢材的力学性能为何要按厚度分类？在选用钢材时，应如何考虑板厚的影响？

2-13　简述建筑钢结构对钢材的要求、指标，规范推荐使用的钢材有哪些？在选用钢材时应注意哪些问题？

2-14　什么情况下会产生应力集中，应力集中对材性有何影响？

2-15　快速加荷对钢材的力学性能有何影响？

3

第 3 章

钢结构的连接

钢结构是由钢板、型钢等通过连接制成基本构件(如梁、柱、桁架等)，再运到工地安装连接成整体结构(如厂房、桥梁等)的。因此，在钢结构中连接占有很重要的地位，设计任何钢结构都会遇到连接问题。

钢结构常用的连接方式有焊接连接、铆钉连接和螺栓连接(见图 3-1)。

焊缝连接是现代钢结构最主要的连接方式，任何形状的结构都可用焊缝连接。其优点是构造简单，加工方便，节省钢材。焊缝连接一般不需拼接材料，省钢省工，而且能实现自动化操作，生产效率较高。目前土木工程中焊接结构占绝对优势。但是焊缝质量易受材料、操作的影响，对钢材性能要求较高，且焊接残余应力和残余变形对结构有不利影响。

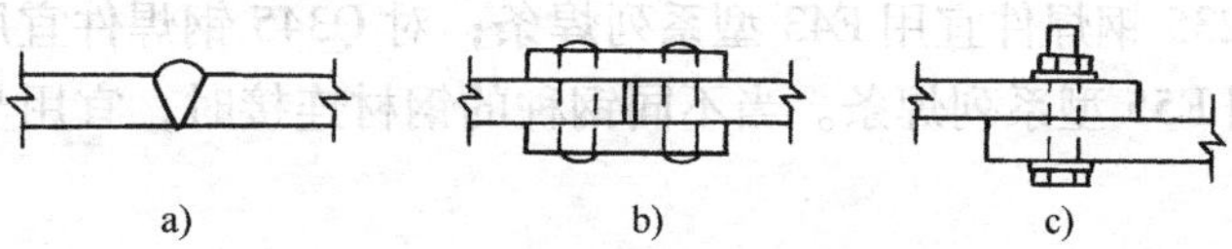

图 3-1　钢结构的连接方式

a）焊接连接　b）铆钉连接　c）螺栓连接

铆钉连接需要先在构件上开孔，用加热的铆钉进行铆合，有时也可用常温的铆钉进行铆合，但需要较大的铆合力。铆钉连接的优点是传力可靠，韧性和塑性较好，质量易于检查，适用于经常承受动力荷载作用，荷载较大和跨度较大的结构。但是由于铆钉连接费钢费工，现在已很少采用。

螺栓连接有普通螺栓连接和高强度螺栓连接之分。普通螺栓连接的优点是施工简单，拆装便利，不需要特殊设备。其缺点是用钢量多。螺栓连接适用于安装连接和需经常拆卸的结构。

高强度螺栓是用强度较高的钢材制作，安装时通过特制的扳手，以较大转矩上紧螺母，使螺杆产生很大的预拉力。高强度螺栓的预拉力把被连接的部件夹紧，使部件的接触面间产生很大的摩擦力。当考虑外力通过摩擦力来传递时，称为高强度螺栓摩擦型连接。高强度螺栓摩擦型连接的优点是加工方便，对构件的削弱较小，可拆换，能承受动力荷载，耐疲劳，韧性和塑性好，包含了普通螺栓和铆钉的各自优点，目前已成为代替铆钉连接的优良连接。此外，高强度螺栓也可依靠螺杆抗剪和螺孔之间的承压来传力。这种连接称为高强度螺栓承压型连接。

除上述常用连接方式外，在薄壁钢结构中还经常采用射钉、自攻螺钉和焊钉(栓钉)等连接方式。射钉和自攻螺钉主要用于薄板之间的连接，如压型钢板与梁连接，具有安装操作方便的特点。焊钉用于混凝土与钢板连接，使两种材料能共同工作。

3.1 焊接方法和焊接连接形式

3.1.1 焊接方法

钢结构中一般采用的焊接方法有电弧焊、电阻焊和气体保护焊。

1. 电弧焊

电弧焊是利用通电后焊条和焊件之间产生的强大电弧提供热源，熔化焊条，滴落在焊件被电弧吹成凹槽的熔池中，并与焊件熔化部分结合形成焊缝，将两焊件连接成一整体。电弧焊的焊缝质量比较可靠，是最常用的一种焊接方法。

电弧焊分为焊条电弧焊(见图3-2)和自动(或手工)埋弧焊(见图3-3)。焊条电弧焊是通电后在涂有焊药的焊条与焊件之间产生电弧，熔化焊条而形成焊缝。焊药则随焊条熔化而形成熔渣覆盖在焊缝上，同时产生一种气体，隔离空气与熔化的液体金属，使它不与外界空气接触，保护焊缝不受空气中有害气体影响。焊条电弧焊焊条应与焊件的金属强度相适应。对Q235钢焊件宜用E43型系列焊条；对Q345钢焊件宜用E50型系列焊条；对Q390钢焊件宜用E55型系列焊条。当不同钢种的钢材连接时，宜用与低强度钢材相适应的焊条。

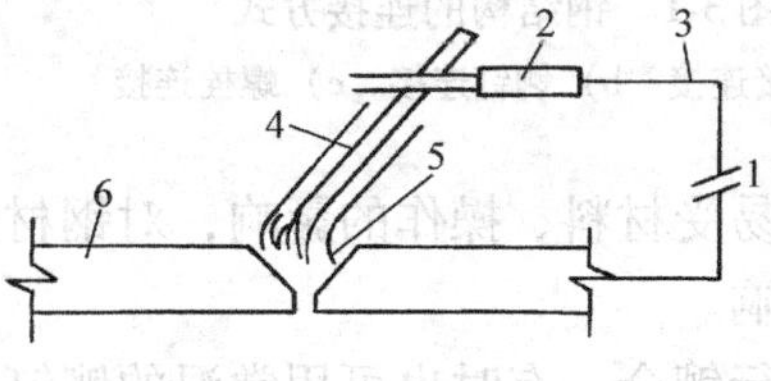

图3-2 焊条电弧焊

1—电源 2—夹具 3—导线 4—焊条 5—电弧 6—焊件

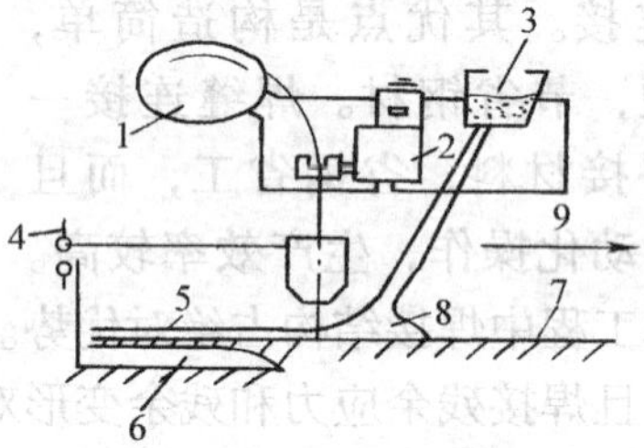

图3-3 自动埋弧焊

1—转盘 2—电动机 3—焊剂漏斗 4—电源 5—熔化的焊剂电弧 6—焊缝金属 7—焊件 8—焊剂 9—移动方向

自动或手工埋弧焊采用设有涂层的焊丝，插入从漏斗中流出的覆盖在被焊金属上面的焊剂中，通电后由于电弧作用熔化焊丝和焊剂，熔化后的焊剂浮在熔化金属表面保护熔化金属，使之不与外界空气接触，有时焊剂还可提供焊缝必要的合金元素，以此改善焊缝质量。焊接进行时，焊接设备或焊体自行移动，焊剂不断由漏斗漏下，电弧完全被埋在焊剂之内。同时，绕在转盘上的焊丝也不断自动熔化和下降进行焊接。对Q235的焊件，可采用H08、H08A、H08MnA等焊丝，对Q345钢焊件可采用H08A、H08MnA和H10Mn2焊丝；对Q390焊件可采用H08MnA、H10Mn2和H08MnMoA焊丝。自动埋弧焊的焊缝质量均匀，塑性好，冲击韧度高，耐蚀性强。手工埋弧焊除人工操作前进外，其余与自动埋弧焊相同。

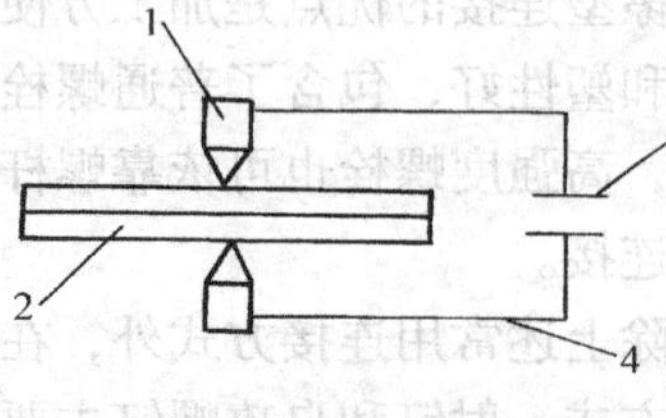

图3-4 电阻焊

1—夹具 2—焊件 3—电源 4—导线

2. 电阻焊

电阻焊利用电流通过焊件接触点表面产生的热量来熔化金属，再通过压力使其焊合。冷弯薄壁型钢的焊接常采用电阻焊(见图3-4)。电阻焊适用于板叠厚度不超过12mm

的焊接。

3. 气体保护焊

气体保护焊是利用惰性气体或 CO_2 气体作为保护介质，在电弧周围形成保护层，使被熔化的金属不与空气接触，电弧加热集中，熔化深度大，焊接速度快，焊缝强度高，塑性好。CO_2 气体保护焊采用高锰、高硅型焊丝，具有较强的抗锈蚀能力，焊缝不易产生气孔，适用于低碳钢、低合金高强度钢的焊接。

3.1.2　焊缝连接形式

焊缝连接形式可按构件相对位置、构造和施焊位置进行划分。

1. 按被连接构件的相对位置分类

焊件的连接形式按被连接构件的相对位置可分为对接头、T形接头、搭接头和角接头四种类型(见图3-5)。

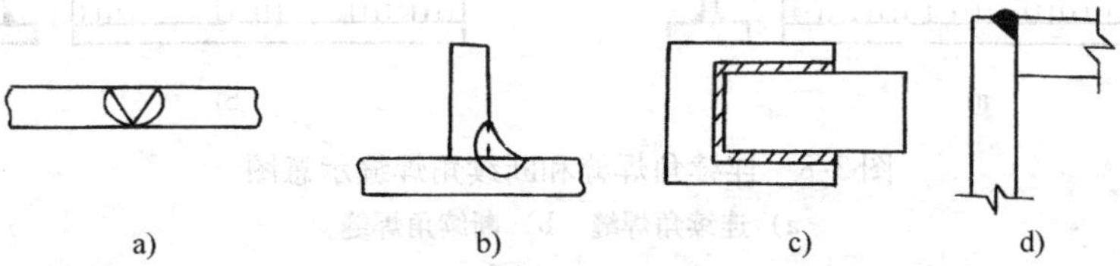

图3-5　焊接连接形式

a) 对接头　b) T形接头　c) 搭接头　d) 角接头

2. 按焊缝本身构造分类

焊接连接形式按构造可分为对接焊缝和角焊缝两种。对接焊缝位于被连接板件或其中一个板件的平面内；角焊缝位于两个被连接板件的边缘位置。

对接焊缝按作用力的方向与焊缝长度的相对位置可分为对接正焊缝和对接斜焊缝(见图3-6)。

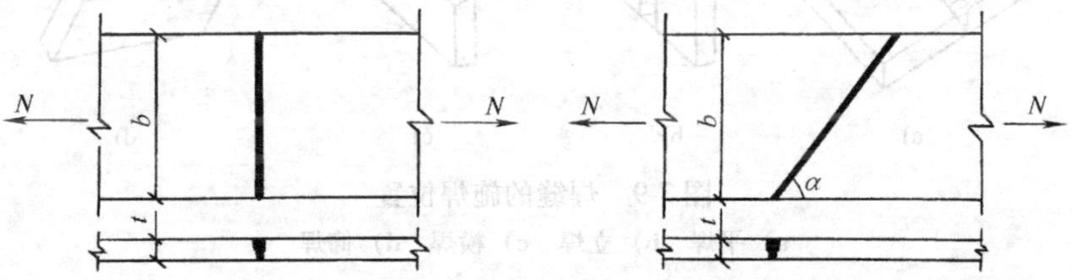

图3-6　对接正焊缝和对接斜焊缝示意图

a) 对接正焊缝　b) 对接斜焊缝

角焊缝分为侧面角焊缝和正面角焊缝(见图3-7)。焊缝轴线与焊件受力方向垂直的焊缝称为正面角焊缝，与受力方向平行的焊缝称为侧面角焊缝。它沿长度方向的布置分连续角焊缝和断续角焊缝两种形式(见图3-8)。连续角焊缝受力情况较好，断续角焊缝容易引起应力集中现象，重要结构应避免采用，但可用于一些次要的构件或次要的焊接连接中。断续角焊缝焊段长度不得小于 $10h_f$ 或50mm，且其间断距离 L 不宜太长，一般在受压构件中不应大于 $15t$，在受拉构件中不应大于 $30t$，t 为较薄焊件的厚度。

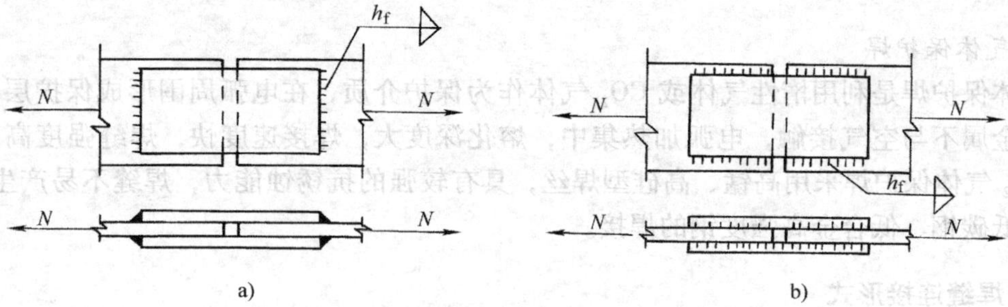

图 3-7 侧面角焊缝和正面角焊缝示意图
a）正面角焊缝 b）侧面角焊缝

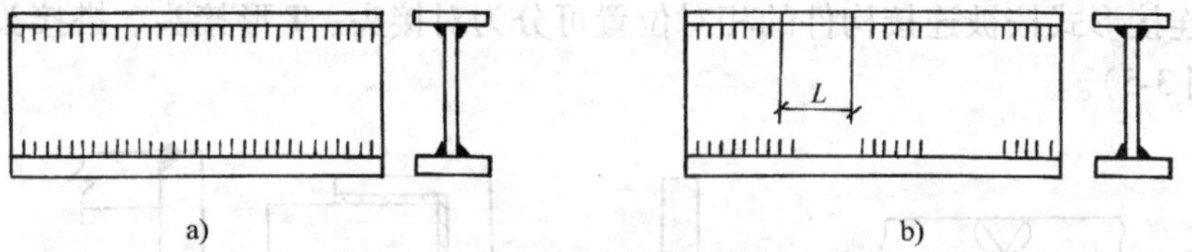

图 3-8 连续角焊缝和断续角焊缝示意图
a）连续角焊缝 b）断续角焊缝

3. 按施焊位置分类

按施焊时焊缝在焊件之间的相对空间位置分为平焊、立焊、横焊和仰焊等几种（见图 3-9）。平焊的焊接工作最方便，质量也最好，应尽量采用。立焊和横焊的质量及生产效率比平焊差一些；仰焊的操作条件最差，焊缝质量不易保证，应尽量避免采用。

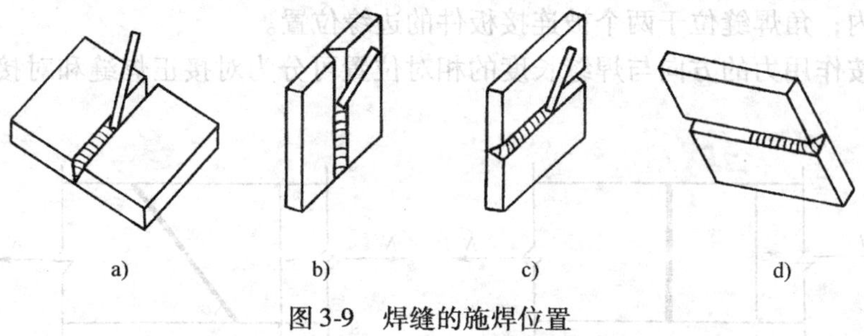

图 3-9 焊缝的施焊位置
a）平焊 b）立焊 c）横焊 d）仰焊

3.1.3 焊缝连接的优缺点

与铆钉、螺栓连接相比，焊接连接有下列优点：

1）不需要在钢材上打孔钻眼，既省工省时，又不使材料的截面积受到减弱，使材料得到充分利用。

2）任何形状的构件都可直接连接，一般不需要辅助零件，使连接构造简单，传力路线短，适应面广。

3）焊接连接的气密性和水密性都较好，结构刚性也较大，结构的整体性较好。

但是，焊缝连接也存在下列问题：

1）由于高温作用在焊缝附近形成热影响区，钢材的金相组织和力学性能发生变化，材质变脆。

2）焊接的残余应力会使结构发生脆性破坏，降低压杆稳定的临界荷载，同时残余变形还会使构件尺寸和形状发生变化。

3）焊接结构具有连续性，局部裂缝一经发生便容易扩展到整体。

由于以上原因，焊接结构的低温冷脆问题就比较突出。设计焊接结构时，应经常考虑焊接连接的上述特点，要扬长避短。遇到重要的焊接结构，结构设计与焊接工艺要密切配合，选择一个最佳的设计和施工方案。

3.1.4 焊缝的缺陷及焊缝质量检验

1. 焊缝缺陷

焊缝在焊接过程中会在焊缝金属或附近热影响区钢材表面或内部产生缺陷，常见的缺陷有裂纹、焊瘤、烧穿、凹坑、气孔、夹渣、咬边、未熔合、未焊透等（见图3-10）；另外还存在焊缝外形尺寸不符合要求、焊缝成形不良等缺陷。其中，裂纹是焊缝连接中最危险的缺陷，产生裂纹的原因很多，如钢材化学成分不当、焊接工艺条件选择不当等。

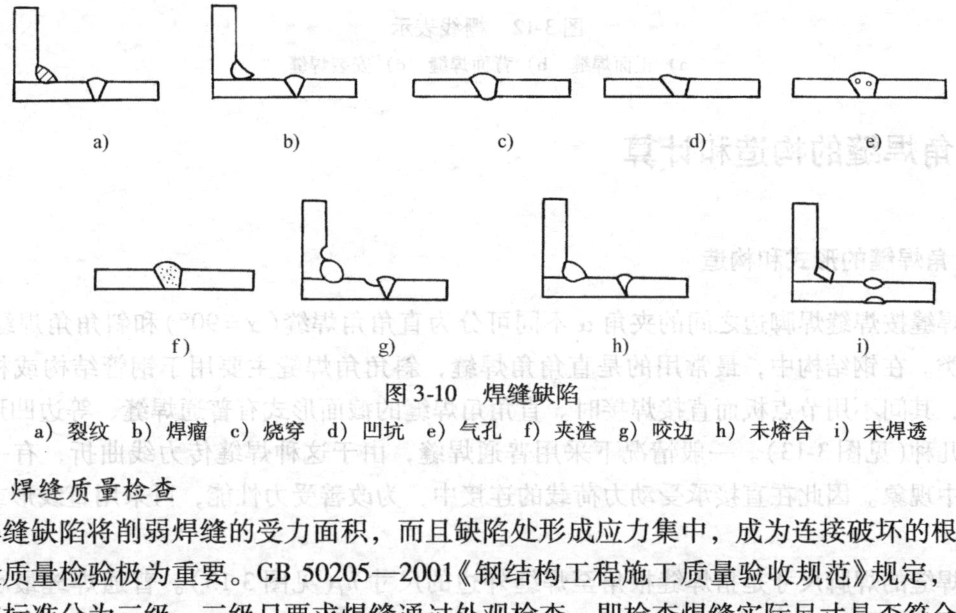

图3-10 焊缝缺陷

a）裂纹 b）焊瘤 c）烧穿 d）凹坑 e）气孔 f）夹渣 g）咬边 h）未熔合 i）未焊透

2. 焊缝质量检查

焊缝缺陷将削弱焊缝的受力面积，而且缺陷处形成应力集中，成为连接破坏的根源。因此焊缝质量检验极为重要。GB 50205—2001《钢结构工程施工质量验收规范》规定，焊缝质量检查标准分为三级。三级只要求焊缝通过外观检查，即检查焊缝实际尺寸是否符合设计要求，有无看得见的缺陷。对于重要结构或要求焊缝与被焊金属等强的对接焊缝，则必须进行一级或二级质量检验，即在外观检验的基础上再做无损检验。二级为要求超声波检验每条焊缝20%的长度，一级要求用超声波检验每条焊缝的全部长度。

3.1.5 焊缝代号

焊缝代号由引出线、图形符号和辅助符号三部分组成。引出线由横线和带箭头的斜线组成。箭头指到图形当中的相应焊缝处，横线的上下用来标注图形符号和焊缝尺寸。当引出线的箭头指向焊缝所在位置一侧时，将图形符号和焊缝尺寸标注在横线的上面；反之，则将图形符号和焊缝尺寸标注在水平横线的下面。必要时，可以在水平横线的末端加一尾部作为标注其他说明的地方。图形符号表示焊缝的基本形式，如用⊿表示角焊缝，V 表示 V 形坡口的对接焊缝。辅助符号表示焊缝的辅助要求，如三角旗表示现场安装焊缝等。在图 3-11 中，列举了一些常用焊缝的表示方法，可供参考。

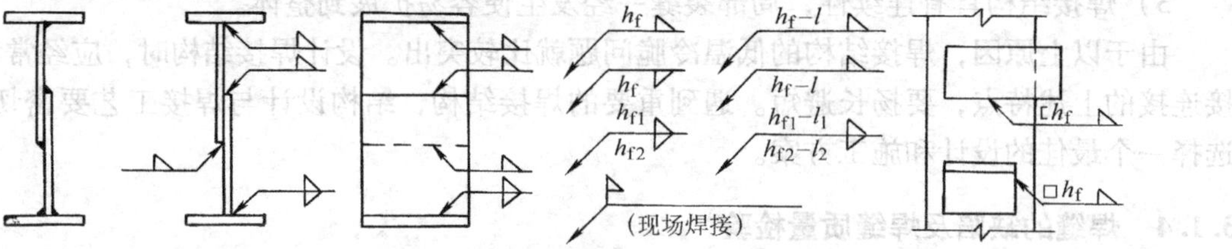

图 3-11 焊缝代号

当焊缝分布比较复杂或用上述标注方法无法表达清楚时，可在图形上加栅线表示（见图 3-12）。

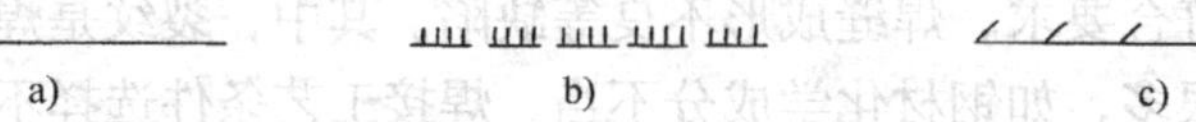

图 3-12 栅线表示

a）正面焊缝 b）背面焊缝 c）安装焊缝

3.2 角焊缝的构造和计算

3.2.1 角焊缝的形式和构造

角焊缝按焊缝焊脚边之间的夹角 α 不同可分为直角角焊缝（$\alpha=90°$）和斜角角焊缝（$\alpha\neq 90°$）两类。在钢结构中，最常用的是直角角焊缝，斜角角焊缝主要用于钢管结构或杆件倾斜相交，其间不用节点板而直接焊接时。直角角焊缝的截面形式有普通焊缝、等边凹形、直线形等几种（见图 3-13）。一般情况下采用普通焊缝，由于这种焊缝传力线曲折，有一定的应力集中现象。因此在直接承受动力荷载的连接中，为改善受力性能，可采用直线形或凹形焊缝。

角焊缝的焊脚尺寸是指焊缝根角至焊缝外边的尺寸 h_f（见图 3-13）。普通焊缝最小截面在 45°方向，不计凸出部分的余高，$h_e=0.7h_f$ 称为焊缝截面的有效厚度；对于平坡凸形或

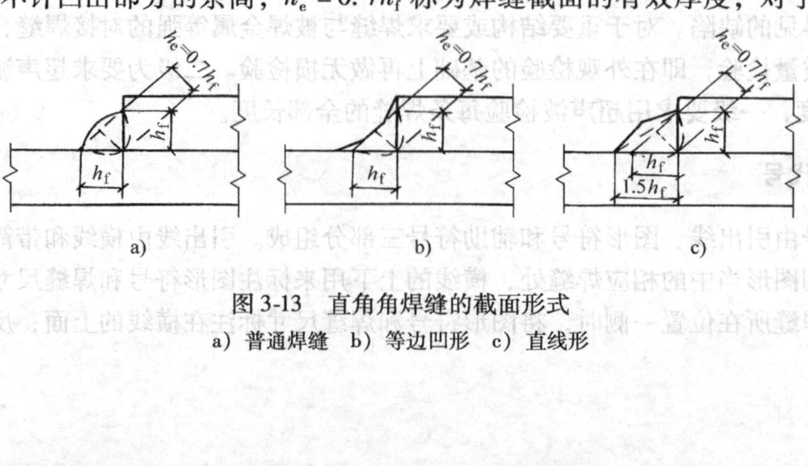

图 3-13 直角角焊缝的截面形式

a）普通焊缝 b）等边凹形 c）直线形

凹形焊缝，为了计算统一，其焊脚尺寸 h_f 和有效厚度 h_e 按图3-13b、c采用。斜角角焊缝的焊脚尺寸 h_f 和有效厚度 h_e 按图3-14采用，计算时 $h_e = h_f\cos(\alpha/2)$（$\alpha > 90°$时），但不大于 $0.7h_f$（$\alpha \leqslant 90°$时）。

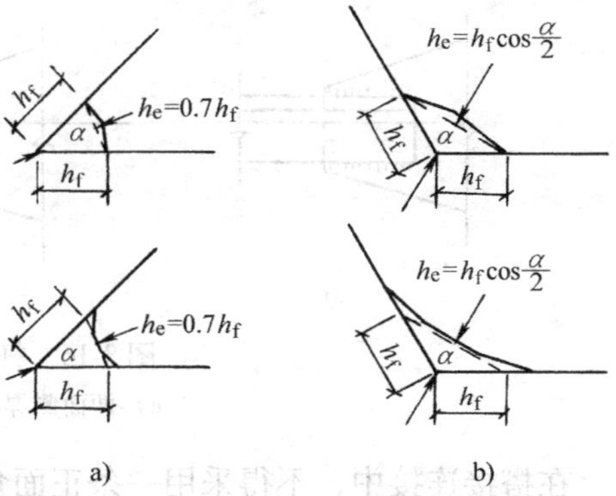

图3-14 斜角角焊缝
a）锐角角焊缝 b）钝角角焊缝

角焊缝的主要尺寸为焊脚尺寸 h_f 和焊缝计算长度 l_w。考虑施焊时起弧和收弧的影响，每条焊缝的计算长度 l_w 取其实际长度减去 $2h_f$。

角焊缝的焊脚尺寸不宜过小，过小则焊缝冷却过快易产生收缩裂纹等缺陷，因此最小焊脚尺寸对于手工焊角焊缝应满足 $h_f \geqslant 1.5\sqrt{t}$，$t$ 为较厚焊件厚度（单位：mm）；对于自动焊角焊缝，$h_f \geqslant 1.5\sqrt{t}-1$；对于T形连接的单面角焊缝，$h_f \geqslant 1.5\sqrt{t}+1$；当焊件厚度等于或小于4mm时，$h_f$ 等于焊件厚度。

为避免焊缝烧穿较薄的焊件，减小主体金属的翘曲和焊接残余应力，角焊缝的焊脚尺寸不宜太大（见图3-15）。最大焊脚尺寸 h_f 不宜大于较薄焊件厚度的1.2倍（但钢管结构可酌量增加）。对板边缘的角焊缝，则应满足 $h_f \leqslant t_1$（$t_1 \leqslant 6\text{mm}$）或 $h_f \leqslant t_1-(1\sim2)\text{mm}$（$t_1 > 6\text{mm}$）。圆孔或槽孔内的 h_f 不宜大于圆孔直径或槽孔短径的1/3。

角焊缝的长度不宜过小，侧面角焊缝和正面角焊缝的计算长度不得小于 $8h_f$ 和40mm，因为长度过小会使杆件局部加热严重，且起弧、落弧坑相距太近，加上一些可能产生的缺陷，使焊缝不够可靠。侧面角焊缝的计算长度也不宜大于 $60h_f$。当大于上述数值时，其超过部分在计算中不予考虑。因为侧面角焊缝应力沿长度分布不均匀，两端较中间大，焊缝越长其差别也越大。太长时侧面角焊缝两端应力可先达到极限而破坏，此时焊缝中部还未充分发挥其承载力，这种应力分布不均匀，对承受动力荷载的构件更加不利。因此受动力荷载的侧缝长度比受静力荷载的侧缝长度限制严格。若内力沿侧面角焊缝全长均匀分布时，其计算长度不受此限。

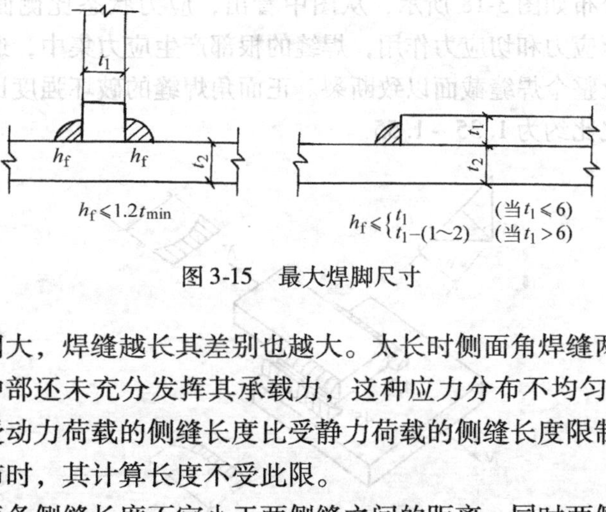

图3-15 最大焊脚尺寸

当构件用两边侧面角焊缝连接时，每条侧缝长度不宜小于两侧缝之间的距离，同时两侧缝之间的距离不宜大于 $16t$（当 $t > 12\text{mm}$）或190mm（当 $t \leqslant 12\text{mm}$），t 为较薄焊件的厚度。

直接承受动力荷载的结构中，角焊缝表面应做成直线形或凹形。焊脚尺寸的比例：对正面角焊缝宜为1∶1.5（长边顺内力方向），侧面角焊缝可为1∶1。

杆件与节点板的连接焊缝一般采用两面侧焊（见图3-16a），也可用三面围焊（见图3-16b），角钢焊件也可用L形围焊（见图3-16c），所有围焊的转角必须连续施焊。当角焊缝的端部在构件的转角处时，为避免起落弧缺陷发生在应力集中较大的转角处，宜连续绕转角加焊一段长度，此长度为 $2h_f$。

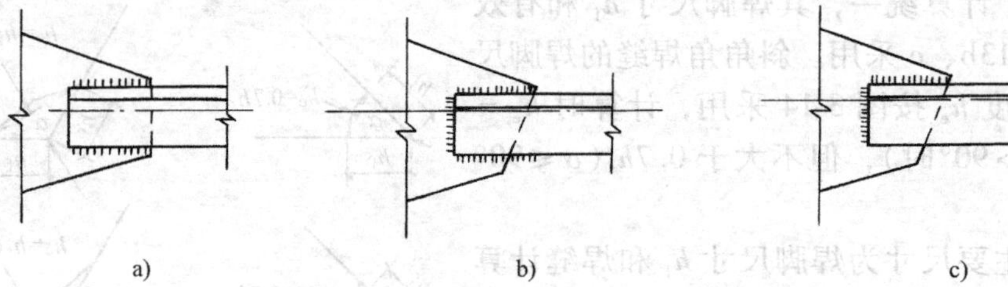

图 3-16 杆件与节点板的角焊缝连接

a）两面侧焊 b）三面围焊 c）L形围焊

在搭接连接中，不得采用一条正面角焊缝连接，且搭接长度不得小于焊件较小厚度的5倍，并不得小于25mm。

3.2.2 角焊缝的工作性能及强度

角焊缝中正面角焊缝的应力状态要比侧面角焊缝复杂得多，应力集中现象明显，塑性性能差。

1. 角焊缝的强度

角焊缝的应力分布比较复杂，正面角焊缝与侧面角焊缝工作差别较大。侧面角焊缝截面只有切应力，应力分布沿焊缝长度不均匀，两端大而中间小(见图3-17)，焊缝长度越长，越不均匀。破坏起点常在焊缝两端，破坏截面以45°截面居多。正面角焊缝在外力作用下应力分布如图3-18所示，从图中看出，应力状态比侧面角焊缝复杂，各个方向均存在拉应力、压应力和切应力作用，焊缝的根部产生应力集中，通常总是在根脚处首先出现裂缝，然后扩及整个焊缝截面以致断裂。正面角焊缝的破坏强度比侧面角焊缝的破坏强度要高一些，两者之比约为1.35～1.55。

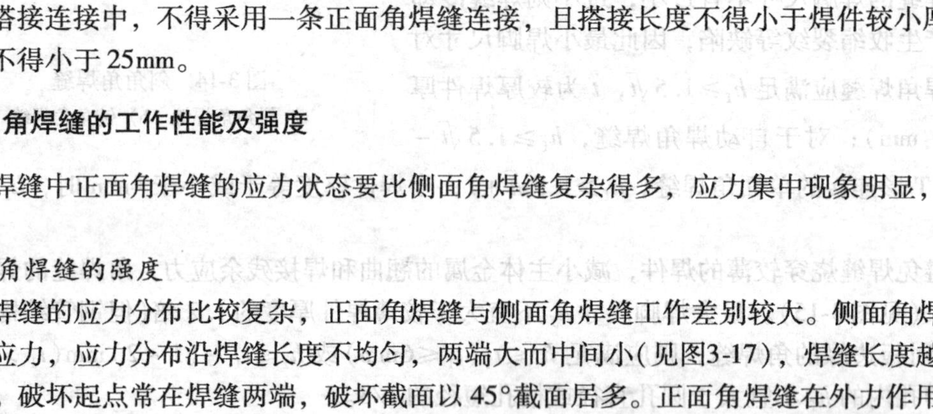

图 3-17 侧面角焊缝应力分布

2. 角焊缝有效截面上的应力

在外力作用下，直角角焊缝有效厚度截面上产生三个方向应力，即 $\sigma_\perp$、$\tau_\perp$、$\tau_{/\!/}$(见图3-19)。三个方向应力与焊缝强度间的关系可用下式表示

$$\sqrt{\sigma_\perp^2+3(\tau_\perp^2+\tau_{/\!/}^2)}\leqslant\sqrt{3}f_f^w \tag{3-1}$$

式中 $\sigma_\perp$——垂直于角焊缝有效截面上的正应力；

$\tau_\perp$——有效截面上垂直于焊缝长度方向的切应力；

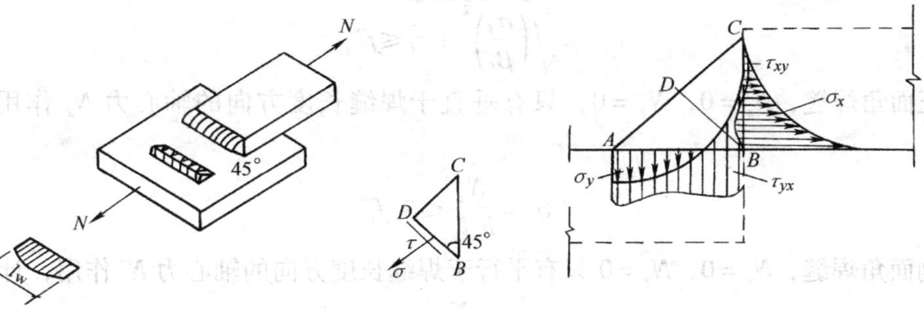

图3-18　正面角焊缝应力分布

$\tau_{/\!/}$——有效截面上平行于焊缝长度方向的切应力；

f_f^w——角焊缝的强度设计值(见附表1-2)。

3. 基本计算公式

由于式(3-1)使用不方便，可以通过下述变换得到实用的计算公式。

在图3-19中，外力N_x，N_y垂直于焊缝长度方向，且通过焊缝重心，沿焊缝长度产生平均应力σ_{fx}，σ_{fy}，其值为

$$\sigma_{fx}=\frac{N_x}{h_e l_w},\ \sigma_{fy}=\frac{N_y}{h_e l_w} \tag{a}$$

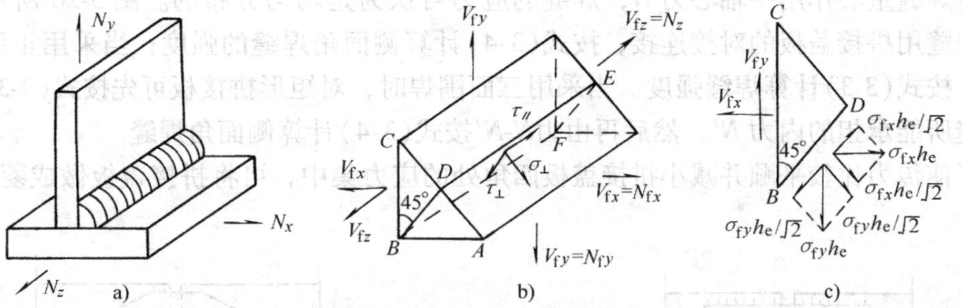

图3-19　直角角焊缝有效截面上的应力

σ_{fx}、σ_{fy}不是正应力，也不是切应力，对直角角焊缝来说可分解为$\sigma_\perp$与$\tau_\perp$，即

$$\sigma_\perp=\frac{\sigma_{fx}}{\sqrt{2}}+\frac{\sigma_{fy}}{\sqrt{2}}\quad \tau_\perp=\frac{\sigma_{fx}}{\sqrt{2}}-\frac{\sigma_{fy}}{\sqrt{2}} \tag{b}$$

另外，外力N_z平行于焊缝长度方向，且通过焊缝重心，沿焊缝长度方向产生平均切应力τ_f，其值为

$$\tau_f=\frac{N_z}{h_e l_w}=\tau_{/\!/} \tag{c}$$

式中　h_e——焊缝的有效厚度，对直角角焊缝取$h_e=0.7h_f$；

l_w——焊缝计算长度。

将式(b)中的$\sigma_\perp$、$\tau_\perp$和式(c)中的$\tau_{/\!/}$代入式(3-1)，经整理后可得

$$\sqrt{\frac{2}{3}(\sigma_{fx}^2+\sigma_{fy}^2-\sigma_{fx}\sigma_{fy})+\tau_{f2}^2}\leqslant f_f^w$$

当$N_y=0$　或　$N_x=0$时，

$$\sqrt{\left(\frac{\sigma_f}{\beta_f}\right)^2+\tau_f^2}\leqslant f_f^w \tag{3-2}$$

对正面角焊缝，$N_z=0$，$N_y=0$，只有垂直于焊缝长度方向的轴心力 N_x 作用，计算公式为

$$\sigma_f=\frac{N_x}{h_e l_w}\leqslant\beta_f f_f^w \tag{3-3}$$

对侧面角焊缝，$N_x=0$，$N_y=0$ 只有平行于焊缝长度方向的轴心力 N_z 作用，计算公式为

$$\tau_f=\frac{N_z}{h_e l_w}\leqslant f_f^w \tag{3-4}$$

式中 β_f——正面角焊缝的强度设计值增大系数，对于承受静力荷载和间接承受动力荷载的结构，$\beta_f=1.22$，对直接承受动力荷载的结构，正面角焊缝的刚度大，韧性差，应力集中现象较严重，应取 $\beta_f=1.0$；

σ_f——按焊缝有效截面计算，垂直于焊缝长度方向的应力；

τ_f——按焊缝有效截面计算，沿焊缝长度方向的切应力。

3.2.3 角焊缝的计算

1. 轴心力(拉力、压力和剪力)作用下角焊缝的计算

通过焊缝重心作用一轴心力 N，焊缝的应力可认为是均匀分布的。图 3-20 所示为采用侧面角焊缝用拼接盖板的对接连接，按式(3-4)计算侧面角焊缝的强度；当采用正面角焊缝连接时，按式(3-3)计算焊缝强度。当采用三面围焊时，对矩形拼接板可先按式(3-3)计算正面角焊缝所能承担的内力 N'，然后再由力N-N'按式(3-4)计算侧面角焊缝。

为了使传力比较平顺并减小拼接盖板四角处的应力集中，可将拼接盖板做成菱形(见图 3-21)。

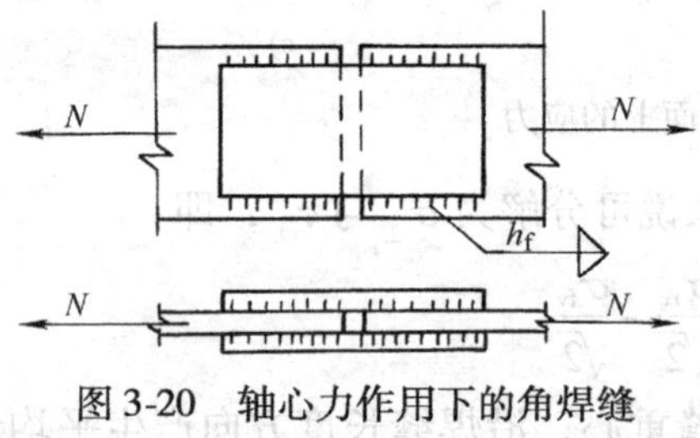

图 3-20 轴心力作用下的角焊缝

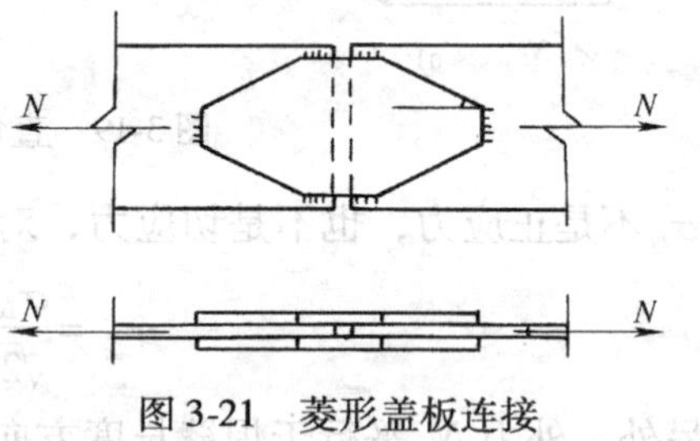

图 3-21 菱形盖板连接

2. 轴心力作用下，角钢与节点板连接的角焊缝计算

角钢用侧缝连接时(见图 3-22a)，由于角钢截面形心到肢背和肢尖的距离不相等，靠近形心的肢背焊缝承受较大的内力。设 N_1 和 N_2 分别为角钢肢背与肢尖焊缝承担的内力，由平衡条件可知

$$N_1+N_2=N$$
$$N_1e_1=N_2e_2$$

解上式得肢背和肢尖受力为

$$N_1=\frac{e_2}{e_1+e_2}N=k_1N \tag{3-5}$$

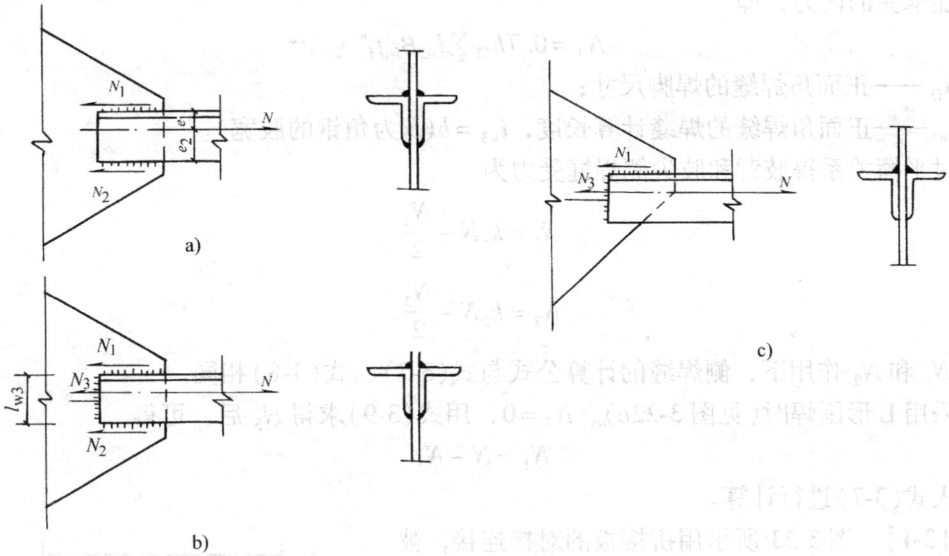

图 3-22 角钢的焊缝连接

$$N_2 = \frac{e_1}{e_1 + e_2} N = k_2 N \tag{3-6}$$

式中 N——角钢承受的轴心力设计值；

k_1、k_2——角钢角焊缝的内力分配系数，按表 3-1 采用。

表 3-1 角钢角焊缝的内力分配系数

角 钢 类 型	连 接 形 式	内力分配系数	
		肢背 k_1	肢尖 k_2
等肢角钢		0.70	0.30
不等肢角钢短肢连接	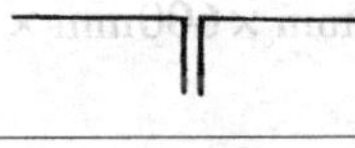	0.75	0.25
不等肢角钢长肢连接	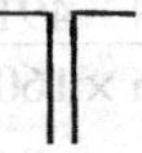	0.65	0.35

在 N_1、N_2 作用下，侧焊缝的直角角焊缝计算公式为

$$\frac{N_1}{0.7 h_{f1} \sum l_{w1}} \leqslant f_f^w \tag{3-7}$$

$$\frac{N_2}{0.7 h_{f2} \sum l_{w2}} \leqslant f_f^w \tag{3-8}$$

式中 h_{f1}、h_{f2}——肢背、肢尖的焊脚尺寸；

$\sum l_{w1}$、$\sum l_{w2}$——肢背、肢尖的焊缝计算长度之和。

当角钢采用三面围焊时（见图 3-22b），计算时先选定正面角焊缝的焊脚尺寸 h_{f3}，并算

出它所能承受的内力，即

$$N_3 = 0.7h_{f3}\sum l_{w3}\beta_f f_f^w \tag{3-9}$$

式中 h_{f3}——正面角焊缝的焊脚尺寸；

$\sum l_{w3}$——正面角焊缝的焊缝计算长度，$l_{w3} = b$（b 为角钢的肢宽）。

通过平衡关系得肢背和肢尖侧焊缝受力为

$$N_1 = k_1 N - \frac{N_3}{2} \tag{3-10}$$

$$N_2 = k_2 N - \frac{N_3}{2} \tag{3-11}$$

在 N_1 和 N_2 作用下，侧焊缝的计算公式与式(3-7)、式(3-8)相同。

当采用L形围焊时（见图3-22c），$N_2 = 0$，用式(3-9)求得 N_3 后，可得

$$N_1 = N - N_3$$

代入式(3-7)进行计算。

【例3-1】 图3-23所示用拼接板的对接连接，被连接板截面为—14mm×350mm，拼接盖板宽度 b = 300mm，厚度 t_2 = 8mm。承受轴心力设计值 N = 930kN（静力荷载），钢材为Q235，采用E43系列焊条，焊条电弧焊，采用三面围焊。试设计此连接。

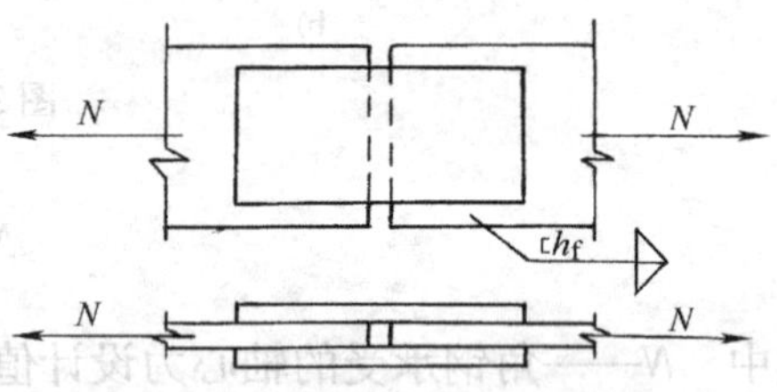

图3-23 例3-1图

【解】 根据钢板和拼接盖板的厚度，角焊缝的焊脚尺寸可由下列规定确定

$$h_{fmax} = t_2 - (1\sim2)\text{mm} = 8\text{mm} - (1\sim2)\text{mm} = 7\text{mm 或 } 6\text{mm}$$

$$h_{fmin} = 1.5\sqrt{t_1} = 1.5\sqrt{14}\text{mm} = 5.6\text{mm，取 } h_f = 6\text{mm}$$

由附表1-2查得 $f_f^w = 160\text{N/mm}^2$。

采用三面围焊，正面角焊缝的长度为拼接盖板的宽度，即 $\sum l'_w = 2\times300\text{mm} = 600\text{mm}$，所承受的内力 N' 为

$$N' = \beta_f h_e \sum l'_w f_f^w = 1.22\times0.7\times6\text{mm}\times600\text{mm}\times160\text{N/mm}^2 = 491904\text{N}$$

所需侧焊缝的总计算长度为

$$\sum l_w = \frac{N-N'}{h_e f_f^w} = \frac{930000\text{N} - 491904\text{N}}{0.7\times6\text{mm}\times160\text{N/mm}^2} = 652\text{mm}$$

一条焊缝的实际长度

$$l = \frac{\sum l_w}{4} + h_f = \frac{652\text{mm}}{4} + 6\text{mm} = 169\text{mm，取 } 170\text{mm}$$

拼接盖板的长度为

$$L = 2l + 10\text{mm} = 2\times170\text{mm} + 10\text{mm} = 350\text{mm}$$

【例3-2】 计算三面围焊的角钢连接（见图3-24），角钢为2∟140mm×90mm×10mm，连接板厚度 t = 12mm，承受轴心力设计值 N = 1000kN。钢材为Q235B，焊条E43型，焊条电弧焊。焊脚尺寸为 h_f = 8mm，焊缝强度设计值 $f_f^w = 160\text{N/mm}^2$。求角钢所需焊缝长度。

【解】 首先计算正面角焊缝所能承受的力

$$N_3 = 0.7h_{f3}\sum l_{w3}\beta_f f_f^w = 1.22\times0.7\times8\text{mm}\times2\times140\text{mm}\times160\text{N/mm}^2 = 306100\text{N}$$

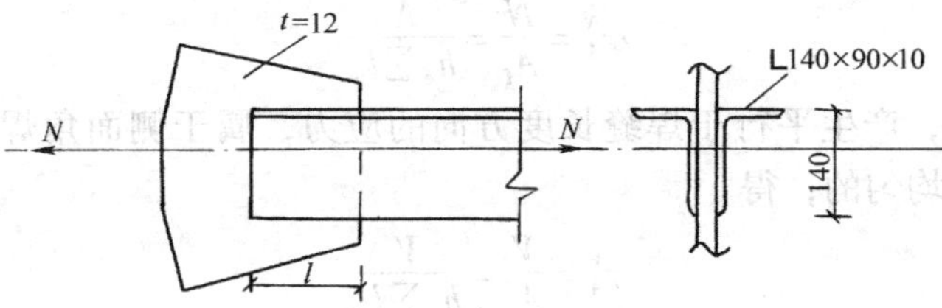

图3-24 例3-2图

肢背和肢尖侧焊缝受力

$$N_1 = k_1 N - \frac{1}{2}N_3 = 0.65 \times 1000\text{kN} - \frac{1}{2} \times 306.1\text{kN} = 497\text{kN}$$

$$N_2 = k_2 N - \frac{1}{2}N_3 = 0.35 \times 1000\text{kN} - \frac{1}{2} \times 306.1\text{kN} = 197\text{kN}$$

肢背和肢尖所需焊缝长度

$$l_{w1} = \frac{N_1}{2 \times 0.7 h_f f_f^w} = \frac{497 \times 10^3\text{N}}{2 \times 0.7 \times 8\text{mm} \times 160\text{N/mm}^2} = 277\text{mm}$$

$$l_{w2} = \frac{N_2}{2 \times 0.7 h_f f_f^w} = \frac{197 \times 10^3\text{N}}{2 \times 0.7 \times 8\text{mm} \times 160\text{N/mm}^2} = 110\text{mm}$$

侧焊缝的实际长度为

$l_1 = l_{w1} + 2 \times 8\text{mm} = 277\text{mm} + 16\text{mm} = 293\text{mm}$，取300mm

$l_2 = l_{w2} + 2 \times 8\text{mm} = 110\text{mm} + 16\text{mm} = 126\text{mm}$，取130mm

3. 在弯矩、轴力和剪力共同作用下角焊缝计算

梁或柱的牛腿通常通过其端部的角焊缝连接于支承构件上，同时承受轴心力 N、剪力 V 和弯矩 M，如图3-25所示。计算角焊缝时，可先分别计算角焊缝在 N、V、M 作用下所产生的应力，并判断该应力对焊缝产生正面角焊缝受力(垂直于焊缝长度方向)，还是侧面角焊缝受力(平行于焊缝长度方向)。正面角焊缝受力用 σ_f 表示，侧面角焊缝受力用 τ_f 表示。

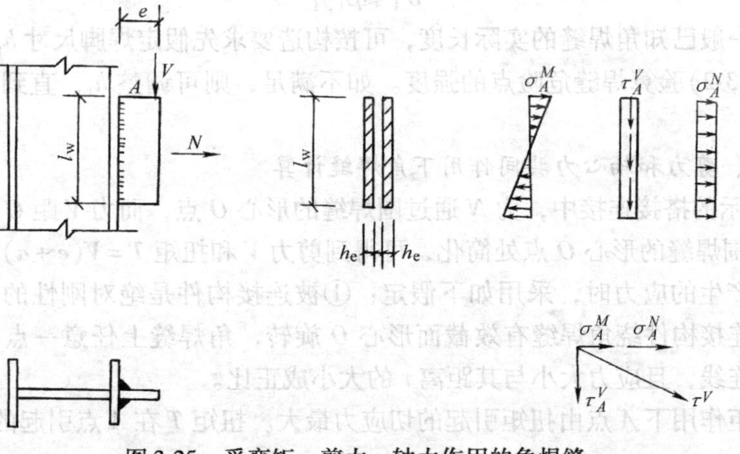

图3-25 受弯矩、剪力、轴力作用的角焊缝

在轴心力 N 作用下，在焊缝有效截面上产生垂直于焊缝长度方向的均匀应力，属于正面角焊缝受力性质，则

$$\sigma_A^N = \frac{N}{A_f} = \frac{N}{h_e \sum l_w} \tag{3-12}$$

在剪力 V 作用下，产生平行于焊缝长度方向的应力，属于侧面角焊缝受力性质，在受剪截面上应力分布是均匀的，得

$$\tau_A^V = \frac{V}{A_f} = \frac{V}{h_e \sum l_w} \tag{3-13}$$

角焊缝连接在弯矩 M 的作用下，角焊缝有效截面上产生垂直于焊缝长度方向的应力，应力呈三角形分布，角焊缝受力为正面角焊缝性质，其应力的最大值为

$$\sigma_A^M = \frac{M}{W_f} \tag{3-14}$$

从图3-25可见，焊缝上端 A 处最危险，分别求得该点轴力作用下的应力 σ_A^N，剪力 V 作用下的应力 τ_A^V，弯矩 M 作用下的应力 σ_A^M 后，对应力进行组合，代入式(3-2)进行验算，即应满足

$$\sqrt{\left(\frac{\sigma_A^N + \sigma_A^M}{\beta_f}\right)^2 + (\tau_A^V)^2} \leqslant f_f^w \tag{3-15}$$

当只有轴心力 N 和剪力 V 作用时，则

$$\sqrt{\left(\frac{\sigma_A^N}{\beta_f}\right)^2 + (\tau_A^V)^2} \leqslant f_f^w \tag{3-16}$$

当只有轴心力 N 和弯矩 M 作用时，则

$$\sigma_A^N + \sigma_A^M \leqslant \beta_f f_f^w \tag{3-17}$$

当只有剪力 V 和弯矩 M 共同作用时，则

$$\sqrt{\left(\frac{\sigma_A^M}{\beta_f}\right)^2 + (\tau_A^V)^2} \leqslant f_f^w \tag{3-18}$$

当只有弯矩 M 作用时，则

$$\sigma_A^M \leqslant \beta_f f_f^w \tag{3-19}$$

设计时，一般已知角焊缝的实际长度，可按构造要求先假定焊脚尺寸 h_f，算出各应力分量后，代入式(3-2)验算焊缝危险点的强度。如不满足，则可调整 h_f，直到使计算结果符合要求为止。

4. 在扭矩、剪力和轴心力共同作用下角焊缝计算

图3-26所示的搭接连接中，力 N 通过围焊缝的形心 O 点，而力 V 距 O 点的距离为 $(e+a)$。将力 V 向围焊缝的形心 O 点处简化，可得到剪力 V 和扭矩 $T=V(e+a)$。计算角焊缝在扭矩 T 作用下产生的应力时，采用如下假定：①被连接构件是绝对刚性的，而角焊缝则是弹性的；②被连接构件绕角焊缝有效截面形心 O 旋转，角焊缝上任意一点的应力方向垂直该点与形心的连线，且应力大小与其距离 r 的大小成正比。

图中在扭矩作用下 A 点由扭矩引起的切应力最大。扭矩 T 在 A 点引起的切应力为

$$\tau_A = \frac{Tr}{J} \tag{3-20}$$

式中　J——角焊缝有效截面的截面二次矩，$J = I_x + I_y$。

式(3-20)所得出的应力与焊缝的长度方向成斜角，将其沿 x 轴和 y 轴分解得

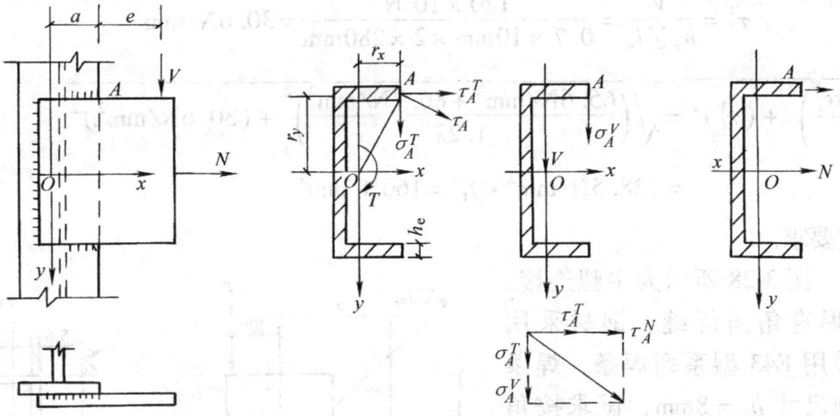

图 3-26 受扭转、剪切、轴心力作用的角焊缝应力

$$\tau_A^T = \frac{Tr_y}{J} \qquad \text{（侧面角焊缝受力性质）}$$

$$\sigma_A^T = \frac{Tr_x}{J} \qquad \text{（正面角焊缝受力性质）}$$

由剪力 V 引起的应力均匀分布，A 点处应力垂直于焊缝长度方向，属于正面角焊缝受力性质，可按式(3-12)计算出 σ_A^V。由轴心力 N 引起的应力在 A 点处平行于焊缝长度方向，属侧面角焊缝受力性质，可按式(3-13)计算出 τ_A^N。然后按下式进行验算

$$\sqrt{\left(\frac{\sigma_A^T+\sigma_A^V}{\beta_f}\right)^2+(\tau_A^T+\tau_A^N)^2} \leqslant f_f^w \tag{3-21}$$

【例 3-3】 图 3-27 所示为板与柱翼缘用直角角焊缝连接，钢材采用 Q235，焊条为 E43 系列焊条，焊条电弧焊，焊脚尺寸 h_f = 10mm，f_f^w = 160N/mm²，受静力荷载作用，已知 F = 250kN，P = 150kN，试验算此焊缝是否安全？

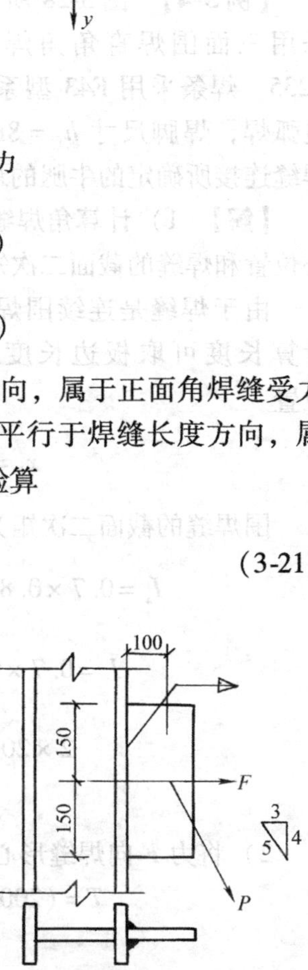

图 3-27 例 3-3 图

【解】 一条焊缝的计算长度 l_w = 300mm − 20mm = 280mm ≥ $8h_f$ = 80mm 且 ≤ $60h_f$ = 600mm，符合构造要求。

将力 F、P 向焊缝形心简化得

$$V = \frac{4}{5}P = \frac{4}{5} \times 150\text{kN} = 120\text{kN}$$

$$N = F + \frac{3}{5}P = 250\text{kN} + \frac{3}{5} \times 150\text{kN} = 340\text{kN}$$

$$M = \frac{4}{5}Pe = \frac{4}{5} \times 150\text{kN} \times 100\text{mm} = 12 \times 10^3\text{kN} \cdot \text{mm}$$

$$\sigma_f^M = \frac{6M}{h_e \sum l_w^2} = \frac{6 \times 12 \times 10^3 \times 10^3\text{N} \cdot \text{mm}}{0.7 \times 10\text{mm} \times 2 \times (280\text{mm})^2} = 65.6\text{N/mm}^2$$

$$\sigma_f^N = \frac{N}{h_e \sum l_w} = \frac{340 \times 10^3\text{N}}{0.7 \times 10\text{mm} \times 2 \times 280\text{mm}} = 86.7\text{N/mm}^2$$

$$\tau_f^V = \frac{V}{h_e \sum l_w} = \frac{120 \times 10^3 \mathrm{N}}{0.7 \times 10\mathrm{mm} \times 2 \times 280\mathrm{mm}} = 30.6\mathrm{N/mm^2}$$

$$\sqrt{\left(\frac{\sigma_f^M + \sigma_f^N}{\beta_f}\right)^2 + (\tau_f^V)^2} = \sqrt{\left(\frac{65.6\mathrm{N/mm^2} + 86.7\mathrm{N/mm^2}}{1.22}\right)^2 + (30.6\mathrm{N/mm^2})^2}$$

$$= 128.5\mathrm{N/mm^2} < f_f^w = 160\mathrm{N/mm^2}$$

满足强度要求。

【例3-4】 图3-28所示为牛腿连接，采用三面围焊直角角焊缝。钢材采用Q235，焊条采用E43型系列焊条，焊条电弧焊，焊脚尺寸 $h_f = 8\mathrm{mm}$，试求按角焊缝连接所确定的牛腿的最大承载力。

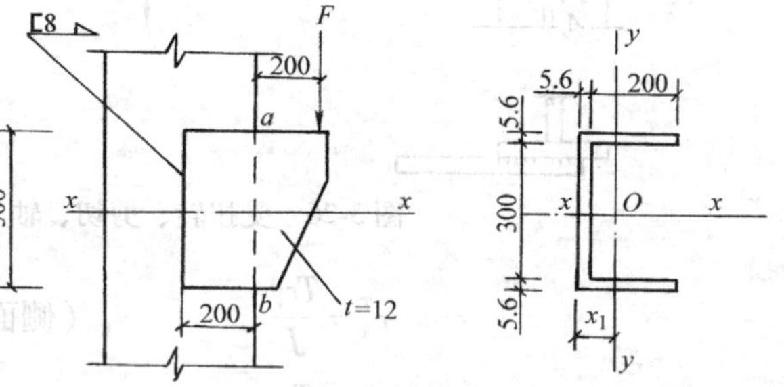

图3-28 例3-4图

【解】 1）计算角焊缝有效截面的形心位置和焊缝的截面二次矩。

由于焊缝是连续围焊，所以焊缝的计算长度可取板边长度。焊缝的形心位置

$$x_1 = \frac{2 \times 0.7 \times 0.8\mathrm{cm} \times 20\mathrm{cm} \times 10\mathrm{cm}}{0.7 \times 0.8\mathrm{cm} \times (2 \times 20\mathrm{cm} + 30\mathrm{cm})} \approx 5.71\mathrm{cm}$$

围焊缝的截面二次矩为

$$I_x = 0.7 \times 0.8\mathrm{cm} \times \left[\frac{1}{12} \times (30\mathrm{cm})^3 + 2 \times 20\mathrm{cm} \times (15\mathrm{cm})^2\right] = 6300\mathrm{cm^4}$$

$$I_y = 0.7 \times 0.8\mathrm{cm} \times \left[30\mathrm{cm} \times (5.71\mathrm{cm})^2 + 2 \times \frac{1}{12} \times (20\mathrm{cm})^3 + 2 \times 20\mathrm{cm} \times (10\mathrm{cm} - 5.71\mathrm{cm})^2\right] \approx 1707\mathrm{cm^4}$$

$$J = I_x + I_y = 6300\mathrm{cm^4} + 1707\mathrm{cm^4} = 8007\mathrm{cm^4}$$

2）将力 F 向焊缝形心简化得

$$T = (200\mathrm{mm} + 200\mathrm{mm} - 57.1\mathrm{mm})F = 342.9F \quad (\mathrm{kN \cdot mm})$$

$$V = F(\mathrm{kN})$$

3）计算角焊缝有效截面上 a 点各应力的分量

$$\tau_{fa}^T = \frac{Tr_y}{J} = \frac{342.9F \times 10^3\mathrm{N \cdot mm} \times 150\mathrm{mm}}{8007 \times 10^4\mathrm{mm^4}} \approx 0.64F$$

$$\sigma_{fa}^T = \frac{Tr_x}{J} = \frac{342.9F \times 10^3\mathrm{N \cdot mm} \times (200 - 57.1)\mathrm{mm}}{8007 \times 10^4\mathrm{mm^4}} \approx 0.62F$$

$$\sigma_{fa}^V = \frac{V}{A_f} = \frac{F \times 10^3}{(2 \times 200 + 300)\mathrm{mm} \times 0.7 \times 8\mathrm{mm}} \approx 0.26F$$

4）求最大承载力 F_{max}。根据角焊缝基本计算公式，a 点的合应力应小于或等于 f_f^w，即

$$\sqrt{\left(\frac{0.62F + 0.26F}{1.22}\right)^2 + (0.64F)^2} \leqslant f_f^w = 160\mathrm{N/mm^2}$$

解得 $F \leqslant 165.9\text{kN}$，故 $F_{max} = 165.9\text{kN}$。

3.3　对接焊缝的构造和计算

3.3.1　对接焊缝的构造

对接焊缝按照坡口形式分有直边焊缝、单边 V 形焊缝，双边 V 形焊缝、U 形焊缝、K 形焊缝、X 形焊缝等(见图 3-29)。

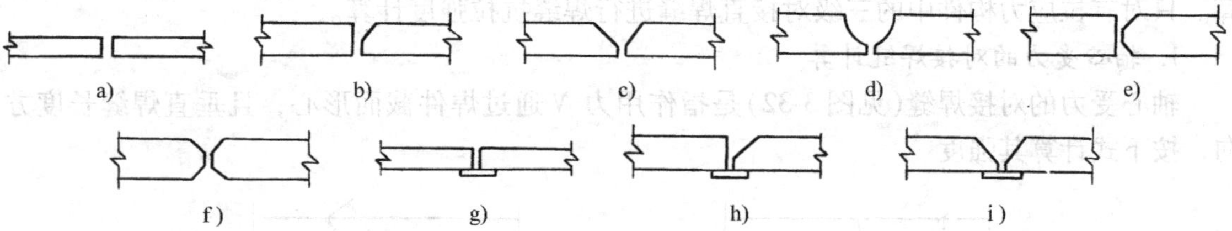

图 3-29　对接焊缝的结构

a) 直边焊缝　b) 单边 V 形焊缝　c) 双边 V 形焊缝　d) U 形焊缝　e) K 形焊缝　f) X 形焊缝
g) 加垫板的直边焊缝　h) 加垫板的单边 V 形焊缝　i) 加垫板的双边 V 形焊缝

当焊件厚度很小时($t \leqslant 10\text{mm}$，t 为钢板厚度)，可采用直边缝。对于一般厚度($t = 10 \sim 20\text{mm}$)的焊件，可采用有斜坡口的单边 V 形焊缝或双边 V 形焊缝，以使斜坡口和焊缝根部共同形成一个焊条能够运转的施焊空间，使焊缝易于焊透。对于较厚的焊件($t > 20\text{mm}$)则应采用V形焊缝、U 形焊缝、K 形焊缝、X 形焊缝。对于 V 形焊缝和 U 形焊缝为单面施焊，但在焊缝根部还需要清除焊根并进行补焊。对于没有条件补焊者，要事先在根部加垫板(见图 3-29g、h、i)，以保证焊透。当焊件可随意翻转施焊时，使用 K 形焊缝和 X 形焊缝较好。

在钢板厚度或宽度有变化的焊接中，为了使构件传力均匀，减少应力集中，应将板的一侧或两侧做成坡度不大于 1∶2.5 的斜坡(见图 3-30)，形成平缓的过渡。若板厚相差不大于 4mm，则可不做斜坡。

对接焊缝的起点和终点，常因不能熔透而出现凹形的焊口，受力后易出现裂缝及应力集中。为消除这种不利情况，施焊时常将焊缝两端施焊至引弧板上，然后再将多余的部分割掉(见图 3-31)，并用砂轮将表面磨平。在工厂焊接时可采用引弧板和引出板；在工地焊接时，除了受动力荷载的结构外，一般不用引弧板和引出板，而是计算时扣除焊缝两端各 t(连接

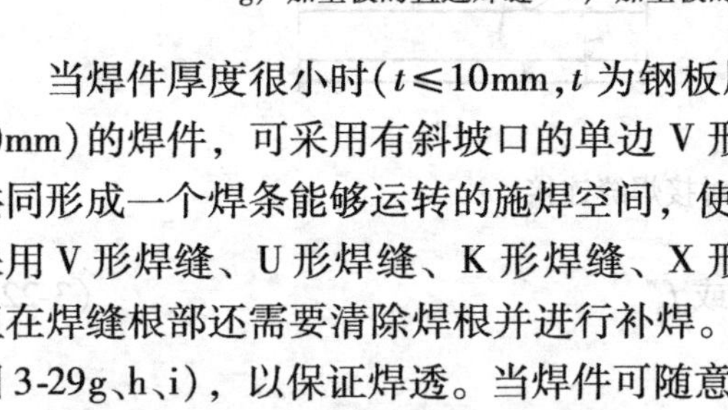

图 3-30　不同厚度或宽度的钢板连接

a) 改变宽度　b) 改变厚度

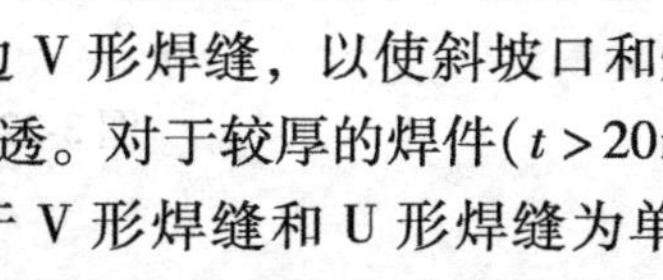

图 3-31　对接焊缝的引弧板和引出板

件较小厚度)长度。

由于对接焊缝形成了被连接构件截面的一部分，一般希望焊缝的强度不低于母材的强度，对于对接焊缝的抗压强度能够做到，但抗拉强度就不一定能够做到，因为焊缝中的缺陷(如气泡、夹渣、裂纹等)对焊缝抗拉强度的影响随焊缝质量检验标准的要求不同而有所不同。

3.3.2 对接焊缝的计算

对接焊缝中的应力分布情况与焊件原来的情况基本相同。设计时采用与被连接构件相同的计算公式。对于按一、二级标准检验焊缝质量的重要构件，对接焊缝和构件等强，不必计算。只对有拉应力构件中的三级对接直焊缝进行焊缝抗拉强度计算。

1. 轴心受力的对接焊缝计算

轴心受力的对接焊缝(见图3-32)是指作用力 N 通过焊件截面形心，且垂直焊缝长度方向，按下式计算其强度

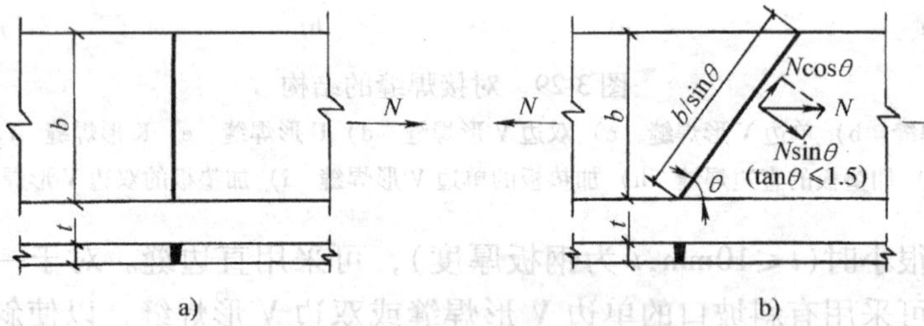

图3-32 轴心受力的对接焊缝连接

$$\sigma=\frac{N}{l_w t}\leqslant f_t^w \text{ 或 } f_c^w \tag{3-22}$$

式中 N——轴心拉力或压力的设计值；

l_w——焊缝计算长度，当采用引弧板和引出板时，取焊缝实际长度，当未采用引弧板和引出板时，每条焊缝取实际长度减去 $2t$；

t——在平接接头中为连接件的较小厚度，在T形连接中为腹板厚度；

f_t^w、f_c^w——对接焊缝的抗拉强度、抗压强度设计值，可由附表1-2查得。

当对接正焊缝连接的强度低于焊件的强度时，为了提高连接的承载能力，可以改用斜焊缝(见图3-32b)。《钢结构设计规范》规定当斜焊缝和作用力间夹角 θ 符合 $\tan\theta\leqslant1.5$ 时，可不计算焊缝强度。

2. 弯矩和剪力共同作用的对接焊缝计算

矩形截面的对接焊缝，弯矩作用下焊缝产生正应力，剪力作用下焊缝产生切应力。矩形截面的对接焊缝，其正应力和切应力分布分别为三角形与抛物线形(见图3-33)，应分别计算正应力和切应力

$$\sigma_{max}=\frac{M}{W_w}\leqslant f_t^w \tag{3-23}$$

$$\tau_{max}=\frac{VS_w}{I_w t}\leqslant f_v^w \tag{3-24}$$

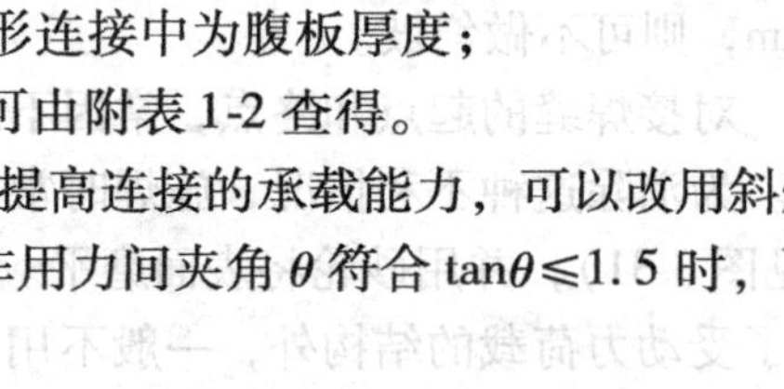

图3-33 弯矩和剪力共同作用下的对接焊接

式中 W_w——焊缝计算截面的截面系数；

I_w——焊缝截面对其中和轴的二次矩；

S_w——焊缝截面在计算切应力处以上部分或以下部分对中和轴的面积矩；

f_v^w——对接焊缝的抗剪强度设计值(见附表1-2)。

对于工字形、箱形等构件，在腹板与翼缘交接处(见图3-34)，焊缝截面同时受有较大的正应力 σ_1 和较大的切应力 τ_1 作用，还应计算折算应力。其公式为

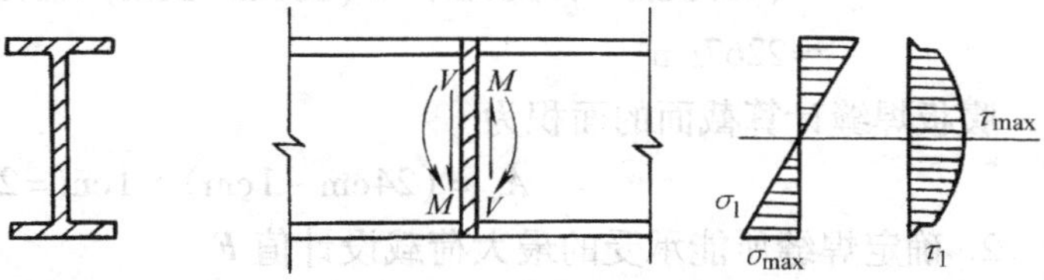

图3-34 受弯、剪作用的工字形截面对接焊缝

$$\sigma_{eq}=\sqrt{\sigma_1^2+3\tau_1^2}\leqslant 1.1f_t^w \tag{3-25}$$

3. 轴心力、弯矩和剪力共同作用下的对接焊缝计算

轴心力、弯矩和剪力共同作用时，对接焊缝最大正应力应为轴力和弯矩引起的正应力之和，切应力按式(3-24)验算。对于工字形、箱形截面，还要计算腹板与翼缘交界处的折算应力，折算应力仍然按式(3-25)计算。

【例3-5】 如图3-35所示两块钢板采用对接焊缝。已知钢板宽度 b 为600mm，板厚 t 为8mm，轴心拉力 $N=950\text{kN}$，钢材为Q235，焊条用E43型，焊条电弧焊，不采用引弧板和引出板。问焊缝承受的最大应力是多少？

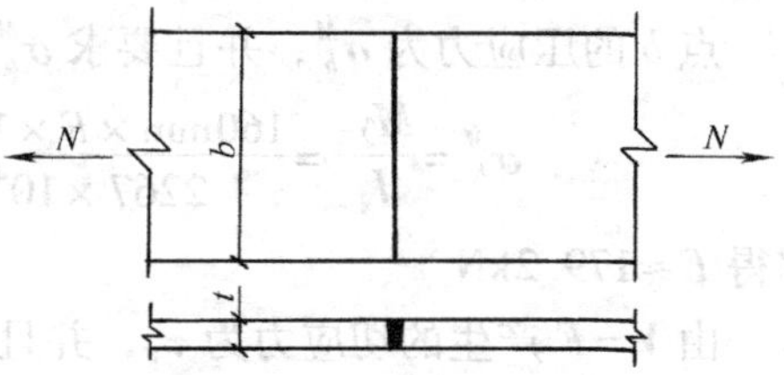

图3-35 例3-5图

【解】 因轴心力通过焊缝形心，假定焊缝受力均匀分布，可按式(3-22)计算。不采用引弧板，则 l_w 为

$$l_w=l-2t=600\text{mm}-2\times 8\text{mm}=584\text{mm}$$

$$\sigma=\frac{N}{l_w t}=\frac{950\times 10^3\text{N}}{584\text{mm}\times 8\text{mm}}=203.3\text{N/mm}^2$$

焊缝承受的最大应力是203.3N/mm²。

【例3-6】 试计算图3-36所示牛腿与柱连接的对接焊缝所能承受的最大荷载 F(设计值)。已知牛腿截面尺寸为：翼缘板宽度 $b_1=160\text{mm}$，厚度 $t_1=10\text{mm}$，腹板高度 $h=240\text{mm}$，厚度 $t=10\text{mm}$。钢材为Q235，焊条为E43型，焊条电弧焊，施焊时不用引弧板和引出板，焊缝质量为三级。

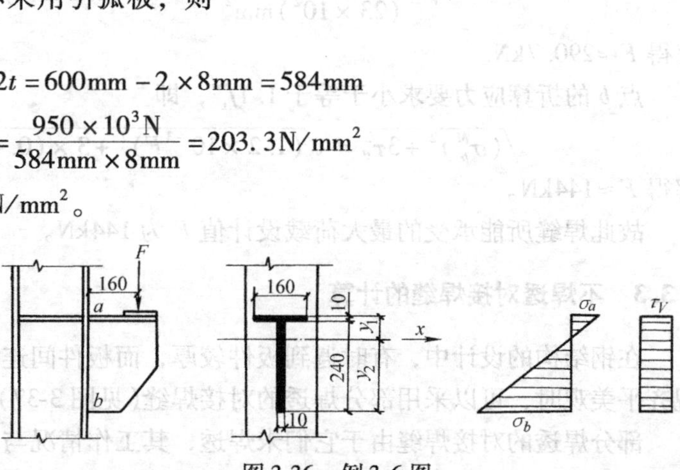

图3-36 例3-6图

【解】 1. 确定对接焊缝计算截面的几何特性

(1) 确定中和轴的位置

$$y_1=\frac{(160-20)\text{mm}\times 10\text{mm}\times 5\text{mm}+(240-10)\text{mm}\times 10\text{mm}\times 125\text{mm}}{(160-20)\text{mm}\times 10\text{mm}+(240-10)\text{mm}\times 10\text{mm}}\approx 79.6\text{mm}$$

$y_2 = 250\text{mm} - 79.6\text{mm} = 170.4\text{mm}$

（2）焊缝计算截面的几何特征

$$I_x \approx \frac{1}{12} \times 1\text{cm} \times (24\text{cm} - 1\text{cm})^3 + (24\text{cm} - 1\text{cm}) \times 1\text{cm} \times$$
$$(12.5\text{cm} - 7.96\text{cm})^2 + (16\text{cm} - 2\text{cm}) \times 1\text{cm} \times (7.46\text{cm})^2$$
$$\approx 2267\text{cm}^4$$

腹板焊缝计算截面的面积为

$$A_w = (24\text{cm} - 1\text{cm}) \times 1\text{cm} = 23\text{cm}^2$$

2. 确定焊缝所能承受的最大荷载设计值 F

将力 F 向焊缝截面形心简化得

$$M = Fe = 160F,\ V = F$$

查附表1-2得，$f_c^w = 215\text{N/mm}^2$，$f_t^w = 185\text{N/mm}^2$，$f_v^w = 125\text{N/mm}^2$。

点 a 的拉应力为 σ_a^M，并且要求 $\sigma_a^M \leqslant f_t^w$，即

$$\sigma_a^M = \frac{My_1}{I_x} = \frac{160\text{mm} \times F \times 79.6\text{mm}}{2267 \times 10^4\text{mm}^4} = 0.56 \times 10^{-3}F = f_t^w = 185\text{N/mm}^2$$

解得 $F \approx 330.4\text{kN}$

点 b 的压应力为 σ_b^M，并且要求 $\sigma_b^M \leqslant f_c^w$，即

$$\sigma_b^M = \frac{My_2}{I_x} = \frac{160\text{mm} \times F \times 170.4\text{mm}}{2267 \times 10^4\text{mm}^4} = 1.2 \times 10^{-3}F = f_c^w = 215\text{N/mm}^2$$

解得 $F \approx 179.2\text{kN}$

由 $V = F$ 产生的切应力为 τ_V，并且要求 $\tau_V \leqslant f_v^w$（此处取腹板平均切应力计算）

$$\tau_V = \frac{F}{(23 \times 10^2)\text{mm}^2} = 0.43 \times 10^{-3}F = f_v^w = 125\text{N/mm}^2$$

解得 $F \approx 290.7\text{kN}$。

点 b 的折算应力要求小于等于 $1.1f_t^w$，即

$$\sqrt{(\sigma_b^M)^2 + 3\tau_V^2} = \sqrt{(1.2 \times 10^{-3}F)^2 + 3 \times (0.43 \times 10^{-3}F)^2} = 1.1f_t^w$$

解得 $F \approx 144\text{kN}$。

故此焊缝所能承受的最大荷载设计值 F 为144kN。

3.3.3 不焊透对接焊缝的计算

在钢结构的设计中，有时遇到板件较厚，而板件间连接受力较小，且要求焊接结构的外观齐平美观时，可以采用部分焊透的对接焊缝（见图3-37）。

部分焊透的对接焊缝由于它们未焊透，其工作情况与角焊缝类似，故规定按角焊缝进行计算。计算时注意两点：

1）取 $\beta_f = 1.0$。

2）有效厚度应取为：①对V形坡口，当 $\alpha \geqslant 60°$ 时，$h_e = s$，当 $\alpha < 60°$ 时，$h_e = 0.75s$；②单边V形和K形坡口，$\alpha = 45° \pm 5°$，$h_e = s$；③对U形、J形坡口，$h_e = s$。其中，有效厚度 h_e 不得小于 $1.5\sqrt{t}$，t 为坡口所在焊件的较大厚度（单位mm）。s 为坡口根部至焊缝表面（不考虑余高）的最短距离（见图3-37）。α 为V形坡口的夹角。

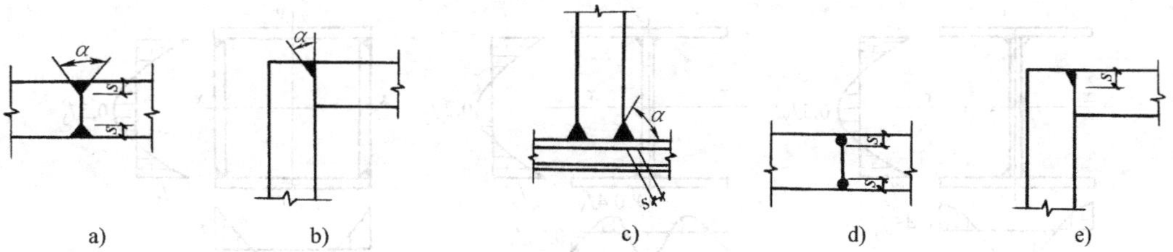

图 3-37 不焊透的对接焊缝

a)、b)、c) V 形坡口 d) U 形坡口 e) J 形坡口

3.4 焊接残余应力和焊接残余变形

3.4.1 焊接残余应力的产生原因和对钢结构的影响

钢结构在焊接过程中，局部区域受到高温作用，引起不均匀的加热和冷却，使构件产生焊接变形。由于在冷却时，焊缝和焊缝附近的钢材不能自由收缩，受到约束而产生焊接残余应力。焊接残余变形和焊接残余应力是焊接结构的主要问题之一，它将影响结构的实际工作。焊接残余应力有纵向、横向和沿厚度方向之分。纵向焊接残余应力指沿焊缝长度方向的应力，横向焊接残余应力是垂直于焊缝长度方向且平行于构件表面的应力，沿厚度方向的焊接残余应力则是垂直于焊缝长度方向且垂直于构件表面的应力。这三种焊接残余应力都是由收缩变形引起的。

1. 纵向焊接残余应力

在两块钢板上施焊时，钢板上产生不均匀的温度场，焊缝附近温度最高达 1600℃ 以上，其邻近区域温度较低，而且下降很快(见图 3-38)。由于不均匀温度场，产生了不均匀的膨胀。焊缝附近高温处的钢材膨胀最大，受到周围膨胀小的区域的限制，产生了热状态塑性压缩。焊缝冷却时钢材收缩，焊缝区收缩变形受到两侧钢材的限制而产生纵向拉力，两侧因中间焊缝收缩而产生纵向压力，这就是纵向收缩引起的纵向应力，如图 3-38 所示。

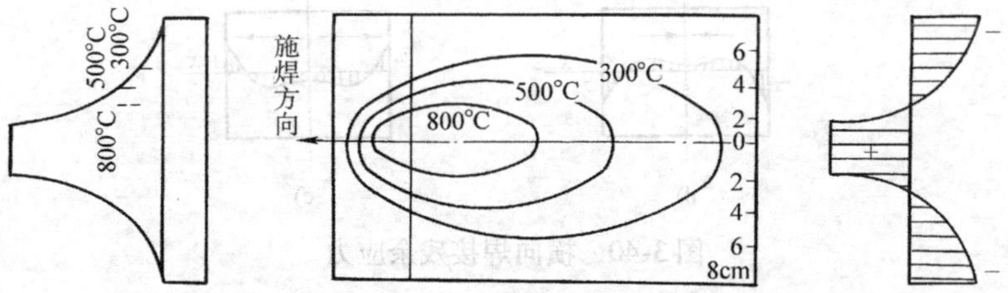

图 3-38 施焊时焊缝及附近的温度场和纵向焊接残余应力

由三块钢板拼成的工字钢(见图 3-39)，腹板与翼缘用角焊缝连接，翼缘与腹板连接处因焊缝收缩受到两边钢板的阻碍而产生纵向拉应力，两边因中间收缩而产生压应力，因而形成中部焊缝区受拉而两边钢板受压的纵向应力。腹板纵向应力分布则相反，由于腹板与翼缘焊缝收缩受到腹板中间钢板的阻碍而受拉，腹板中间受压，因而形成中间钢板受压而两边焊缝区受拉的纵向应力。

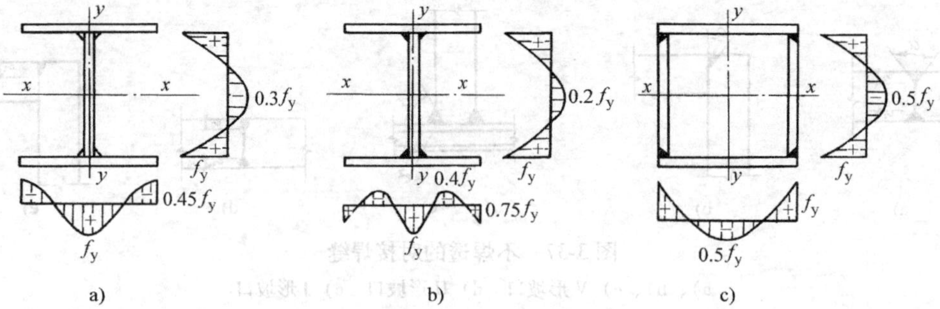

图 3-39 焊缝纵向残余应力分布

a）焊接 H 形截面，翼缘为轧制或剪切边 b）焊接 H 形截面，翼缘为焰切边 c）焊接方管

2. 横向焊接残余应力

横向焊接残余应力由两部分组成：一部分是焊缝纵向收缩，使两块钢板趋向于形成反方向的弯曲变形，但实际上焊缝将两块钢板联成整体，在焊缝中部产生横向拉应力，而两端则产生横向压应力(见图 3-40a、b)。另一部分是由于焊缝在施焊过程中冷却时间的不同，先焊的焊缝已经凝固，且具有一定强度，会阻止后焊焊缝的横向自由膨胀，使它发生横向塑性压缩变形。当先焊部分凝固后，中间焊缝部分逐渐冷却，后焊部分开始冷却，这三部分产生杠杆作用，结果后焊部分收缩而受拉，先焊部分因杠杆作用也受拉，中间部分受压。这两种横向应力叠加成最后的横向应力。

横向收缩引起的横向应力与施焊方向和先后次序有关。焊缝冷却时间不同产生的应力分布也不同(见图 3-40c ~ e)。

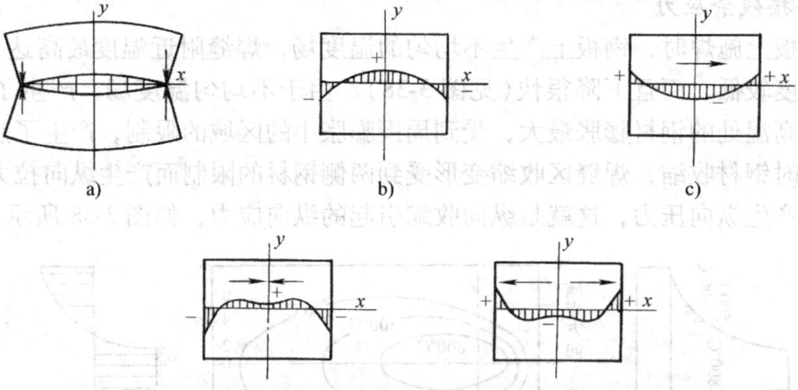

图 3-40 横向焊接残余应力

3. 沿厚度方向的焊接残余应力

焊接厚钢板时，焊缝需要多层施焊，焊缝与钢板接触面和与空气接触面散热较快而先冷却结硬，中间后冷却而收缩受到阻碍，形成中间焊缝受拉、四周受压的状态(见图 3-41)。因而焊缝除了纵向和横向应力 σ_x、σ_y 之外，还存在沿厚度方向的应力 σ_z。当钢板厚度

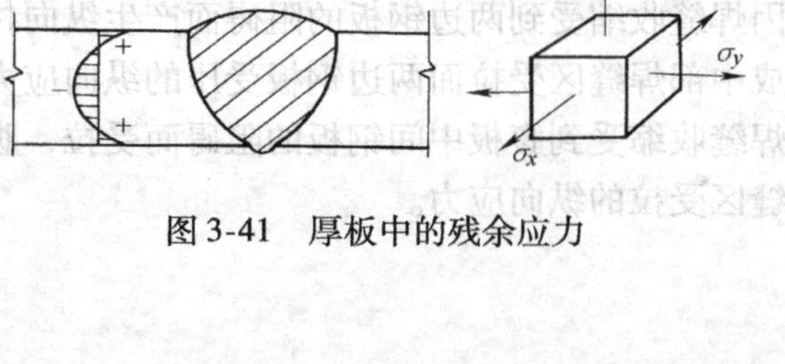

图 3-41 厚板中的残余应力

小于25mm时，厚度方向的应力不大，但板厚大于等于50mm时，厚度方向应力可达$50N/mm^2$左右，将大大降低构件的塑性。

4. 焊接残余应力的影响

(1) 焊接残余应力对静力强度的影响　在常温下承受静力荷载的焊接结构，当没有严重的应力集中，且所用钢材具有较好的塑性时，焊接残余应力不影响结构的静力强度，对承载能力没有影响。因为焊接应力加上外力引起的应力达到屈服点后，应力不再增大，外力由两侧弹性区承担，直到全截面达到屈服点为止。

(2) 焊接残余应力对结构刚度的影响　焊接残余应力会降低结构的刚度。如有焊接残余应力的轴心受拉构件(见图3-42)，当加载时，图3-42a中的中部塑性区 a 逐渐加宽，而两侧弹性区 m 逐渐减小。由于 $m<h$，所以有焊接残余应力时对应于拉力增量 ΔN 的拉应变 $\Delta\varepsilon=\Delta N/(mtE)$ 一定大于无焊接残余应力时的拉应变 $\Delta\varepsilon'=\Delta N/(htE)$，必然导致构件变形增大，刚度降低。

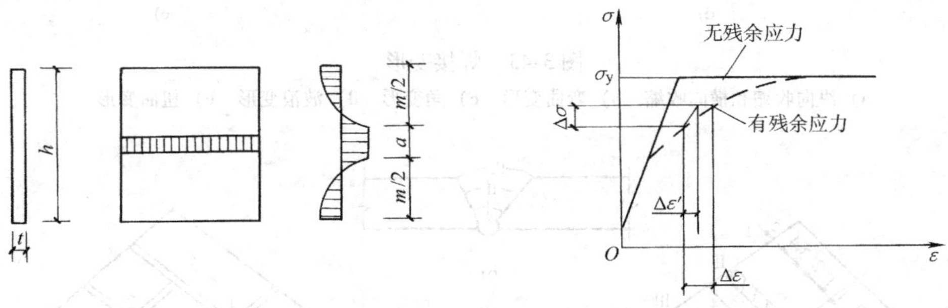

a)　　b)

图3-42　有焊接残余应力时的应力与应变

(3) 焊接残余应力对构件稳定性的影响　焊接残余应力使压杆的挠曲刚度减小，从而降低压杆的稳定性。

(4) 焊接残余应力对疲劳强度的影响　焊缝及其近旁的较高焊接残余应力对疲劳强度有不利影响，将使疲劳强度降低。

(5) 焊接残余应力对低温冷脆的影响　由于焊缝中存在三向应力，阻碍了塑性变形，在低温下使裂缝易发生和发展，加速构件的脆性破坏。

3.4.2　减少焊接残余应力和焊接残余变形的方法

焊接变形与焊接应力相伴而生。在焊接过程中，由于焊区的收缩变形，构件总要产生一些局部鼓起、歪曲、弯曲或扭曲等，这是焊接结构的缺点。焊接变形包括纵向收缩和横向收缩、弯曲变形、角变形、波浪变形、扭曲变形等(见图3-43)。

焊接残余应力是构件截面内存在的自相平衡的初始应力。其产生的原因主要是：①焊接时存在不均匀加热和不均匀冷却；②型钢热轧后的不均匀冷却；③板边缘经火焰切割后的热塑性收缩；④构件经冷校正产生的塑性变形。

减少焊接残余应力和焊接残余变形的方法有：

1) 采取合理的焊接次序。例如，钢板对接时，可采用分段施焊(见图3-44a)，厚焊缝采用分层施焊(见图3-44b)，工字形顶接采用对角跳焊(见图3-44c)，钢板分块拼焊(见图3-44d)。

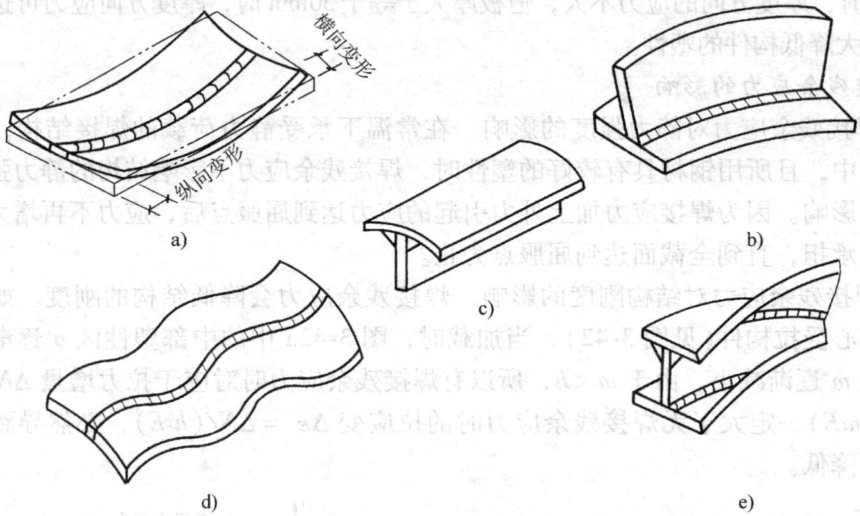

图 3-43 焊接变形

a）纵向收缩和横向收缩 b）弯曲变形 c）角变形 d）波浪变形 e）扭曲变形

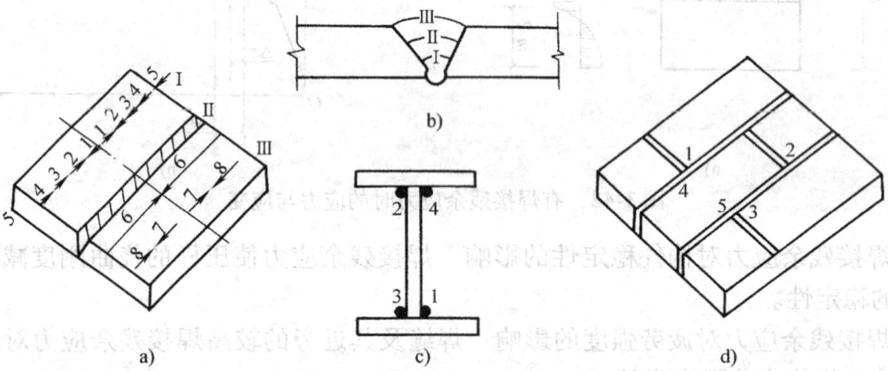

图 3-44 合理的焊接次序

2）尽可能采用对称焊缝，使其变形相反而相互抵消，并在保证安全可靠的前提下，避免焊缝厚度过大。

3）施焊前给构件一个和焊接残余变形相反的预变形，使构件在焊接后产生的变形正好与之抵消。这种方法可以减少焊接后的变形量，但不会根除焊接残余应力。

4）对于小尺寸的杆件，可在焊前预热，或焊后回火（加热到 600℃ 左右，然后缓慢冷却），可以消除焊接残余应力。焊接后对焊件进行锤击，也可减少焊接残余应力与焊接残余变形。此外也可采用机械方法校正或氧-乙炔局部加热来消除焊接残余变形。

3.5 螺栓连接的构造

3.5.1 螺栓的排列

螺栓在构件上的布置、排列应满足受力要求、构造要求和施工要求。

(1) 受力要求　在受力方向，螺栓的端距过小时，钢板有被剪断的可能。当各排螺栓距和线距过小时，构件有沿直线或折线破坏的可能。对受压构件，当沿作用力方向的螺栓距过大时，在被连接的板件间易发生张口或鼓曲现象。因此，从受力的角度规定了最大和最小的允许间距。

(2) 构造要求　当螺栓栓距及线距过大时，被连接构件接触面不够紧密，潮气易侵入缝隙而产生腐蚀，所以规定了螺栓的最大允许间距。

(3) 施工要求　为保证一定的施工空间，便于转动螺栓扳手，因此规定了螺栓的最小允许间距。

根据上述要求，钢板上螺栓的排列如图3-45所示，螺栓的允许间距见表3-2。

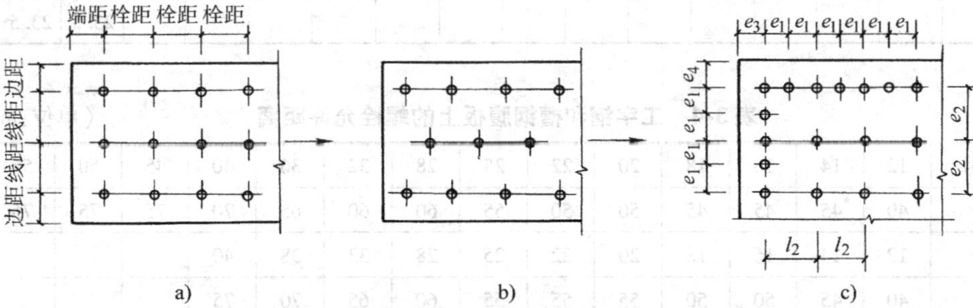

图3-45　钢板上螺栓的排列

a) 钢板上的并列螺栓　b) 钢板上的错列螺栓　c) 钢板上的螺栓允许间距

表3-2　钢板上的螺栓允许间距

<table>
<tr><th>名　称</th><th colspan="3">位置和方向</th><th>最大允许间距
(取两者的较小值)</th><th>最小允许间距</th></tr>
<tr><td rowspan="3">中心间距</td><td rowspan="3">任意方向</td><td colspan="2">外排</td><td>$8d_0$ 或 $12t$</td><td rowspan="3">$3d_0$</td></tr>
<tr><td rowspan="2">中间排</td><td>构件受压力</td><td>$12d_0$ 或 $18t$</td></tr>
<tr><td>构件受拉力</td><td>$16d_0$ 或 $24t$</td></tr>
<tr><td rowspan="4">中心至构件边缘的距离</td><td colspan="3">顺内力方向</td><td rowspan="4">$4d_0$ 或 $8t$</td><td>$2d_0$</td></tr>
<tr><td rowspan="3">垂直内力方向</td><td colspan="2">切割边</td><td rowspan="2">$1.5d_0$</td></tr>
<tr><td rowspan="2">轧制边</td><td>高强度螺栓</td></tr>
<tr><td>其他螺栓</td><td>$1.2d_0$</td></tr>
</table>

注：1. d_0 为螺栓孔径，t 为外层较薄板件厚度。

2. 钢板边缘与刚性构件(如角钢、槽钢等)相连的螺栓或铆钉最大间距，可按中间排数值采用。

型钢上的螺栓的排列如图3-46所示，型钢的螺栓允许距离见表3-3～表3-5。

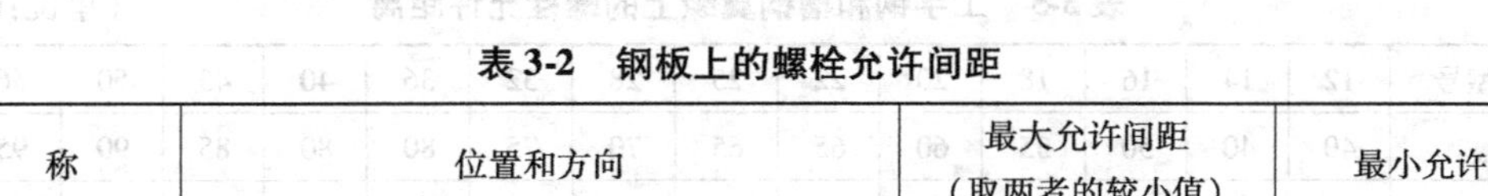

图3-46　型钢的螺栓排列

a) 角钢单排螺栓　b) 角钢双排错列螺栓　c) 角钢双排并列螺栓

表 3-3 角钢上螺栓允许最小间距 （单位:mm）

肢	宽	40	45	50	56	63	70	75	80	90	100	110	125	140	160	180	200
单行	e	25	25	30	30	35	40	40	45	50	55	60	70				
	d_0	12	13	14	15.5	17.5	20	21.5	21.5	23.5	23.5	26	26				
双行错列	e_1												55	60	70	70	80
	e_2												90	100	120	140	160
	d_0												23.5	23.5	26	26	26
双行并列	e_1														60	70	80
	e_2														130	140	160
	d_0														23.5	23.5	26

表 3-4 工字钢和槽钢腹板上的螺栓允许距离 （单位:mm）

工字钢型号	12	14	16	18	20	22	25	28	32	36	40	45	50	56	63
线距 e_{min}	40	45	45	45	50	50	55	60	60	65	70	75	75	75	75
槽钢型号	12	14	16	18	20	22	25	28	32	38	40				
线距 e_{min}	40	45	50	50	55	55	55	60	65	70	75				

表 3-5 工字钢和槽钢翼缘上的螺栓允许距离 （单位:mm）

工字钢型号	12	14	16	18	20	22	25	28	32	36	40	45	50	56	63
线距 e_{min}	40	40	50	55	60	65	65	70	75	80	80	85	90	95	95
槽钢型号	12	14	16	18	20	22	25	28	32	38	40				
线距 e_{min}	30	35	35	40	40	45	45	45	50	56	60				

3.5.2 螺栓连接的构造要求

螺栓连接除满足螺栓排列的允许距离外，还应满足下列构造要求：

1）当杆件在节点上或拼接接头的一端时，永久性的螺栓（或铆钉）数不宜少于两个。对组合构件的缀条，其端部连接可采用一个螺栓（或铆钉）。

2）高强度螺栓孔应采用钻成孔。摩擦型连接的高强度螺栓的孔径比螺栓公称直径 d 大 1.5~2.0mm；承压型连接的高强度螺栓的孔径比螺栓公称直径 d 大 1.0~1.5mm。

3）在高强度螺栓连接范围内，构件接触面的处理方法应在施工图中注明。

4）C级普通螺栓宜用于沿其杆轴方向受拉的连接，在下列情况下可用于受剪连接：①承受静力荷载或间接承受动力荷载结构中的次要连接；②承受静力荷载的可拆卸结构的连接；③临时固定构件用的安装连接。

5）对直接承受动力荷载的普通螺栓受拉连接应采用双螺母或其他能防止螺帽松动的有效措施。

6）当型钢构件拼接采用高强度螺栓连接时，其拼接件宜采用钢板。

7）沉头和半沉头铆钉不得用于沿其杆轴方向受拉的连接。

8）沿杆轴方向受拉的螺栓（或铆钉）连接中的端板（法兰板），应适当增强其刚度（如加设加劲肋），以减少撬力对螺栓（或铆钉）抗拉承载力的不利影响。

3.6 C级普通螺栓连接的工作性能和计算

3.6.1 C级普通螺栓连接的工作性能

普通螺栓分为C级螺栓和A、B级螺栓。C级螺栓一般采用Q235钢制作，用未加工的圆钢制成。C级螺栓的尺寸不够精确，只需Ⅱ类孔，栓径与孔径相差1.5～2.0mm，便于安装，但螺杆与钢板孔壁不够紧密，受剪时工作性能较差，在螺栓群中各螺栓所受剪力也不均匀。因此，C级螺栓适用于承受拉力的连接中，有时也可以用于不重要的受剪连接中。在受到拉剪联合作用的安装连接中，可设计成螺栓受拉、支托受剪的连接形式。A、B级螺栓一般采用45号钢或35号钢制作，栓杆与栓孔的加工都有严格要求，栓杆由车床加工而成，表面光滑，尺寸准确，要求用Ⅰ类孔，栓径与孔径公称尺寸相同，允许偏差为0.18～0.25mm。其受力性能较C级螺栓为好，但制造安装较复杂，费用较高，在钢结构中很少采用。

C级普通螺栓连接按螺栓传力方式可以分为抗剪螺栓和抗拉螺栓。当外力垂直于螺杆时，该螺栓为抗剪螺栓（见图3-47a），当外力沿螺栓杆长方向时，该螺栓为抗拉螺栓（见图3-47b）。

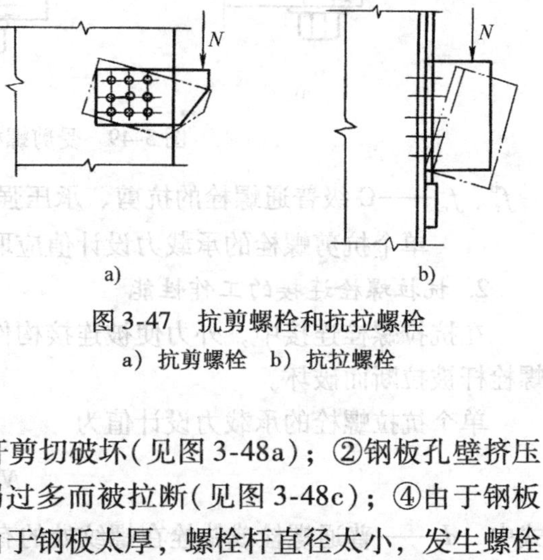

图3-47 抗剪螺栓和抗拉螺栓

a）抗剪螺栓 b）抗拉螺栓

1. 抗剪螺栓连接的工作性能

抗剪螺栓连接在受力以后，当外力并不大时，首先由构件间的摩擦力来传递外力。当外力继续增大而超过极限摩擦力后，构件之间出现相对滑移，螺栓杆开始接触螺栓孔壁而使螺栓杆受剪，孔壁则受压。

抗剪螺栓连接可能出现五种破坏形式：①螺杆剪切破坏（见图3-48a）；②钢板孔壁挤压破坏（见图3-48b）；③构件本身由于截面开孔削弱过多而被拉断（见图3-48c）；④由于钢板端部螺栓孔端距太小而被剪坏（见图3-48d）；⑤由于钢板太厚，螺栓杆直径太小，发生螺栓杆弯曲破坏（见图3-48e）。其中，前三种破坏要进行计算；而后两种破坏则用限制端距 $e_3 \geqslant 2d_0$ 和板叠厚度不超过 $5d$（d 为螺栓直径）等构造措施来防止。

单个抗剪螺栓的设计承载力按下列两式计算：

抗剪承载力设计值 $$N_v^b = n_v \frac{\pi d^2}{4} f_v^b \tag{3-26}$$

承压承载力设计值 $$N_c^b = d \sum t f_c^b \tag{3-27}$$

式中 n_v——单个螺栓的受剪面数，单剪（见图3-49a）$n_v=1$，双剪（见图3-49b）$n_v=2$，四剪（见图3-49c）$n_v=4$ 等；

d——螺栓杆直径（铆钉连接取孔径 d_0）；

$\sum t$——在同一受力方向的承压构件的较小总厚度；

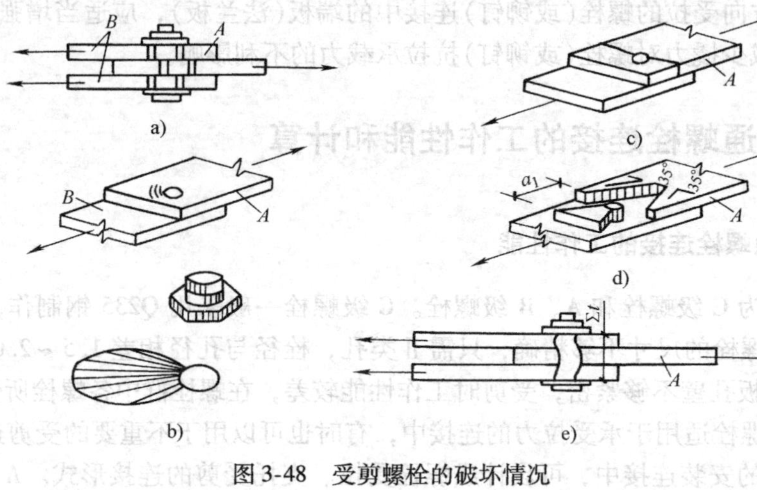

图 3-48 受剪螺栓的破坏情况

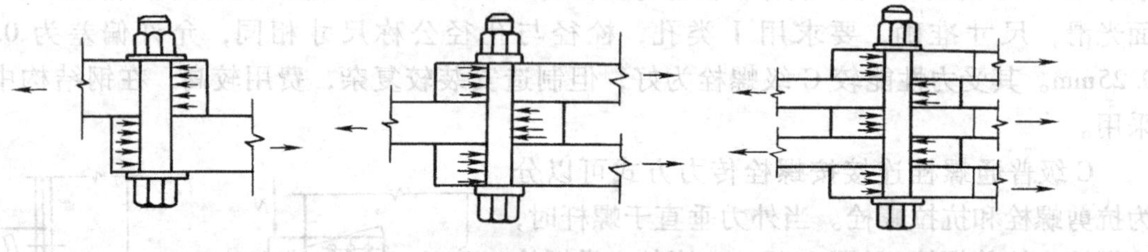

图 3-49 受剪螺栓的受剪面数和承压厚度

f_v^b、f_c^b——C 级普通螺栓的抗剪、承压强度设计值(见附表 1-3)。

单个抗剪螺栓的承载力设计值应取 N_v^b 和 N_c^b 的最小值 N_{min}^b。

2. 抗拉螺栓连接的工作性能

在抗拉螺栓连接中，外力使被连接构件的接触面有互相脱开的趋势而使螺栓受拉，最后螺栓杆被拉断而破坏。

单个抗拉螺栓的承载力设计值为

$$N_t^b=\frac{\pi d_e^2}{4}f_t^b \tag{3-28}$$

式中 d_e——普通螺栓或锚栓在螺纹处的有效直径，取值见附表 8-1，铆钉连接取孔径 d_0；

f_t^b——普通螺栓、锚栓和铆钉的抗拉强度设计值(见附表 1-3)。

在图 3-50 所示的 T 形连接中，由于角钢的刚度不大，受拉后，垂直于拉力作用方向的角钢肢会发生较大的变形，起杠杆作用，在角钢外侧产生撬力 $Q/2$。螺栓实际所受拉力为 $T=(Q+N)/2$，角钢的刚度越小，撬力越大。实际计算中撬力值很难计算。目前在计算中对普通螺栓连接采用不考虑撬力而用降低

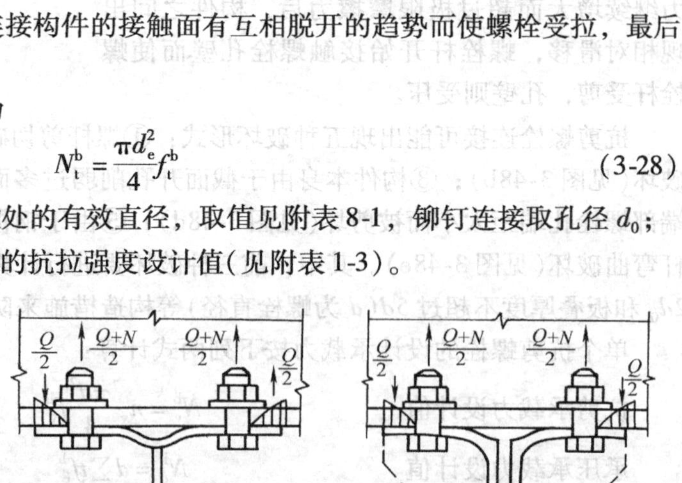

图 3-50 抗拉螺栓连接

螺栓抗拉强度设计值的方法予以解决。此外，在构造上也可以采取一些措施来减少或消除撬力，如在角钢中设加劲肋或增加角钢厚度等。

3.6.2　螺栓群的计算

螺栓群的计算是在单个螺栓计算的基础上进行的。

1. 螺栓群在轴向力作用下的抗剪计算

当外力通过螺栓群形心时，如螺栓连接处于弹性阶段，螺栓群中的各螺栓受力不等，两端螺栓较中间的受力大（见图3-51b）；当外力再继续增大，使受力大的螺栓超过弹性极限而达到塑性阶段，各螺栓承担的荷载逐渐接近，最后趋于相等（见图3-51c）直到破坏。计算时可假定所有螺栓受力相等，并用下式算出所需要的螺栓数目

$$n=\frac{N}{N_{\min}^{\mathrm{b}}} \tag{3-29}$$

式中　N——连接件中的轴心力设计值。

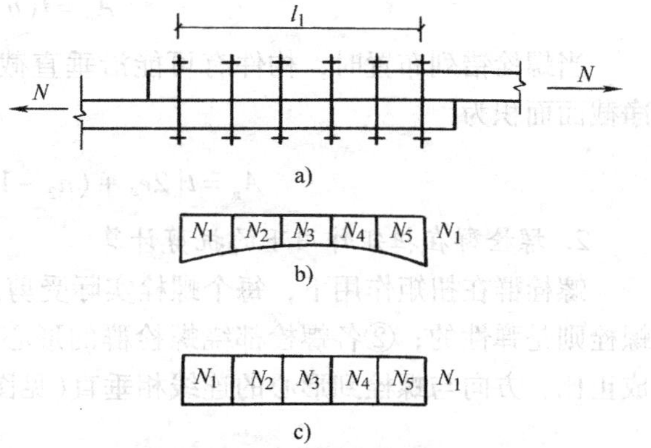

图3-51　螺栓群的不均匀受力状态

a）受剪螺栓　b）弹性阶段受力状态

c）塑性阶段受力状态

当构件的节点处或拼接接头的一端螺栓很多，且沿受力方向的连接长度 l_1 过大时，端部的螺栓会因受力过大而首先破坏，随后依次向内发展，逐个破坏。因此《钢结构设计规范》规定，当$l_1>15d_0$（d_0 为孔径）时，应将螺栓或铆钉的承载力设计值乘以折减系数 $\beta=1.1-l_1/(150d_0)$，当 $l_1>60d_0$ 时，折减系数 $\beta=0.7$。

在螺栓连接中（见图3-52a），左边板件所承担的内力 N 通过左边的螺栓传给两块拼接板，再由两块拼接板通过右边螺栓传至右边板件，这样左右板件内力平衡。由于螺栓孔削弱构件的截面，因此在排列好所需的螺栓后，还需验算构件或连接盖板的净截面强度，其表达

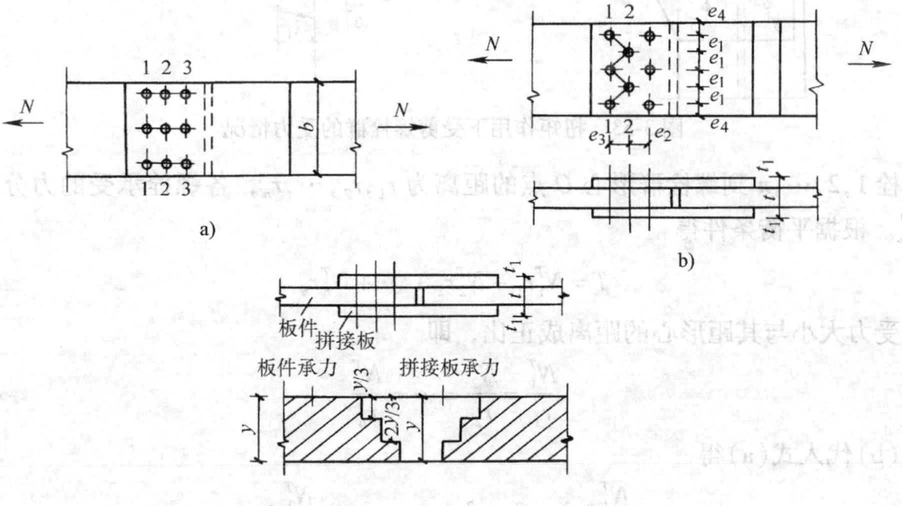

图3-52　轴向力作用下的抗剪螺栓群

式为

$$\sigma = \frac{N}{A_n} \leqslant f \tag{3-30}$$

式中 A_n——构件或连接盖板净截面面积，当螺栓孔交错布置时(见图3-52b)，净截面面积按垂直截面1—1或齿状截面2—2两者中之较小者取用。

当螺栓并列布置时

$$A_n = t(b - n_1 d_0) \tag{3-31}$$

当螺栓错列布置时，构件有可能沿垂直截面1—1或齿状截面2—2破坏。2—2截面的净截面面积为

$$A_n = t[2e_4 + (n_2 - 1)\sqrt{e_1^2 + e_2^2} - n_2 d_0] \tag{3-32}$$

2. *螺栓群在扭矩作用下的抗剪计算*

螺栓群在扭矩作用下，每个螺栓实际受剪。计算时假定：①被连接构件是绝对刚性的，螺栓则是弹性的；②各螺栓都绕螺栓群的形心 O 旋转，其受力大小与到螺栓群形心的距离成正比，方向与螺栓到形心的连线相垂直(见图3-53)。

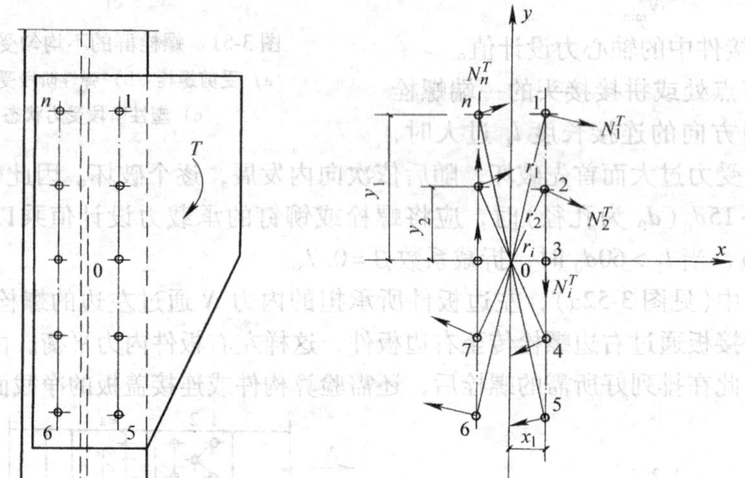

图3-53 扭矩作用下受剪螺栓群的受力情况

设螺栓1,2,…,n 到螺栓群形心 O 点的距离为 $r_1, r_2, \cdots, r_n$，各螺栓承受的力分别为 N_1^T、$N_2^T, \cdots, N_n^T$。根据平衡条件得

$$T = N_1^T r_1 + N_2^T r_2 + \cdots + N_n^T r_n \tag{a}$$

螺栓受力大小与其距形心的距离成正比，即

$$\frac{N_1^T}{r_1} = \frac{N_2^T}{r_2} = \cdots = \frac{N_n^T}{r_n} \tag{b}$$

将式(b)代入式(a)得

$$T = \frac{N_1^T}{r_1}(r_1^2 + r_2^2 + r_3^2 + \cdots + r_n^2) = \frac{N_1^T}{r_1}\sum r_i^2$$

$$N_1^T = \frac{Tr_1}{\sum r_i^2} = \frac{Tr_1}{(\sum x_i^2 + \sum y_i^2)} \tag{3-33}$$

当螺栓群布置在一个狭长带时，若 $y_1 > 3x_1$，r_1 趋近于 y_1，$\sum x_i^2$ 可忽略不计，则式(3-33)可写成

$$N_1^T = \frac{Ty_1}{\sum y_i^2} \tag{3-34}$$

受力最大螺栓所承受的剪力应不大于螺栓的抗剪承载力设计值，即

$$N_1^T \leqslant N_{\min}^{b} \tag{3-35}$$

3. *螺栓群在扭矩、剪力和轴向力共同作用下的抗剪计算*

螺栓群在通过其形心的剪力 V 和轴向力 N 作用下(见图3-54)，每个螺栓受力相同，每个螺栓受力为

$$N_{1y}^V = \frac{V}{n}(\downarrow)$$

$$N_{1x}^N = \frac{N}{n}(\rightarrow)$$

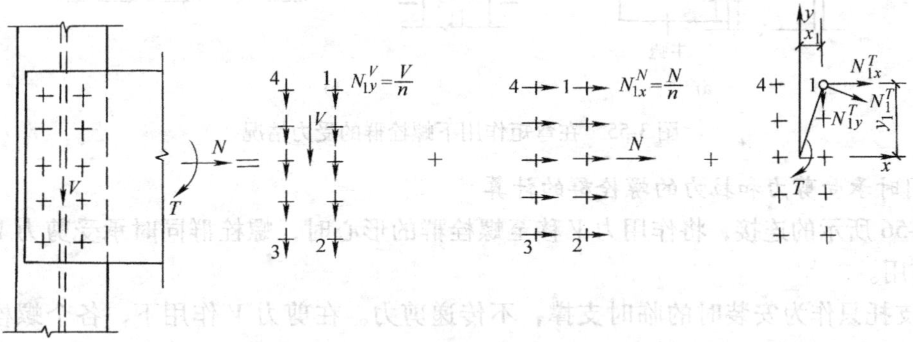

图3-54 扭矩、剪力和轴向力共同作用下受剪螺栓群的受力情况

在扭矩 T 作用下，螺栓1受力最大，将 N_1^T 分解为水平和竖直方向的分力

$$N_{1x}^T = N_1^T \frac{y_1}{r_1} = \frac{Ty_1}{\sum x_i^2 + \sum y_i^2}$$

$$N_{1y}^T = N_1^T \frac{x_1}{r_1} = \frac{Tx_1}{\sum x_i^2 + \sum y_i^2}$$

因此在扭矩、剪力和轴向力共同作用下，螺栓群中受力最大的一个螺栓所承受的合力及强度条件为

$$N_1 = \sqrt{(N_{1x}^T + N_{1x}^N)^2 + (N_{1y}^T + N_{1y}^V)^2} \leqslant N_{\min}^b \tag{3-36}$$

4. *螺栓群在轴力作用下的抗拉计算*

当外力通过螺栓群形心，假定所有受拉螺栓受力相等，所需的螺栓数目为

$$n = \frac{N}{N_t^b} \tag{3-37}$$

式中 N——螺栓群承受的轴向力；

N_t^b——单个抗拉螺栓的承载力设计值，按式(3-28)计算。

5. 螺栓群在弯矩作用下的抗拉计算

图3-55所示为在弯矩 M 作用下的螺栓群，上部螺栓受拉，使得连接的上部板件有分离的趋势，螺栓群的旋转中和轴下移。通常近似地假定螺栓群绕最下边的一排螺栓旋转，各排螺栓所受的拉力的大小与其距最下一排螺栓的距离成正比。因此

$$M = m(N_1^M y_1 + N_2^M y_2 + \cdots + N_n^M y_n)$$

可得螺栓最大内力为

$$N_1^M = \frac{My_1}{m\sum y_i^2} \leqslant N_t^b \tag{3-38}$$

式中 m——螺栓排列的列数，图3-55中 $m=2$。

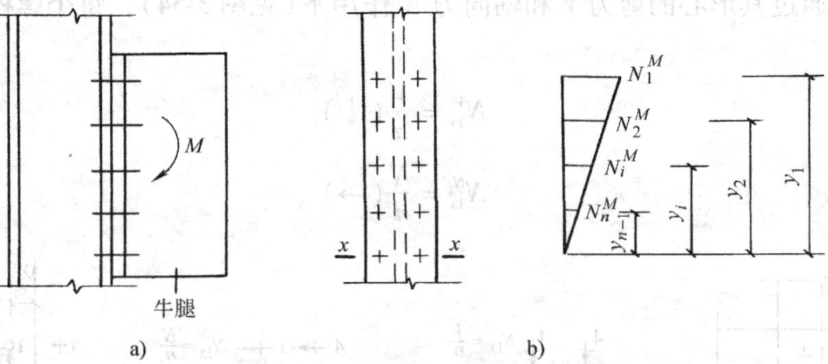

图3-55 在弯矩作用下螺栓群的受力情况

6. 同时承受剪力和拉力的螺栓群的计算

图3-56所示的连接，将作用力 V 移至螺栓群的形心时，螺栓群同时承受剪力 V 和弯矩 $M=Ve$ 作用。

1）支托只作为安装时的临时支撑，不传递剪力。在剪力 V 作用下，各个螺栓均匀受力，每个螺栓受力为

$$N_v = \frac{V}{n}$$

在弯矩 M 作用下，螺栓群中受力最大的螺栓，按式(3-38)计算其所受拉力

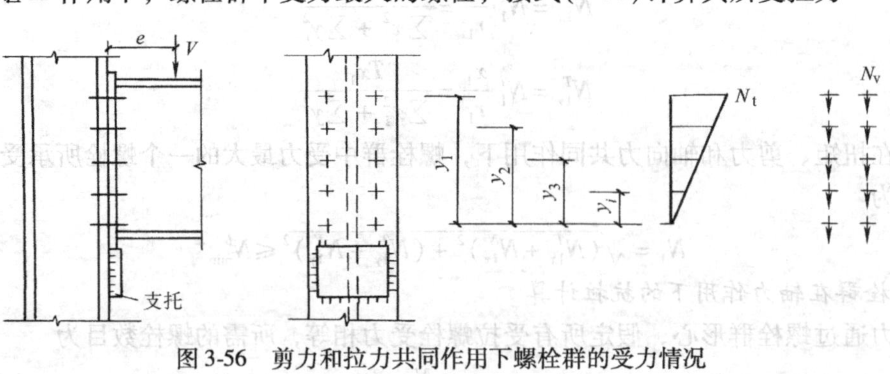

图3-56 剪力和拉力共同作用下螺栓群的受力情况

$$N_1^M = \frac{My_1}{m\sum y_i^2}$$

螺栓在拉力和剪力共同作用下安全工作的条件应满足下列两式

$$\sqrt{\left(\frac{N_v}{N_v^b}\right)^2+\left(\frac{N_1^M}{N_t^b}\right)^2}\leqslant 1 \tag{3-39}$$

$$N_v\leqslant N_c^b \tag{3-40}$$

式中 N_v^b、N_c^b、N_t^b——单个螺栓的抗剪、承压和抗拉承载力设计值。

2）支托是永久性的，此时剪力由支托承受，弯矩由螺栓承受，则螺栓按式(3-38)计算。支托与柱翼缘采用角焊缝连接，按下式计算

$$\tau_f=\frac{\alpha V}{h_e\sum l_w}\leqslant f_f^w \qquad (\alpha=1.25\sim1.35) \tag{3-41}$$

【例3-7】 两钢板截面为—18×410，钢材为Q235，承受轴心力 $N=1250\text{kN}$(设计值)，采用M20普通粗制螺栓拼接，孔径 $d_0=21.5\text{mm}$，试设计此连接。

【解】 1. 确定连接盖板截面

采用双盖板拼接，截面尺寸选10mm×410mm，与被连接钢板截面面积接近且稍大，钢材亦为Q235。

2. 计算需要的螺栓数目和布置螺栓

单个螺栓抗剪承载力设计值为

$$N_v^b=n_v\frac{\pi d^2}{4}f_v^b=2\times\frac{\pi\times(20\text{mm})^2}{4}\times140\text{N/mm}^2=87.9\text{kN}$$

单个螺栓承压承载力设计值为

$$N_c^b=d\sum tf_c^b=20\text{mm}\times18\text{mm}\times305\times10^{-3}\text{kN/mm}^2=109.8\text{kN}$$

连接所需要的螺栓数目为

$$n\geqslant\frac{N}{N_{\min}^b}=\frac{1250}{87.9}=14.2,$$

取 $n=16$ 个。

采用并列布置，如图3-57所示。连接盖板尺寸为—10mm×410mm×710mm。中距、端距、边距均符合构造要求。

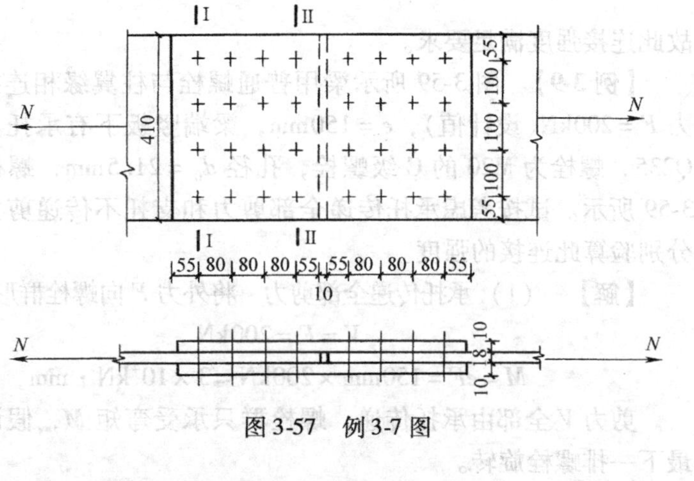

图3-57 例3-7图

3. 验算被连接钢板的净截面强度

被连接钢板Ⅰ—Ⅰ截面受力最大，连接盖板则是Ⅱ—Ⅱ截面受力最大，但后者截面面积稍大，故只验算被连接钢板即可。

$$A_n=A-n_1d_0t=41\text{cm}\times1.8\text{cm}-4\times2.15\text{cm}\times1.8\text{cm}=58.32\text{cm}^2$$

$$\sigma=\frac{N}{A_n}=\frac{1250\times10^3\text{N}}{58.32\times10^2\text{mm}^2}=214.3\text{N/mm}^2\approx f=205\text{N/mm}^2$$

符合要求。

【例3-8】 如图3-58所示，采用普通螺栓连接，钢材为Q235，$F=60\text{kN}$，采用M20普通螺栓(C级)，孔径 $d_0=21.5\text{mm}$，试验算此连接的强度。

【解】 将偏心力 F 向螺栓群形心简化得

$$T = eF = 300\text{mm} \times 60\text{kN} = 1.8 \times 10^4 \text{kN} \cdot \text{mm}$$

$$V = F = 60\text{kN}$$

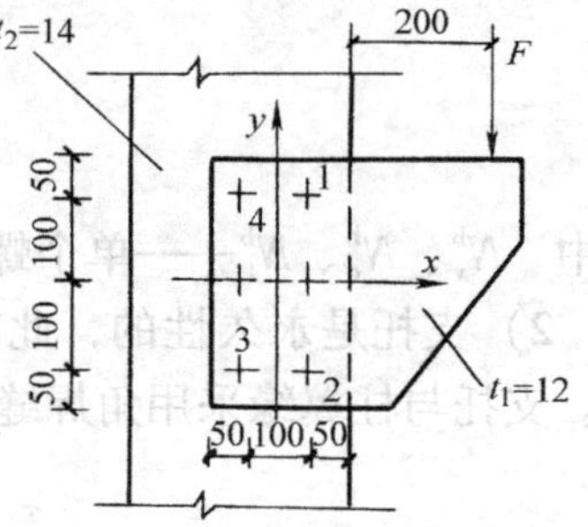

图 3-58 例 3-8 图

查附表 1-3 得，$f_v^b = 140\text{N/mm}^2$，$f_c^b = 305\text{N/mm}^2$。

单个螺栓的抗剪承载力设计值为

$$N_v^b = n_v \frac{\pi d^2}{4} f_v^b = 1 \times \frac{\pi \times (20\text{mm})^2}{4} \times 140\text{N/mm}^2 = 43.98\text{kN}$$

单个螺栓的承压承载力设计值为

$$N_c^b = d \sum t f_c^b = 20\text{mm} \times 12\text{mm} \times 305\text{N/mm}^2 = 73.2\text{kN}$$

在 T 和 V 作用下，1 号螺栓所受剪力最大，则

$$N_{1x}^T = \frac{Ty_1}{\sum x_i^2 + \sum y_i^2} = \frac{18000\text{kN} \cdot \text{mm} \times 100\text{mm}}{6 \times (50\text{mm})^2 + 4 \times (100\text{mm})^2} \approx 32.72\text{kN}$$

$$N_{1y}^T = \frac{Tx_1}{\sum x_i^2 + \sum y_i^2} = \frac{18000\text{kN} \cdot \text{mm} \times 50\text{mm}}{6 \times (50\text{mm})^2 + 4 \times (100\text{mm})^2} \approx 16.36\text{kN}$$

$$N_{1y}^V = \frac{V}{n} = \frac{60\text{kN}}{6} = 10\text{kN}$$

$$N_1 = \sqrt{(N_{1x}^T)^2 + (N_{1y}^T + N_{1y}^V)^2} = \sqrt{(32.72\text{kN})^2 + (16.36\text{kN} + 10\text{kN})^2} \approx 42.19\text{kN}$$

$$N_1 < N_{\min}^b = 43.98\text{kN}$$

故此连接强度满足要求。

【例 3-9】 图 3-59 所示梁用普通螺栓与柱翼缘相连接，承受外力 $F = 200\text{kN}$(设计值)，$e = 150\text{mm}$，梁端竖板下有承托。钢材采用 Q235，螺栓为 M20 的 C 级螺栓，孔径 $d_0 = 21.5\text{mm}$，螺栓布置如图 3-59 所示。试按考虑承托传递全部剪力和支托不传递剪力两种情况分别验算此连接的强度。

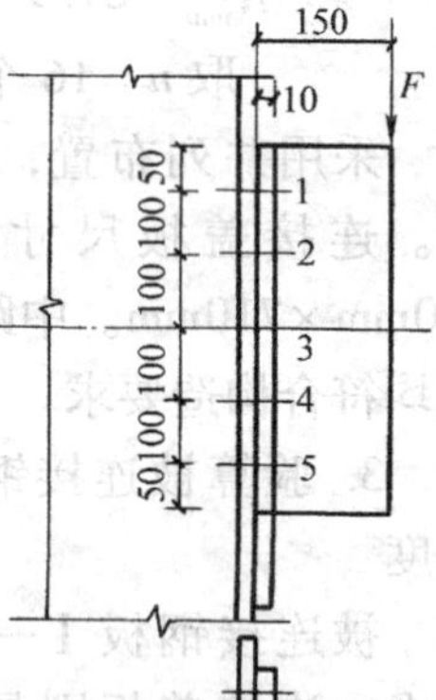

图 3-59 例 3-9 图

【解】 (1) 承托传递全部剪力 将外力 F 向螺栓群形心简化，得

$$V = F = 200\text{kN}$$

$$M = eF = 150\text{mm} \times 200\text{kN} = 3 \times 10^4 \text{kN} \cdot \text{mm}$$

剪力 V 全部由承托传递，螺栓群只承受弯矩 M，假设螺栓群绕最下一排螺栓旋转。

单个螺栓抗拉承载力设计值为(A_e 查附表 8-1)

$$N_t^b = \frac{\pi d_e^2}{4} f_t^b = A_e f_t^b = 244.8\text{mm}^2 \times 170\text{N/mm}^2 = 41616\text{N} = 41.62\text{kN}$$

作用于单个螺栓的最大拉力为

$$N_1^M = \frac{My_1}{m \sum y_i^2} = \frac{30000\text{kN} \cdot \text{mm} \times 400\text{mm}}{2 \times [(100\text{mm})^2 + (200\text{mm})^2 + (300\text{mm})^2 + (400\text{mm})^2]} = 20\text{kN}$$

$$N_1^M < N_t^b$$

承托与柱翼缘的连接焊缝计算：采用侧面角焊缝，焊脚尺寸 $h_f = 8\text{mm}$，则有

$$\tau_f = \frac{\alpha V}{h_e \sum l_w} = \frac{1.35 \times 200000\text{N}}{0.7 \times 8\text{mm} \times 2 \times 170\text{mm}} = 141.8\text{N/mm}^2 < f_f^w = 160\text{N/mm}^2$$

所以连接满足强度要求。

(2) 承托不承受剪力　此时，螺栓群同时承受剪力 V 和弯矩 M 作用，螺栓群为拉力和剪力联合作用。

单个螺栓的抗剪承载力设计值为

$$N_v^b = n_v \frac{\pi d^2}{4} f_v^b = 1 \times \frac{\pi \times (20\text{mm})^2}{4} \times 140\text{N/mm}^2 = 43982\text{N} = 43.98\text{kN}$$

$$N_c^b = d \sum t f_c^b = 20\text{mm} \times 10\text{mm} \times 305\text{N/mm}^2 = 61000\text{N} = 61\text{kN}$$

$$N_t^b = 41.62\text{kN}$$

单个螺栓的最大拉力为

$$N_1^M = 20\text{kN}$$

单个螺栓的最大剪力为

$$N_v = \frac{V}{n} = \frac{200\text{kN}}{10} = 20\text{kN} < N_c^b = 61\text{kN}$$

螺栓在拉力和剪力联合作用下

$$\sqrt{\left(\frac{N_v}{N_v^b}\right)^2 + \left(\frac{N_1^M}{N_t^b}\right)^2} = \sqrt{\left(\frac{20\text{kN}}{43.98\text{kN}}\right)^2 + \left(\frac{20\text{kN}}{41.62\text{kN}}\right)^2} = 0.66 < 1$$

此连接满足强度要求。

3.7 高强度螺栓连接的工作性能和计算

3.7.1 高强度螺栓的抗剪工作性能

高强度螺栓的杆身、螺母和垫圈都要用抗拉强度很高的钢材制作。高强螺栓的性能等级分为10.9级(20MnTiB钢和30VB钢)和8.8级(40B钢、45号钢和35号钢)。45号钢或40B钢只能用于直径不大于24mm的高强螺栓。现在工程中已逐渐采用20MnTiB作为高强度螺栓的专用钢。

高强度螺栓有摩擦型连接和承压型连接两种。

高强度螺栓摩擦型连接依靠被连接构件间的摩擦力来传递外力，安装时将螺栓拧紧，使螺杆产生预拉力压紧构件接触面，靠接触面的摩擦力来阻止其相互滑移，以达到传递外力的目的。当剪力等于摩擦力时，即为连接的承载力极限状态。高强度螺栓摩擦型连接与普通螺栓连接的重要区别就是完全不靠螺杆的抗剪和孔壁的承压来传力，而是靠钢板间接触面的摩擦力来传力。

高强度螺栓承压型连接的传力特征是当剪力超过摩擦力时，构件间产生相对滑移，螺杆与孔壁接触，使螺杆受剪和孔壁受压，破坏形式与普通螺栓相同。以螺杆被剪坏或孔壁承压破坏为其承载力极限状态。承压型连接承载力高于摩擦型连接，但变形较大，不适用于直接承受动力荷载的结构。

高强度螺栓的构造和排列要求，与普通螺栓的构造及排列要求相同。

1. 高强度螺栓的预拉力

高强度螺栓的预拉力是通过扭紧螺母实现的，一般采用扭矩法、转角法和扭剪法。

（1）扭矩法 采用可直接显示扭矩的特制扳手，根据事先测定的扭矩和螺栓拉力之间的关系施加扭矩，使之达到预定预拉力。

（2）转角法 先用人工扳手初拧螺母至拧不动为止，再终拧，即以初拧时拧紧的位置为起点，根据螺栓直径和板叠厚度所确定的终拧角度，自动或人工控制旋拧螺母至预定角度，即为达到预定的预拉力值。

（3）扭剪法 采用扭剪型高强度螺栓（见图3-60），该螺栓端部设有梅花头，拧紧螺母时，靠拧断螺栓梅花头切口处截面来控制预拉力值。

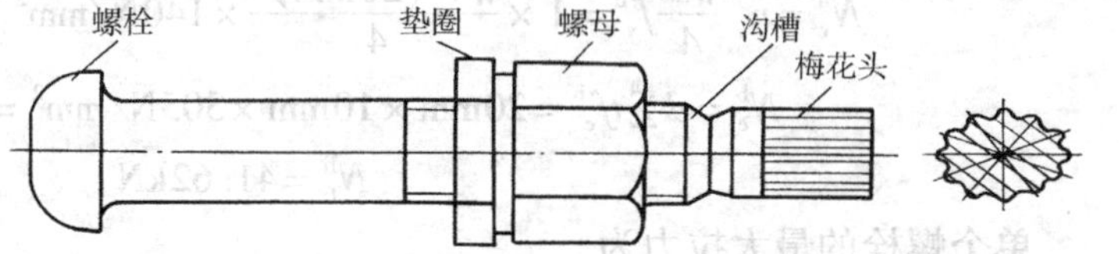

图3-60 扭剪型高强螺栓

高强度螺栓预拉力计算时应考虑：①在扭紧螺栓时，扭矩使螺栓产生的剪力将降低螺栓的抗拉承载力；②施加预拉力时补偿应力损失的超张拉；③材料抗力的变异。《钢结构设计规范》规定预拉力设计值 P 按下式确定

$$P=\frac{0.9\times0.9}{1.2}\times0.9f_uA_e=0.608f_uA_e \tag{3-42}$$

式中 f_u——高强度螺栓的抗拉强度；

A_e——高强度螺栓的有效截面面积（见附表8-1）。

单个高强度螺栓的预拉力 P 见表3-6。

表3-6 单个高强度螺栓的预拉力 P （单位：kN）

螺栓的强度等级	螺栓公称直径/mm					
	M16	M20	M22	M24	M27	M30
8.8级	80	125	150	175	230	280
10.9级	100	155	190	225	290	355

2. 高强度螺栓连接的摩擦面抗滑移系数

使用高强度螺栓摩擦型连接时，被连接构件接触面间的摩擦力不仅和螺栓的预拉力有关，还与被连接构件材料及其接触面处理方法所确定的摩擦面抗滑移系数 μ 有关，常用的处理方法和《钢结构设计规范》规定的摩擦面抗滑移系数 μ 值见表3-7。承压型连接的板件接触面只要求清除油污及浮锈。接触面涂红丹或在潮湿、淋雨状态下进行拼装时摩擦面抗滑移系数 μ 将严重降低，故应严格避免，并应采取措施保证连接处表面干燥。

表3-7 摩擦面的抗滑移系数 μ

在连接处构件接触面的处理方法	构件的钢号		
	Q235钢	Q345钢或Q390钢	Q420钢
喷砂	0.45	0.50	0.50
喷砂后涂无机富锌漆	0.35	0.40	0.40
喷砂后生赤锈	0.45	0.50	0.50
钢丝刷清除浮锈或未经处理的干净轧制表面	0.30	0.35	0.40

3.7.2　高强度螺栓连接的抗剪计算

1. 高强度螺栓摩擦型连接的抗剪承载力设计值

高强度螺栓承受剪力时的设计准则是外力不超过摩擦力。每个螺栓的摩擦阻力大小与摩擦面抗滑移系数μ、螺栓预拉力P及摩擦面数目n_f成正比。所以每个螺栓的摩擦阻力应为$n_f\mu P$。考虑整个连接中各螺栓受力的不均匀性，乘以系数α_R，即得单个高强度螺栓的抗剪承载力设计值为

$$N_v^b=\alpha_R n_f\mu P \tag{3-43}$$

式中　n_f——单个螺栓的传力摩擦面数目；

μ——摩擦面的抗滑移系数，按表3-7采用；

P——高强度螺栓的预拉力，按表3-6采用；

α_R——抗力分项系数的倒数，一般取0.9，最小板厚$t\leqslant 6$mm的冷弯薄壁型钢结构取0.8。

2. 高强度螺栓承压型连接的抗剪承载力设计值

高强度螺栓承压型连接受剪时，其最后的破坏形式与普通螺栓相同，因此，在抗剪连接中，每个高强度螺栓承压型连接的抗剪承载力设计值的计算方法与普通螺栓相同，承载力设计值仍按式(3-26)和式(3-27)计算，只是式中的f_v^b、f_c^b用承压型高强度螺栓的强度设计值。但当剪切面在螺纹处时，其受剪承载力设计值应按螺纹处的有效面积进行计算。

3. 高强度螺栓群连接的计算

(1) 轴力作用下的计算(见图3-61)　轴力N通过螺栓群形心，每个摩擦型连接的高强度螺栓的受力应满足

$$\frac{N}{n}\leqslant N_v^b \tag{3-44}$$

式中　N_v^b——单个高强度螺栓的抗剪承载力，按式(3-43)计算。

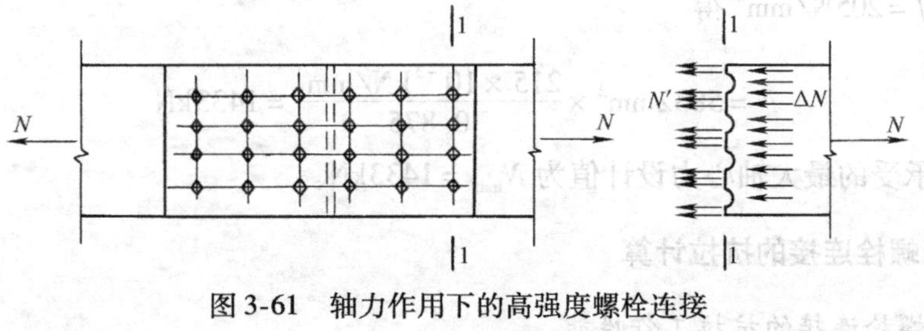

图3-61　轴力作用下的高强度螺栓连接

高强度螺栓摩擦型连接中的构件净截面强度计算与普通螺栓连接不同，要考虑由于摩擦阻力作用，一部分剪力已由孔前摩擦面传递，所以净截面1—1上的拉力$N'<N$。根据试验结果，孔前传力系数可取0.5，即第一排高强度螺栓所分担的内力，已有50%在孔前摩擦面中传递，则净截面1—1所传内力为

$$N'=N\left(1-\frac{0.5n_1}{n}\right) \tag{3-45}$$

式中　n_1——所计算截面(最外列螺栓处)上螺栓数；

n——连接一侧的螺栓总数。

然后按式(3-30)验算净截面强度。

对高强度螺栓承压型连接，构件净截面强度验算和普通螺栓连接相同。

(2) 在扭矩作用下及扭矩、剪力和轴力共同作用下的计算 抗剪计算方法与普通螺栓一样，单个螺栓所受的剪力值应不大于高强度螺栓的承载力设计值。

【例3-10】 如图3-62所示，采用8.8级M20摩擦型高强度螺栓，钢材为Q235，接触面采用喷砂处理，螺栓排列如图。试求此连接能承受的最大轴心力？

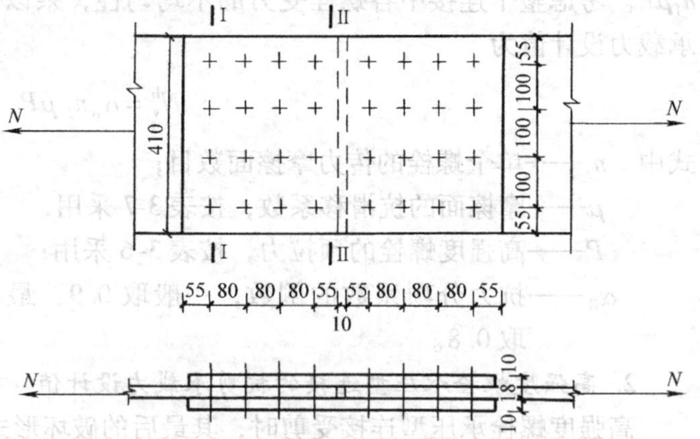

图3-62 例3-10图

【解】 1）确定摩擦型高强度螺栓所能承受的最大轴心力设计值。根据已知条件，查表3-6、表3-7得$P=125\text{kN}$，$\mu=0.45$。

$$l_1=240\text{mm}<15d_0=323\text{mm}$$

故取$\beta=1.0$。

单个螺栓的抗剪承载力设计值为

$$N_v^b=0.9\mu n_f P=0.9\times0.45\times2\times125\text{kN}=101.25\text{kN}$$

所以一侧螺栓所能承担的轴心力为

$$N=nN_v^b=16\times101.25\text{kN}=1620\text{kN}$$

2）截面Ⅰ—Ⅰ所能承受的最大轴心力计算。

$$A_n=410\text{mm}\times18\text{mm}-4\times21.5\text{mm}\times18\text{mm}=5832\text{mm}^2$$

$$N'=\left(1-0.5\times\frac{n_1}{n}\right)N=\left(1-0.5\times\frac{4}{16}\right)N=0.875N$$

由$\dfrac{N'}{A_n}\leqslant f$，$f=205\text{N/mm}^2$得

$$N=5832\text{mm}^2\times\frac{215\times10^{-3}\text{kN/mm}^2}{0.875}=1433\text{kN}$$

故此连接所能承受的最大轴心力设计值为$N_{max}=1433\text{kN}$。

3.7.3 高强度螺栓连接的抗拉计算

1. 高强度螺栓连接的抗拉工作性能

高强度螺栓连接由于预拉力作用，构件间在承受外力作用前已经有较大的挤压力，高强度螺栓受到外拉力作用时，首先要抵消这种挤压力，在克服挤压力之前，螺杆的预拉力基本不变。

如图3-63所示，高强度螺栓在外力作用之前，螺杆受预拉力P，钢板接触面上产生挤压力C，因钢板刚度很大，挤压应力分布均匀。挤压力C与预拉力P相平衡，即

$$C=P \tag{a}$$

在外力N_t作用下，螺栓拉力由P增至P_f，钢板接触面上挤压力由C降至C_f，由平衡条

件得

$$P_f = C_f + N_t \qquad (b)$$

在外力作用下，根据变形协调，螺杆的伸长量应等于构件压缩的恢复量。设螺杆截面面积为 A_b，钢板厚度为 δ，钢板挤压面积为 A_p，由变形关系可得螺栓在 δ 长度内的伸长量等于钢板在 δ 长度内的恢复量，即

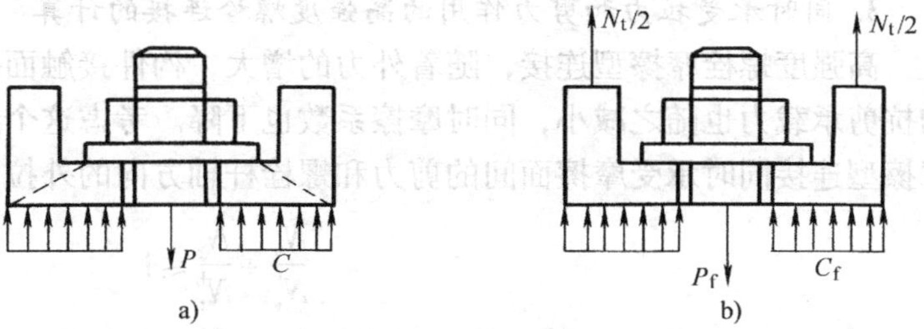

图 3-63　高强度螺栓受拉
a）外力作用前　b）外力 N_t 作用时

$$\frac{(P_f - P)\delta}{EA_b} = \frac{(C - C_f)\delta}{EA_p} \qquad (c)$$

将式(a)、式(b)代入式(c)得

$$P_f = P + \frac{N_t}{1 + \frac{A_b}{A_p}} \qquad (d)$$

一般 $A_p > A_b$，式(c)右边第二项约等于第一项的0.05～0.1，因此可以认为 $P_f \approx 1.1P$。

2. 高强度螺栓连接中抗拉连接计算

试验表明，当外拉力过大时，卸荷后螺栓将发生松弛现象，这对连接抗剪性能是不利的，因此规范规定一个高强度螺栓抗拉承载力不得大于 0.8P，即

$$N_t \leqslant N_t^b = 0.8P \qquad (3\text{-}46)$$

式中　P——高强度螺栓的预拉力。

在外力 N 作用下，N 通过螺栓群形心，每个螺栓所受外力相同，单个螺栓受力应满足

$$\frac{N}{n} \leqslant 0.8P \qquad (3\text{-}47)$$

式中　n——高强度螺栓数。

如图 3-64 所示连接，高强度螺栓群在弯矩 M 作用下，由于高强度螺栓预拉力很大，被连接面一直保持紧密贴合，可认为螺栓群的中和轴位于螺栓群的形心轴线上。这种情况以板不被拉开为条件，得

$$N_1^M = \frac{My_1}{m\sum y_i^2} \leqslant 0.8P \qquad (3\text{-}48)$$

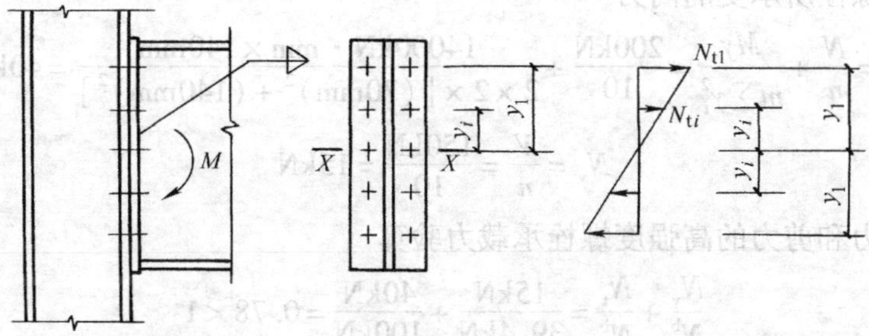

图 3-64　高强度螺栓群在弯矩 M 作用下

3. 同时承受拉力和剪力作用的高强度螺栓连接的计算

高强度螺栓摩擦型连接，随着外力的增大，构件接触面挤压力由 P 变为$P\text{-}N_t$，每个螺栓的抗剪承载力也随之减小，同时摩擦系数也下降。考虑这个影响，规范规定，当高强度螺栓摩擦型连接同时承受摩擦面间的剪力和螺栓杆轴方向的外拉力时，其承载力按下式计算

$$\frac{N_v}{N_v^b}+\frac{N_t}{N_t^b}\leqslant 1 \tag{3-49}$$

同时承受剪力和杆轴方向拉力的高强度螺栓承压型连接，应按下式计算

$$\sqrt{\left(\frac{N_v}{N_v^b}\right)^2+\left(\frac{N_t}{N_t^b}\right)^2}\leqslant 1 \tag{3-50}$$

$$N_v\leqslant\frac{N_c^b}{1.2} \tag{3-51}$$

式中 N_v、N_t——每个高强度螺栓所承受的剪力和拉力；

N_v^b、N_t^b、N_c^b——单个高强度螺栓的抗剪、抗拉和承压承载力设计值。

式(3-51)右边分母 1.2 是考虑由于螺栓杆轴方向的外拉力使孔壁承压强度的设计值有所降低之故。

高强度螺栓承压型连接仅用于承受静力荷载和间接承受动力荷载的连接中。

【例 3-11】 被连接构件钢材为 Q235BF，8.8 级 M20 的高强度螺栓，接触面喷砂后涂无机富锌漆。试验算图 3-65 所示高强度螺栓摩擦型连接的强度是否满足设计要求？

【解】 8.8 级 M20 的高强度螺栓，查表 3-6、表 3-7 得，高强度螺栓预拉力 $P=125\text{kN}$，抗滑移系数 $\mu=0.35$。

作用于螺栓群形心处的内力为

$$N=\frac{4}{5}F=\frac{4}{5}\times 250\text{kN}=200\text{kN}$$

$$V=\frac{3}{5}F=\frac{3}{5}\times 250\text{kN}=150\text{kN}$$

$$M=Me=200\text{kN}\times 70\text{mm}=14000\text{kN}\cdot\text{mm}$$

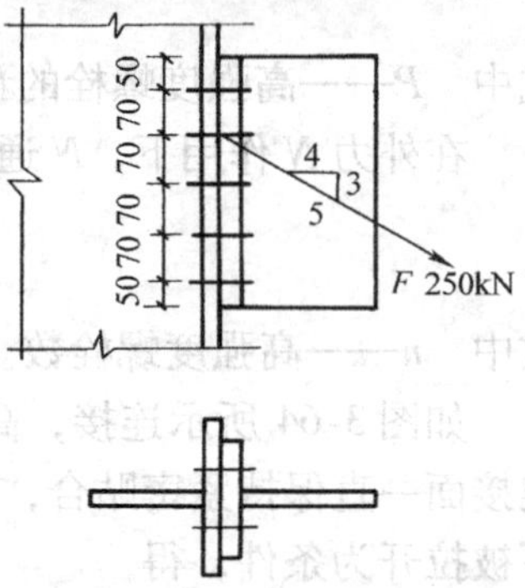

图 3-65 例 3-11 图

每个高强度螺栓的承载力设计值

$$N_t^b=0.8P=0.8\times 125\text{kN}=100\text{kN}$$

$$N_v^b=0.9n_f\mu P=0.9\times 1\times 0.35\times 125\text{kN}=39.4\text{kN}$$

最上排单个螺栓所承受的内力

$$N_t=\frac{N}{n}+\frac{My}{m\sum y_i^2}=\frac{200\text{kN}}{10}+\frac{14000\text{kN}\cdot\text{mm}\times 140\text{mm}}{2\times 2\times[(70\text{mm})^2+(140\text{mm})^2]}=40\text{kN}$$

$$N_v=\frac{V}{n}=\frac{150\text{kN}}{10}=15\text{kN}$$

同时承受拉力和剪力的高强度螺栓承载力验算

$$\frac{N_v}{N_v^b}+\frac{N_t}{N_t^b}=\frac{15\text{kN}}{39.4\text{kN}}+\frac{40\text{kN}}{100\text{kN}}=0.78<1$$

此连接安全。

习　题

3-1　如图3-66所示的对接焊缝连接，钢材为Q235，焊条为E43型，焊条电弧焊，焊缝质量为三级，施焊时加引弧板和引出板。已知 $f_t^w=185\text{N/mm}^2$，$f_c^w=215\text{N/mm}^2$，试求此连接能承受的最大荷载。

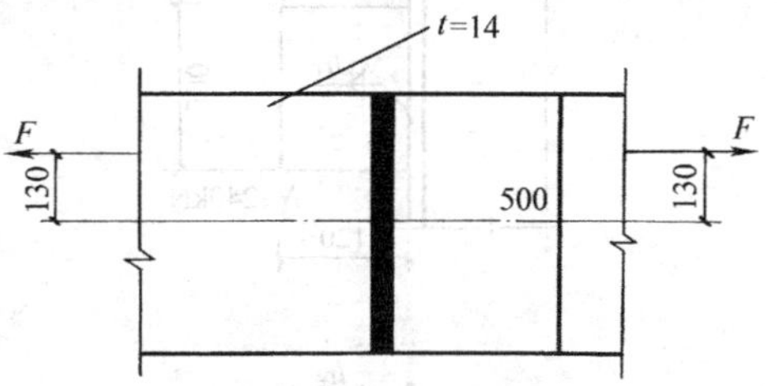

图3-66　习题3-1图

3-2　如图3-67所示，双角钢（长肢相连）和节点板用直角角焊缝相连，采用三面围焊，钢材为Q235，焊条电弧焊，焊条为E43型，已知 $h_f=8\text{mm}$，试求此连接能承担的最大静力 N。

3-3　如图3-68所示，角钢支托与柱用侧面角焊缝连接，焊脚尺寸 $h_f=10\text{mm}$，钢材为Q345，焊条为E50型，焊条电弧焊。试计算焊缝所能承受的最大静力荷载设计值 F（焊缝有绕角，焊缝长度可以不减去 $2h_f$）。

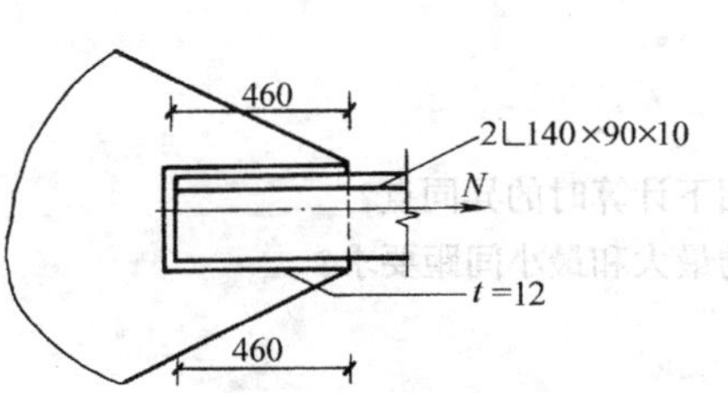

图3-67　习题3-2图

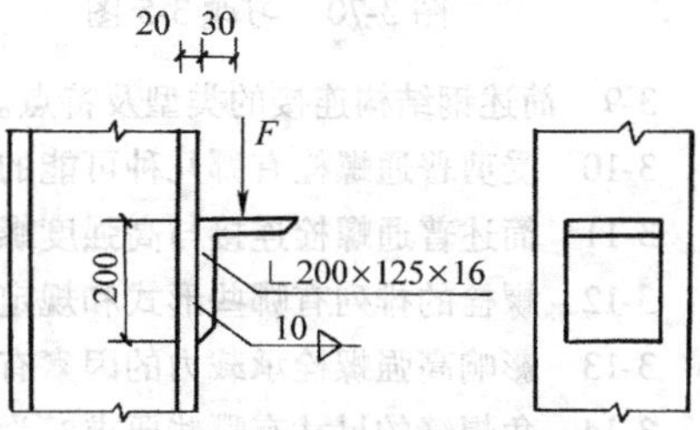

图3-68　习题3-3图

3-4　如图3-69所示的连接节点，斜杆承受轴心拉力设计值 $N=250\text{kN}$（静力荷载），钢材采用Q235—B·F，焊条为E43型，焊条焊，螺栓连接为M22C级普通螺栓。试求：

1）焊缝 A 的长度。

2）当偏心距 $e_0=60\text{mm}$ 时，翼缘板与柱连接采用10个普通螺栓可否？

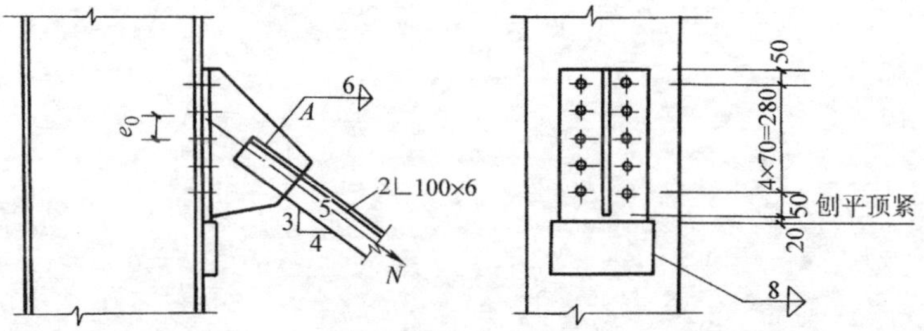

图3-69　习题3-4图

3-5　如图3-70所示，连接承受的静力荷载设计值 $P=300\text{kN}$，$N=240\text{kN}$，钢材为Q235BF，焊条为E43型，$f_f^w=160\text{N/mm}^2$，试计算图3-70所示角焊缝连接的焊脚尺寸。

3-6　两被连接钢板为—18mm×510mm，钢材为Q235，承受轴心拉力 $N=1500\text{kN}$（设计值），对接处用双盖板并采用M22的C级普通螺栓拼接，试设计此连接。

3-7　按高强度螺栓摩擦型连接和承压型连接设计习题3-6中钢板的拼接，采用8.8级M20（$d_0=21.5\text{mm}$）的高强度螺栓，接触面采用喷砂处理。

1）确定连接盖板的截面尺寸。

2）计算需要的螺栓数目。如何布置？

3）验算被连接钢板的强度。

3-8 试验算图3-71所示的高强度螺栓摩擦型连接，钢材为Q235，螺栓为10.9级，M20，连接接触面采用喷砂处理。

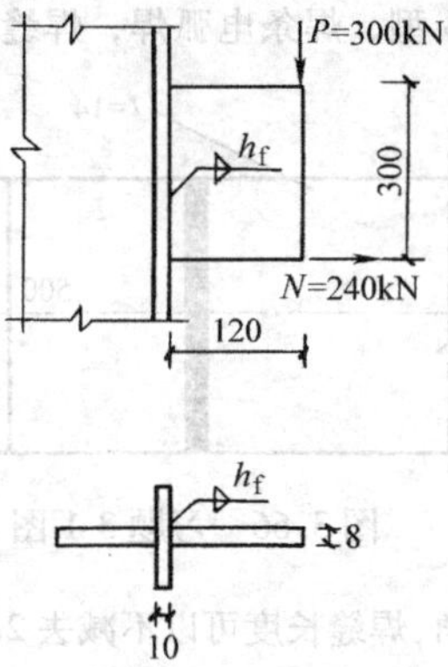

图3-70 习题3-5图

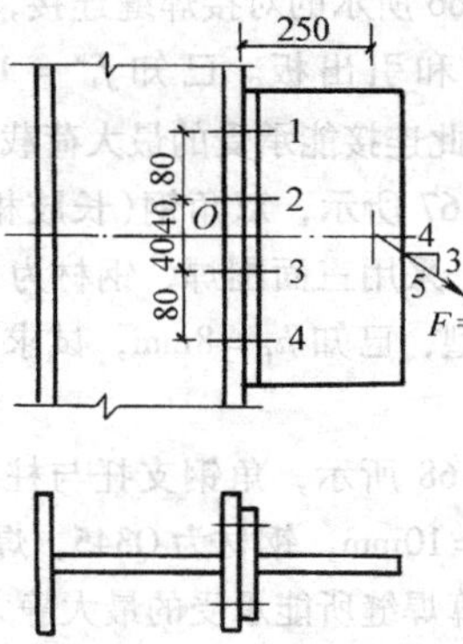

图3-71 习题3-8图

3-9 简述钢结构连接的类型及特点。

3-10 受剪普通螺栓有哪几种可能的破坏形式？如何防止？

3-11 简述普通螺栓连接与高强度螺栓摩擦型连接在弯矩作用下计算时的异同点？

3-12 螺栓的排列有哪些形式和规定？为何要规定螺栓排列的最大和最小间距要求？

3-13 影响高强螺栓承载力的因素有哪些？

3-14 角焊缝的尺寸有哪些要求？为什么？

3-15 焊缝质量级别如何划分和应用？

3-16 对接焊缝如何计算？在什么情况下对接焊缝可不必计算？

3-17 简述常用焊缝符号表示的意义。

3-18 焊接残余应力和残余变形对结构工作有什么影响？

第4章 轴心受力构件

4

轴心受力构件主要用于承重钢结构，如桁架和网架等。轴心受压构件常用于工业建筑的平台和其他结构的支柱以及各种支撑。

轴心受力构件的截面形式较多(见图4-1)，依据截面的组成情况可以分为三种。第一种是热轧型钢截面(见图4-1a)，包括圆钢、圆管、方管、角钢、工字钢、T形钢和槽钢等；第二种是冷弯薄壁型钢截面(见图4-1b)，包括带卷边或不带卷边的角形、槽形截面和方管等；第三种是用型钢和钢板连接而成的组合截面，有实腹式组合截面(见图4-1c)和格构式组合截面(见图4-1d)。

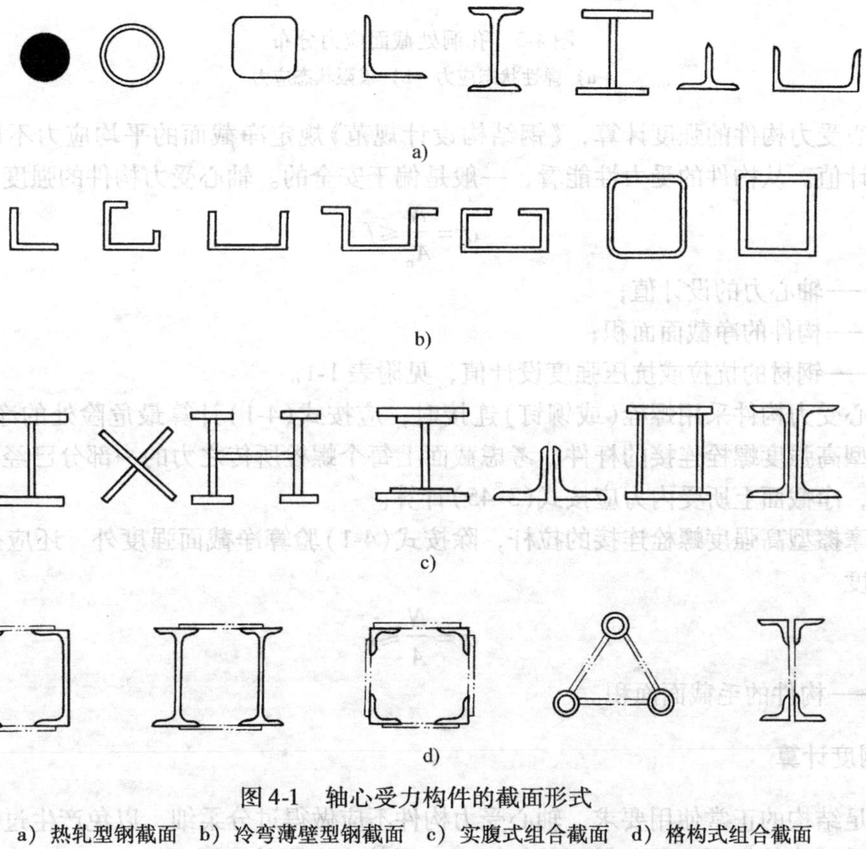

图4-1 轴心受力构件的截面形式
a) 热轧型钢截面 b) 冷弯薄壁型钢截面 c) 实腹式组合截面 d) 格构式组合截面

4.1 轴心受力构件的强度和刚度

4.1.1 强度计算

轴心受力构件的强度承载力是以截面的平均应力达到钢材的屈服应力为极限。但当构件的截面有局部削弱时，截面上的应力分布不再是均匀的，在孔洞附近有图 4-2a 所示的应力集中现象，在弹性阶段，孔壁边缘的最大应力 σ_{max} 可能达到构件毛截面平均应力 σ_0 的 3 倍。若拉力继续增加，当孔壁边缘的最大应力达到材料的屈服强度以后，应力不再继续增加，而只发展塑性变形，截面上的应力产生塑性重分布，最后达到均匀分布(见图 4-2b)。因此，对于有孔洞削弱的轴心受力构件，仍以其净截面的平均应力达到其强度限值作为设计时的控制值。这就要求在设计时应选用具有良好塑性性能的材料。

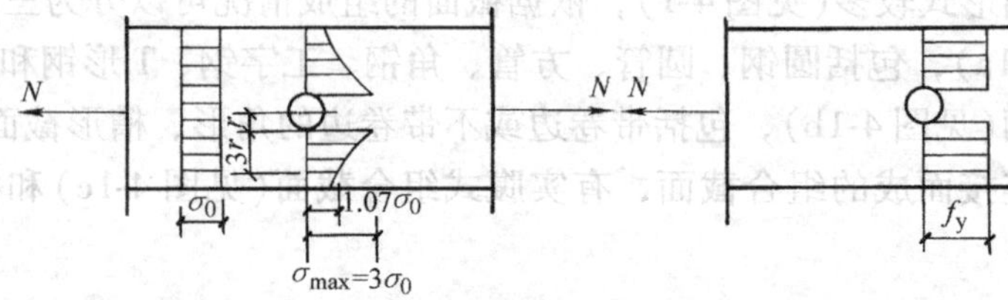

a) b)

图 4-2 孔洞处截面应力分布

a）弹性状态应力 b）极限状态应力

对轴心受力构件的强度计算，《钢结构设计规范》规定净截面的平均应力不应超过钢材的强度设计值。从构件的受力性能看，一般是偏于安全的。轴心受力构件的强度计算公式是

$$\sigma=\frac{N}{A_n}\leqslant f \tag{4-1}$$

式中 N——轴心力的设计值；

A_n——构件的净截面面积；

f——钢材的抗拉或抗压强度设计值，见附表 1-1。

当轴心受力构件采用螺栓(或铆钉)连接时，应按式(4-1)计算最危险处的净截面强度。对于摩擦型高强度螺栓连接的杆件，考虑截面上每个螺栓所传之力的一部分已经由摩擦力在孔前传走，净截面上所受内力应按式(3-45)计算。

对于摩擦型高强度螺栓连接的拉杆，除按式(4-1)验算净截面强度外，还应按下式验算毛截面强度

$$\sigma=\frac{N}{A}\leqslant f \tag{4-2}$$

式中 A——构件的毛截面面积。

4.1.2 刚度计算

为满足结构的正常使用要求，轴心受力构件不应做得过分柔细，以免产生过度变形。轴心受拉和受压构件的刚度是以保证其长细比 λ 限值来实现的，即

$$\lambda=\frac{l_0}{i}\leqslant[\lambda] \qquad (4\text{-}3)$$

式中 λ——构件的最大长细比；

l_0——构件的计算长度；

i——截面的回转半径；

$[\lambda]$——构件的允许长细比（见表4-1及表4-2）。

当构件的长细比太大时，会产生下列不利影响：

1）在运输和安装过程中产生弯曲或过大的变形。

2）使用期间因其自重而明显下挠。

3）在动力荷载作用下发生较大的振动。

4）压杆的长细比过大时，除具有前述各种不利因素外，还使得构件的极限承载力显著降低，同时，初弯曲和自重产生的挠度也将对构件的整体稳定带来不利影响。

《钢结构设计规范》在总结了钢结构长期使用经验的基础上，根据构件的重要性和荷载情况，对受拉和受压构件的允许长细比规定了不同的要求和数值，分别见表4-1和表4-2。比较表4-1和表4-2可发现，规范对压杆允许长细比的规定更为严格。

表4-1 受拉构件的允许长细比

项次	构件名称	承受静力荷载或间接承受动力荷载的结构		直接承受动力荷载的结构
		一般建筑结构	有重级工作制起重机的厂房	
1	桁架的杆件	350	250	250
2	起重机梁或起重机桁架以下的柱间支撑	300	200	
3	其他拉杆、支撑、系杆等（张紧的圆钢除外）	400	350	

注：1. 承受静力荷载的结构中，可仅计算受拉构件在竖向平面内的长细比。

2. 在直接或间接承受动力荷载的结构中，计算单角钢受压构件的长细比时，应采用角钢的最小回转半径。但计算在交叉点相互连接的交叉杆件平面外的长细比时，可采用与角钢肢边平行轴的回转半径。

3. 中、重级工作制起重机桁架下弦杆的长细比不宜超过200。

4. 在设有夹钳或刚性料耙等硬钩起重机的厂房中，支撑（表中第2项除外）的长细比不宜超过300。

5. 受拉构件在永久荷载与风荷载组合作用下受压时，其长细比不宜超过250。

6. 跨度等于或大于60m的桁架，其受拉弦杆和腹杆的允许长细比值不宜超过300（承受静力荷载或间接承受动力荷载）或250（直接承受动力荷载）。

表4-2 受压构件的允许长细比

项次	构件名称	允许长细比
1	柱、桁架和天窗架中的杆件	150
	柱的缀条、起重机梁或起重机桁架以下的柱间支撑	
2	支撑（起重机梁或起重机桁架以下的柱间支撑除外）	200
	用以减少受压构件长细比的杆件	

注：1. 桁架（包括空间桁架）的受压腹杆，当其内力等于或小于承载能力的50%时，允许长细比可取200。

2. 计算单角钢受压构件的长细比时，应采用角钢的最小回转半径。但计算在交叉点相互连接的交叉杆件平面外的长细比时，可采用与角钢肢边平行轴的回转半径。

3. 跨度等于或大于60m的桁架，其受压弦杆和端压杆的允许长细比宜取100，其他受压腹杆可取150（承受静力荷载或间接承受动力荷载）或120（直接承受动力荷载）。

4. 由允许长细比控制截面的杆件，在计算其长细比时，可不考虑扭转效应。

4.1.3 轴心拉杆的设计

受拉构件没有整体稳定和局部稳定问题，极限承载力一般由强度控制，所以设计时只考虑强度和刚度。

钢材比其他材料更适合于受拉，所以钢拉杆不但用于钢结构，还用于钢与钢筋混凝土或木材的组合结构中。此种组合结构的受压构件用钢筋混凝土或木材制作，而拉杆用钢材做成。

【例 4-1】 图 4-3 所示为一中级工作制起重机的厂房屋架的双角钢拉杆，截面为 2 ∟100×10。钢材为 Q235 钢。角钢上有交错排列的普通螺栓孔，孔径 $d=20\text{mm}$。试计算此拉杆所能承受的最大拉力及允许达到的最大计算长度。

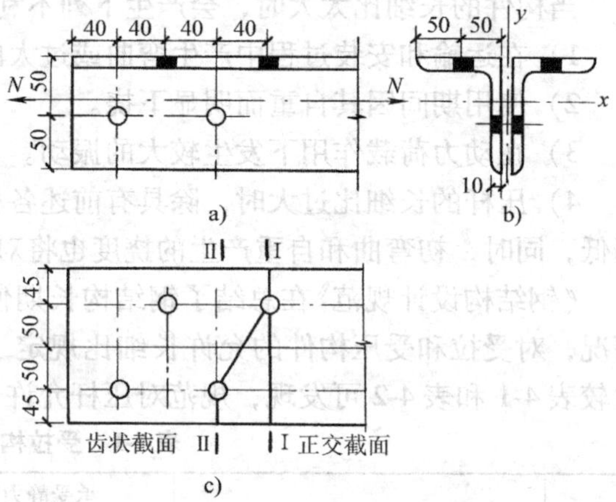

图 4-3 例 4-1 图

【解】 查附表 7-4 得，2 ∟100×10 角钢的 $i_x=3.05\text{cm}$，$i_y=4.52\text{cm}$，$f=215\text{N/mm}^2$。角钢的厚度为 10mm，在确定危险截面之前先把它按中面展开，如图 4-3c 所示。正交净截面的面积为

$$A_n=2\times(4.5\text{cm}+10\text{cm}+4.5\text{cm}-2\text{cm})\times1.0\text{cm}=34.0\text{cm}^2$$

齿状净截面的面积为

$$A_n=2\times(4.5\text{cm}+\sqrt{(10\text{cm})^2+(4\text{cm})^2}+4.5\text{cm}-2\text{cm}\times2)\times1.0\text{cm}=31.5\text{cm}^2$$

危险截面是齿状截面，此拉杆所能承受的最大拉力为

$$N=A_nf=31.5\times10^2\times215\text{N}=677000\text{N}=677\text{kN}$$

允许的最大计算长度为

对 x 轴 $l_{0x}=[\lambda]i_x=350\times30.5\text{mm}=10675\text{mm}$

对 y 轴 $l_{0y}=[\lambda]i_y=350\times45.2\text{mm}=15820\text{mm}$

4.2 轴心受压构件的整体稳定

轴心受压构件的受力性能与受拉构件不同。除构件很短及有孔洞等削弱时，净截面的平均应力可能达到屈服强度而发生强度破坏外，通常构件由整体稳定控制其承载力。轴心受压构件丧失整体稳定常常是突发性的，容易造成严重后果，应予以特别重视。

4.2.1 理想轴心压杆的失稳形式

所谓理想轴心压杆就是假定杆件完全挺直、荷载沿杆件形心轴作用，杆件在受荷之前没有初始应力，也没有初弯曲和初偏心等缺陷，截面沿杆件是均匀的。如果此种杆件失稳，可叫做发生屈曲。屈曲形式可分为三种：

（1）弯曲屈曲　只发生弯曲变形，杆件的截面只绕一个主轴旋转，杆的纵轴由直线变为曲线，这是双轴对称截面最常见的屈曲形式。图4-4a就是两端铰接工字形截面压杆发生绕弱轴（y轴）的弯曲屈曲情况。

（2）扭转屈曲　失稳时杆件除支承端外的各截面均绕纵轴扭转，这是某些双轴对称截面压杆可能发生的屈曲形式。图4-4b为长度较小的十字形截面杆件可能发生的扭转屈曲情况。

（3）弯扭屈曲　单轴对称截面绕对称轴屈曲时，杆件在发生弯曲变形的同时必然伴随着扭转。图4-4c即为T形截面的弯扭屈曲情况。

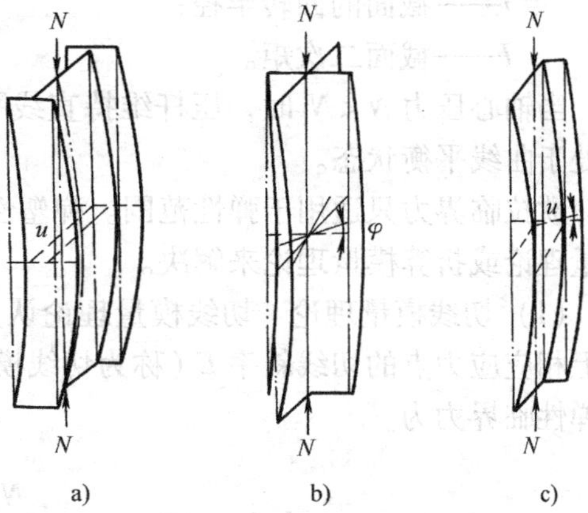

图4-4　轴心压杆的屈曲变形
a）弯曲屈曲　b）扭转屈曲　c）弯扭屈曲

4.2.2　理想轴心压杆的弯曲屈曲

如图4-5所示的两端铰接的理想细长压杆，当压力N较小时，杆件只有轴心压缩变形，杆轴保持平直。如有干扰使之微弯，干扰撤去后，杆件就恢复原来的直线状态，这表示荷载对微弯杆各截面的外力矩小于各截面的抵抗力矩，直线状态的平衡是稳定的。当逐渐加大N力到某一数值时，如有干扰，杆件就可能微弯；而撤去此干扰后，杆件仍然保持微弯状态不再恢复其原有的直线状态（见图4-5），这时除直线形式的平衡外，还存在微弯状态下的平衡位置。这种现象称为平衡的“分枝”，而且此时外力和内力的平衡是随遇的，叫做随遇平衡或中性平衡。当外力N超过此数值时，微小的干扰将使杆件产生很大的弯曲变形随即破坏，此时的平衡是不稳定的，即杆件“屈曲”。中性平衡状态是从稳定平衡过渡到不稳定平衡的一个临界状态，所以称此时的外力N值为临界力。此临界力可定义为理想轴心压杆呈微弯状态的轴心压力。

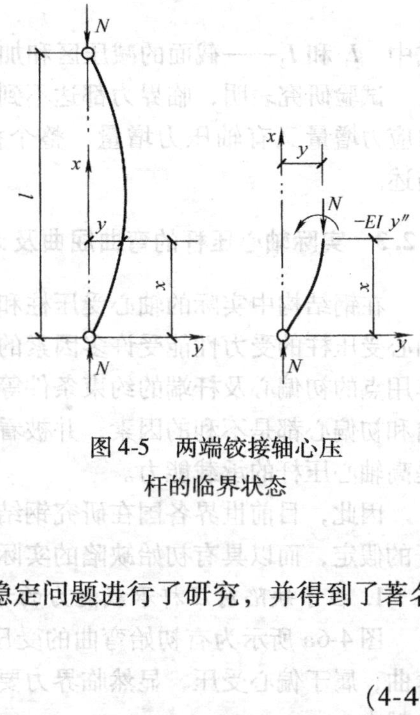

图4-5　两端铰接轴心压杆的临界状态

欧拉（Euler）早在18世纪就对理想轴心压杆的整体稳定问题进行了研究，并得到了著名的欧拉临界力，即

$$N_{\mathrm{E}}=\frac{\pi^2EI}{l^2}=\frac{\pi^2EA}{\lambda^2} \tag{4-4}$$

$$\lambda=\frac{l}{i},\ i=\sqrt{\frac{I}{A}} \tag{4-5}$$

式中　N_{E}——欧拉临界力；

E——材料的弹性模量；

A——压杆的截面面积；

λ——压杆的长细比；

i——截面的回转半径；

I——截面二次矩。

当轴心压力 $N<N_E$ 时，压杆维持直线平衡，不发生弯曲；当 $N=N_E$ 时，压杆发生弯曲并处于曲线平衡状态。

欧拉临界力只适用于弹性范围。弹塑性阶段发生弯曲屈曲的轴心受压杆件可以采用切线模量理论或折算模量理论来解决。

(1) 切线模量理论　切线模量理论认为，在非弹性应力状态，应当取应力应变关系曲线上相应应力点的切线斜率 E_t(称为切线模量)代替线弹性模量 E。因此，图4-5轴心压杆的非弹性临界力为

$$N_t=\frac{\pi^2 E_t A}{\lambda^2} \tag{4-6}$$

(2) 折算模量理论(亦称双模量理论)　折算模量理论认为，荷载达到临界值后杆件即行弯曲，这将导致截面上一部分加压，而另一部分减压。减压区采用弹性模量 E，加压区采用切线模量 E_t 反映。于是，图4-5所示轴心压杆的临界力为

$$N_r=\frac{\pi^2(EI_1+E_tI_2)}{l^2} \tag{4-7}$$

式中　I_1 和 I_2——截面的减压区和加压区对中性轴的截面二次矩。

试验研究表明，临界力都达不到 N_r，而和 N_t 比较接近。原因在于：失稳的瞬间既有弯曲应力增量又有轴压力增量，整个截面无卸载区，仍然处在非弹性状态，应以切线模量描述。

4.2.3 实际轴心压杆的弯曲屈曲及计算

在钢结构中实际的轴心受压柱和上述理想柱的受力性能之间是有很大差别的。实际上，轴心受压柱的受力性能受许多因素的影响，主要有截面中的残余应力、杆轴的初弯曲、荷载作用点的初偏心及杆端的约束条件等。这些因素的影响是错综复杂的，其中残余应力、初弯曲和初偏心都是不利的因素，并被看做是轴心压杆的缺陷；而杆端约束往往是有利因素，能提高轴心压杆的承载能力。

因此，目前世界各国在研究钢结构轴心压杆的整体稳定时，基本上都摒弃了理想轴心压杆的假定，而以具有初始缺陷的实际轴心压杆作为研究的力学模型。

1. 柱子缺陷对压杆承载能力的影响

图4-6a所示为有初始弯曲的受压杆件，它和理想轴心受压杆不同，荷载一作用就发生弯曲，属于偏心受压，显然临界力要比理想轴心受压杆低。初始弯曲越大，对临界力的影响也越大。

图4-6b所示为荷载有初始偏心 e_0 的受压杆件，和有初始弯曲的受压杆件一样，荷载一作用就发生弯曲。如将杆件的挠曲线由两端向外延伸到和荷载作用线相交，此偏心受压杆就相当于杆长加大为 l_1 的轴心受压杆，显然其临界力必然低于杆长为 l 的轴心受压杆，且偏心 e_0 越大，临界力降低也越多。

总之，设计中的轴心受压杆件不可避免地恒具有一定的初始弯曲和初始偏心，它们都将影响轴心受压杆件的临界应力，使轴心受压杆的稳定承载力降低。

残余应力是杆件截面内存在的自相平衡的初始应力。其产生原因有：①焊接时的不均匀加热和不均匀冷却；②型钢热轧后的不均匀冷却；③板边缘经火焰切割后的热塑性收缩；④构件经冷校正产生的塑性变形。

残余应力有平行于杆轴方向的纵向残余应力和垂直于杆轴方向的横向残余应力两种。横向残余应力的绝对值一般很小，而且对杆件承载力的影响甚微，故通常只考虑纵向残余应力。

为了考察残余应力对压杆承载能力的影响，图4-7列举了几种典型截面的残余应力分布，其数值都是对实测数据稍作整理和概括后确定的，应力都是与杆轴线方向一致的纵向应力，压应力取负值，拉应力取正值。

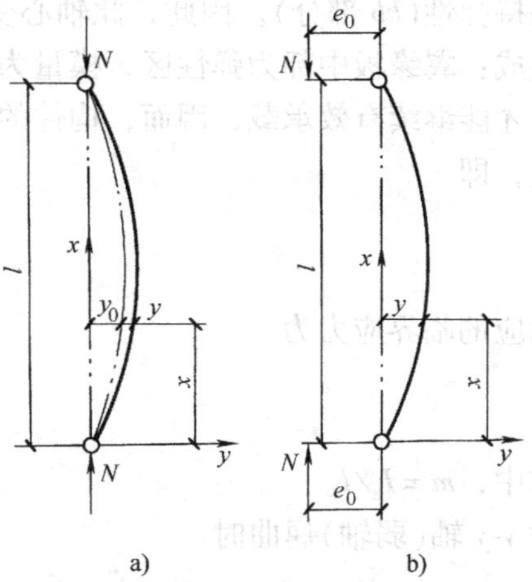

图4-6 有初始弯曲和初始偏心的轴压杆

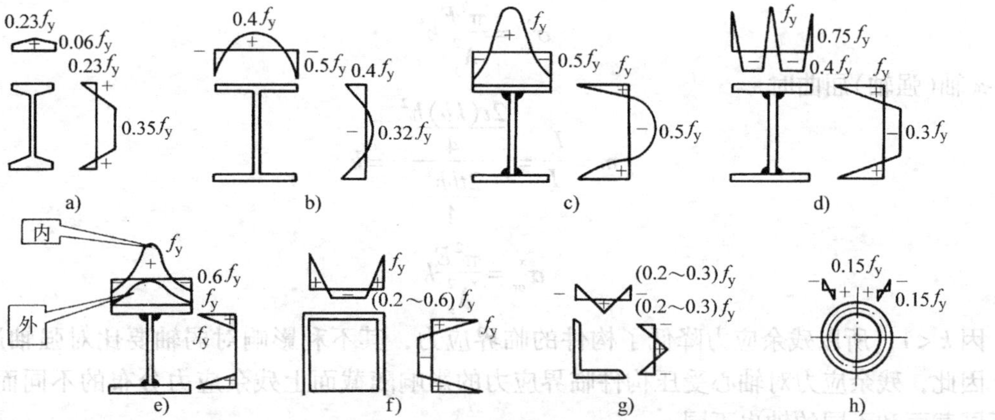

图4-7 典型截面的残余应力

残余应力使构件的刚度降低，对压杆的承载能力有不利影响，残余应力的分布情况不同，影响的程度也不同。此外，残余应力对两端铰接的等截面挺直柱的影响和对有初弯曲柱的影响也是不同的。柱的长度不同，残余应力的影响也不相同。

残余应力对构件的强度承载力并无影响，因它本身自相平衡。但对稳定承载力是有影响的，现分析如下。

图4-8所示为一工字形截面轴心受压构件。为了便于分析，略去腹板不计。图4-8中实线表示翼缘板中的残余应力分布，翼缘板中部受拉，两端受压。

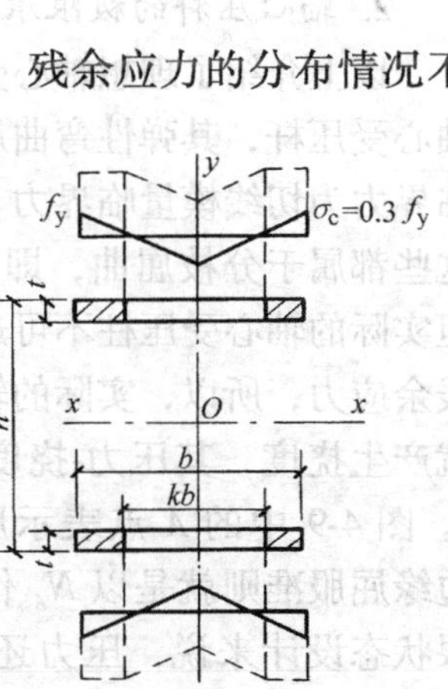

图4-8 焊接工字钢的残余应力分布

当此构件承受外加压力达临界状态时，截面应力分布如图4-8中虚线所示。荷载引起的压应力和翼缘板两端的残余应力同号，叠加后该部分翼缘板达到屈服强度，发展塑性，荷载引起的压应力和翼缘板中部的残余应力异号，叠加后该部分翼缘板保持弹性(kb 部分)。因此，此轴心受压构件达临界状态时，截面由变形模量不同的两部分组成：翼缘板中部为弹性区，模量为 E，翼缘板两端为塑性区，模量 $E=0$。显然只有弹性区才能继续有效承载，因而，构件的临界力可按弹性有效截面的截面二次矩 I_e 近似地来确定，即

$$N_{cr}=\frac{\pi^2 EI_e}{l^2}=\frac{\pi^2 EI}{l^2}m$$

相应的临界应力为

$$\sigma_{cr}=\frac{\pi^2 E}{\lambda^2}m$$

式中，$m=I_e/I$。

对 y-y 轴(弱轴)屈曲时

$$m=\frac{I_e}{I}=\frac{\dfrac{2t(kb)^3}{12}}{\dfrac{2tb^3}{12}}=k^3$$

$$\sigma_{cr}^{y}=\frac{\pi^2 E}{\lambda_y^2}k^3$$

对 x-x 轴(强轴)屈曲时

$$m=\frac{I_e}{I}=\frac{\dfrac{2t(kb)h^2}{4}}{\dfrac{2tbh^2}{4}}=k$$

$$\sigma_{cr}^{x}=\frac{\pi^2 E}{\lambda_x^2}k$$

因 $k<1$，所以残余应力降低了构件的临界应力，其不利影响对弱轴要比对强轴严重得多。因此，残余应力对轴心受压构件临界应力的影响随截面上残余应力分布的不同而不同，对不同截面和不同的轴也不同。

2. 轴心压杆的极限承载力

以上介绍了理想轴心受压直杆和分别考虑各种缺陷压杆的临界力或临界应力。对理想的轴心受压杆，其弹性弯曲屈曲临界力为欧拉临界力 N_E(图4-9中的曲线 a)，弹塑性弯曲屈曲临界力为切线模量临界力 N_{crt}(图4-9中的曲线 b)，这些都属于分枝屈曲，即杆件屈曲时才产生挠度。但实际的轴心受压柱不可避免地都存在几何缺陷和残余应力，所以，实际的轴心受压柱一经压力作用就产生挠度，其压力-挠度曲线为图4-9中的曲线 c。图4-9中的 A 点表示压杆跨中截面边缘屈服。边缘屈服准则就是以 N_A 作为最大承载力。但从极限状态设计来说，压力还可增加，只是压力超过 N_A 后，构件进入弹塑性阶段，随着截面塑性区的不断扩展，v 值增加得更快，到达 C 点之后，压杆的抵抗能力开始小于外力的作用，不能维持稳定平

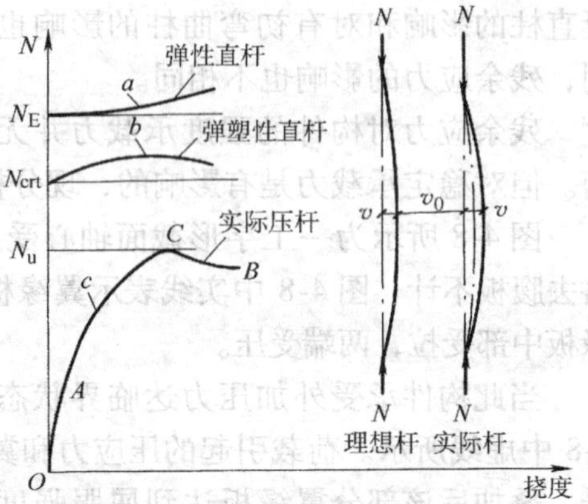

图4-9 轴心压杆的压力-挠度曲线

衡。曲线的最高点 C 处的压力 N_u，才是实际的轴心受压柱真正的极限承载力，以此为准则计算压杆稳定，称为“最大强度准则”。

实际压杆中往往各种初始缺陷同时存在，但从概率统计观点，各种缺陷同时达到最不利的可能性极小。由热轧钢板和型钢组成的普通钢结构，通常只考虑影响最大的残余应力和初弯曲两种缺陷。

采用最大强度准则计算时，如果同时考虑残余应力和初弯曲缺陷，则沿横截面的各点以及沿杆长方向各截面，其应力-应变关系都是变数，很难列出临界力的解析式，只能借助计算机用数值方法求解。

3. 轴心受压构件的稳定系数

由于各类钢构件截面上的残余应力分布情况和大小有很大差异(见图4-7)，其影响又随压杆屈曲方向而不同。另外初弯曲的影响也与截面形式和屈曲方向有关。这样，各种不同截面形式和不同屈曲方向都有各自不同的柱子曲线，即无量纲化的 φ-$\bar{\lambda}$ 曲线。这些柱子曲线形成有一定宽度的分布带，图4-10的虚线之间就表示此分布带的范围。为了便于在设计中应用，必须适当归并为代表曲线。如果用一条曲线来代表这个分布带，则变异系数太大，必然降低轴压杆的可靠度。所以，国际上多数国家和地区都采用几条柱子曲线来代表这个分布带。我国经重庆建筑大学和西安建筑科技大学等单位的研究，取为 a、b、c、d 等四条柱子曲线(见图4-10)。a、b、c、d四类截面的轴心受压构件的稳定系数见附录4，其 φ-λ 曲线的数学表达式见《钢结构设计规范》。

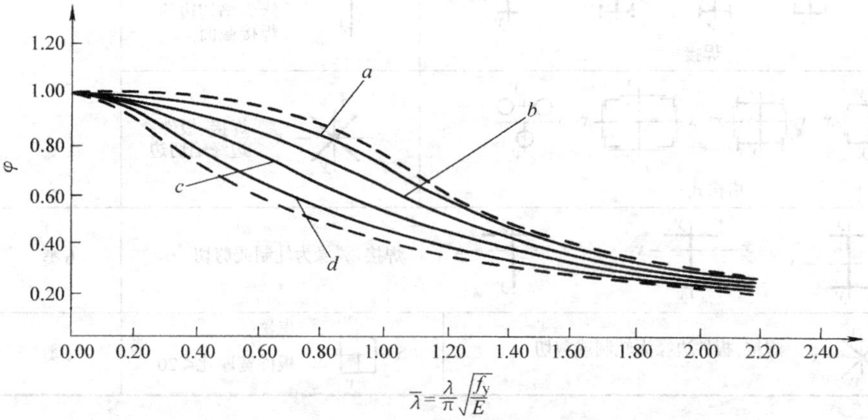

图4-10 轴心受压构件的稳定系数

组成板件厚度 $t<40\text{mm}$ 的轴心受压构件的截面分类见表4-3，而 $t\geqslant 40\text{mm}$ 的截面分类见表4-4。一般的截面情况属于b类。

轧制圆管以及轧制普通工字钢绕 x 轴失稳时其残余应力影响较小，故属a类。

格构式构件绕虚轴的稳定计算，由于此时不宜采用塑性深入截面的最大强度准则，参考GB 50018—2002《冷弯薄壁型钢结构设计规范》，采用边缘屈服准则确定的 φ 值与曲线 b 接近，故取用曲线 b。

当槽形截面用于格构式柱的分肢时，由于分肢的扭转变形受到缀材的牵制，所以计算分肢绕其自身对称轴的稳定时，可用曲线 b。翼缘为轧制或剪切边的焊接工字形截面，绕弱轴失稳时边缘为残余压应力，使承载能力降低，故将其归入曲线 c。

表 4-3 轴心受压构件的截面分类（板厚 $t<40$mm）

截面形式		对 x 轴	对 y 轴
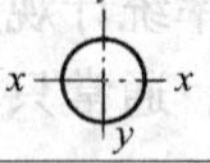 轧制		a类	a类
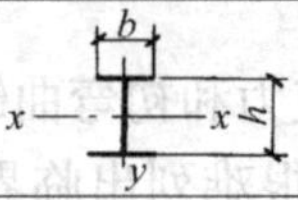 轧制，$b/h\leqslant0.8$		a类	b类
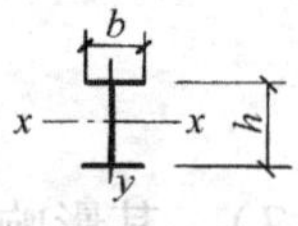 轧制，$b/h>0.8$	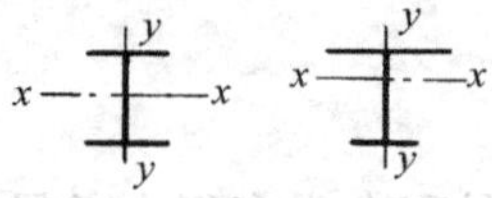 焊接，翼缘为焰切边；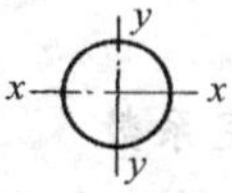 焊接	b类	b类
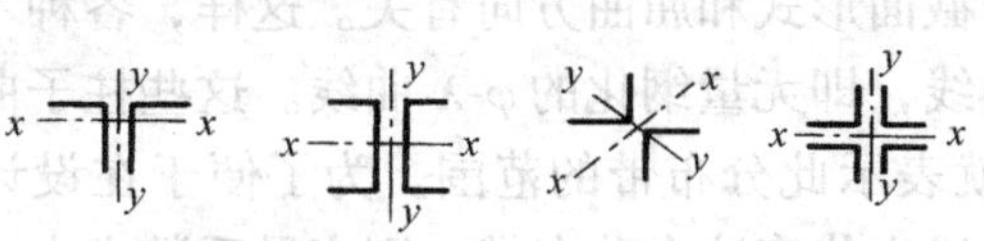	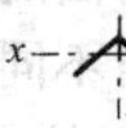 轧制，等边角钢		
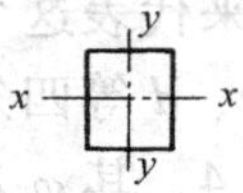 轧制，焊接(板件宽厚比大于20)	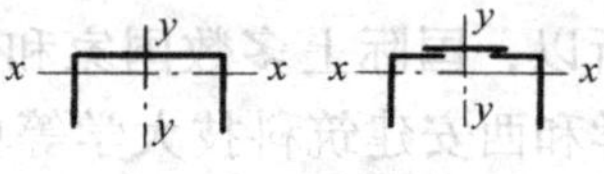 轧制或焊接		
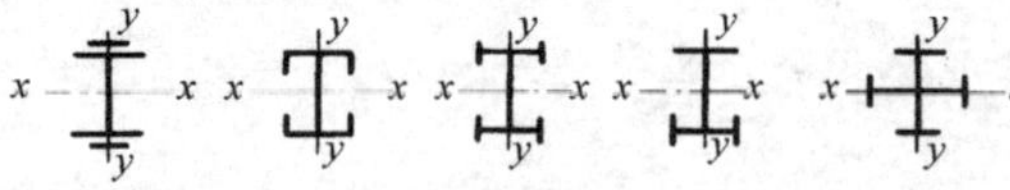 焊接	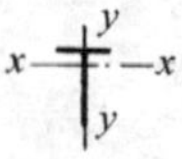 轧制截面和翼缘为焰切边的焊接截面		
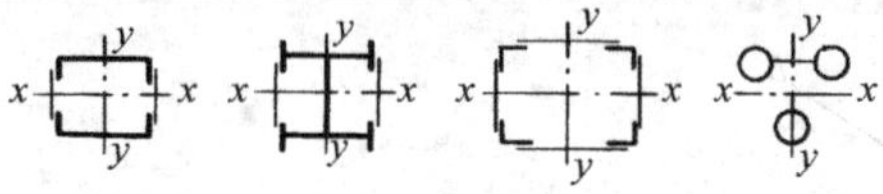 格构式	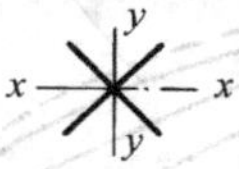 焊接、板件边缘焰切边		
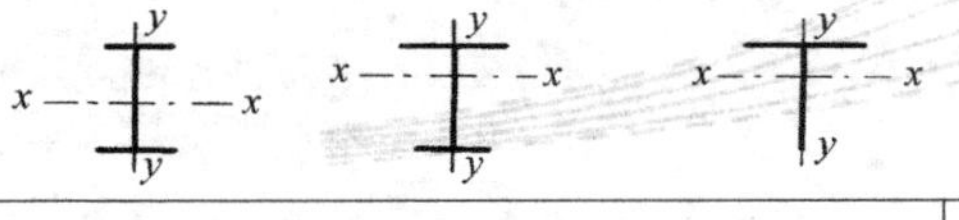 焊接，翼缘为轧制或剪切		b类	c类
 焊接，板件边缘为轧制或剪切	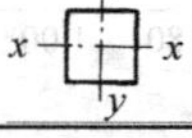 焊接，板件宽厚比≤20	c类	c类

表 4-4 轴心受压构件的截面分类（板厚 $t\geqslant40$mm）

截面形式		对 x 轴	对 y 轴
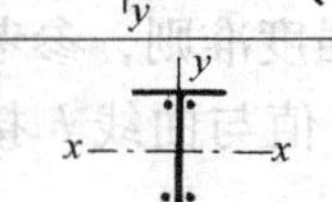 轧制工字形或H形截面	$t<80$mm	b类	c类
	$t\geqslant80$mm	c类	d类
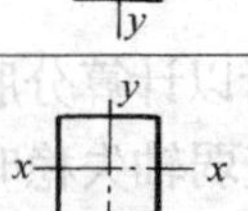 焊接工字形截面	翼缘为焰切边	b类	b类
	翼缘为轧制或剪切边	c类	d类
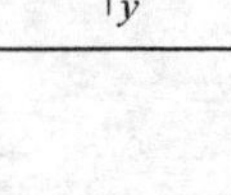 焊接箱形截面	板件宽厚比 >20	b类	b类
	板件宽厚比≤20	c类	c类

板件厚度大于40mm的轧制工字形截面和焊接实腹截面，残余应力不但沿板件宽度方向变化，在厚度方向的变化也比较显著，另外厚板质量较差也会对稳定带来不利影响，故应按照表4-4进行分类。

4. 轴心受压构件的整体稳定计算

轴心受压构件所受应力应不大于整体稳定的临界应力，考虑抗力分项系数 γ_R 后，即为

$$\sigma=\frac{N}{A}\leqslant\frac{\sigma_{cr}}{\gamma_R}=\frac{\sigma_{cr}}{f_y}\frac{f_y}{\gamma_R}=\varphi f$$

轴心受压柱应按下式计算整体稳定

$$\sigma=\frac{N}{\varphi A}\leqslant f \tag{4-8}$$

式中 N——轴心受压构件的压力设计值；

A——构件的毛截面面积；

φ——轴心受压构件的稳定系数；

f——钢材的抗压强度设计值(见附表1-1)。

轴心受压构件的稳定系数 φ 值应根据表4-3、表4-4的截面分类和构件的长细比，按附录4附表4-1～附表4-4查得。

【例4-2】 验算如图4-11a所示结构中两端铰接的轴心受压柱 AB 的整体稳定。柱所承受的压力设计值 $N=1000\text{kN}$，柱的长度为4.2m。在柱截面的强轴平面内有支撑系统以阻止柱的中点在 $ABCD$ 的平面内产生侧向位移(见图4-11a)。柱截面为焊接工字形，具有轧制边翼缘，其尺寸为翼缘2—10×220，腹板1—6×200(见图4-11b)。柱由Q235 A钢制作。

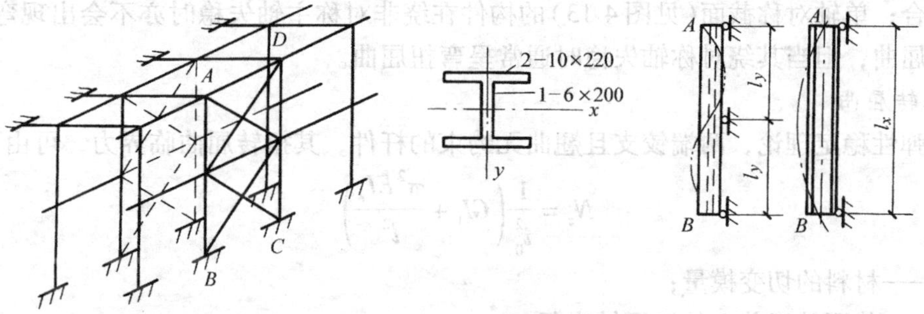

图4-11 例4-2附图

【解】 已知 $N=1000\text{kN}$，由支撑体系知对截面强轴弯曲的计算长度 $l_{0x}=420\text{cm}$，对弱轴的计算长度 $l_{0y}=0.5\times420\text{cm}=210\text{cm}$。抗压强度设计值 $f=215\text{N/mm}^2$。

(1) 计算截面特性

毛截面面积 $A=2\times22\text{cm}\times1\text{cm}+20\text{cm}\times0.6\text{cm}=56\text{cm}^2$

截面二次矩

$$I_x=0.6\text{cm}\times\frac{(20\text{cm})^3}{12}+2\times1\text{cm}\times22\text{cm}\times(10.5\text{cm})^2=5251\text{cm}^4$$

$$I_y=2\times1\text{cm}\times(22\text{cm})^3/12=1775\text{cm}^4$$

截面回转半径 $i_x=\left(\dfrac{I_x}{A}\right)^{\frac{1}{2}}=\left(\dfrac{5251\text{cm}^4}{56\text{cm}^2}\right)^{\frac{1}{2}}=9.68\text{cm}$

$$i_y=\left(\frac{I_y}{A}\right)^{\frac{1}{2}}=\left(\frac{1775\text{cm}^4}{56\text{cm}^2}\right)^{\frac{1}{2}}=5.63\text{cm}$$

（2）柱的长细比

$$\lambda_x=\frac{l_x}{i_x}=\frac{420\text{cm}}{9.68\text{cm}}=43.4<[\lambda]=150$$

$$\lambda_y=\frac{l_y}{i_y}=\frac{210\text{cm}}{5.63\text{cm}}=37.3<[\lambda]=150$$

（3）整体稳定验算　由表4-3可知，此柱对截面的强轴屈曲时属于b类轴心受压构件截面，由附表4-2得，$\varphi_x=0.885$；对弱轴屈曲时属于c类轴心受压构件截面，由附表4-3得，$\varphi_y=0.856$，故有

$$\frac{N}{\varphi A}=\frac{1000\times10^3\text{N}}{0.856\times56\times10^2\text{mm}^2}=208.6\text{N/mm}^2<f=215\text{N/mm}^2$$

经验算截面后可知，此柱满足整体稳定和刚度要求。同时 φ_x 和 φ_y 值比较接近，说明材料在截面上的分布比较合理。对具有 $\varphi_x=\varphi_y$ 的构件，可以称为对两个主轴等稳定的轴心压杆，这种杆的材料消耗最少。

4.2.4 轴心压杆的扭转屈曲和弯扭屈曲

上述轴心受压构件的屈曲形态都只涉及到弯曲屈曲（见图4-4a），然而，轴心受压构件亦可呈扭转屈曲和弯扭屈曲。一般而言，截面的形心和剪切中心重合时，弯曲屈曲和扭转屈曲不会耦合；单轴对称截面（见图4-13）的构件在绕非对称主轴失稳时亦不会出现弯扭屈曲，而呈弯曲屈曲，但当其绕对称轴失稳时通常呈弯扭屈曲。

1. 扭转屈曲

根据弹性稳定理论，两端铰支且翘曲无约束的杆件，其扭转屈曲临界力，可由下式计算

$$N_z=\frac{1}{i_0^2}\left(GI_t+\frac{\pi^2EI_w}{l^2}\right)\tag{4-9}$$

式中　G——材料的切变模量；

i_0——截面关于剪心的极回转半径。

I_w——翘曲常数或扇性截面二次矩，对于双轴对称工字形截面 $I_w=I_yh^2/4$；

I_t——扭转常数或扭转截面二次矩。

对于薄壁组合开口截面，可以近似取为

$$I_t=\frac{1}{3}\sum_{i=1}^{n}b_it_i^3\tag{4-10}$$

式中　b_i——第 i 个板件的宽度；

t_i——第 i 个板件的厚度。

对于热轧型钢截面，板件交接处的圆角使厚度局部增大，扭转常数为

$$I_t=\frac{1}{3}k\sum_{i=1}^{n}b_it_i^3\tag{4-11}$$

式中　k——依截面形状而定的常数，可参照表4-5取用。

表 4-5 系数 k

截面形状	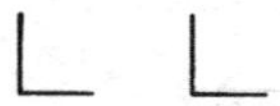				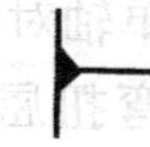
k	1.0	1.15	1.12	1.31	1.29

对于薄板组成的闭合截面箱形梁的扭转常数为

$$I_t = \frac{4A^2}{\oint \frac{ds}{t}} \tag{4-12}$$

式中 A——闭合截面板件中线所围成的面积；

$\oint \frac{ds}{t}$——沿壁板中线一周的积分。

需要指出，这里的铰支座应能保证杆端不发生扭转，否则临界力将低于式(4-9)算得的值。引进如下定义的扭转屈曲换算长细比 λ_z

$$N_z = \frac{\pi^2 EA}{\lambda_z^2} = \frac{1}{i_0^2}\left(GI_t + \frac{\pi^2 EI_w}{l_w^2}\right) \tag{4-13}$$

则

$$\lambda_z^2 = \frac{i_0^2 A}{\frac{I_t}{25.7} + \frac{I_w}{l_w^2}} \tag{4-14}$$

对热轧型钢和钢板焊接而成的截面来说，由于板件厚度比较大，因而自由扭转刚度 GI_t 也比较大，失稳通常几乎都是以弯曲形式发生的。具体地说，工字形和 H 形截面无论是热轧或是焊接，都是绕弱轴弯曲屈曲的临界力 N_{Ey} 低于扭转屈曲临界力 N_z。

对于图 4-12 所示的十字形截面，因其没有强、弱轴之分，并且扇性截面二次矩为零，因而

$$\lambda_z^2 = 25.7 \times \frac{Ai_0^2}{I_t} = 25.7 \times \frac{I_p}{I_t} = 25.7 \times \frac{2t(2b)^3/12}{4bt^3/3} = 25.7 \times \left(\frac{b}{t}\right)^2$$

于是

$$\lambda_z = 5.07b/t \tag{4-15}$$

此时 $N_z = GI_t/i_0^2$ 和杆长度 l_w 无关，有可能在 l_w 较小时 N_z 低于弯曲屈曲临界力，然而这时 N_z 和板件局部屈曲临界力相等。因此，只要局部稳定有保证，也就不会出现扭转失稳问题，故《钢结构设计规范》规定对于双轴对称十字形截面，其 λ_x 或 λ_y 不得小于 $5.07b/t$（b/t 为悬伸板件宽厚比）。

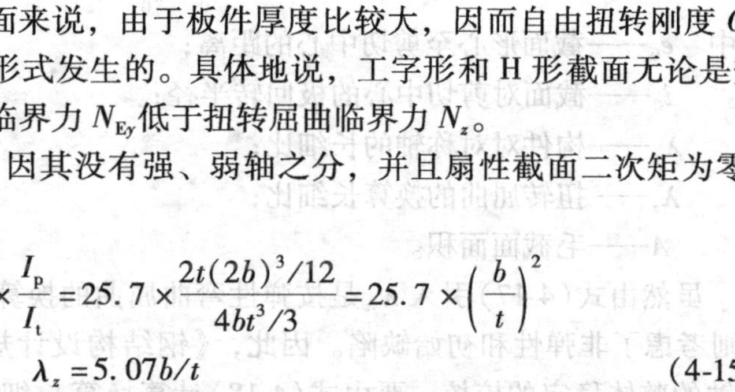

图 4-12 十字形截面

2. 弯扭屈曲

单轴对称截面绕对称轴失稳时必然呈弯扭屈曲，可以从图 4-13b 中获得解释。当 T 形截面绕通过腹板轴线的对称轴弯曲时，截面上必然有剪力 V，此力通过形心 C 而和剪切中心 S 相距 e_0，从而产生绕 S 点的扭转。实际上除了绕垂直于对称轴的主轴外，绕其他轴屈曲时都要伴随扭转变形。图 4-13c 所示的单个卷边角钢，如果绕平行于边的轴 y_0 屈曲，也是既弯又扭。设 y 轴为对称轴，根据弹性稳定理论，开口截面的弯扭屈曲临界力 N_{yz}，可由下式计算

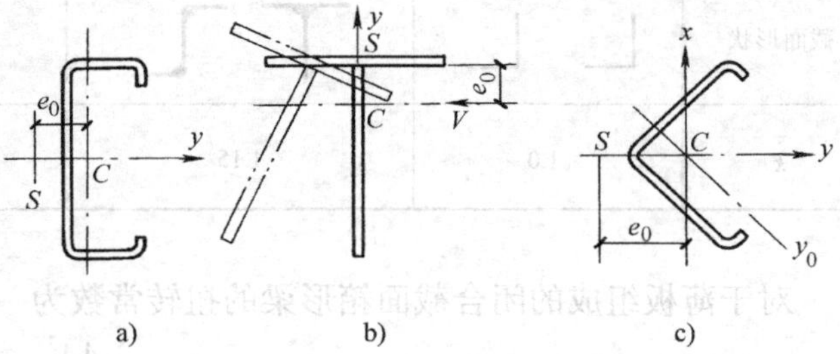

图 4-13 单轴对称截面

$$i_0^2(N_{Ey}-N_{yz})(N_z-N_{yz})-N_{yz}^2e_0^2=0 \tag{4-16}$$

式中 N_{Ey}——关于对称轴 y 的欧拉临界力。

引进如下定义的弯扭屈曲换算长细比 λ_{yz}，则

$$N_{yz}=\frac{\pi^2EA}{\lambda_{yz}^2} \tag{4-17}$$

代入式(4-16)，得

$$\lambda_{yz}^2=\frac{1}{2}(\lambda_y^2+\lambda_z^2)+\frac{1}{2}\sqrt{(\lambda_y^2+\lambda_z^2)^2-4\left(1-\frac{e_0^2}{i_0^2}\right)\lambda_y^2\lambda_z^2} \tag{4-18}$$

$$i_0^2=e_0^2+i_x^2+i_y^2$$

式中 e_0——截面形心至剪切中心的距离；

i_0——截面对剪切中心的极回转半径；

λ_y——构件对对称轴的长细比；

λ_z——扭转屈曲的换算长细比；

A——毛截面面积。

虽然由式(4-17)引入 λ_{yz} 是按弹性弯曲屈曲的换算入手的，但是由 λ_{yz} 进而求得的系数 φ 则考虑了非弹性和初始缺陷。因此，《钢结构设计规范》规定：对于单轴对称截面绕对称轴的整体稳定的校核，要由式(4-18)计算换算长细比 λ_{yz}，然后由换算长细比求得相应的系数 φ，再由式(4-8)进行整体稳定性校核。

单轴对称截面轴心压杆在绕对称轴屈曲时，出现既弯又扭的情况，此力比单纯弯曲的 N_{Ey} 和单纯扭转的 N_z 都低，所以 T 形截面轴心压杆当弯扭屈曲而失稳时，稳定性较差。截面无对称轴的构件总是发生弯扭屈曲，其临界荷载总是既低于相应的弯曲屈曲临界荷载，又低于扭转屈曲临界荷载。由以上分析不难理解，没有对称轴的截面比单轴对称截面的性能更差，一般不宜用作轴心压杆。

单角钢截面和双角钢组合 T 形截面(见图 4-14)绕对称轴的换算长细比 λ_{yz} 可采用下列简化方法计算。

(1) 等边单角钢截面(见图 4-14a) 当 $b/t \leqslant 0.54l_{0y}/b$ 时

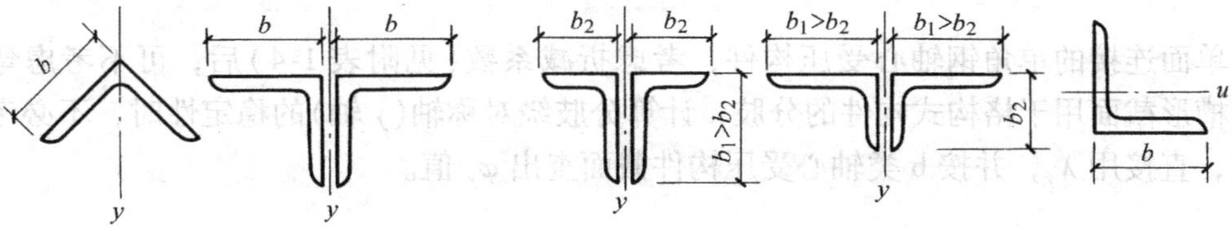

a)　b)　c)　d)　e)

图4-14　单角钢截面和双角钢组合T形截面

$$\lambda_{yz}=\lambda_y\left(1+\frac{0.85b^4}{l_{0y}^2t^2}\right) \tag{4-19}$$

当 $b/t>0.54l_{0y}/b$ 时

$$\lambda_{yz}=4.78\frac{b}{t}\left(1+\frac{l_{0y}^2t^2}{13.5b^4}\right) \tag{4-20}$$

式中　b、t——角钢肢宽度和厚度。

(2) 等边双角钢截面(见图4-14b)　当 $b/t\leqslant 0.58l_{0y}/b$ 时

$$\lambda_{yz}=\lambda_y\left(1+\frac{0.475b^4}{l_{0y}^2t^2}\right) \tag{4-21}$$

当 $b/t>0.58l_{0y}/b$ 时

$$\lambda_{yz}=3.9\frac{b}{t}\left(1+\frac{l_{0y}^2t^2}{18.6b^4}\right) \tag{4-22}$$

(3) 长肢相并的不等边双角钢截面(见图4-14c)　当 $b_2/t\leqslant 0.48l_{0y}/b_2$ 时

$$\lambda_{yz}=\lambda_y\left(1+\frac{1.09b_2^4}{l_{0y}^2t^2}\right) \tag{4-23}$$

当 $b_2/t>0.48l_{0y}/b_2$ 时

$$\lambda_{yz}=5.1\frac{b_2}{t}\left(1+\frac{l_{0y}^2t^2}{17.4b_2^4}\right) \tag{4-24}$$

(4) 短肢相并的不等边双角钢截面(见图4-14d)　当 $b_1/t\leqslant 0.56l_{0y}/b_1$ 时，可近似取 $\lambda_{yz}=\lambda_y$；否则应取 $\lambda_{yz}=3.7\frac{b_1}{t}\left(1+\frac{l_{0y}^2t^2}{52.7b_1^4}\right)$。

单轴对称的轴心压杆在绕非对称主轴以外的任一轴失稳时应按照弯扭屈曲计算其稳定性。当计算等边单角钢构件绕平行轴(见图4-14e的 u 轴)的稳定时，可用下式计算其换算长细比 λ_{yz}，并按b类轴心受压构件截面确定 φ 值：

当 $b/t\leqslant 0.69l_{0u}/b$ 时

$$\lambda_{uz}=\lambda_u\left(1+\frac{0.25b^4}{l_{0u}^2t^2}\right) \tag{4-25}$$

当 $b/t>0.69l_{0u}/b$ 时　$\lambda_{uz}=5.4b/t$　(4-26)

式中　λ_u——等边单角钢构件对平行轴的长细比，$\lambda_u=l_{0u}/i_u$。

无任何对称轴且又非极对称的截面(单面连接的不等边单角钢除外)不宜用作轴心受压

构件。

对单面连接的单角钢轴心受压构件，考虑折减系数(见附表1-4)后，可不考虑弯扭效应。当槽形截面用于格构式构件的分肢，计算分肢绕对称轴(y轴)的稳定性时，不必考虑扭转效应，直接用λ_y，并按b类轴心受压构件截面查出φ_y值。

4.3 轴心受压构件的局部稳定

4.3.1 均匀受压板件的屈曲现象

轴心受压构件不仅有丧失整体稳定的可能性，而且也有丧失局部稳定的可能性。组成构件的板件，如工字形截面构件的翼缘和腹板，它们的厚度与板其他两个尺寸相比很小。在均匀压力的作用下，当压力到达某一数值时，板件不能继续维持平面平衡状态而产生凸曲现象(见图4-15)。因为板件只是构件的一部分，所以把这种屈曲现象称为丧失局部稳定。丧失局部稳定的构件还可能继续维持着整体稳定的平衡状态，但因为有部分板件已经屈曲，所以会降低构件的刚度并影响其承载力。

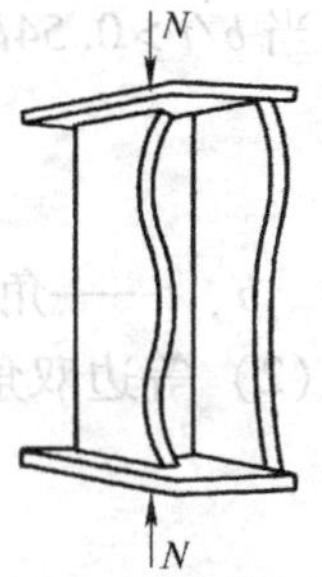

图4-15 轴心受压构件的局部屈曲

4.3.2 均匀受压板件的屈曲应力

图4-16a、b分别画出了一根双轴对称工字形截面轴心受压柱的腹板和一块翼缘在均匀压应力作用下板件屈曲后的变形状态。当板端的压应力到达翼缘产生凸曲现象的临界值时，图4-16a所示的腹板由屈曲前的平面状态变形为曲面状态，板的中轴线AG由直线变为曲线$ABCDEFG$。变形后的板件形成两个向前的凸曲面和一个向后的凹曲面。这种腹板在纵向出现ABC、CDE和EFG三个屈曲半波。对于更长的板件，屈曲可能使它出现m个半波。在板件的横向每个波段都只出现一个半波。对于如图4-16b所示的翼缘，它的支承边是直线OP，如果这是简支边，在板件屈曲以后在纵向只会出现一个半波；如果支承边有一定约束作用，也可能会出现多个半波。实际上，组成压杆的板件在屈曲时有相关性，使临界应力和屈曲波长与单板有所不同。

1. *板件的弹性屈曲应力*

在图4-17中双点画线表示一块四边简支的均匀受压平板的屈曲变形。在弹性状态屈曲时，由弹性力学可知，单位宽度板的力平衡方程是

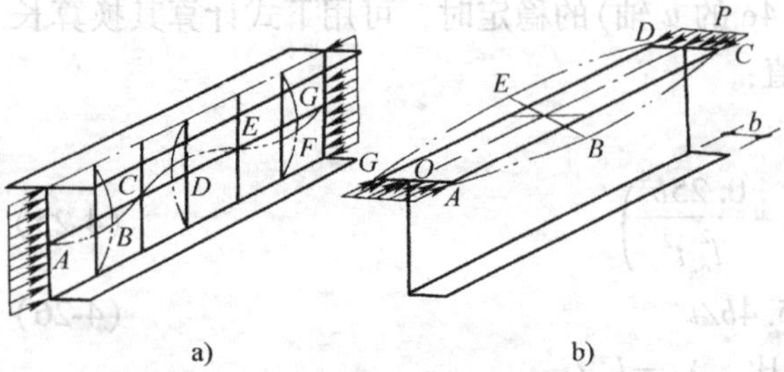

图4-16 均匀受压板件的局部屈曲变形

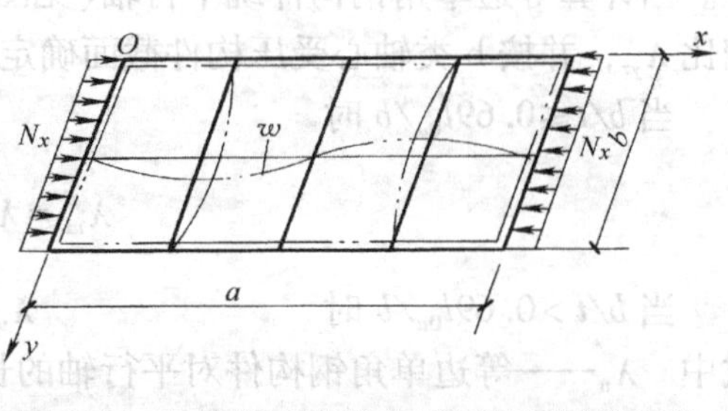

图4-17 四边简支的均匀受压平板屈曲变形

$$D\left(\frac{\partial^4 w}{\partial^4 x}+2\frac{\partial^4 w}{\partial^2 x\partial^2 y}+\frac{\partial^4 w}{\partial^4 y}\right)+N_x\frac{\partial^2 w}{\partial^2 x}=0 \tag{4-27}$$

式中　w——板件屈曲以后任一点的挠度；

N_x——单位宽度板所承受的压力；

D——板的柱面刚度，$D=Et^3/[12(1-\nu^2)]$，其中 t 是板的厚度，ν 是钢材的泊松比。

对于四边简支的板，其边界条件是板边缘的挠度和弯矩均为零，板的挠度可以用下列二重三角级数表示

$$w=\sum_{m=1}^{\infty}\sum_{n=1}^{\infty}A_{mn}\sin\frac{m\pi x}{a}\sin\frac{m\pi y}{b} \tag{4-28}$$

把式(4-28)代入式(4-27)后可以得到板的屈曲力为

$$N_{crx}=\pi^2 D\left(\frac{m}{a}+\frac{a}{m}\times\frac{n^2}{b^2}\right)^2 \tag{4-29}$$

式中　a、b——受压方向板的长度和板的宽度；

m、n——板屈曲后纵向和横向的半波数。

当 $n=1$ 时，可以得到 N_{crx} 的最小值。将 $n=1$ 代入式(4-29)后把它写成 N_{crx} 的下列两种表达式

$$N_{crx}=\frac{\pi^2 D}{a^2}\left(m+\frac{1}{m}\times\frac{a^2}{b^2}\right)^2 \tag{4-30}$$

$$N_{crx}=\frac{\pi^2 D}{b^2}\left(m\frac{b}{a}+\frac{a}{mb}\right)^2=K\frac{\pi^2 D}{b^2} \tag{4-31}$$

把式(4-30)右边的平方展开后由三项组成，前一项和推导两端铰接的轴心压杆的临界力时所得到的结果是一致的。而后两项则表示板的两侧边支承对板变形的约束作用提高了板的临界力。比值 b/a 越小，则侧边支承的约束作用越大，N_{crx} 提高得也越多。

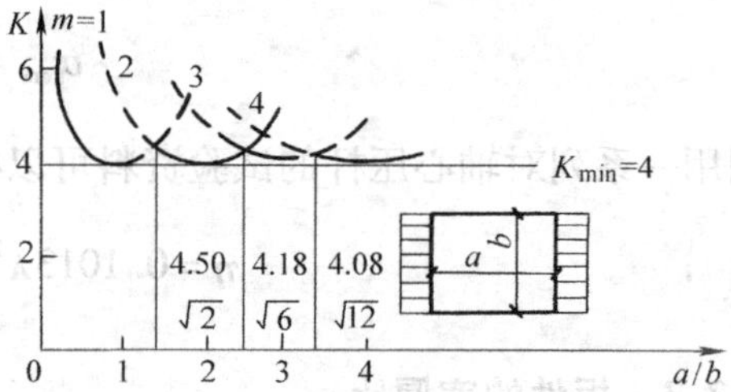

图4-18　四边简支均匀受压板的屈曲系数

式(4-31)中的系数 K 称为板的屈曲系数或(凸曲系数)，$K=(mb/a+a/mb)^2$，可以按照 $m=1$、2、3和4等画成一组如图4-18所示的曲线。各条曲线都在 $a/b=m$ 为整数值处出现最低点。K 的最小值是 $K_{min}=4$。几条曲线的较低部分组成了图中的实线，表示在 $a/b=1$ 以后屈曲系数虽略有变化，但变化的幅度不大。通常板的长度 a 比宽度 b 大得多，因此可以认为当 $a/b>1$ 以后 K 值为一常数4。所以一般情况减小板的长度并不能提高板的临界力，这和轴心压杆是不同的。但是，如果减小板的宽度则能十分明显地提高板的临界力。

从式(4-31)可以得到板的弹性屈曲应力为

$$\sigma_{crx}=\frac{N_{crx}}{t}=\frac{K\pi^2 E}{12(1-\nu^2)}\left(\frac{t}{b}\right)^2 \tag{4-32}$$

式(4-32)虽然是根据四边简支板得到的，但是对于其他支承条件的板，用相同的方法也

可以得到和式(4-32)相同的表达式，只是屈曲系数 K 不相同而已。对于工字形截面的翼缘，与作用压力平行的外侧，即图4-16b 中 AC 边为自由边，而其他三条边 OP、OA 和 PC 看作为简支边时屈曲系数为

$$K = 0.425 + \frac{b_1^2}{a^2} \tag{4-33}$$

通常翼缘板的长度 a 比它的外伸宽度 b_1 大很多倍，因此可取最小值 $K_{\min} = 0.425$。

轴心受压构件总是由几块板件连接而成的。这样，板件与板件之间常常不能像简支板那样可以自由转动，而是强者对弱者起约束作用。这种受到约束的板边缘称为弹性嵌固边缘。弹性嵌固板的屈曲应力比简支板的高，可以用大于1 的弹性嵌固系数 χ 对式(4-32)进行修正。这样板的弹性屈曲应力是

$$\sigma_{\mathrm{crx}} = \frac{\chi K \pi^2 E}{12(1-\nu^2)}\left(\frac{t}{b}\right)^2 \tag{4-34}$$

弹性嵌固的程度取决于相互连接的板件的刚度。对于图4-16b 中工字形截面的轴心压杆，一个翼缘的面积可能接近于腹板面积的两倍，翼缘的厚度比腹板大得多，而宽度又小得多，因此常常是翼缘对腹板有嵌固作用，计算腹板的屈曲应力时考虑了残余应力的影响后可用嵌固系数 $\chi = 1.3$。相反，对腹板起嵌固作用的翼缘因提前屈曲而需要小于1.0 的约束作用系数。

2. 板件的弹塑性屈曲应力

处理板件的非弹性屈曲可以不具体分析残余应力的效应，只是把钢材的比例极限作为进入非弹性状态的判据。板件受力方向的变形应遵循切线模量 E_t 的变化规律，而 $E_t = \eta E$。但是，在与压应力相垂直的方向，材料的弹性性质没有变化，因此仍用弹性模量 E。这样，在弹塑性状态受力的板是正交异性板，它的屈曲应力可以用下式表示

$$\sigma_{\mathrm{crx}} = \frac{\chi \sqrt{\eta} K \pi^2 E}{12(1-\nu^2)}\left(\frac{t}{b}\right)^2 \tag{4-35}$$

利用一系列对轴心压杆的试验资料可以概括出弹性模量修正系数 η，即

$$\eta = 0.1013\lambda^2\left(1 - \frac{0.0248\lambda^2 f_y}{E}\right)\frac{f_y}{E} \leqslant 1.0 \tag{4-36}$$

4.3.3 板件的宽厚比

对于板件的宽厚比有两种考虑方法。一种是不允许板件的屈曲先于构件的整体屈曲，并以此来限制板件的宽厚比，《钢结构设计规范》对轴心压杆就是这样规定的。另一种是允许板件先屈曲。虽然板件屈曲会降低构件的承载能力，但由于构件的截面较宽，整体刚度好，从节省钢材来说反而合算，《冷弯薄壁型钢结构技术规范》就有这方面的条款。有时对于一般钢结构的部分板件，如大尺寸的焊接组合工字形截面的腹板，也允许其先有局部屈曲。本节介绍的板件宽厚比限值是基于局部屈曲不先于整体屈曲的原则，根据板件的临界应力和构件的临界应力相等即可确定，亦即由式(4-34)或式(4-35)得到的 σ_x 应该等于构件的 $\varphi_{\min} f_y$。

1. 翼缘的宽厚比

在弹性工作范围内，当构件和板件都不考虑缺陷的影响时，根据前述等稳定的原则可以得到

$$\frac{K\pi^2 E}{12(1-\nu^2)}\left(\frac{t}{b_1}\right)^2 = \frac{\pi^2 E}{\lambda^2} \tag{4-37}$$

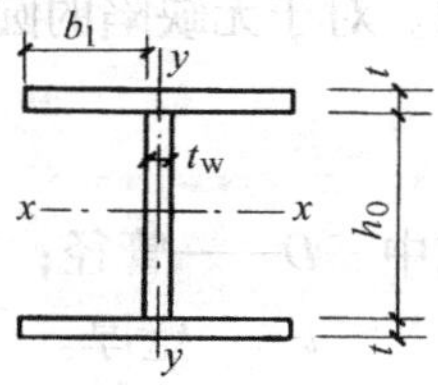

图 4-19 板的尺寸

式中 b_1、t——翼缘的外伸宽度、厚度(见图 4-19)。

式(4-37)中，$\nu=0.3$，K 系数取最低值 0.425，不再乘以小于 1 的约束作用系数，这样

$$\frac{b_1}{t}=0.2\lambda \tag{4-38}$$

对于常用的杆，当 $\lambda=75$ 时，由式(4-38)得到 $b_1/t=15$。但是实际上轴心压杆是在弹塑性阶段屈曲的，因此由下式确定 b_1/t 之值

$$\frac{\sqrt{\eta}\times 0.425\pi^2 E}{12(1-\nu^2)}\left(\frac{t}{b_1}\right)^2 = \varphi_{\min} f_y \tag{4-39}$$

以式(4-36)中之 η 值和规范中 b 类轴心受压构件截面的 φ 值代入式(4-39)后可以得到如图 4-20 中虚线所示的 b_1/t 与 λ 的关系曲线。为使用方便可以用三段直线代替，如图 4-20 中实线所示。设计规范采用

$$\frac{b_1}{t}\leqslant(10+0.1\lambda)\sqrt{\frac{235}{f_y}} \tag{4-40}$$

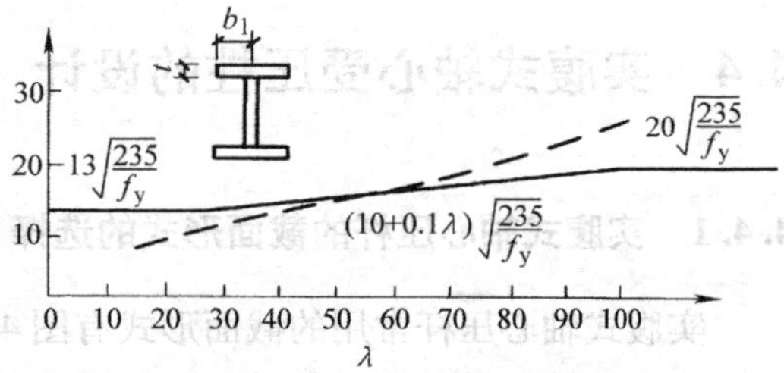

图 4-20 翼缘板的宽厚比

式中 λ——构件两个方向长细比的较大者，而当 $\lambda<30$ 时，取 $\lambda=30$；当 $\lambda\geqslant100$ 时，取 $\lambda=100$。

2. *腹板的高厚比*

《钢结构设计规范》根据构件在弹塑性阶段工作确定腹板的高厚比。

$$\frac{1.3\times4\sqrt{\eta}\pi^2 E}{12(1-\nu^2)}\left(\frac{t_w}{h_0}\right)^2=\varphi_{\min} f_y \tag{4-41}$$

式中腹板的高度 h_0 与厚度 t_w 如图 4-19 所示。由式(4-41)得到的 h_0/t_w 与 λ 的关系曲线如图 4-21 中的虚线所示，规范采用了下列直线式

$$\frac{h_0}{t_w}\leqslant(25+0.5\lambda)\sqrt{\frac{235}{f_y}} \tag{4-42}$$

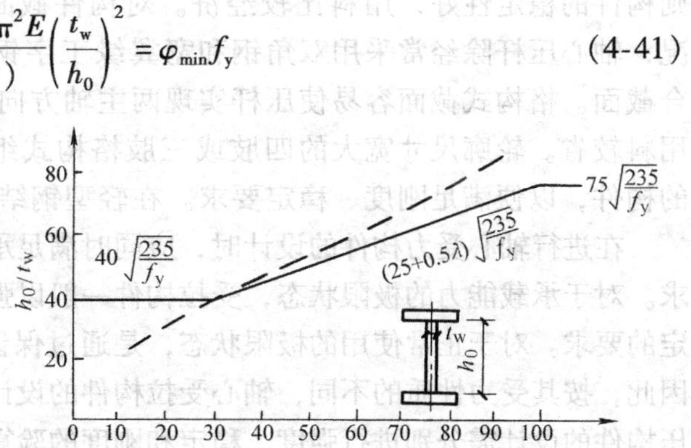

图 4-21 腹板的高厚比

式中 λ——构件两个方向长细比的较大者，当 $\lambda<30$ 时，取 $\lambda=30$，当 $\lambda\geqslant100$ 时，取 $\lambda=100$。

双腹壁箱形截面的腹板高厚比 h_0/t_w 取 $40(235/f_y)^{1/2}$，不与构件的长细比发生关系，是偏于安全的。

3. *圆管的径厚比*

在海洋和化工结构中圆管的径厚比也是根据管壁的局部屈曲不大于构件的整体屈曲确定

的。对于无缺陷的圆管，在均匀的轴线压力作用下，管壁弹性屈曲应力的理论值是

$$\sigma_{cr}=\frac{1.21Et}{D} \tag{4-43}$$

式中 D——管径；

t——壁厚。

但是圆管管壁的缺陷如局部凹凸对屈曲应力的影响很大，管壁越薄而管长度越小，这种影响越大。根据理论分析和试验研究，因径厚比 D/t 不同，弹性屈曲应力要乘以折减系数 0.3～0.6，而且一般圆管都按在弹塑性状态下工作设计。因此，要求圆管的径厚比不大于由下式算出的比值

$$\frac{D}{t}=\frac{23500}{f_y} \tag{4-44}$$

式中的 f_y 以 N/mm^2 计，对于 Q235 钢，D/t 不大于 100。

4.4 实腹式轴心受压柱的设计

4.4.1 实腹式轴心压杆的截面形式的选择

实腹式轴心压杆常用的截面形式有图 4-1 所示的型钢和组合截面两种。

实腹式轴心受压柱一般采用双轴对称截面，以避免弯扭失稳，常用截面形式有轧制普通工字钢、H 型钢、焊接工字形、型钢和钢板的组合截面、圆管和方管截面等(见图 4-1)。

对轴心受力构件截面形式的共同要求是：①能提供强度所需要的截面积；②制作比较简便；③便于和相邻的构件连接；④截面开展而壁厚较薄，以满足刚度要求。对于轴心受压构件，截面开展更具有重要意义，因为这类构件的截面往往取决于稳定承载力，整体刚度大则构件的稳定性好，用料比较经济。对构件截面的两个主轴都应如此要求。根据以上情况，轴心压杆除经常采用双角钢和宽翼缘工字钢截面外，有时需采用实腹式或格构式组合截面。格构式截面容易使压杆实现两主轴方向的等稳定性，同时刚度大，抗扭性能好，用料较省。轮廓尺寸宽大的四肢或三肢格构式组合截面适用于轴心压力不甚大但比较长的构件，以便满足刚度、稳定要求。在轻型钢结构中采用冷弯薄壁型钢截面比较有利。

在进行轴心受力构件的设计时，应同时满足承载能力极限状态和正常使用极限状态的要求。对于承载能力的极限状态，受拉构件一般以强度控制，而受压构件需同时满足强度和稳定的要求。对于正常使用的极限状态，是通过保证构件的刚度——限制其长细比来达到的。因此，按其受力性质的不同，轴心受拉构件的设计需分别进行强度和刚度的验算，而轴心受压构件的设计需分别进行强度、稳定和刚度的验算。

进行截面选择时一般应根据内力大小、两个方向的计算长度、制造加工、材料供应等情况综合考虑。

单角钢截面适用于塔架、桅杆结构和起重机臂杆，轻型桁架也可用单角钢制作。双角钢便于在不同情况下组成接近于等稳定的压杆截面，常用于由节点板连接杆件的平面桁架。

热轧普通工字钢虽然有制造省工的优点，但两个主轴方向的回转半径差别较大，而且腹板又较厚，很不经济，因此很少用于单根压杆。轧制 H 型钢的宽度与高度相同者对强轴的

回转半径约为弱轴回转半径的两倍，对于在中点有侧向支撑的独立支柱最为适宜。

焊接工字形截面可以利用自动焊做成一系列定型尺寸的截面，其腹板按局部稳定的要求可做得很薄以节省钢材，应用十分广泛。为使翼缘与腹板便于焊接，截面的高度和宽度应做得大致相同。工字形截面的回转半径与截面轮廓尺寸的近似关系是 $i_x=0.43h$、$i_y=0.24b$。所以，只有两个主轴方向的计算长度相差一倍时，才有可能达到等稳定的要求。

十字形截面在两个主轴方向的回转半径是相同的，对于重型中心受压柱，当两个方向的计算长度相同时，这种截面较为有利。

圆管截面轴心压杆的承载能力较高，但是轧制钢管取材不易，应用不多。焊接圆管压杆用于海洋平台结构，因其腐蚀面小又可做成封闭构件，比较经济合理。

方管或由钢板焊成的箱形截面，因其承载能力和刚度都较大，虽然和其他构件连接构造相对复杂些，但可用作轻型或高大的承重支柱。

在轻型钢结构中，可以灵活地应用各种冷弯薄壁型钢截面组成的压杆，从而获得经济效果。冷弯薄壁方管是轻钢屋架中常用的一种截面形式。

4.4.2 截面设计

截面设计时，首先按上述原则选定合适的截面形式，再初步选择截面尺寸，然后进行强度、整体稳定、局部稳定、刚度等的验算。具体步骤如下：

1）假定柱的长细比 λ，求出需要的截面积 A。一般假定 $\lambda=50\sim100$，当压力大而计算长度小时取较小值，反之取较大值。根据 λ、截面分类和钢种可查得稳定系数 φ，则需要的截面面积为

$$A=\frac{N}{f\varphi} \tag{4-45}$$

2）求两个主轴所需要的回转半径

$$i_x=\frac{l_{0x}}{\lambda},\quad i_y=\frac{l_{0y}}{\lambda} \tag{4-46}$$

3）由截面面积 A、两个主轴的回转半径 i_x、i_y，优先选用轧制型钢，如普通工字钢、H 型钢等。当现有型钢规格不满足所需截面尺寸时，可以采用组合截面，这时需先初步定出截面的轮廓尺寸，一般是利用附表 9 中截面回转半径和其轮廓尺寸的近似关系 $i_x=\alpha_1 h$、$i_y=\alpha_2 b$ 初步确定所需截面的高度 h 和宽度 b。

4）由所需要的 A、h、b 等，再考虑构造要求、局部稳定以及钢材规格等，确定截面的初选尺寸。

5）构件强度、稳定和刚度验算。①当截面有削弱时，需按式(4-1)进行强度验算。②按式(4-8)整体稳定验算。③按式(4-40)和式(4-42)进行局部稳定验算。如上所述，轴心受压构件的局部稳定是以限制其组成板件的宽厚比来保证的。对于热轧型钢截面，由于其板件的宽厚比较小，一般能满足要求，可不验算。对于组合截面，则应根据规范的规定对板件的宽厚比进行验算。④刚度验算。轴心受压实腹柱的长细比应按式(4-3)进行验算，并符合规范所规定的容许长细比的要求。事实上，在进行整体稳定验算时，构件的长细比已预先求出，以确定整体稳定系数 φ，因而刚度验算可与整体稳定验算同时进行。

4.4.3 构造要求

当实腹柱的腹板高厚比 $h_0/t_w > 80$ 时，为防止腹板在施工和运输过程中发生变形、提高柱的抗扭刚度，应设置横向加劲肋。横向加劲肋的间距不得大于 $3h_0$，其截面尺寸要求为双侧加劲肋的外伸宽度 b_s 应不小于($h_0/30 + 40\text{mm}$)，厚度 t_s 应大于外伸宽度的1/15。

轴心受压实腹柱的纵向焊缝(翼缘与腹板的连接焊缝)受力很小，不必计算，可按构造要求确定焊缝尺寸。

【例 4-3】 图4-22a所示为一管道支架，其支柱的设计压力为 $N = 1600\text{kN}$(设计值)，柱两端铰接，钢材为Q235，截面无孔眼削弱。试设计此支柱的截面：

1）用普通轧制工字钢。

2）用热轧H型钢。

3）用焊接工字形截面，翼缘板为焰切边。

【解】 支柱在两个方向的计算长度不相等，故取如图4-22b所示的截面朝向，将强轴顺 x 轴方向，弱轴顺 y 轴方向。这样，柱在两个方向的计算长度分别为 $l_{0x} = 600\text{cm}$，$l_{0y} = 300\text{cm}$。

1. 轧制工字钢(见图4-22b)

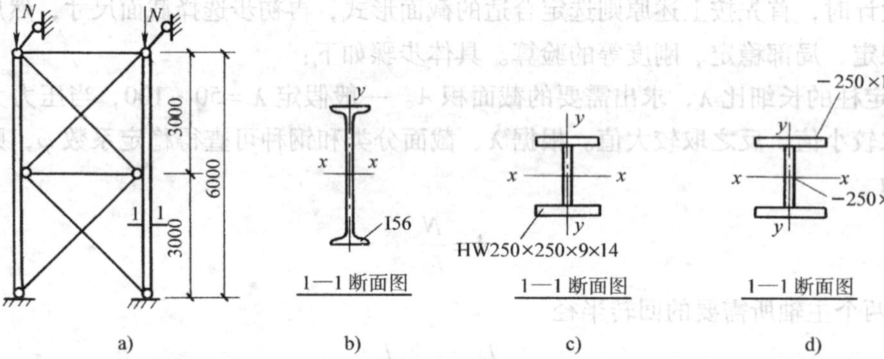

图4-22 例4-3图

(1) 试选截面 假定 $\lambda = 90$，对于轧制工字钢，当绕 x 轴失稳时属于a类轴心受压构件截面，由附表4-1查得 $\varphi_x = 0.714$；绕 y 轴失稳时属于b类轴心受压构件截面，由附表4-2查得 $\varphi_y = 0.621$。需要的截面几何量为

$$A = \frac{N}{\varphi_{\min} f} = \frac{1600 \times 10^3}{0.621 \times 215 \times 10^2}\text{cm}^2 = 119.8\text{cm}^2$$

$$i_x = \frac{l_{0x}}{\lambda} = \frac{600\text{cm}}{90} = 6.67\text{cm}$$

$$i_y = \frac{l_{0y}}{\lambda} = \frac{300\text{cm}}{90} = 3.33\text{cm}$$

由附表7-1中不可能选出同时满足 A、i_x 和 i_y 的型号，可适当照顾到 A 和 i_y 进行选择。现试选I56a，$A = 135\text{cm}^2$，$i_x = 22.0\text{cm}$，$i_y = 3.18\text{cm}$。

(2) 截面验算 因截面无孔眼削弱，可不验算强度；又因轧制工字钢的翼缘和腹板均较厚，可不验算局部稳定，只需进行整体稳定和刚度验算。

长细比

$$\lambda_x=\frac{l_{0x}}{i_x}=\frac{600\text{cm}}{22.0\text{cm}}=27.3<[\lambda]=150$$

$$\lambda_y=\frac{l_{0y}}{i_y}=\frac{300\text{cm}}{3.18\text{cm}}=94.3<[\lambda]=150$$

λ_y 远大于 λ_x，故由 λ_y 查附表4-2得 $\varphi=0.591$，则

$$\frac{N}{\varphi A}=\frac{1600\times10^3\text{N}}{0.591\times135\times10^2\text{mm}^2}=200.5\text{N/mm}^2<f=215\text{N/mm}^2$$

2. 热轧H型钢

（1）试选截面(见图4-22c)　由于热轧H型钢可以选用宽翼缘的形式，截面宽度较大，因此长细比的假设值可适当减小，假定 $\lambda=60$。对宽翼缘H型钢，因 $b/h>0.8$，所以不论对 x 轴或 y 轴都属于b类轴心受压构件截面，当 $\lambda=60$ 时，由附表4-2查得 $\varphi=0.807$，所需截面几何量为

$$A=\frac{N}{\varphi f}=\frac{1600\times10^3\text{N}}{0.807\times215\times10^2}\text{cm}^2=92.2\text{cm}^2$$

$$i_x=\frac{l_{0x}}{\lambda}=\frac{600\text{cm}}{60}=10.0\text{cm}$$

$$i_y=\frac{l_{0y}}{\lambda}=\frac{300\text{cm}}{60}=5.0\text{cm}$$

由附表7-2中试选HW250×250×9×14，$A=92.18\text{cm}^2$，$i_x=10.8\text{cm}$，$i_y=6.29\text{cm}$。

（2）截面验算　因截面无孔眼削弱，可不验算强度。又由于采用的是热轧型钢，所以也可不验算局部稳定，只需进行整体稳定和刚度验算

$$\lambda_x=\frac{l_{0x}}{i_x}=\frac{600\text{cm}}{10.8\text{cm}}=55.6<[\lambda]=150$$

$$\lambda_y=\frac{l_{0y}}{i_y}=\frac{300\text{cm}}{6.29\text{cm}}=47.7<[\lambda]=150$$

因对 x 轴或 y 轴都属于b类轴心受压构件截面，故由长细比较大者 $\lambda_x=55.6$ 查附表4-2得 $\varphi=0.83$，则

$$\frac{N}{\varphi A}=\frac{1600\times10^3\text{N}}{0.83\times92.18\times10^2\text{mm}^2}=209\text{N/mm}^2<f=215\text{N/mm}^2$$

3. 焊接工字形截面(见图4-22d)

（1）试选截面　参照H型钢截面，选用截面如图4-22d所示，翼缘2—250×14，腹板1—250×8，其截面面积 $A=2\times25\text{cm}\times1.4\text{cm}+25\text{cm}\times0.8\text{cm}=90\text{cm}^2$，则

$$I_x=[25\text{cm}\times(27.8\text{cm})^3-24.2\text{cm}\times(25\text{cm})^3]/12=13250\text{cm}^4$$

$$I_y=2\times\frac{1.4\text{cm}\times(25\text{cm})^3}{12}=3650\text{cm}^4$$

$$i_x=\sqrt{\frac{I_x}{A}}=\sqrt{\frac{13250\text{cm}^4}{90\text{cm}^2}}=12.13\text{cm}$$

$$i_y=\sqrt{\frac{I_y}{A}}=\sqrt{\frac{3650\text{cm}^4}{90\text{cm}^2}}=6.37\text{cm}$$

（2）整体稳定和长细比验算

长细比

$$\lambda_x=\frac{l_{0x}}{i_x}=\frac{600\text{cm}}{12.13\text{cm}}=49.5<[\lambda]=150$$

$$\lambda_y=\frac{l_{0y}}{i_y}=\frac{300\text{cm}}{6.37\text{cm}}=47.1<[\lambda]=150$$

因对 x 轴和 y 轴均属于 y 类截面，故由长细比的较大值，查附表4-2得 $\varphi=0.859$，则

$$\frac{N}{\varphi A}=\frac{1600\times10^3\text{N}}{0.859\times92.18\times10^2\text{mm}^2}=207\text{N/mm}^2<f=215\text{N/mm}^2$$

（3）局部稳定验算

翼缘外伸部分

$$\frac{b_1}{t}=\frac{12.1\text{cm}}{1.4\text{cm}}=8.64<(10+0.1\lambda)\sqrt{\frac{235}{f_y}}=14.95$$

腹板的局部稳定

$$\frac{h_0}{t_w}=\frac{25\text{cm}}{0.8\text{cm}}=31.25<(25+0.5\lambda)\sqrt{\frac{235}{f_y}}=49.75$$

原截面无孔眼削弱，不必验算强度。

（4）构造　因腹板高厚比小于80mm，故不必设置横向加劲肋。翼缘与腹板的连接焊缝最小焊脚尺寸 $h_{f\min}=1.5\sqrt{t}=1.5\sqrt{14}\text{cm}=5.6\text{cm}$，采用 $h_f=6\text{mm}$。

以上采用三种不同的截面形式对本例中的支柱进行了设计。由计算结果可知，轧制普通工字钢截面要比热轧H型钢截面和焊接工字形截面约大50%，这是由于轧制普通工字钢绕弱轴的回转半径太小所致。在本例情况中，尽管弱轴方向的计算长度仅为强轴方向计算长度的1/2，前者的长细比仍远大于后者，因而支柱的承载能力是由弱轴所控制的，对强轴则有较大富裕，这显然是不经济的，若必须采用此种截面，宜再增加侧向支撑的数量。对于轧制H型钢和焊接工字形截面，由于其两个方向的长细比非常接近，基本上做到了等稳定性，用料最经济。但焊接工字形截面的焊接工作量大，在设计轴心受压实腹柱时宜优先选用H型钢。

4.5　格构式轴心受压构件的截面设计

4.5.1　格构式轴心压杆的组成

格构式轴心压杆通常由两个肢件组成，肢件为槽钢、工字钢或H型钢，用缀材把它们连成整体，如图4-23所示。对于十分强大的柱，肢件有时用焊接组合工字形截面。槽钢肢

件的翼缘向内者比较普遍，因为这样可以有一个平整的外表，而且可以得到较大的截面二次矩。

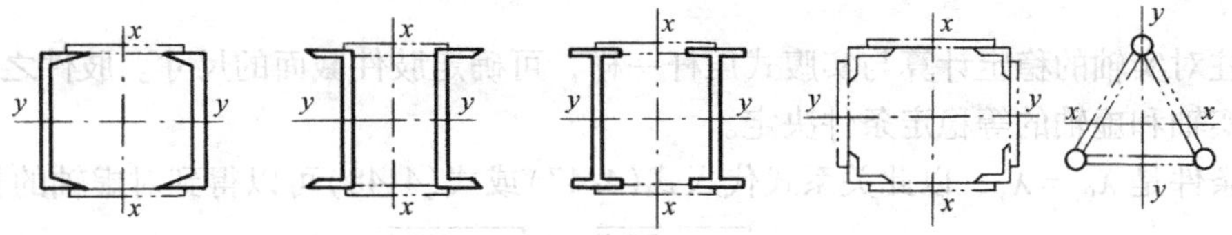

图4-23 截面形式

缀材有缀条和缀板两种。缀条用斜杆组成，如图4-24a所示，也可以用斜杆和横杆共同组成，如图4-24b所示，一般用单角钢作缀条。缀板用钢板组成，如图4-24c所示。

对于长度较大而受力不大的压杆，肢件可以由四个角钢组成，如图4-23d所示。四周均用缀材连接，由三个肢件组成的格构柱(见图4-23e)有时用于桅杆等结构。

在构件的截面上与肢件的腹板相交的轴线称为实轴，如图4-23a、b和c中的y轴，与缀材平面相垂直的轴线称为虚轴，如图4-23a、b和c中的x轴。图4-23d、e中的x轴与y轴都是虚轴。

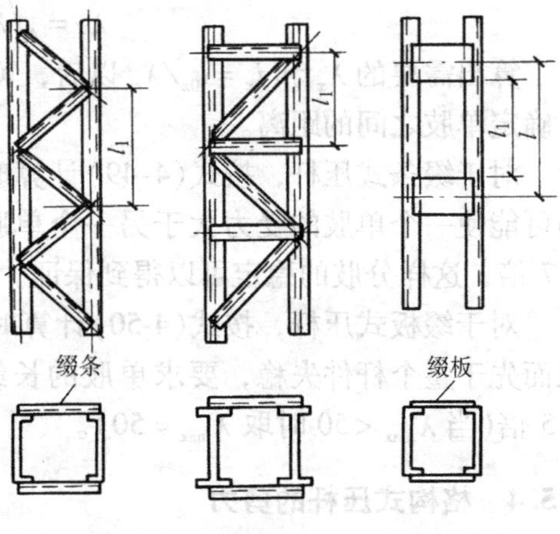

图4-24 格构式柱的组成

4.5.2 剪切变形对虚轴稳定性的影响

实腹式轴心受压杆工作时，构件中横向剪力很小。实腹式压杆的腹板较厚，抗剪刚度比较大，因此横向剪力对构件产生的附加变形很微小，对构件临界力的降低不到1%，可以忽略不计。当格构式轴心受压杆绕实轴发生弯曲失稳时情况和实腹式压杆一样。但是当绕虚轴发生弯曲失稳时，因为剪力要由比较柔弱的缀材负担或是柱腹板也参与负担，剪切变形较大，导致构件产生较大的附加侧向变形，它对构件临界力的降低是不能忽略的。经理论分析，用换算长细比λ_{0x}来代替对x轴的长细比λ_x，就可以确定考虑剪切变形影响的格构式轴心压杆的临界力。按照《钢结构设计规范》，双肢格构式构件对虚轴的换算长细比的计算公式是

缀条构件 $$\lambda_{0x}=\sqrt{\lambda_x^2+\frac{27A}{A_{1x}}} \tag{4-47}$$

缀板构件 $$\lambda_{0x}=\sqrt{\lambda_x^2+\lambda_1^2} \tag{4-48}$$

式中 λ_x——整个构件对虚轴的长细比；

A——整个构件的横截面的毛面积；

A_{1x}——构件截面中垂直于x轴各斜缀条的毛截面面积之和；

λ_1——单肢对平行于虚轴的形心轴的长细比，其计算长度取缀板之间的净距离，如图4-24c中之l_1(当缀板用螺栓或铆钉连接时取缀板边缘螺栓中心线之间的距离)。

由四肢或三肢组成的格构式压杆，其对虚轴的换算长细比见《钢结构设计规范》的有关

条文。

4.5.3 杆件的截面选择

格构柱对实轴的稳定计算与实腹式压杆一样，可确定肢件截面的尺寸。肢件之间的距离需根据对实轴和虚轴的等稳定条件决定。

等稳条件是 $\lambda_{0x}=\lambda_y$，以此关系式代入式(4-47)或式(4-48)可以得到对虚轴的长细比是

$$\lambda_x=\sqrt{\lambda_{0x}^2-\frac{27A}{A_{1x}}}=\sqrt{\lambda_y^2-\frac{27A}{A_{1x}}} \tag{4-49}$$

或

$$\lambda_x=\sqrt{\lambda_{0x}^2-\lambda_1^2}=\sqrt{\lambda_y^2-\lambda_1^2} \tag{4-50}$$

算出需要的 λ_x 和 $i_x=l_{0x}/\lambda_x$ 以后，可以利用附录9中截面回转半径与轮廓尺寸的近似关系确定单肢之间的距离。

对于缀条式压杆，按式(4-49)计算时要预先给定缀条的截面尺寸。因为杆件的几何缺陷可能使一个单肢的受力大于另一个单肢，因此单肢的长细比应不超过杆件最大长细比的0.7倍，这样分肢的稳定可以得到保证。如果单肢是组合截面，还应保证板件的稳定性。

对于缀板式压杆，按式(4-50)计算时先要假定单肢的长细比 λ_1，为了防止单肢过于细长而先于整个杆件失稳，要求单肢的长细比 λ_1 不应大于40，且不大于杆件最大长细比的0.5倍(当 $\lambda_{max}<50$ 时取 $\lambda_{max}=50$)。

4.5.4 格构式压杆的剪力

当格构式压杆绕虚轴弯曲时，因变形而产生剪力。如图4-25a所示两端铰接的压杆，其初始挠曲线为 $y_0=v_0\sin\pi x/l$，则任意截面处的总挠度为

$$Y=y_0+y=\frac{v_0}{1-\dfrac{N}{N_E}}\sin\frac{\pi x}{l}$$

在杆的任意截面的弯矩

$$M=N(y_0+y)=\frac{Nv_0}{1-\dfrac{N}{N_E}}\sin\frac{\pi x}{l}$$

任意截面的剪力

$$V=\frac{dM}{dx}=\frac{N\pi v_0}{l\left(1-\dfrac{N}{N_E}\right)}\cos\frac{\pi x}{l}$$

在杆的两端的最大剪力

$$V=\frac{N\pi v_0}{l\left(1-\dfrac{N}{N_E}\right)}$$

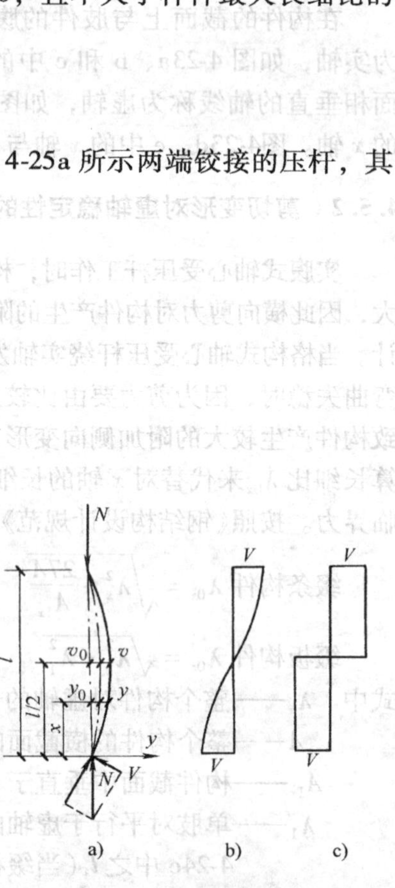

图4-25 轴心压杆的剪力

规范在规定剪力时，以压杆弯曲至中央截面边缘纤维屈服为条件，导出最大剪力 V 和轴线压力 N 之间的关系，

经简化后可得

$$V=\frac{Af}{85}\sqrt{\frac{f_y}{235}} \tag{4-51}$$

设计缀材及其连接时认为剪力沿杆全长不变化，如图4-25c所示。

4.5.5 缀材设计

对于缀条柱，将缀条看做平行弦桁架的腹杆进行计算。如图4-26a所示，缀条的内力N_t为

$$N_t=\frac{V_b}{n\cos\alpha} \tag{4-52}$$

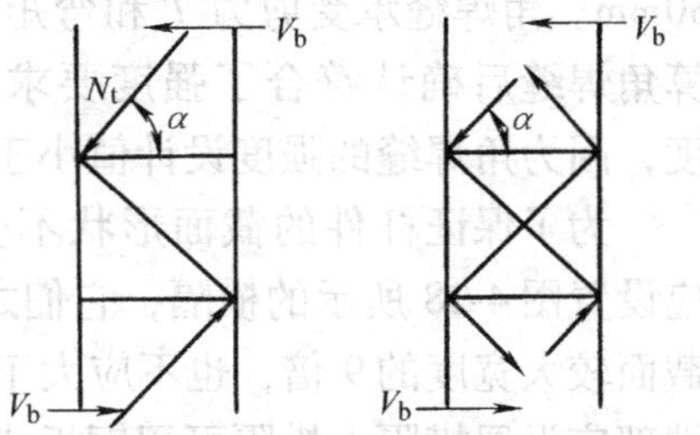

图4-26 缀条计算简图

式中 V_b——分配到一个缀材面的剪力。图4-26a和b中每根柱子都有两个缀材面，因此V_b为$V/2$；

n——承受剪力V_b的斜缀条数，图4-26a为单缀条体系，$n=1$，图4-26b为双缀条超静定体系，通常简单地认为每根缀条负担剪力V_b之半，取$n=2$；

α——缀条夹角，在30°~60°之间采用。

斜缀条常采用单角钢。由于剪力的方向取决于杆的初弯曲，可以向左也可以向右，因此缀条可能承受拉力也可承受压力。缀条截面应按轴心压杆设计。由于角钢只有一个边和构件的肢件连接，考虑到受力时的偏心作用，计算构件稳定性时可将材料强度设计值乘以折减系数γ_r。

对于等边角钢 $\gamma_r=0.6+0.0015\lambda$，但不大于1.0 (4-53)

对于短边相连的不等边角钢 $\gamma_r=0.5+0.0025\lambda$，但不大于1.0 (4-54)

对于长边相连的不等边角钢 $\gamma_r=0.7$

在式(4-53)和式(4-54)中，当$\lambda<20$时，取$\lambda=20$。

在利用式(4-53)、式(4-54)计算长细比时，对于中间无连系的单角钢缀条，取由角钢截面的最小回转半径确定的长细比；对于中间有连系的单角钢缀条，取由与角钢边平行或与其垂直的轴的长细比。

横缀条主要用于减小肢件的计算长度，其截面尺寸与斜缀条相同，也可按允许长细比确定，取较小的截面。

对于缀板柱，先按单肢的长细比λ_1及其回转半径i_1确定缀板之间的净距离l_1，即$l_1=\lambda_1 i_1$。

为了满足一定的刚度，缀板的尺寸应足够大，规范规定在构件同一截面处缀板的线刚度之和不得小于柱分肢的线刚度的6倍。缀板的宽度确定以后，就可以得到缀板轴线之间的距离l。在满足缀板刚度要求的前提下，可以假定缀板和肢件组成多层刚架，缀板的内力根据图4-27b所示的计算简图确定。

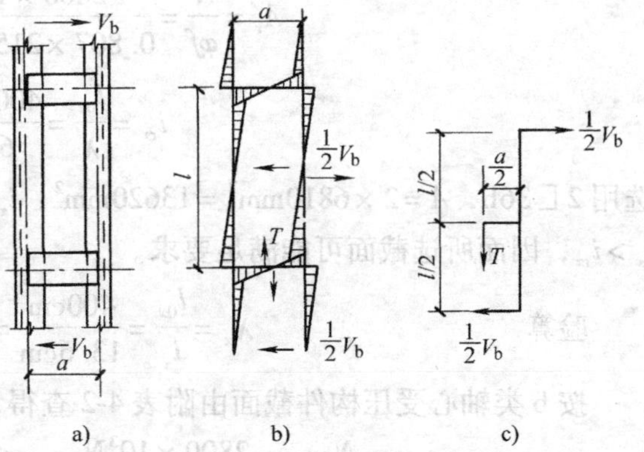

图4-27 缀板计算简图

在图中的反弯点处弯矩为零，只承受剪力。如果一个缀板面分担的剪力为 V_b，缀板所受的内力为：

剪力
$$T=\frac{V_b l}{a} \tag{4-55}$$

弯矩(与肢件连接处)
$$M=\frac{V_b l}{2} \tag{4-56}$$

缀板用角焊缝与肢件相连接，搭接的长度一般为20～30mm。角焊缝承受剪力 T 和弯矩 M 的共同作用。如果验算角焊缝后确认符合了强度要求就不必再验算缀板的强度，因为角焊缝的强度设计值小于钢材的强度设计值。

为了保证杆件的截面形状不变，并增加杆件的刚度，应设置图4-28所示的横隔，它们之间的中距不应大于杆件截面较大宽度的9倍，也不应大于8m，且每个运送单元的端部应设置横隔。横隔可用钢板或角钢组成，如图4-28所示。

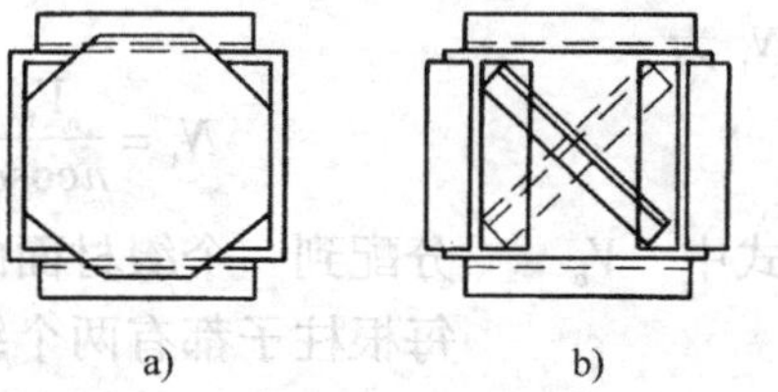

图4-28 隔板构造

【例4-4】 图4-29中 AB 为一轴心受压柱，计算轴力 $N=2800\text{kN}$，$l=4\text{m}$。支撑杆与 AB 相连，AB 杆无截面削弱，材料为Q235钢。焊条用E43型，焊条焊。试选用两个槽钢组成的格构式缀条柱。

【解】 分析：根据实轴选槽钢截面，这时以 x 轴为实轴(见图4-29)，并以此确定两个槽钢的间距 b 和缀条设计。

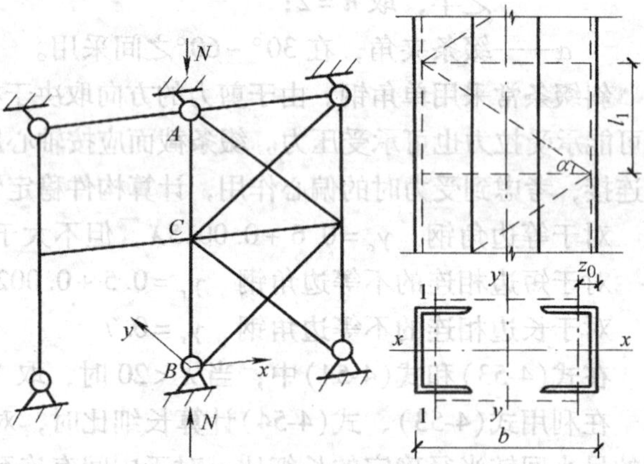

图4-29 例4-4图

$l_{0x}=l=4\text{m}=400\text{cm}$，$l_{0y}=\dfrac{l}{2}=2\text{m}=200\text{cm}$

1. 由实轴 x-x 选择槽钢型号

假定 $\lambda=60$，按b类截面由附表4-2查得 $\varphi=0.807$，则

$$A_r=\frac{N}{\varphi f}=\frac{2800\times10^3\text{N}}{0.807\times215\text{N/mm}^2}=16137\text{mm}^2$$

$$i_{rx}=\frac{l_{0x}}{\lambda}=\frac{400\text{cm}}{60}=6.7\text{cm}$$

选用2[36b，$A=2\times6810\text{mm}^2=13620\text{mm}^2$，$i_x=13.6\text{cm}$，$I_1=497\text{cm}^4$，这一截面 $A<A_r$，但 $i_x>i_{rx}$，因而所选截面可能满足要求。

验算
$$\lambda_x=\frac{l_{0x}}{i_x}=\frac{400\text{cm}}{13.6\text{cm}}=29.4<[\lambda]=150$$

按b类轴心受压构件截面由附表4-2查得，$\varphi=0.937$，则

$$\frac{N}{\varphi A}=\frac{2800\times10^3\text{N}}{0.937\times13620\text{mm}^2}=219\text{N/mm}^2>f=215\text{N/mm}^2$$

改用 2 [40a，$A = 2 \times 7500\text{mm}^2 = 15000\text{mm}^2$，$i_x = 15.3\text{cm}$，$I_1 = 592\text{cm}^4$，$z_0 = 2.49\text{cm}$，$i_1 = 2.81\text{cm}$。

验算
$$\lambda_x = \frac{l_{0x}}{i_x} = \frac{400\text{cm}}{15.3\text{cm}} = 26.1 < [\lambda] = 150$$

按 b 类轴心受压构件截面由附表 4-2 查得，$\varphi = 0.950$，有

$$\frac{N}{\varphi A} = \frac{2800 \times 10^3\text{N}}{0.950 \times 15000\text{mm}^2} = 196.5\text{N/mm}^2 < f = 215\text{N/mm}^2$$

满足要求。

2. 对虚轴 y-y 确定两分肢间距离 b

假定缀条取 ∟45×4，由附表 7-4 查得 $A_1 = 3.49\text{cm}^2$，$i_{\min} = 0.89\text{cm}$，则

$$\lambda_y = \sqrt{\lambda_x^2 - 27\frac{A}{A_1}} = \sqrt{26.1^2 - 27 \times \frac{75\text{cm}^2}{3.49\text{cm}^2}} = 9.8$$

$$i_y = \frac{l_{0y}}{\lambda_y} = \frac{200\text{cm}}{9.8} = 20.4\text{cm}$$

由附录 9 得，$b = \dfrac{i_y}{0.44} = \dfrac{20.4\text{cm}}{0.44} = 46.4\text{cm}$，取 $b = 46\text{cm}$，则

$$I_y = 2(592\text{cm}^4 + 75\text{cm}^2 \times (20.5\text{cm})^2) = 64221\text{cm}^4$$

$$i_y = \sqrt{\frac{I_y}{A}} = \sqrt{\frac{64221\text{cm}^4}{150\text{cm}^2}} = 20.69\text{cm}$$

$$\lambda_y = \frac{200\text{cm}}{20.69\text{cm}} = 9.67$$

$$\lambda_{0y} = \sqrt{\lambda_y^2 + 27\frac{A}{A_1}} = \sqrt{9.67^2 + 27 \times \frac{75\text{cm}^2}{3.49\text{cm}^2}} = 26 < [\lambda] = 150$$

按 b 类轴心受压构件截面由附表 4-2 查得，$\varphi = 0.950$，则

$$\frac{N}{\varphi A} = \frac{2800 \times 10^3\text{N}}{0.950 \times 15000\text{mm}^2} = 196.5\text{N/mm}^2 < f = 215\text{N/mm}^2$$

3. 分肢稳定性验算

当缀条取 $\alpha = 45°$，则分肢计算长度为

$$l_1 = b - 2z_0 = 46\text{cm} - 2 \times 2.49\text{cm} = 41\text{cm}$$

$$i_1 = 2.81\text{cm}$$

$$\lambda_1 = \frac{l_1}{i_1} = \frac{41\text{cm}}{2.81\text{cm}} = 14.6 < 0.7\lambda_{\max} = 0.7 \times 26.1 = 18.2$$

分肢稳定性满足要求。

4. 缀条及与柱肢连接的角焊缝计算

$$V = \frac{Af}{85}\sqrt{\frac{f_y}{235}} = \frac{15000\text{mm}^2 \times 215\text{N/mm}^2}{85} = 3.79 \times 10^4\text{N} = 37.9\text{kN}$$

每一斜缀条所受轴力

$$N_t = \frac{\frac{V}{2}}{\cos\alpha} = \frac{V}{2}\sqrt{2} = \frac{37.9\text{kN}}{2} \times \sqrt{2} = 26.79\text{kN}$$

斜缀条长度

$$l = \frac{l_1}{\cos 45°} = \sqrt{2} \times 41\text{cm} = 58\text{cm}$$

计算长度

$$l_0 = 0.9 l_1 = 0.9 \times 58\text{cm} = 52.2\text{cm}$$

（缀条用单角钢，属斜向屈曲，计算长度为0.9倍几何长度）

$$\lambda = \frac{l_0}{i_{\min}} = \frac{52.2\text{cm}}{0.89\text{cm}} = 58.7$$

按b类轴心受压构件截面由附表4-2查得，$\varphi = 0.81$。又单面连接的单角钢其稳定折减系数

$$\gamma = 0.6 + 0.0015\lambda = 0.6 + 0.0015 \times 58.7 = 0.688$$

则

$$\frac{N_t}{\gamma\varphi A} = \frac{26790\text{N}}{0.688 \times 0.81 \times 349\text{mm}^2} = 137.7\text{N/mm}^2 < f = 215\text{N/mm}^2$$

5. 缀条与柱身连接的角焊缝计算

设焊脚尺寸 $h_f = 4\text{mm}$，则肢背焊缝长度为

$$l_{w1} = \frac{K_1 N_t}{0.7h_f \times 0.85 f_f^w} + 2h_f = \frac{0.7 \times 26790\text{N}}{0.7 \times 4\text{mm} \times 0.85 \times 160\text{N/mm}^2} + 8\text{mm} = 57\text{mm}，\text{取 } l_{w1} = 60\text{mm}$$

$$l_{w1} = 60\text{mm} > 8h_f = 8 \times 4\text{mm} = 32\text{mm}，\text{且} < 60h_f = 240\text{mm}$$

肢尖焊缝长度为

$$l_{w2} = \frac{K_2 N_t}{0.7h_f \times 0.85 f_f^w} + 2h_f = \frac{0.3 \times 26790\text{N}}{0.7 \times 4\text{mm} \times 0.85 \times 160\text{N/mm}^2} + 8\text{mm} = 29\text{mm}，\text{取 } l_{w2} = 40\text{mm}。$$

$$l_{w2} = 40\text{mm} > 8h_f = 8 \times 4\text{mm} = 32\text{mm}，\text{且} < 60h_f = 240\text{mm}。$$

4.6 轴心受压柱的柱头和柱脚

当受压构件用作柱子时，为了把位于它上面的结构所承受的荷载通过它传给基础，必须把柱的上下端部适当扩大和合理构造，形成柱头和柱脚。轴心受压柱和偏心受压柱因为传递的荷载不同，柱头和柱脚的构造要求也各异，但构造的原则相同，应该做到：传力明确，传力过程简捷，安全可靠，经济合理，并且具有足够的刚度而构造又不复杂。

4.6.1 柱头

轴心受压柱的柱头承受由横梁传来的压力 N。图4-30所示是典型实腹式柱的柱头构造，图4-32所示是典型格构式柱的柱头构造。

首先应在柱顶设一块顶板来安放梁，梁的全部压力通过梁端凸缘压在柱顶板的中部。有时为了提高顶板的抗弯刚度，可在顶板上加焊一块垫板，在它的下面设加劲肋。这样，柱顶

板本身就不需要太厚，一般大于14mm即可。

对于实腹式柱，梁传来的全部压力 N 通过梁端凸缘和垫板间的端面承压传给垫板，垫板又以挤压传给柱顶板，而垫板只需用一些构造焊缝和顶板焊连固定位置。柱顶板将 N 力分传给前后两个加劲肋，每根加劲肋和柱顶板之间可以采用局部承压传入 $N/2$ 力（当力较大时），也可采用两根角焊缝①传力（当力不大时）。焊缝①受向下的均布剪力作用，计算公式如下：

局部承压传力

$$\sigma=\frac{\frac{N}{2}}{b_l t_l}\leqslant f_{ce} \tag{4-57}$$

焊缝①传力

$$\sigma_f=\frac{\frac{N}{2}}{2\times0.7h_{f1}(b_l-2h_f)}\leqslant\beta_f f_f^w \tag{4-58}$$

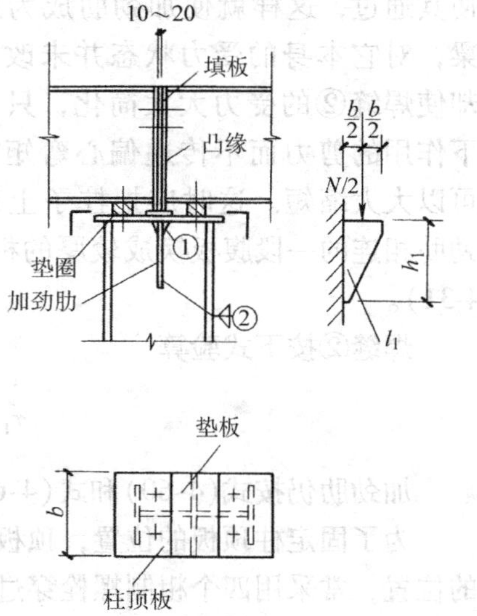

图4-30　典型实腹式柱柱头构造

式中　b_l 和 t_l——柱端加劲肋的宽度和厚度；

h_{f1}——角焊缝①的焊脚尺寸；

f_{ce}——钢材的端面承压强度设计值。

加劲肋在 $N/2$ 的偏心力作用下，用两根角焊缝②把向下剪力 $N/2$ 和偏心弯矩 $b_lN/4$ 传给柱子腹板，加劲肋犹如悬臂梁工作，如图4-30所示。通常先假设加劲肋的高度 h_l，它就是焊缝②的长度，再进行焊缝验算。加劲肋的宽度 b_l 参照柱顶板的宽度 b 来定，厚度 t_l 应符合局部稳定的要求，取 $t_l\geqslant b_l/15$ 及 $t_l\geqslant10$mm，同时不宜超过柱腹板厚度太多。在验算焊缝②的同时，应按悬臂梁验算加劲肋本身的抗剪和抗弯强度。

焊缝②的强度验算

$$\sqrt{\left(\frac{\sigma_f}{\beta_f}\right)^2+(\tau_f)^2}=\sqrt{\left(\frac{\frac{b_lN}{4}}{\beta_f W_f}\right)^2+\left(\frac{\frac{N}{2}}{A_f}\right)^2}\leqslant f_f^w \tag{4-59}$$

式中　W_f——焊缝②的有效截面系数，$W_f=\frac{1}{6}\times2\times0.7h_{f2}(h_l-2h_f)$；

A_f——焊缝②的有效截面面积，$A_f=2\times0.7h_{f2}(h_l-2h_f)$。

加劲肋强度按下式验算

$$\sigma=\frac{6\times\frac{b_lN}{4}}{t_lh_l^2}\leqslant f \tag{4-60}$$

$$\tau=\frac{\frac{1.5N}{2}}{t_lh_l}\leqslant f_v \tag{4-61}$$

有时，梁传来的压力 N 很大，设计成悬臂梁的加劲肋将很高，才能满足焊缝②的强度要求，这样的构造显得不够合理，这时可把前后两根肋连成一整根，在柱子腹板上开一个槽使其通过，这样就使加劲肋成为双悬臂梁，对它本身的受力状态并未改变，但却使焊缝②的受力大大简化，只承受向下作用的剪力而不传递偏心弯矩，因而可以大大缩短。这时应把柱子上端和加劲肋相连的一段腹板换成较厚的板（见图4-31）。

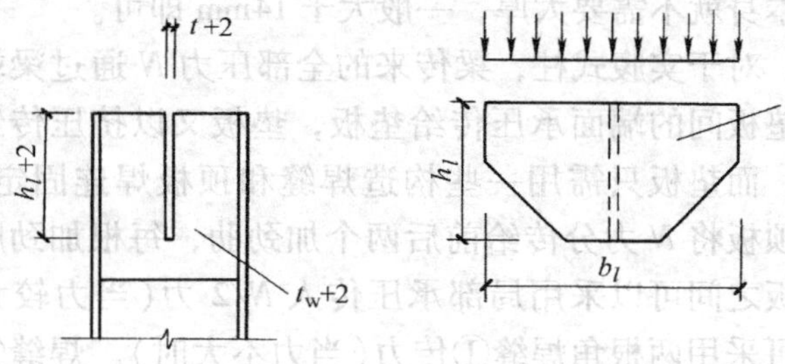

图 4-31 双悬臂加劲肋

焊缝②按下式验算

$$\tau_f=\frac{N}{4\times0.7h_{f2}(h_l-2h_f)}\leqslant f_f^w \tag{4-62}$$

加劲肋仍按式(4-60)和式(4-61)验算。

为了固定柱顶板的位置，顶板和柱身应用构造焊缝进行围焊相连。为了固定梁在柱头上的位置，常采用四个粗制螺栓穿过梁的下翼缘和柱顶板相连。

图 4-32 所示为格构式柱的柱头构造，由柱顶板、柱端加劲肋和两块柱端缀板组成。传力过程如下：由梁传来的力 N，以挤压传力的方式作用于柱端垫板上，经垫板传给柱顶板，柱顶板则通过挤压或焊缝①把力 N 传给加劲肋。

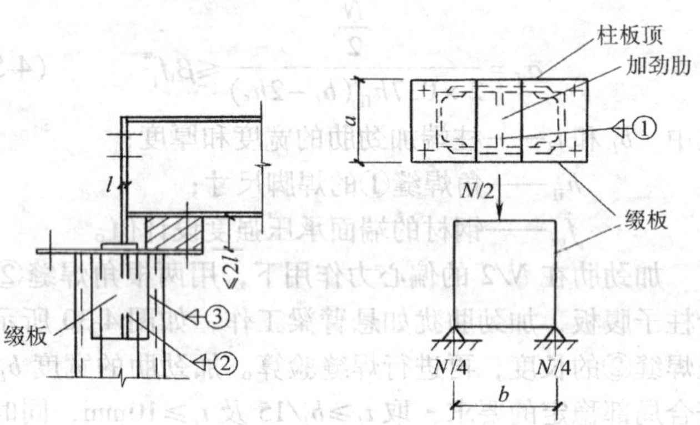

图 4-32 格构式柱的柱头构造

局部承压传力时

$$\sigma=\frac{N}{at_l}\leqslant f_{ce} \tag{4-63}$$

端焊缝①传力时

$$\sigma_f=\frac{N}{2\times0.7h_{f1}(a-10)}\leqslant\beta_f f_f^w \tag{4-64}$$

此加劲肋按简支梁计算，承受柱顶板传来的均布荷载 $q=N/a$ 按简支梁验算强度

$$\sigma=\frac{1}{8}qa^2\Big/\left[\frac{1}{6}t_lh_l^2\right]\leqslant f \tag{4-65}$$

$$\tau=\frac{\frac{1.5}{2}qa}{t_lh_l}\leqslant f_v \tag{4-66}$$

式中 t_l、h_l——柱端加劲肋的厚度和高度。

加劲肋的支反力为 $N/2$，通过两根角焊缝②传给柱端缀板，焊缝②按下式验算

$$\tau_f=\frac{\frac{N}{2}}{2\times0.7h_{f2}(h_l-2h_f)}\leqslant f_f^w \tag{4-67}$$

柱端缀板近似地视作简支梁，支承在柱肢上，在跨中承受由焊缝②传来的集中力 $N/2$，应按下列公式验算强度

$$\sigma=\frac{Nb}{8}\Big/\left[\frac{1}{6}t_l h_l^2\right]\leqslant f \tag{4-68}$$

$$\tau=\frac{1.5N}{4}\Big/(t_l h_l)\leqslant f_v \tag{4-69}$$

式中 t_l——缀板厚度；

h_l——缀板高度，和柱端加劲肋高度相同。

最后，缀板通过焊缝③，把力传给柱肢，焊缝③按下式验算

$$\tau_f=\frac{\dfrac{N}{4}}{0.7h_{f3}(h_l-2h_f)}\leqslant f_f^w \tag{4-70}$$

无论是柱端加劲肋和柱端缀板的厚度都应满足板件局部稳定的要求，即厚度不小于承载边宽度的1/40，且不小于10mm。

图4-33所示的柱头构造最简单。梁在荷载作用下产生挠曲时，作用于柱顶的压力分布不均匀，可看成三角形分布荷载，如图4-33a所示，这种构造只能用在荷载不大的情况。当荷载较大时，可采用图4-33b中的构造，在正对梁端加劲肋的位置，梁的下翼缘之下贴焊一条集中垫板，可使传力位置明确。不论是图4-33a，还是图4-33b的构造，都应按一侧梁无活荷载时对柱子可能产生的偏心压力来验算柱子的承载力。

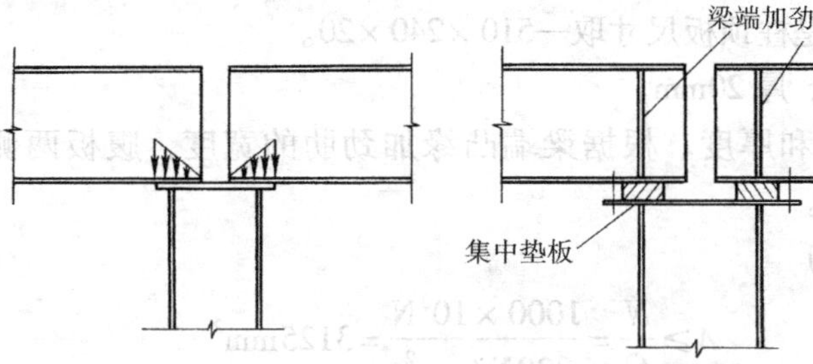

a)　　　b)

图4-33　实腹式柱顶端构造

梁连接于柱侧的简支构造如图4-34所示。当梁传来的支反力不大时，可采用图4-34a的构造，这时支反力经图示的承托传给柱子。梁的上翼缘应设一短角钢和柱身相连，它不能有效地限制梁端发生转角，但能防止梁端在出平面方向产生偏移。图4-34b的构造适用于梁的支反力较大的情况，但制造精度要求较高。这时在柱翼缘板上设一块较厚的承托，它的厚度应比梁端凸缘板的厚度加大10~20mm，如果用厚角钢截成，则更便于安装，如图所示。承托的顶面应刨平，和梁的凸缘板以局部承压传力，承托宽度应比梁的凸缘板加宽10mm。承托用角焊缝和柱身焊连，考虑到传来的支反力可能产生偏心的不利因素，按1.25倍梁的支反力来计算焊缝

$$\tau_f=\frac{1.25N}{2\times0.7h_f(l_w-2h_f)}\leqslant f_f^w \tag{4-71}$$

式中 h_f、l_w——承托和柱身相连的角焊缝的焊脚尺寸和焊缝长度，即承托的长度。

梁端与柱身间应留5~10mm的空隙，安装时加填板并设置构造螺栓，以固定梁的位置。同理，这样的梁柱连接，当左右梁传来的荷载不相等时，柱应按偏心受压进行验算。

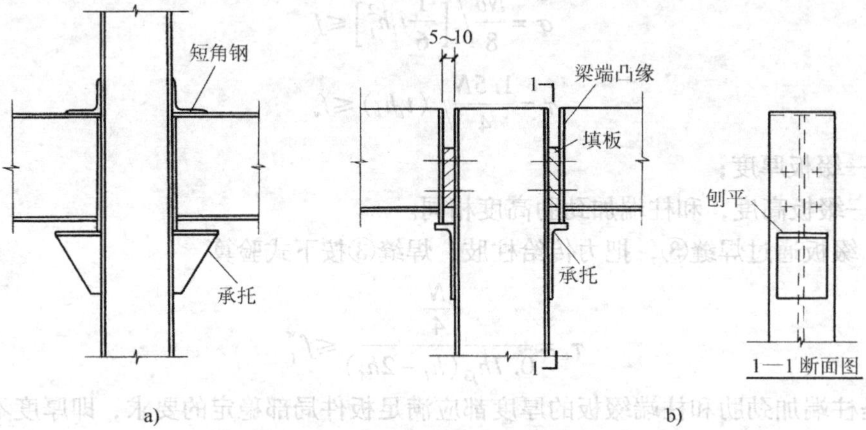

图4-34 梁和柱侧面连接的构造

【例4-5】 一焊接工字形截面柱，腹板—8×450，翼缘板—18×180，承受两梁端传来的轴心压力1000kN，两梁均以凸缘加劲肋支承于柱截面中心轴上，凸缘宽220mm。钢材为Q235钢，焊条为E43系列。试设计其柱头构造。

【解】 1）按柱截面及梁的凸缘加劲肋尺寸决定柱顶板尺寸。长为450mm+2×18mm+20mm=506mm；宽为220mm+20mm=240mm；厚为20mm。其中长、宽各加20mm是使顶板比柱或梁每边宽10mm。于是柱顶板尺寸取—510×240×20。

2）垫板取宽100mm，厚20mm。

3）确定加劲肋宽度和厚度。根据梁端凸缘加劲肋的宽度，腹板两侧加劲肋的宽度为(220－8)mm/2=106mm。

端面承压所需面积为

$$A \geqslant \frac{N}{f_c} = \frac{1000 \times 10^3\,\mathrm{N}}{320\,\mathrm{N/mm^2}} = 3125\,\mathrm{mm^2}$$

加劲肋厚度为

$$t = \frac{3125\,\mathrm{mm^2}}{220\,\mathrm{mm}} = 14.2\,\mathrm{mm}，取16\,\mathrm{mm}。$$

因为加劲肋厚度为16mm，故将柱头腹板局部改用16mm，加劲肋宽度则为102mm，取100mm。

4）加劲肋的高度及其与腹板连接焊缝的厚度的确定。由式(4-60)可得

$$h_1 \geqslant \sqrt{\frac{6 \times \dfrac{b_l N}{4}}{t_l f}} = \sqrt{\frac{6 \times \dfrac{100\,\mathrm{mm} \times 1000 \times 10^3\,\mathrm{N}}{4}}{16\,\mathrm{mm} \times 215\,\mathrm{N/mm^2}}} = 211\,\mathrm{mm}$$

由式(4-61)可得

$$h_2 \geqslant \frac{\dfrac{1.5N}{2}}{t_l f_v} = \frac{1.5 \times 1000 \times 10^3\,\mathrm{N}/2}{16\,\mathrm{mm} \times 125\,\mathrm{N/mm^2}} = 375\,\mathrm{mm}$$

故加劲肋高度取380mm。

加劲肋与腹板连接焊缝的焊脚尺寸按由式(4-59)计算

$$h_f \geqslant \sqrt{\left(\frac{b_l N/4}{\frac{1}{6} \times 2 \times 0.7 f_f^w \beta_f (h_l - 10)^2}\right)^2 + \left(\frac{N/2}{2 \times 0.7 f_f^w (h_l - 10)}\right)^2}$$

$$= \sqrt{\left(\frac{100\text{mm} \times 1000 \times 10^3\text{N}/4}{\frac{1}{6} \times 2 \times 0.7 \times 160\text{N/mm}^2 \times 1.22 \times 370^2}\right)^2 + \left(\frac{1000 \times 10^3\text{N}/2}{2 \times 0.7 \times 160\text{N/mm}^2 \times 370}\right)^2}$$

$$= \sqrt{16.7\text{mm}^2 + 36.4\text{mm}^2} = 7.3\text{mm}$$

经设计计算最后柱头构造如图4-35所示。

4.6.2 柱脚

柱脚的构造应使柱身的内力可靠地传给基础，并和基础有牢固的连接。轴心受压柱的柱脚主要传递轴心压力，与基础的连接一般采用铰接(见图4-36)。

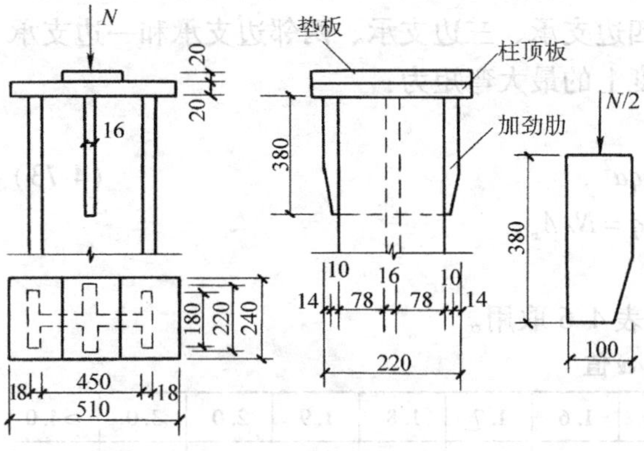

图4-35 例4-5图

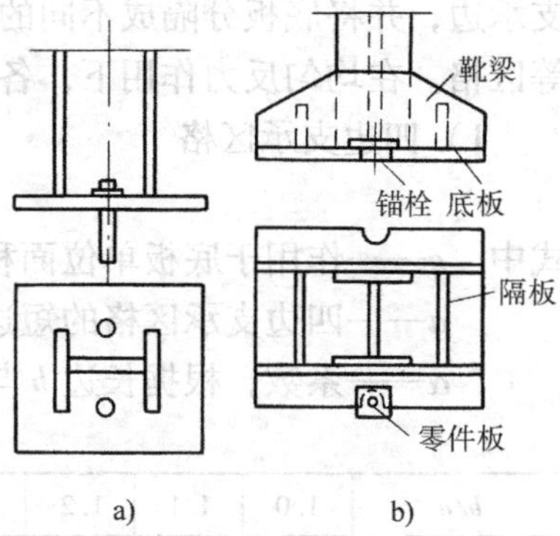

图4-36 平板式铰接柱脚

图4-36所示是几种常用的平板式铰接柱脚。由于基础混凝土强度远比钢材低，所以必须把柱的底部放大，以增加其与基础顶部的接触面积。图4-36a是一种最简单的柱脚构造形式，在柱下端仅焊一块底板，柱中压力由焊缝传至底板，再传给基础。这种柱脚只能用于小型柱，如果用于大型柱，底板会太厚。一般的铰接柱脚常采用图4-36b的形式，在柱端部与底板之间增设一些中间传力零件，如靴梁、隔板等，以增加柱与底板的连接焊缝长度，并且将底板分隔成几个区格，使底板的弯矩减小，厚度减薄。

柱脚是利用预埋在基础中的锚栓来固定其位置的。铰接柱脚只沿着一条轴线设立两个连接于底板上的锚栓(见图4-36)。按照构造要求采用2~4个直径为20~25mm的锚栓。为了便于安装，底板上的锚栓孔径用锚栓直径的1.5~2倍，套在锚栓上的零件板是在柱脚安装定位以后焊上的。底板的抗弯刚度较小，锚栓受拉时，底板会产生弯曲变形，阻止柱端转动的抗力不大，因而此种柱脚仍视为铰接。如果用完全符合力学假定的铰，将给安装工作带来很大困难，而且构造复杂，一般情况也没有必要。

铰接柱脚不承受弯矩，只承受轴向压力和剪力。剪力通常由底板与基础表面的摩擦力传递。当此摩擦力不足以承受水平剪力时，应在柱脚底板下设置抗剪键。抗剪键可用方钢、短

T 形钢或 H 型钢做成。

铰接柱脚通常仅按承受轴向压力计算，轴向压力 N 的一部分由柱身传给靴梁、肋板等，再传结底板，最后传给基础；另一部分是经柱身与底板间的连接焊缝传给底板，再传给基础。然而实际工程中，柱端难于做到齐平，而且为了便于控制柱长的准确性，柱端可能比靴梁缩进一些。

1. 底板的计算

（1）底板的面积 底板的平面尺寸决定于基础材料的抗压能力，基础对底板的压应力可近似为均匀分布，这样，所需底板净面积 A_n（底板宽乘长，减去锚栓孔面积）可按下式确定

$$A_n \geqslant \frac{N}{\beta_c f_c} \tag{4-72}$$

式中 f_c——基础混凝土的抗压强度设计值；

β_c——基础混凝土局部承压时的强度提高系数。

f_c 和 β_c 均按 GB 50010—2002《混凝土结构设计规范》取值。

（2）底板的厚度 底板的厚度由板的抗弯强度决定。底板可视为一支承在靴梁、隔板和柱端的平板，它承受基础传来的均匀反力。靴梁、肋板、隔板和柱的端面均可视为底板的支承边，并将底板分隔成不同的区格，其中有四边支承、三边支承、两邻边支承和一边支承等区格。在均匀反力作用下，各区格板单位宽度上的最大弯矩为：

1）四边支承区格

$$M = \alpha q a^2 \tag{4-73}$$

式中 q——作用于底板单位面积上的压应力，$q = N/A_n$；

a——四边支承区格的短边长度；

α——系数，根据长边 b 与短边 a 之比按表 4-6 取用。

表 4-6 α 值

b/a	1.0	1.1	1.2	1.3	1.4	1.5	1.6	1.7	1.8	1.9	2.0	3.0	≥4.0
α	0.048	0.055	0.063	0.069	0.075	0.081	0.086	0.091	0.095	0.099	0.101	0.119	0.125

2）三边支承区格和两相邻边支承区格

$$M = \beta q a_1^2 \tag{4-74}$$

式中 a_1——对三边支承区格为自由边长度；

β——系数，根据 b_1/a_1 值由表 4-7 查得，对三边支承区格 b_1 为垂直于自由边的宽度。

表 4-7 β 值

b_1/a_1	0.3	0.4	0.5	0.6	0.7	0.8	0.9	1.0	1.1	≥1.2
β	0.026	0.042	0.056	0.072	0.085	0.092	0.104	0.111	0.120	0.125

三边支承区格的 $b_1/a_1 < 0.3$ 时，可按悬臂长度为 b_1 的悬臂板计算。

3）一边支承区格（即悬臂板）

$$M = \frac{1}{2} q c^2 \tag{4-75}$$

式中　c——悬臂长度。

这几部分板承受的弯矩一般不相同，取各区格板中的最大弯矩 M_{max} 来确定板的厚度 t

$$t \geqslant \sqrt{\frac{6M_{max}}{f}} \tag{4-76}$$

设计时要注意，靴梁和隔板的布置应尽可能使各区格板中的弯矩相差不要太大，否则应调整底板尺寸和重新划分区格。

底板的厚度通常为 20～40mm，最薄一般不得小于 14mm，以保证底板具有必要的刚度，从而满足基础反力是均布的假设。

2. 靴梁的计算

靴梁的高度由其与柱边连接所需要的焊缝长度决定，此连接焊缝承受柱身传来的压力 N。靴梁的厚度比柱翼缘厚度略小。

靴梁按支承于柱边的双悬臂梁计算，根据所承受的最大弯矩和最大剪力值，验算靴梁的抗弯和抗剪强度。

3. 隔板的计算

为了支承底板，隔板应具有一定刚度，因此隔板的厚度不得小于其宽度 b 的 1/50，一般比靴梁略薄些，高度略小些。

隔板可视为支承于靴梁上的简支梁，荷载可按承受图 4-37 中阴影面积的底板反力计算，按此荷载所产生的内力验算隔板与靴梁的连接焊缝以及隔板本身的强度。注意隔板内侧的焊缝不易施焊，计算时不能考虑受力。

【例 4-6】　试设计轴心受压格构柱的柱脚，柱的截面尺寸如图 4-38 所示。轴线压力设计值 $N=2275\text{kN}$，柱的自重为 5kN，基础混凝土强度等级为 C25，钢材为 Q235 钢。焊条为 E43 系列。

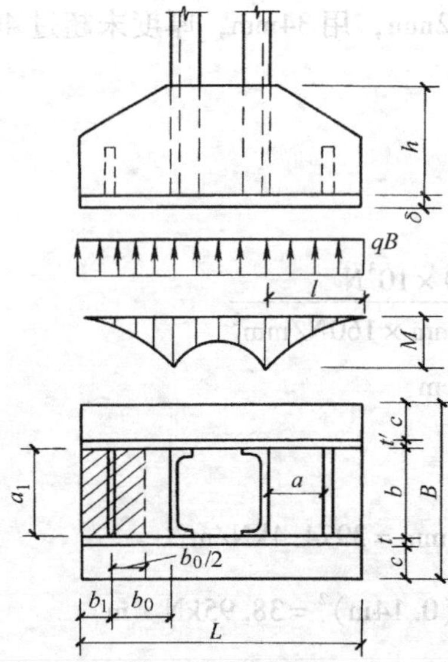

图 4-37　柱脚的计算简图

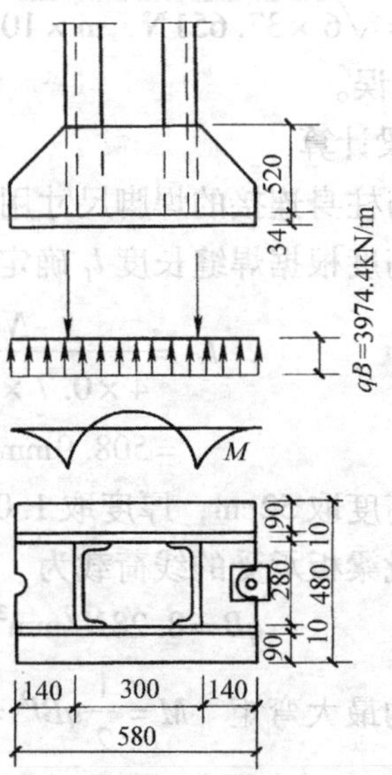

图 4-38　例 4-6 图

【解】 采用如图4-37 所示的柱脚构造形式。柱脚的具体构造和尺寸如图4-38 所示。

1. 底板计算

对于 C25 混凝土，考虑了局部承压的有利作用后抗压强度设计值 $f_c = 12.9\text{N/mm}^2$。底板所需的净面积

$$A_n = N/f_c = 2280 \times 10^3\text{N}/(12.9\text{N/mm}^2) = 176744\text{mm}^2 = 1767\text{cm}^2$$

底板宽度 $B = b + 2t + 2c = 28\text{cm} + 2 \times 1\text{cm} + 2 \times 9\text{cm} = 48\text{cm}$。

所需底板的长度 $L = 1767\text{cm}^2/48 = 36.8\text{cm}$，取 $L = 58\text{cm}$，可以满足其毛面积的要求，安装孔两个，每个孔边取 40mm，削弱面积取 40mm × 40mm。

底板所承受的均布压力

$$q = \frac{2280 \times 10^3\text{N}}{(48\text{cm} \times 58\text{cm} - 2 \times 4\text{cm} \times 4\text{cm})} = 8.28\text{N/mm}^2 < f_c = 12.9\text{N/mm}^2$$

（1）四边支承部分板的弯矩的计算　$b/a = 30\text{cm}/28\text{cm} = 1.07$，查表 4-6，得 $\alpha = 0.053$。

$$M_4 = \alpha q a^2 = 0.053 \times 8.28\text{N/mm} \times (280\text{mm})^2$$
$$= 34405\text{N} \cdot \text{mm} = 34.405\text{N} \cdot \text{m}$$

（2）三边支承部分板的弯矩的计算　$b_1/a_1 = 14\text{cm}/28\text{cm} = 0.5$，查表 4-7 得，$\beta = 0.058$。

$$M_3 = \beta q a_1^2 = 0.058 \times 8.28\text{N/mm} \times (280\text{mm})^2$$
$$= 37651\text{N} \cdot \text{mm} = 37.651\text{N} \cdot \text{m}$$

（3）悬臂部分板的弯矩

$$M_1 = \frac{1}{2} q c_1^2 = 0.5 \times 8.28\text{N/mm} \times (90\text{mm})^2$$
$$= 33534\text{N} \cdot \text{mm} = 33.534\text{N} \cdot \text{m}$$

经过比较知板的最大弯矩为 M_3，取钢材的抗弯强度设计值 $f = 205\text{N/mm}^2$，得 $t = \sqrt{6M_{max}/f} = \sqrt{6 \times 37.651\text{N} \cdot \text{m} \times 10^3/(205\text{N/mm}^2)} = 33.2\text{mm}$，用 34mm，厚度未超过 40mm，所用 f 值无误。

2. 靴梁计算

靴梁与柱身连接的焊脚尺寸用 $h_f = 10\text{mm}$。

靴梁高度根据焊缝长度 l_f 确定，l_f 为

$$l_f = \frac{N}{4 \times 0.7 \times h_f \times f_f^w} = \frac{2280 \times 10^3\text{N}}{4 \times 0.7 \times 10\text{mm} \times 160\text{N/mm}^2}$$
$$= 508.9\text{mm} = 50.9\text{cm} < 60h_f = 60\text{cm}$$

靴梁高度取 52cm，厚度取 1.0cm。

两块靴梁板承受的线荷载为

$$qB = 8.28\text{N/mm}^2 \times 480\text{mm} = 3974.4\text{N/mm} = 3974.4\text{kN/m}$$

承受的最大弯矩　$M = \frac{1}{2} qBl^2 = \frac{1}{2} \times 3974.4\text{kN/m} \times (0.14\text{m})^2 = 38.95\text{kN} \cdot \text{m}$

$$\sigma = \frac{M}{W} = \frac{6 \times 38.95\text{kN} \cdot \text{m}}{2 \times 1\text{cm} \times (52\text{cm})^2} = 43.21\text{N/mm}^2 < 215\text{N/mm}^2。$$

剪力　$V = qBl = 3974.4\text{kN/m} \times 140\text{mm} = 556416\text{N} = 556.4\text{kN}$。

$$\tau = 1.5\frac{V}{2h\delta} = 1.5 \times \frac{556.42\text{kN}}{2 \times 52\text{cm} \times 1\text{cm}} = 80.25\text{N/mm}^2 < 125\text{N/mm}^2$$

靴梁板与底板的连接焊缝和柱身与底板的连接焊缝传递全部柱的压力，焊缝的总长度应为$\sum l_w = 2 \times (58\text{cm} - 2\text{cm}) + 4 \times (14\text{cm} - 1\text{cm}) + 2 \times 28\text{cm} = 220\text{cm}$。

所需的焊脚尺寸为

$$h_f = \frac{N}{1.22 \times 0.7 \sum l_w f_w^f} = \frac{2280 \times 10^3\text{N}}{1.22 \times 0.7 \times 2200\text{mm} \times 160\text{N/mm}^2} = 7.58\text{mm} \text{ 用 } 8\text{mm}。$$

柱脚与基础的连接按构造用直径为 20mm 的锚栓两个。

习　　题

4-1　验算由 2 ∟63×5 组成的水平放置的轴心拉杆的强度和长细比。轴心拉力的设计值为 270kN，只承受静力作用，计算长度为 2m。杆端有一排直径为 20mm 的孔，如图 4-39 所示。钢材为 Q235。若截面尺寸不满足，应改用什么角钢？注：计算时忽略连接偏心和构件自重的影响。

图 4-39　习题 4-1 图

4-2　一块—20×400 的钢板用两块拼接板—12×400 进行拼接。螺栓孔径为 22mm，排列如图 4-40 所示。钢板轴心受拉，$N = 1350\text{kN}$(设计值)。钢材为 Q235，解答下列问题：

（1）钢板 1—1 截面的强度够否？

（2）是否还需要验算 2—2 截面的强度？假定 N 力在 13 个螺栓中平均分配，2—2 截面应如何验算？

（3）拼接板的强度够否？

4-3　验算图 4-41 所示用摩擦型高强度螺栓连接的钢板净截面强度。螺栓直径为 20mm，孔径为 22mm，钢材为 Q235 AF，承受轴心拉力 $N = 600\text{kN}$(设计值)。

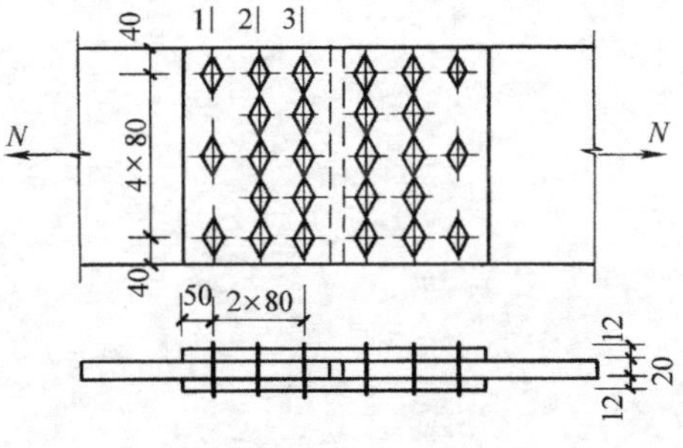

图 4-40　习题 4-2 图

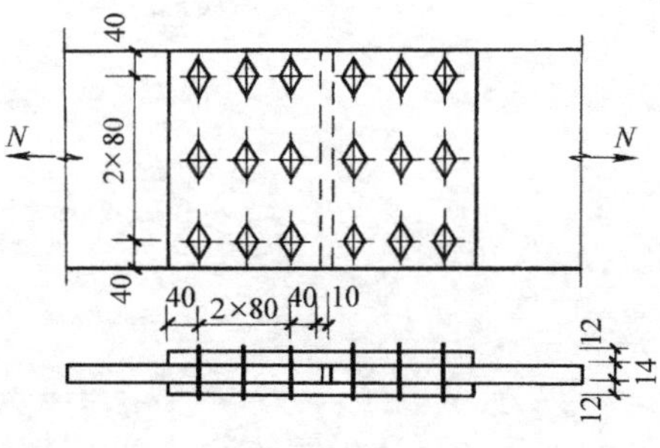

图 4-41　习题 4-3 图

4-4　一水平放置两端铰接的 Q345 钢做成的轴心受拉构件，长 9m，截面为由 2 ∟90×8 组成的肢尖向下的 T 形截面。问是否能承受轴心力设计值 870kN？

4-5　某车间工作平台柱高 2.6m，按两端铰接的轴心受压柱考虑，如果柱采用 I16(16 号热轧工字钢)，试经计算解答：

1）钢材采用 Q235 时，设计承载力为多少？

2）若钢材改用 Q345，设计承载力是否显著提高？

3）如果轴心压力为330kN(设计值)，I16能否满足要求？如不满足，从构造上采取什么措施就能满足要求？

4-6 设某工作平台柱承受轴心压力5000kN(设计值)，柱高8m，两端铰接。要求设计一H型钢或焊接工字形截面柱及其柱脚(钢材为Q235)。基础混凝土的强度等级为C25($f_c=12.9\text{N/mm}^2$)。

4-7 图4-42a、b所示两种截面(焰切边缘)的截面积相等，钢材均为Q235。当用作长度为10m的两端铰接轴心受压柱时，是否能安全承受设计荷载3200kN？

4-8 设计由两槽钢组成的缀板柱，柱长7.5m，两端铰接，设计轴心压力为1500kN，钢材为Q235B，截面无削弱。

4-9 根据习题4-8的设计数据和设计结果，设计柱的柱头和柱脚，并画出构造图。

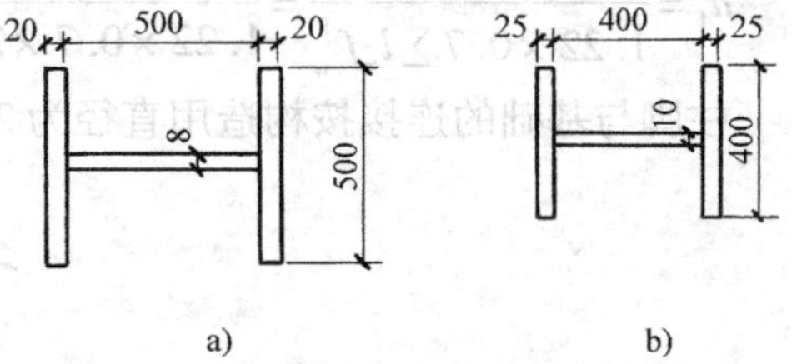

图4-42 习题4-7图

4-10 影响轴心受压杆件稳定系数的因素有哪些？

4-11 轴心受压构件腹板局部稳定设计原则是什么？

4-12 影响受压板件稳定的主要因素是什么？

4-13 单轴对称截面与双轴对称截面进行整体稳定计算时有何异同？

4-14 格构式构件绕虚轴进行稳定计算有何特点？如何考虑分肢的稳定性？

4-15 简述柱头和柱脚的传力和计算特点。

5

第5章 受弯构件

承受横向荷载的构件称为受弯构件，也叫做梁。钢结构中梁的应用非常广泛，如工业和民用建筑中的楼盖梁、屋盖梁、檩条、墙架梁和工作平台梁(见图5-1)，以及桥梁、水工闸门、起重机、海上采油平台的梁等。

钢梁按支承情况可分为简支梁、连续梁、悬挑梁等。与连续梁相比，简支梁虽然所受弯矩常常较大，但它不受支座沉陷及温度变化的影响，并且制造、安装、维修、拆换方便，因此得到广泛应用。

钢梁按受力和使用要求可采用型钢梁和组合梁。型钢梁加工简单，价格较廉；但型钢截面尺寸受到一定规格的限制。当荷载和跨度较大、采用型钢截面不能满足承载力或刚度要求时，则采用组合梁。

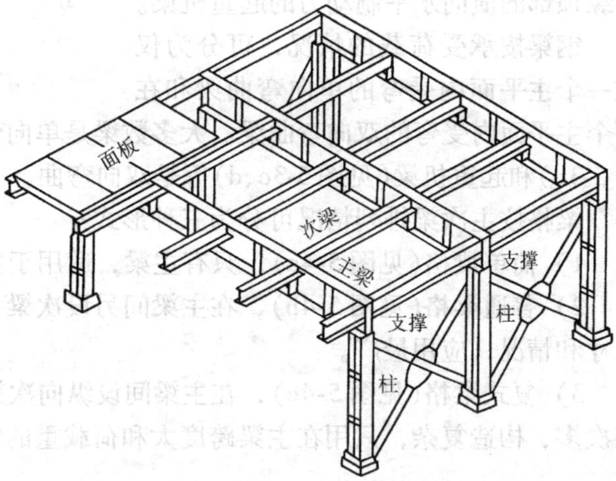

图5-1 工作平台梁格

型钢梁大多采用工字钢(见图5-2a)、槽钢(见图5-2c)或H型钢(图5-2b)制成。工字钢及H型钢截面双轴对称，受力性能好，应用广泛。槽钢多用作檩条、墙梁等。槽钢梁由于截面剪力中心在腹板外侧，弯曲时容易同时产生扭转，设计时宜采取措施限制截面扭转。冷弯薄壁型钢梁(见图5-2d、e、f)常用于承受较轻荷载的情况，用钢量较省，但防锈要求较高。

组合梁由钢板或型钢用焊缝、铆钉或螺栓连接而成。最常用的是由三块钢板焊成的工字形截面梁(见图5-2g)，构造简单，制造方便，用钢量省。

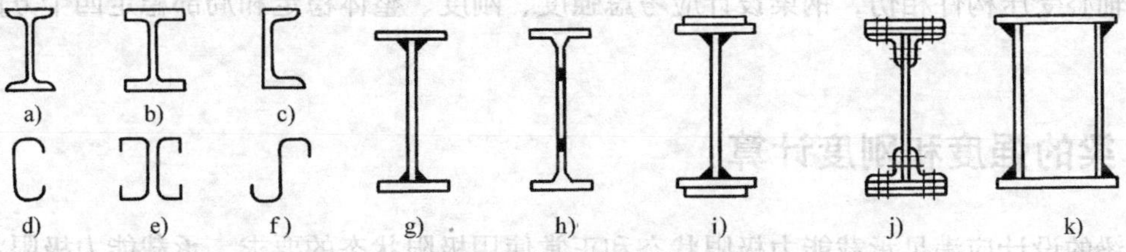

图5-2 钢梁截面形式

组合梁的连接一般采用焊接(见图5-2g、h、i)，但对跨度和动力荷载较大的梁，如所需厚钢板的质量不能满足焊接结构或动力荷载的要求时，可采用铆接或摩擦型高强度螺栓连接(见图5-2j)。当荷载较大而高度受限时，可采用双腹板的箱形梁(见图5-2k)，这种梁具有较好的抗扭刚度。

钢-混凝土组合梁是在梁的受压区采用混凝土而其余部分采用钢材，充分发挥两种材料的优势，大大减小受压翼缘的用钢量。这种梁主要用为楼盖和公路桥梁中的主次梁，这时现浇的钢筋混凝土面板正好同时作为梁的受压翼缘；为了保证两种材料共同受力，钢梁表面应焊接抗剪连接件，以与现浇混凝土板相联系。

组合梁一般采用双轴对称截面(见图5-2g～j)；但也可采用加强受压翼缘的单轴对称截面(见图5-3c、d)，这种梁可以提高梁的侧向刚度和稳定性，也适用于既承受竖向轮压又承受作用于梁上翼缘顶部的横向水平制动力的起重机梁。

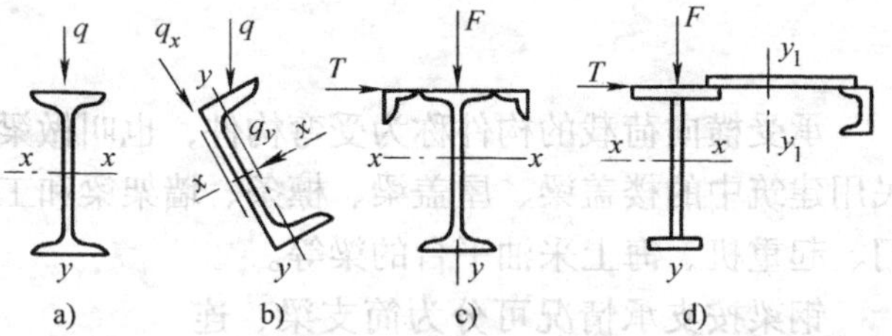

图5-3 钢梁荷载

钢梁按承受荷载的情况，可分为仅在一个主平面内受弯的单向弯曲梁和在两个主平面内受弯的双向弯曲梁。大多数梁是单向弯曲(见图5-3a)，屋面檩条(见图5-2f和图5-3b)和起重机梁(见图5-3c、d)等是双向弯曲。

梁格按主次梁排列情况可分为三种形式：

1) 简单梁格(见图5-4a)，只有主梁，适用于主梁跨度较小或面板长度较大的情况。

2) 普通梁格(见图5-4b)，在主梁间另设次梁，次梁上再支承面板，适用于大多数梁格尺寸和情况，应用最广。

3) 复式梁格(见图5-4c)，在主梁间设纵向次梁，纵向次梁间再设横向次梁；荷载传递层次多，构造复杂，只用在主梁跨度大和荷载重的情况。

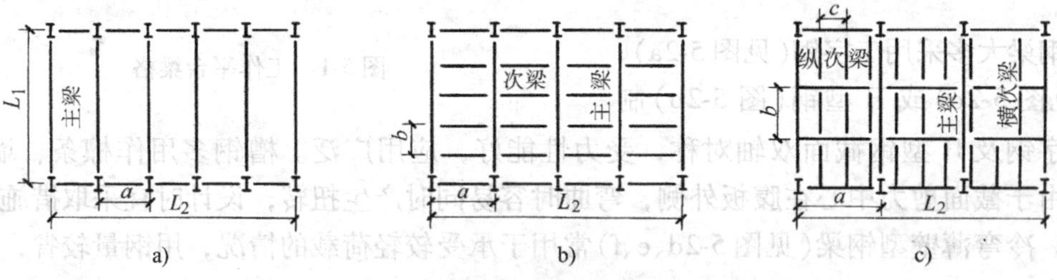

图5-4 梁格形式

a) 简单梁格 b) 普通梁格 c) 复式梁格

与轴心受压构件相仿，钢梁设计应考虑强度、刚度、整体稳定和局部稳定四个方面满足要求。

5.1 梁的强度和刚度计算

钢梁的设计应满足承载能力极限状态和正常使用极限状态的要求。承载能力极限状态包括强度和稳定两个方面，正常使用极限状态由挠度控制。

5.1.1 梁的强度计算

梁的强度计算包括抗弯强度（弯曲正应力 σ）、抗剪强度（切应力 τ）、局部压应力 σ_c 和折算应力 σ_{eq}。

梁的设计首先应考虑其强度和刚度满足设计要求，对于钢梁，强度要求就是要保证梁净截面的抗弯强度及抗剪强度不超过钢材抗弯及抗剪强度极限。对于工字形、箱形等截面的梁，在集中荷载处，还要求腹板边缘局部承压强度满足要求。最后还应对弯曲正应力、切应力及局部压应力共同作用下的折算应力进行验算。

1. 梁的抗弯强度

（1）梁在弯矩作用下截面上正应力发展的三个阶段 分析时一般假定钢材为理想弹塑性材料，以工字钢为例，随弯矩的增大，梁截面的弯曲应力的变化可分为三个阶段（见图5-5）：

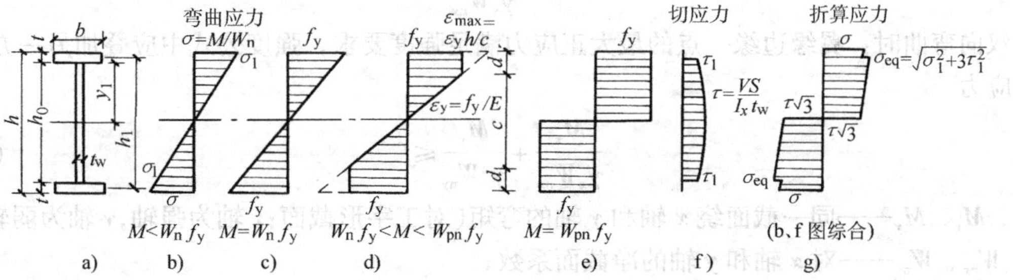

图5-5 梁截面的应力分布

1）弹性工作阶段。梁截面弯曲应力为三角形直线分布（见图5-5b），边缘纤维最大应力 σ 未达到屈服强度 f_y，材料未充分发挥作用，弹性工作阶段的极限弯矩，即钢梁能安全工作的最大弯矩（见图5-5c）为

$$M_e = W_n f_y \tag{5-1}$$

式中 M_e——梁的弹性极限弯矩；

W_n——梁的净截面系数；

f_y——钢材的屈服强度。

2）弹塑性工作阶段。弯矩继续增加，截面边缘部分进入塑性受力状态，边缘区域因达到屈服强度而呈现塑性变形，但中间部分因未达到屈服强度仍保持弹性工作状态（见图5-5d）。

3）塑性工作阶段。在弹塑性工作阶段，如果弯矩再继续增加，截面塑性变形逐渐由边缘向内扩展，弹性核心部分则逐渐减小，直到弹性区消失，整个截面达到屈服，截面全部进入塑性状态，形成塑性铰区。这时梁截面弯曲应力呈上下两个矩形分布（见图5-5e），梁截面已不能负担更大的弯矩，而变形则将继续增加。塑性极限弯矩为

$$M_p = W_{pn} f_y \tag{5-2}$$

式中 M_p——梁的塑性极限弯矩；

W_{pn}——梁的塑性净截面系数，为截面中和轴以上和以下的净截面对中和轴的面积矩 S_{1n} 和 S_{2n} 之和。

比较式(5-1)和式(5-2)可见，塑性工作阶段比弹性工作阶段能承受更大的弯矩，更能充分发挥材料的作用，在《钢结构设计规范》规定范围内，某些梁的抗弯强度可按塑性工作阶段计算，塑性设计可以提高经济效益。

考虑到梁达到塑性弯矩形成塑性铰时，梁的变形较大，同时梁内塑性区发展过大，将引起梁的挠度过大，整体和局部稳定性降低，腹板计算高度上边缘的局部承压强度不足。《钢结构设计规范》规定，对于承受静荷载或间接承受动力荷载的梁，不是以梁的塑性极限弯矩，而是取截面部分区域进入塑性区，作为设计极限状态；对于直接承受动荷载的梁，则以弹性极限弯矩作为设计极限状态。

（2）梁的抗弯强度计算公式　在主平面内受弯的实腹构件，承受静载或间接动载作用时，考虑截面部分发展塑性。

单向弯曲时：翼缘边缘纤维最大正应力应满足以下强度要求

$$\sigma_{\max}=\frac{M_x}{\gamma_x W_{nx}}\leqslant f \tag{5-3}$$

双向弯曲时：翼缘边缘一点的最大正应力满足强度要求，强度公式中应叠加另一方向的弯曲应力

$$\frac{M_x}{\gamma_x W_{nx}}+\frac{M_y}{\gamma_y W_{ny}}\leqslant f \tag{5-4}$$

式中　M_x、M_y——同一截面绕 x 轴和 y 轴的弯矩(对工字形截面:x 轴为强轴,y 轴为弱轴)；

W_{nx}、W_{ny}——对 x 轴和 y 轴的净截面系数；

f——钢材的抗弯强度设计值，根据应力计算点钢材厚度或直径查附表 1-1；

γ_x、γ_y——截面塑性发展系数。

对工字形截面，$\gamma_x=1.05$，$\gamma_y=1.20$；对箱形截面，$\gamma_x=\gamma_y=1.05$；对其他截面，可按表 5-1 采用。当梁受压翼缘的自由外伸宽度与其厚度之比大于$13\sqrt{235/f_y}$而不超过 $15\sqrt{235/f_y}$时，应取 $\gamma_x=1.0$。

表 5-1　截面塑性发展系数 γ_x、γ_y 值

截面形式	γ_x	γ_y	截面形式	γ_x	γ_y	截面形式	γ_x	γ_y
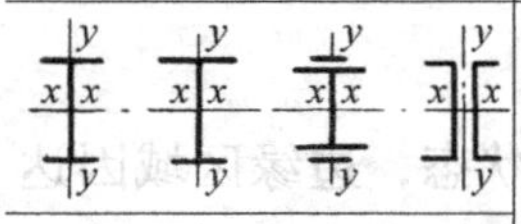	1.05	1.2	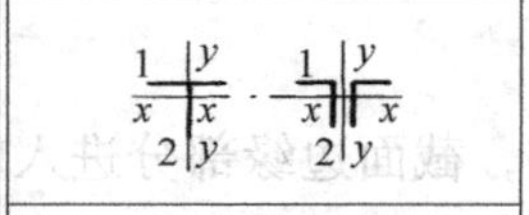	$\gamma_{x1}=1.05$	1.2	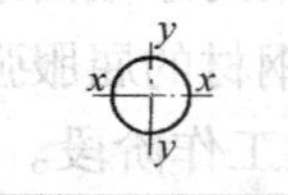	1.15	1.15
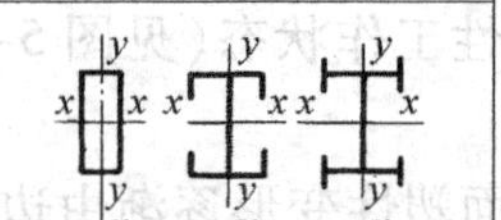		1.05	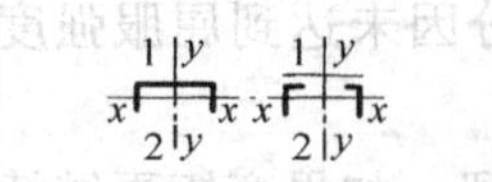	$\gamma_{x2}=1.2$	1.05	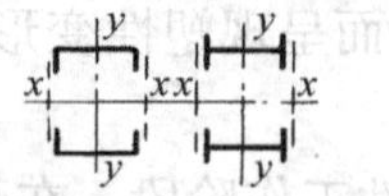	1.0	1.05
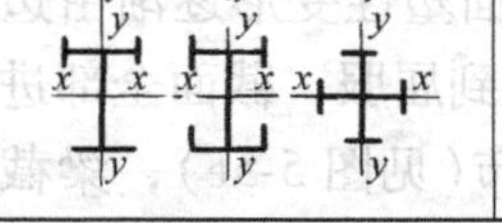			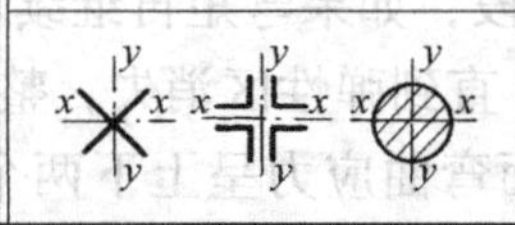	1.2	1.2	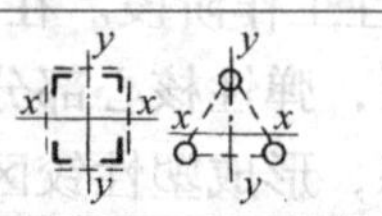		1.0

直接承受动荷载(需要计算疲劳)的梁，不考虑截面部分发展塑性，按弹性设计，式(5-3)和式(5-4)仍可应用，但宜取 $\gamma_x=\gamma_y=1.0$。

2. 梁的抗剪强度

在主平面内受弯的实腹构件(不考虑腹板屈曲时)，其抗剪强度应按下式计算

$$\tau=\frac{VS}{It_{\mathrm{w}}}\leqslant f_{\mathrm{v}} \tag{5-5}$$

式中 V——计算截面沿腹板平面作用的剪力；

S——计算切应力处以上毛截面对中和轴的面积矩；

I——毛截面的截面二次矩；

t_{w}——腹板厚度；

f_{v}——钢材的抗剪强度设计值（见附表1-1）。

因受轧制条件限制，工字钢和槽钢的腹板厚度 t_{w} 往往较厚，如无钻孔、焊接等机械加工引起较大截面削弱，可不计算切应力。

3. *梁腹板局部压应力*

当梁上翼缘受有沿腹板平面作用的集中荷载（见图5-6），且该荷载处又未设置支承加劲肋时，集中荷载会通过翼缘传给腹板，在集中荷载作用位置，腹板计算边缘产生很大的局部压应力，向下和向两侧压应力则逐渐减小，应力分布如图5-6c所示。为保证腹板不致受压破坏，必须对腹板在集中荷载作用处的局部压应力进行计算。

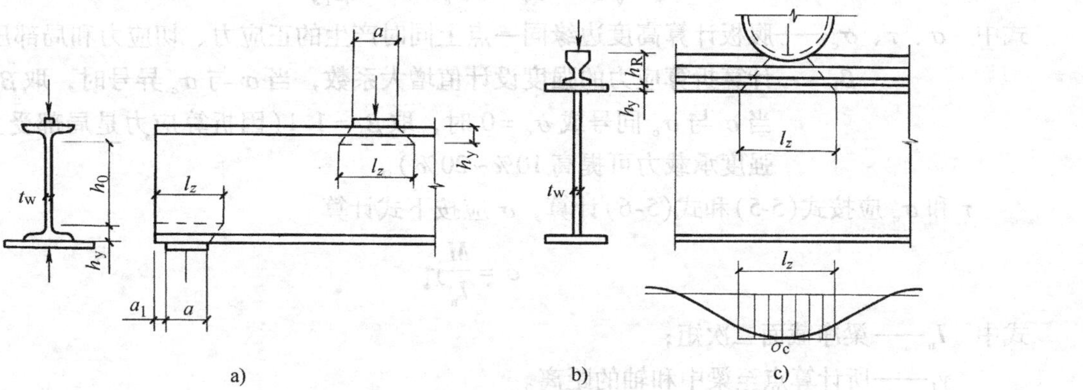

图5-6 梁腹板局部压应力

实际计算时，假定集中荷载从作用点开始，按45°角均匀地向腹板内扩散，在 l_z 范围内 σ_{c} 均匀分布，则腹板计算高度上边缘的局部承压强度应按下式计算

$$\sigma_{\mathrm{c}}=\frac{\psi F}{t_{\mathrm{w}}l_z}\leqslant f \tag{5-6}$$

式中 F——集中荷载，对动力荷载应考虑动力系数；

ψ——集中荷载增大系数，对重级工作制起重机梁，$\psi=1.35$，对其他梁，$\psi=1.0$；

l_z——集中荷载在腹板计算高度上边缘的假定分布长度；

f——钢材的抗压强度设计值（见附表1-1）。

l_z 按下式计算

$$l_z=a+5h_y+2h_{\mathrm{R}} \tag{5-7}$$

a——集中荷载沿梁跨度方向的支承长度，对钢轨上的轮压可取50mm；

h_y——自梁顶面至腹板计算高度上边缘的距离；

h_{R}——轨道的高度，对梁顶无轨道的梁 $h_{\mathrm{R}}=0$。

在梁的支座处，当不设置支承加劲肋时，也应按式(5-6)计算腹板计算高度下边缘的局部压应力，但 ψ 取1.0。支座集中反力的假定分布长度，应根据支座具体尺寸参照式(5-7)计算。

当计算不能满足要求时，对于固定集中荷载(包括支座反力)，则应在集中荷载处设置加劲肋，此时考虑集中荷载全部由加劲肋传递，腹板局部压应力可以不再计算；对于移动集中荷载，则一般应加厚腹板，或考虑加强梁上轨道的高度或刚度，以加大 h_y 和 l_z 等，从而减小 σ_c 值。

应注意的是，腹板的计算高度 h_0：对轧制型钢梁，为腹板与上、下翼缘相接处两内弧起点间的距离；对焊接组合梁，为腹板高度；对铆接(或高强度螺栓连接)组合梁，为上、下翼缘与腹板连接的铆钉(或高强度螺栓)线间最近距离。

4. 折算应力

在梁的腹板计算高度边缘处，若同时受有较大的正应力、切应力和局部压应力，或同时受有较大的正应力和切应力(如连续梁中部支座处或梁的翼缘截面改变处等)时，应按第四强度理论(最大形状改变比能理论)计算其折算应力，折算应力 σ_{eq} 应按下式计算

$$\sqrt{\sigma^2+\sigma_c^2-\sigma\sigma_c+3\tau^2}\leqslant\beta_1 f \tag{5-8}$$

式中 σ、τ、σ_c——腹板计算高度边缘同一点上同时产生的正应力、切应力和局部压应力；

β_1——计算折算应力的强度设计值增大系数，当 σ 与 σ_c 异号时，取 $\beta_1=1.2$，当 σ 与 σ_c 同号或 $\sigma_c=0$ 时，取 $\beta_1=1.1$(因折算应力是局部受力,因此强度承载力可提高10%~20%)。

τ 和 σ_c 应按式(5-5)和式(5-6)计算，σ 应按下式计算

$$\sigma=\frac{M}{I_n}y_1 \tag{5-9}$$

式中 I_n——梁净截面二次矩；

y_1——所计算点至梁中和轴的距离。

σ 和 σ_c 以拉应力为正值，压应力为负值；

计算时首先沿梁长方向找出 M 和 V 都比较大的危险截面(一般是集中力作用的截面、支座反力作用的截面、变截面梁截面改变处、均布载荷不连续的截面)；然后沿梁高方向找出危险点(一般在集中荷载作用位置的腹板边缘处,这一点的弯曲应力、切应力、局部压应力综合考虑相对较大)，算出危险点的 σ、τ、σ_c，最后按式(5-8)计算折算应力。

5.1.2 梁的刚度计算

为保证梁正常使用，梁应有足够的刚度，梁的正常使用极限状态要求限制的内容是梁的最大挠度，主要是控制荷载标准值引起的最大挠度不超过按受力和使用要求规定的允许值 $[v]$(见附表2-1)。其表达式为

$$v\leqslant[v]\text{或}\frac{v}{l}\leqslant\left[\frac{v}{l}\right] \tag{5-10}$$

式中 l——梁的跨度，悬臂梁取悬伸长度的2倍；

v——梁的最大挠度，按毛截面上作用的荷载标准值计算；

v/l——梁的相对挠度，简支梁受均布荷载标准值 q_k 时为

$$\frac{v}{l}=\frac{5}{384}\frac{q_{\mathrm{k}}l^3}{EI}=\frac{5}{48}\frac{M_{\mathrm{k}}l}{EI} \tag{5-11}$$

对等间距 a 布置的集中荷载 F_{k}，$q_{\mathrm{k}}\approx F_{\mathrm{k}}/a$

对均布荷载变截面简支梁为

$$\frac{v}{l}=\frac{5}{384}\frac{q_{\mathrm{k}}l^3}{EI}\eta=\frac{5}{48}\frac{M_{\mathrm{k}}l}{EI}\eta \tag{5-12}$$

式(5-12)中，η 值一般在1.05以内，刚度不够应调整截面尺寸，其中以增加截面高度最为有效。

5.2 梁的整体稳定

5.2.1 钢梁整体稳定的概念

钢梁一般做成高而窄的截面，承受横向荷载作用时，在最大刚度平面内产生弯曲变形，截面上翼缘受压，下翼缘受拉，当弯矩增大，使受压翼缘的最大弯曲压应力达到某一数值时，钢梁会在偶然的很小的侧向干扰力下，突然向刚度很小的侧向发生较大的弯曲，由于受拉下翼缘的阻止（通过腹板），而使钢梁发生不可恢复的弯扭屈曲。如弯矩继续增大，则弯扭变形迅速继续增大，从而使梁丧失承载能力。这种因弯矩超过临界限值而使钢梁从稳定平衡状态转变为不稳定平衡状态并发生侧向弯扭屈曲的现象，称为钢梁侧扭屈曲或钢梁丧失整体稳定（见图5-7）。

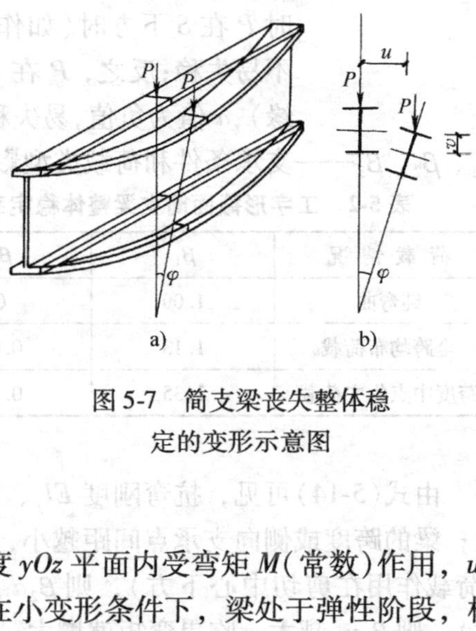

图5-7 简支梁丧失整体稳定的变形示意图

5.2.2 梁的整体稳定的计算原理

图5-8所示为一双轴对称截面简支梁，在最大刚度 yOz 平面内受弯矩 M（常数）作用，u、v 分别为剪切中心沿 x、y 方向的位移，φ 为扭转角。在小变形条件下，梁处于弹性阶段，根据薄壁构件的计算理论得梁失稳的临界弯矩为

$$M_{\mathrm{cr}}=\frac{\pi}{l}\sqrt{EI_yGI_{\mathrm{t}}}\sqrt{1+\frac{EI_{\mathrm{w}}}{GI_{\mathrm{t}}}\left(\frac{\pi}{l}\right)^2}=\frac{\pi^2EI_{\mathrm{y}}}{l^2}\sqrt{\frac{I_{\mathrm{w}}}{I_y}\left(1+\frac{l^2GI_{\mathrm{t}}}{\pi^2EI_{\mathrm{w}}}\right)} \tag{5-13}$$

式(5-13)为双轴对称截面简支梁受纯弯曲时的临界弯矩公式，梁为单轴对称截面、不同支承情况或不同荷载类型时的一般式（可用能量法推导）为

$$M_{\mathrm{cr}}=\beta_1\frac{\pi^2EI_y}{l^2}\left[\beta_2a+\beta_3y_{\mathrm{b}}+\sqrt{(\beta_2a+\beta_3y_{\mathrm{b}})+\frac{I_{\mathrm{w}}}{I_{\mathrm{y}}}\left(1+\frac{l^2GI_{\mathrm{t}}}{\pi^2EI_{\mathrm{w}}}\right)}\right] \tag{5-14}$$

$$y_{\mathrm{b}}=y_0+\frac{\int_A y(x^2+y^2)\,\mathrm{d}A}{2I_x}$$

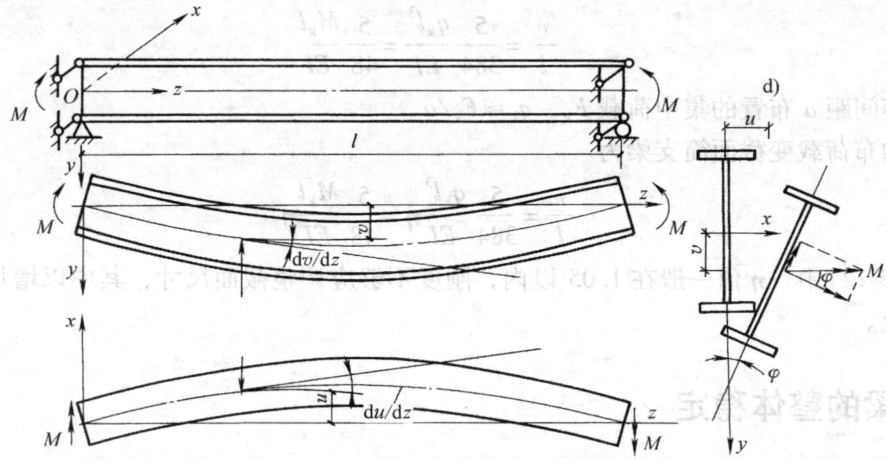

图 5-8 简支钢梁失稳变形示意图

式中 y_0——剪切中心 S 至形心 O 的距离(SO 指向受拉翼缘为正,反之为负);

a——剪切中心 S 至荷载作用点 P 的距离[荷载向下时 P 在 S 下方时(如作用在下翼缘),a 值为正,不易失稳;反之,P 在 S 的上方(如作用在上翼缘),a 值为负值,易失稳(见图5-9)];

β_1、β_2、β_3——支承条件和荷载类型影响系数(见表5-2)。

表 5-2 工字形截面简支梁整体稳定系数 β_1、β_2、β_3 的值

荷载情况	β_1	β_2	β_3
纯弯曲	1.00	0	1.00
全跨均布荷载	1.13	0.46	0.53
跨度中点集中荷载	1.35	0.55	0.40

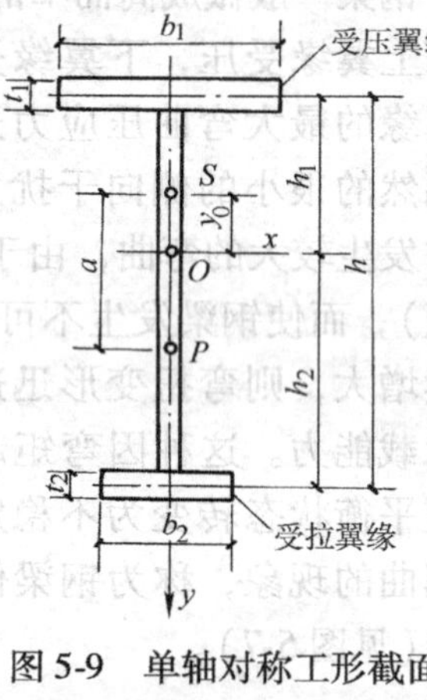

图 5-9 单轴对称工形截面

由式(5-14)可见,抗弯刚度 EI_y、抗扭刚度 GI_t、抗翘曲刚度 EI_w 越大,则临界弯矩越大;梁的跨度或侧向支承点间距越小,则临界弯矩越大;β_1 越大,临界弯矩越大;当 $a>0$(荷载作用在剪切中心下方),则 $\beta_2 a$ 越大,临界弯矩就增大,当 $y_b>0$(工字形截面不对称),则 $\beta_3 y_b$ 越大,临界弯矩就增大;当 $a<0$ 或 $y_b<0$,对整体稳定不利。

因此,影响梁整体稳定承载力的因素有荷载类型、荷载作用于截面上的位置、截面平面外的抗弯刚度和抗扭刚度以及梁受压翼缘侧向支承点的距离。

提高梁整体稳定承载力的最有效的措施是加大梁的侧向抗弯刚度和抗扭刚度(主要是加宽受压翼缘板的宽度 b_1),减小梁的侧向计算长度(增加受压翼缘的侧向支承点以减小受压翼缘侧向自由弯曲的长度)。

5.2.3 梁的整体稳定系数

梁的整体稳定系数 φ_b 为整体稳定临界应力与钢材屈服强度的比值,即

$$\sigma_{cr}=\frac{M_{cr}}{W_x},\ \ \varphi_b=\frac{\sigma_{cr}}{f_y}=\frac{M_{cr}}{W_x f_y} \tag{5-15}$$

对图 5-8 所示工字形截面简支梁，将(5-13)式代入式(5-15)得

$$\varphi_b = \frac{\pi^2 EI_y}{W_x f_y l^2}\sqrt{\frac{I_w}{I_y}\left(1+\frac{l^2 GI_t}{\pi^2 EI_w}\right)}$$

对受纯弯曲的双轴对称工字形截面简支梁，上式可进一步简化

$$\varphi_b = \frac{4320}{\lambda_y^2}\frac{Ah}{W_x}\left[\sqrt{1+\left(\frac{\lambda_y t_1}{4.4h}\right)^2}\right]\frac{235}{f_y} \tag{5-16}$$

对一般的受横向荷载或不等端弯矩作用的焊接工字形等截面简支梁，包括单轴对称和双轴对称工字形截面，应按下式计算其整体稳定系数

$$\varphi_b = \beta_b\frac{4320}{\lambda_y^2}\frac{Ah}{W_x}\left[\sqrt{1+\left(\frac{\lambda_y t_1}{4.4h}\right)^2}+\eta_b\right]\frac{235}{f_y} \tag{5-17}$$

式中 β_b——梁整体稳定的等效临界弯矩系数，按附录3采用；

λ_y——梁在侧向支承点间对截面弱轴 $y-y$ 的长细比，$\lambda_y = l_1/i_y$，l_1 为简支梁受压翼缘侧向支承间的距离，i_y 为梁毛截面对 y 轴的截面回转半径；

A——梁的毛截面面积；

h、t_1——梁截面的全高和受压翼缘厚度；

η_b——截面不对称影响系数。

对双轴对称截面 $\eta_b = 0$；对单轴对称工字形截面：加强受压翼缘 $\eta_b = 0.8(2\alpha_b - 1)$，加强受拉翼缘 $\eta_b = 2\alpha_b - 1$，$\alpha_b = \dfrac{I_1}{I_1 + I_2}$，$I_1$、$I_2$ 分别为受压翼缘和受拉翼缘对 y 轴的截面二次矩。

当按式(5-16)、式(5-17)算得的 φ_b 值大于 0.6 时，说明梁在弹塑性状态下失稳，应用下式计算的 φ_b' 代替 φ_b 值

$$\varphi_b' = 1.07 - \frac{0.282}{\varphi_b} \leqslant 1.0 \tag{5-18}$$

另外，式(5-17)亦适用于等截面铆接(或高强度螺栓连接)简支梁，其受压翼缘厚度包括翼缘角钢厚度在内。

针对均匀弯曲的受弯构件，当 $\lambda_y \leqslant 120\sqrt{235/f_y}$ 时，其整体稳定系数可按下式近似计算：

(1) 工字形截面(含 H 型钢)

双轴对称时
$$\varphi_b = 1.07 - \frac{\lambda_y^2}{44000}\times\frac{f_y}{235} \tag{5-19}$$

单轴对称时
$$\varphi_b = 1.07 - \frac{W_x}{(2\alpha_b + 0.1)Ah}\times\frac{\lambda_y^2}{14000}\times\frac{f_y}{235} \tag{5-20}$$

(2) T 形截面(弯矩作用在对称轴平面，绕 x 轴)

1) 弯矩使翼缘受压时

双角钢 T 形截面
$$\varphi_b = 1 - 0.0017\lambda_y\sqrt{\frac{f_y}{235}} \tag{5-21}$$

剖分 T 型钢和两板组合 T 形截面
$$\varphi_b = 1 - 0.0022\lambda_y\sqrt{\frac{f_y}{235}} \tag{5-22}$$

2）弯矩使翼缘受拉且腹板宽厚比不大于 $18\sqrt{\frac{235}{f_y}}$ 时，

$$\varphi_b = 1 - 0.0005\lambda_y\sqrt{\frac{f_y}{235}} \tag{5-23}$$

按式(5-19)～式(5-23)算得的 $\varphi_b>0.6$ 时，不需按式(5-18)换算成 φ_b'；当按式(5-19)和式(5-20)算得的 $\varphi_b>1.0$ 时，取 $\varphi_b=1.0$。由于一般情况下，梁的侧向长细比都大于 $120\sqrt{235/f_y}$，所以式(5-19)～式(5-23)主要用于压弯构件的平面外稳定计算。

5.2.4 梁的整体稳定计算方法

《钢结构设计规范》规定：在最大刚度平面内受弯的构件，其整体稳定性应按下式计算

$$\frac{M_x}{\varphi_b W_x} \leqslant f \tag{5-24}$$

式中 M_x——绕强轴作用的最大弯矩；

W_x——按受压纤维确定的梁毛截面系数；

φ_b——梁的整体稳定系数，应按式(5-17)确定。

在两个主平面受弯的H型钢截面或工字形截面构件，其整体稳定性应按下式计算

$$\frac{M_x}{\varphi_b W_x} + \frac{M_y}{\gamma_y W_y} \leqslant f \tag{5-25}$$

式中 W_x、W_y——按受压纤维确定的对 x 轴和对 y 轴毛截面系数；

φ_b——绕强轴弯曲所确定的梁整体稳定系数，应按式(5-17)确定；

γ_y——对弱轴的截面塑性发展系数，按表5-1采用。

规范规定符合下列情况之一时，可不计算梁的整体稳定性：

1）有铺板(各种钢筋混凝土板和钢板)密铺在梁的受压翼缘上并与其牢固相连、能阻止梁受压翼缘的侧向位移时。

2）H型钢或等截面工字形简支梁受压翼缘的自由长度 l_1 与其宽度 b_1 之比不超过表5-3所规定的数值时。

对跨中无侧向支承点的梁，l_1 为其跨度：对跨中有侧向支承点的梁，l_1 为受压翼缘侧向支承点间的距离(梁的支座处视为有侧向支承)。

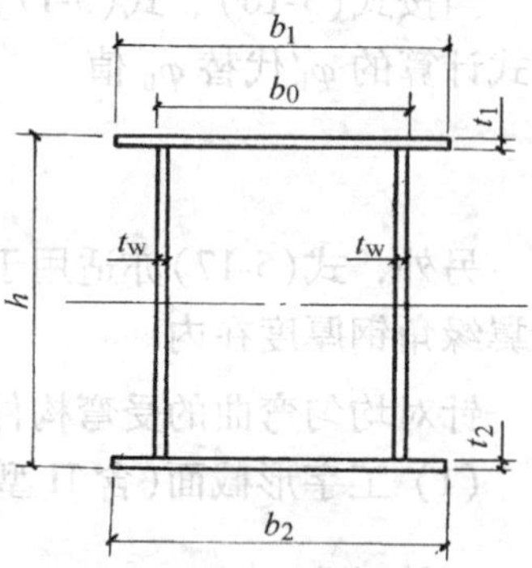

图5-10 箱形截面

3）不符合1)款情况的箱形截面简支梁，其截面尺寸(见图5-10)应满足 $h/b_0 \leqslant 6$，$l_1/b_0 \leqslant 95(235/f_y)$。

表5-3 H型钢或等截面工字形简支梁不需计算整体稳定性的最大 l_1/b_1 值

钢 号	跨中无侧向支承点的梁		跨中受压翼缘有侧向支承点的梁，不论荷载作用于何处
	荷载作用位置		
	上 翼 缘	下 翼 缘	
Q235	13.0	20.0	16.0
Q345	10.5	16.5	13.0
Q390	10.0	15.5	12.5
Q420	9.5	15.0	12.0

5.3 梁的局部稳定和腹板加劲肋

在梁的强度和整体稳定承载力都能得到保证的前提下，腹板或翼缘部分作为板件首先发生屈曲失去稳定，称为丧失局部稳定。

5.3.1 梁受压翼缘的局部稳定

梁的上翼缘受到均匀分布的最大弯曲压应力，当宽厚比超过某一限值，上翼缘就会产生凸凹变形丧失稳定(见图5-11)。为保证其局部稳定，《钢结构设计规范》规定：梁受压翼缘自由外伸宽度 b 与其厚度之比，应符合下式要求

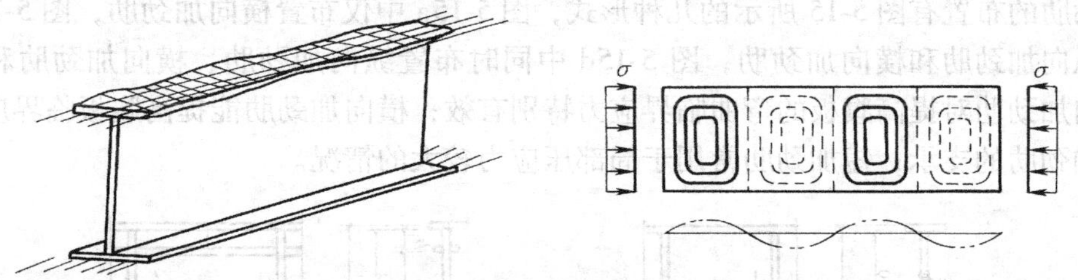

图5-11 受压翼缘的局部稳定

$$\frac{b}{t}\leqslant 13\sqrt{\frac{235}{f_y}} \tag{5-26a}$$

当计算梁抗弯强度取 $\gamma_x=1.0$ 时，$b/t\leqslant 15\sqrt{235/f_y}$ (5-26b)

箱形截面梁受压翼缘板在两腹板之间的无支承宽度 b_0 与其厚度 t 之比应符合下式要求

$$\frac{b_0}{t}\leqslant 40\sqrt{\frac{235}{f_y}} \tag{5-26c}$$

当箱形截面梁受压翼缘板设有纵向加劲肋时，则式(5-26c)中的 b_0 取为腹板与纵向加劲肋之间的翼缘板无支承宽度。

5.3.2 梁腹板的局部稳定

(1) 腹板在纯弯曲作用下失稳(见图5-12) 腹板纯弯失稳时沿梁高方向为一个半波，沿梁长方向一般为每区格1～3个半波(半波宽≈0.7腹板高)。

(2) 在局部压应力作用下失稳(见图5-13) 腹板在一个翼缘处承受局部压应力 σ_c，失稳时在纵横方向均为一个半波。

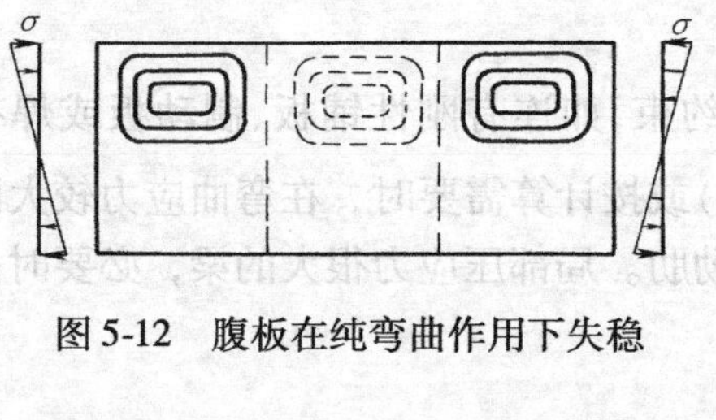

图5-12 腹板在纯弯曲作用下失稳

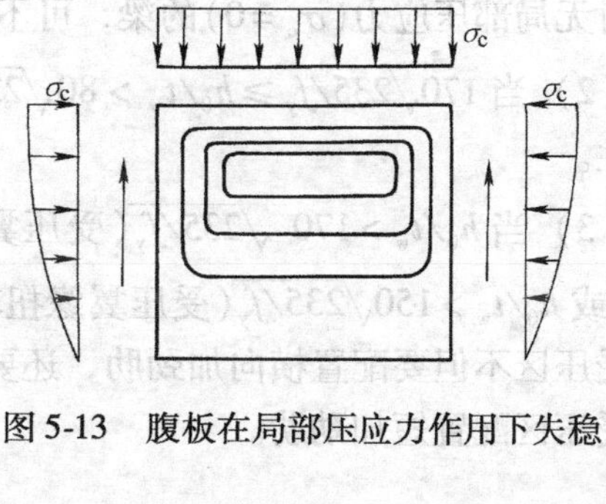

图5-13 腹板在局部压应力作用下失稳

（3）腹板在纯剪作用下失稳　图5-14所示是均匀受剪的腹板，板四周的切应力导致板斜向受压，因此也有局部稳定问题，图中示出失稳时板的凹凸变形情况，这时凹凸变形的波峰和波谷之间的节线是倾斜的。实际受纯剪作用的板是不存在的，工程实践中遇到的都是切应力和正应力联合作用的情况。

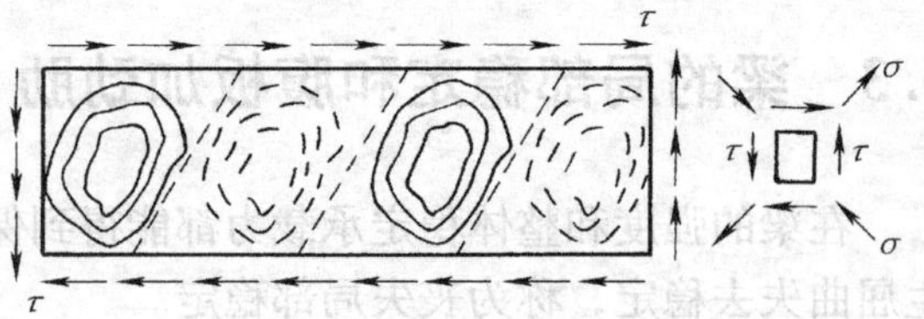

图5-14　腹板在纯剪作用下失稳

5.3.3　梁腹板加劲肋的设计

1. 梁腹板加劲肋的布置和构造要求

加劲肋的布置有图5-15所示的几种形式，图5-15a中仅布置横向加劲肋，图5-15b中同时布置纵向加劲肋和横向加劲肋，图5-15d中同时布置纵向加劲肋、横向加劲肋和短加劲肋。纵向加劲肋对提高腹板的弯曲临界应力特别有效；横向加劲肋能提高腹板临界应力并作为纵向加劲肋的支承；短加劲肋常用于局部压应力较大的情况。

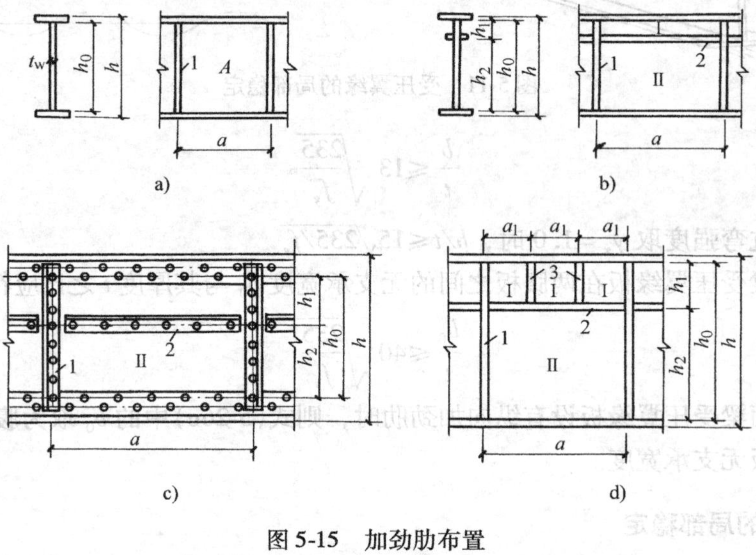

图5-15　加劲肋布置

1—横向加劲肋　2—纵向加劲肋　3—短加劲肋

《钢结构设计规范》规定：

1）当$h_0/t_w \leqslant 80\sqrt{235/f_y}$时，对有局部压应力($\sigma_c \neq 0$)的梁，应按构造配置横向加劲肋；但对无局部压应力($\sigma_c = 0$)的梁，可不配置加劲肋。

2）当$170\sqrt{235/f_y} \geqslant h_0/t_w > 80\sqrt{235/f_y}$时，应配置横向加劲肋，并计算腹板的局部稳定性。

3）当$h_0/t_w > 170\sqrt{235/f_y}$（受压翼缘扭转受到约束，如连有刚性铺板、制动板或焊有钢轨）或$h_0/t_w > 150\sqrt{235/f_y}$（受压翼缘扭转未受到约束）或按计算需要时，在弯曲应力较大区格的受压区不但要配置横向加劲肋，还要配置纵向加劲肋。局部压应力很大的梁，必要时尚宜在受压区配置短加劲肋。

4）梁的支座处和上翼缘受有较大固定集中荷载处，宜设置支承加劲肋。

任何情况下，h_0/t_w 均不应超过 $250\sqrt{235/f_y}$。此处 h_0 为腹板的计算高度（对单轴对称梁，当确定是否要配置纵向加劲肋时，h_0 应取腹板受压区高度 h_c 的 2 倍），t_w 为腹板的厚度。

加劲肋的布置要求：加劲肋宜在腹板两侧成对配置，也可单侧配置，但支承加劲肋、重级工作制起重机梁的加劲肋不应单侧配置。

横向加劲肋的最小间距应为 $0.5h_0$，最大间距应为 $2h_0$。对无局部压应力的梁，当 $h_0/t_w \leqslant 100\sqrt{235/f_y}$ 时，可采用 $2.5h_0$。纵向加劲肋至腹板计算高度受压边缘的距离应在 $h_c/2.5 \sim h_c/2$ 范围内（h_c 为梁腹板弯曲受压区高度），对双轴对称截面 $2h_c = h_0$。

加劲肋的构造要求：在腹板两侧成对配置的钢板横向加劲肋，其截面尺寸应符合下式要求：

外伸宽度
$$b_s \geqslant \frac{h_0}{30} + 40\text{mm} \tag{5-27}$$

厚度
$$t_s \geqslant \frac{b_s}{15} \tag{5-28}$$

在腹板一侧配置的钢板横向加劲肋，其外伸宽度应大于按式(5-27)算得的 1.2 倍，厚度不应小于其外伸宽度的 1/15。

在同时用横向加劲肋和纵向加劲肋加强的腹板中，横向加劲肋的截面尺寸除应符合上述规定外，其截面二次矩 I_z 尚应符合下式要求

$$I_z \geqslant 3h_0 t_w^3 \tag{5-29}$$

纵向加劲肋的截面二次矩 I_y，应符合下列要求

当 $a/h_0 \leqslant 0.85$ 时
$$I_y \geqslant 1.5h_0 t_w^3 \tag{5-30a}$$

当 $a/h_0 > 0.85$ 时
$$I_y \geqslant \left(2.5 - 0.45\frac{a}{h_0}\right)\left(\frac{a}{h_0}\right)^2 h_0 t_w^3 \tag{5-30b}$$

短加劲肋的最小间距为 $0.75h_1$（h_1 见图 5-15）。短加劲肋外伸宽度应取横向加劲肋外伸宽度的 0.7～1.0 倍，厚度不应小于短加劲肋外伸宽度的 1/15。

应注意的是：

1）用型钢（H 型钢、工字钢、槽钢、肢尖焊于腹板的角钢）做成的加劲肋，其截面二次矩不得小于相应钢板加劲肋的截面二次矩。

2）在腹板两侧成对配置的加劲肋，其截面二次矩应按梁腹板中心线为轴线进行计算。

3）在腹板一侧配置的加劲肋，其截面二次矩应按与加劲肋相连的腹板边缘为轴线进行计算。

2. *仅设横向加劲肋梁腹板的局部稳定计算*

仅配置横向加劲肋的腹板（见图 5-15a），其区格 A 的局部稳定应按下式计算

$$\left(\frac{\sigma}{\sigma_{cr}}\right)^2 + \left(\frac{\tau}{\tau_{cr}}\right)^2 + \frac{\sigma_c}{\sigma_{c,cr}} \leqslant 1 \tag{5-31}$$

式中　σ——所计算腹板区格内，由平均弯矩产生的腹板计算高度边缘的弯曲压应力；

τ——所计算腹板区格内，由平均剪力产生的腹板平均切应力，应按 $\tau = V/(h_w t_w)$ 计算（h_w 为腹板高度）；

σ_c——腹板计算高度边缘的局部压应力，应按式(5-6)计算，取式中的$\psi=1.0$；

σ_{cr}、τ_{cr}、$\sigma_{c,cr}$——各种应力单独作用下的临界应力。

(1) σ_{cr}按下列公式计算

当$\lambda_b \leqslant 0.85$时 $$\sigma_{cr}=f \tag{5-32a}$$

当$0.85<\lambda_b \leqslant 1.25$时 $$\sigma_{cr}=[1-0.75(\lambda_b-0.85)]f \tag{5-32b}$$

当$\lambda_b>1.25$时 $$\sigma_{cr}=\frac{1.1f}{\lambda_b^2} \tag{5-32c}$$

当梁受压翼缘扭转受到约束时 $$\lambda_b=\frac{\dfrac{2h_c}{t_w}}{177}\sqrt{\frac{f_y}{235}} \tag{5-32d}$$

当梁受压翼缘扭转未受到约束时 $$\lambda_b=\frac{\dfrac{2h_c}{t_w}}{153}\sqrt{\frac{f_y}{235}} \tag{5-32e}$$

式中 λ_b——用于腹板受弯计算时的通用高厚比；

h_c——梁腹板弯曲受压区高度，对双轴对称截面$2h_c=h_0$。

(2) τ_{cr}按下列公式计算

当$\lambda_s \leqslant 0.8$时 $$\tau_{cr}=f_v \tag{5-33a}$$

当$0.8<\lambda_s \leqslant 1.2$时 $$\tau_{cr}=[1-0.59(\lambda_s-0.8)]f_v \tag{5-33b}$$

当$\lambda_s>1.2$时 $$\tau_{cr}=\frac{1.1f_v}{\lambda_s^2} \tag{5-33c}$$

式中 λ_s——用于腹板受剪计算时的通用高厚比，λ_s按下列公式计算

当$a/h_0 \leqslant 1.0$时 $$\lambda_s=\frac{\dfrac{h_0}{t_w}}{41\sqrt{4+5.34\left(\dfrac{h_0}{a}\right)^2}}\sqrt{\frac{f_y}{235}} \tag{5-33d}$$

当$a/h_0>1.0$时 $$\lambda_s=\frac{\dfrac{h_0}{t_w}}{41\sqrt{5.34+4\left(\dfrac{h_0}{a}\right)^2}}\sqrt{\frac{f_y}{235}} \tag{5-33e}$$

(3) $\sigma_{c,cr}$按下列公式计算

当$\lambda_c \leqslant 0.9$时 $$\sigma_{c,cr}=f \tag{5-34a}$$

当$0.9<\lambda_c \leqslant 1.2$时 $$\sigma_{c,cr}=[1-0.79(\lambda_c-0.9)]f \tag{5-34b}$$

当$\lambda_c>1.2$时 $$\sigma_{c,cr}=\frac{1.1f}{\lambda_c^2} \tag{5-34c}$$

式中 λ_c——用于腹板受局部压力计算时的通用高厚比，λ_c按下式计算

当$0.5 \leqslant a/h_0 \leqslant 1.5$时 $$\lambda_c=\frac{\dfrac{h_0}{t_w}}{28\sqrt{10.9+13.4\left(1.83-\dfrac{a}{h_0}\right)^3}}\sqrt{\frac{f_y}{235}} \tag{5-34d}$$

当 $1.5<a/h_0\leqslant 2.0$ 时 $\lambda_c=\dfrac{\dfrac{h_0}{t_w}}{28\sqrt{18.9-\dfrac{5a}{h_0}}}\sqrt{\dfrac{f_y}{235}}$ (5-34e)

提高板抵抗凹凸变形的能力是提高板局部稳定性的关键。当板的支承条件已经确定时，其主要措施是增加板的厚度，减小板的周界尺寸(a、b)，即限制板件的宽厚比，或设置加劲肋。

3. 同时设纵、横加劲肋腹板的局部稳定

当腹板 $h_0/t_w>170\sqrt{235/f_y}$ 时，应同时设置横向和纵向加劲肋(见图5-15b、c)，纵向加劲肋设在离受压边缘 $h_1=(1/4\sim1/5)h_0$ 位置，设受压翼缘与加劲肋间的区格为Ⅰ，受拉翼缘与纵向加劲肋间的区格为Ⅱ(见图5-15c)，应分别计算其局部稳定性。

(1) 区格Ⅰ的稳定计算公式 区格Ⅰ的特点是：高度尺寸 h_1 较小，压应力大，对稳定不利，切应力仍假定均匀分布；同时用横向加劲肋和纵向加劲肋加强的腹板(见图5-15b、c)。其局部稳定性应按下式计算

$$\frac{\sigma}{\sigma_{cr1}}+\left(\frac{\tau}{\tau_{cr1}}\right)^2+\left(\frac{\sigma_c}{\sigma_{c,cr1}}\right)^2\leqslant 1 \tag{5-35}$$

式中，σ_{cr1}、τ_{cr1}、$\sigma_{c,cr1}$ 分别按下列方法计算：

1) σ_{cr1} 按式(5-32a)~式(5-32c)计算，但式中的 λ_b 改用下列 λ_{b1} 代替：

当梁受压翼缘扭转受到约束时 $\lambda_{b1}=\dfrac{\dfrac{h_1}{t_w}}{75}\sqrt{\dfrac{f_y}{235}}$ (5-36a)

当梁受压翼缘扭转未受到约束时 $\lambda_{b1}=\dfrac{\dfrac{h_1}{t_w}}{64}\sqrt{\dfrac{f_y}{235}}$ (5-36b)

式中 h_1——纵向加劲肋至腹板计算高度受压边缘的距离。

2) τ_{cr1} 按式(5-33a)~式(5-33e)计算，将式中的 h_0 改为 h_1。

3) $\sigma_{c,cr1}$ 按式(5-32a)~式(5-32c)计算，但式中的 λ_b 改用下列 λ_{c1} 代替

当梁受压翼缘扭转受到约束时 $\lambda_{c1}=\dfrac{\dfrac{h_1}{t_w}}{56}\sqrt{\dfrac{f_y}{235}}$ (5-37a)

当梁受压翼缘扭转未受到约束时 $\lambda_{c1}=\dfrac{\dfrac{h_1}{t_w}}{40}\sqrt{\dfrac{f_y}{235}}$ (5-37b)

(2) 区格Ⅱ的稳定计算公式 区格Ⅱ的特点是弯曲应力以受拉为主，对稳定有利，最大压应力在纵向加劲肋部位，其值比区格Ⅰ小得多。《钢结构设计规范》规定的计算公式如下

$$\left(\frac{\sigma_2}{\sigma_{cr2}}\right)^2+\left(\frac{\tau}{\tau_{cr2}}\right)^2+\frac{\sigma_{c2}}{\sigma_{c,cr2}}\leqslant 1 \tag{5-38}$$

式中 σ_2——所计算区格内由平均弯矩产生的腹板在纵向加劲肋处的弯曲压应力；

σ_{c2}——腹板在纵向加劲肋处的横向压应力，取0.3σ_c。

1）σ_{cr2}按式(5-32a)~式(5-32c)计算，但式中的λ_b改用下列λ_{b2}代替

$$\lambda_{b2}=\frac{\frac{h_2}{t_w}}{194}\sqrt{\frac{f_y}{235}} \tag{5-39}$$

2）τ_{cr2}按式(5-33a)~式(5-33e)计算，将式中的h_0改为h_2($h_2=h_0-h_1$)。

3）$\sigma_{c,cr2}$按式(5-34a)~式(5-34e)计算，但式中的h_0改为h_2，当$a/h_2>2$时，取$a/h_2=2$。

4. *支承加劲肋*

支承加劲肋一般由成对布置的钢板做成(见图5-16a)，也可以用凸缘式加劲肋，其凸缘长度不得大于其厚度的2倍(见图5-16b)。支承加劲肋除保证腹板局部稳定外，还要将支反力或固定集中力传递到支座或梁截面内，因此支承加劲肋的截面除满足加劲肋的各项要求外，还应按传递支反力或集中力的轴心压杆进行计算，其截面常常比一般加劲肋截面稍大一些。

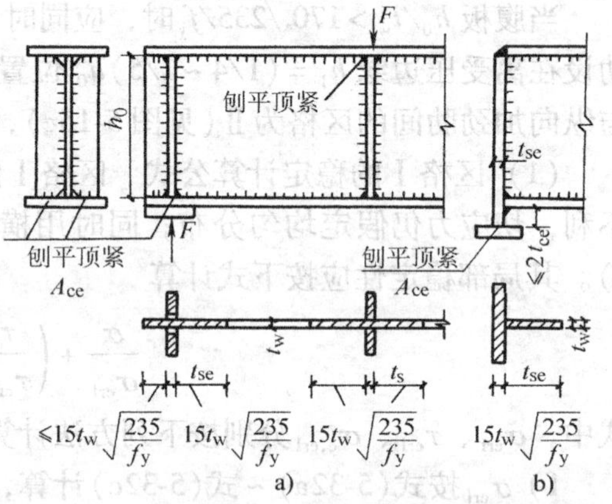

图5-16 支承加劲肋

支承加劲肋的设计主要包括下面三个方面：

(1) 腹板平面外的稳定性　为了保证支承加劲肋能安全地传递支反力或集中荷载F，梁的支承加劲肋，应按承受梁支座反力或固定集中荷载的轴心受压构件计算其在腹板平面外的稳定性。此受压构件的截面应包括加劲肋和加劲肋每侧$15t_w\sqrt{235/f_y}$范围内的腹板面积，计算长度取h_0(梁端处若腹板长度不足时，按实际长度取值)。

(2) 端面承压强度　支承加劲肋的端部一般刨平顶紧于梁翼缘或支座，应按下式计算端面承压应力

$$\sigma_{ce}=\frac{F}{A_{ce}}\leqslant f_{ce} \tag{5-40}$$

式中　A_{ce}——端面承压面积(接触处净面积，见图5-16)；

f_{ce}——钢材端面承压强度设计值($f_{ce}\approx1.5f$)(见附表1-1)。

支承加劲肋端部也可以不用刨平顶紧，而用焊缝连接传力，此时则应计算焊缝强度。

(3) 支承加劲肋与腹板的连接焊缝　可假定F力沿焊缝全长均匀分布进行计算。支承加劲肋与腹板的连接焊缝应按承受全部支座反力或集中荷载F计算。通常采用角焊缝连接，焊脚尺寸应满足构造要求。

5. *短加劲肋*

在受压翼缘与纵向加劲肋之间设有短加劲肋的区格(见图5-15d)，其局部稳定性按式(5-35)计算。该式中的σ_{cr1}仍按式(5-32)计算；τ_{cr1}按式(5-33)计算，但将h_0和a改为h_1和a_1(a_1为短加劲肋间距)；$\sigma_{c,cr1}$按式(5-32)计算，但式中λ_b改用下列λ_{c1}代替：

当梁受压翼缘扭转受到约束时　$$\lambda_{c1}=\frac{\frac{a_1}{t_w}}{87}\sqrt{\frac{f_y}{235}} \tag{5-41a}$$

当梁受压翼缘扭转未受到约束时 $\lambda_{c1}=\dfrac{\dfrac{a_1}{t_w}}{73}\sqrt{\dfrac{f_y}{235}}$ (5-41b)

对 $a_1/h_1>1.2$ 的区格，式(5-41)右侧应乘以 $1/\left(0.4+0.5\dfrac{a_1}{h_1}\right)^{\frac{1}{2}}$。

5.4 型钢梁的设计

型钢梁设计应满足强度、刚度和整体稳定的要求。下面分别讲述单向弯曲及双向弯曲型钢梁的设计。

5.4.1 单向弯曲型钢梁

单向受弯型钢梁用得最多的是热轧普通型钢和H型钢，设计步骤如下：

(1) 确定设计条件　根据梁的荷载、跨度及支承条件，计算梁的最大弯矩设计值 M_{max}，并按选定钢材确定其抗弯强度设计值 f。

(2) 计算 W_{nx}，初选截面　根据梁的抗弯强度要求 $\sigma_{max}=M_x/\gamma_x W_{nx}\leqslant f$，计算型钢所需的对 x 轴的净截面系数 $W_{nx}=M_x/\gamma_x f$(γ_x 可取1.05)。当梁最大弯矩处截面上有孔洞(如螺栓孔等)时，可将上式算得的 W_{nx} 增大10%~15%，然后由 W_{nx} 查附录7型钢表，选定型钢号。

(3) 验算截面　计算钢梁的自重荷载及其弯矩，然后由式(5-3)、式(5-11)及式(5-24)分别验算梁的抗弯强度、刚度及整体稳定，注意强度及稳定按荷载设计值计算，刚度按荷载标准值计算。

为了节省钢材，应尽量采用牢固连接于受压翼缘的密铺面板或足够的侧向支承以达到不需计算整体稳定的要求。由于型钢梁腹板较厚，一般截面无削弱情况，可不验算切应力及折算应力。对于翼缘上只承受均布荷载的梁，局部承压强度亦可不验算。

5.4.2 双向弯曲型钢梁和檩条

双向弯曲型钢梁承受两个主平面方向的弯矩和剪力，设计要求与单向弯曲梁相同，也应考虑强度、刚度、整体稳定和局部稳定满足要求。其中，切应力和局部稳定一般不必验算；局部压应力和折算应力只在有较大集中荷载或支座反力的情况下，必要时验算。

双向受弯型钢梁大多用于檩条和墙梁，其截面设计步骤与单向弯曲情况基本相同，不同点如下：

1) 选定型钢截面。可先单独按 M_x(或 M_y)计算所需净截面系数 W_{nx}(或 W_{ny})，然后考虑 M_y(或 M_x)作用，适当加大 M_{nx}(或 M_{ny})选定型钢截面。

2) 按式(5-4)、式(5-25)验算强度和整体稳定。

3) 按式 $\sqrt{v_x^2+v_y^2}\leqslant[v]$ 验算刚度，v_x、v_y 分别为沿截面主轴 x 和 y 方向的分挠度，它们分别由各自方向的标准荷载产生。

双向弯曲型钢梁最常用于檩条，沿屋面倾斜放置，竖向荷载 q 可对截面两个主轴分解成 $q_y=q\cos\varphi$，$q_x=q\sin\varphi$ 两个分力(见图5-17)，从而引起双向弯曲。檩条支承在屋架处，用焊于屋架的短角钢檩托托住，并用C级螺栓或焊缝连接(见图5-18)，以保证支座处的侧向稳定和传力。

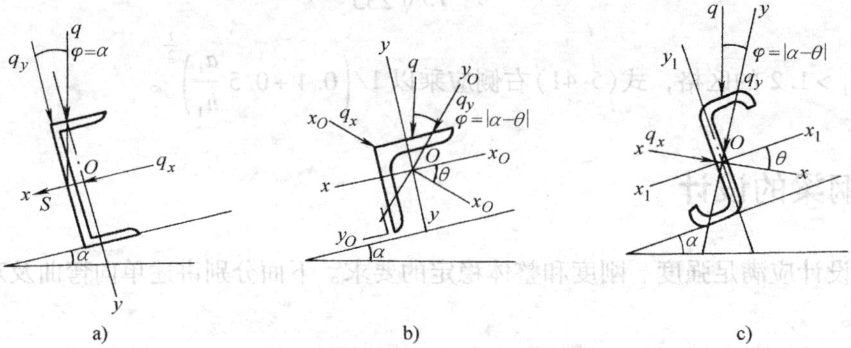

图5-17 型钢梁截面与受力分析

型钢檩条截面常用热轧槽钢；屋架间距较大时有时采用宽翼缘工字钢；轻型屋面时也常采用冷弯薄壁卷边槽钢或Z形钢，跨度小时也可用热轧角钢。槽钢檩条(见图5-18c)通常把槽口向上放置，在一般屋面坡度下可使竖向荷载偏离截面剪切中心较小，计算时不考虑扭转。角钢檩条是角钢尖向下和向屋脊放置(见图5-18b)，使角钢尖受拉有利于整体稳定，减小弱轴方向受力，也便于放置屋面板。卷边Z形钢檩条(见图5-18a)是把上翼缘槽口向上放置，除减小扭转偏心距外，还使竖向荷载下受力更接近于强轴单向受弯。

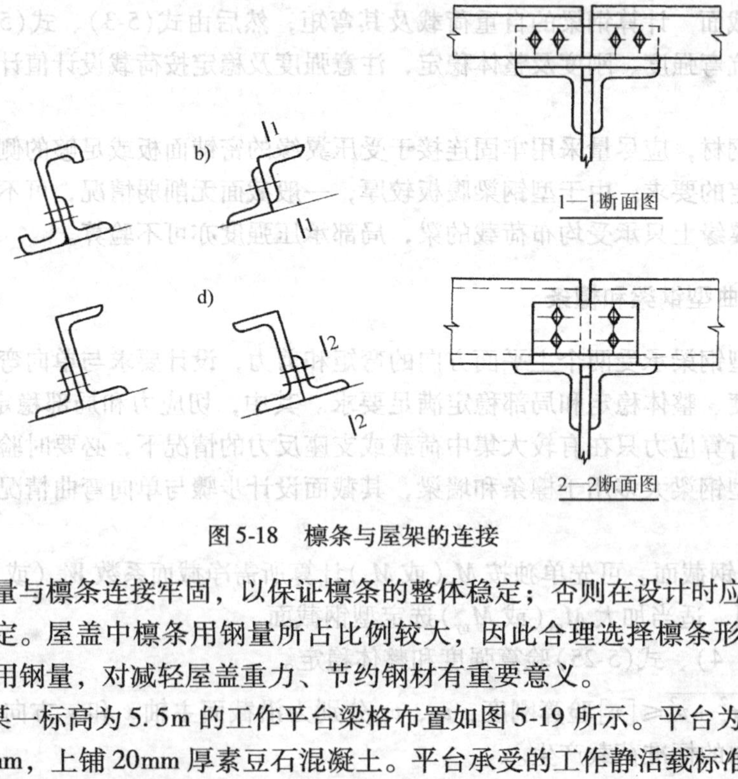

图5-18 檩条与屋架的连接

屋面板应尽量与檩条连接牢固，以保证檩条的整体稳定；否则在设计时应计算檩条受双向弯曲的整体稳定。屋盖中檩条用钢量所占比例较大，因此合理选择檩条形式、截面和间距，以减少檩条用钢量，对减轻屋盖重力、节约钢材有重要意义。

【例5-1】 某一标高为5.5m的工作平台梁格布置如图5-19所示。平台为预制钢筋混凝土板，厚度100mm，上铺20mm厚素豆石混凝土。平台承受的工作静活载标准值为12.5kN/m^2，钢材采用Q235。试选择次梁截面。

【解】 次梁上有面板焊接牢固，不必计算整体稳定；型钢梁不必计算局部稳定，故只需考虑强度和刚度。

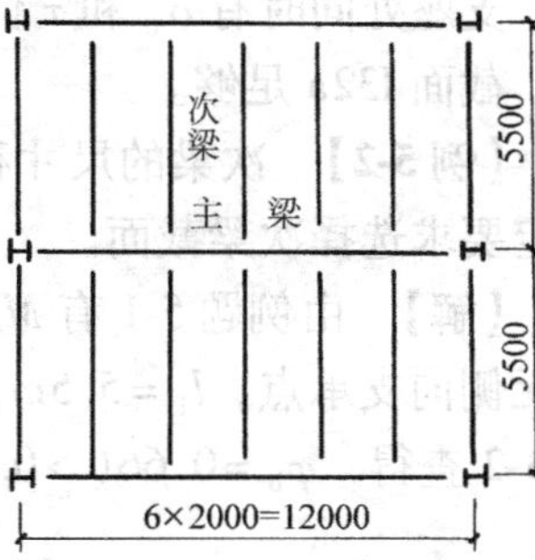

图 5-19 例 5-1 图

(1) 荷载计算 钢筋混凝土、素豆石混凝土的重度分别为 $25kN/m^3$ 和 $24\ kN/m^3$，平台板传来恒载标准值为

$$25kN/m^3 \times 0.1m + 24kN/m^3 \times 0.02m = 2.98kN/m^2$$

次梁承受 2m 宽度范围内的平台荷载，设次梁自重为 0.8kN/m，则次梁承担的线荷载设计值为

$$q = 2.98kN/m^2 \times 2m \times 1.2 + 12.5kN/m^2 \times 2m \times 1.3 + 0.8kN/m \times 1.2 = 40.6kN/m$$

(2) 截面选择及强度验算 次梁与主梁按铰接设计，次梁内力为

$$M_{max} = \frac{ql^2}{8} = \frac{40.6kN/m \times (5.5m)^2}{8} = 153.5kN \cdot m$$

$$V_{max} = \frac{ql}{2} = \frac{40.6kN/m \times 5.5m}{2} = 111.7kN$$

所需截面系数 $$W_x = \frac{M_{max}}{\gamma_x f} = \frac{153.5kN \cdot m}{1.05 \times 215N/mm^2} = 680cm^3$$

初选 I32a，由附表 7-1 查得 $W_x = 692cm^3 > 680cm^3$，$I_x = 11080cm^4$，$S = 400cm^3$，翼缘厚 $t = 15mm < 16mm$，腹板厚 $t_w = 9.5mm < 16mm$。查附表 1-1 取 $f = 215N/mm^2$，$f_v = 125N/mm^2$。腹板与翼缘交接圆角 $r = 11.5mm$，质量为 52.69kg/m，自重 $g_1 = 0.516kN/m < 0.8kN/m$(假定值)，可不进行抗弯强度验算。

(3) 挠度验算 次梁承担的线荷载标准值为

$$q_k = 2.98kN/m^2 \times 2m + 12.5kN/m^2 \times 2m + 0.8kN/m = 31.76kN/m$$

$$\frac{v}{l} = \frac{5}{384}\frac{q_k l^3}{EI} = \frac{5}{384} \times \frac{31.76kN/m \times 5500^3 mm^3}{206 \times 10^3 N/mm^2 \times 11080 \times 10^4 mm^4} = \frac{1}{332} < \left[\frac{v}{l}\right] = \frac{1}{250}$$

(4) 抗剪强度验算

1) 设次梁与主梁等高连接，连接处次梁上部切肢 50mm，假设端部剪力由腹板承受，可近似地假定最大切应力为腹板平均切应力的 1.2 倍，即

$$\tau = \frac{1.2V_{max}}{ht_w} = \frac{1.2 \times 111.7kN}{(320mm - 50mm) \times 9.5mm} = 52.3N/mm^2 < f_v = 125N/mm^2$$

本梁没有 M 和 V 都较大的截面，不必计算折算应力。故截面 I32a 足够。

2) 如果次梁和主梁用叠接，则梁端切应力为

$$\tau = \frac{V_{max}S}{It_w} = 111.7kN \times 400 \times 10^3 mm^3/(11080 \times 10^4 mm^4 \times 9.5mm) = 42.5N/mm^2 < f_v = 125N/mm^2$$

(5) 局部承压强度验算 设次梁支承于主梁的长度为 $a = 80mm$，如不设支承加劲肋，则应计算支座处局部压应力

$$h_y = t + r = 15mm + 11.5mm = 26.5mm,\quad l_z = a + 5h_y = 80mm + 5 \times 26.5mm = 212.5mm$$

$$\sigma_c = \frac{\psi V_{max}}{t_w l_z} = \frac{1.0 \times 111.7kN}{9.5mm \times 212.5mm} = 55.3N/mm^2 < f = 215N/mm^2$$

支座处同时有 σ_c 和 τ 但都不大，而弯曲应力 $\sigma=0$，故按 σ_c 和 τ_1 的折算应力不再计算。截面 I32a 足够。

【例 5-2】 次梁的尺寸和荷载同例 5-1，但部分梁上无密铺焊牢的刚性面板，试按整体稳定要求选择次梁截面。

【解】 由例题 5-1 有 $M_{max}=153.5\text{kN}\cdot\text{m}$（次梁自重仍按原假定值）。原选 I32a，现按跨中无侧向支承点，$l_1=5.5\text{m}$，均布荷载作用在上翼缘，假定工字钢型号为 I22 ~ 40，则由附表 3-2 查得 $\varphi_b=0.66(>0.60)$。由式(5-18)得 $\varphi_b'=0.632$，故所需截面系数为

$$W=\frac{M_{max}}{\varphi_b' f}=\frac{153.5\text{kN}\cdot\text{m}}{0.632\times215\text{N/mm}^2}=1129.7\text{cm}^3$$

选用 I40b，$W=1139\text{cm}^3>1129.7\text{cm}^3$（I40b 的腹板厚度 $t_w=12.5\text{mm}<16\text{mm}$）故按第 1 组钢材厚度取 $f=215\text{N/mm}^2$。用钢量为 73.84kg/m，比例 5-1 中的用钢量 52.69kg/m 增加40%。

【例 5-3】 某普通钢屋架单跨简支檩条，跨度为 6m，檩条坡向间距为 0.798m，跨中设一道拉条。屋面水平投影面上，屋面材料自重标准值和屋面可变荷载标准值分别为 0.5kN/m^2 和 0.45kN/m^2，屋面坡度 $i=1/2.5$。材料用 Q235，檩条允许挠度 $[v]=l/150$，采用热轧普通槽钢檩条，试选用其截面。

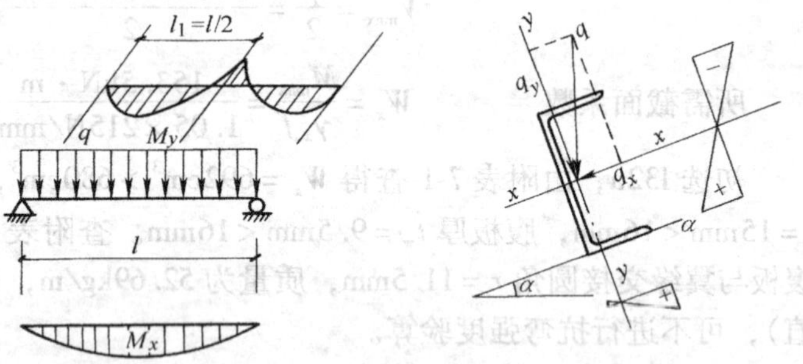

图 5-20 例 5-3 图

【解】 参照已有资料，初选[10 热轧普通槽钢，查附表 7-3 得自重标准值为 0.098kN/m，$W_x=39.7\text{cm}^3$，$W_y=7.8\text{cm}^3$，$I_x=198.3\text{cm}^4$。

屋面倾角（见图 5-20）为 $\alpha=\arctan\left(\frac{1}{2.5}\right)=21.8°$

屋面自重 $q_{Gk}=0.5\text{kN/m}^2\times0.798\text{m}\cos\alpha=0.370\text{kN/m}$

可变荷载 $q_{Qk}=0.45\text{kN/m}^2\times0.798\text{m}\cos\alpha=0.333\text{kN/m}$

$$q=1.2(0.370\text{kN/m}+0.098\text{kN/m})+1.4\times0.333\text{kN/m}=1.03\text{kN/m}$$

$$q_x=q\sin\alpha=1.03\text{kN/m}\sin21.8°=0.383\text{kN/m}$$

$$q_y=q\cos\alpha=1.03\text{kN/m}\cos21.8°=0.956\text{kN/m}$$

则由 q_y 和 q_x 引起的弯矩 M_x 和 M_y 分别为

$$M_x=\frac{q_y l^2}{8}=\frac{0.956\text{kN/m}\times6^2\text{m}^2}{8}=4.3\text{kN}\cdot\text{m}(\text{正弯矩})$$

$$M_y=\frac{q_x l_1^2}{8}=\frac{0.383\text{kN/m}\times3^2\text{m}^2}{8}=0.43\text{kN}\cdot\text{m}(\text{负弯矩})$$

（1）抗弯强度 由于跨中截面 M_x、M_y 都很大，故该截面上的 a 点应力最大，为拉应力。

$$\sigma_a=\frac{M_x}{\gamma_x W_{nx}}+\frac{M_y}{\gamma_y W_{ny}}=\frac{4.30\text{kN}\cdot\text{m}}{1.05\times39.7\times10^3\text{mm}^3}+\frac{0.43\text{kN}\cdot\text{m}}{1.20\times7.8\times10^3\text{mm}^3}$$

$$=149.1\text{N/mm}^2 < f = 215\text{N/mm}^2$$

（2）刚度验算　屋面线荷载的标准值为

$$q_k = 0.37\text{kN/m} + 0.098\text{kN/m} + 0.333\text{kN/m} = 0.801\text{kN/m}$$

檩条在垂直于屋面方向的最大挠度为

$$v = \frac{5 \times 0.801\text{N/mm}\cos 21.8° \times (6 \times 10^3\text{mm})^4}{384 \times 2.06 \times 10^5\text{N/mm}^2 \times 198 \times 10^4\text{mm}^4} = 30.8\text{mm}$$

$$< [v] = \frac{1}{150} l = \frac{6000\text{mm}}{150} = 40\text{mm}$$

（3）整体稳定计算

$$\varphi_b = \frac{570bt}{l_1 h} \cdot \frac{235}{f_y} = \frac{570 \times 48\text{mm} \times 8.5\text{mm}}{3000\text{mm} \times 100\text{mm}} \times \frac{235\text{N/mm}^2}{235\text{N/mm}^2}$$
$$= 0.776 > 0.6$$

$$\varphi_b' = 1.07 - \frac{0.282}{\varphi_b} = 1.07 - \frac{0.282}{0.776} = 0.707$$

$$\frac{M_x}{\varphi_b' w_x} + \frac{M_y}{\gamma_y w_y} = \frac{4.3\text{kN} \cdot \text{m}}{0.707 \times 39.7 \times 10^3\text{mm}^3} + \frac{0.43\text{kN} \cdot \text{m}}{1.2 \times 7.8 \times 10^3\text{mm}^3}$$
$$= 199.1\text{N/mm}^2 < f = 215\text{N/mm}^2$$

故采用10槽钢檩条满足要求。

5.5 组合梁的设计

5.5.1 截面设计

本节以焊接双轴对称工字形钢板梁（见图5-21）为例来说明组合梁截面设计步骤。所需确定的截面尺寸为截面高度 h（腹板高度 h_0）、腹板厚度 t_w、翼缘宽度 b 及厚度 t。钢板组合梁截面设计的任务是：合理地确定 h_0、t_w、b、t，以满足梁的强度、刚度、整体稳定及局部稳定等要求，并能节省钢材，经济合理。钢板组合梁设计步骤为：估算梁的高度 h_0，确定腹板的厚度 t_w 和翼缘尺寸 b、t，然后验算梁的强度和稳定。

1. *截面高度 h（或腹板高度 h_0）*

梁的截面高度应根据建筑高度、刚度要求及经济要求确定。

建筑高度是指按使用要求所允许的梁的最大高度。例如当建筑楼层层高确定后，为保证室内净高不低于规定值，就要求楼层梁高不得超过某一数值。又如跨越河流的桥梁，当桥面标高确定以后，为保证桥下有一定通航净空，也要限制梁的高度不得过大。根据下层使用所要求的最小净空高度，可算出建筑允许的最大梁高 h_{max}。

刚度要求是指为保证正常使用条件下，梁的挠度不超过规定允许挠度。对于受均布荷载的简支梁，由下式

$$v = \frac{5}{384} \frac{q_k l^4}{EI} \leqslant [v] \tag{5-42}$$

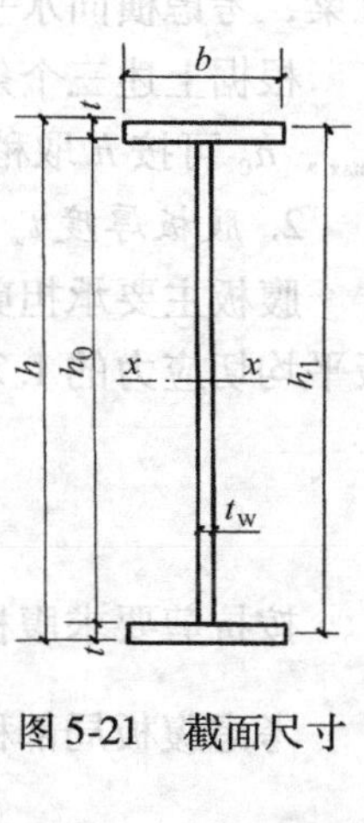

图5-21　截面尺寸

可算出刚度要求的最小梁高 $h_{\min}$。$h_{\min}$ 推导如下：

式(5-42)中 q_k 为均布荷载标准值。若取荷载分项系数为平均值1.3，则设计弯矩为$M=\frac{1}{8}\times1.3q_kl^2$，设计应力 $\sigma=\frac{M}{W}=\frac{Mh}{2I}$，代入式(5-42)得

$$v=\frac{5}{1.3\times48}\frac{Ml^2}{EI}=\frac{5}{1.3\times24}\frac{\sigma l^2}{Eh}\leqslant[v]$$

若材料强度得到充分利用，上式中 σ 可达 f，将 E 代入得

$$\frac{h}{l}\geqslant\frac{5}{1.3\times24}\times\frac{1.05fl}{206000[v]}\approx\frac{fl}{1.25\times10^6}\times\frac{1}{[v]}=\frac{h_{\min}}{l} \tag{5-43}$$

$\frac{h_{\min}}{l}$的意义为：当所选梁截面高跨比$\frac{h}{l}>\frac{h_{\min}}{l}$时，只要梁的抗弯强度满足，则梁的刚度条件也同时满足。

令$\frac{v}{l}=\frac{1}{n}$（n 见附表2-1），则刚度要求的最小梁高为

$$\frac{h_{\min}}{l}=\frac{f}{1.25\times10^6\left[\frac{v}{l}\right]}=\frac{fn}{1.25\times10^6} \tag{5-44}$$

经济要求是指在满足抗弯和稳定条件下，使腹板和翼缘的总用钢量最小。

为了既满足各项要求，用钢量又经济，对梁的截面进行组成分析发现，在同样的截面系数的情况下，梁的高度越大，腹板用钢量 G_w 越多，但可减小翼缘尺寸，使翼缘用钢量 G_f 减少，反之亦然。最经济的梁高 h_e 应使梁的总用钢量最小，如图5-22所示。实际的用钢量不仅与腹板、翼缘尺寸有关，还与加劲肋布置等因素有关，经分析梁的经济高度 h_e 可按下式计算

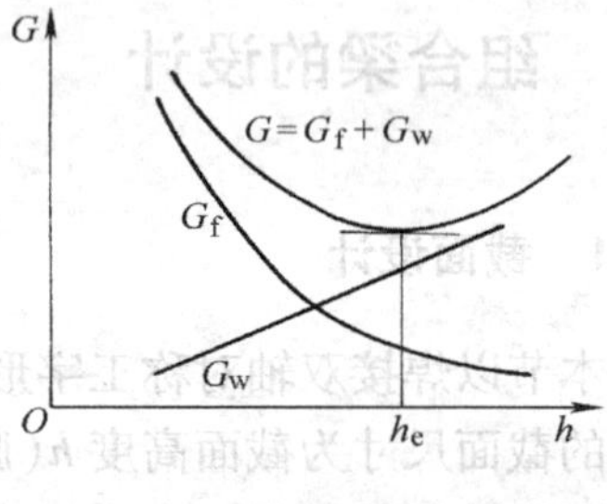

图5-22 工字形截面梁的 G-h 关系

$$h_e=7\sqrt[3]{W_T}-300\text{mm},\ W_T=\frac{M_x}{\alpha f} \tag{5-45}$$

对一般单向弯曲梁，当最大弯矩处无孔眼时 $\alpha=1.05$，有孔眼时 $\alpha=0.85\sim0.9$；对起重机梁，考虑横向水平荷载的作用，可取 $\alpha=0.7\sim0.9$。

根椐上述三个条件，实际所取梁高 h 主要满足经济高度，即 $h\approx h_e$；也应满足 $h_{\min}\leqslant h\leqslant h_{\max}$，$h_0$ 可按 h 取稍小数值；同时应考虑钢板规格尺寸，并宜取 h 为50mm的倍数。

2. 腹板厚度 t_w

腹板主要承担剪力，其厚度 t_w 要满足抗剪强度要求。计算时近似假定最大切应力为腹板平均切应力的1.2倍，即

$$\tau_{\max}=\frac{VS}{I_xt_w}\approx1.2\frac{V}{h_0t_w}\leqslant f_v \tag{5-46}$$

按抗剪要求腹板厚度
$$t_{w\min}\approx\frac{1.2V_{\max}}{h_0f_v} \tag{5-47}$$

考虑腹板局部稳定及构造要求，腹板不宜太薄，可用下列经验公式估算

$$t_w = \frac{\sqrt{h_0}}{3.5} \tag{5-48}$$

选用腹板厚度时还应符合钢板现有规格，一般不宜小于8mm，跨度较小时，不宜小于6mm，轻钢结构可适当减小。

3. *翼缘宽度 b 及厚度 t*

腹板尺寸确定之后，可按强度条件(即所选截面系数 W_T)确定翼缘面积 $A_1 = bt$。对于工形截面

$$W = \frac{2I}{h} = \frac{2}{h}\left[\frac{1}{12}t_w h_0^3 + 2A_f\left(\frac{h_0 + t}{2}\right)^2\right] \geqslant W_T$$

初选截面时取 $h_0 \approx h_0 + t \approx h$，经整理后可写为

$$A_f \geqslant \frac{W_T}{h_0} - \frac{h_0 t_w}{6} \tag{5-49}$$

由式(5-49)算出 A_f 之后再选定 b、t 中一个数值，即可确定另一个数值。选定 b、t 时应注意下列要求：

1）一般采用 $b = (1/6 \sim 1/2.5)h$。翼缘宽度 b 不宜过大，否则翼缘上应力分布不均匀。b 值过小，不利于整体稳定，与其他构件连接也不方便。

2）满足制造和构造考虑的翼缘最小宽度 $b \geqslant 180$mm（对于起重机梁要求 $b \geqslant 300$）。

3）考虑局部稳定，要求 $b/t \leqslant 26\sqrt{f_y/235}$（不考虑塑性发展即 $\gamma_x = 1$ 时，可取 $b/t \leqslant 30\sqrt{f_y/235}$）。翼缘厚度 $t = A_f/b$，t 不应小于8mm，同时应符合钢板规格。

5.5.2 截面验算

截面尺寸确定后，按实际选定尺寸计算各项截面几何特性，然后验算抗弯强度、抗剪强度、局部压应力、折算应力、整体稳定。刚度在确定梁高时已满足，翼缘局部稳定在确定翼缘尺寸时也已满足。腹板局部稳定一般设置加劲肋来保证。如果梁截面尺寸沿跨长有变化，应在截面改变设计之后进行抗剪强度、刚度、折算应力验算。

5.5.3 梁截面沿长度的改变

对于均布荷载作用下的简支梁，一般按跨中最大弯矩选定截面尺寸。但是考虑到弯矩沿跨度按抛物线分布，当梁跨度较大时，如在跨间随弯矩减小将截面改小，做成变截面梁，则可节约钢材，减轻自重。当跨度较小时，改变截面节省钢材不多，制造工作量却增加较多，因此跨度小的梁多做成等截面梁。

焊接工字形梁的截面改变一般是改变翼缘宽度。通常的做法是在半跨内改变一次截面（见图5-23）。改变截面时可以先确定截面改变点，即截面改变处距支座距离，一般 $x = l/6$（最优变截面点用极值方法求得，这时钢材节约10%~12%），然后根据 x 计算变窄翼缘的宽度 b'；也可以先确定变窄翼缘宽度 b'，然后由 b' 计算 x。

如果按上述方法选定的 b' 太小，或不满足构造要求时，也可事先选定 b' 值，然后按变窄的截面(即尺寸为 h_0、t_w、b'、t 的截面)算出截面二次矩 I_1 及截面系数 W_1 以及变窄截面所能承担的弯矩 $M_1 = \gamma_x f W_1$，再根据梁的荷载弯矩图算出梁上弯矩等于 M_1 处距支座的距离 x，这

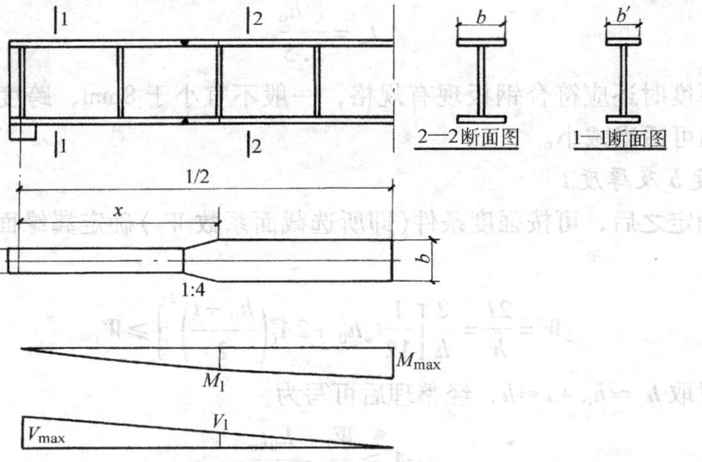

图 5-23 梁翼缘宽度的改变

就是截面改变点的位置。

确定 b' 及 x 后，为了减小应力集中，应将梁跨中央宽翼缘板从 x 处，以小于等于 1: 4 的斜度向弯矩较小的一方延伸至与窄翼缘板等宽处才切断，并用对接直焊缝与窄翼缘板相连。但是当焊缝为三级焊缝时，受拉翼缘处应采用斜对接焊缝。

梁截面改变处的强度验算，尚包括腹板高度边缘处折算应力验算。验算时取 x 处的弯矩及剪力按窄翼缘截面验算。

变截面梁的挠度计算比较复杂，对于翼缘改变的简支梁，受均布荷载或多个集中荷载作用时，刚度验算可按下列近似公式计算

$$v=\frac{M_k l^2}{10EI}\left(1+\frac{3}{25}\,\frac{I-I_1}{I}\right)\leqslant[v] \tag{5-50}$$

式中 M_k——最大弯矩标准值；

I——跨中毛截面二次矩；

I_1——端部毛截面二次矩。

梁截面改变的另一种方法是改变端部梁高，将梁的下翼缘做成折线形外形而翼缘截面保持不变（见图 5-24）。

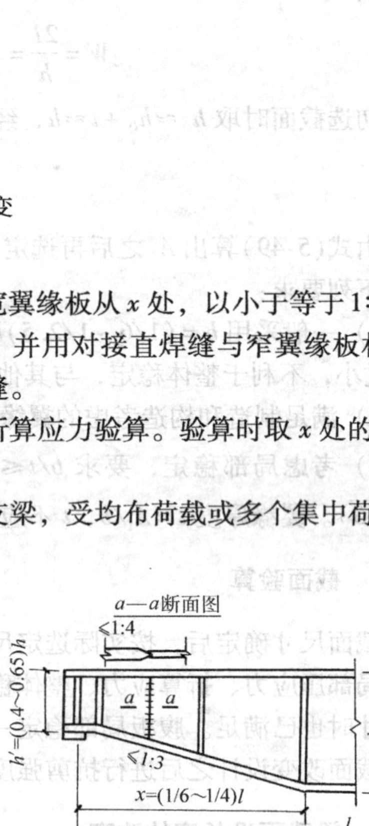

图 5-24 梁高度的改变

5.5.4 翼缘焊缝的计算

图 5-25 所示的两个由两块翼缘及一块腹板组成的工字形梁，用角焊缝连牢，称为翼缘

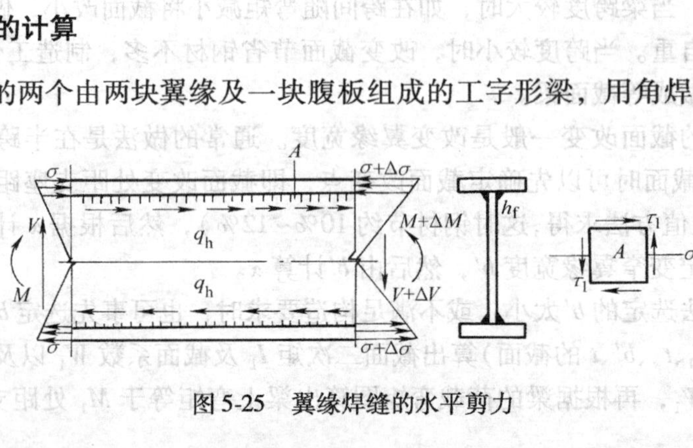

图 5-25 翼缘焊缝的水平剪力

焊缝。梁受荷弯曲时，由于翼缘焊缝作用，翼缘腹板将以工字形截面的形心轴为中和轴整体弯曲，翼缘与腹板之间不产生相对滑移。梁弯曲时翼缘焊缝的作用是阻止腹板和翼缘之间产生滑移，因而承受与焊缝平行方向的剪力。

若在工字形梁腹板边缘处取出单元体 A，单元体的垂直及水平面上将有成对互等的切应力 $\tau_1=\frac{VS_1}{I_x t_w}$，沿梁单位长度的水平剪力为

$$q_h=\tau_1 t_w=\frac{VS_1}{I_x t_w}t_w=\frac{VS_1}{I_x} \tag{5-51}$$

则翼缘焊缝应满足强度条件 $\tau_f=\frac{q_h}{2\times0.7h_f\times1}\leqslant f_f^w$

$$h_f\geqslant\frac{q_h}{1.4f_f^w}=\frac{VS_1}{1.4f_f^w I_x} \tag{5-52}$$

式中 V——计算截面处的剪力；

S_1——一个翼缘对中和轴的面积矩；

I_x——计算截面的二次矩。

按式(5-52)所选 h_f 同时应满足构造要求，即 $h_f\geqslant1.5\sqrt{t}$（t 为翼缘厚度）。当梁的翼缘上承受有固定集中荷载并且未设置加劲肋时，或者当梁翼缘上有移动集中荷载时，翼缘焊缝不仅承受水平剪力 q_h 的作用，还要承受由集中力 F 产生的垂直剪力作用，单位长度的垂直剪力 q_v 由下式计算

$$q_v=\sigma_c t_w=\frac{\psi F}{l_z t_w}t_w=\frac{\psi F}{l_z} \tag{5-53}$$

在单位水平剪力 q_h 和单位垂直剪力 q_v 的共同作用下，翼缘焊缝强度应满足下式要求

$$\tau_f=\sqrt{\left(\frac{q_h}{2\times0.7h_f}\right)^2+\left(\frac{q_v}{\beta_f\times2\times0.7h_f}\right)^2}\leqslant f_f^w$$

故需要的角焊缝焊脚尺寸为

$$h_f=\sqrt{q_h^2+\frac{1}{\beta_f^2}q_v^2}=\frac{1}{1.4f_f^w}\sqrt{\left(\frac{VS_1}{I_x}\right)^2+\frac{1}{\beta_f^2}\left(\frac{\psi F}{l_z}\right)^2} \tag{5-54}$$

式(5-54)中，一般 $\beta_f=1.22$（静力或间接动力荷载）或 1.0（直接动力荷载）。

设计时一般先按构造要求假定 h_f 值，然后验算。

5.5.5 组合梁腹板考虑屈曲后强度的计算

承受静力荷载和间接承受动力荷载的组合梁，其腹板宜考虑屈曲后的强度。这时可仅在支座处和固定集中荷载处设置支承加劲肋，或尚有中间横向加劲肋，其高厚比可以达到 $250\sqrt{235/f_y}$ 也不必设置纵向加劲肋。该方法不适于直接承受动力荷载的起重机梁。

腹板仅配置支承加劲肋（或尚有中间横向加劲肋）而考虑屈曲后强度的工字形截面焊接组合梁，应按下式验算抗弯和抗剪承载能力

$$\left(\frac{V}{0.5V_u}-1\right)^2+\frac{M-M_f}{M_{eu}-M_f}\leqslant1 \tag{5-55}$$

$$M_f=\left(A_{f1}\frac{h_1^2}{h_2}+A_{f2}h_2\right)f \tag{5-56}$$

式中 M、V——梁的同一截面上同时产生的弯矩和剪力设计值，计算时，当 $V<0.5V_u$，取 $V=0.5V_u$，当 $M<M_f$，取 $M=M_f$；

M_f——梁两翼缘所承担的弯矩设计值；

A_{f1}、h_1——较大翼缘的截面积及其形心至梁中和轴的距离；

A_{f2}、h_2——较小翼缘的截面积及其形心至梁中和轴的距离；

M_{eu}、V_u——梁抗弯和抗剪承载力设计值。

1）M_{eu}应按下列公式计算

$$M_{eu}=\gamma_x\alpha_e W_x f \tag{5-57}$$

$$\alpha_e=1-\frac{(1-\rho)h_c^3t_w}{2I_x} \tag{5-58}$$

式中 α_e——梁截面系数考虑腹板有效高度的折减系数；

I_x——按梁截面全部有效算得的绕 x 轴的截面二次矩；

h_c——按梁截面全部有效算得的腹板受压区高度；

γ_x——梁截面塑性发展系数；

ρ——腹板受压区有效高度系数，根据腹板受弯计算时的通用高厚比 λ_b[λ_b 由式(5-32d)、式(5-32e)计算]的不同，ρ 按以下公式取值

当 $\lambda_b\leqslant0.85$ 时
$$\rho=1 \tag{5-59a}$$

当 $0.85<\lambda_b\leqslant1.25$ 时
$$\rho=1-0.82(\lambda_b-0.85) \tag{5-59b}$$

当 $\lambda_b>1.25$ 时
$$\rho=\frac{1}{\lambda_b}\left(1-\frac{0.2}{\lambda_b}\right) \tag{5-59c}$$

2）根据腹板受剪计算时的通用高厚比 λ_s[由式(5-33d)、式(5-33e)计算]的不同，V_u 应按下列公式计算

当 $\lambda_s\leqslant0.8$ 时
$$V_u=h_wt_wf_v \tag{5-60a}$$

当 $0.8<\lambda_s\leqslant1.2$ 时
$$V_u=h_wt_wf_v[1-0.5(\lambda_s-0.8)] \tag{5-60b}$$

当 $\lambda_s>1.2$ 时
$$V_u=\frac{h_wt_wf_v}{\lambda_s^{1.2}} \tag{5-60c}$$

当组合梁仅配置支承加劲肋时，取式(5-33e)中的 $h_0/a=0$。

当仅配置支承加劲肋不能满足式(5-55)的要求时，应在两侧成对配置中间横向加劲肋。中间横向加劲肋和上端受有集中压力的中间支承加劲肋，其截面尺寸除应满足式(5-27)和式(5-28)的要求外，尚应按轴心受压构件计算其在腹板平面外的稳定性，轴心压力应按下式计算

$$N_s=V_u-\tau_{cr}h_wt_w+F \tag{5-61}$$

式中 V_u——按式(5-60)计算；

h_w——腹板高度；

τ_{cr}——按式(5-33)计算；

F——作用于中间支承加劲肋上端的集中压力。

当腹板在支座旁的区格利用屈曲后强度，亦即 $\lambda_s>0.8$ 时，支座加劲肋除承受梁的支座

反力外尚应承受拉力场的水平分力 H，按压弯构件计算强度和在腹板平面外的稳定。

$$H=(V_u-\tau_{cr}h_w t_w)\sqrt{1+\left(\frac{a}{h_0}\right)^2} \tag{5-62}$$

对设中间横向加劲肋的梁，a 取支座端区格的加劲肋间距。对不设中间加劲肋的腹板，a 取梁支座至跨内剪力为零点的距离。

H 的作用点在距腹板计算高度上边缘 $h_0/4$ 处。此压弯构件的截面和计算长度同一般支座加劲肋。当支座加劲肋采用图 5-26 的构造形式时，可按下述简化方法进行计算：加劲肋 1 作为承受支座反力 R 的轴心压杆计算，封头肋板 2 的截面积不应小于按下式计算的数值

$$A_c=\frac{3h_0H}{16ef} \tag{5-63}$$

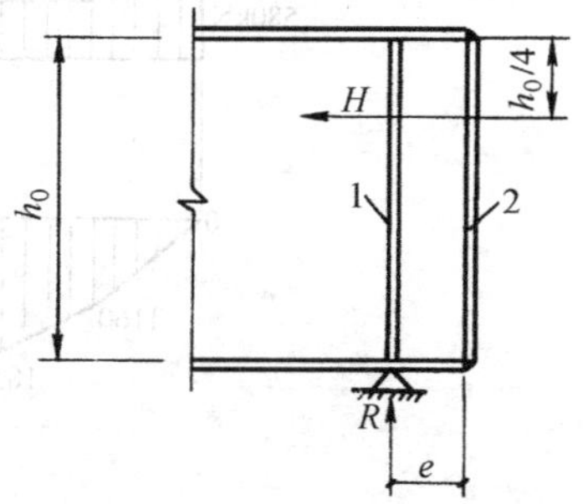

图 5-26 设置封头肋板的梁端构造

组合梁腹板考虑屈曲后强度计算时应注意：

1）腹板高厚比不应大于 $250\sqrt{235/f_y}$。

2）考虑腹板屈曲后强度的梁，可按构造需要设置中间横向加劲肋。

3）中间横向加劲肋间距较大（$a>2.5h_0$）和不设中间横向加劲肋的腹板，当满足式(5-31)时，可取 $H=0$。

【例 5-4】 试设计例题 5-1（见图 5-19）中的主梁，采用改变翼缘宽度一次的焊接工字形截面梁，钢材为 Q235，焊条用 E43 型。主次梁等高连接，平台面标高为 5.5m（室内地坪算起），平台下要求净空高度为 3.5m。

【解】 1. 荷载和内力计算

次梁跨度为 5.5m，截面为 I32a，由附表 7-1 知，其质量为 52.7kg/m，考虑构造系数 1.3，自重取 0.67kN/m；平台板传来恒载标准值为 2.98kN/m^2，主梁自重（估计值）为 4kN/m。主梁承受次梁传来的集中荷载（静力荷载），并将主梁自重折算计入，总计为：

标准值

平台板恒荷载　2.98kN/m^2 ×5.5m ×2m =32.78kN

平台活荷载　12.5kN/m^2 ×2m ×5.5m =137.5kN

次梁自重（I32a）　0.67kN/m ×5.5m =3.68kN

主梁自重（估计值）4kN/m ×2m =8kN

合计 F_k =182kN

考虑分项系数后，设计值为

$$F=1.2\times(32.78\text{kN}+3.68\text{kN}+8\text{kN})+1.3\times137.5\text{kN}=232\text{kN}$$

弯矩和内力图如图 5-27 所示。

$$M_{max}=232\text{kN}\times\left(2\text{m}+4\text{m}+\frac{6}{2}\text{m}\right)=2088\text{kN}\cdot\text{m}$$

$$R=232\text{kN}\times3=696\text{kN},\ V_{max}=116\text{kN}-696\text{kN}=-580\text{kN}$$

2. 截面选择：

(1) 梁高 h（腹板高度 h_0）

1）建筑允许最大梁高 h_{max}。平台面标高为 5.5m，平台下要求净空高度为 3.5m，平台

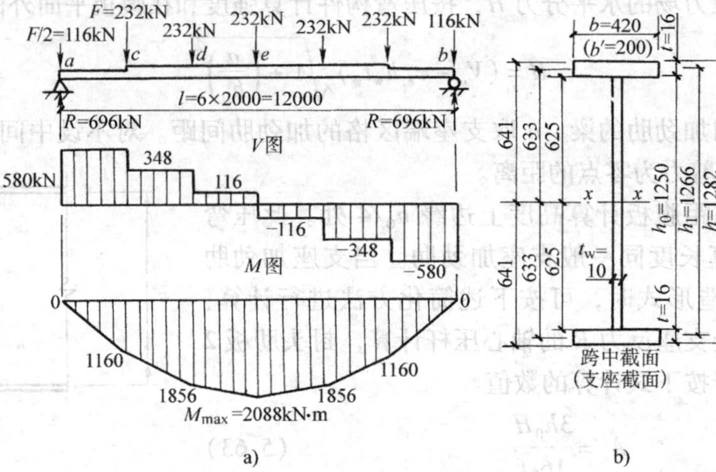

图 5-27 例 5-4 图

面板和面层厚为 120mm(见图 5-19)考虑制造和安装误差留 100mm，梁挠度和梁下可能凸出物和空隙留 250mm，得

$$h_{\max}=5500\text{mm}-3500\text{mm}-120\text{mm}-100\text{mm}-250\text{mm}=1530\text{mm}$$

2）刚度要求最小梁高 $h_{\min}$。主梁允许挠度$[v/l]=1/400$，Q235 钢(翼缘厚度 $t>16$mm) $f=200\text{N/mm}^2$；按式(5-44)，考虑变截面影响增加 5%，得

$$h_{\min}=\frac{1.05}{1.25\times10^6}\frac{f}{\left[\frac{v}{l}\right]}l=\frac{1.05}{1.25\times10^6\text{N/mm}^2}\times200\text{N/mm}^2\times400\times12000\text{mm}=823\text{mm}$$

3）经济梁高。由式(5-45)得

$$W_{\mathrm{T}}=\frac{M}{\alpha f}=\frac{2088\text{kN}\cdot\text{m}}{1.05\times200\text{N/mm}^2}=9.94\times10^6\text{mm}^3$$

$$h_{\mathrm{e}}=7\sqrt[3]{W_{\mathrm{T}}}-300\text{mm}=7\sqrt[3]{9.94\times10^6\text{mm}^3}-300\text{mm}=1205\text{mm}$$

采用腹板高 $h_0=1250$mm

(2) 腹板厚度 t_w

1）经验厚度。由式(5-48)有

$$t_w=\frac{\sqrt{h_0}}{3.5}=\frac{\sqrt{1250}}{3.5}\text{mm}=10.1\text{mm}$$

2）抗剪要求最小厚度。由式(5-47)有

$$t_{w\min}\approx\frac{1.2V_{\max}}{h_0f_v}=\frac{1.2\times580\text{kN}}{1250\text{mm}\times125\text{N/mm}^2}=4.45\text{mm}$$

采用腹板厚度 $t_w=10$mm。

(3) 翼缘尺寸。由式(5-49)有

$$bt=\frac{W_{\mathrm{T}}}{h_0}-\frac{h_0t_w}{6}=\frac{9.94\times10^6\text{mm}^3}{1250\text{mm}}-\frac{1250\text{mm}\times10\text{mm}}{6}=5869\text{mm}^2$$

通常翼缘宽度 $b=(1/6\sim1/2.5)h_0=242\sim580$mm。不必计算整体稳定的要求为：受压上翼缘自由长度(次梁间距)$l_1=2000$mm，由表 5-3 知，跨中有侧向支撑点，要求 $b\geqslant l_1/16=$

125mm。构造及放置面板要求 $b \geq 180\text{mm}$，放置加劲肋要求 $b \geq 90\text{mm} + 0.07h_0 = 177.5\text{mm}$。翼缘局部稳定要求 $b \geq 26t$，综合以上要求，采用 $bt = 420 \times 16 = 6720\text{mm}^2 > 5869\text{mm}^2$，梁截面如图 5-27b 所示。

3. 中央截面验算

$$I_x = \frac{bh^3 - (b - t_w)h_0^3}{12} = \frac{420\text{mm} \times 1282^3\text{mm}^3 - 410\text{mm} \times 1250^3\text{mm}^3}{12} = 7 \times 10^9\text{mm}^4$$

$$W_x = \frac{I_x}{\frac{h}{2}} = 10.92 \times 10^6\text{mm}^3$$

$$S_1 = bt \times \frac{h_1}{2} = 4.25 \times 10^6\text{mm}^3$$

（1）中央截面抗弯强度验算

$$\sigma = \frac{M_{max}}{\gamma_x W_x} = \frac{2088\text{kN} \cdot \text{m}}{1.05 \times 10.92 \times 10^6\text{mm}^3} = 114\text{N/mm}^2 < f = 200\text{N/mm}^2$$

（2）中央截面折算应力（腹板端部）计算

$$\sigma_1 = \frac{M_{max}\left(\frac{h_0}{2}\right)}{I_x} = \frac{2088\text{kN} \cdot \text{m} \times 625\text{mm}}{7 \times 10^9\text{mm}^4} = 186.4\text{N/mm}^2$$

$$\tau_1 = \frac{VS_1}{I_x t_w} = \frac{116\text{kN} \times 4.25 \times 10^6\text{mm}^3}{7 \times 10^9\text{mm}^4 \times 10\text{mm}} = 7.04\text{N/mm}^2$$

$$\sigma_{1eq} = \sqrt{\sigma_1^2 + 3\tau_1^2} = \sqrt{186.4^2 + 3 \times 7.04^2}\text{N/mm}^2 = 186.7\text{N/mm}^2$$

中段梁自重校核：梁截面 $A = (2 \times 420 \times 16 + 1250 \times 10)\text{mm}^2 = 25940\text{mm}^2$，折合质量 203.78kg/m，重力 2kN/m。考虑构造系数 1.3，梁自重为 2.6kN/m < 4kN/m（前面估算值）。

梁的整体稳定不必计算。切应力、折算应力和挠度在变截面设计后进行。

4. 变截面设计

（1）变截面位置和端部截面尺寸　梁在左右半跨内各改变截面一次，即缩小上下翼缘的宽度。经济变截面点为离支座 $x = l/6 = 2.0\text{m}$，该处 $M' = 1160\text{kN} \cdot \text{m}$，$V' = 580\text{kN}$（见图 5-27），变截面后所需翼缘宽度：

$$W_x' = \frac{M'}{\gamma_x f} = \frac{1160\text{kN} \cdot \text{m}}{1.05 \times 200\text{N/mm}^2} = 5.524 \times 10^6\text{mm}^3$$

$$b't = \frac{W_x'h - \frac{t_w h_0^3}{6}}{\frac{h_1^2}{2}} = \frac{5.524 \times 10^6\text{mm}^3 \times 1282\text{mm} - \frac{10\text{mm} \times 1250^3\text{mm}^3}{6}}{\frac{1266^2\text{mm}^2}{2}} = 2387\text{mm}^2$$

厚度 $t = 16\text{mm}$ 不变，采用 $b' = 200\text{mm}$ 仍能满足翼缘尺寸［见解 2(3)］所列各项要求。减小后的端部截面如图 5-27（括号内数字）所示。

（2）变截面后强度验算

$$I_x' = \frac{b'h^3 - (b' - t_w)h_0^3}{12} = \frac{200\text{mm} \times 1282^3\text{mm}^3 - 190\text{mm} \times 1250^3\text{mm}^3}{12}$$

$$= 4.192 \times 10^9\text{mm}^4$$

$$W'_x=\frac{I'_x}{\frac{h}{2}}=\frac{4.192\times10^9\,\text{mm}^4}{641\,\text{mm}}=6.519\times10^6\,\text{mm}^3$$

$$S'_1=b't\left(\frac{h_1}{2}\right)=200\,\text{mm}\times16\,\text{mm}\times633\,\text{mm}=2.02\times10^6\,\text{mm}^3$$

$$S'=S'_1+\frac{t_w h_0^2}{8}=2.02\times10^6\,\text{mm}^3+10\,\text{mm}\times1250^2\,\text{mm}^2/8=3.973\times10^6\,\text{mm}^3$$

1）变截面处抗弯强度验算

$$\begin{aligned}\sigma'&=M'/(\gamma_x W'_x)=1160\,\text{kN}\cdot\text{m}/(1.05\times6.519\times10^6\,\text{mm}^3)\\&=169.5\,\text{N/mm}^2<f=200\,\text{N/mm}^2\end{aligned}$$

2）变截面处折算应力（腹板端部）验算

$$\sigma'_1=M'\left(\frac{h_0}{2}\right)I'_x=\frac{1160\,\text{kN}\cdot\text{m}\times625\,\text{mm}}{4.192\times10^9\,\text{mm}^4}=173\,\text{N/mm}^2$$

$$\tau'_1=\frac{V'S'_1}{I'_x t_w}=\frac{580\,\text{kN}\times2.02\times10^6\,\text{mm}^3}{4.192\times10^9\,\text{mm}^4\times10\,\text{mm}}=27.9\,\text{N/mm}^2$$

$$\begin{aligned}\sigma'_{1\text{eq}}&=\sqrt{\sigma_1'^2+3\tau_1'^2}=\sqrt{173^2+3\times27.9^2}\,\text{N/mm}^2=179.6\,\text{N/mm}^2<1.1f\\&=1.1\times215\,\text{N/mm}^2=236.5\,\text{N/mm}^2\end{aligned}$$

3）支座处最大切应力验算

$$\tau'_{\max}=\frac{V_{\max}S'}{I'_x t_w}=\frac{580\,\text{kN}\times3.973\times10^6\,\text{mm}^3}{4.192\times10^9\,\text{mm}^4\times10\,\text{mm}}=54.97\,\text{N/mm}^2<f_v=125\,\text{N/mm}^2$$

（3）最大挠度验算　跨度中点挠度按式(5-12)计算，跨中有5个等间距($l_1=2\text{m}$)相等集中荷载 $F_k=182\text{kN}$，近似折算成均布荷载 $q_k=F_k/l_1=182\text{kN}/2\text{m}=91\text{kN/m}$；变截面位置 $\alpha=a/l=2\text{m}/12\text{m}=1/6$。最大相对挠度为

$$\begin{aligned}\frac{v}{l}&=\frac{5}{384}\frac{q_k l^3}{EI_x}\left[1+3.2\left(\frac{I_x}{I'_x}-1\right)\alpha^3(4-3\alpha)\right]\\&=\frac{5}{384}\times\frac{91\,\text{kN/m}\times12000^3\,\text{mm}^3}{206\times10^3\,\text{N/mm}^2\times7\times10^9\,\text{mm}^4}\\&\quad\left[1+3.2\times\left(\frac{7\times10^9\,\text{mm}^4}{4.192\times10^9\,\text{mm}^4}-1\right)\times\left(\frac{1}{6}\right)^3\times\left(4-3\times\frac{1}{6}\right)\right]\\&=\frac{1}{704}\times1.0347=\frac{1}{680}<\left[\frac{v}{l}\right]=\frac{1}{400}\end{aligned}$$

5. 翼缘焊缝计算

（1）支座处

$$h'_f=\frac{1}{1.4f_f^w}\frac{V_{\max}S'_1}{I'_x}=\frac{1}{1.4\times160\,\text{N/mm}^2}\frac{580\,\text{kN}\times2.02\times10^6\,\text{mm}^3}{4.192\times10^9\,\text{mm}^4}=1.25\,\text{mm}$$

（2）变截面处（稍偏跨中）

$$h_f=\frac{1}{1.4f_f^w}\frac{V_{\max}S_1}{I_x}=\frac{1}{1.4\times160\,\text{N/mm}^2}\frac{348\,\text{kN}\times4.25\times10^6\,\text{mm}^3}{7\times10^9\,\text{mm}^4}=0.94\,\text{mm}$$

按构造 $h_{f\min}=1.5\sqrt{t_{\max}}=1.5\sqrt{16}\,\text{mm}=6\,\text{mm}$；现采用 $h_f=8\,\text{mm}$

6. 主梁构造图(见图5-28)

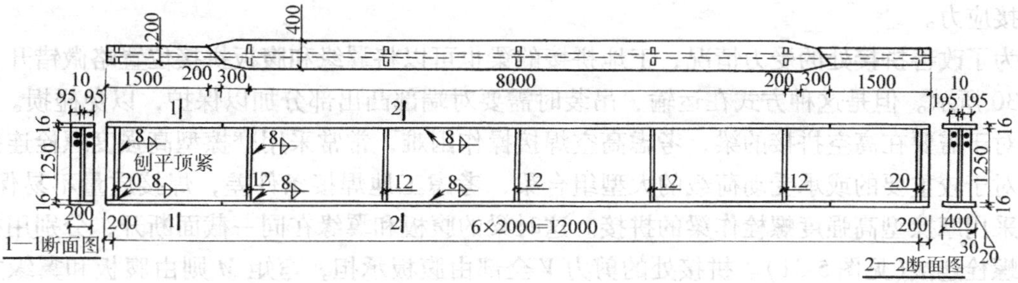

图5-28 例5-4主梁构造图

5.6 梁的拼接、连接和支座

5.6.1 梁的拼接

梁的拼接按施工条件的不同，分为工厂拼接和工地拼接两种。

1. 工厂拼接

如果梁的长度、高度大于钢材的尺寸，常需要先将腹板和翼缘用几段钢材拼接起来，然后再焊接成梁。这些工作一般在工厂进行，因此称为工厂拼接(见图5-29)。

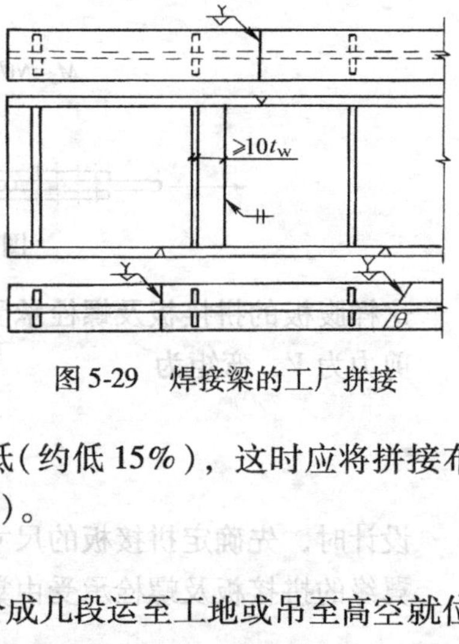

图5-29 焊接梁的工厂拼接

工厂拼接的位置由钢材尺寸并考虑梁的受力确定。腹板和翼缘的拼接位置最好错开，同时也要与加劲肋和次梁连接位置错开，错开距离不小于$10t_w$，以便各种焊缝布置分散，减小焊接应力及变形。

翼缘、腹板拼接一般用对接直焊缝，施焊时使用引弧板和引出板。这样当用一、二级焊缝时，拼接处与钢材截面可以达到强度相等，因此拼接可以设在梁的任何位置。但是当用三级焊缝时，由于焊缝抗拉强度比钢材抗拉强度低(约低15%)，这时应将拼接布置在梁弯矩较小的位置(对腹板)，或者采用斜焊缝(对翼缘)。

2. 工地拼接

跨度大的梁，可能由于运输或吊装条件限制，需将梁分成几段运至工地或吊至高空就位后再拼接起来。由于这种拼接是在工地进行，因此称为工地拼接。

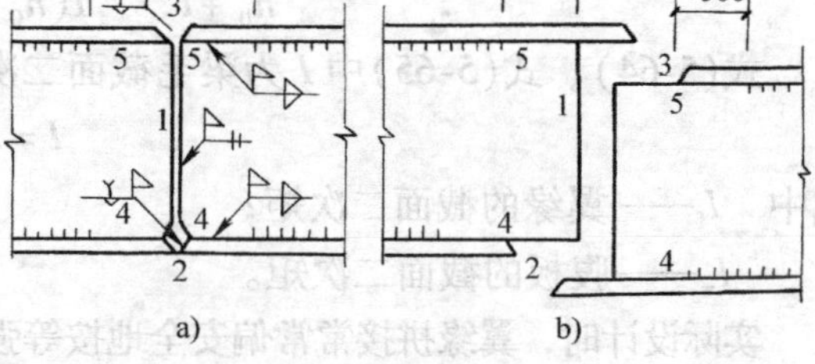

图5-30 焊接梁的工地拼接

工地拼接位置由运输和安装条件确定，一般布置在梁弯矩较小的地方，并且常常将腹板和翼缘在同一截面断开(见图5-30)，以便于运输和吊装。拼接处一般采用对接焊缝，上、下翼缘做成向上的V形坡口，为方便工地施焊。同时为了减小焊接应力，应将工厂焊的翼缘焊缝端部留出500mm左右不焊，留到工地拼接时按图中施焊顺序最后焊接。这样可以使焊接时有较多的自由收缩余地，从而减小焊接应力。

为了改善拼接处的受力情况，工地拼接的梁也可以将翼缘和腹板拼接位置略微错开，如图5-30所示。但是这种方式在运输、吊装时需要对端部凸出部分加以保护，以免碰损。

对于需要在高空拼接的梁，考虑高空焊接操作困难，常常采用摩擦型高强度螺栓连接。

对于较重要的或承受动荷载的大型组合梁，考虑工地焊接条件差，焊接质量不易保证，也可采用摩擦型高强度螺栓作梁的拼接。这时梁的腹板和翼缘在同一截面断开，分别用拼接板和螺栓连接(见图5-31)。拼接处的剪力 V 全部由腹板承担，弯矩 M 则由腹板和翼缘共同承担，并按各自刚度成比例分配。

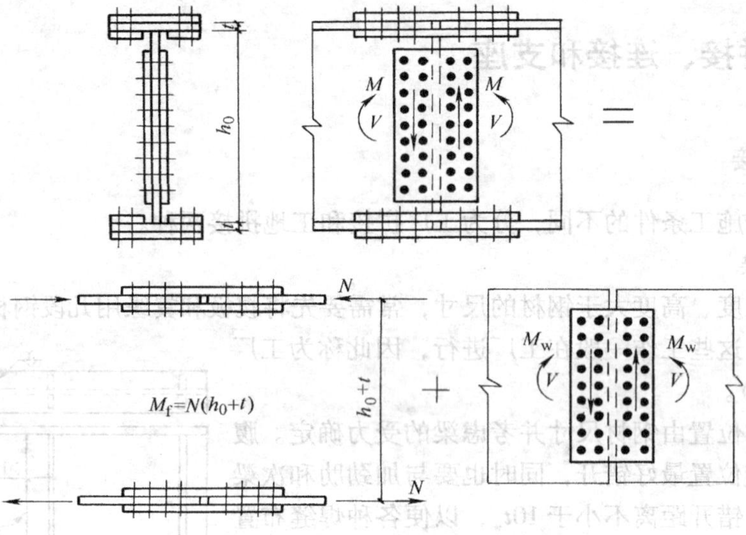

图5-31 梁的高强度螺栓工地拼接

这样腹板的拼接板及螺栓承受的内力为：

剪力为 V，弯矩为

$$M_w = M\frac{I_w}{I} = M\frac{\frac{t_w h_0^3}{12}}{I} \tag{5-64}$$

设计时，先确定拼接板的尺寸，布置好螺栓位置，然后进行验算。

翼缘的拼接板及螺栓承受由翼缘分担的弯矩 M_f 所产生的轴力 N

$$N = \frac{M_f}{h_0+t} = M\frac{I_f}{I(h_0+t)} = M\frac{2bt\left(\frac{h_0}{2}+t\right)^2}{I(h_0+t)} \tag{5-65}$$

式(5-64)、式(5-65)中 I 为梁毛截面二次矩

$$I = I_f + I_w \tag{5-66}$$

式中 I_f——翼缘的截面二次矩；

I_w——腹板的截面二次矩。

实际设计时，翼缘拼接常常偏安全地按等强度条件设计，即按翼缘面积所能承受的轴力计算

$$N = A_f f = btf \tag{5-67}$$

腹板螺栓群为受剪摩擦型高强度螺栓连接，受剪力 V_w 和扭矩 M_w 联合作用，应验算角点处最大受剪螺栓。

5.6.2 次梁与主梁的连接

1. 简支次梁与主梁连接

这种连接的特点是次梁只有支座反力传递给主梁。其形式有叠接和侧面连接两种。叠接(见图5-32)时，次梁直接搁置在主梁上，用螺栓和焊缝固定，这种形式构造简单，但占用建筑高度大，连接刚性差一些。

侧面连接(见图5-33)是将次梁端部上翼缘切去，端部下翼缘则切去一边，然后将次梁端部与主梁加劲肋用螺栓相连。如果次梁反力较大，螺栓承载力不够，可用围焊缝(角焊缝)将次梁端部腹板与加劲肋连牢传递反力，这时螺栓只作安装定位用，实际设计时，考虑连接偏心，通常将反力加大20%~30%来计算焊缝或螺栓。

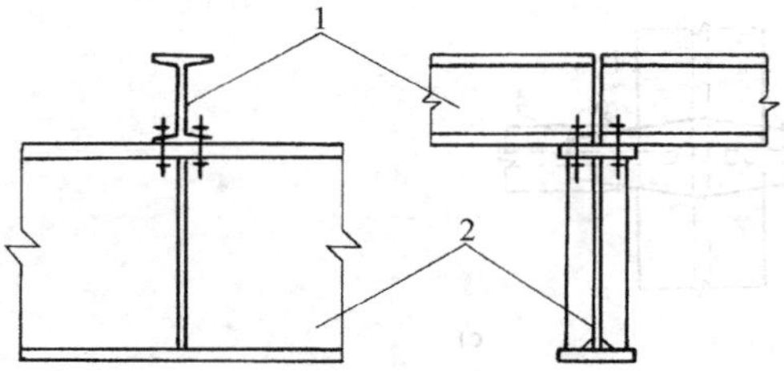

图5-32 简支梁与主梁叠接

1—次梁 2—主梁

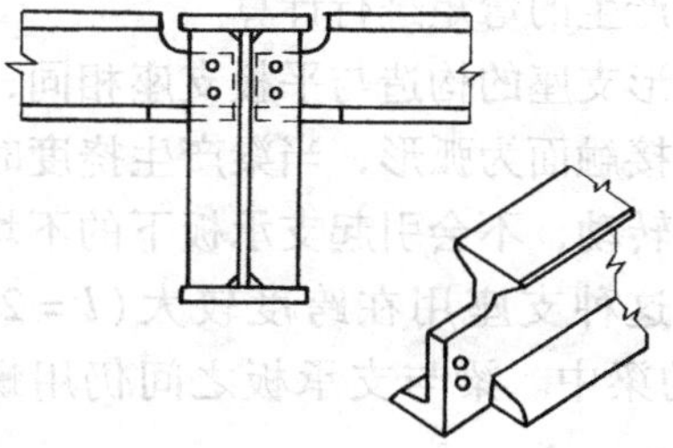

图5-33 简支梁与主梁侧面连接

2. 连续次梁与主梁连接

这种连接也分叠接和侧面连接两种形式。叠接时，次梁在主梁处不断开，直接搁置于主梁并用螺栓或焊缝固定。次梁只有支座反力传给主梁。当次梁荷载较重或主梁上翼缘较宽时，可在主梁支承处设置焊于主梁的中心垫板，以保证次梁支座反力中心地传给主梁。

当次梁荷载较重采用侧面连接时，次梁在主梁上要断开，分别连于主梁两侧。除支座反力传给主梁外，连续次梁在主梁支座处的左右弯矩也要通过主梁传递，因此其构造稍复杂一些，常用的形式如图5-34所示。按图中构造，先在主梁上次梁相应位置处焊上承托，承托由竖板及水平顶板组成(见图5-34a)；安装时先将次梁端部上翼缘切去后安放在主梁承托水平顶板上，再将次梁下翼缘与顶板焊牢(见图5-34b)；最后用连接盖板将主次梁上翼缘用焊缝连接起来(见图5-34c)。为避免仰焊，连接盖板的宽度应比次梁上翼缘稍窄，承托顶板的宽度则应比次梁下翼缘稍宽。

在图5-34的连接中，次梁支座反力 R 直接传递给承托顶板，再传至主梁。左右次梁的支座负弯矩则分解为上翼缘的拉力和下翼缘的压力组成的力偶。上翼缘的拉力由连接盖板传递，下翼缘的压力则传给承托顶板后，再由承托顶板传给主梁腹板。这样，次梁上翼缘与连接盖板之间的焊缝、次梁下翼缘与承托顶板之间的焊缝以及承托顶板与主梁腹板之间的焊缝应按各自传递的拉力或压力设计。

钢结构各种构件连接形式种类很多，形式各异。设计时，首先要分析连接的传力途径，研究传力是否安全，同时也要注意构造布置合理，施工方便，以便统筹综合地解决好这些问题，作出合理的设计。

5.6.3 梁的支座

平台梁可以支承在柱上，也可以支承在墙上，支承在墙上需要有一个支座，以分散传给墙的支座压力。

梁的支座形式有平板支座、弧形支座、滚轴支座、铰轴式支座、球形支座、桩台支座及凸缘支座(见图5-35)。

平板支座在支承板下产生较大的摩擦力，梁端不能自由转动，支承板下的压力分布不太均匀，底板厚度应根据支座反力对底板产生的弯矩进行计算。

弧形支座的构造与平板支座相同，只是与梁接触面为弧形，当梁产生挠度时可以自由转动，不会引起支承板下的不均匀受力。这种支座用在跨度较大($l=20\sim40$m)的梁中。梁与支承板之间仍用螺栓固定。

1）弧形支座弧面与平板自由接触的承压应力应按下式计算

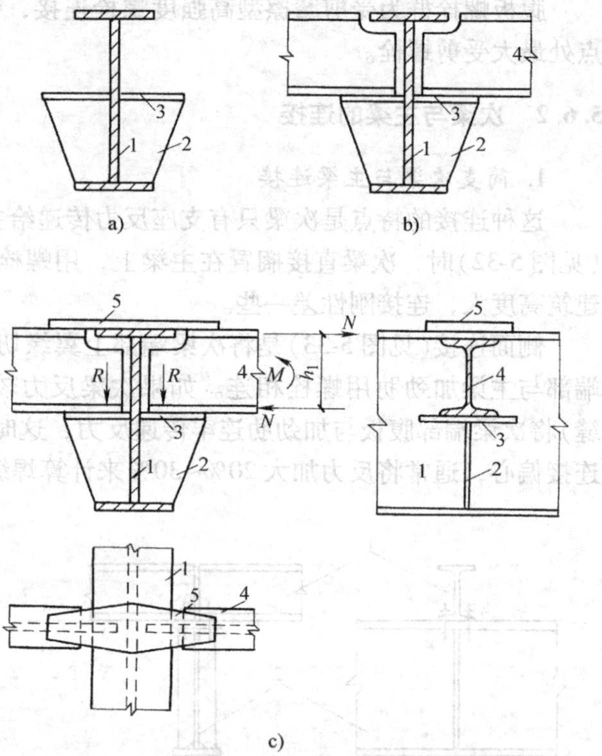

图5-34 连续次梁与主梁连接的安装过程

1—主梁 2—承托竖板 3—承托顶板

4—次梁 5—连接盖板

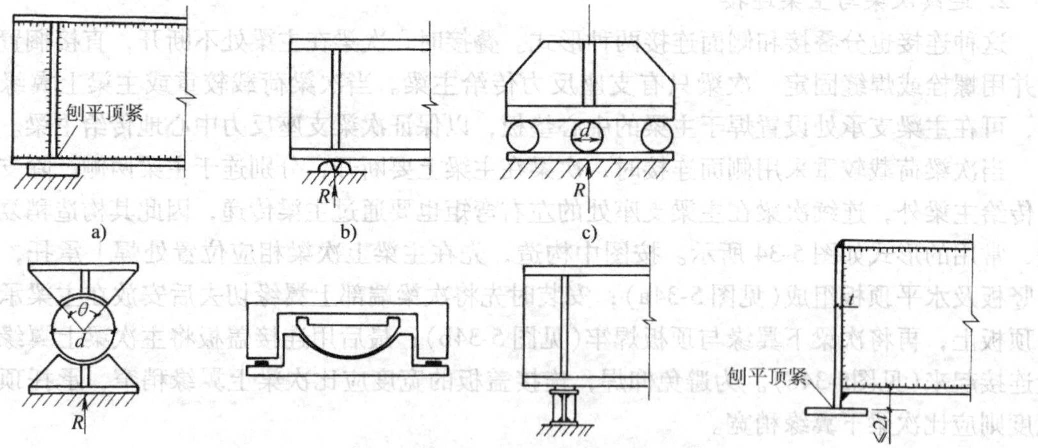

图5-35 梁的支座

a）平板支座 b）弧形支座 c）滚轴支座 d）铰轴式支座 e）球形支座 f）桩台支座 g）凸缘支座

$$\sigma=\frac{25R}{2rl}\leqslant f \tag{5-68}$$

式中 r——支座板弧形表面的半径；

l——弧形表面与平板的接触长度；

R——支座反力。

2）滚轴支座的滚轴与平板自由接触的承压应力按下式计算

$$\sigma = \frac{25R}{ndl} \leqslant f \tag{5-69}$$

式中 d——滚轴直径；

n——滚轴数目。

3）铰轴式支座的圆柱形枢轴当两相同半径的圆柱形弧面自由接触的中心角 $\theta \geqslant 90°$时，承压应力按下式计算

$$\sigma = \frac{2R}{dl} \leqslant f \tag{5-70}$$

式中 d——枢轴直径；

l——枢轴纵向接触面长度。

对于大跨度结构，为适应支座处不同方向的角位移，宜采用球形支座。桩台梁支座一般用在更大跨度的梁中，如果支座反力非常大，简单的支座板就会很大很厚，用桩台替换支座垫板，可方便连接和节约钢材。

习 题

5-1 钢结构平台的梁格布置如图5-36所示。铺板为预制钢筋混凝土板。平台永久荷载(包括铺板重力)为5kN/m²，荷载分项系数为1.2；可变荷载为1.5kN/m²，荷载分项系数为1.4；钢材采用Q235，E43型焊条，焊条电弧焊。试选择次梁截面。

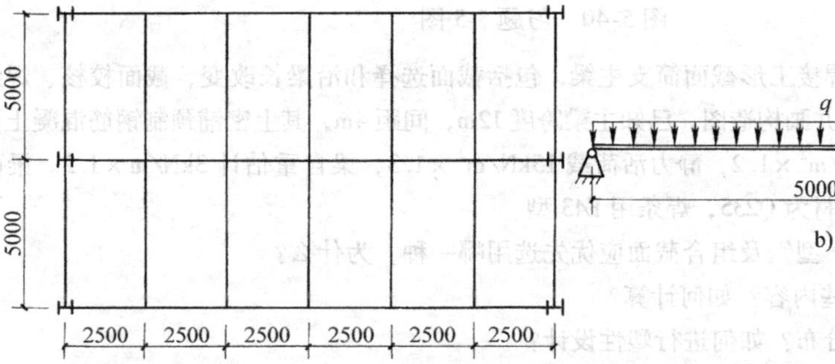

图5-36 习题5-1图

a）梁格布置 b）次梁布置简图

5-2 如图5-37梁格布置，确定次梁和主梁的截面尺寸。梁用现浇钢筋混凝土铺板以保证其整体稳定。均布荷载标准值为 $q' = 10\text{kN/m}^2$，分项系数为1.4，自重不计，钢材采用Q235，$f = 215\text{N/mm}^2$，允许挠度为 $l/400$。

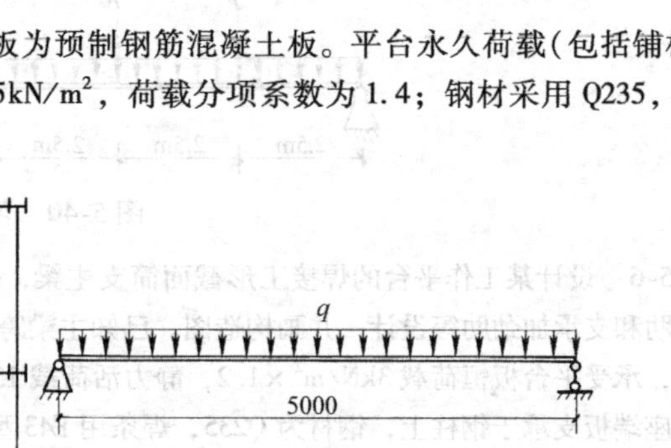

图5-37 习题5-2图

5-3 焊接工字形等截面简支梁(见图5-38)，跨度15m，在距两端支座5m处分别支承一根次梁，由次梁传来的集中荷载(设计值) $F = 200\text{kN}$，钢材采用Q235，试验算其整体稳定性。

5-4 Q235 钢简支梁如图 5-39 所示，自重为 0.9kN/m × 1.2，承受悬挂集中荷载 110kN × 1.4，试验算在下列情况下梁截面是否满足整体稳定要求：

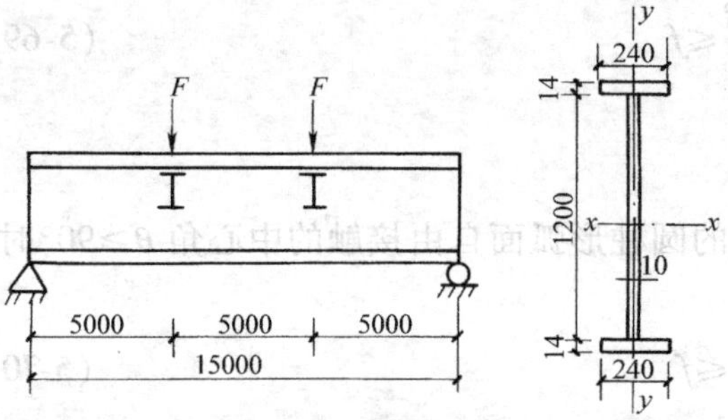

图 5-38 习题 5-3 图

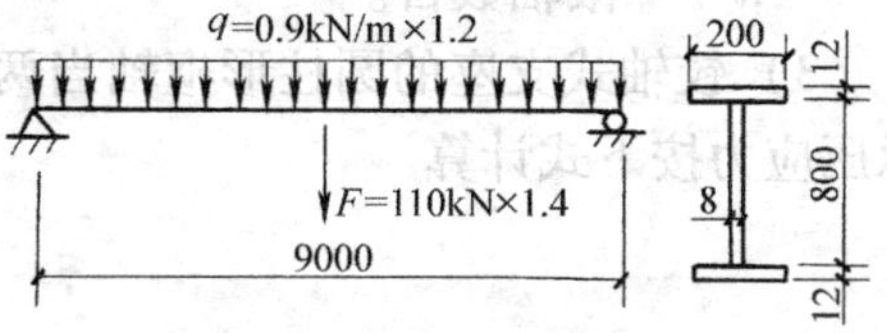

图 5-39 习题 5-4 图

1）梁在跨中无侧向支承，集中荷载从梁顶作用于上翼缘。

2）条件同 1)但改用 Q345 钢。

3）条件同 1)但采取构造措施使集中荷载悬挂于下翼缘之下。

4）条件同 1)但跨度中点增设上翼缘侧向支承。

5-5 设计习题 5-1 图 5-36 的中间主梁(焊接组合梁、剪切边)截面(见图 5-40)，验算其局部稳定性，并设计加劲肋。计算梁的强度时不考虑截面塑性变形的发展。

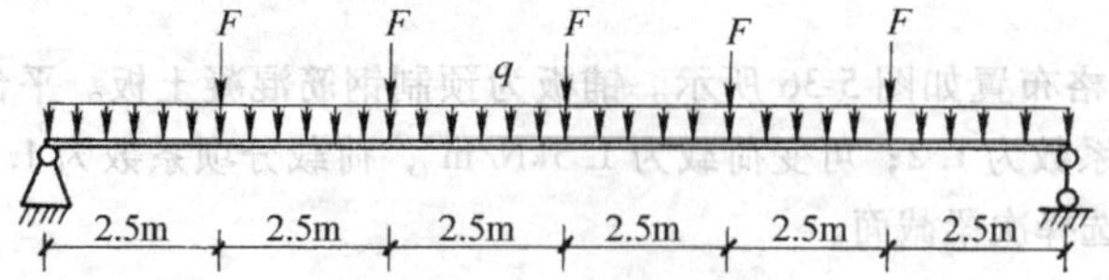

图 5-40 习题 5-5 图

5-6 设计某工作平台的焊接工形截面简支主梁，包括截面选择和沿梁长改变、截面校核、焊缝、腹板加劲肋和支承加劲肋等设计，并画构造图。已知主梁跨度 12m，间距 4m，其上密铺预制钢筋混凝土面板并予焊接，承受平台板恒荷载 $3kN/m^2 \times 1.2$，静力活荷载 $15kN/m^2 \times 1.3$，梁自重估计 3kN/m × 1.2。梁两端用凸缘支座端板支承于钢柱上，钢材为 Q235，焊条用 E43 型。

5-7 简述梁截面的分类，型钢及组合截面应优先选用哪一种，为什么？

5-8 梁的强度计算有哪些内容？如何计算？

5-9 什么叫梁的内力重分布？如何进行塑性设计？

5-10 截面塑性发展系数的意义是什么？试举例说明其应用条件。

5-11 什么条件下组合梁腹板可以考虑屈曲后强度，为什么？

5-12 简述纯弯曲、纯剪和局部压应力作用下梁腹板的局部失稳现象，针对这些现象工程中如何提高梁的局部稳定性？

5-13 影响梁整体稳定性的因素有哪些？提高梁整体稳定性的措施有哪些？

5-14 梁受压翼缘和腹板的局部稳定如何保证？腹板加劲肋的种类及配置有何规定？

5-15 试画出一种梁与柱刚性连接的构造图，并说明其传力过程。

5-16 试画出一种次梁与主梁刚性连接的构造图，并说明其传力过程。

5-17 试画出一种变截面梁工地拼接的构造图。

第 6 章

拉弯和压弯构件

在钢结构中，柱子会承受偏心拉、压或横向荷载作用，这种同时承受轴心力和弯矩的构件称为压弯(或拉弯)构件。弯矩可由轴向力的偏心、端弯矩或横向荷载作用等三种因素形成。当弯矩作用在截面的一个主轴平面内时称为单向压弯(或拉弯)构件，作用在两个主轴平面的称为双向压弯(或拉弯)构件。图 6-1a 所示是存在偏心拉力作用的构件，图 6-1b 是有横向荷载作用的拉杆，称为拉弯构件，如有横向荷载作用的屋架的下弦杆就属于拉弯构件。图 6-2a 所示是存在偏心压力作用的构件，图 6-2b 是有横向荷载作用的压杆，图 6-2c 是有端弯矩作用的压杆，称为压弯构件。在钢结构中压弯构件的应用十分广泛，如有节间荷载作用的屋架上弦杆、厂房柱、多层(或高层)建筑中的框架柱等都是压弯构件。它们不仅要承受上部结构传下来的轴向压力，同时还承受弯矩和剪力。

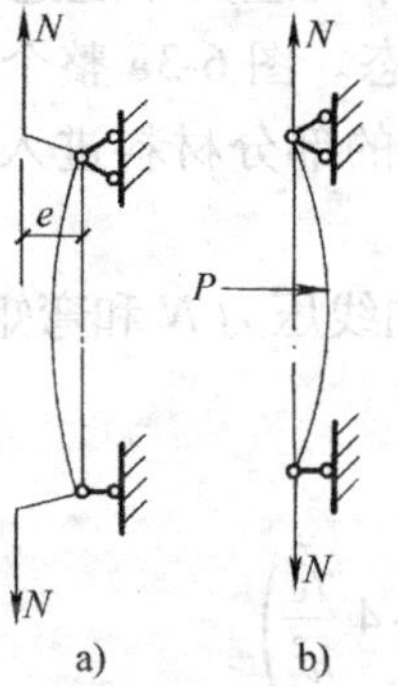

图 6-1　拉弯构件

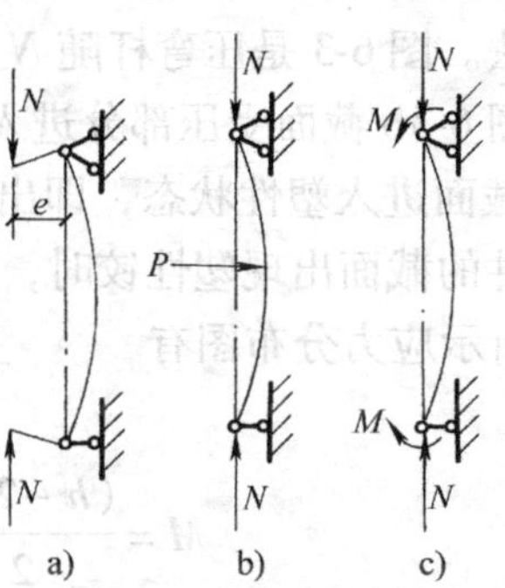

图 6-2　压弯构件

与轴心受力构件一样，在进行拉弯和压弯构件设计时，应同时满足承载能力极限状态和正常使用极限状态的要求。拉弯构件需要计算其强度和刚度(限制长细比)，压弯构件需要计算强度、整体稳定(弯矩作用平面内稳定和弯矩作用平面外稳定)、局部稳定和刚度(限制长细比)。

拉弯构件的允许长细比与轴心拉杆相同(见表 4-1)；压弯构件的允许长细比与轴心压杆相同(见表 4-2)。

实腹式拉弯构件的承载能力极限状态是截面出现塑性铰，但对格构式拉弯构件和冷弯薄壁型钢截面拉弯构件，常常把截面边缘达到屈服强度视为构件极限状态，这些都属于强度的破坏形式，对轴心拉力很小而弯矩很大的拉弯杆也可能存在和梁类似的弯扭失稳破坏。

压弯构件的破坏复杂得多，它不仅取决于构件的受力条件，而且还取决于构件的长度、支承条件、截面的形式和尺寸等。对粗短构件和截面有严重削弱的构件可能产生强度破坏，但钢结构中大多数压弯构件总是整体失稳破坏。组成压弯构件的板件，还有局部稳定问题，板件屈曲将促使构件提前失稳。

6.1 拉弯和压弯构件的强度计算

实腹式拉弯和压弯构件以截面部分出现塑性作为其承载能力的极限状态。在轴心压力及弯矩的共同作用下，矩形截面上应力的发展过程如图 6-3 所示(拉力及弯矩共同作用下与此类似,仅应力图形上下相反)。

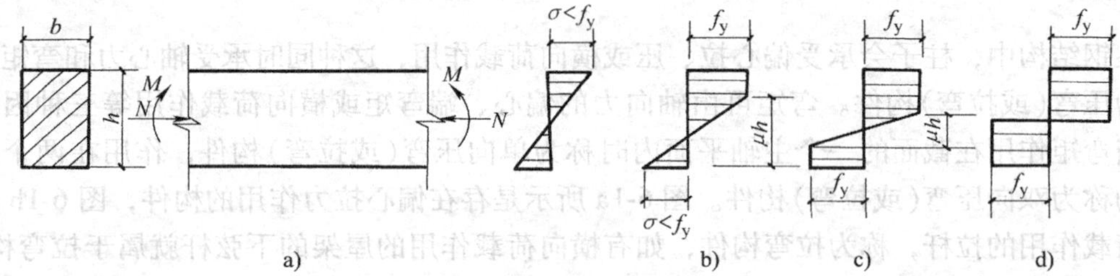

图 6-3 压弯杆的工作阶段

根据钢材的应力-应变曲线，构件的强度承载能力极限状态是截面的平均应力达到钢材的抗拉强度f_u。但是，当截面的平均应力达到钢材的屈服点f_y时，构件产生的变形就不符合构件的使用要求。所以，《钢结构设计规范》采用以全截面的平均应力不超过屈服点f_y的简化计算方法。图 6-3 是压弯杆随N和M逐渐增加时的受力状态。图 6-3a 整个截面都处于弹性状态；图 6-3b 截面受压部分进入塑性状态；图 6-3c 受拉区的部分材料进入塑性状态；图 6-3d 整个截面进入塑性状态，即出现塑性铰。

当构件的截面出现塑性铰时，根据力的平衡条件可获得轴线压力N和弯矩M的关系式。按图 6-4 所示应力分布图有

$$N = 2by_0 f_y \tag{6-1}$$

$$M = \frac{(h-2y_0)}{2} bf_y \frac{(h+2y_0)}{2} = \frac{bh^2}{4} f_y \left(1 - 4\frac{y_0^2}{h^2}\right) \tag{6-2}$$

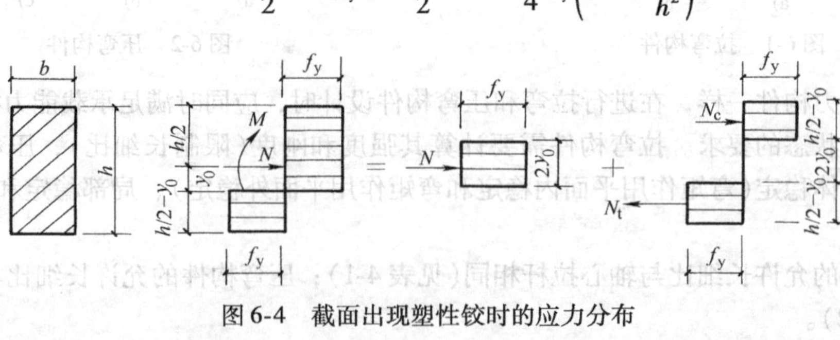

图 6-4 截面出现塑性铰时的应力分布

当只有轴压力而无弯矩作用时，截面承受的最大压力为全截面屈服的压力$N_p = Af_y = bhf_y$；当只有弯矩而无轴压力时，截面所承受的最大弯矩为全截面的塑性铰弯矩$M_p = W_p f_y = \dfrac{bh^2}{4} f_y$。把它们分别代入式(6-1)和式(6-2)后再从两式中消去y_0合并成一个式子，可得到

$$\left(\frac{N}{N_p}\right)^2+\frac{M}{M_p}=1 \tag{6-3}$$

把式(6-3)画成如图6-5所示的 N/N_p-M/M_p 曲线。对于工字形压弯构件，也可以用相同的方法得到截面出现塑性铰时 N/N_p 和 M/M_p 的相关关系式，并绘成相关曲线。由于工字钢翼缘和腹板截面尺寸的变化，相关曲线会在一定范围内变动，图6-5中的阴影区画出了常用工字形截面绕强轴和弱轴相关曲线的变动范围。对一般的压弯构件，为计算简便并保证安全，常用直线式代替诸相关曲线。因此压(拉)弯构件单向受弯的强度公式是

$$\frac{N}{A_n}\pm\frac{M_x}{\gamma_x W_{nx}}\leqslant f \tag{6-4}$$

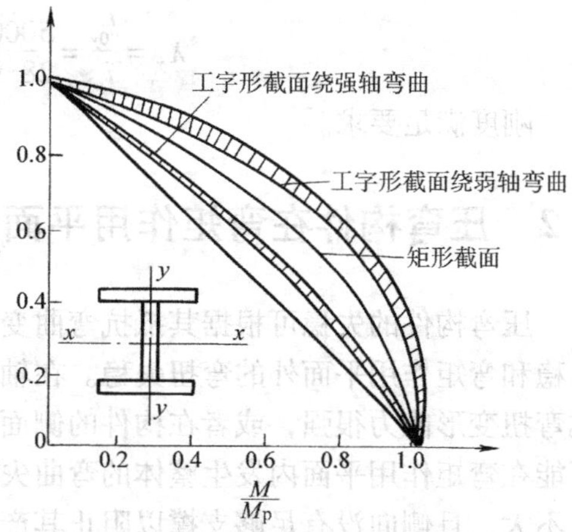

图6-5 压弯构件强度计算的相关曲线

对双向拉弯和压弯构件采用公式为

$$\frac{N}{A_n}\pm\frac{M_x}{\gamma_x W_{nx}}\pm\frac{M_y}{\gamma_y W_{ny}}\leqslant f \tag{6-5}$$

式中 A_n、W_{nx}、W_{ny}——构件的净截面面积和净截面对两个主轴的净截面系数；

γ_x、γ_y——与截面系数相应的截面塑性发展系数，常用的 γ_x 和 γ_y 之值见表5-1。

当压弯构件受压翼缘的自由外伸宽度与其厚度之比大于 $13\sqrt{235/f_y}$ 而不超过 $15\sqrt{235/f_y}$ 时，应取 γ_x 之值为1.0，需要计算疲劳的压弯、拉弯构件，宜取 $\gamma_x=\gamma_y=1.0$。

【例6-1】 试验算如图6-6所示承受静力荷载的拉弯构件的强度和刚度。已知荷载设计值 $N=1500\text{kN}$，$F=50\text{kN}$，$l=5\text{m}$，$[\lambda]=200$，构件截面为I45a，截面无削弱。材料为Q235-B钢。

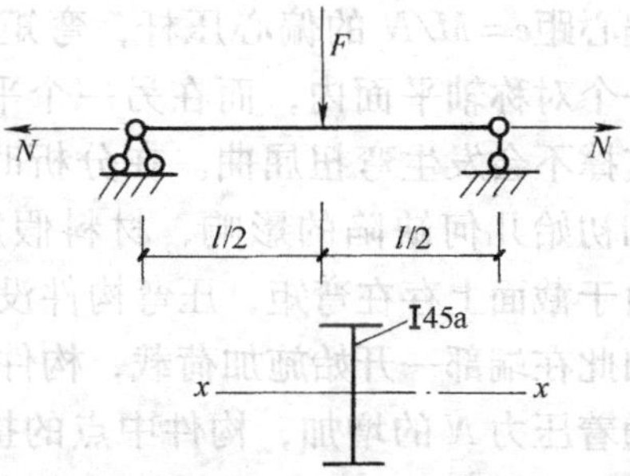

图6-6 例6-1图

【解】 1. 截面几何特性

$$l_{0x}=l_{0y}=5\text{m}=5000\text{mm}$$

由附表7-1可查得，$A=10200\text{mm}^2$，$W_x=1433\times10^3\text{mm}^3$，$i_x=177\text{mm}$，$i_y=28.9\text{mm}$。

由表5-1查得，截面塑性发展系数 $\gamma_x=1.05$。

2. 强度验算

最大弯矩为 $$M=\frac{1}{4}Fl=\frac{1}{4}\times50\text{kN}\times5\text{m}=62.5\text{kN}\cdot\text{m}$$

那么 $\frac{N}{A_n}+\frac{M_x}{\gamma_x W_{nx}}=\frac{1500\text{kN}}{10200\text{mm}^2}+\frac{62.5\text{kN}\cdot\text{m}}{1.05\times1433\times10^3\text{mm}^3}=188.67\text{N/mm}^2<f=215\text{N/mm}^2$，强度满足要求。

3. 刚度验算

$$\lambda_x = \frac{l_{0x}}{i_x} = \frac{5000\text{mm}}{177\text{mm}} = 28.2 < [\lambda] = 200$$

$$\lambda_y = \frac{l_{0y}}{i_y} = \frac{5000\text{mm}}{28.9\text{mm}} = 173 < [\lambda] = 200$$

刚度满足要求。

6.2 压弯构件在弯矩作用平面内的稳定计算

压弯构件的失稳可根据其抵抗弯曲变形能力的强弱而分为在弯矩作用平面内的整体弯曲失稳和弯矩作用平面外的弯扭失稳。在轴线压力 N 和弯矩 M 的共同作用下，当压弯构件抵抗弯扭变形能力很强，或者在构件的侧面有足够多的支撑以阻止其发生弯扭变形时，则构件可能在弯矩作用平面内发生整体的弯曲失稳。当构件的抗扭刚度和弯矩作用平面外的抗弯刚度不大，且侧向没有足够支撑以阻止其产生侧向位移和扭转时，可能发生弯矩作用平面外的弯扭失稳。

6.2.1 压弯构件在弯矩作用平面内的失稳现象

在确定压弯构件弯矩作用平面内极限承载力时，可用两种方法。一种是边缘屈服准则的计算方法，另一种是精度较高的数值计算方法。

1. 边缘纤维屈服准则

在对压弯构件作具体分析和计算之前，先用图 6-7 所示的压弯构件荷载-挠度曲线来概述压弯构件的基本性能。图 6-7 右侧所示作用着轴心力 N 和端弯矩 M 的压弯构件，其受力条件相当于偏心距 $e = M/N$ 的偏心压杆，弯矩 M 作用在构件的一个对称轴平面内，而在另一个平面设有足够多的支撑不会发生弯扭屈曲。在分析时，不计残余应力和初始几何缺陷的影响，材料假定为完全弹性体。由于截面上存在弯矩，压弯构件没有直线平衡状态，因此在端部一开始施加荷载，构件就产生弯曲变形。随着压力 N 的增加，构件中点的挠度 v 非线性地增加；达到 A 点时截面边缘纤维部分开始屈服；此后由于构件的塑性发展，压力增加时挠度比弹性阶段增加的快，形成曲线 ABC。在曲线的上升段 AB，挠度是随着压力的增加而增加的，压弯构件处在稳定的平衡状态。但是到达曲线的最高点 B 时，构件抵抗能力开始小于外力的作用，于是出现了曲线的下降段 BC。挠度继续增加，为了维持构件的平衡状态必须不断降低外力 N，因此构件处于不稳定的平衡状态。压力挠度曲线 B 点表示了压弯构件的承载能力达到了极限，从而开始丧失整体稳定。这属于极值点失稳。

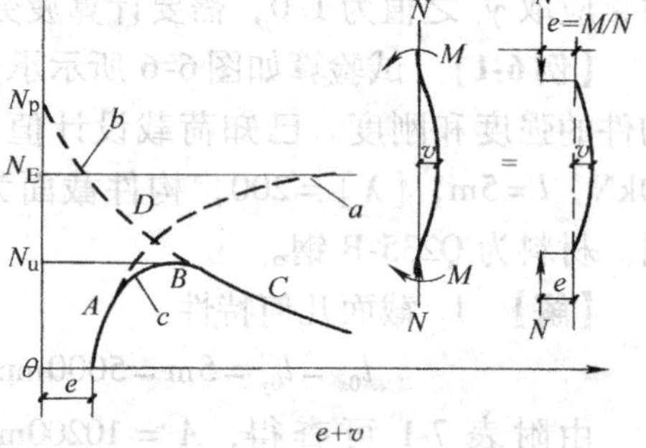

图 6-7 压弯构件的 N-v 曲线

压弯构件失稳时先在受压最大的一侧发展塑性，有时在另一侧的受拉区后来也会发展塑性，塑性发展的程度取决于截面的形状和尺寸、构件的长度和初始缺陷，其中残余应力的存在会使构件截面提前进入屈服阶段，从而降低其稳定承载力。图 6-7 中曲线的 C 点表示构件的截面出现了塑性铰，而表示构件达到极限承载力 N_u 的 B 点却出现在塑性铰之前。在图 6-7 中同时画出了另外两根曲线，一根是弹性压弯构件的压力挠度曲线 a，它以压力 N 等于构件的欧拉力 N_E 的水平线为其渐进线，另一根是构件的中央截面出现塑性铰的压力挠度曲线 b。两根曲线的交点为 D。构件极限承载力的 B 点位于 D 点之下，这是因为经过 A 点之后出现了部分塑性的缘故。

对于在两端作用有相同弯矩的等截面压弯构件，如图 6-8 所示，在轴线压力 N 和弯矩 M 的作用下，构件中点的挠度为 v，在离端部距离为 x 处的挠度为 y，此处力的平衡方程为

$$EI\frac{d^2y}{dx^2}+Ny=-M \tag{6-6}$$

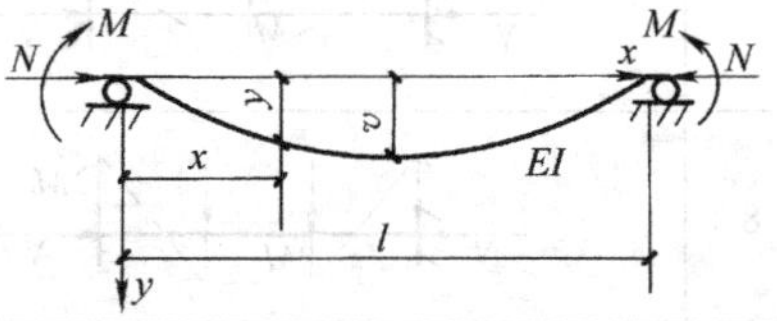

图 6-8　等弯矩作用的压弯构件

假定构件的挠度曲线与正弦曲线的半个波段一致，即 $y=v\sin\pi x/l$，则构件中点的挠度为

$$v=\frac{M}{N_E\left(1-\frac{N}{N_E}\right)} \tag{6-7}$$

式中　N_E——欧拉临界力，$N_E=\pi^2EI/l^2$。

构件的最大弯矩在中央截面处，其值为

$$M_{max}=\frac{M}{1-\frac{N}{N_E}}=\alpha M \tag{6-8}$$

式中　α——压力 N 作用下的弯矩放大系数，用于考虑轴压力引起的附加弯矩，$\alpha=\frac{1}{1-N/N_E}$。

对于其他荷载作用的压弯构件，也可用与有端弯矩的压弯构件相同的方法先建立类似于式(6-6)的平衡方程，然后求解得到各种荷载作用下的最大弯矩 M_{max}。

令比值 $\beta_{mx}=M_{max}/\alpha M$，$\beta_{mx}$ 称为等效弯矩系数(见表 6-1)。利用这一系数就可以在平面内稳定的计算中把各种荷载作用的弯矩分布形式转化为均匀受弯来看待。

表 6-1　压弯构件的等效弯矩系数 β_{mx}

序号	荷载及弯矩图形	弹性分析值	规范采用值
1	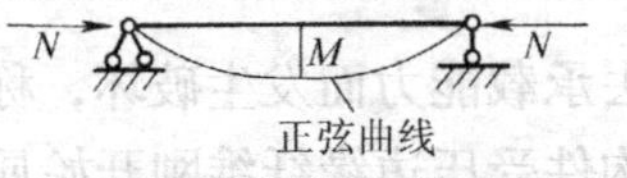	1.0	1.0
2	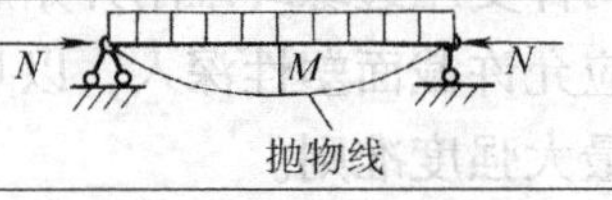	$1+0.028\frac{N}{N_E}$	1.0
3	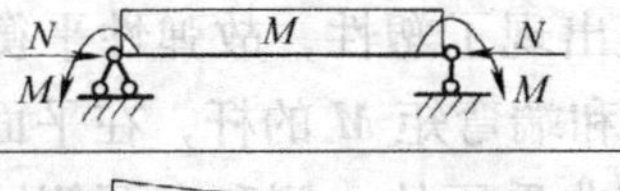	$1+0.234\frac{N}{N_E}$	1.0
4	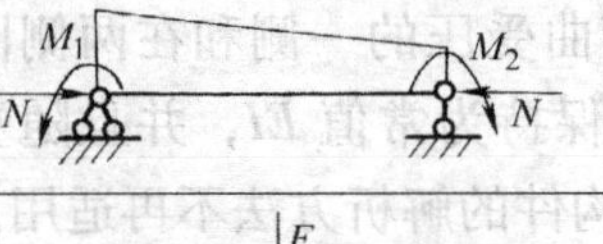	$\sqrt{0.3+0.4\frac{M_2}{M_1}+0.3\left(\frac{M_2}{M_1}\right)^2}$	$0.65+0.35\frac{M_2}{M_1}$
5	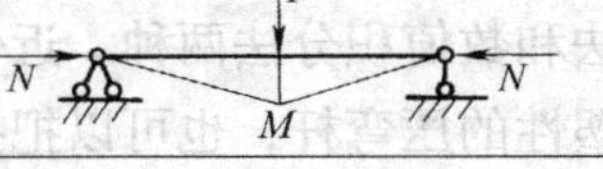	$1-0.178\frac{N}{N_E}$	$1-0.2\frac{N}{N_E}$

（续）

序号	荷载及弯矩图形	弹性分析值	规范采用值
6	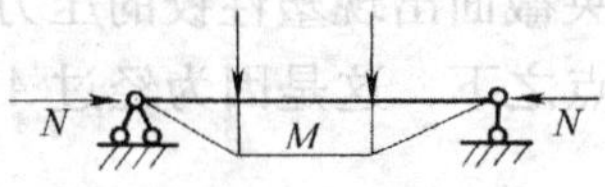	$1+0.051\dfrac{N}{N_E}$	1.0
7	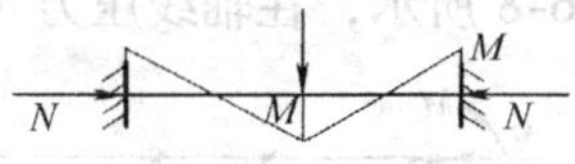	$1-0.589\dfrac{N}{N_E}$	0.85
8	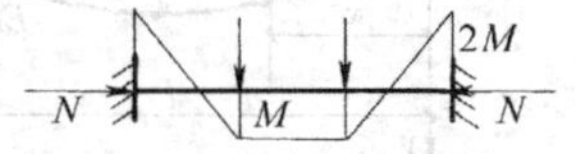	$1-0.315\dfrac{N}{N_E}$	0.85

对于弹性压弯构件，如果以截面边缘纤维的应力开始屈服作为平面内稳定承载能力的计算准则，那么考虑构件的缺陷后截面的最大应力应该符合下列条件

$$\frac{N}{A}+\frac{\beta_{mx}M+Ne_0}{W_x\left(1-\dfrac{N}{N_E}\right)}=f_y \tag{6-9}$$

式中 e_0——考虑构件缺陷的等效偏心距。

当 $M=0$ 时，压弯构件转化为带有缺陷 e_0 的轴心受压构件，其承载力为 $N=N_x=Af_y\varphi_x$。由式(6-9)可以得到

$$e_0=\frac{(Af_y-N_x)(N_E-N_x)W_x}{N_xN_E}\times\frac{W_x}{A} \tag{6-10}$$

将式(6-10)代入式(6-9)得

$$\frac{N}{\varphi_xA}+\frac{\beta_{mx}M}{W_x\left(1-\varphi_x\dfrac{N}{N_E}\right)}=f_y \tag{6-11}$$

式(6-11)可直接用于计算冷弯薄壁型钢压弯构件或格构柱绕虚轴弯曲的平面内整体稳定。

2. 最大强度准则

考虑当构件截面边缘纤维刚一屈服时即认为构件失去承载能力而发生破坏，称为边缘纤维屈服准则，该准则适用于格构式构件。当实腹式压弯构件受压边缘纤维刚开始屈服时尚有较大的强度储备，因此若要反映构件的实际受力情况，应允许截面塑性深入，以具有各种初始缺陷的构件为计算模型，求解其极限承载能力，称为最大强度准则。

由于实腹式压弯构件在弯矩作用平面内失稳时已经出现了塑性，故弹性平衡微分方程(6-6)不再适用。如图6-9a所示，同时承受轴线压力 N 和端弯矩 M 的杆，在平面内失稳时塑性区的分布有两种情况(见图6-9b、c)：塑性出现在弯曲受压的一侧和在两侧同时出现塑性区。很明显，由于塑性区的出现，弯曲刚度不仅不再保持为常值 EI，并且随塑性在杆截面上发展的深度而变化，这种变化使用于计算弹性压弯构件的解析方法不再适用。

计算实腹式压弯构件平面内稳定承载力通常有近似法和数值积分法两种。近似法的主要简化手段是给定杆件的挠曲线函数。经验表明，对于弹塑性的压弯杆，也可以把挠曲线近似

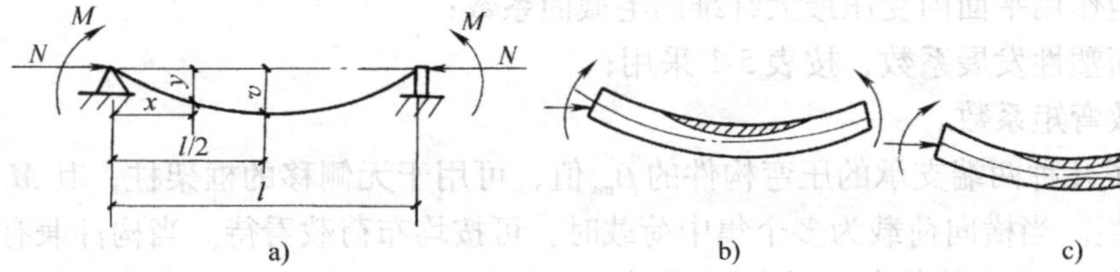

图6-9 矩形截面压弯构件平面内失稳时的塑性区

地取为正弦曲线的半个波段，即 $y=v\sin\frac{\pi x}{l}$。已知挠曲线函数后，构件任意截面的弯矩 $M+My$ 都可以和中央挠度 v 联系起来，这样从中央截面的平衡方程就可以找出压力 N 和挠度 v 的关系，并由极值条件 $dN/dv=0$ 得出构件的承载力 N_u。

近似法的一个重要缺点是很难具体分析残余应力对压弯构件承载力的影响。数值积分法比没有考虑残余应力的近似法精确，并且还具有可以考虑初始弯曲和能够用于不同荷载条件与不同支承条件的优点，所以得到普遍应用。

6.2.2 实腹式压弯构件在弯矩作用平面内稳定计算的实用计算公式

规范修订时，采用数值计算方法，考虑构件存在 $l/1000$ 的初弯曲和实际的残余应力分布，算出了近200条压弯构件极限承载力曲线。图6-10绘出了翼缘为火焰切割边的焊接工字形截面压弯构件在两端相等弯矩作用下的相关曲线，其中实线为理论计算的结果。

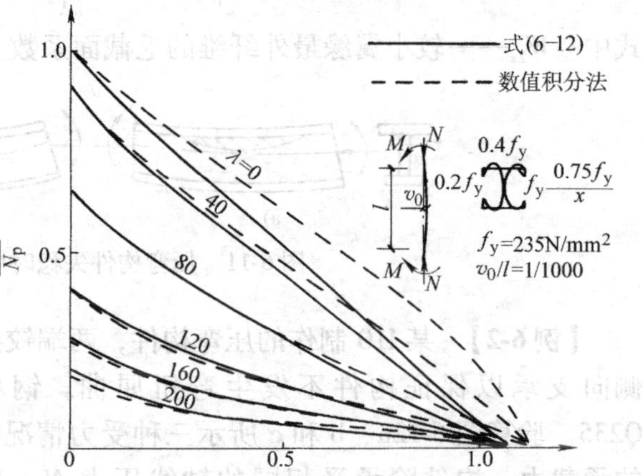

图6-10 工字形截面压弯构件 N/N_p 与 M/M_y 的相关曲线

因确定压弯构件的承载力时考虑残余应力和初弯曲的影响，再加上不同的截面形式和尺寸等因素，不论是用近似法还是用数值积分法，计算过程都很复杂。所以这两种方法都不能直接用于构件设计。经研究可以利用以边缘纤维屈服为承载能力准则的相关公式(6-11)略加修改作为实用计算公式。修改时考虑到实腹式压弯构件失稳时截面存在塑性区，在式(6-11)左侧第二项分母中引进截面塑性发展系数 γ_x，同时还将第二项中的稳定系数 φ 用常数0.8替换。这样，实用计算公式变为下列形式

$$\frac{N}{\varphi_x A}+\frac{\beta_{mx}M_x}{\gamma_x W_{1x}(1-0.8N/N'_{Ex})}\leqslant f \tag{6-12}$$

式中 N——压弯构件的轴线压力；

φ_x——在弯矩作用平面内，不计弯矩作用时轴心受压构件的稳定系数；

M_x——所计算构件段范围内的最大弯矩；

N'_{Ex}——参数，$N'_{Ex}=N_{Ex}/1.1=\pi^2EA/(1.1\lambda_x^2)$；

W_{1x}——弯矩作用平面内受压最大纤维的毛截面系数；

γ_x——截面塑性发展系数，按表5-1采用；

β_{mx}——等效弯矩系数。

表6-1给出了几种两端支承的压弯构件的β_{mx}值，可用于无侧移的框架柱，其M由横向荷载或端弯矩产生。当横向荷载为多个集中荷载时，可按均布荷载看待。当构件兼有横向荷载和端弯矩时，如果两者使构件产生同向曲率，$\beta_{mx}=1.0$；如产生反向曲率，$\beta_{mx}=0.85$。非两端支承的构件（如有侧移的框架柱和悬臂构件）均应取$\beta_{mx}=1.0$。

由式(6-12)得到的工字形截面压弯构件的N/N_p与M/M_y相关曲线如图6-10所示。由图可知，在构件常用的范围内，式(6-12)与理论值的符合程度较好。

对于单轴对称截面的压弯构件，当弯矩作用于对称轴的平面内且使较大翼缘受压时，构件失稳时截面的塑性区可能存在图6-11所示的三种情况。前两种和双轴对称截面相同，用式(6-12)计算即可；但是对第三种情况，在弯矩的效应较大时，可能在较小的翼缘一侧因受拉塑性区的发展而导致构件失稳。对于这类构件，除按式(6-12)进行平面内稳定的计算外，还应按下式计算

$$\left|\frac{N}{A}-\frac{\beta_{mx}M_x}{\gamma_x W_{2x}\left(1-1.25\dfrac{N}{N'_{Ex}}\right)}\right|\leqslant f \tag{6-13}$$

式中 W_{2x}——较小翼缘最外纤维的毛截面系数。

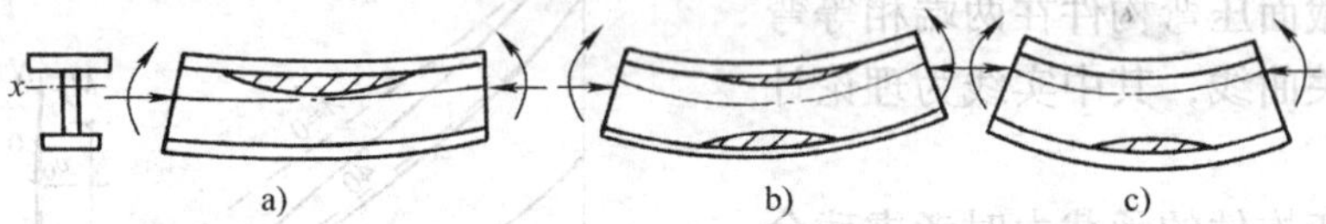

图6-11 压弯构件失稳时中央截面的应力和应变

【例6-2】 某I10制作的压弯构件，两端铰接，长度3.3m，在长度的三分点处各有一个侧向支承以保证构件不发生弯扭屈曲。钢材为Q235。验算图6-12a、b和c所示三种受力情况构件的承载力。构件除承受相同的轴线压力$N=16\text{kN}$外，作用的弯矩分别为：

(1) 在左端腹板的平面作用着弯矩$M_x=10\text{kN}\cdot\text{m}$（见图6-12a）。

(2) 在两端同时作用着数量相等并产生同向曲率的弯矩$M_x=10\text{kN}\cdot\text{m}$（见图6-12b）。

(3) 在构件的两端同时作用着数量相等但产生反向曲率的弯矩$M_x=10\text{kN}\cdot\text{m}$（见图6-12c）。

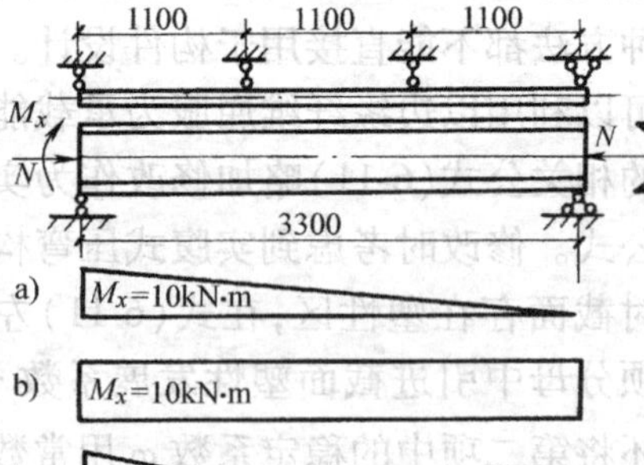

图6-12 例6-2图

【解】 截面特性由附表7-1查得，$A=14.3\text{cm}^2$，$W_x=49\text{cm}^3$，$i_x=4.14\text{cm}$。

钢材的强度设计值$f=215\text{N/mm}^2$。

(1) 左端作用M_x 此时，截面的最大弯矩发生在构件的端部，先按式(6-4)验算构件的

强度。由表 5-1 知轧制工字形截面对强轴的塑性发展系数 $\gamma_x=1.05$，则

$$\frac{N}{A}+\frac{M_x}{\gamma_x W_{nx}}=\frac{16\text{kN}}{14.3\text{cm}^2}+\frac{10\text{kN}\cdot\text{m}}{1.05\times 49\text{cm}^3}$$

$$=205.55\text{N/mm}^2<f=215\text{N/mm}^2$$

再验算构件在弯矩作用平面内的稳定性。由图 6-12a 知，$M_2=0$，$M_1=10\text{kN}\cdot\text{m}$，由表 6-1 知等效弯矩系数

$$\beta_{mx}=0.65+0.35\frac{M_2}{M_1}=0.65$$

构件绕强轴弯曲的长细比 $\lambda_x=(l_{0x}/i_x)=330\text{cm}/4.14\text{cm}=80$，按 a 类截面查附表 4-1 得，$\varphi_x=0.783$。

$$N'_{Ex}=\frac{\pi^2 EA}{1.1\lambda_x^2}=\frac{\pi^2\times 206\times 10^3\text{N/mm}^2}{1.1\times 80^2}\times 14.3\text{cm}^2=413\times 10^3\text{N}=413\text{kN}$$

$$\frac{N}{\varphi_x A}+\frac{\beta_{mx}M_x}{\gamma_x W_x\left(1-0.8\frac{N}{N'_{Ex}}\right)}=\frac{16\text{kN}}{0.783\times 14.3\text{cm}^2}+\frac{0.65\times 10\text{kN}\cdot\text{m}}{1.05\times 49\text{cm}^3\times\left(1-0.8\times\frac{16\text{kN}}{413\text{kN}}\right)}$$

$$=14.29\text{N/mm}^2+\frac{0.65\times 194.36\text{N/mm}^2}{(1-0.031)}$$

$$=144.67\text{N/mm}^2<f=215\text{N/mm}^2$$

（2）两端作用数量相等并产生同向曲率的 M_x　此时，只需验算构件的整体稳定，$M_1=M_2=10\text{kN}\cdot\text{m}$，$\beta_{mx}=1.0$

$$\frac{N}{\varphi_x A}+\frac{\beta_{mx}M_x}{\gamma_x W_x\left(1-0.8\frac{N}{N'_{Ex}}\right)}=14.29\text{N/mm}^2+\frac{1.0\times 194.36\text{N/mm}^2}{(1-0.031)}$$

$$=214.87\text{N/mm}^2<f=215\text{N/mm}^2$$

（3）两端作用数量相等但产生反向曲率的弯矩　此时，先验算构件的强度。构件端部与（1）的情况相同，强度验算也相同，在此从略。

再验算构件的整体稳定

$$\beta_{mx}=0.65+0.35\times\frac{-10\text{kN}\cdot\text{m}}{10\text{kN}\cdot\text{m}}=0.3$$

$$\frac{N}{\varphi_x A}+\frac{\beta_{mx}M_x}{\gamma_x W_x\left(1-0.8\frac{N}{N'_{Ex}}\right)}=14.29\text{N/mm}^2+\frac{0.3\times 194.36\text{N/mm}^2}{(1-0.031)}$$

$$=74.46\text{N/mm}^2<f=215\text{N/mm}^2$$

对于以上三种受力情况的压弯构件，虽作用着的轴线压力和最大弯矩都是相同的，但是因弯矩在整个构件上的分布不同，承载能力就有区别。第二种情况由稳定承载能力控制构件的截面设计，强度不必计算，而其他两种情况则由构件端部截面的强度控制承载能力。

6.3　压弯构件在弯矩作用平面外的稳定计算

开口截面压弯构件的抗扭刚度和弯矩作用平面外的抗弯刚度通常都不大，当侧向没有足

够支撑以阻止其产生侧向位移和扭转时，构件可能发生弯矩作用平面外的弯扭屈曲。

6.3.1 双轴对称工字形截面压弯构件的弹性弯扭屈曲临界力

图6-13a是两端铰接并在端部作用着轴线压力 N 和弯矩 M 的双轴对称工字形截面压弯构件。当弯矩作用在抗弯刚度较大的 yOz 平面内时，在距端部为 z 的截面绕 x 轴的弯矩为 $M_x = M + Nv$，但是因为截面对强轴的二次矩 I_x 比对弱轴的二次矩 I_y 大很多，分析构件的弯扭屈曲时，因为挠度 v 不大，可把附加弯矩 Nv 忽略不计，这样 $M_x = M$。如果构件发生如图6-13所示的侧向位移 u，会产生一个分量 M_{T2}（见图6-13c），$M_{T2} = M\sin\theta = Mu'$，它使构件绕纵轴产生扭转。由于轴线压力 N 的存在使构件的实际抗扭刚度由 GI_t 降为 $GI_t - Ni_0^2$，因此可得到弯扭屈曲的临界力 N_{cr} 的计算方程

$$(N_{Ey} - N_{cr})(N_z - N_{cr}) - \frac{M^2}{i_0^2} = 0 \tag{6-14}$$

其解为

$$N_{cr} = \frac{1}{2}\left[(N_{Ey} + N_z)^2 - \sqrt{(N_{Ey} - N_z)^2 + \frac{4M^2}{i_0^2}}\right] \tag{6-15}$$

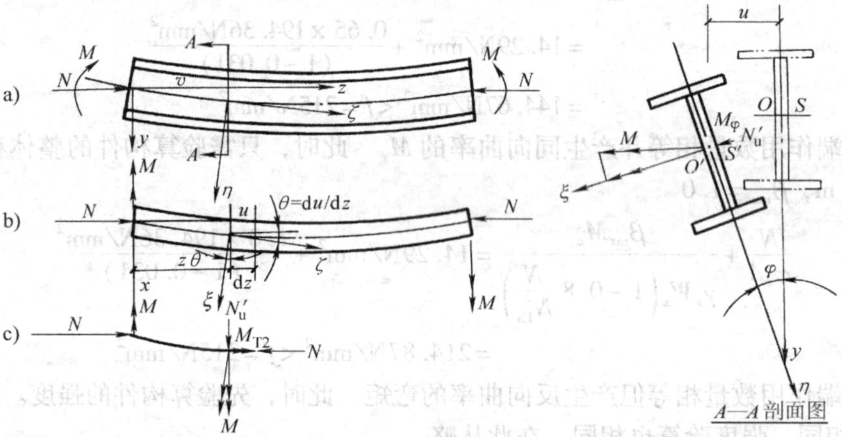

图6-13 双轴对称工字形截面压弯构件弯扭屈曲

如果构件的端弯矩 $M=0$，由式(6-15)可以得到轴心受压构件的临界力 $N_{cr} = N_{Ey}$ 或 $N_{cr} = N_z$。这里的 N_{Ey} 是绕截面弱轴弯曲屈曲的临界力，即 $N_{Ey} = \pi^2 EI_y / l_y^2$；$N_z$ 是绕截面纵轴扭转屈曲的临界力，其值为

$$N_z = \frac{GI_t + \dfrac{\pi^2 EI_w}{l_w^2}}{i_0^2} \tag{6-16}$$

式中 I_t——截面的扭转常数；

I_w——截面的翘曲常数；

i_0——截面的极回转半径，$i_0^2 = (I_x + I_y)/A$；

l_w——构件的侧向扭转自由长度，对于两端铰接的杆 $l_w = l$。

式(6-16)可以用来计算双轴对称截面轴心受压构件的弹性扭转屈曲力。对于双轴对称的工字形截面和箱形截面轴心压杆，由于截面的抗扭刚度很大，不会发生扭转屈曲。但是对于十字形截面轴心压杆，因为截面的翘曲常数 $I_w \approx 0$，这时扭转屈曲临界力为 $N_z = GI_t / i_0^2$，此

值与杆的长度无关。当杆不很长时，它的扭转屈曲力会低于弯曲屈曲力，从而导致构件发生扭转失稳。

如果在压弯构件发生弯扭屈曲时部分材料已经屈服，建立平衡方程时应该将构件的截面抗弯刚度 EI_x、EI_y，翘曲刚度 EI_w 和自由扭转刚度 GI_t 作适当改变，这时求解弹塑性弯扭屈曲承载力的过程比较复杂。

6.3.2 实腹式压弯构件在弯矩作用面外的实用计算公式

上节在确定压弯构件弹性弯扭屈曲临界力时没有考虑构件内存在的残余应力和可能产生的非弹性变形，当考虑这些因素时计算方法比较复杂，难以直接用于设计。因此，提出可供设计用的实用计算方法。

在第5章中已经讨论了受纯弯矩作用的构件，其弹性弯扭屈曲的临界弯矩可由式(5-14)给出，即

$$M_{cr}=\frac{\pi}{l}\sqrt{EI_yGI_t}\sqrt{1+\frac{EI_w}{GI_t}\left(\frac{\pi}{l}\right)^2}=i_0\sqrt{\frac{\frac{\pi^2EI_y}{l^2}\left(GI_t+\frac{\pi^2EI_w}{l^2}\right)}{i_0^2}}$$

以 N_{Ey}和 N_z 值代入上式后得

$$M_{cr}=i_0\sqrt{N_{Ey}N_z} \tag{6-17}$$

在式(6-14)中将轴线压力 N_{cr}改用符号 N，并且注意到式(6-17)所具有的 M_{cr}、N_{Ey}和 N_z 之间的关系，经过移项后，可写成 N/N_{Ey}和 M/M_{cr}之间的相关关系式

$$\frac{N}{N_{Ey}}+\frac{M^2}{M_{cr}^2\left(1-\frac{N}{N_z}\right)}=1 \tag{6-18}$$

把式(6-18)画成图6-14所示的 N/N_{Ey}和 M/M_{cr}的相关曲线，可见曲线受比值 N_z/N_{Ey}的影响很大。N_z/N_{Ey}越大，压弯构件弯扭屈曲的承载力越高。当 $N_z=N_{Ey}$时，相关曲线变为直线式

$$\frac{N}{N_{Ey}}+\frac{M}{M_{cr}}=1 \tag{6-19}$$

普通工字形截面压弯构件的 N_z 均大于 N_{Ey}，其相关曲线均在直线之上，只有开口的冷弯薄壁型钢构件的相关曲线有时因 N_z 小于 N_{Ey}而在直线之下。

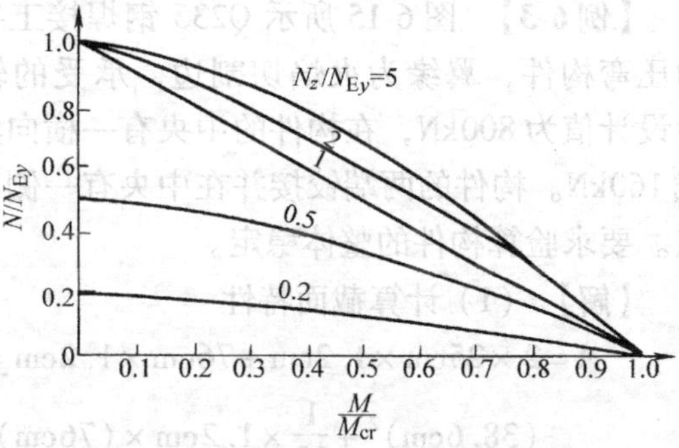

图6-14 N/N_{Ey}和 M/M_{cr}的相关曲线

对于单轴对称截面压弯构件的 N/N_{Ey}和 M/M_{cr}的相关关系式更复杂一些，但如果在式(6-19)中以 N_{Ey}表示单轴对称截面轴心压杆的弯扭屈曲临界力，则式(6-19)仍然可以代表这种压弯构件的相关关系。

虽然式(6-19)来源于弹性杆的弯扭屈曲，但经计算可知，此式也可用于弹塑性压弯构件的弯扭屈曲计算。《钢结构设计规范》采用式(6-19)作为设计压弯构件的依据，同时考虑到不同的受力条件和截面形式，在公式中引进了非均匀弯矩作用的等效弯矩系数 β_{tx}和截面影响系数 η。

在式(6-19)中N_{Ey}用$\varphi_y A f_y$，M_{cr}用$\varphi_b W_{1x} f_y$代入后，压弯构件在弯矩作用平面外的计算公式为

$$\frac{N}{\varphi_y A}+\eta\frac{\beta_{tx}M_x}{\varphi_b W_{1x}}\leqslant f \tag{6-20}$$

式中 φ_y——弯矩作用平面外的轴心受压构件稳定系数；

φ_b——均匀弯矩作用时受弯构件的整体稳定系数，即在第5章中梁的整体稳定系数，对于一般工字形截面和T形截面压弯构件均可直接用式(5-19)~式(5-23)计算φ_b值；

M_x——所计算构件段范围内的最大弯矩；

η——截面影响系数，闭合截面$\eta=0.7$，其他截面$\eta=1.0$；

β_{tx}——等效弯矩系数。

β_{tx}应按下列规定采用：

1）在弯矩作用平面外有支承的构件，应根据两相邻支承点间构件段内荷载和内力情况确定：

① 所考虑构件段无横向荷载作用时$\beta_{tx}=0.65+0.35M_2/M_1$，构件段在弯矩作用平面内的端弯矩$M_1$和$M_2$使它产生同向曲率时取同号，产生反向曲率时取异号，而且$|M_1|\geqslant|M_2|$。

② 所考虑构件段内既有端弯矩又有横向荷载作用，使构件段产生同向曲率时$\beta_{tx}=1.0$，产生反向曲率时$\beta_{tx}=0.85$。

③ 所考虑构件段内只有横向荷载作用，$\beta_{tx}=1.0$。

2）对于悬臂构件$\beta_{tx}=1.0$。

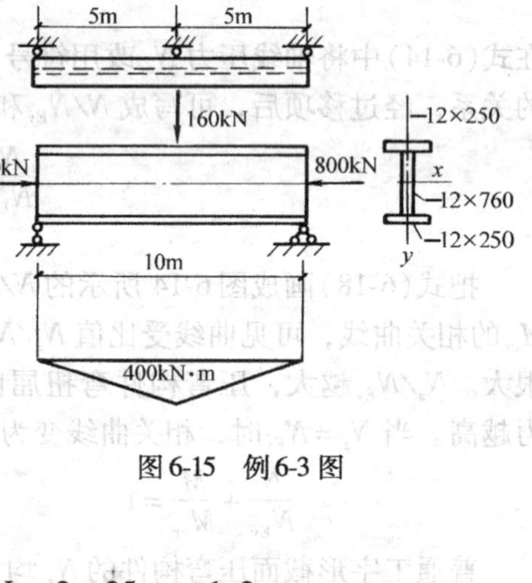

图6-15 例6-3图

【例6-3】 图6-15所示Q235钢焊接工字形截面压弯构件，翼缘为火焰切割边，承受的轴线压力设计值为800kN，在构件的中央有一横向集中荷载160kN。构件的两端铰接并在中央有一侧向支承点。要求验算构件的整体稳定。

【解】（1）计算截面特性

$A=2\times25\text{cm}\times1.2\text{cm}+76\text{cm}\times1.2\text{cm}=151\text{cm}^2$，$I_x=2\times25\text{cm}\times1.2\text{cm}\times(38.6\text{cm})^2+\frac{1}{12}\times1.2\text{cm}\times(76\text{cm})^3=133296\text{cm}^4$

$$i_x=\sqrt{\frac{I_x}{A}}=\sqrt{\frac{133296\text{cm}^4}{151\text{cm}^2}}=29.71\text{cm}$$

$$W_x=\frac{2I_x}{h}=\frac{133296\text{cm}^4}{39.2\text{cm}}=3400\text{cm}^3$$

$$I_y=\frac{2\times1.2\text{cm}\times(25\text{cm})^3}{12}=3125\text{cm}^4$$

$$i_y=\sqrt{\frac{I_y}{A}}=\sqrt{\frac{3125\text{cm}^4}{151\text{cm}^2}}=4.55\text{cm}$$

（2）核算构件在弯矩作用平面内的稳定

$\lambda_x=\frac{l_x}{i_x}=\frac{1000\text{cm}}{29.71\text{cm}}=33.7$，按b类截面轴心受压构件查附表4-2得，$\varphi_x=0.923$。

$$N'_{Ex}=\frac{\pi^2 E}{1.1\lambda_x^2}A=\frac{\pi^2\times 206\times 10^3\text{N/mm}^2}{1.1\times 33.7^2}\times 151\text{cm}^2=24575000\text{N}$$
$$=24575\text{kN}$$

因跨中只有一个集中荷载，等效弯矩系数为

$$\beta_{mx}=1-0.2N/N_{Ex}=1-0.2\times 800\text{kN}/27033\text{kN}=1-0.2\times 0.029=0.994$$

$$\frac{N}{\varphi_x A}+\frac{\beta_{mx}M_x}{\gamma_x W_x\left(1-0.8\frac{N}{N'_{Ex}}\right)}=\frac{800\text{kN}}{0.923\times 151\text{cm}^2}+$$
$$\frac{0.994\times 400\text{kN}\cdot\text{m}}{1.05\times 3400\text{cm}^3\left(1-0.8\times\frac{800\text{kN}}{24575\text{kN}}\right)}$$
$$=57.34\text{N/mm}^2+\frac{111.37\text{N/mm}^2}{(1-0.026)}$$
$$=57.34\text{N/mm}^2+114.34\text{N/mm}^2=171.7\text{N/mm}^2<f=215\text{N/mm}^2$$

（3）核算构件在弯矩作用平面外的稳定

$\lambda_y=l_y/i_y=500\text{cm}/4.55\text{cm}=110$，按b类截面轴心受压构件查附表4-2得，$\varphi_y=0.493$。

在侧向支承点范围内，由弯矩图知杆段一端的弯矩400kN·m，另一端为零，等效弯矩系数$\beta_{tx}=0.65$。用近似计算公式可得

$$\varphi_b=1.07-\frac{\lambda_y^2}{44000}=0.795$$

$$\frac{N}{\varphi_y A}+\eta\frac{\beta_{tx}M_x}{\varphi_b W_x}=\frac{800\text{kN}}{0.493\times 151\text{cm}^2}+1.0\times\frac{0.65\times 400\text{kN}\cdot\text{m}}{0.795\times 3400\text{cm}^3}$$
$$=107.5\text{N/mm}^2+96.2\text{N/mm}^2=203.7\text{N/mm}^2<f=215\text{N/mm}^2$$

经以上计算可知，虽然在杆的中央有一侧向支承点，但杆的弯扭失稳承载力仍低于弯曲失稳承载力。

6.4　压弯构件的计算长度

在第4章中轴心受压构件的计算长度是根据构件端部的约束条件按弹性理论确定的。对于端部条件比较简单的压弯构件，可利用第4章轴心受压构件中的计算长度系数μ直接得到计算长度。但对于框架，情况比较复杂。在框架的平面内框架失稳有两种形式，一种无侧移，另一种是有侧移的，无侧移框架比有侧移框架失稳的承载力大得多。所以确定框架柱的计算长度时首先要区分框架失稳时有无侧移。如果没有防止侧移的有效措施，都应该按有侧移失稳的框架来考虑，以确保安全受力。

6.4.1　单层多跨等截面框架的计算长度

图6-16a所示是对称单跨等截面框架，柱与基础刚接。当框架失稳时因顶部有支撑，侧

移受到阻止，框架成对称失稳形式。节点 B 与 C 的转角相等但方向正好相反。横梁对柱的约束作用取决于横梁的线刚度 I_0/L 和柱的线刚度 I/H 的比值 K_0，I_0、I 分别为横梁和柱的刚度，$K_0=\dfrac{I_0H}{IL}$。柱的计算长度 $H_0=\mu H$，计算长度系数 μ 根据弹性屈曲理论算得，由表 6-2 给出。表 6-2 中还给出了柱与基础铰接的计算长度系数。对于无侧移框架，系数 μ 在 0.5 ~ 1.0 内变动。

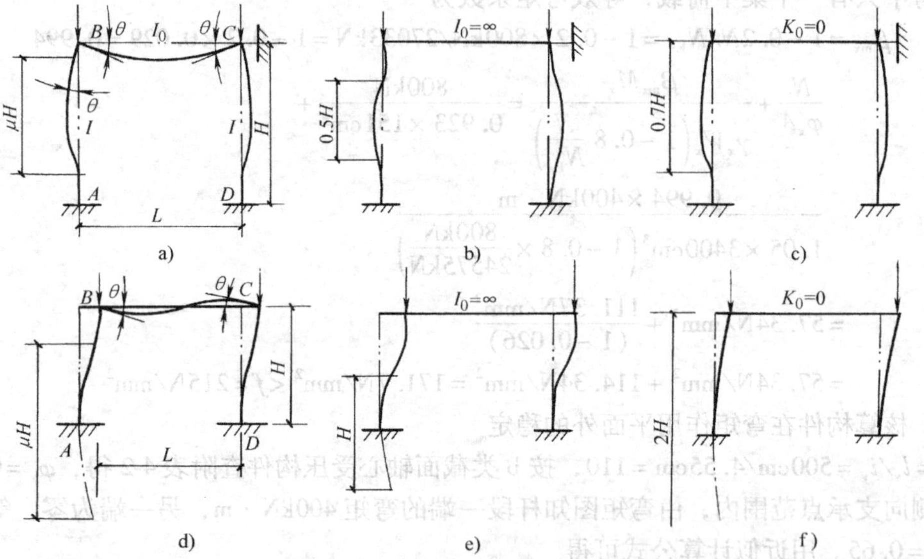

图 6-16　单层单跨框架失稳形式

当线刚度的比值 $K_0>20$ 时，可认为横梁的截面二次矩为无限大，这时柱的计算长度与两端固定的独立柱相同，即 $\mu=0.5$，如图 6-16b 所示。

当横梁与柱铰接时，可认为线刚度比值 K_0 为零，柱的计算长度为 $0.7H$（见图 6-16c）。

实际上很多单层单跨框架因无法设置支撑结构，其失稳形式是有侧移的（见图 6-16d、e、f），失稳时按弹性屈曲理论算得的计算长度系数 μ 也由表 6-2 给出。有侧移框架柱 μ 值的变动范围很大，从 1.0 ~ ∞。

表 6-2　单层等截面框架柱的计算长度系数 μ

框架类型	柱与基础连接方式	线刚度比值 K_0 或 K_1							近似计算公式
		≥20	10	5	1.0	0.5	0.1	0	
无侧移	刚性固定	0.500	0.542	0.546	0.626	0.656	0.689	0.700	$\mu=\dfrac{K_0+2.188}{2K_0+3.125}$
	铰接	0.700	0.732	0.760	0.875	0.922	0.981	1.000	$\mu=\dfrac{1.4K_0+3}{2K_0+3}$
有侧移	刚性固定	1.000	1.020	1.030	1.160	1.280	1.670	2.000	$\mu=\sqrt{\dfrac{K_0+0.532}{K_0+0.133}}$
	铰接	2.000	2.030	2.070	2.330	2.640	4.440	∞	$\mu=\sqrt{1+\dfrac{0.38}{K_0}}$

为计算方便，也可把表6-2中的μ值归纳出具有足够精度的实用计算公式。这些近似计算公式列于表6-2的最后一栏。

实际工程中的框架未必像典型框架那样，结构和荷载都对称，并且框架只承受位于柱顶的集中重力荷载，横梁中没有轴力。当这些条件发生变化时，表6-2的计算长度系数就不能精确反映框架的稳定承载力。

《钢结构设计规范》对不同于典型对称框架的情况规定有修正的方法。一种情况是当与柱相连的梁远端为铰接或嵌固时的修正。修正方法是对横梁线刚度乘以下列系数：

无侧移框架　梁远端铰接：1.5；梁远端嵌固：2.0。

有侧移框架　梁远端铰接：0.5；梁远端嵌固：2/3。

需要进行修正的第二种情况是横梁有轴心压力N_b使其刚度下降。此时需要把梁线刚度乘以下列折减系数：

无侧移框架　横梁远端与柱刚接和远端铰接时　$\alpha_N = 1 - \dfrac{N_b}{N_{Eb}}$

横梁远端嵌固时　$\alpha_N = 1 - \dfrac{N_b}{2N_{Eb}}$

有侧移框架　横梁远端与柱刚接　$\alpha_N = 1 - \dfrac{N_b}{4N_{Eb}}$

横梁远端铰接时　$\alpha_N = 1 - \dfrac{N_b}{N_{Eb}}$

横梁远端嵌固时　$\alpha_N = 1 - \dfrac{N_b}{2N_{Eb}}$

式中，$N_{Eb} = \dfrac{\pi^2 EI_0}{l^2}$，$I_0$为横梁截面二次矩，$l$为横梁长度。

对于图6-16b的情况，$\alpha_N = 1 - N_b/N_{Eb}$。可以判断$N_b = N_{Eb}$，系数$\alpha_N = 0$表明梁不对柱提供约束。

对于单层多跨等截面柱框架，计算稳定时认为诸柱是同时失稳的。对于无侧移框架，还近似假定失稳时横梁两端的转角θ相等但方向相反(见图6-16a)。对于有侧移框架，假定失稳时横梁两端的转角相等而方向也相同(见图6-16d)。柱的计算长度系数μ取决于与柱相邻的两根横梁的线刚度之和$(I_1/L_1 + I_2/L_2)$与柱的线刚度(I/H)的比值K_1，即$K_1 = (I_1/L_1 + I_2/L_2)/I/H$。系数$\mu$仍由表6-2给出。和单跨框架一样，当横梁有较大轴压力及远端铰铰或嵌固时，其线刚度需要修正。各柱同时失稳，要求各柱的$H_i\sqrt{N_i/EI_i}$相同。如果相差悬殊，则由表6-2查得的μ值需要调整，尤其是有侧移失稳较为必要。

6.4.2 多层多跨等截面框架柱的计算长度

对于多层多跨框架，其失稳形式也分为无侧移和有侧移两种情况。计算的基本假定与单层多跨框架类同(见图6-17a、b)。柱的计算长度系数μ和横梁的约束作用有直接关系，它取决于在该柱上端节点处相交的横梁线刚度之和与柱的线刚度之和比值K_1，同时还取决于该柱下端节点处相交的横梁线刚度之和与柱的线刚度之和的比值K_2，系数μ见附表5-1、附表5-2。

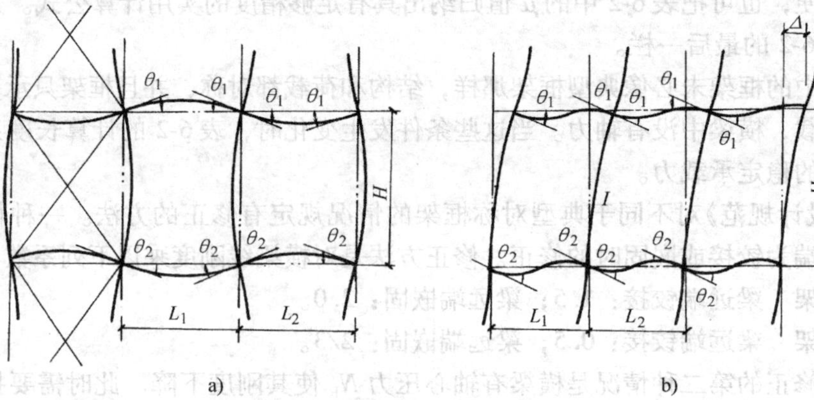

图 6-17 多层多跨框架失稳形式

6.4.3 变截面阶形柱的计算长度

因为承受起重机荷载作用，厂房柱经常采用阶形柱。除少数厂房因有双层起重机需采用双阶柱外，一般采用单阶柱。阶形柱的计算长度是分段确定的，它们的计算长度系数之间有内在关系。根据柱上端与横梁的连接是铰接还是刚接，分为图 6-18a、b 两种失稳形式。由于柱上端在框架平面内无法设置阻止框架发生侧移的支撑，阶形柱的计算长度按有侧移失稳的条件确定。上下段柱的计算长度分别是

$$H_{01} = \mu_1 H_1$$
$$H_{02} = \mu_2 H_2$$

当柱的上端与横梁铰接时，把柱视为悬臂构件(见图6-18a)，下段柱的计算长度系数 μ_2 按下列两个参数查附表 5-3 确定，$K_1 = \dfrac{I_1 H_2}{I_2 H_1}$(柱上下段的线刚度之比)，$\eta_1 = \dfrac{H_1}{H_2}\sqrt{\dfrac{N_1 I_2}{N_2 I_1}}$。参数 η_1 中的 N_1 和 N_2 分别为上、下柱的轴心力，计算时为未知数，但在推导框架的临界荷载时，为简化计算，取了上、下柱临界荷载的比值(通常取计算荷载的比值)，所以 N_1/N_2 可按产生最大轴心力的荷载组合取用。上段柱的计算长度系数为 $\mu_1 = \mu_2/\eta_1$。

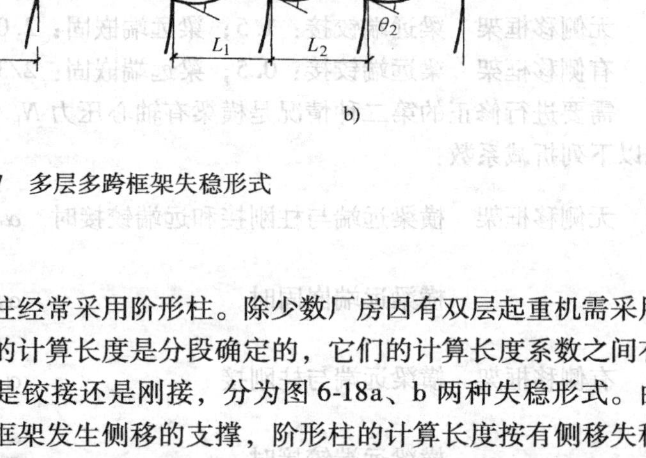

图 6-18 单阶柱的失稳形式

当柱的上端与横梁刚接时，横梁的刚度对框架屈曲有一定影响。但当横梁的线刚度与上段柱的线刚度之比大于 1.0 时，横梁刚度的大小对框架屈曲的影响差别不大。这时，下段柱的计算长度系数 μ_2 可直接把柱视为上端可以滑动而不能转动的构件(见图 6-18b)，按参数 K_1 和 η_1 查附表 5-4 确定，而上段柱的计算长度系数仍取为 $\mu_1 = \mu_2/\eta_1$。

当厂房的柱列很多时，《钢结构设计规范》考虑到厂房结构的实际工作中存在着以下有利因素：

1）阶形柱计算长度是按照框架中受荷载最大的柱子进行稳定分析确定的。由于厂房柱主要承受起重机荷载，当厂房一侧柱子达最大垂直荷载时，另一侧柱则承受较小的起重机荷载，当受荷载较大的柱子失稳时，将受到受荷较小柱子的支持作用。

2）单跨厂房中设有通长的纵向支撑或采用大型屋面板时，厂房实际存在着空间工作作用。

3）多跨厂房中设有刚性盘体的屋盖或两边柱有通长的屋盖水平支撑连系时，厂房较大的整体刚度对将要失稳的某一跨框架可起到约束作用。

综合以上原因，规范根据厂房的不同情况对阶形柱计算长度系数乘以表6-3的折减系数。

表6-3 确定阶形柱计算长度的折减系数

<table>
<tr><th colspan="4">厂房类型</th><th rowspan="2">折减系数</th></tr>
<tr><th>单跨或多跨</th><th>纵向温度区段内一个柱列的柱子数</th><th>屋面情况</th><th>厂房两侧是否有屋盖纵向水平支撑</th></tr>
<tr><td rowspan="4">单跨厂房</td><td>等于或小于6个</td><td></td><td></td><td rowspan="2">0.9</td></tr>
<tr><td rowspan="3">多于6个</td><td rowspan="2">非大型屋面板屋面</td><td>无纵向水平支撑</td></tr>
<tr><td>有纵向水平支撑</td><td rowspan="3">0.8</td></tr>
<tr><td>大型屋面板屋面</td><td></td></tr>
<tr><td rowspan="3">多跨厂房</td><td rowspan="3"></td><td rowspan="2">非大型屋面板屋面</td><td>无纵向水平支撑</td></tr>
<tr><td>有纵向水平支撑</td><td rowspan="2">0.7</td></tr>
<tr><td>大型屋面板屋面</td><td></td></tr>
<tr><td>备注</td><td colspan="3">有横梁的露天结构（如落锤车间等）</td><td>0.9</td></tr>
</table>

上述计算长度都是根据弹性框架屈曲理论得到的。单层框架在弹塑性状态失稳时，按弹性刚架得到的μ值常常偏于安全，特别是当横梁按弹性工作设计而柱却允许出现一定塑性而降低了柱的刚度时，线刚度的比值K_1有所提高。

还须进一步说明的是：以上关于单层和多层框架柱的讨论都假定框架只在梁柱连接点承受竖向轴线荷载，因而柱在失稳前没有弯矩，且梁不承受轴心力。但实际的结构经常是梁上有荷载，使它和柱都受弯，且引起支座水平反力使梁受压。此外，结构还时常会承受水平荷载使柱弯曲和侧向移动。

把作用在梁跨度上的荷载集中到梁端，忽略了框架屈曲前变形和梁的轴线压力，会对荷载的临界值造成一定的误差。据已有资料分析，单跨框架对称失稳时分布于梁上的荷载影响比较大，而反对称失稳时则影响不大。因此，单跨框架最常见的为侧移失稳，其梁上荷载的弯矩影响可以忽略，但如框架顶部有水平支撑防止侧移，则梁上荷载的弯矩影响不能忽视。

水平荷载的影响是否可以忽略，要具体分析。如按一阶分析考虑，水平荷载对框架柱计算长度影响不大；如采用二阶分析，将使框架的内力增大而刚度降低，不利于保持稳定。这种效应的影响主要表现在非弹性阶段。

6.4.4 在框架平面外柱的计算长度

柱在框架平面外的计算长度取决于支撑构件的布置。柱在框架平面外失稳时，支撑结构使柱在框架平面外得到支撑，支撑点可以看作变形曲线的反弯点，因此柱在平面外的计算长度就等于支撑点之间的距离。如图 6-19 所示单层框架柱，在平面外的计算长度，上下段是不同的，上段取为自屋架纵向水平支撑或托架支座处的柱高 H_1，下柱框架平面外的计算长度应取自柱脚底面至肩梁顶面的高度 H_2。有了计算长度以后框架柱即可根据其受力条件按压弯构件设计。

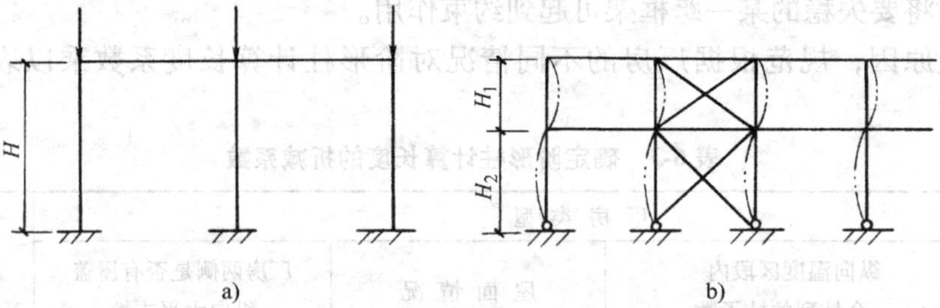

图 6-19 框架柱在弯矩作用平面外的计算长度

【例 6-4】 图 6-20 表示一铰接柱脚的双跨等截面框架。要求确定边柱和中柱在框架平面内的计算长度。

【解】 先计算框架中诸构件的截面二次矩。

横梁 $I_0=\dfrac{1\text{cm}\times(80\text{cm})^3}{12}+2\times35\text{cm}\times1.6\text{cm}\times(40.8\text{cm})^2=229100\text{cm}^4$

边柱 $I_1=\dfrac{1\text{cm}\times(36\text{cm})^3}{12}+2\times30\text{cm}\times1.2\text{cm}\times(18.6\text{cm})^2=28800\text{cm}^4$

中柱 $I_2=\dfrac{1\text{cm}\times(46\text{cm})^3}{12}+2\times30\text{cm}\times1.6\text{cm}\times(23.8\text{cm})^2=62500\text{cm}^4$

再计算横梁的线刚度与边柱的线刚度之比，$K_0=\dfrac{I_0H}{I_1L}=\dfrac{229100\text{cm}^4\times8\text{m}}{28800\text{cm}^4\times12\text{m}}=5.3$

图 6-20 是一个有侧移框架，柱的下端与柱基础铰接，上端与横梁刚接，查表 6-2 得边柱的计算长度系数

$$\mu=2.07-\frac{(5.3-5)}{(10-5)}\times(2.07-2.03)$$

$$=2.068$$

用近似公式计算

$$\mu=2\times\sqrt{1+\frac{0.38}{5.3}}=2.07$$

两个横梁的线刚度之和与中柱线刚度比值

$$K_1=\frac{2I_0H}{I_2L}=\frac{2\times229100\text{cm}^4}{62500\text{cm}^4}\times\frac{8\text{m}}{12\text{mm}}=4.9$$

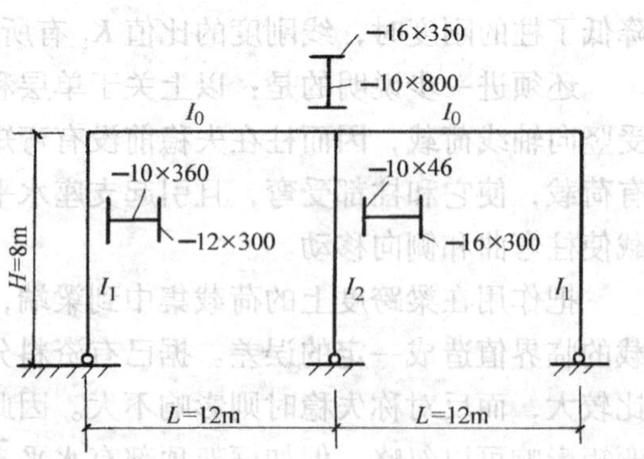

图 6-20 例 6-4 图

查表6-2得到中柱的计算长度系数

$$\mu = 2.07 + \frac{(5-4.9)}{(5-1)}(2.33-2.07) = 2.0765$$

用近似公式计算，$\mu = 2 \times \sqrt{1 + \frac{0.38}{4.9}} = 2.0761$

两种计算结果是一致的。

6.5 压弯构件的板件稳定

6.5.1 腹板的稳定

压弯构件的腹板处于剪应力和非均匀压应力联合作用(见图6-21)，其弹性屈曲条件为

$$\left[1-\left(\frac{\alpha_0}{2}\right)^5\right]\frac{\sigma}{\sigma_0} + \left(\frac{\alpha_0}{2}\right)^5\left(\frac{\sigma}{\sigma_0}\right)^2 + \left(\frac{\tau}{\tau_0}\right)^2 = 1 \qquad (6\text{-}21)$$

式中 τ、σ——压弯构件在剪力作用下腹板的平均切应力和在弯矩与轴线力的共同作用下腹板边缘的最大压应力；

α_0——与腹板上下边缘的最大压应力和最小应力有关的应力梯度，即 $\alpha_0 = (\sigma_{max} - \sigma_{min})/\sigma_{max}$

τ_0——腹板仅受切应力作用时的屈曲切应力，对于柱腹板

$$\tau_0 = 5.784 \times \frac{\pi^2 E t_w^2}{12(1-\nu^2)h_0^2} \qquad (6\text{-}22)$$

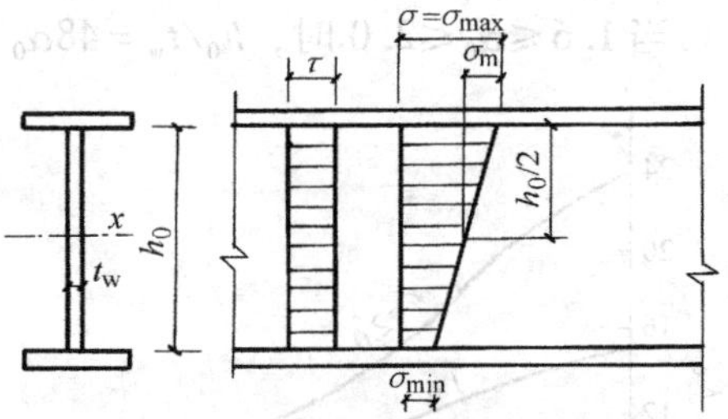

图6-21 压弯构件腹板受力状态

σ_0——腹板仅受弯矩和轴线压力联合作用时的屈曲应力，即

$$\sigma_0 = K_\sigma \frac{\pi^2 E t_w^2}{12(1-\nu^2)h_0^2} \qquad (6\text{-}23)$$

弹性屈曲系数 K_σ 取决于应力梯度 α_0，其值见表6-4。

表6-4 在非均匀压应力和剪应力联合作用下腹板的弹性屈曲系数

α_0	0	0.2	0.4	0.6	0.8	1.0	1.2	1.4	1.6	1.8	2.0
$K_\sigma(\tau=0)$	4.000	4.443	4.992	5.689	6.595	7.812	9.503	11.868	15.183	19.524	23.922
$K_e(\tau=0.3\sigma_m)$	4.000	4.435	4.970	5.640	6.469	7.507	8.815	10.393	12.150	13.800	15.012

一般压弯构件的切应力对腹板屈曲的影响较小。因此，可以寻求比式(6-21)简便的方法来计算腹板的局部屈曲。对于一定的 α_0，K_σ 为已知，则以不同的切应力 τ 代入式(6-21)，可以得到切应力和压应力联合作用下的弹性屈曲应力 σ_{cr}，并用下式表示

$$\sigma_{cr} = K_e \frac{\pi^2 E t_w^2}{12(1-\nu^2)h_0^2} \qquad (6\text{-}24)$$

式中　K_e——与比值 τ/σ 及 α_0 有关的弹性屈曲系数(见图6-22)。

从图6-22可知，切应力的存在降低了腹板的屈曲应力，其降低程度与应力梯度 α_0 有关，当 $\alpha_0=2$(即纯弯曲)时影响最大，而 α_0 接近于零(即均匀受压)时影响甚微。对钢结构中的压弯构件，经分析，对厂房柱一类构件可取 τ 为弯曲压应力 σ_m 的0.3倍，与板边缘的正应力的关系是 $\tau/\sigma=0.15\alpha_0$。这时，由式(6-21)和式(6-24)即可得到弹性屈曲系数 K_e(见表6-4)。

由式(6-24)得到的屈曲应力只适用于弹性状态屈曲的板。对于在弯矩作用平面内失稳的压弯构件，截面一般都不同程度地开展了塑性。需要根据板的塑性屈曲理论确定腹板的塑性屈曲系数 K_p，用以代替式(6-24)中的 K_e。塑性屈曲系数 K_p 的确定比较复杂，这里不作介绍。一旦确定了 K_p，腹板高厚比的允许值可由 $\sigma_{cr}=f_y$ 确定。

经过计算分析可得 h_0/t_w 限值与 α_0 之间的关系曲线，如图6-23中的虚线所示。在计算时假定了腹板塑性区的深度为其高度的1/4。为了计算上的方便，可以用两段直线替代，如图6-23中的实线所示，即

当 $0\leqslant\alpha_0\leqslant1.6$ 时，$h_0/t_w=16\alpha_0+50$

当 $1.6\leqslant\alpha_0\leqslant2.0$ 时，$h_0/t_w=48\alpha_0-1$

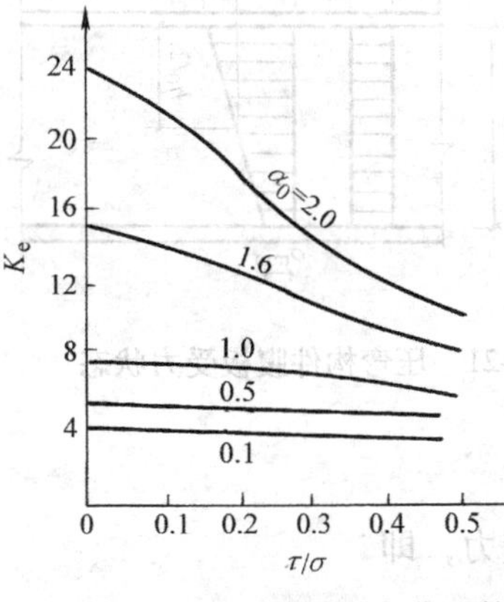

图6-22　腹板弹性屈曲系数

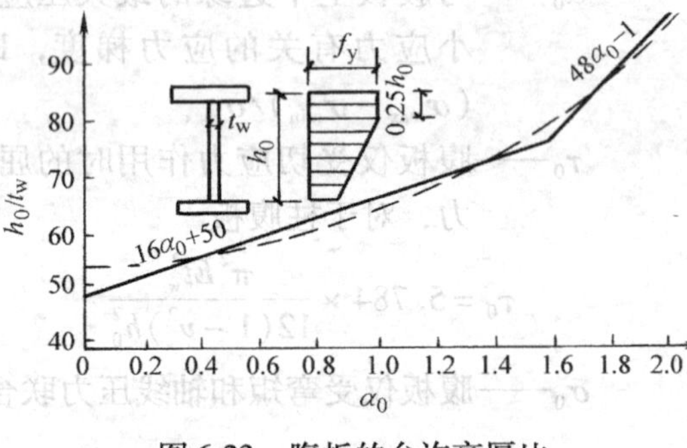

图6-23　腹板的允许高厚比

实际上，对于长细比小的压弯构件，在弯曲作用平面内失稳时，截面的塑性深度超过 $0.25h_0$，而对于长细比大的压弯构件，塑性深度却不到 $0.25h_0$，有时构件截面的边缘纤维已开始屈服，而腹板还处于弹性状态。因此，和轴心受压构件一样，h_0/t_w 宜随长细比 λ 而适当放大。《钢结构设计规范》规定：

当 $0\leqslant\alpha_0\leqslant1.6$ 时，
$$\frac{h_0}{t_w}\leqslant(16\alpha_0+0.5\lambda+25)\sqrt{\frac{235}{f_y}} \tag{6-25}$$

当 $1.6\leqslant\alpha_0\leqslant2.0$ 时，
$$\frac{h_0}{t_w}\leqslant(48\alpha_0+0.5\lambda-26.2)\sqrt{\frac{235}{f_y}} \tag{6-26}$$

其中，λ 是构件在弯矩作用平面内的长细比，当 $\lambda<30$ 时，取 $\lambda=30$，当 $\lambda>100$ 时，取 $\lambda=100$。

在宽度很大的实腹式柱中腹板的高厚比也可以超过由式(6-25)和式(6-26)所规定的值。这时应采取类似冷弯薄壁型钢构件中板件计算的方法，取腹板两侧与劲性板相连接的各宽 $20t_w\sqrt{235/f_y}$ 作为腹板的有效截面，如图6-24a所示，然后进行构件的整体稳定验算，但计

算其长细比时仍按整个截面考虑。这种处理方法可以比加厚腹板更为经济有效。

对于十分宽大的实腹柱，也可以在腹板中央设置纵向加劲肋以减少腹板的计算高度 h_0。为了防止构件变形，应每隔 4 ~6m 设置图 6-24a 所示横隔。每个运送单元不应少于两个横隔。

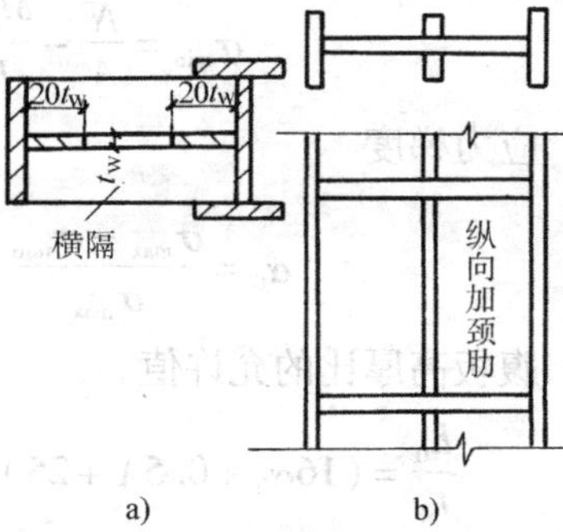

图 6-24 宽柱的腹板

6.5.2 翼缘的稳定

根据受压最大的翼缘和构件等稳定的原则，压弯构件的翼缘一般都在弹塑性状态屈曲。翼缘宽厚比的允许值可以按下式确定

$$\frac{b_1}{t}=\sqrt[4]{\eta}\sqrt{\frac{0.425\pi^2 E}{12(1-\nu^2)\sigma_{cr}}} \tag{6-27}$$

对长细比在 100 以上的压弯构件，取平均应力 $\sigma_{cr}=0.95f_y$，$\eta=0.4$，可以得到翼缘外伸宽厚比的允许值

$$b_1/t\leqslant 15\sqrt{\frac{235}{f_y}} \tag{6-28}$$

对于长细比较小的压弯构件，塑性发展更加充分，这一允许宽厚比之值偏大。取 $\sigma_{cr}=0.97f_y$，$\eta=0.2$ 得到 $b_1/t=12.46\sqrt{235/f_y}$。故《钢结构设计规范》规定，如果构件的截面尺寸由平面内的稳定控制，且长细比小于 100，应力又用得较足，则翼缘外伸宽厚比的允许值为

$$\frac{b_1}{t}\leqslant 13\sqrt{\frac{235}{f_y}} \tag{6-29}$$

规范还规定，当构件强度和稳定计算中取 $\gamma_x=1$ 时，翼缘外伸宽厚比的允许值的限值可以放宽，按式(6-28)确定。

【例 6-5】 验算例 6-3 中压弯构件的板件宽厚比是否在规范允许范围之内。

【解】 截面特性为 $A=151\text{cm}^2$；$I_x=133296\text{cm}^2$。长细比 $\lambda_x=33.7$，轴线压力 $N=800\text{kN}$，在构件中央截面有最大弯矩 $M=400\text{kN}\cdot\text{m}$

(1) 检验翼缘的宽厚比 由例题 6-3 知，在弯矩作用平面内的稳定应力远没有用足，$b_1/t=119/12=9.92<15$。

(2) 检验腹板的高厚比 先计算腹板边缘的应力，以压应力为正值，拉应力为负值。在腹板的上边缘

$$\sigma_{max}=\frac{N}{A}+\frac{My_1}{I_x}=\frac{800\text{kN}}{151\text{cm}^2}+\frac{400\text{kN}\cdot\text{m}\times 380\text{mm}}{133296\text{cm}^4}$$

$$=53\text{N/mm}^2+114\text{N/mm}^2=167\text{N/mm}^2$$

在腹板的下边缘(见图 6-15)

$$\sigma_{\min}=\frac{N}{A}-\frac{My_1}{I_x}=53\text{N/mm}^2-114\text{N/mm}^2=-61\text{N/mm}^2$$

应力梯度

$$\alpha_0=\frac{\sigma_{\max}-\sigma_{\min}}{\sigma_{\max}}=\frac{167\text{N/mm}^2-(-61\text{N/mm}^2)}{167\text{N/mm}^2}=1.365<1.6$$

腹板高厚比的允许值

$$\frac{h_0}{t_w}=(16\alpha_0+0.5\lambda+25)\sqrt{\frac{235}{f_y}}=(16\times1.365+0.5\times33.7+25)\sqrt{\frac{235}{235}}=63.7$$

截面实际的高厚比 76cm/1.2cm = 63.3≈63.7，满足要求。

6.6 实腹式压弯构件的设计

6.6.1 截面形式

对于压弯构件，当承受的弯矩较小时，其截面形式与一般的轴心受压构件相同(见图 4-1)；当弯矩较大时，宜采用在弯矩作用平面内截面高度较大的双轴对称截面或单轴对称截面(见图 6-25)。

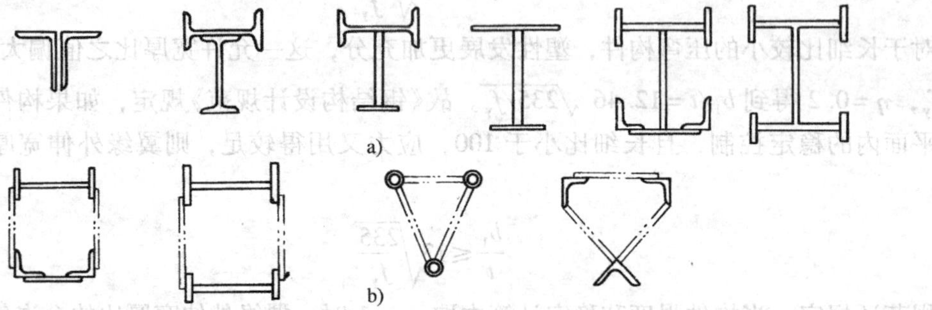

图 6-25 压弯构件的单轴对称截面

a) 实腹式截面 b) 格构式截面

6.6.2 截面选择及验算

设计时需首先选定截面的形式，再根据构件所承受的轴力 N、弯矩 M 和构件的计算长度 l_{0x}、l_{0y} 初步确定截面的尺寸，然后进行强度、整体稳定、局部稳定和刚度的验算。由于压弯构件的验算式中所牵涉到的未知量较多，根据估计所初选出来的截面尺寸不一定合适，因而初选的截面尺寸往往需要进行多次调整。

（1）强度验算 承受单向弯矩的压弯构件强度验算用式(6-4)，即为

$$\frac{N}{A_n}\pm\frac{M_x}{\gamma_x W_{nx}}\leqslant f$$

当截面无削弱且 N、M 的取值与整体稳定验算的取值相同而等效弯矩系数为 1.0 时，不必进行强度验算。

（2）整体稳定验算 实腹式压弯构件弯矩作用平面内的稳定采用式(6-12)计算，即

$$\frac{N}{\varphi_x A}+\frac{\beta_{mx}M_x}{\gamma_x W_{1x}\left(1-\frac{0.8N}{N'_{Ex}}\right)}\leqslant f$$

对T形截面(包括双角钢T形截面)，还应按式(6-13)进行计算

$$\left|\frac{N}{A}-\frac{\beta_{mx}M_x}{\gamma_x W_{2x}\left(1-\frac{1.25N}{N'_{Ex}}\right)}\right|\leqslant f$$

实腹式压弯构件弯矩作用平面外的稳定计算采用式(6-20)，即

$$\frac{N}{\varphi_y A}+\eta\frac{\beta_{tx}M_x}{\varphi_b W_{1x}}\leqslant f$$

（3）局部稳定验算 组合截面压弯构件腹板的高厚比应满足式(6-25)和式(6-26)的要求，翼缘的宽厚比应满足式(6-28)和式(6-29)的要求。

（4）刚度验算 压弯构件的长细比应不超过表4-2中规定的允许长细比限值。

6.6.3 构造要求

压弯构件的翼缘宽厚比必须满足局部稳定的要求，否则翼缘屈曲必然导致构件整体失稳。但当腹板屈曲时，由于存在屈曲后强度，构件不会立即失稳只会使其承载力有所降低。工字形截面和箱形截面由于高度较大，为了保证腹板的局部稳定而需要采用较厚的板时，显得不经济。因此，设计中有时采用较薄的腹板，当腹板的高厚比不满足式(6-25)和式(6-26)的要求时，可考虑腹板中间部分由于失稳而退出工作，计算时腹板截面面积仅考虑两侧宽度各为$20t_w\sqrt{235/f_y}$的部分(计算构件的稳定系数时仍用全截面)。也可在腹板中部设置纵向加劲肋，此时腹板的受压较大翼缘与纵向加劲肋之间的高厚比应满足式(6-25)和式(6-26)的要求。

当腹板的$h_0/t_w>80$时，为防止腹板在施工和运输中发生变形，应设置间距不大于$3h_0$的横向加劲肋。另外，设有纵向加劲肋的同时也应设置横向加劲肋。加劲肋的截面选择与第5章中梁的加劲肋截面的设计相同。

大型实腹式柱在受有较大水平力处和运送单元的端部应设置横隔，横隔的设置方法详见图4-32。

【例6-6】 图6-26a所示为用Q235钢焊接的一工字形压弯构件，翼缘为剪切边，承受静力设计偏心压力N作用，$N=700\text{kN}$，偏心矩$e=300\text{mm}$，$l=5\text{m}$，构件的两端铰接，试验算构件的强度、稳定和刚度。如不满足要求，应如何设置侧向支承提高其承载力，并进行验算。

【解】 （1）计算截面特性

$$A=2\times20\text{cm}\times1.4\text{cm}+50\text{cm}\times1.0\text{cm}=106\text{cm}^2$$

$$I_x=\frac{1}{12}\times1.0\text{cm}\times(50\text{cm})^3+2\times20\text{cm}\times1.4\text{cm}\times(25.7\text{cm})^2=4.74\times10^4\text{cm}^4$$

$$I_y=2\times\frac{1}{12}\times1.4\text{cm}\times(20\text{cm})^3=1.87\times10^3\text{cm}^4$$

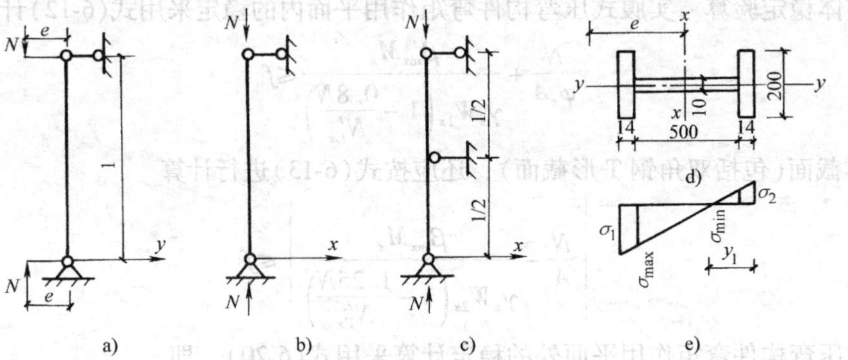

图 6-26 例 6-6 图

$$i_x=\sqrt{\frac{I_x}{A}}=\sqrt{\frac{4.74\text{cm}^4\times10^4}{106\text{cm}^2}}=21.1\text{cm}$$

$$i_y=\sqrt{\frac{I_y}{A}}=\sqrt{\frac{1.87\text{cm}^4\times10^3}{106\text{cm}^2}}=4.2\text{cm}$$

(2) 验算构件在弯矩作用平面内的稳定

$$\lambda_x=\frac{l_{0x}}{i_x}=\frac{500\text{cm}}{21.1\text{cm}}=23.7$$

属 b 类轴心受压构件截面，查附表 4-2 得，$\varphi_x=0.958$，则有

$$N'_{\text{Ex}}=\frac{\pi^2EA}{1.1\lambda_x^2}=\frac{\pi^2\times206\times10^3\text{N/mm}^2}{1.1\times23.7^2}\times106\text{cm}^2$$
$$=34880\times10^3\text{N}=34880\text{kN}$$

对于两端偏心矩 e 相等，即两端偏心弯矩相等的情况，$\beta_{mx}=1.0$。查表 5-1 得，$\gamma_x=1.05$。

$$M'_x=Ne=700\text{kN}\times300\text{mm}=2.1\times10^5\text{kN}\cdot\text{mm}$$

$$W_{1x}=\frac{2I_x}{h}=2\times4.74\times10^4\text{cm}^4/52.8\text{cm}=1795\text{cm}^3$$

$$\frac{N}{\varphi_xA}+\frac{\beta_{mx}M_x}{\gamma_xW_{1x}\left(1-0.8\dfrac{N}{N'_{\text{Ex}}}\right)}=\frac{700\text{kN}}{0.958\times106\text{cm}^2}+\frac{1.0\times2.1\times10^5\text{kN}\cdot\text{mm}}{1.05\times1795\text{cm}^3\left(1-0.8\dfrac{700\text{kN}}{34880\text{kN}}\right)}$$
$$=70\text{N/mm}^2+113\text{N/mm}^2=183\text{N/mm}^2<f$$
$$=215\text{N/mm}^2$$

(3) 验算构件在弯矩作用平面外的稳定

$$\lambda_y=\frac{l_{0y}}{i_y}=\frac{500\text{cm}}{4.2\text{cm}}=119$$

焊接工字形截面，翼缘为剪切边，对 y 轴属 c 类轴心受压构件截面，查附表 4-3 得，$\varphi_y=0.383$。对于两端偏心矩 e 相等，即两端偏心弯矩相等的情况，$\beta_{tx}=1.0$。

对双轴对称工字形截面，当 $\lambda_y\leqslant120\sqrt{\dfrac{235}{f_y}}$时，

$$\varphi_b = 1.07 - \frac{\lambda_y^2}{44000} \times \frac{f_y}{235} = 1.07 - \frac{119^2}{44000} \times \frac{235}{235} = 0.748$$

$$\frac{N}{\varphi_y A} + \frac{\beta_{tx} M_x}{\varphi_b W_{1x}} = \frac{700\text{kN}}{0.383 \times 106\text{cm}^2} + \frac{1.0 \times 2.1 \times 10^5 \text{kN} \cdot \text{mm}}{0.748 \times 1795\text{cm}^3}$$

$$= 172\text{N/mm}^2 + 156\text{N/mm}^2 = 328\text{N/mm}^2 > f = 215\text{N/mm}^2$$

在弯矩作用平面外的稳定性不满足要求。

在构件中央 $l/2$ 处，加一侧向支承点，阻止绕 y 轴失稳，如图6-26c 所示。$\lambda_y = 250\text{cm}/4.2\text{cm} = 59.5$，属 c 类轴心受压构件截面，查附表4-2 得，$\varphi_y = 0.712$。

$$\varphi_b = 1.07 - \frac{\lambda_y^2}{44000} \times \frac{f_y}{235} = 1.07 - \frac{59.5^2}{44000} = 0.989$$

$$\frac{N}{\varphi_y A} + \eta \frac{\beta_{tx} M_x}{\varphi_b W_{1x}} = \frac{700\text{kN}}{0.712 \times 106\text{cm}^2} + 1.0 \times \frac{1.0 \times 2.1 \times 10^5 \text{kN} \cdot \text{mm}}{0.989 \times 1795\text{cm}^3}$$

$$= 93\text{N/mm}^2 + 118\text{N/mm}^2 = 211\text{N/mm}^2 < f = 215\text{N/mm}^2$$

满足要求。不过从计算结果可以看出，尽管绕 y 轴加了一个侧向支承，但由于 λ_y 比 λ_x 仍大很多，因而构件在弯矩作用平面外的弯扭失稳承载力仍低于构件在弯矩作用平面内的弯曲失稳承载力。因截面无削弱且 N、M 的取值与整体稳定验算的取值相同而等效弯矩系数为1.0，不必进行强度验算。

（4）局部稳定验算　翼缘板：由于强度计算中考虑了塑性 $\gamma_x > 1.0$，因而翼缘自由外伸宽度部分的宽厚比限值为 $13\sqrt{235/f_y}$。

$$\frac{b_1}{t} = \frac{95\text{mm}}{14\text{mm}} = 6.8 < 13 \quad \text{（满足要求）}$$

腹板

$$\sigma_1 = \frac{N}{A} + \frac{M}{W} = \frac{700\text{kN}}{106\text{cm}^2} + \frac{2.1 \times 10^8 \text{N} \cdot \text{mm}}{1795\text{cm}^3}$$

$$= 66\text{N/mm}^2 + 117\text{N/mm}^2 = 183\text{N/mm}^2$$

$$\sigma_2 = \frac{N}{A} - \frac{M}{W} = 66\text{N/mm}^2 - 117\text{N/mm}^2 = -51\text{N/mm}^2$$

腹板边缘的最大应力和最小应力，如图6-26e 所示。

$$y_1 = \frac{\sigma_2}{(\sigma_1 + \sigma_2)} \times h = \frac{51\text{N/mm}^2}{(183\text{N/mm}^2 + 51\text{N/mm}^2)} \times 528\text{mm} = 115\text{mm}$$

$$\sigma_{\max} = \frac{528\text{mm} - 115\text{mm} - 14\text{mm}}{(528\text{mm} - 115\text{mm})} \times 183\text{N/mm}^2 = 177\text{N/mm}^2$$

$$\sigma_{\min} = \frac{(115\text{mm} - 14\text{mm})}{115\text{mm}} \times (-51\text{N/mm}^2) = -45\text{N/mm}^2$$

$$\alpha_0 = \frac{\sigma_{\max} - \sigma_{\min}}{\sigma_{\max}} = \frac{177\text{N/mm}^2 - (-45\text{N/mm}^2)}{177\text{N/mm}^2} = 1.25 < 1.6$$

因 $\lambda = 23.7 < 30$，故取 $\lambda = 30$，则腹板高厚比限值为

$$(16\alpha_0 + 0.5\lambda + 25)\sqrt{\frac{235}{f_y}} = (16 \times 1.25 + 0.5 \times 30 + 25) \times \sqrt{\frac{235}{235}} = 60\text{（满足要求）}$$

腹板实际高厚比为

$$\frac{h_0}{t_w}=\frac{500\text{mm}}{10\text{mm}}=50<60 \quad (满足要求)$$

(5) 刚度验算　查表4-2得，$[\lambda]=150$。实际最大 $\lambda=59.5<[\lambda]=150$(满足要求)。

6.7 格构式压弯构件的设计

截面高度较大的压弯构件采用格构式可以节省材料，所以格构式压弯构件一般用于厂房的框架柱和高大的独立支柱。由于截面的高度较大且受有较大的外剪力，故构件常常用缀条连接。缀板连接的格构式压弯构件较少采用。

常用的格构式压弯构件截面如图6-25b所示。当柱中弯矩不大或正负弯矩的绝对值相差不大时，可用对称的截面形式；如果正负弯矩的绝对值相差较大时，常采用不对称截面，并将较大肢放在受压较大的一侧。

6.7.1 弯矩绕虚轴作用的格构式压弯构件

格构式压弯构件通常使弯矩绕虚轴作用(见图6-27c、d)，对此种构件应进行下列计算：

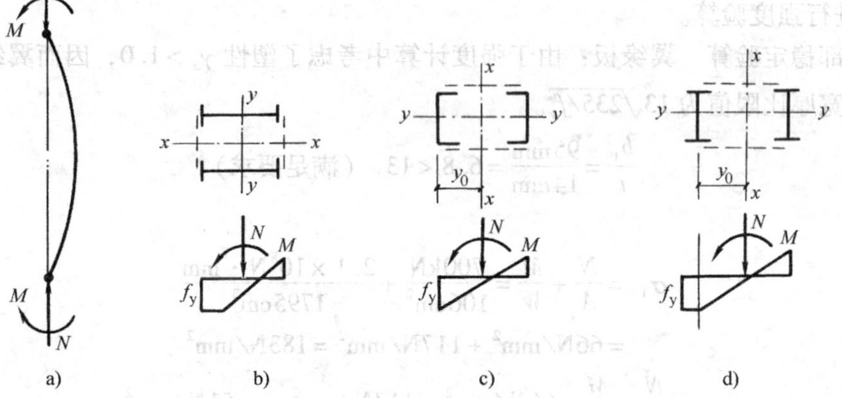

图6-27　格构式压弯构件的计算简图

(1) 弯矩作用平面内的整体稳定性计算　弯矩绕虚轴作用的格构式压弯构件，由于截面中部空心，不能考虑塑性的深入发展，故弯矩作用平面内的整体稳定计算适宜采用边缘屈服准则。在根据此准则导出的相关式(6-11)中，引入等效弯矩系数 β_{mx} 并考虑抗力分项系数后，得

$$\frac{N}{\varphi_x A}+\frac{\beta_{mx}M_x}{W_{1x}\left(1-\varphi_x\frac{N}{N'_{Ex}}\right)}\leqslant f \tag{6-30}$$

式中，$W_{1x}=I_x/y_0$，I_x 为对 x 轴(虚轴)的毛截面二次矩。当距 x 轴最远的纤维属于肢件的腹板时，如图6-28c所示截面，y_0 为由 x 轴到压力较大分肢腹板边缘的距离；当距 x 轴最远的纤维属于肢件翼缘的外伸部分时，如图6-27d所示截面，y_0 为由 x 轴到压力较大分肢轴线的距离。φ_x 是由构件绕虚轴的换算长细比 λ_{0x} 确定的b类截面轴心压杆稳定系数。

(2) 弯矩作用平面外的整体稳定性　弯矩绕虚轴作用的压弯构件，在弯矩作用平面外的整体稳定性一般由分肢的稳定计算得到保证，故不必再计算整个构件在平面外的整体稳定性。

(3) 分肢的稳定计算　将缀条式压弯构件视为一平行弦桁架，将构件的两个分肢看作桁架体系的弦杆，两分肢的轴心力应按下式计算(见图6-28)：

分肢1
$$N_1 = N\frac{z_2}{a} + \frac{M_x}{a} \tag{6-31}$$

分肢2
$$N_2 = N - N_1 \tag{6-32}$$

缀条式压弯构件的分肢按轴心压杆计算。分肢的计算长度，在缀材平面内取缀条体系的节间长度；在缀条平面外，取整个构件两侧向支撑点间的距离。

进行缀板式压弯构件的分肢计算时，除轴心力 N_1（或 N_2）外，还应考虑由剪力作用引起的局部弯矩，按实腹式压弯构件验算单肢的稳定性。

(4) 缀材的计算　计算压弯构件的缀材时，应取构件实际剪力和按式(4-51)计算所得剪力两者中的较大值。其计算方法与格构式轴心受压构件相同。

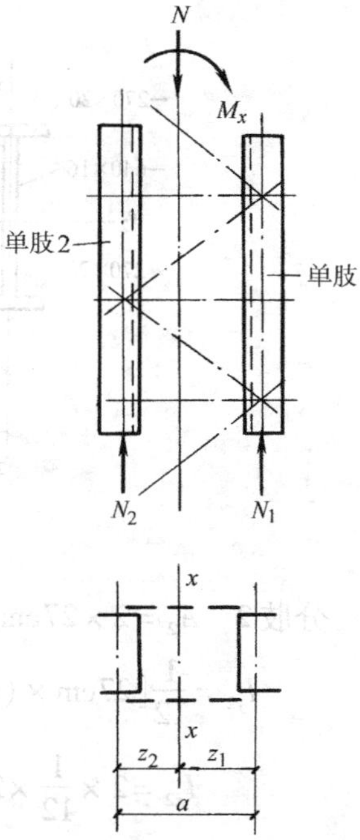

图6-28　单肢计算简图

6.7.2　弯矩绕实轴作用的格构式压弯构件

当弯矩作用在与缀材面相垂直的主平面内时(见图6-27a)，构件绕实轴产生弯曲失稳，它的受力性能与实腹式压弯构件完全相同。因此，弯矩绕实轴作用的格构式压弯构件，弯矩作用平面内和平面外的整体稳定计算均与实腹式构件相同，在计算弯矩作用平面外的整体稳定时，长细比应取换算长细比，整体稳定系数取 $\varphi_b = 1.0$。

缀材(缀板或缀条)所受剪力按式(4-62)计算。

6.7.3　格构式柱的横隔及分肢的局部稳定

对格构式柱，不论截面大小，均应设置横隔，横隔的设置方法与轴心受压格构柱相同，构造可参见图4-32。

格构式柱分肢的局部稳定同实腹式柱。

【例6-7】　图6-29所示为一单层厂房框架柱的下柱，在框架平面内(属有侧移框架柱)的计算长度为 $l_{0x} = 21.7\text{m}$，在框架平面外的计算长度(作为两端铰接)，$l_{0y} = 12.21\text{m}$，钢材为Q235。试验算此柱在下列组合内力(设计值)作用下的承载力。

第一组(使分肢1受力最大)　$M_x = 3340\text{kN}\cdot\text{m}$，$N = 4500\text{kN}$，$V = 210\text{kN}$

第二组(使分肢2受力最大)　$M_x = 2700\text{kN}\cdot\text{m}$，$N = 4400\text{kN}$，$V = 210\text{kN}$

【解】　1. 截面几何特性计算

分肢1　$A_1 = 2\times40\text{cm}\times2\text{cm} + 64\text{cm}\times1.6\text{cm} = 262.4\text{cm}^2$

$$I_{y1} = \frac{1}{12}[40\text{cm}\times(68\text{cm})^3 - 38.4\text{cm}\times(64\text{cm})^3] = 209200\text{cm}^4,\ i_{y1} = 28.24\text{cm}$$

$$I_{x1} = 2\times\frac{1}{12}\times2\text{cm}\times(40\text{cm})^3 = 21333\text{cm}^4,\ i_{x1} = 9.02\text{cm}$$

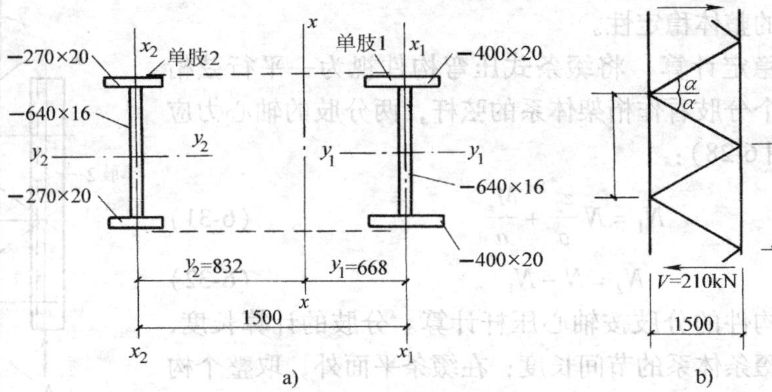

图 6-29 例 6-7 图

分肢 2 $A_2=2\times 27\text{cm}\times 2\text{cm}+64\text{cm}\times 1.6\text{cm}=210.4\text{cm}^2$

$$I_{y2}=\frac{1}{12}[27\text{cm}\times(68\text{cm})^3-25.4\text{cm}\times(64\text{cm})^3]=152600\text{cm}^4,\ i_{y2}=26.93\text{cm}$$

$$I_{x2}=2\times\frac{1}{12}\times 2\text{cm}\times(27\text{cm})^3=6561\text{cm}^4,\ i_{x2}=5.58\text{cm}$$

整个截面 $A=262.4\text{cm}^2+210.4\text{cm}^2=472.8\text{cm}^2$

$$I_x=21333\text{cm}^4+262.4\text{cm}^2\times(66.8\text{cm})^2+6561\text{cm}^4+210.4\text{cm}^2\times(83.2\text{cm})^2=2655000\text{cm}^4$$

$$i_x=\sqrt{\frac{2655000\text{cm}^4}{472.8\text{cm}^2}}=74.9\text{cm}$$

2. 斜缀条截面选择(见图 6-29b)

假想剪力 $V=\frac{Af}{85}\sqrt{\frac{f_y}{235}}=\frac{472.8\text{cm}^2\times 215\text{N/mm}^2}{85}=120\times 10^3\text{N}$，小于实际剪力 $V=210\text{kN}$

$\tan\alpha=\frac{125\text{cm}}{150\text{cm}}=0.833$，$\alpha=39.8°$，故缀条内力及长度为

$$N_c=\frac{210}{2\cos 39.8°}=136.7\text{kN},\ l=\frac{150}{\cos 39.8°}=195\text{cm}$$

选用单角钢∟ 100×8，$A=15.6\text{cm}^2$，$i_{min}=1.98\text{cm}$，则

$$\lambda=\frac{195\text{cm}\times 0.9}{1.98}=88.6<[\lambda]=150$$

查附表 4-2b 类轴心受压构件截面得，$\varphi=0.631$。

单角钢单面连接的设计强度折减系数为

$$\eta=0.6+0.0015\lambda=0.6+0.0015\times 88.6=0.733$$

验算缀条稳定

$$\frac{N_c}{\varphi A}=\frac{136.7\text{kN}}{0.631\times 15.6\text{cm}^2}=139\text{N/mm}^2<0.733\times 215\text{N/mm}^2=158\text{N/mm}^2$$

3. 验算弯矩作用平面内的整体稳定

$$\lambda_x=\frac{l_{0x}}{i_x}=\frac{2170\text{cm}}{74.9\text{cm}}=29$$

换算长细比 $\lambda_{0x}=\sqrt{\lambda_x^2+27\dfrac{A}{A_1}}=\sqrt{29^2+27\times\dfrac{472.8\text{cm}^2}{2\times15.6\text{cm}^2}}=35.4<[\lambda]=150$

查附表 4-2(b 类轴心受压构件截面)得，$\varphi_x=0.916$，则

$$N'_{Ex}=\frac{\pi^2EA}{1.1\lambda_{0x}^2}=\frac{\pi^2\times206\times10^3\text{N/mm}^2}{1.1\times35.4^2}\times472.8\text{cm}^2=69736\times10^3\text{N}$$

对有侧移框架，$\beta_{mx}=1.0$。

1）第一组内力，使分肢 1 受压最大

$$W_{1x}=\frac{I_x}{y_1}=\frac{2655000\text{cm}^4}{66.8\text{cm}}=39750\text{cm}^3$$

$$\frac{N}{\varphi_xA}+\frac{\beta_{mx}M_x}{W_{1x}\left(1-\varphi_x\dfrac{N}{N'_{Ex}}\right)}=\frac{4500\text{kN}}{0.916\times472.8\text{cm}^2}+\frac{1.0\times3340\text{kN}\cdot\text{m}}{39750\text{cm}^3\times\left(1-0.916\times\dfrac{4500\text{kN}}{69736\text{kN}}\right)}$$

$$=103.9\text{N/mm}^2+89.3\text{N/mm}^2=193.2\text{N/mm}^2<f=205\text{N/mm}^2$$

2）第二组内力，使分肢 2 受压最大

$$W_{2x}=\frac{I_x}{y_2}=\frac{2655000\text{cm}^4}{83.2\text{cm}}=31910\text{cm}^3$$

$$\frac{N}{\varphi_xA}+\frac{\beta_{mx}M_x}{W_{1x}\left(1-\varphi_x\dfrac{N}{N'_{Ex}}\right)}=\frac{4400\text{kN}}{0.916\times472.8\text{cm}^2}+\frac{1.0\times2700\text{kN}\cdot\text{m}}{31910\text{cm}^3\times\left(1-0.916\times\dfrac{4400\text{kN}}{69736\text{kN}}\right)}$$

$$=191.3\text{N/mm}^2<f=205\text{N/mm}^2$$

4. 验算分肢 1 的稳定(用第一组内力)

最大压力 $N_1=\dfrac{0.832\text{m}}{1.5\text{m}}\times4500\text{kN}+\dfrac{3340\text{kN}\cdot\text{m}}{1.5\text{m}}=4722\text{kN}$

$$\lambda_{x1}=\frac{250\text{cm}}{9.02\text{cm}}=27.7<[\lambda]=150$$

查附表 4-2(b 类轴心受压构件截面)得，$\varphi_{\min}=0.886$，则

$$\frac{N_1}{\varphi_{\min}A_1}=\frac{4722\text{kN}}{0.886\times262.4\text{cm}^2}=203.1\text{N/mm}^2<f=205\text{N/mm}^2$$

5. 验算分肢 2 的稳定(用第二组内力)

最大压力 $N_2=\dfrac{0.668\text{m}}{1.5\text{m}}\times4400\text{kN}+\dfrac{2700\text{kN}\cdot\text{m}}{1.5\text{m}}=3759\text{kN}$

$$\lambda_{x2}=\frac{250\text{cm}}{5.58\text{cm}}=44.8<[\lambda]=150$$

查附表 4-2(b 类轴心受压构件截面)得，$\varphi_{\min}=0.877$，则

$$\frac{N_2}{\varphi_{\min}A_2}=\frac{3759\text{kN}}{0.877\times210.4\text{cm}^2}=204\text{N/mm}^2<f=205\text{N/mm}^2$$

6. 分肢局部稳定验算

只需验算分肢 1 的局部稳定。此分肢属轴心受压构件，应按式(4-40)和式(4-42)进行

验算。因 $\lambda_{x1}=27.7$，$\lambda_{y1}=43.2$，得 $\lambda_{max}=43.2$，故

翼缘 $\dfrac{b_1}{t}=\dfrac{190\text{mm}}{20\text{mm}}=9.5<(10+0.1\lambda_{max})\sqrt{\dfrac{235}{f_y}}=10+0.1\times43.2=14.32$

腹板 $\dfrac{h_0}{t_w}=\dfrac{640\text{mm}}{16\text{mm}}=40<(25+0.5\lambda_{max})\sqrt{\dfrac{235}{f_y}}=25+0.5\times43.2=46.6$。

从以上验算结果看，此截面是合适的。

6.8 柱脚设计

压弯构件与基础的连接有铰接柱脚和刚接柱脚两种。铰接柱脚不能承受弯矩，其构造和计算方法与轴心受压柱的柱脚基本相同。刚接柱脚因同时承受压力和弯矩，构造上要保证传力明确，柱脚与基础之间的连接要兼顾强度和刚度，并要便于制造和安装。无论铰接还是刚接，柱脚都要传递剪力。对于一般单层厂房来说，剪力通常不大，底板与基础之间的摩擦就足以胜任。

当作用于柱脚的压力和弯矩都比较小，而且在底板与基础之间只承受不均匀压力时，可采取图6-30a、b所示的构造方案。图6-30a和轴心受压柱的柱脚构造类同，在锚栓连接处焊一角钢，以增强连接刚性。当弯矩作用较大而要求较高的连接刚性时，可以采取如图6-30b所示的构造，此时锚栓通过用肋加强的短槽钢将柱脚与基础牢牢固定住。在图6-30b中底板的宽度 B 根据构造要求决定，要求板的悬伸部分 C 不宜超过2~3cm。决定了底板的宽度以后，可根据底板下基础的压应力不超过混凝土抗压强度设计值的要求决定底板的长度 L，即

$$\sigma_{max}=\frac{N}{BL}+\frac{6M}{BL^2}\leqslant\beta_c f_c \tag{6-33}$$

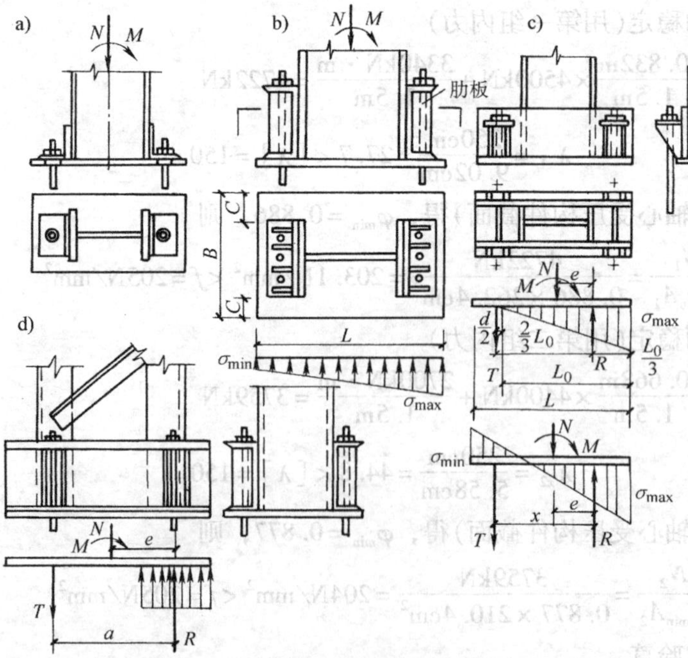

图6-30 整体式柱脚

式中 f_c——基础混凝土的抗压强度设计值；

β_c——基础混凝土局部承压时的强度提高系数。

当作用于柱脚的压力和弯矩都比较大时，为使传到基础上的力分布开来，加强底板的抗弯能力，可采取图6-30c、d带靴梁的构造方案。因为有弯矩作用，柱身与靴梁连接的两侧焊缝的受力是不相同的，但对于像图6-30c那样的构造方案，左右两侧的焊缝应用相同的焊脚尺寸，即按受力最大的右侧焊缝确定，以便于制作。

因为在底板和基础之间不能承受拉应力，当最小应力 σ_{min} 出现负值时，应由固定锚栓承担拉力。为保证柱脚嵌固于基础，固定锚栓的零件应有足够刚度。图6-30c、d分别是实腹式和格构式柱的刚性整体式柱脚。

当锚栓的拉力不很大时，需要的直径不会很大，这时锚栓的拉力可根据图6-30c所示的应力分布图确定

$$T=\frac{M-Ne}{\left(\frac{2}{3}\right)L_0+\frac{d}{2}} \tag{6-34}$$

式中 e——柱脚底板中心至受压区合力的距离；

d——锚栓孔的直径；

L_0——底板边缘至锚栓孔边缘的距离。

底板的长度 L 要根据最大压应力 σ_{max} 不大于混凝土的抗压强度设计值 f_c 确定。有了锚栓拉力后，就可得到底板受压区承受的总压力为 $R=N+T$。这样再根据底板下面的三角形应力分布图计算出最大压应力 σ_{max}，使其满足混凝土的抗压强度设计值。

另一种近似计算法是先把柱脚与基础之间看做能承受压应力和拉应力的弹性体，先算出在弯矩 M 与压力 N 共同作用下产生的最大压应力 σ_{max}，然后找出压应力区的合力点，该点至柱截面形心轴之间的距离为 e，至锚栓中心的距离为 x，根据力矩平衡条件

$$T=\frac{M-Ne}{x} \tag{6-35}$$

两种计算方法得到的锚栓拉力一般都偏大，得到的最大压应力 σ_{max} 都偏小，而后一种计算方法在轴线方向的力是不平衡的。

如果锚栓的拉力过大，则所需直径过粗。当锚栓直径大于60mm时，可根据底板受力的实际情况，采用图6-30d所示的应力分布图，像计算钢筋混凝土压弯构件中的钢筋一样确定锚栓的直径。锚栓的尺寸和其零件应符合附表8-2锚栓规格的要求。

底板的厚度原则上和轴心受压柱的柱脚底板一样确定。压弯构件底板各区格所承受的压应力虽然都不均匀，但在计算各区格底板的弯矩值时可以偏于安全地取该区格的最大压应力而不是它的平均应力。

对于肢间距离很大的格构柱，可在每个肢的端部设置图6-31所示的独立柱脚，组成分离式柱脚。每个独立柱脚都根据分肢可能产生的最大压力按轴心受压柱的柱脚设计，而锚栓的直径则根据分肢可能产生的最大拉力确定。由于采用分离式柱脚，可节省钢材，制造也较简便。

为保证运输和安装时柱脚的整体刚性，可在分离柱脚的底板之间设置图6-31所示那样的联系杆。

【例 6-8】 设计由两个 I25a 组成的缀条式结构柱的整体式柱脚。分肢中心之间的距离为 220mm，作用于基础连接的压力设计值为 500kN，弯矩为 130kN · m，混凝土强度等级为 C25，锚栓用 Q235 钢，焊条为 E43 型。

【解】 柱脚的构造如图 6-32 所示。考虑了局部承压强度的提高后混凝土的抗压强度设计值 f_c 取 12.9N/mm²。为了提高柱端的连接刚度，在两分肢的外侧用两根[20a 的短槽钢与分肢和底板用角焊缝连接起来。底板上锚栓的孔径为 $d=60$mm。

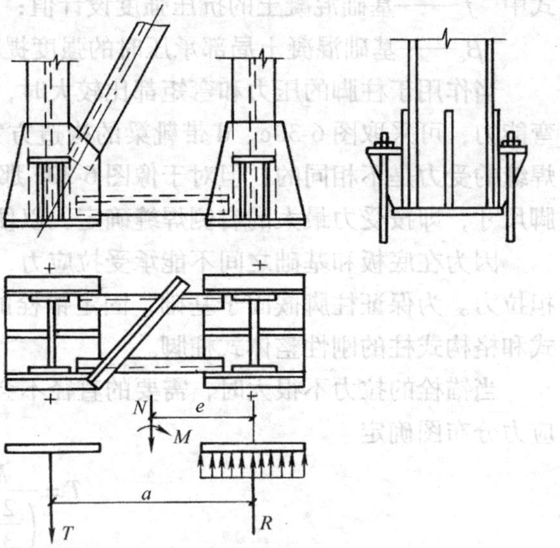

图 6-31 分离式柱脚

(1) 确定底板的尺寸 先确定底板的宽度 B。因为有两个槽钢，由附表 7-3 知，每个槽钢的宽度为 73mm，每侧底板悬出 22mm，这样板宽 $B=2\times9.5\text{cm}+25\text{cm}=44\text{cm}$。

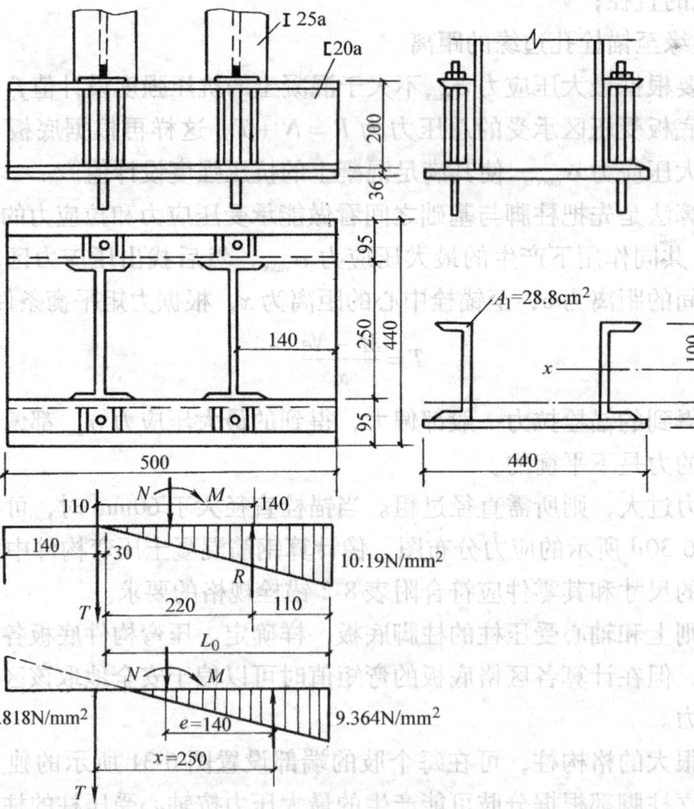

图 6-32 例 6-8 图

根据基础的最大受压应力确定底板的长度 L。由 $\sigma_{max}=\dfrac{N}{A}+\dfrac{6M}{BL^2}=f_c$ 得

$$\frac{500\text{kN}}{44\text{cm}\times L}+\frac{6\times130\text{kN}\cdot\text{m}}{44\text{cm}L^2}=12.9\text{N/mm}^2$$，解得 $L=38.4\text{cm}$，用50cm。

估计一下底板是否是全部受压

$$\sigma_{\max}=\frac{500\text{kN}}{44\text{cm}\times50\text{cm}}+\frac{6\times130\text{kN}\cdot\text{m}}{44\text{cm}\times(50\text{cm})^2}$$

$$=2.273\text{N/mm}^2+7.091\text{N/mm}^2=9.364\text{N/mm}^2$$

$$\sigma_{\min}=2.273\text{N/mm}^2-7.091\text{N/mm}^2=-4.818\text{N/mm}^2。$$

$\sigma_{\min}$为负值，说明柱脚需要用锚栓来承担拉力。

(2) 确定锚栓直径　先按照式(6-34)计算锚栓的拉力

$$T=\frac{M-Ne}{\left(\frac{2}{3}\right)L_0+\frac{d}{2}}=\frac{130\text{kN}\cdot\text{m}-500\text{kN}\times14\text{cm}}{\left(\frac{2}{3}\right)\times33\text{cm}+\frac{6\text{cm}}{2}}=240\text{kN}$$

所需锚栓的净面积 $A_n=\frac{T}{f_t^a}=\frac{240\text{kN}}{140\text{N/mm}^2}=1714\text{mm}^2=17.14\text{cm}^2$

查附表8-2，采用两个直径为 $d_0=42\text{mm}$ 的锚栓，其有效截面积 $2\times11.2\text{cm}^2=22.4\text{cm}^2$，符合受拉要求。

基础反力　$R=N+T=500\text{kN}+240\text{kN}=740\text{kN}$

受压区的最大压应力

$$\sigma_{\max}=\frac{R}{\frac{1}{2}BL_0}=\frac{740\text{kN}}{\frac{1}{2}\times44\text{cm}\times33\text{cm}}=10.19\text{N/mm}^2<12.9\text{N/mm}^2$$

如用式(6-57)计算得到基础的受压长度应为

$$L_0=\frac{9.364}{9.364+4.818}\times50\text{cm}=33.01\text{cm}$$

这样在本例题中用两种计算方法得到的 L_0 值是相同的，因此锚栓所受的拉力也一样，但是后一种方法却认为 $\sigma_{\max}=9.364\text{N/mm}^2$，显然是有出入的。

(3) 底板厚度　在底板的三边支承部分因为基础所受压应力最大，边界条件较不利。因此这部分板所承受的弯矩最大。取 $q=10.19\text{N/mm}^2$。由 $b_1=14\text{cm}$，$a_1=25\text{cm}$，查表4-7得到弯矩系数 $\beta=0.066$，则

$$M=\beta qa_1^2=0.066\times10.19\text{N/mm}^2\times(250\text{mm})^2=42034\text{N}\cdot\text{mm/mm}$$

钢板的强度设计值取 $f=205\text{N/mm}^2$，钢板厚度

$$t=\sqrt{\frac{6M}{f}}=\sqrt{\frac{6\times42034\text{N}\cdot\text{mm/mm}}{205\text{N/mm}^2}}=35.1\text{mm}$$

采用36mm，厚度未超过40mm。

(4) 验算靴梁强度　靴梁的截面由两个槽钢和底板组成，先确定截面形心轴 x 的位置。

$$a=\frac{44\text{cm}\times3.6\text{cm}\times11.8\text{cm}}{2\times22.8\text{cm}^2+44\text{cm}\times3.6\text{cm}}=\frac{1869.12\text{cm}^3}{216\text{cm}^2}=8.65\text{cm}$$

靴梁的截面二次矩为

$$I_x=2\times1780\text{cm}^4+2\times28.8\text{cm}^2\times(8.65\text{cm})^2+44\text{cm}\times3.6\text{cm}\times(1.35\text{cm}+1.8\text{cm})^2$$

$$=3560\text{cm}^4+4310\text{cm}^4+1572\text{cm}^4=9442\text{cm}^4$$

靴梁承受的剪力偏于安全地取 $V=10.19\text{N/mm}^2\times440\text{mm}\times140\text{mm}=627700\text{N}$

靴梁承受的弯矩偏于安全地取 $M=627700\text{N}\times70\text{mm}=43939000\text{N}\cdot\text{mm}$

靴梁的最大弯曲应力发生在截面上边缘，即

$$\sigma=\frac{43939000\text{N}\cdot\text{mm}\times186.5\text{mm}}{9442\text{cm}^4}=86.79\text{N/mm}^2<215\text{N/mm}^2$$

（5）焊缝计算 计算肢件与靴梁的连接焊缝，肢件承受的最大压力在右侧，即

$$N_1=\frac{N}{2}+\frac{M}{22}=\frac{500\text{kN}}{2}+\frac{130\text{kN}\cdot\text{m}}{22\text{cm}}=840.9\text{kN}$$

竖向焊缝的总长度为 $\sum l_f=4\times(200\text{mm}-20\text{mm})=720\text{mm}$

连接焊缝所需焊脚尺寸为

$$h_f=\frac{N_1}{0.7\sum l_f f_f^w}=\frac{840.9\text{kN}}{0.7\times720\text{mm}\times160\text{N/mm}^2}=10.43\text{mm}，取11\text{mm}。$$

槽钢与底板之间的连接焊缝承受剪力，但因剪力不大，焊脚尺寸可用8mm。

习 题

6-1 有一两端铰接长度为4m的偏心受压柱，用Q235钢的HN400×200×8×13做成，压力的设计值为490kN，两端偏心距相同，皆为20cm。试验算其承载力。

6-2 图6-33所示悬臂柱，承受偏心距为25cm的设计压力1600kN。在弯矩作用平面外有支撑体系对柱上端形成支点（见图6-33b）。要求选定热轧H型钢或焊接工字形截面，材料为Q235（注：当选用焊接工字形截面时，可试用翼缘2—400×20，焰切边，腹板—460×12）。

6-3 习题6-2中，如果弯矩作用平面外的支撑改为如图6-34所示，所选截面需要如何调整才能适应？调整后柱截面面积可减少多少？

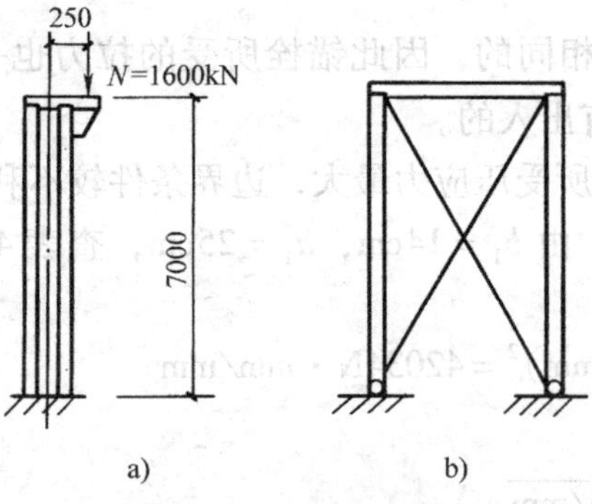

图6-33 习题6-2图

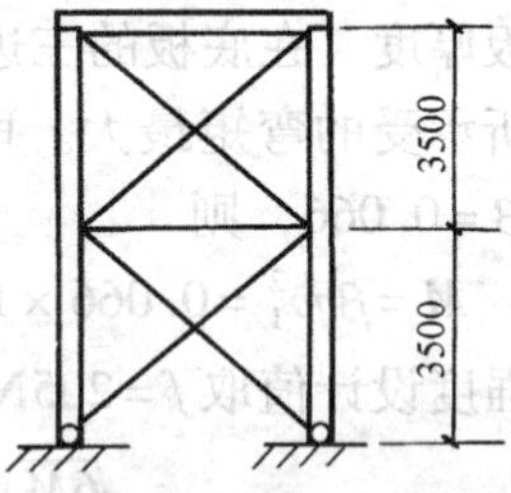

图6-34 习题6-3图

6-4 某压弯格构式缀条柱如图6-35所示，两端铰接，柱高为8m。承受压力设计荷载值 $N=600\text{kN}$，弯矩 $M=100\text{kN}\cdot\text{m}$，缀条采用单角钢∟45×5，倾角为45°，钢材为Q235，试验算该柱的整体稳定性是否满足？

6-5 图6-36为Q235钢焰切边工字形截面柱，两端铰接，截面无削弱，承受轴心压力的设计值 $N=900\text{kN}$，跨中集中力设计值为 $F=100\text{kN}$。

（1）验算平面内稳定性。

（2）根据平面外稳定性不低于平面内的原则确定此柱需要几道侧向支撑点？

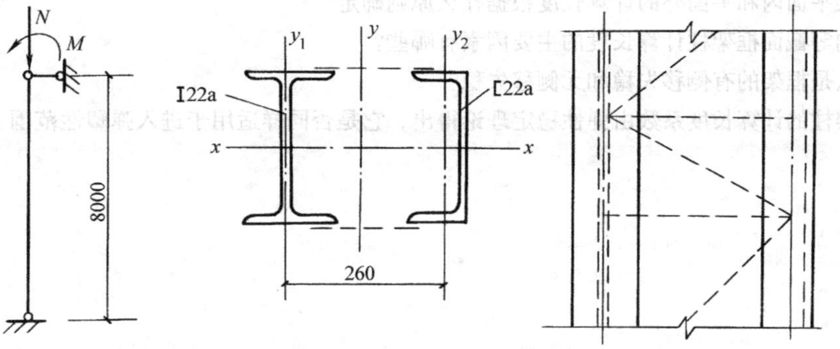

图6-35　习题6-4图

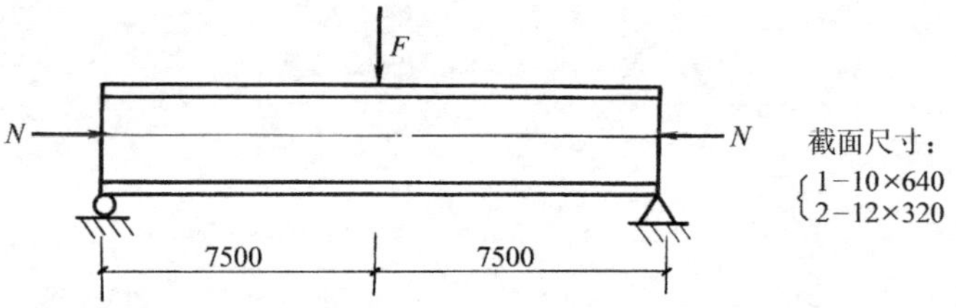

图6-36　习题6-5图

6-6　确定图6-37所示两种无侧移框架的柱计算长度，各杆的截面二次矩相同。

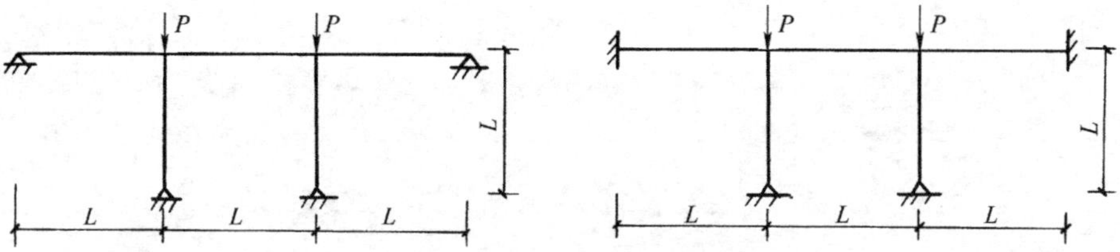

图6-37　习题6-6图

6-7　确定图6-38所示两种有侧移框架的柱计算长度，各杆的截面二次矩相同。

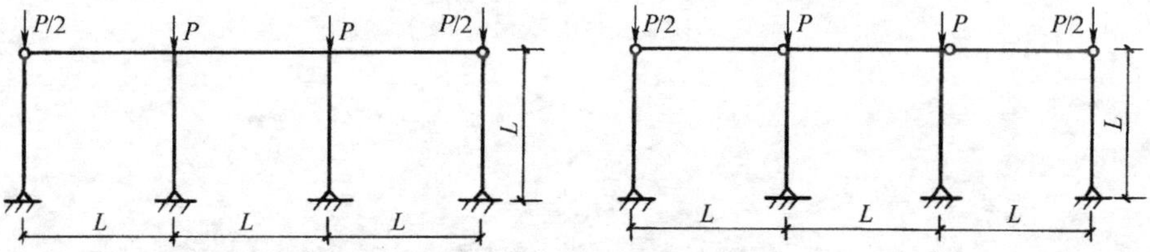

图6-38　习题6-7图

6-8　设计习题6-2的实腹式柱的柱脚。混凝土强度等级为C25。

6-9　设计习题6-4的格构式柱的柱脚。混凝土强度等级为C25。

6-10　拉弯和压弯构件强度计算公式与其强度极限状态是否一致？

6-11　为什么直接承受动力荷载的实腹式拉弯和压弯构件不考虑塑性开展，承受静力荷载的同一类构件却考虑塑性开展？格构式构件考虑塑性开展吗？

6-12　压弯构件的腹板局部稳定设计原则是什么？

6-13　简述压弯构件失稳的形式及计算的方法。

6-14　简述压弯构件中等效弯矩系数β_{mx}的意义。

6-15 桁架平面内和平面外的计算长度根据什么原则确定？

6-16 影响等截面框架柱计算长度的主要因素有哪些？

6-17 什么是框架的有侧移失稳和无侧移失稳？

6-18 框架柱的计算长度系数由弹性稳定理论得出，它是否同样适用于进入弹塑性范围工作的框架柱？为什么？

第 7 章 单层厂房结构

7

7.1 厂房结构的形式和布置

7.1.1 厂房结构的组成

厂房结构一般是由屋盖结构、柱、起重机梁(吊车梁)、制动梁(或桁架)、各类支撑以及墙架等构件组成的空间体系，如图 7-1 所示。这些构件按其作用可分为：

(1) 横向框架　由柱和它所支承的屋架组成，是厂房的主要承重体系，承受结构的自重、风、雪荷载和起重机的竖向与横向荷载，并把这些荷载传递到基础。

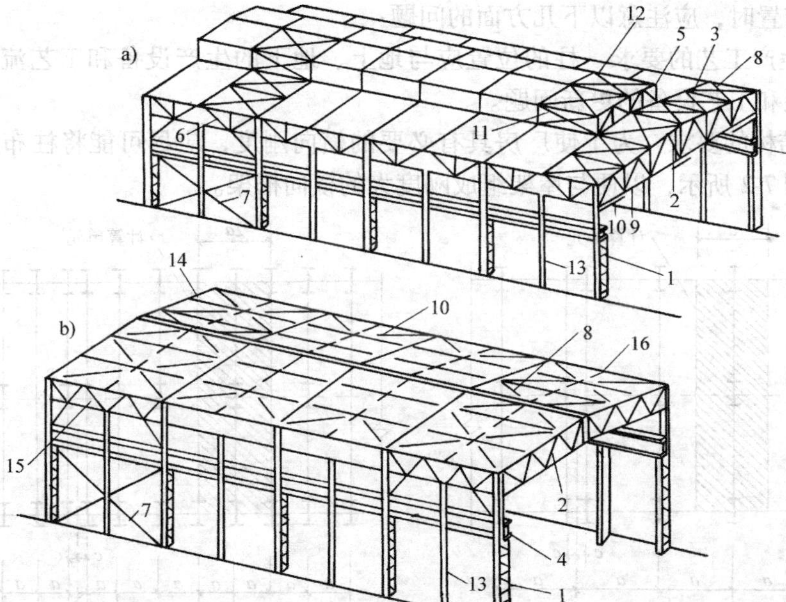

图 7-1　厂房结构的组成

a) 无檩屋盖　b) 有檩屋盖

1—框架柱　2—屋架(框架横梁)　3—中间屋架　4—起重机梁　5—天窗架　6—托架　7—柱间支撑　8—屋架上弦横向支撑　9—屋架下弦横向支撑　10—屋架纵向支撑　11—天窗架垂直支撑　12—天窗架横向支撑　13—墙架柱　14—檩条　15—屋架垂直支撑　16—檩条间撑杆

（2）屋盖结构　承担屋盖荷载的结构体系，包括横向框架的横梁、托架、中间屋架、天窗架和檩条等。

（3）支撑体系　包括屋盖支撑和柱间支撑等，它一方面与柱、起重机梁等组成厂房的纵向框架，承担纵向水平荷载；另一方面又把主要承重体系由个别的平面结构连成空间的整体结构，从而保证了厂房结构所必需的刚度和稳定。

（4）起重机梁和制动梁（或制动桁架）　主要承受起重机竖向及水平荷载并传递给框架。

（5）墙架　承受墙体的自重和风荷载。

7.1.2　厂房结构的设计步骤

厂房结构设计一般分为三个阶段：

（1）结构选型及整体布置　其内容包括：柱网布置；确定横向框架形式及主要尺寸；布置屋盖结构、起重机梁系统、支撑体系及墙架体系。这时，要对厂房的建筑和结构进行合理规划，使其满足工艺和使用要求，并考虑将来可能发生的生产流程变化和发展。

（2）技术设计　根据已确定的结构方案进行静力计算、构件及连接设计。

（3）绘制施工图　根据技术设计确定的构件尺寸和连接，绘制施工图样，并尽量采用构件及连接构造的标准图集。

7.1.3　柱网和温度伸缩缝的布置

1. 柱网布置

进行柱网布置时，应注意以下几方面的问题：

（1）满足生产工艺的要求　柱的位置应与地上、地下的生产设备和工艺流程相配，还应考虑生产发展和工艺设备的更新问题。

（2）满足结构的要求　为了使厂房具有必要的横向刚度，应尽可能将柱布置在同一横向轴线上，如图7-2所示，以便与屋架组成刚度大的横向框架。

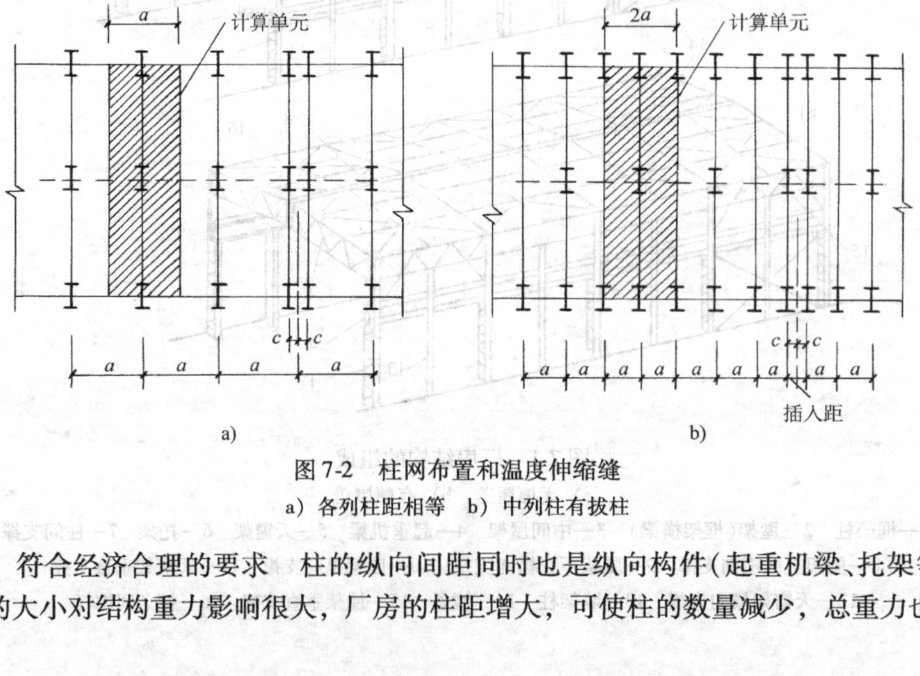

图7-2　柱网布置和温度伸缩缝

a）各列柱距相等　b）中列柱有拔柱

（3）符合经济合理的要求　柱的纵向间距同时也是纵向构件（起重机梁、托架等）的跨度，它的大小对结构重力影响很大，厂房的柱距增大，可使柱的数量减少，总重力也随之减少，同时也可减少柱基础的工程量，但会使起重机梁及托架的重力增加。最适宜的柱距与柱上的荷载及柱高有密切关系，在实际设计中要结合工程的具体情况进行方案比较确定。

（4）符合构件统一化、标准化要求 近年来，随着压型钢板等轻型材料的采用，厂房的跨度和柱距都有逐渐增大的趋势。按《厂房建筑统一化基本规则》和《建筑统一模数制》的规定：结构构件的统一化和标准化可降低制作和安装的工作量。对厂房横向，当厂房跨度 $L \leqslant 18m$ 时，其跨度宜采用3m的倍数；当厂房跨度 $L > 18m$ 时，其跨度宜采用6m的倍数。只有在生产工艺有特殊要求时，跨度才采用21m、27m、33m等。对厂房纵向，以前基本柱距常采用6m或12m；现在采用压型钢板作屋面和墙面材料的厂房日益广泛，常以18m甚至24m作为基本柱距。多跨厂房的中列柱，常因工艺要求需要“拔柱”，其柱距为基本柱距的倍数，最大可达48m。

2. 温度伸缩缝

温度变化将引起结构变形，使厂房结构产生温度应力。当厂房平面尺寸较大时，为避免产生过大的温度变形和温度应力，应在厂房的横向或纵向设置温度伸缩缝。

温度伸缩缝的布置取决于厂房的纵向和横向长度。纵向很长的厂房在温度变化时，纵向构件伸缩的幅度较大，引起整个结构变形，使构件内产生较大的温度应力，并可能导致墙体和屋面破坏。为避免这种不利后果产生，常采用横向温度伸缩缝将厂房分成伸缩时互不影响的温度区段。按《钢结构设计规范》规定，当温度区段长度不超过表7-1的数值时，可不计算温度应力。

表7-1 温度区段长度值 （单位：m）

结构类型	纵向温度区段（垂直于屋架或构架跨度方向）	横向温度区段（沿屋架或构架跨度方向）	
		柱顶为刚接	柱顶为铰接
采暖房屋和非采暖地区的房屋	220	120	150
热车间和采暖地区的非采暖房屋	180	100	125
露天结构	120	—	—

温度伸缩缝最普遍的做法是设置双柱，即在伸缩缝的两旁布置两个无任何纵向构件联系的横向框架，使温度伸缩缝的中线和定位轴线重合，如图7-2a所示。在设备布置条件不允许时，可采用插入距的方式，如图7-2b所示，将缝两旁的柱放在同一基础上，其轴线间距一般可采用1m，对于重型厂房由于柱的截面较大，可能要放大到1.5m或2m，有时甚至到3m，方能满足温度伸缩缝的构造要求。为节约钢材也可采用单柱温度伸缩缝，即在纵向构件（如托架、起重机梁等）支座处设置滑动支座，以使这些构件有伸缩的余地。

当厂房宽度较大时，也应该按规范规定布置纵向温度伸缩缝。

7.1.4 厂房结构的框架形式

厂房的主要承重结构通常采用框架体系，因为框架体系的横向刚度较大，且能形成矩形的内部空间，便于桥式起重机运行，能满足使用上的要求。

厂房横向框架的柱脚一般与基础刚接，而柱顶可分为铰接和刚接两类。柱顶铰接的框架对基础不均匀沉陷及温度影响敏感性小，框架节点构造容易处理，且因屋架端部不产生弯矩，下弦杆始终受拉，可免去一些下弦支撑的设置。但柱顶铰接时下柱的弯矩较大，厂房横向刚度差，因此一般用于多跨厂房或厂房高度不大而刚度容易满足的情况。当采用钢屋架、钢筋混凝土柱的混合结构时，常采用铰接框架形式。

反之，在厂房较高，起重机的起重量大，对厂房刚度要求较高时，钢结构的单跨厂房框架常采用柱顶刚接方案。在选择框架类型时必须根据具体条件进行分析比较。

1. 横向框架主要尺寸和计算简图

(1) 主要尺寸　框架的主要尺寸如图7-3所示。

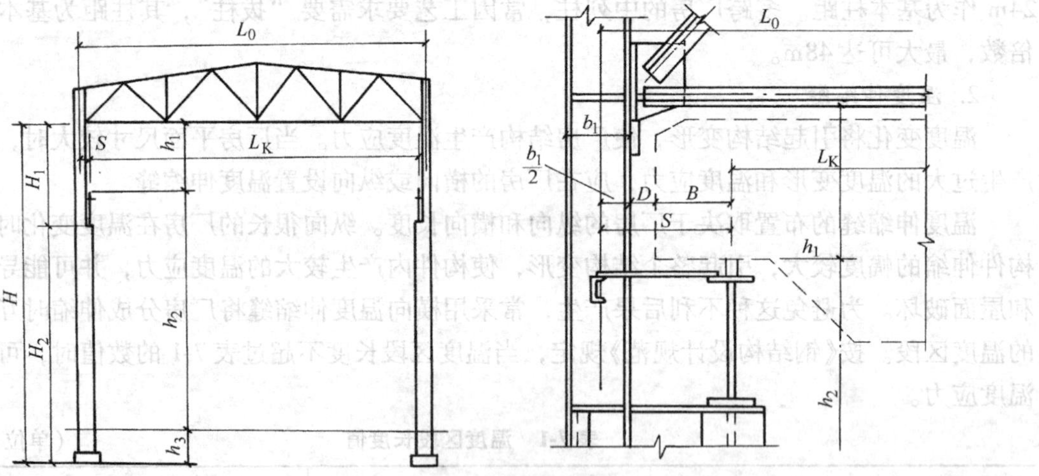

图7-3　横向框架尺寸的确定

框架的跨度，一般取为上段柱中心线间的横向距离，可由下式定出

$$L_0 = L_K + 2S \tag{7-1}$$

式中　L_K——桥式起重机的跨度；

S——起重机梁轴线至上段柱轴线的距离（见图7-3），应满足下式要求

$$S = B + D + \frac{b_1}{2} \tag{7-2}$$

式中　B——起重机桥架悬伸长度，可由行车样本查得；

D——起重机外缘和柱内边缘之间的必要空隙，当起重机起重量不大于500kN时，不宜小于80mm，当起重机起重量大于或等于750kN时，不宜小于100mm，当在起重机和柱之间需要设置安全走道时，则D不得小于400mm；

b_1——上段柱宽度。

S的取值：对于中型厂房一般采用0.75m或1m，重型厂房则为1.25m，甚至可达2.0m。

框架由柱脚底面到横梁下弦底部的距离

$$H = h_1 + h_2 + h_3 \tag{7-3}$$

式中　h_1——起重机轨顶至屋架下弦底面的距离，按下式确定

$$h_1 = A + (250 \sim 300)\,\text{mm} \tag{7-4}$$

h_2——地面至起重机轨顶的高度，由工艺要求决定；

h_3——地面至柱脚底面的距离。中型车间约为0.8~1.0m，重型车间为1.0~1.2m。

式(7-4)中 A 为起重机轨道顶面至起重小车顶面之间的距离；250～300mm 是考虑屋架的挠度和下弦水平支撑下伸肢宽及制造、安装误差所留出的空隙。

起重机梁的高度可按(1/5～1/12)L 选用，L 为起重机梁的跨度，起重机轨道高度可根据起重机的起重量决定。框架横梁一般采用梯形或人字形屋架，其形式和尺寸参见7.2节。

(2) 计算简图　单层厂房框架由柱和屋架(横梁)组成，框架之间由屋面板或檩条、托架、屋盖支撑等纵向构件相互连接，故框架实际上是空间工作的结构，应按空间工作计算才比较合理，但由于计算较繁，工作量大，所以通常简化为单个的平面框架来计算，如图7-4所示。框架计算单元的划分应根据柱网的布置确定(见图7-2)，使纵向每列柱至少有一根柱参加框架工作，同时将受力最不利的柱划入计算单元中。对于各列柱距均相等的厂房，只计算一个框架；对有拔柱的计算单元，一般以最大柱距作为划分计算单元的标准，其界限可以采用柱距的中心线，也可以采用柱的轴线，如采用后者，则对计算单元的边柱只应计入柱的一半刚度，作用于该柱的荷载也只计入一半。

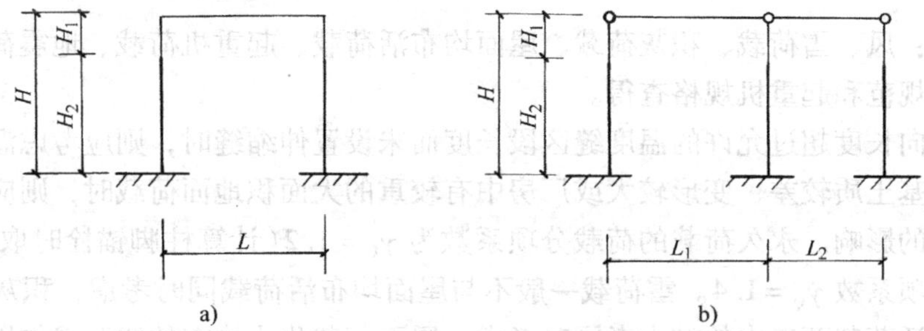

图7-4　横向框架的计算简图

a) 柱顶刚接　b) 柱顶铰接

对于由格构式横梁和阶形柱(下段柱为格构柱)所组成的横向框架，一般考虑桁架式横梁的腹杆或格构柱缀条变形的影响，将截面二次矩(惯性矩)(对高度有变化的桁架式横梁按平均高度计算)乘以折减系数0.9，简化成实腹式横梁和实腹式柱。对柱顶刚接的横向框架，当满足下式时，可近似认为横梁刚度为无穷大，否则横梁按有限刚度考虑

$$\frac{K_{AB}}{K_{AC}} \geqslant 4 \tag{7-5}$$

式中　K_{AB}——横梁在远端固定使近端 A 点转动单位角时在 A 点所需施加的力矩值；

K_{AC}——柱在 A 点转动单位角时在 A 点所需施加的力矩值。

框架的计算跨度 L(或 L_1、L_2)取为两上柱轴线之间的距离。

横向框架的计算高度 H：柱顶刚接时，可取为柱脚底面至框架下弦轴线的距离(横梁假定为无限刚)，或柱脚底面至横梁端部形心的距离(横梁为有限刚)，如图7-5a、b所示；柱顶铰接时，应取为柱脚底面至横梁主要支承节点间距离，如图7-5c、d所示。对阶形柱应以肩梁上表面作分界线将 H 划分为上段柱高度 H_1 和下段柱高度 H_2。

2. 横向框架的荷载和内力

(1) 荷载　作用在横向框架上的荷载可分为永久荷载和可变荷载两种。

永久荷载：屋盖系统、柱、起重机梁系统、墙架、墙板及设备管道等的自重。这些重力可参考有关资料、表格、公式进行估计。

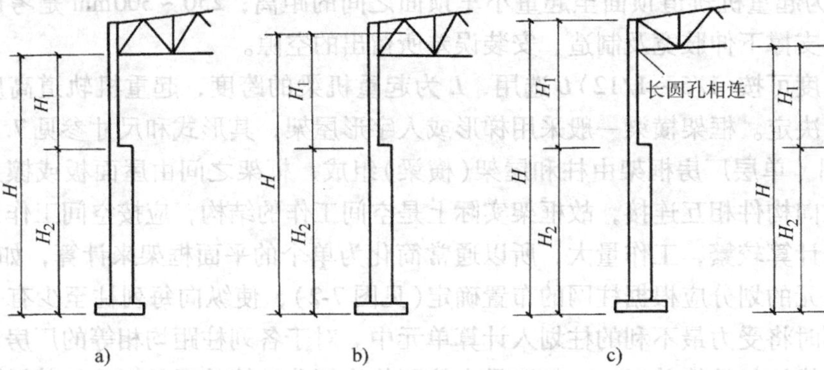

图7-5 横向框架的高度取值方法

a）柱顶刚接，横梁视为无限刚 b）柱顶刚接，横梁视为有限刚
c）柱顶铰接，横梁为上承式 d）柱顶铰接，横梁为下承式

可变荷载：风、雪荷载、积灰荷载、屋面均布活荷载、起重机荷载、地震荷载等。这些荷载可由荷载规范和起重机规格查得。

对框架横向长度超过允许的温度缝区段长度而未设置伸缩缝时，则应考虑温度变化的影响；对厂房地基土质较差、变形较大或厂房中有较重的大面积地面荷载时，则应考虑基础沉陷不均对框架的影响。永久荷载的荷载分项系数为 $\gamma_G=1.2$（计算柱脚锚栓时取1.0），可变荷载的荷载分项系数 $\gamma_Q=1.4$。雪荷载一般不与屋面均布活荷载同时考虑，积灰荷载与雪荷载或屋面均布活荷载两者中的较大者同时考虑。屋面荷载化为均布的线荷载作用于框架横梁上。当无墙架时，纵墙上的风力一般作为均布荷载作用在框架柱上；有墙架时，尚应计入由墙架柱传于框架柱的集中风荷载。作用在框架横梁轴线以上的屋架及天窗上的风荷载按集中在框架横梁轴线上计算。起重机垂直轮压及横向水平力一般根据同一跨间、两台满载起重机并排运行的最不利情况考虑，对多跨厂房一般只考虑4台起重机作用。

（2）内力分析和内力组合　框架内力分析可按结构力学的方法进行，也可利用现成的图表或计算机程序分析框架内力。应根据不同的框架、不同的荷载作用，采用比较简便的方法。为便于对各构件和连接进行最不利的组合，对各种荷载作用应分别进行框架内力分析。

为了计算框架构件的截面，必须将框架在各种荷载作用下所产生的内力进行最不利组合。要列出上段柱和下段柱的上下端截面中的弯矩、轴向力和剪力。此外还应包括柱脚锚固螺栓的计算内力。每个截面必须组合出最大正弯矩及相应的轴向力和剪力；最大负弯矩及相应的轴向力和剪力；最大轴向力及相应的弯矩和剪力；对柱脚锚栓则应组合出可能出现的最大拉力，即最小轴向力和相应的最大弯矩（绝对值最大）和剪力的组合。

柱与屋架刚接时，应对横梁的端弯矩和相应的剪力进行组合。最不利组合可分为四组：①使屋架下弦杆产生最大压力，如图7-6a所示；②使屋架上弦杆产生最大压力，同时也使下弦杆产生最大拉力，如图7-6b所示；③使腹杆产生最大拉力或最大压力，如图7-6c、d所示。组合时考虑施工情况，只考虑屋面恒载所产生的支座端弯矩和水平力的不利作用，不考虑它的有利作用。

在内力组合中，一般采用简化规则由可变荷载效应控制的组合：当只有一个可变荷载参与组合时，组合值系数取1.0，即永久荷载+可变荷载；当有两个或两个以上可变荷载参与

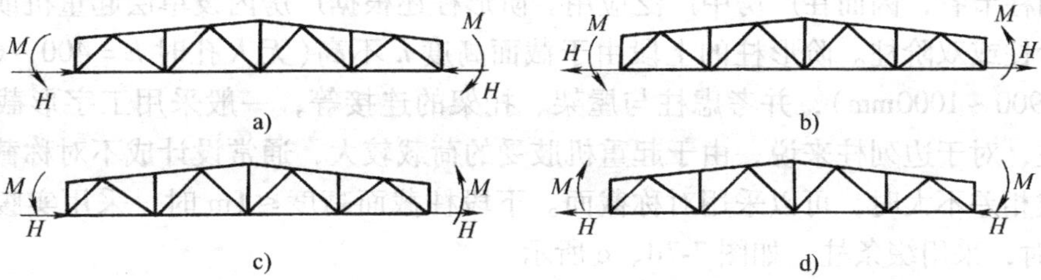

图7-6 框架横梁端弯矩最不利组合

组合时，组合值系数取0.9，即永久荷载+0.9(可变荷载1+可变荷载2+…)。在地震区应参照GB 50011—2001《建筑抗震设计规范》进行偶然组合。对单层起重机的厂房，当对采用两台及两台以上起重机的竖向和水平荷载组合时，应根据参与组合的起重机台数及其工作制，乘以相应的折减系数。比如两台起重机组合时，对轻中级工作制起重机，折减系数为0.9；对重级工作制起重机，折减系数为0.95。

3. 框架柱的类型

框架柱按结构形式可分为等截面柱、阶形柱和分离式柱三大类。

等截面柱有实腹式和格构式两种，如图7-7a、b所示，通常采用实腹式。等截面柱将起重机梁支承于牛腿上，构造简单，但起重机竖向荷载偏心大，只适用于起重机起重量$Q<150$kN，或无起重机且厂房高度较小的轻型厂房中。

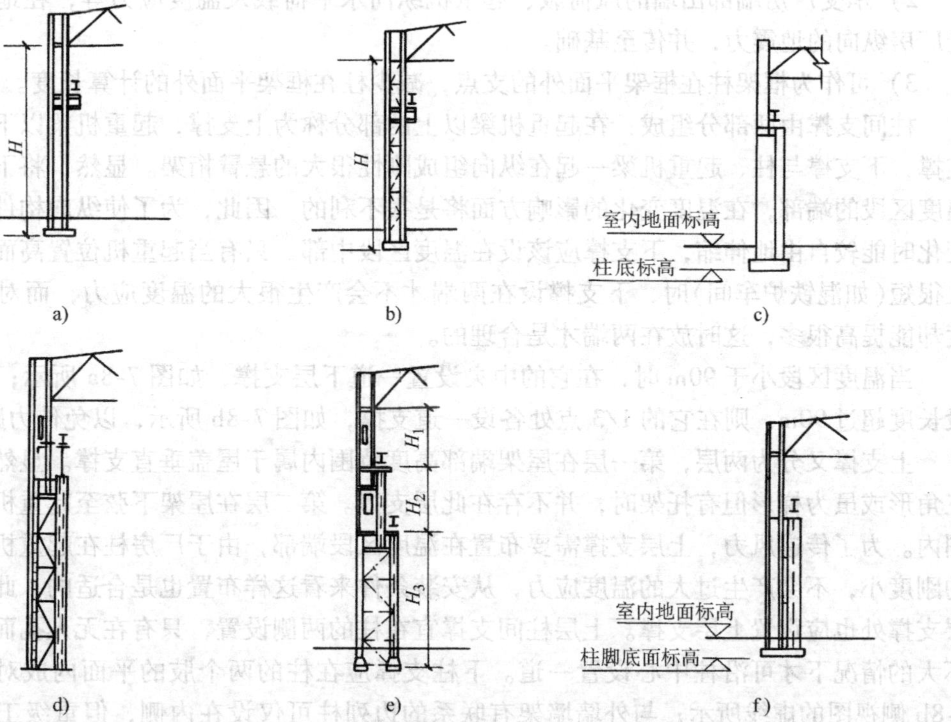

图7-7 框架柱的形式

a) 等截面实腹柱 b) 等截面格构柱 c) 阶形实腹柱 d) 阶形格构柱 e) 双阶柱 f) 分离式柱

阶形柱也可分为实腹式和格构式两种，如图7-7c、d、e所示。从经济角度考虑，阶形柱由于起重机梁或起重机桁架支承在柱截面变化的肩梁处，荷载偏心小，构造合理，其用钢量比等截面柱节省，因而在厂房中广泛应用。阶形柱还根据厂房内设单层起重机或双层起重机做成单阶柱或双阶柱。阶形柱的上段由于截面高度 h 不高(无人孔时 $h=400\sim600\text{mm}$；有人孔时 $h=900\sim1000\text{mm}$)，并考虑柱与屋架、托架的连接等，一般采用工字形截面的实腹柱。下段柱，对于边列柱来说，由于起重机肢受的荷载较大，通常设计成不对称截面，中列柱两侧荷载相差不大时，可以采用对称截面。下段柱截面高度≤1m 时，采用实腹式；截面高度≥1m 时，采用缀条柱，如图 7-7d、e 所示。

分离式柱如图 7-7f 所示，由支承屋盖结构的屋盖肢和支承起重机梁或起重机桁架的起重机肢所组成，两柱肢之间用水平板连接。起重机肢在框架平面内的稳定性就依靠连在屋盖肢上的水平连系板来解决。屋盖肢承受屋面荷载、风荷载及起重机水平荷载，按压弯构件设计。起重机肢仅承受起重机的竖向荷载，当起重机梁采用凸缘支座时，按轴心受压构件设计；当采用平板支座时，仍按压弯构件设计。分离式柱构造简单，制作和安装比较方便，但用钢量比阶形柱多，且刚度较差，只宜用于起重机轨顶标高低于 10m、且起重机起重量 $Q\geqslant 750\text{kN}$ 的情况，或者相邻两跨起重机的轨顶标高相差很悬殊，而低跨起重机的起重量 $Q\geqslant 500\text{kN}$ 的情况。

4. 纵向框架的柱间支撑

(1) 柱间支撑的作用和布置　柱间支撑与厂房框架柱相连接，其作用为：

1) 组成刚度大的纵向构架，保证厂房的纵向刚度。

2) 承受厂房端部山墙的风荷载、起重机纵向水平荷载及温度应力等，在地震区尚应承受厂房纵向的地震力，并传至基础。

3) 可作为框架柱在框架平面外的支点，减少柱在框架平面外的计算长度。

柱间支撑由两部分组成：在起重机梁以上的部分称为上支撑，起重机梁以下部分称为下支撑，下支撑与柱、起重机梁一起在纵向组成刚性很大的悬臂桁架。显然，将下支撑布置在温度区段的端部，在温度变化的影响方面将是很不利的。因此，为了使纵向构件在温度发生变化时能较自由地伸缩，下支撑应该设在温度区段中部。只有当起重机位置高而车间总长度又很短(如混铁炉车间)时，下支撑设在两端才不会产生很大的温度应力，而对厂房纵向刚度却能提高很多，这时放在两端才是合理的。

当温度区段小于 90m 时，在它的中央设置一道下层支撑，如图 7-8a 所示；如果温度区段长度超过 90m，则在它的 1/3 点处各设一道支撑，如图 7-8b 所示，以免传力路程太长。

上支撑又分为两层，第一层在屋架端部高度范围内属于屋盖垂直支撑。显然，当屋架为三角形或虽为梯形但有托架时，并不存在此层支撑。第二层在屋架下弦至起重机梁上翼缘范围内。为了传递风力，上层支撑需要布置在温度区段端部，由于厂房柱在起重机梁以上部分的刚度小，不会产生过大的温度应力，从安装条件来看这样布置也是合适的。此外，在有下层支撑处也应设置上层支撑。上层柱间支撑宜在柱的两侧设置，只有在无人孔而柱截面高度不大的情况下才可沿柱中心设置一道。下柱支撑应在柱的两个肢的平面内成对设置，如图 7-8b 侧视图的虚线所示；与外墙墙架有联系的边列柱可仅设在内侧，但重级工作制起重机的厂房外侧也同样设置支撑。此外，起重机梁和辅助桁架作为撑杆是柱间支撑的组成部分，承担并传递厂房纵向水平力。

(2) 柱间支撑的形式和计算　柱间支撑按结构形式可分为十字交叉、八字式、门架式等，如图 7-9 所示。十字交叉支撑构造简单、传力直接、用料节省，使用最为普遍，其斜杆

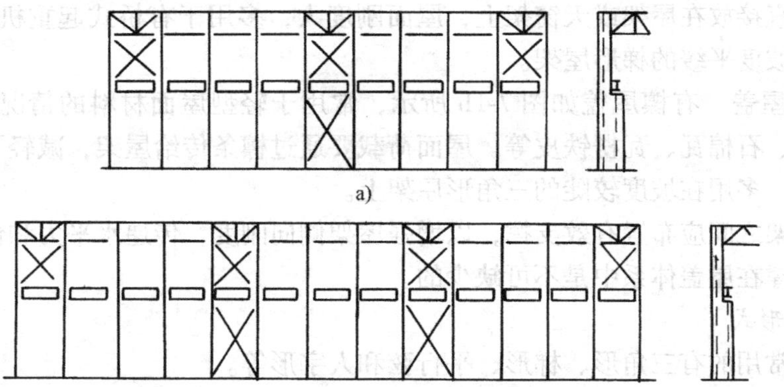

图7-8　柱间支撑的布置

倾角宜为45°左右。上层支撑在柱间距大时可改用斜撑杆；下层支撑高而不宽者可以用两个十字形，高而刚度要求严格者可以占用两个空间(见图7-9c)。当柱间距较大或十字撑妨碍生产空间时，可以采用门架式支撑(见图7-9d)。图7-9e的支撑形式上层为V形，下层为人字形，它与起重机梁系统的连接应做成能传递纵向水平力而竖向可自由滑动的构造。

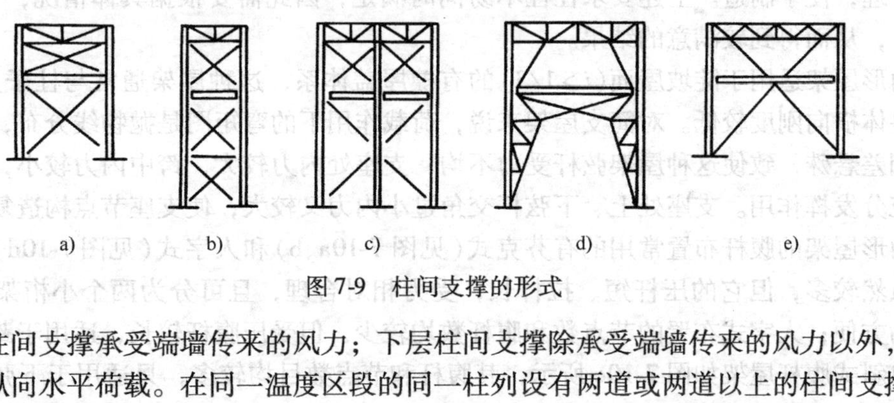

图7-9　柱间支撑的形式

上层柱间支撑承受端墙传来的风力；下层柱间支撑除承受端墙传来的风力以外，还承受起重机的纵向水平荷载。在同一温度区段的同一柱列设有两道或两道以上的柱间支撑时，则全部纵向水平荷载(包括风力)由该柱列所有支撑共同承受。当在柱的两个肢的平面内成对设置时，在起重机肢的平面内设置的下层支撑，除承受起重机纵向水平荷载外，还承受与屋盖肢下层支撑按轴线距离分配传来的风力；靠墙的外肢平面内设置的下层支撑，只承受端墙传来的风力与起重机肢下层支撑按轴线距离分配受力。

柱间支撑的交叉杆和图7-9d的上层斜撑杆和门形下层支撑的主要杆件一般按柔性杆件(拉杆)设计，交叉杆趋向于受压的不参与工作，其他的非交叉杆以及水平横杆按压杆设计。某些重型车间，对下层柱间支撑的刚度要求较高，往往交叉杆的两杆均按压杆设计。

7.2　屋盖结构

7.2.1　屋盖结构的形式

1. 屋盖结构体系

(1) 无檩屋盖　无檩屋盖如图7-1a所示，一般用于预应力混凝土大型屋面板等重型屋面，将屋面板直接放在屋架或天窗架上，屋面刚度大，多用于有桥式起重机的厂房屋盖中，所用屋架多为坡度平缓的梯形屋架。

（2）有檩屋盖 有檩屋盖如图7-1b所示，常用于轻型屋面材料的情况，如压型钢板、压型铝合金板、石棉瓦、瓦楞铁皮等。屋面荷载要通过檩条传给屋架，减轻了屋面负荷，但屋面刚度较差，多用在坡度较陡的三角形屋架上。

屋架与屋架之间应布置有效支撑，以增强屋架侧向刚度，传递水平力和保证屋盖体系的整体稳定。支撑在屋盖体系中是不可缺少的。

2. *屋架的形式*

屋架外形常用的有三角形、梯形、平行弦和人字形等。

屋架选形是设计的第一步，桁架的外形首先取决于建筑物的用途，其次应考虑用料经济施工方便、与其他构件的连接以及结构的刚度等问题。对屋架来说，其外形还取决于屋面材料要求的排水坡度。在制造简单的条件下，桁架外形应尽可能与其弯矩图接近，这样能使弦杆受力均匀，腹杆受力较小。腹杆的布置应使内力分布趋于合理，尽量用长杆受拉、短杆受压，腹杆的数目宜少，总长度要短，斜腹杆的倾角一般在30°~60°之间，腹杆布置时应注意使荷载尽量作用在桁架的节点上，避免由于节间荷载而使弦杆承受局部弯矩，节点构造要求简单合理，便于制造。上述要求往往不易同时满足，因此需要根据具体情况，全面考虑、精心设计，从而得到较满意的结果。

三角形屋架适用于陡坡屋面($i>1/3$)的有檩屋盖体系，这种屋架通常与柱子只能铰接，房屋的整体横向刚度较低。对简支屋架来说，荷载作用下的弯矩图是抛物线分布，与三角形的外形相差悬殊，致使这种屋架弦杆受力不均，支座处内力较大，跨中内力较小，弦杆的截面不能充分发挥作用。支座处上、下弦杆交角过小内力又较大，使支座节点构造复杂。

三角形屋架的腹杆布置常用的有芬克式(见图7-10a、b)和人字式(见图7-10d)。芬克式的腹杆虽然较多，但它的压杆短、拉杆长，受力相对合理，且可分为两个小桁架制作与运输，较为方便；人字式布置的节点数和腹杆数均较少，但受压腹杆较长，适用于跨度较小的情况。单斜式腹杆屋架如图7-10c所示，其腹杆和节点数目均较多，只适用于下弦需要设置天棚的屋架，一般情况较少采用。

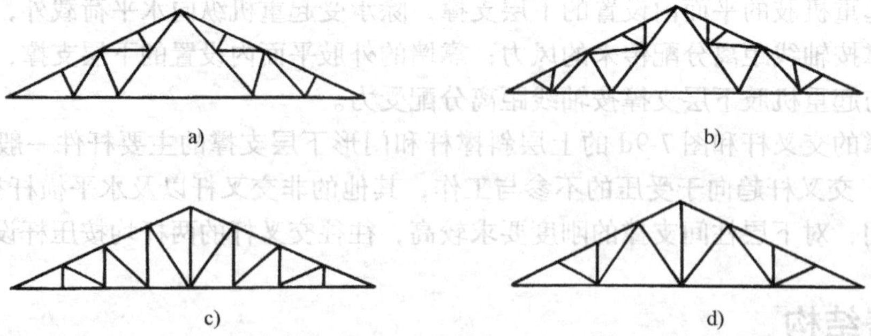

图7-10 三角形屋架

梯形屋架适用于屋面坡度较为平缓的无檩屋盖体系，它与简支受弯构件的弯矩图比较接近，弦杆受力较为均匀。梯形屋架与柱的连接可以做成铰接也可以做成刚接。刚性连接可提高建筑物的横向刚度。

梯形屋架的腹杆体系可采用单斜式、人字式和再分式，如图7-11所示。人字式按支座斜杆与弦杆组成的支承点在下弦或在上弦分为下承式和上承式两种。一般情况下，与柱刚接的屋架宜采用下承式，与柱铰接时则下承式或上承式均可。当桁架下弦要做天棚时，需设置吊杆，如图7-11b虚线所示；或者采用单斜式腹杆，如图7-11a所示。当上弦节间长度为3m，而大型屋面板宽度为1.5m时，常采用再分式腹杆，将节间减小至1.5m，如图7-11d所示；有时也采用3m节间，如图7-11c所示，使上弦承受局部弯矩，虽耗钢量增多，但构造比较简单。

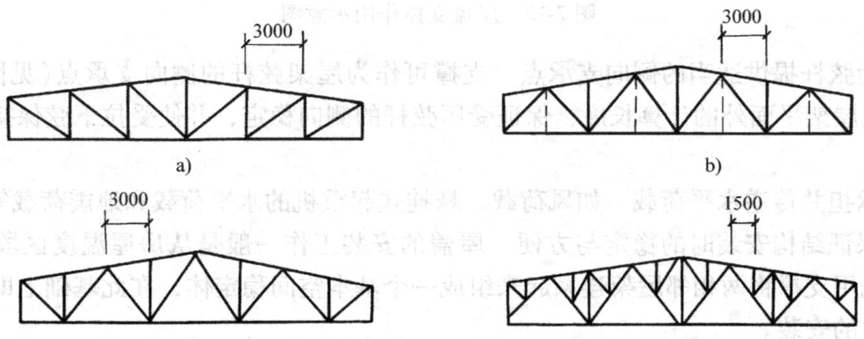

图7-11　梯形屋架

平行弦屋架具有杆件规格化、节点构造统一、便于制作工业化等优点，常用于单坡屋面的屋架及托架。

屋架的主要尺寸包括屋架的跨度 L 和高度 H（含梯形屋架的端部高度 H_0）。跨度 L 由使用和工艺方面的要求决定。高度 H 则由经济条件、刚度条件、运输界限（如铁路运输界限高度为3.85m）及屋面坡度等因素来决定。

根据上述原则，各种屋架中部高度常在下述范围：一般三角形屋架 $H=(1/6\sim1/4)L$；梯形屋架 $H=(1/10\sim1/6)L$。梯形屋架端部的高度 H_0 通常与中部高度及屋面坡度有关，当为多跨屋架时 H_0 应取一致，以利屋面构造。我国常将 H_0 取为1.8~2.1m等较整齐的数值。当屋架与柱刚接时，H_0 应有足够的大小，以便能较好地传递支座弯矩而不使端部弦杆产生过大内力，端部高度的常用范围：$H_0=(1/16\sim1/10)L$。

7.2.2　屋盖支撑

屋架在其自身平面内为几何形状不变体系并具有较大刚度，能承受屋架平面内的各种荷载。但是，平面屋架本身在垂直于屋架平面的侧向（称为屋架平面外）刚度和稳定性很差，不能承受水平荷载。因此，为使屋架结构有足够的空间刚度和稳定性，必须在屋架间设置支撑系统，如图7-12所示。

1. 屋盖支撑的作用

（1）保证结构的空间整体作用　图7-12a所示为仅由平面桁架和檩条及屋面材料组成的屋盖结构，是一个不稳定的体系，简支在柱顶上的所有屋架有可能向一侧倾倒。如果将某些屋架在适当部位用支撑连系起来，成为稳定的空间体系（见图7-12b），其余屋架再由檩条或其他构件连接在这个空间稳定体系上，就保证了整个屋盖结构的稳定。

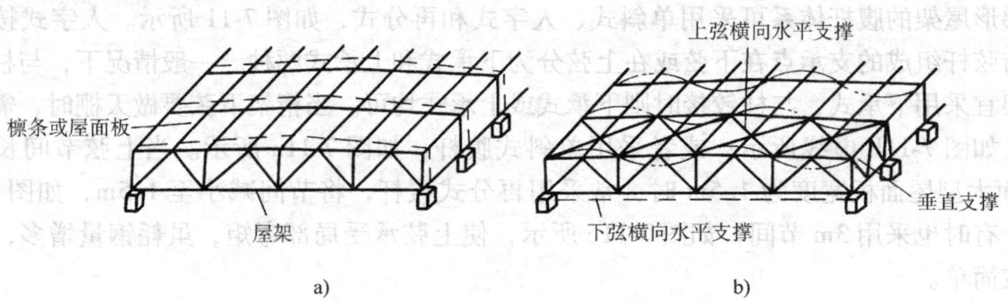

图 7-12 屋盖支撑作用示意图

(2) 为弦杆提供适当的侧向支承点 支撑可作为屋架弦杆的侧向支承点(见图 7-12b)，减少弦杆在屋架平面外的计算长度，保证受压弦杆的侧向稳定，并使受拉下弦保持足够的侧向刚度。

(3) 承担并传递水平荷载 如风荷载、悬挂式起重机的水平荷载和地震荷载等。

(4) 保证结构安装时的稳定与方便 屋盖的安装工作一般是从房屋温度区段的一端开始的，首先用支撑将两相邻屋架连系起来组成一个基本空间稳定体，在此基础上即可顺序进行其他构件的安装。

2. *屋盖支撑的布置*

屋盖支撑系统可分为：横向水平支撑、纵向水平支撑、垂直支撑和系杆。

(1) 上弦横向水平支撑 在无檩屋盖体系中，当大型屋面板与屋架的连接满足每块板有三点支承处进行焊接等构造要求时，可考虑大型屋面板起一定支撑作用。但由于施工条件的限制，很难保证焊接质量，一般只考虑大型屋面板起系杆作用。因此在通常情况下，在屋架上弦和天窗架上弦均应设置横向水平支撑。

上弦横向水平支撑一般应设置在房屋两端或横向温度区段两端的第一个柱间，如图 7-13 所示。有时在山墙承重，或设有纵向天窗但此天窗又未到温度区段尽端而退一个柱间断开时，为了与天窗支撑配合，宜将屋架的横向水平支撑布置在第二个柱间。横向水平支撑的间距不宜大于60m，当温度区段长度较大时，尚应在中部增设支撑，以符合此要求。

(2) 下弦横向水平支撑 一般情况下应该设置下弦横向水平支撑。只有当屋架跨度比较小($L \leqslant 18$m)且没有悬挂式起重机，或虽有悬挂式起重机但起重吨位不大，厂房内也没有较大的振动设备时，可不设下弦横向水平支撑。下弦横向水平支撑一般和上弦横向水平支撑布置在同一柱间以形成空间稳定体。

(3) 纵向水平支撑 当房屋内设有托架，或有较大吨位的重级、中级工作制的桥式起重机，或有壁行起重机，或有锻锤等大型振动设备，以及房屋较高、跨度较大，空间刚度要求高时，均应在屋架下弦(三角形屋架可在下弦或上弦)端节间设置纵向水平支撑。纵向水平支撑与横向水平支撑形成闭合框，加强了屋盖结构的整体性并能提高房屋的纵、横向刚度。

(4) 垂直支撑 有檩屋盖或无檩屋盖通常均应设置垂直支撑。屋架的垂直支撑应与上、下弦横向水平支撑设置在同一柱间(见图 7-12 和图 7-13)。

梯形屋架在跨度 $L \leqslant 30$m，三角形屋架在跨度 $L \leqslant 24$m，仅在跨度中央设置一道垂直支撑(见图 7-14a、b)；当跨度大于上述数值时，宜在1/3 跨度附近或天窗架侧柱外设置两道垂直

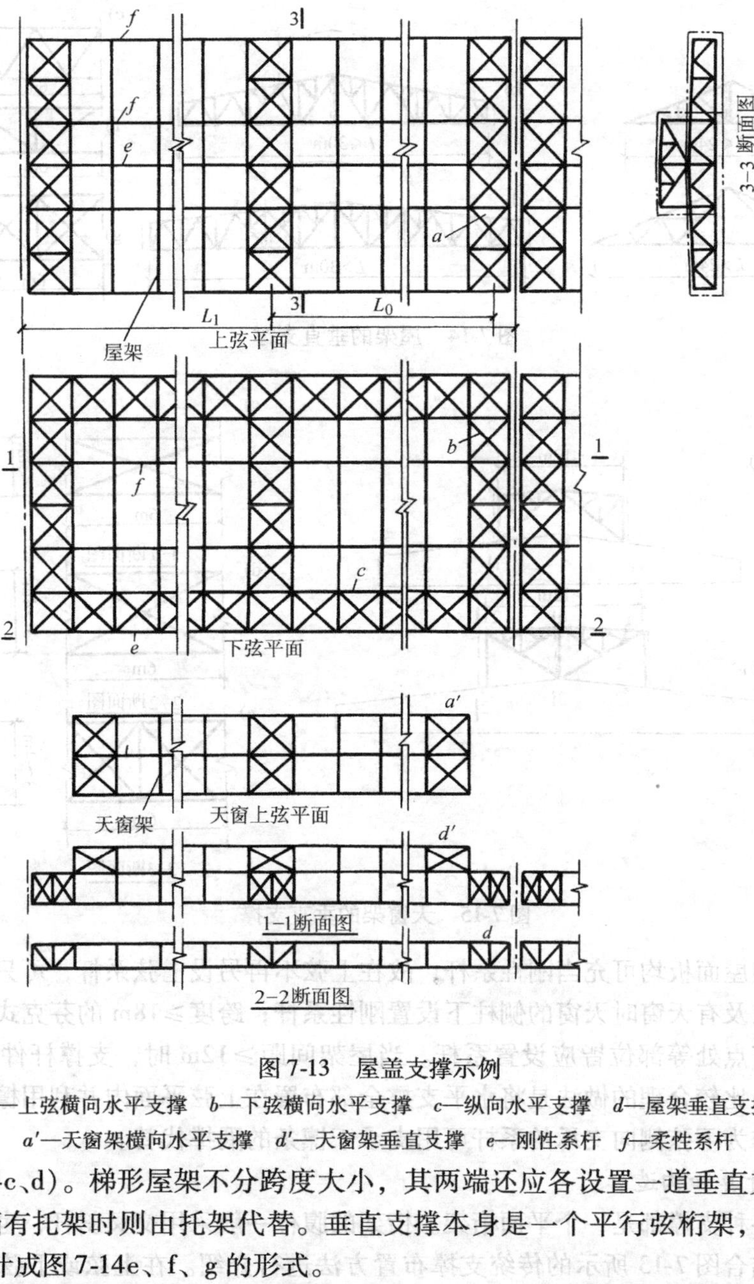

图7-13　屋盖支撑示例

a—上弦横向水平支撑　*b*—下弦横向水平支撑　*c*—纵向水平支撑　*d*—屋架垂直支撑
a′—天窗架横向水平支撑　*d*′—天窗架垂直支撑　*e*—刚性系杆　*f*—柔性系杆

支撑(见图7-14c、d)。梯形屋架不分跨度大小，其两端还应各设置一道垂直支撑(见图7-13和图7-14)；当有托架时则由托架代替。垂直支撑本身是一个平行弦桁架，根据尺寸的不同，一般可设计成图7-14e、f、g的形式。

天窗架的垂直支撑，一般设置在两侧(见图7-15a)；当天窗的宽度大于12m时还应在中央设置一道(见图7-15b)。两侧的垂直支撑桁架，考虑到通风与采光的关系常采用图7-15c、d的形式，而中央仍采取与屋架中相同的形式，如图7-15e所示。

(5) 系杆　系杆的作用在于保证未设横向支撑的其他屋架弦杆的稳定，同时在安装过程中还起到架立屋架的作用。因此，对于未设横向支撑的屋架及天窗架，均应在屋架上弦横向水平支撑的某些节点或垂直支撑处，沿房屋的纵向通长地设置系杆。既能承受拉力又能承受压力的为刚性系杆，只能承受拉力的为柔性系杆。当上、下弦横向水平支撑设在第二柱间时，应在第一柱间设置刚性系杆以传递山墙荷载。

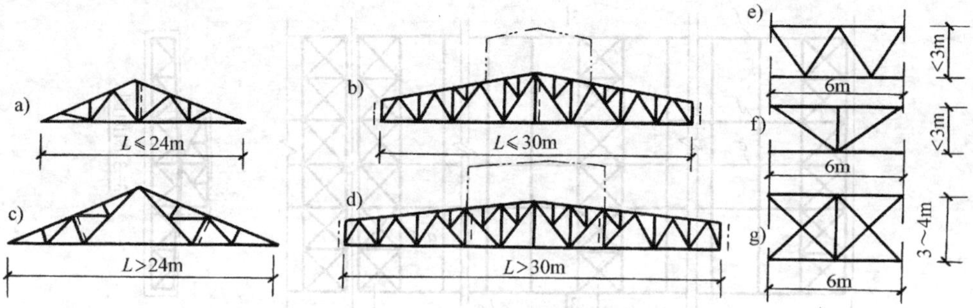

图 7-14 屋架的垂直支撑

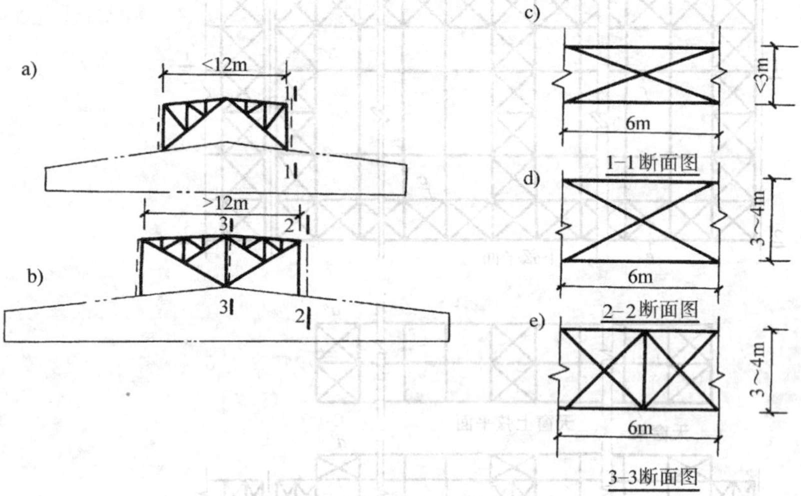

图 7-15 天窗架的垂直支撑

檩条或大型屋面板均可充当刚性系杆，故在上弦不再另设上弦系杆，可只在屋架的脊节点、支座位置以及有天窗时天窗的侧柱下设置刚性系杆；跨度≥18m 的芬克式屋架的主斜杆与下弦相交的节点处等部位皆应设置系杆。当屋架间距≥12m 时，支撑杆件截面将大大增加，多耗钢材，比较合理的做法是将水平支撑全部布置在上弦平面内并利用檩条作为支撑体系的压杆，而作为下弦侧向支承的系杆可用支承于檩条的隅撑代替。

3. 支撑的计算和构造

除系杆外各种支撑都是一个平面桁架。桁架的腹杆一般采用交叉斜杆，也有采用单斜杆的。下面主要结合图 7-13 所示的传统支撑布置方法进行介绍。在上弦或下弦平面内，用相邻两屋架的弦杆兼作横向支撑桁架的弦杆，另加竖杆和斜杆，便组成支撑桁架。同理，屋架的下弦杆兼作纵向水平支撑桁架的竖杆。屋架的纵横向水平支撑桁架的节间，以组成正方形为宜，一般为 6m×6m，但由于实际情况划分时也可能有长方形甚至是 6m×3m 的情况。上弦横向水平支撑节点间的距离常为屋架上弦杆节间长度的 2~4 倍。

垂直支撑常成图 7-14e、f、g 所示的小桁架，其宽与高各由屋架间距及屋架的相应竖杆高度确定。宽高相差不大时，可用交叉斜杆，高度较小时可用 V 形或 W 形，如图 7-14e、f 所示，以避免杆件交角可能小于 30°的情况。

屋盖支撑受力较小，截面尺寸一般由杆件的允许长细比和构造要求决定，但对兼作支撑桁架弦杆、横杆或端竖杆的檩条或屋架竖杆等，其长细比应满足支撑压杆的要求；兼作柔性系杆的檩条，其长细比应满足支撑拉杆的要求。对于承受端墙风力的屋架下弦横向水平支撑和刚性系杆，以及承受侧墙风力的屋架下弦纵向水平支撑，当支撑桁架跨度较大或承受的风荷载较大时，或垂直支撑兼作檩条以及考虑厂房结构的空间工作而用纵向水平支撑作为柱的弹性支承时，支撑杆件除应满足长细比要求外，尚应按桁架体系计算内力，并据此内力按强度或稳定性选择截面并计算其连接。

具有交叉斜腹杆的支撑桁架，通常将斜腹杆视为柔性杆件，只能受拉，不能受压。因而每节间只有受拉的斜腹杆参与工作，如图7-16所示。

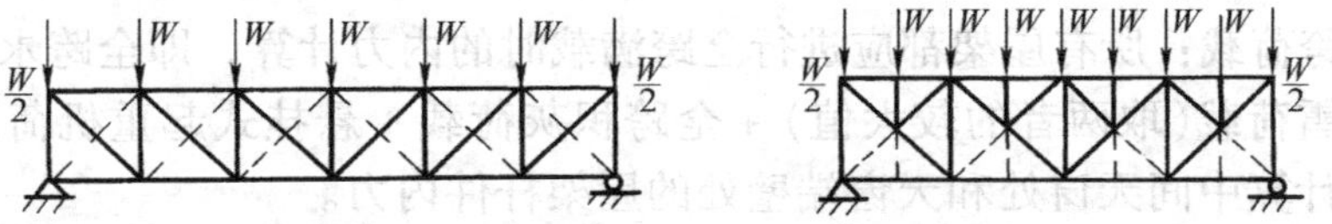

图7-16 支撑桁架杆件的内力计算简图

支撑和系杆与屋架或天窗架的连接应使构造简单安装方便，通常采用C级螺栓，每一杆件接头处的螺栓数不少于两个。螺栓直径一般为20mm，与天窗架或轻型钢屋架连接的螺栓直径可用16mm。有重级工作制起重机或有较大振动设备的厂房中，屋架下弦支撑和系杆（无下弦支撑时为上弦支撑和隅撑）的连接，宜采用高强度螺栓，或除C级螺栓外另加安装焊缝，每条焊缝的焊脚尺寸不宜小于6mm，长度不宜小于80mm。

7.2.3 简支屋架设计

1. *屋架的内力分析*

（1）基本规定 作用在屋架上的荷载，可按荷载规范的规定计算求得。屋架上的荷载包括永久荷载、屋面均布活荷载、雪荷载、风荷载、积灰荷载及悬挂荷载等。

具有角钢和T型钢杆件的屋架，计算其杆件内力时，通常将荷载集中到节点上（屋架作用有节间荷载时，可将其分配到相邻的两个节点），并假定节点处的所有杆件轴线在同一平面内相交于一点，而且各节点均为理想铰接。这样就可以利用计算机或采用图解法及解析法来求各节点荷载作用下桁架杆件的内力。

按上述理想体系内力求出的应力是桁架的主要应力，由于节点实际具有的刚性所引起的次应力，以及因制作偏差或构造等原因而产生的附加应力，其值较小，设计时一般不考虑。

（2）节间荷载引起的局部弯矩 有节间荷载作用的屋架，除了把节间荷载分配到相邻节点并按节点荷载求解杆件内力外，还应计算节间荷载引起的局部弯矩。局部弯矩的计算，既要考虑杆件的连续性，又要考虑节点支承的弹性位移，一般采用简化计算。例如，当屋架上弦杆有节间荷载作用时，上弦杆的局部弯矩可近似地采用：端节间的正弯矩取$0.8M_0$，其他节间的正弯矩和节点负弯矩取$0.6M_0$，M_0为将相应弦杆节间作为单跨简支梁求得的最大弯距，如图7-17所示。

（3）内力计算与荷载组合 不具备电算条件时，求解屋架杆件内力一般用图解法较为方便，图解法最适宜几何形状不很规则的屋架。对于形状不复杂的及杆件数不多的屋架，用解析法确定内力可能更简单些。不论用哪种方法，计算屋架杆件内力时，都应根据具体情况考虑荷载组合问题。

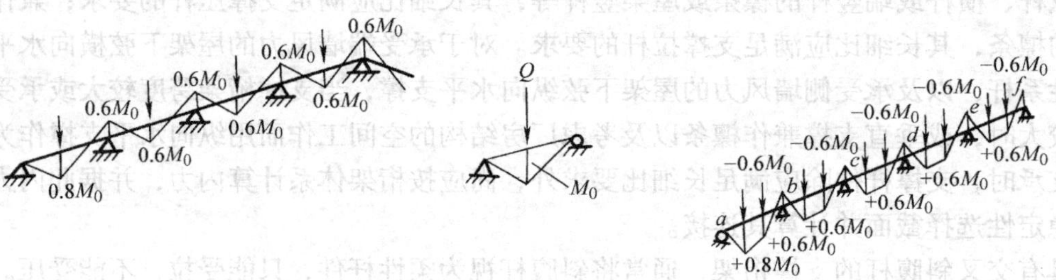

图 7-17 上弦杆的局部弯矩

第一是全跨荷载：所有屋架都应进行全跨满载时的内力计算，即全跨永久荷载 + 全跨屋面活荷载或雪荷载（取两者的较大值）+ 全跨积灰荷载 + 悬挂式起重机荷载。有纵向天窗时，应分别计算中间天窗处和天窗端壁处的屋架杆件内力。

第二是半跨荷载：梯形屋架、人字形屋架、平行弦屋架等的少数斜腹杆（一般为跨中每侧各两根斜腹杆）可能在半跨荷载作用下产生最大内力或引起内力变号。所以对这些屋架还应根据使用和施工过程的分布情况考虑半跨荷载的作用。必要时，可按下列半跨荷载组合计算：全跨永久荷载 + 半跨屋面活荷载（或半跨雪荷载）+ 半跨积灰荷载 + 悬挂式起重机荷载。采用大型混凝土屋面板的屋架，尚应考虑安装时可能的半跨荷载：屋架及天窗架（包括支撑）自重 + 半跨屋面板重 + 半跨屋面活荷载。

第三是对轻质屋面材料的屋架，一般应考虑负风压的影响，即当屋面永久荷载（荷载分项系数 γ_G 取为 1.0）小于负风压（荷载分项系数 γ_Q 取为 1.4）时，屋架的受拉杆件在永久荷载与风荷载联合作用下可能受压。求其内力时，可假定屋架两端支座的水平反力相等。一般的做法是：只要负风压的竖向分力大于永久荷载，即认为屋架的拉杆将反号变为压杆，但此压力不大，将其长细比控制不超过 250 即可，不必计算风荷载作用下的内力。

第四是轻屋面的厂房，当起重机起重量较大（$Q \geqslant 300$kN）应考虑按框架分析求得的柱顶水平力是否会使下弦内力增加或引起下弦内力变号。

2. 杆件的计算长度和允许长细比

（1）杆件的计算长度　确定桁架弦杆和单系腹杆的长细比时，其计算长度 l_0 应按表 7-2 的规定采用。

表 7-2 桁架弦杆和单系腹杆的计算长度 l_0

项 次	弯曲方向	弦 杆	腹 杆	
			支座斜杆和支座竖杆	其他腹杆
1	在桁架平面内	l	l	$0.8l$
2	在桁架平面外	l_1	l	l
3	斜平面	—	l	$0.9l$

注：1. l 为构件的几何长度（节点中心间距离）；l_1 为桁架弦杆侧向支承点间的距离。
2. 斜平面是指与桁架平面斜交的平面，适用于构件截面两主轴均不在桁架平面内的单角钢腹杆和双角钢十字形截面腹杆。
3. 无节点板的腹杆计算长度在任意平面内均取其等于几何长度（钢管结构除外）。

1）桁架平面内。在理想的桁架中，压杆在桁架平面内的计算长度应等于节点中心间的距离(即杆件的几何长度 l)，但实际上桁架节点都具有一定的刚性，杆件两端均系弹性嵌固，当某一压杆因失稳而屈曲，端部绕节点转动时(见图7-18a)，将受到节点中其他杆件的约束。实践和理论分析证明，约束节点转动的主要因素是拉杆。汇交于节点中的拉杆数量越多，则产生的约束作用越大，压杆在节点处的嵌固程度也越大，其计算长度就越小。根据这个道理，可视节点的嵌固程度来确定各杆件的计算长度。图7-18a所示的弦杆、支座斜杆和支座竖杆本身的刚度较大，且两端相连的拉杆少，因而对节点的嵌固程度很小，可以不考虑，其计算长度不折减而取几何长度(即节点间距离)；其他受压腹杆，考虑到节点处受到拉杆的牵制作用，计算长度适当折减，取 $l_{0x}=0.8l$，如图7-18a所示。

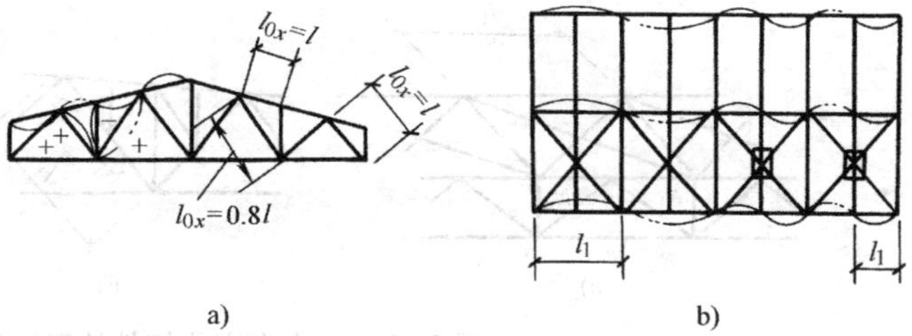

图7-18 桁架杆件的计算长度
a) 平面内的计算长度 b) 平面外的计算长度

2) 桁架平面外。屋架弦杆在平面外的计算长度，应取侧向支承点间的距离。

上弦：一般取上弦横向水平支撑的节间长度。在有檩屋盖中，如檩条与横向水平支撑的交叉点用节点板焊牢，如图7-18b所示，则此檩条可视为屋架弦杆的支承点；在无檩屋盖中，考虑大型屋面板能起一定的支撑作用，故一般取两块屋面板的宽度，但不大于3.0m。

下弦：视有无纵向水平支撑，取纵向水平支撑节点与系杆或系杆与系杆间的距离。

腹杆：因节点在桁架平面外的刚度很小，对杆件没有什么嵌固作用，故所有腹杆均取 $l_{0y}=l_0$。

3) 斜平面。单面连接的单角钢杆件和双角钢组成的十字形杆件，因截面主轴不在桁架平面内，有可能斜向失稳，杆件两端的节点对其两个方向均有一定的嵌固作用。因此，斜平面计算长度略作折减，取 $l_0=0.9l$，但支座斜杆和支座竖杆仍取其计算长度为几何长度(即 $l_0=l$)。

4) 其他。当桁架弦杆侧向支承点之间的距离为节间长度的2倍，如图7-19a所示，且两节间的弦杆轴心压力不相同时，该弦杆在桁架平面外的计算长度，应按下式确定(但不应小于 $0.5l_1$)

$$l_0=l_1\left(0.75+0.25\frac{N_2}{N_1}\right) \tag{7-6}$$

式中 N_1——较大的压力，计算时取正值；

N_2——较小的压力或拉力，计算时压力取正值，拉力取负值。

桁架再分式腹杆体系的受压主斜杆(见图7-19b)及K形腹杆体系的竖杆等(见图7-19c)，在桁架平面外的计算长度也应按式(7-6)确定(受拉主斜杆仍取 l_1)，在桁架平面内的计算长度取节点中心间距离。

确定在交叉点相互连接的桁架交叉腹杆的长细比时，在桁架平面内的计算长度应取节点中心到交叉点间的距离；在桁架平面外的计算长度，当两交叉杆长度相等时，应按表7-3的规定采用。

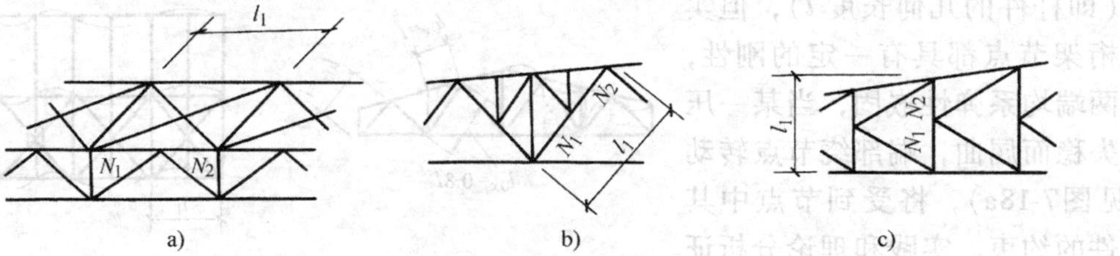

图 7-19　压力有变化杆件的平面外计算长度

a）侧向支承点间压力有变化的弦杆　b）再分式腹杆体系的受压主斜杆　c）K 形腹杆体系的竖杆

表 7-3　桁架交叉腹杆在桁架平面外的计算长度

项次	杆件类别	杆件的交叉情况	桁架平面外的计算长度
1	压杆	相交另一杆受压，两杆截面相同并在交叉点均不中断	$l_0=l\sqrt{\frac{1}{2}\left(1+\frac{N_0}{N}\right)}$
2	压杆	相交另一杆受压，此另一杆在交叉点中断但以节点板搭接	$l_0=l\sqrt{1+\frac{\pi^2}{12}\cdot\frac{N_0}{N}}$
3	压杆	相交另一杆受拉，两杆截面相同并在交叉点均不中断	$l_0=l\sqrt{\frac{1}{2}\left(1-\frac{3}{4}\frac{N_0}{N}\right)}\geqslant 0.5l$
4	压杆	相交另一杆受拉，此拉杆在交叉点中断但以节点板搭接	$l_0=l\sqrt{1-\frac{3}{4}\frac{N_0}{N}}\geqslant 0.5l$
5	拉杆		$l_0=l$

注：1. 表中 l 为节点中心间距离（交叉点不作节点考虑）；N 为所计算杆的内力，N_0 为所交另一杆的内力，均为绝对值。

2. 两杆均受压时，$N\leqslant N_0$ 截面应相同。

3. 当确定交叉腹杆中单角钢杆件斜平面的长细比时，计算长度应取节点中心至交叉点间的距离。

（2）杆件的允许长细比　桁架杆件长细比的大小，对杆件的工作有一定的影响。若长细比太大，将使杆件在自重作用下产生过大的挠度，在运输和安装过程中因刚度不足而产生弯曲，在动力作用下还会引起较大的振动。故在《钢结构设计规范》中对拉杆和压杆都规定了允许长细比。其具体规定参考表 4-1 和表 4-2 有关内容。

3. 杆件的截面形式

桁架杆件截面形式的确定，应考虑构造简单、施工方便、易于连接，使其具有一定的侧向刚度并且取材容易等要求。对轴心受压杆件，为了经济合理，宜使杆件对两个主轴有相近的稳定性，即可使两方向的长细比接近相等。

普通钢屋架以往基本上采用由两个角钢组成的 T 形截面（见图 7-20a、b、c）或十字形截面形式的杆件（见图 7-20d），受力较小的次要杆件可采用单角钢（见图 7-20e）。自 H 型钢在我国生产后，很多情况可用 H 型钢剖开而成的 T 型钢（见图 7-20f、g、h）来代替双角钢组成的 T 形截面。

对节间无荷载的上弦杆，在一般的支撑布置情况下，计算长度 $l_{0y}\geqslant 2l_{0x}$，为使轴压稳定系数 φ_x 与 φ_y 接近，一般应满足 $i_y\geqslant 2i_x$，因此，宜采用不等边角钢短肢相连的截面（见图 7-20b）或 TW 形截面（见图 7-20f），当 $l_{0y}=l_{0x}$时，可采用两个等边角钢截面（见图 7-20a）或 TM

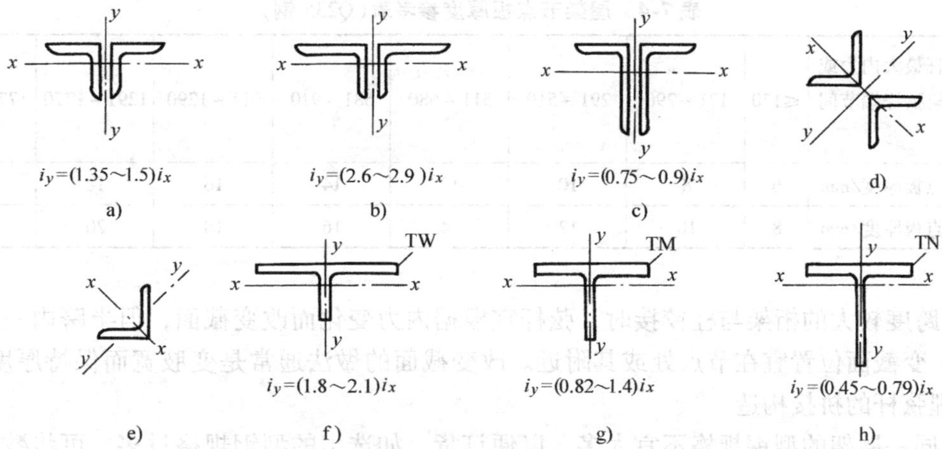

图7-20 屋架杆件截面形式

形截面(见图7-20g)；对节间有荷载的上弦杆，为了加强在桁架平面内的抗弯能力，也可采用不等边角钢长肢相连的截面或TN形截面。

下弦杆在一般情况下 $l_{0y} > l_{0x}$，通常采用不等边角钢短肢相连的截面，或TW形截面以满足长细比要求。

支座斜杆 $l_{0y} = l_{0x}$时，宜采用不等边角钢长肢相连或等边角钢的截面，连有再分式杆件的斜腹杆因 $l_{0y} = 2l_{0x}$，可采用等边角钢相并的截面。

其他一般腹杆，因其 $l_{0y} = l$，$l_{0x} = 0.8l$，即 $l_{0y} = 1.25l_{0x}$，故宜采用等边角钢相并的截面。连接垂直支撑的竖腹杆，使连接不偏心，宜采用两个等边角钢组成的十字形截面(见图7-20d)；受力很小的腹杆(如再分杆等次要杆件)，可采用单角钢截面(见图7-20e)。

用H型钢沿纵向剖开而成T型钢来代替传统的双角钢T形截面，用于桁架弦杆，可以省去节点板或减小节点板尺寸，零件数量少，用钢经济(约节约钢材10%)，用工量少(省工15%~20%)，易于涂装且提高其耐蚀性能，延长其使用寿命，降低造价(约16%~20%)，因此有很广阔的发展前景。

4. 杆件的截面选择

(1) 一般原则

1) 应优先选用肢宽而薄的板件或肢件组成的截面以增加截面的回转半径，但受压构件应满足局部稳定的要求。一般情况下，板件或肢件的最小厚度为5mm，对小跨度屋架可用到4mm。

2) 角钢杆件或T型钢的悬伸肢宽不得小于45mm。直接与支撑或系杆相连的最小肢宽，应根据连接螺栓的直径 d 而定，满足角钢上螺栓线距要求：d = 16mm 时，为63mm；d = 18mm 时，为70mm；d = 20mm 时，为75mm。垂直支撑或系杆如连接在预先焊于桁架竖腹杆及弦杆的连接板上时，悬伸肢宽不受此限。

3) 屋架节点板(或T型钢弦杆的腹板)的厚度，可根据腹杆的最大内力(对梯形和平行弦屋架)或弦杆端节间内力(对三角形屋架)，按表7-4 选用。

表 7-4 屋架节点板厚度参考表(Q235 钢)

桁架腹杆最大内力或三角形屋架弦杆端节间内力/kN	≤170	171~290	291~510	511~680	681~910	911~1290	1291~1770	1771~3090
中间节点板厚度/mm	6	8	10	12	14	16	18	20
支座节点板厚度/mm	8	10	12	14	16	18	20	22

4）跨度较大的桁架与柱铰接时，弦杆宜根据内力变化而改变截面，但半跨内一般只改变一次。变截面位置宜在节点处或其附近。改变截面的做法通常是变肢宽而保持厚度不变，以便处理弦杆的拼接构造。

5）同一屋架的型钢规格不宜太多，以便订货。如选出的型钢规格过多，可将数量较少的小号型钢进行调整，同时应尽量避免选用相同边长或肢宽而厚度相差很小的型钢，以免施工时产生混料错误。

6）当连接支撑等的螺栓孔在节点板范围内且距节点板边缘距离≥100mm 时，计算杆件强度可不考虑截面的削弱，如图 7-21 所示。

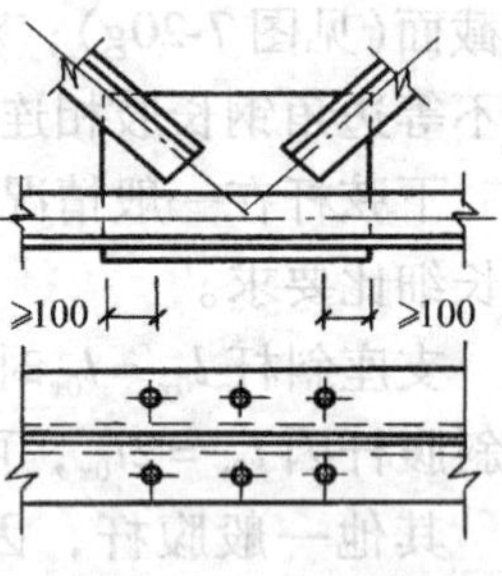

图 7-21 节点板范围内的螺栓孔

7）单面连接的单角钢杆件，考虑受力时偏心的影响，在按轴心受拉或轴心受压计算其强度或稳定以及连接时，钢材和连接的强度设计值应乘以相应的折减系数。

8）双角钢杆件的填板。由双角钢组成的T形或十字形截面杆件是按实腹式杆件进行计算的。为了保证两个角钢共同工作，必须每隔一定距离在两个角钢间加设填板，如图 7-22 所示，使它们之间有可靠连接。填板的宽度：一般取 50~80mm；填板的长度：对 T 形截面应比角钢肢伸出 10~20mm，对十字形截面则从角钢肢尖缩进 10~15mm，以便于施焊；填板的厚度与桁架节点板相同。

填板的间距对压杆 $l_1 \leqslant 40i$，拉杆 $l_1 \leqslant 80i$；在 T 形截面中，i 为一个角钢对平行于填板自身形心轴的回转半径；在十字形截面中，填板应沿两个方向交错放置(见图 7-22)，i 为一个角钢的最小回转半径，在压杆的桁架平面外计算长度范围内，至少应设置两块填板。

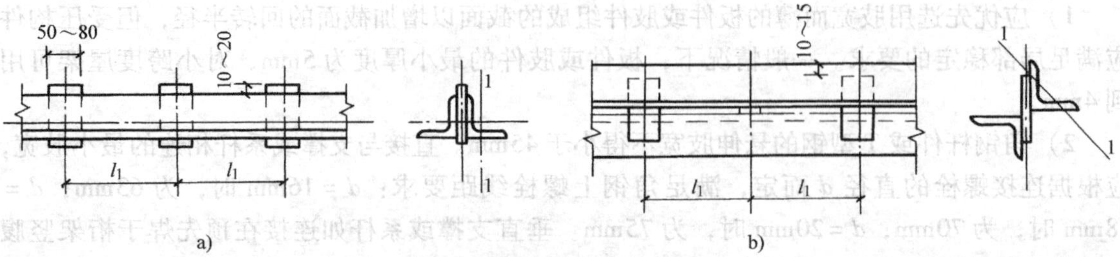

图 7-22 桁架杆件中的填板

（2）杆件的截面选择 对轴心受拉杆件由强度要求计算所需的面积，同时应满足长细比要求。对轴心受压杆件和压弯构件要计算强度、整体稳定、局部稳定和长细比。计算方法见第 4、6 章。

5. 钢桁架的节点设计

（1）节点设计的一般要求

1）在原则上，桁架应以杆件的形心线为轴线并在节点处相交于一点，以避免杆件偏心受力。为了制作方便，通常取角钢背或T型钢背至轴线的距离为5mm的倍数。

2）当弦杆截面沿长度有改变时，为便于拼接和放置屋面材料，一般将拼接处两侧弦杆表面对齐，这时形心线必然错开，此时宜采用受力较大的杆件形心线为轴线，如图7-23所示。当两侧形心线偏移的距离 e 不超过较大弦杆截面高度的5%时，可不考虑此偏心影响。

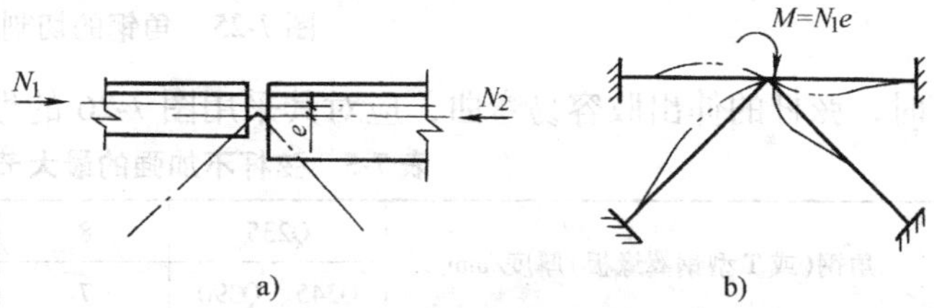

图7-23 弦杆轴线的偏心

当偏心距离 e 超过上述值，或者由于其他原因使节点处有较大偏心弯矩时，应根据交汇处各杆的线刚度，将此弯矩分配于各杆（见图7-23b）。所计算杆件承担的弯矩为

$$M_i = M\frac{K_i}{\sum K_i} \tag{7-7}$$

式中 M——节点偏心弯矩，对图7-23的情况，$M = N_1 e$；

K_i——所计算杆件线刚度；

$\sum K_i$——汇交于节点的各杆件线刚度之和。

3）在屋架节点处，腹杆与弦杆或腹杆与腹杆之间焊缝的净距，不宜小于10mm，或者杆件之间的空隙不小于15～20mm（见图7-24），以便制作，且可避免焊缝过分密集，致使钢材局部变脆。

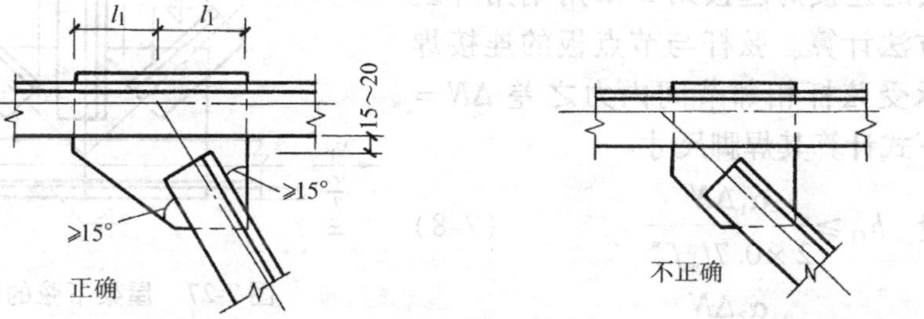

图7-24 节点板形状对焊缝受力的影响

4）节点板的外形应尽可能简单而规则，宜至少有两边平行，一般采用矩形、平行四边形和直角梯形等。节点板边缘与杆件轴线的夹角不应小于15°，单斜杆与弦杆的连接应使之不出现连接的偏心弯矩（见图7-24a）。节点板的平面尺寸，一般应根据杆件截面尺寸和腹杆端部焊缝长度画出大样图来确定，但考虑施工误差，宜将此平面尺寸适当放大。

5）角钢端部的切割一般垂直于其轴线，如图7-25a所示。有时为减小节点板尺寸，允许切去一肢的部分（见图7-25b、c），但不允许将一个肢完全切去而另一肢伸出的斜切（见图7-25d）。

6）支承大型混凝土屋面板的上弦杆，当支承处的总集中荷载（设计值）超过表7-5的数

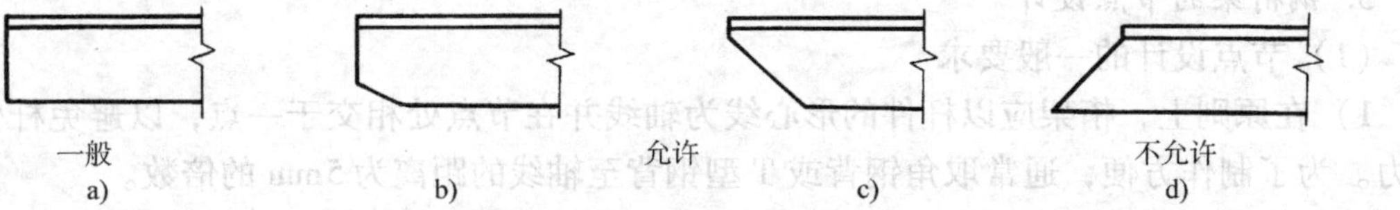

图 7-25 角钢的切割

值时，弦杆的伸出肢容易弯曲，应对其采用图 7-26 的做法之一予以加强。

表 7-5 弦杆不加强的最大节点荷载

角钢(或 T 型钢翼缘板)厚度/mm	Q235	8	10	12	14	16
	Q345、Q390	7	8	10	12	14
支承处总集中荷载设计值/kN		25	40	55	75	100

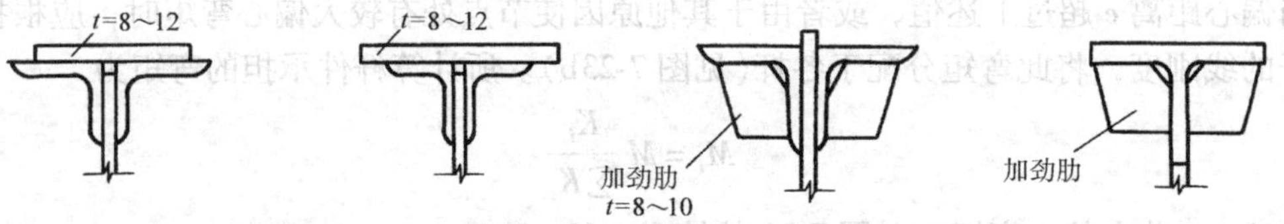

图 7-26 上弦角钢的加强

(2) 角钢桁架的节点设计 角钢桁架是指弦杆和腹杆均用角钢做成的桁架。

1) 一般节点。一般节点是指无集中荷载和无弦杆拼接的节点，如无悬吊荷载的屋架下弦的中间节点，如图7-27 所示。

节点板应伸出弦杆 10 ~ 15mm 以便焊接。腹杆与节点板的连接焊缝按第 3 章角钢角焊缝承受轴心力方法计算。弦杆与节点板的连接焊缝，应考虑承受弦杆相邻节间内力之差 $\Delta N = N_2 - N_1$，按下式计算其焊脚尺寸

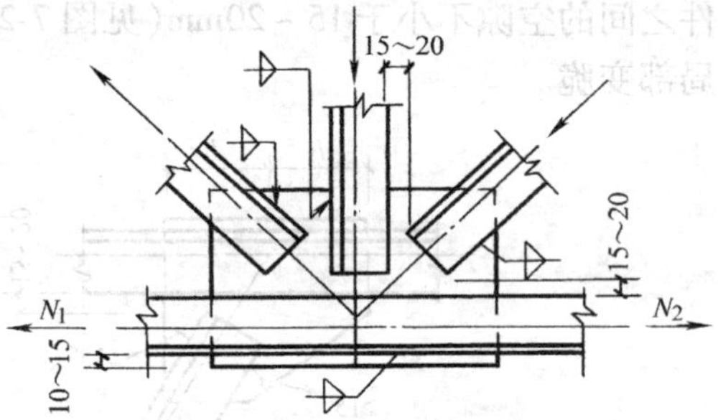

图 7-27 屋架下弦的中间节点

肢背焊缝 $$h_{f1} \geqslant \frac{\alpha_1 \Delta N}{2 \times 0.7 l_w f_f^w} \tag{7-8}$$

肢尖焊缝 $$h_{f2} \geqslant \frac{\alpha_2 \Delta N}{2 \times 0.7 l_w f_f^w} \tag{7-9}$$

式中 α_1、α_2——内力分配系数，可取 $\alpha_1 = \frac{2}{3}$、$\alpha_2 = \frac{1}{3}$；

f_f^w——角焊缝强度设计值。

通常因 ΔN 很小，实际所需的焊脚尺寸可由构造要求确定，并沿节点板全长满焊。

2) 角钢桁架有集中荷载的节点。为便于大型屋面板或檩条连接角钢的放置，常将节点板缩进上弦角钢背(见图 7-28)，缩进距离不宜小于 $0.5t + 2$mm，也不宜大于 t，t 为节点板厚度。角钢背凹槽的塞焊缝可假定只承受屋面集中荷载，按下式计算其强度

$$\sigma_f = \frac{Q}{2 \times 0.7 h_{f1} l_w} \leqslant \beta_f f_f^w \tag{7-10}$$

式中 Q——节点集中荷载垂直于屋面的分量；

h_{f1}——焊脚尺寸，取 $h_{f1}=0.5t$；

β_f——正面角焊缝强度增大系数。对承受静力荷载和间接承受动力荷载的屋架，$\beta_f=1.22$；对直接承受动力荷载的屋架，$\beta_f=1.0$。

实际上因 Q 不大，可按构造满焊。

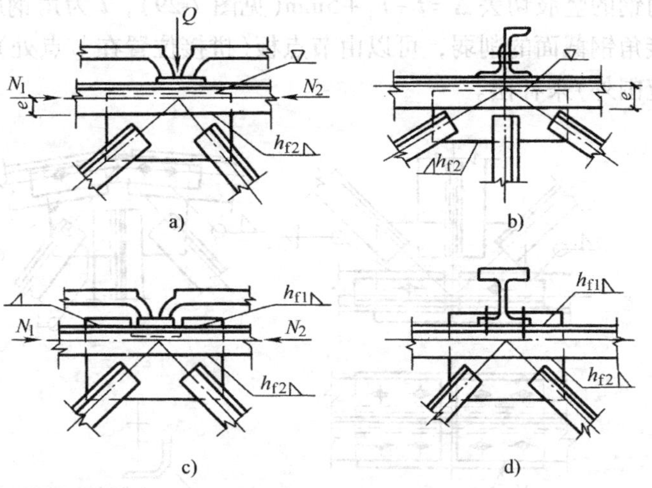

图7-28 屋架上弦节点

弦杆相邻节间的内力差（$\Delta N=N_2-N_1$）由弦杆角钢肢尖与节点板的连接焊缝承受，计算时应计入偏心弯矩（$M=\Delta Ne$，e 为角钢肢尖至弦杆形心线的距离），按下式计算

对 ΔN
$$\tau_f=\frac{\Delta N}{2\times0.7h_{f2}l_w} \tag{7-11}$$

对 M
$$\sigma_f=\frac{6M}{2\times0.7h_{f2}l_w^2} \tag{7-12}$$

共同作用
$$\sqrt{\left(\frac{\sigma_f}{\beta_f}\right)^2+\tau_f^2}\leqslant f_f^w \tag{7-13}$$

式中 h_{f2}——肢尖焊缝的焊脚尺寸。

当节点板向上伸出不妨碍屋面构件的放置，或因相邻弦杆节间内力差 ΔN 较大，肢尖焊缝不满足式（7-13）时，可将节点板部分向上伸出（见图7-28c）或全部向上伸出（见图7-28d）。此时弦杆与节点板的连接焊缝应按下列公式计算

肢背焊缝
$$\frac{\sqrt{(\alpha_1\Delta N)^2+(0.5Q)^2}}{2\times0.7h_{f1}l_{w1}}\leqslant f_f^w \tag{7-14}$$

肢尖焊缝
$$\frac{\sqrt{(\alpha_2\Delta N)^2+(0.5Q)^2}}{2\times0.7h_{f2}l_{w2}}\leqslant f_f^w \tag{7-15}$$

式中 h_{f1}、l_{w1}——伸出肢背的焊缝焊脚尺寸和计算长度；

h_{f2}、l_{w2}——肢尖焊缝的焊脚尺寸和计算长度。

3）角钢桁架弦杆的拼接及拼接节点。弦杆的拼接分为工厂拼接和工地拼接两种。工厂拼接用于型钢长度不够或弦杆截面有改变时在制造厂进行的拼接。这种拼接的位置通常在节点范围以外。工地拼接用于屋架分为几个运送单元时在工地进行的拼接。这种拼接的位置一般在节点处，为减轻节点板负担和保证整个屋架平面外的刚度，通常不利用节点板作为拼接材料，而以拼接角钢传递弦杆内力。拼接角钢宜采用与弦杆相同的截面，使弦杆在拼接处保持原有的强度和刚度。

为了使拼接角钢与弦杆紧密相贴，应将拼接角钢的棱角铲去，为便于施焊，还应将拼接

角钢的竖肢切去 $\Delta = t + h_f + 5\text{mm}$（见图 7-29），$t$ 为角钢厚度，h_f 为拼接焊缝的焊脚尺寸。连接角钢截面的削弱，可以由节点板（拼接位置在节点处）或角钢之间的填板（拼接位置在节点范围外）来补偿。

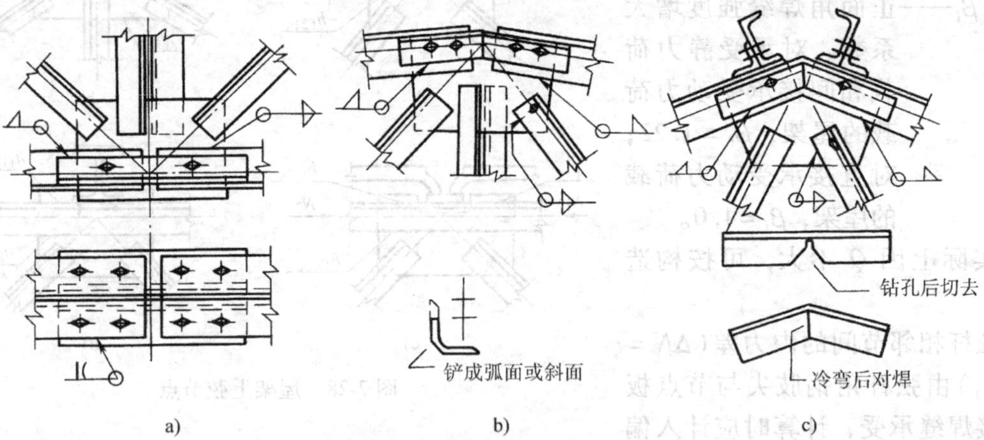

图 7-29 屋架的拼接节点

a）下弦工地拼接节点 b）、c）上弦工地拼接节点

屋脊节点处的拼接角钢，一般采用热弯成形。当屋面坡度较大且拼接角钢肢较宽时，可将角钢竖肢切口再弯折后焊成。工地焊接时，为便于现场安装，拼接节点要设置安装螺栓。此外，为避免双插，应使拼接角钢和节点板不连在同一运输单元上，有时也可把拼接角钢作为单独的运输零件。拼接角钢或拼接钢板的长度，应根据所需焊缝长度决定。接头一侧的连接焊缝总长度应为

$$\sum l_w \geqslant \frac{N}{0.7 h_f f_f^w} \tag{7-16}$$

式中 N——杆件的轴心力，取节点两侧弦杆内力的较大值。

双角钢的拼接中，上式得出的焊缝计算长度 $\sum l_w$ 按四条焊缝平均分配。

弦杆与节点板的连接焊缝，应按式（7-8）和式（7-9）计算，式中的 ΔN 取为相邻节间弦杆内力之差或弦杆最大内力的 15%，两者取较大值。当节点处有集中荷载时，则应采用上述 ΔN 值和集中荷载 Q 值按式（7-14）和式（7-15）验算。

4）角钢桁架的支座节点。屋架与柱子的连接可以做成铰接或刚接。支承于混凝土柱或砌体柱的屋架一般都是按铰接设计，而屋架与钢柱的连接则可为铰接或刚接。图 7-30 所示为三角形屋架的支座节点，图 7-31 所示为人字形或梯形屋架的支座节点示例。

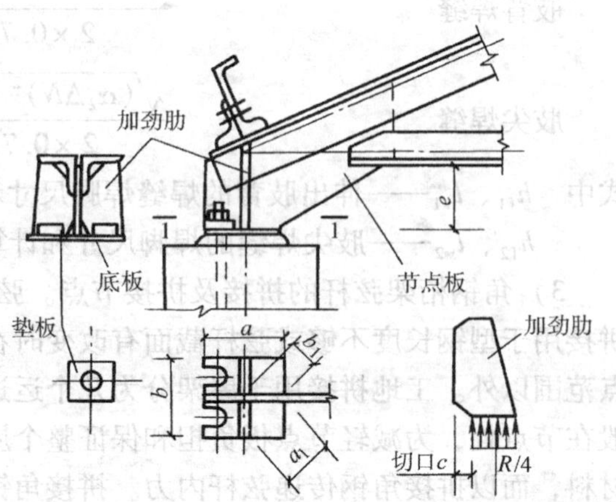

图 7-30 三角形屋架的支座节点

支承于混凝土柱的支座节点由节点板、底板、加劲肋和锚栓组成。支座节点的中心应在加劲肋上，加劲肋起分布支承处支座反力的作

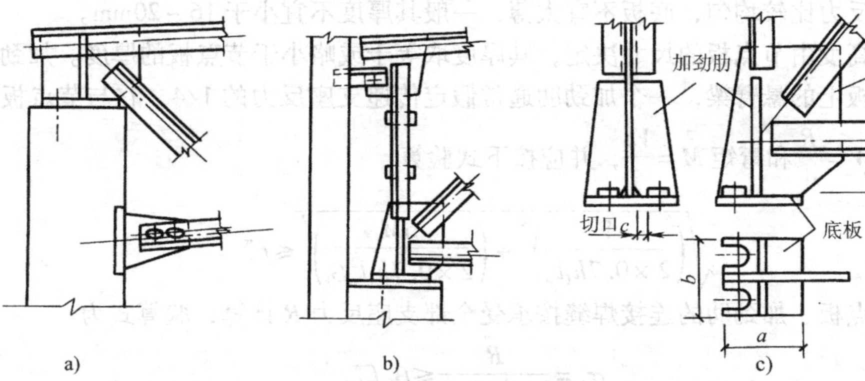

图7-31 人字形或梯形屋架的支座节点

a) 上承式(下弦角钢端部为圆孔,但节点板上为长圆孔) b) 下承式 c) 支座节点详图

用，它还是保证支座节点板平面外刚度的必要零件。为便于施焊，屋架下弦角钢背与支座底板的距离 e(见图7-30和图7-31)不宜小于下弦角钢伸出肢的宽度，也不宜小于130mm。屋架支座底板与柱顶用锚栓相连，锚栓预埋于柱顶，直径通常为20~24mm。为便于安装时调整位置，底板上的锚栓孔径宜为锚栓直径的2~2.5倍，屋架就位后再加小垫板套住锚栓并用工地焊缝与底板焊牢，小垫板上的孔径只比锚栓直径大1~2mm。

支座节点的传力路线是：桁架各杆件的内力通过杆端焊缝传给节点板，然后经节点板与加劲肋之间的垂直焊缝，把一部分力传给加劲肋，再通过节点板、加劲肋与底板的水平焊缝把全部支座压力传给底板，最后传给支座。因此，支座节点应进行以下计算：

支座底板的毛截面面积应为

$$A = ab \geqslant \frac{R}{f_c} + A_0 \tag{7-17}$$

式中 R——支座反力；

f_c——支座混凝土局部承压强度设计值；

A_0——锚栓孔的面积。

按计算需要的底板面积一般较小，主要根据构造要求(锚栓孔直径、位置以及支承的稳定性等)确定底板的平面尺寸。

底板的厚度应按底板下柱顶反力(假定为均匀分布)作用产生的弯矩决定。例如，图7-30的底板经节点板及加劲肋分隔后成为两相邻边支承的四块板，其单位宽度的弯矩按下式计算

$$M = \beta q a_1^2 \tag{7-18}$$

式中 q——底板下反力的平均值，$q = \dfrac{R}{(A_0 - A)}$；

β——系数，由 $\dfrac{b_1}{a_1}$ 值按表4-7查得；

a_1、b_1——对角线长度及其中点至另一对角线的距离(见图7-30)。

底板的厚度应为

$$t \geqslant \sqrt{\frac{6M}{f}} \tag{7-19}$$

为使柱顶反力比较均匀，底板不宜太薄，一般其厚度不宜小于16～20mm。

加劲肋的高度由节点板的尺寸决定，其厚度取等于或略小于节点板的厚度。加劲肋可视为支承于节点板上的悬臂梁，一个加劲肋通常假定传递支座反力的1/4，它与节点板的连接焊缝承受剪力 $V=\dfrac{R}{4}$ 和弯矩 $M=\dfrac{Vb}{4}$，并应按下式验算

$$\sqrt{\left(\frac{V}{2\times0.7h_{\mathrm{f}}l_{\mathrm{w}}}\right)^2+\left(\frac{6M}{2\times0.7h_{\mathrm{f}}l_{\mathrm{w}}^2\beta_{\mathrm{f}}}\right)^2}\leqslant f_{\mathrm{f}}^{\mathrm{w}} \tag{7-20}$$

底板与节点板、加劲肋的连接焊缝按承受全部支座反力 R 计算，验算式为

$$\sigma_{\mathrm{f}}=\frac{R}{0.7h_{\mathrm{f}}\sum l_{\mathrm{w}}}\leqslant\beta_{\mathrm{f}}f_{\mathrm{f}}^{\mathrm{w}} \tag{7-21}$$

其中焊缝计算长度之和 $\sum l_{\mathrm{w}}=[2a+2(b-t-2c)-6\mathrm{cm}]$，$t$ 和 c 分别为节点板厚度和加劲肋切口宽度，如图7-30和图7-31所示。

（3）T型钢作弦杆的屋架节点　采用T型钢作屋架弦杆，当腹杆也用T型钢或单角钢时，腹杆与弦杆的连接不需要节点板，直接焊接可省工省料；当腹杆采用双角钢时，有时需设节点板，如图7-32所示。节点板与弦杆采用对接焊缝，此焊缝承受弦杆相邻节间的内力差（$\Delta N=N_2-N_1$）以及内力差产生的偏心弯矩（$M=\Delta Ne$），可按下式进行计算

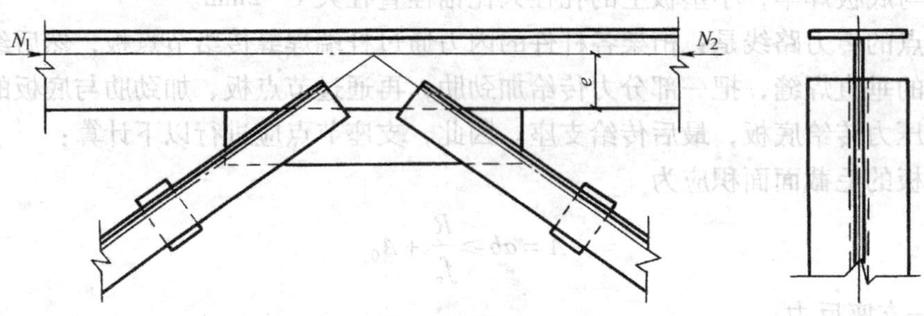

图7-32　T型钢作弦杆的屋架节点

$$\tau=\frac{1.5\Delta N}{l_{\mathrm{w}}t}\leqslant f_{\mathrm{v}}^{\mathrm{w}} \tag{7-22}$$

$$\sigma=\frac{\Delta Ne}{\frac{1}{6}tl_{\mathrm{w}}^2}\leqslant f_{\mathrm{t}}^{\mathrm{w}}\text{ 或 }f_{\mathrm{c}}^{\mathrm{w}} \tag{7-23}$$

式中　l_{w}——由斜腹杆焊缝确定的节点板长度，若无引弧板施焊时要除去弧坑；

t——节点板厚度，通常取与T型钢腹板等厚或相差不超过1mm；

$f_{\mathrm{v}}^{\mathrm{w}}$——对接焊缝抗剪强度设计值；

$f_{\mathrm{t}}^{\mathrm{w}}$、$f_{\mathrm{c}}^{\mathrm{w}}$——对接焊缝抗拉、抗压强度设计值。

角钢腹杆与节点板的焊缝计算同角钢桁架，由于节点板与T型钢腹板等厚（或相差1mm），所以腹杆可伸入T型钢腹板（见图7-32），这样可减小节点板尺寸。

6. 连接节点处板件的计算

1）连接节点处的板件在拉、剪作用下的强度应按下列公式计算（见图7-33）

$$\frac{N}{\sum(\eta_iA_i)}\leqslant f \tag{7-24}$$

$$\eta_i = \frac{1}{\sqrt{1+2\cos^2\alpha_i}} \tag{7-25}$$

式中　N——作用于板件的拉力；

A_i——第 i 段破坏面的截面积，$A_i = tl_i$，当为螺栓(或铆钉)连接时，应取净截面面积；

t——板件的厚度；

l_i——第 i 破坏段的长度，应取板件中最危险的破坏线的长度(见图7-33)；

η_i——第 i 段的拉剪折算系数；

α_i——第 i 段破坏线与拉力轴线的夹角。

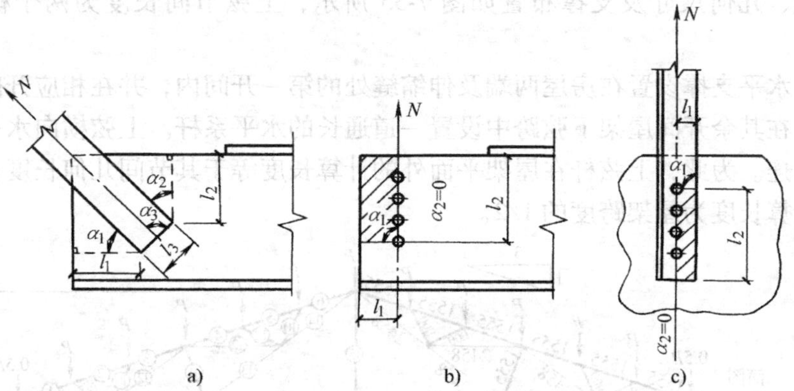

图7-33　板件的拉、剪撕裂

a) 焊缝连接　b) 螺栓(铆钉)连接　c) 螺栓(铆钉)连接

2) 桁架节点板(杆件为轧制T形和双板焊接T形截面者除外)的强度除按式(7-24)验算外，也可用有效宽度法按下式计算

$$\sigma = \frac{N}{b_e t} \leqslant f \tag{7-26}$$

式中　b_e——板件的有效宽度(见图7-34)，当用螺栓(或铆钉)连接时(见图7-34b)，应减去孔径(图中 θ 为应力扩散角，可取30°)。

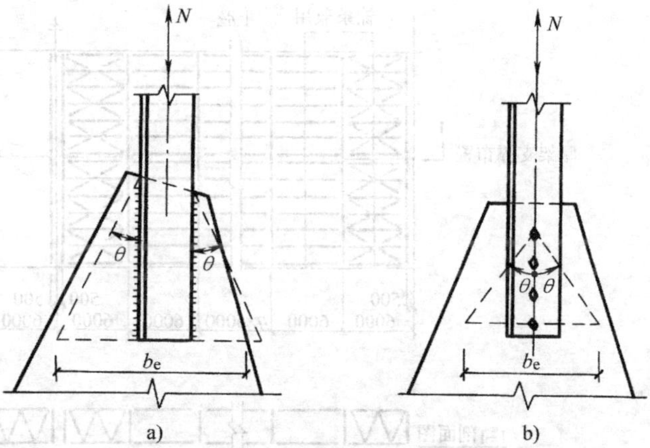

图7-34　板件的有效宽度

3) 为了保证桁架节点板在斜腹杆压力作用下的稳定性，受压腹杆连接肢端面中点沿腹杆轴线方向至弦杆的净距离 c，应满足下列条件：①对有竖腹杆相连的节点板，当 $c/t \leqslant 15\sqrt{235/f_y}$ 时，可不计算稳定，否则应进行稳定计算，在任何情况下，c/t 不得大于 $22\sqrt{235/f_y}$；②对无竖腹杆相连的节点板，$c/t \leqslant 10\sqrt{235/f_y}$ 时，节点板的稳定承载力可取为 $0.8b_e tf$，当 $c/t > 10\sqrt{235/f_y}$ 时，应进行稳定计算，但在任何情况下，c/t 不得大于 $17.5\sqrt{235/f_y}$。

4) 在采用上述方法计算节点板的强度和稳定时，尚应满足下列要求：①节点板边缘与腹杆轴线之间的夹角应不小于15°；②斜腹杆与弦杆的夹角应为30°~60°；③节点板的自由边长度 l_f 与厚度 t 之比不得大于 $60\sqrt{235/f_y}$，否则应沿自由边设加劲肋予以加强。

【例 7-1】 三角形角钢屋架设计。

1. 设计资料

屋架跨度为18m，屋架间距为6m，屋面坡度为1/3，屋面材料为石棉水泥中波或小波瓦、油毡、木望板。薄壁卷边Z形钢檩条，檩条斜距为0.778m，基本风压为0.35kN/m²，雪荷载为0.20kN/m²。钢材采用Q235B，焊条采用E43型。

2. 屋架形式、几何尺寸及支撑布置

屋架形式、几何尺寸及支撑布置如图7-35所示，上弦节间长度为两个檩距，有节间荷载。

上弦横向水平支撑设置在房屋两端及伸缩缝处的第一开间内，并在相应开间屋架跨中设置垂直支撑，在其余开间屋架下弦跨中设置一道通长的水平系杆。上弦横向水平支撑在交叉点处与檩条相连。为此，上弦杆在屋架平面外的计算长度等于其节间几何长度；下弦杆在屋架平面外的计算长度为屋架跨度的1/2。

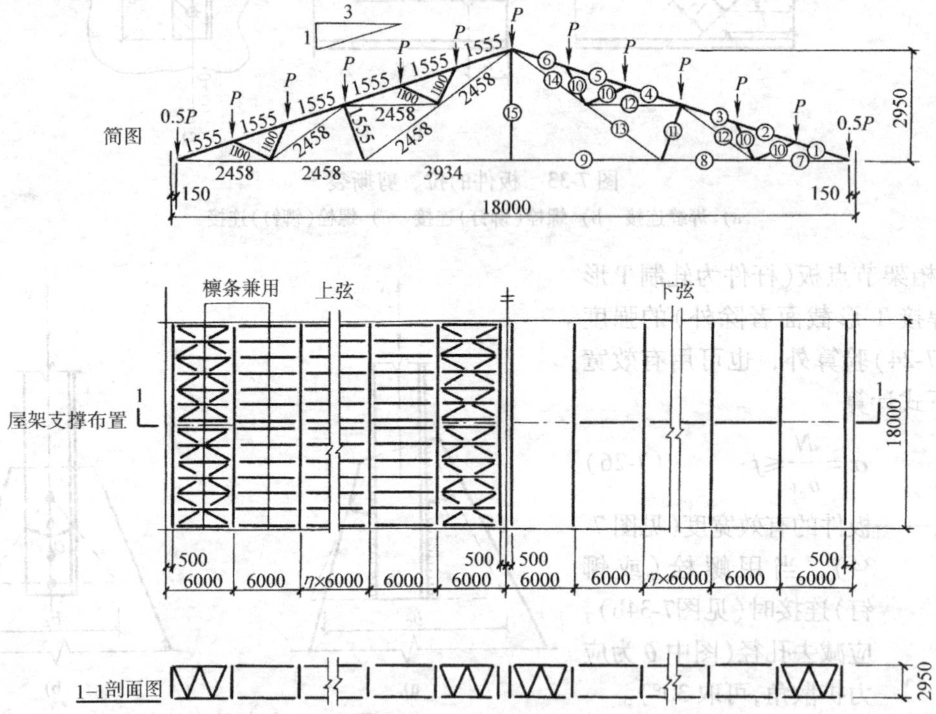

图7-35 屋架形式、几何尺寸及支撑布置

3. 荷载(对水平投影面)

1) 恒载	标准值
石棉瓦	0.2kN/m²/0.949 = 0.21kN/m²
油毡、木望板	0.18kN/m²/0.949 = 0.19kN/m²
檩条、屋架及支撑	0.20kN/m²
合计	0.6kN/m²

2）活荷载

活荷载与雪荷载中取大值　　0.30kN/m^2

因屋架受荷水平投影面积超过 60m^2，故屋面均布活荷载可取为（水平投影面）0.30kN/m^2。

3）风荷载

基本风压　　0.35kN/m^2

计算中未考虑风压高度变化系数。

4）荷载组合：恒载＋活荷载；恒载＋半跨活荷载；恒载＋风荷载。

5）上弦的集中荷载及节点荷载如图 7-36、图 7-37 及表 7-6 所示。

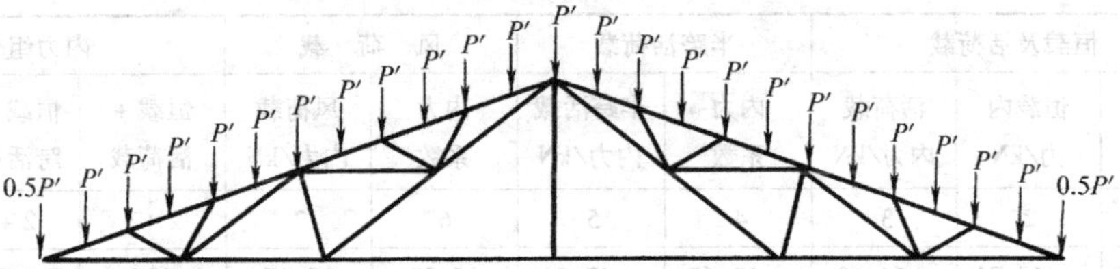

图 7-36　上弦集中荷载

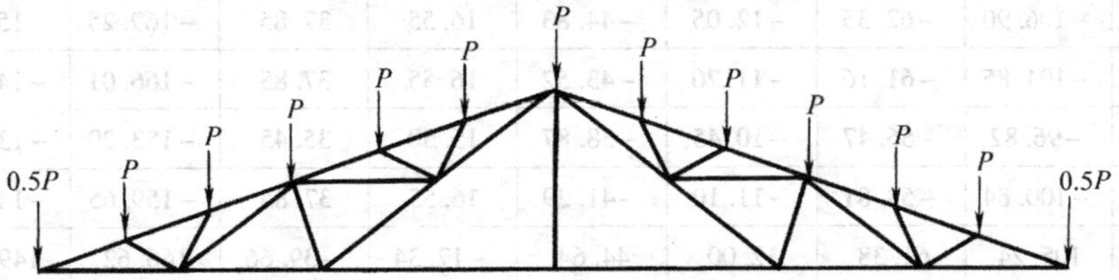

图 7-37　上弦节点荷载

表 7-6　上弦集中荷载及节点荷载

荷载形式 荷载分类	集中荷载（设计值） P'/kN	节点荷载（设计值） $P=2P'$/kN	备　注
恒载	3.189	6.378	$P'=1.2\times0.6\text{kN/m}^2\times0.778\text{m}\times\frac{3}{\sqrt{10}}\times6\text{m}=3.189\text{kN}$
活荷载	1.860	3.270	$P'=1.4\times0.3\text{kN/m}^2\times0.778\text{m}\times\frac{3}{\sqrt{10}}\times6\text{m}=1.860\text{kN}$
恒载＋活荷载	5.049	10.089	$P'=3.189\text{kN}+1.860\text{kN}=5.049\text{kN}$

6）上弦节点风荷载设计值如图 7-38 所示。

① 风荷载体型系数：背风面 $\mu_s=-0.5$；迎风面 $\mu_s=-0.47\approx-0.5$（见《建筑结构荷载规范》）。

② 上弦节点风荷载为

$$W=1.4\times(-0.5)\times0.35\text{kN/m}^2\times1.556\text{m}\times6\text{m}=-2.287\text{kN}$$

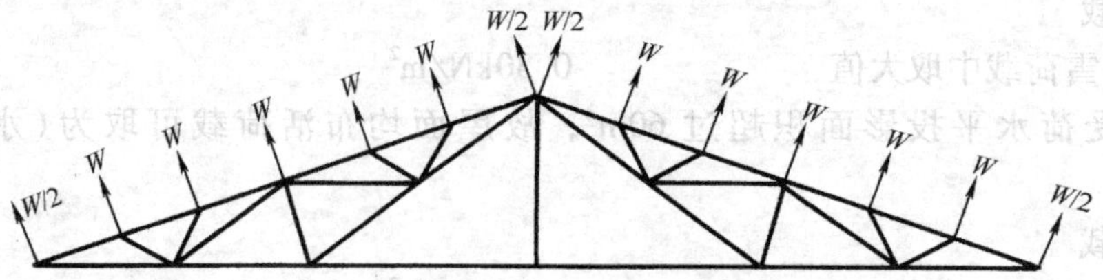

图7-38 上弦节点风荷载

4. 内力计算

1）内力及内力组合见表7-7。

表7-7 屋架杆件内力组合表

杆件名称	杆件编号	恒载及活荷载			半跨活荷载		风 荷 载		内力组合/kN		
		内力系数	恒载内力/kN	活荷载内力/kN	内力系数	半跨活荷载内力/kN	内力系数	风荷载内力/kN	恒载+活荷载	恒载+半跨活荷载	恒载+风荷载
		1	2	3	4	5	6	7	2+3	2+5	2+7
上弦杆	1	−17.39	−110.91	−64.69	−12.65	−47.06	16.55	37.85	−175.6	−157.97	−73.06
	2	−16.13	−102.88	−60.00	−11.40	−42.41	15.50	35.45	−162.88	−145.29	−67.43
	3	−16.76	−106.90	−62.35	−12.05	−44.83	16.55	37.85	−169.25	−151.73	−69.05
	4	−16.44	−104.85	−61.16	−11.70	−43.52	16.55	37.85	−166.01	−148.37	−67.00
	5	−15.18	−96.82	−56.47	−10.45	−38.87	15.50	35.45	−153.29	−135.69	−61.37
	6	−15.81	−100.84	−58.81	−11.10	−41.29	16.55	37.85	−159.65	−142.13	−62.99
下弦杆	7	16.50	105.24	61.38	12.00	44.64	−17.34	−39.66	166.62	149.88	65.58
	8	13.50	86.10	50.22	9.00	33.48	−14.32	−32.75	136.32	119.58	53.35
	9	9.00	57.40	33.48	4.50	16.74	−9.48	−21.68	90.88	74.14	35.72
腹杆	10	−1.34	−8.55	−4.99	−1.34	−4.99	1.41	3.23	−13.54	−13.54	−5.32
	11	−2.85	−18.18	−10.60	−2.85	−10.60	3.00	6.86	−28.78	−28.78	−11.32
	12	3.00	19.13	11.16	3.00	11.16	−3.16	−7.23	30.29	30.29	11.90
	13	4.50	28.70	16.74	4.50	16.74	−4.47	−10.84	45.44	45.44	17.86
	14	7.50	47.84	27.9	7.50	27.90	−7.9	−18.07	75.74	75.74	29.77
	15	0.00	0.00	0.00	0.00	0.00	0.00	0.00	0.00	0.00	0.00

注：1. 内力系数由《建筑结构静力计算手册》查得，内力为相应的节点荷载 P 或 W 乘以内力系数。

2. 屋架下弦杆及受拉腹杆在恒载及风荷载组合作用下，未出现内力变号，故为恒载+活荷载控制。

2）上弦杆弯矩计算。端节间跨中正弯矩为

$$M_1 = 0.8M_0 = 0.8 \times \frac{P'l}{4} = 0.8 \times \left(\frac{1}{4} \times 5.049\text{kN} \times \frac{3}{\sqrt{10}} \times 1.555\text{m}\right)$$

$$= 0.8 \times 1.862\text{kN} \cdot \text{m} = 1.49\text{kN} \cdot \text{m}$$

中间节间跨中正弯矩和中间节点负弯矩为

$$M_2 = 0.6M_0 = 0.6 \times 1.862\text{kN} \cdot \text{m} = 1.117\text{kN} \cdot \text{m}$$

5. 杆件截面选择

(1) 上弦杆 整个上弦不改变截面，按最大内力计算。杆1内力 $N=-175.6\text{kN}$，$M_{1x}=1.49\text{kN}\cdot\text{m}$，$M_{2x}=1.117\text{kN}\cdot\text{m}$。选用 2∟70×6，$A=16.32\text{cm}^2$，$W_{1x}=38.74\text{cm}^3$，$W_{2x}=14.96\text{cm}^3$，$i_x=2.15\text{cm}$，$i_y=3.11\text{cm}$。

长细比
$$\lambda_x=\frac{l_{0x}}{i_x}=\frac{155.5}{2.15}=72.3<[\lambda]=150$$

$$\lambda_y=\frac{l_{0y}}{i_y}=\frac{155.5}{3.11}=50<[\lambda]=150$$

$$\frac{b}{t}=\frac{70}{6}=11.7<0.58\times\frac{l_{0y}}{b}=0.58\times\frac{155.5}{7}=12.9$$

$$\lambda_{yz}=\lambda_y\left(1+\frac{0.475\times b^4}{l_{0y}^2\times t^2}\right)=50\times\left(1+\frac{0.475\times7^4\text{cm}^4}{155.5^2\text{cm}^2\times0.6^2\text{cm}^2}\right)=56.6$$

由 λ_x、λ_{yz} 查表得(b类截面)，$\varphi_x=0.736$，$\varphi_y=0.825$

$$N'_{Ex}=\frac{\pi^2EA}{1.1\lambda_x^2}=\frac{\pi^2\times206\times10^3\text{N/mm}^2\times16.32\times10^2\text{mm}^2}{1.1\times72.3^2}=577.05\text{kN}$$

塑性系数
$$\gamma_{x1}=1.05,\ \gamma_{x2}=1.2$$

1) 弯矩作用平面内的稳定性。此端节间弦杆相当于《钢结构设计规范》中两端支承的杆件，其上作用有端弯矩和横向荷载并为异号曲率的情况，故取等效弯矩系数 $\beta_{mx}=0.85$。

用跨中最大正弯矩 $M_{x1}=1.49\text{kN}\cdot\text{m}$ 验算，代入公式得

$$\frac{N}{\varphi_xA}+\frac{\beta_{mx}M_{x1}}{\gamma_{x1}W_{1x}\left(1-0.8\dfrac{N}{N'_{Ex}}\right)}=\frac{175.6\times10^3\text{N}}{0.736\times1632\text{mm}^2}+\frac{0.85\times1.49\times10^6\text{N}\cdot\text{mm}}{1.05\times38.74\times10^3\text{mm}^3\times\left(1-0.8\times\dfrac{175.6\text{kN}}{577.05\text{kN}}\right)}$$
$$=187.4\text{N/mm}^2<f=215\text{N/mm}^2$$

对于这种组合T形截面压弯杆，在弯矩的效应较大时，可能在较小的翼缘一侧因受拉塑性区的发展而导致构件失稳，补充验算见下式

$$\left|\frac{N'}{A}-\frac{\beta_{mx}M_{x1}}{\gamma_{x2}W_{2x}\left(1-1.25\dfrac{N}{N'_{Ex}}\right)}\right|$$
$$=\left|\frac{175.6\times10^3\text{N}}{1632\text{mm}^2}-\frac{0.85\times1.49\times10^6\text{N}\cdot\text{mm}}{1.2\times14.96\times10^3\text{mm}^3\times\left(1-1.25\times\dfrac{175.6\text{kN}}{577.05\text{kN}}\right)}\right|$$
$$=6.3\text{N/mm}^2<f=215\text{N/mm}^2$$

显然另一侧不控制构件平面内的失稳。故平面内的稳定性得以保证。

2) 弯矩作用平面外的稳定性。由于 $\lambda_y=50<120$，所以梁的整体稳定系数可由下式计算

$$\varphi_b=1-0.0017\lambda_y\sqrt{\frac{f_y}{235}}=1-0.0017\times50=0.915$$

等效弯矩系数 $\beta_{tx}=0.85$。用跨中最大正弯矩 $M_{x1}=1.49\text{kN}\cdot\text{m}$ 验算，代入公式得

$$\frac{N}{\varphi_yA}+\eta\frac{\beta_{tx}M_{x1}}{\varphi_bW_{1x}}=\frac{175.6\times10^3\text{N}}{0.825\times16.32\times10^2\text{mm}^2}+1\times\frac{0.85\times1.49\times10^6\text{N}\cdot\text{mm}}{0.915\times38.74\times10^3\text{mm}^3}$$

$$=166.2\text{N/mm}^2<f=215\text{N/mm}^2$$

根据支撑布置情况，可知上弦节点处均有侧向支承以保证其不发生平面外失稳。因此，可不必验算节点处的平面外稳定，只需验算其强度。

3）强度验算。上弦杆节点“2”处(见图7-39)的弯矩较大，且 W_{2x} 又比较小，因此截面上无翼缘一边的强度，按下式验算($A_n=A$)

$$\frac{N}{A_n}+\frac{M_x}{\gamma_x W_{x\min}}=\frac{175.6\times10^3\text{N}}{16.32\times10^2\text{mm}^2}+\frac{1.117\times10^6\text{N}\cdot\text{mm}}{1.2\times14.96\times10^3\text{mm}^3}=169.8\text{N/mm}^2<f$$
$$=215\text{N/mm}^2$$

(2) 下弦杆　下弦也不改变截面，按最大内力计算。杆7的轴心力 $N_{\max}=166.62\text{kN}$。选用2∟56×4，$A=8.78\text{cm}^2$，$i_x=1.73\text{cm}$，$i_y=2.52\text{cm}$。

长细比
$$\lambda_x=\frac{l_{0x}}{i_x}=\frac{393.4}{1.73}=227.4<[\lambda]=400$$
$$\lambda_y=\frac{l_{0y}}{i_y}=\frac{885}{2.52}=351<[\lambda]=400$$

强度验算
$$\sigma=\frac{N_{\max}}{A_n}=\frac{166.62\times10^3\text{N}}{8.78\times10^2\text{mm}^2}=189.8\text{N/mm}^2<f$$

(3) 腹杆　杆10内力 $N=-13.54\text{kN}$。选用∟36×4，$A=2.756\text{cm}^2$，$i_y=0.7\text{cm}$。

长细比
$$\lambda_y=\frac{l_{0y}}{i_y}=\frac{0.9l}{0.7}=\frac{0.9\times110}{0.7}=141.4<[\lambda]=200$$
$$\frac{b}{t}=\frac{36}{4}=9<0.54\times\frac{l_{0y}}{b}=0.54\times\frac{99}{3.6}=14.9$$
$$\lambda_{yz}=\lambda_y\left(1+\frac{0.85\times b^4}{l_{0y}^2\times t^2}\right)=141.4\times\left(1+\frac{0.85\times3.6^4}{99^2\times0.4^2}\right)=154.3<[\lambda]=200$$

由 λ_{yz} 查表得(b类截面)，$\varphi=0.294$，则
$$\sigma=\frac{N}{\varphi A}=\frac{13.54\times10^3\text{N}}{0.294\times2.756\times10^2\text{mm}^2}=167.1\text{N/mm}^2<f=0.812\times215\text{N/mm}^2$$
$$=174.6\text{N/mm}^2$$

上式中0.812为单面连接单角钢的强度折减系数，见附表1-4。

上述计算也可采用表格形式进行。现将上述计算以及其他腹杆的计算一并列于表7-8。

表7-8　屋架杆件截面选用表

杆件名称	杆件编号	内力		计算长度/cm		截面规格/mm	长细比		稳定系数			计算应力/N/mm²
		N/kN	M_1/kN·m / M_2/kN·m	l_{0x}	l_{0y}		λ_x	λ_y (λ_{yz})	φ_x	φ_y	φ_b	
上弦杆	1	−175.6	1.49 / 1.117	155.5	155.5	2∟70×6	72.3	50 (56.6)	0.736	0.825	0.915	187.4
下弦杆	7	166.62		245.8	885	2∟56×4						189.8
	8	136.32		245.8	885							
	9	90.88		393.4	885		228	351				

（续）

杆件名称	杆件编号	内力 N/kN	内力 M_1/kN·m M_2/kN·m	计算长度/cm l_{0x}	计算长度/cm l_{0y}	截面规格/mm	长细比 λ_x	长细比 λ_y (λ_{yz})	稳定系数 φ_x	稳定系数 φ_y	稳定系数 φ_b	计算应力/N/mm²
腹杆	10	−13.54		0.9×110=99		∟36×4	141 (154)		0.341	0.294		167.1
	11	−28.78		0.8×156=124	156	2∟30×4	138	104 (105)	0.353			179.1
	12	30.29		0.8×246=197	246	2∟30×4	219	165.1				66.5
	13	45.44		246	492	2∟30×4	273	330				99.82
	14	75.74		246	492	2∟30×4	273	330				166.4
	15	0.00		0.9×295=266		＋36×4	193					

6. 节点设计

节点编号如图7-39所示。

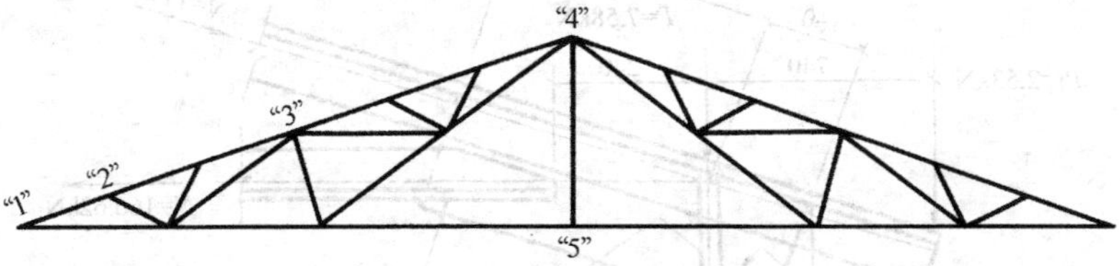

图7-39 节点编号

（1）一般杆件连接焊接　设焊缝厚度 $h_f=4\text{mm}$，焊缝长度可由公式计算列于表7-9。

（2）节点"1"

1）支座底板厚度。支座底板尺寸如图7-40所示。支座反力为

$$R=6P+1.15\times0.74\times6\text{kN}=6\times10.098\text{kN}+5.106\text{kN}=65.69\text{kN}$$

表7-9 屋架杆件连接焊缝表

杆件名称	杆件编号	杆件内力/kN	肢背焊缝 l_w/mm	肢背焊缝 h_f/mm	肢尖焊缝 l_w/mm	肢尖焊缝 h_f/mm	备注
下弦杆	7	166.62	150	4	70	4	
腹杆	10	−13.54	45	4	45	4	焊缝长度已考虑施焊时起弧或收弧的影响；杆件10的焊缝，已按《钢结构设计规范》规定考虑了焊缝强度折减系数0.85
	11	−28.78	45	4	45	4	
	12	30.29	45	4	45	4	
	13	45.44	50	4	45	4	
	14	75.74	75	4	45	4	

设 $a=b=12\text{cm}$，$a_1=\sqrt{2}\times12\text{cm}=16.9\text{cm}$，$b_1=\dfrac{a_1}{2}=8.45\text{cm}$

底板的承压面积为

$$A_n=24\text{cm}\times24\text{cm}-3.14\times2^2\text{cm}^2-2\times4\text{cm}\times5\text{cm}=523\text{cm}^2$$

板下压应力为

$$q=\frac{R}{A_n}=\frac{65.69\times10^3\text{N}}{523\times10^2\text{mm}^2}=1.26\text{N/mm}^2$$

$b_1/a_1=0.5$，查表得$\beta\approx0.06$，则

$M=\beta qa_1^2=0.06\times1.26\times169^2\text{N}\cdot\text{mm}=2159.2\text{N}\cdot\text{mm}$

所需底板厚度为

$$t\geqslant\sqrt{\frac{6M}{f}}=\sqrt{\frac{6\times2159.2}{215}}\text{mm}=7.8\text{mm}，取t=12\text{mm}$$

2）支座节点板与底板的连接焊缝。设$h_f=8\text{mm}$，$l_w=(240-10)\text{mm}\times2+(120-4-10-10)\text{mm}\times4=844\text{mm}$，按下式计算

$$\tau_f=\frac{R}{0.7h_f\sum l_w}=\frac{65.69\times10^3\text{N}}{0.7\times8\text{mm}\times844\text{mm}}=13.9\text{N/mm}^2<f_f^w=160\text{N/mm}^2$$

支座节点板与加劲肋的连接焊缝厚度计算从略。

3）上弦杆与节点板的连接焊缝。$N=175.6\text{kN}$，设焊缝厚度$h_f=4\text{mm}$，焊缝计算长度$l_w=(160+360-10)\text{mm}=510\text{mm}$，如图7-40所示。

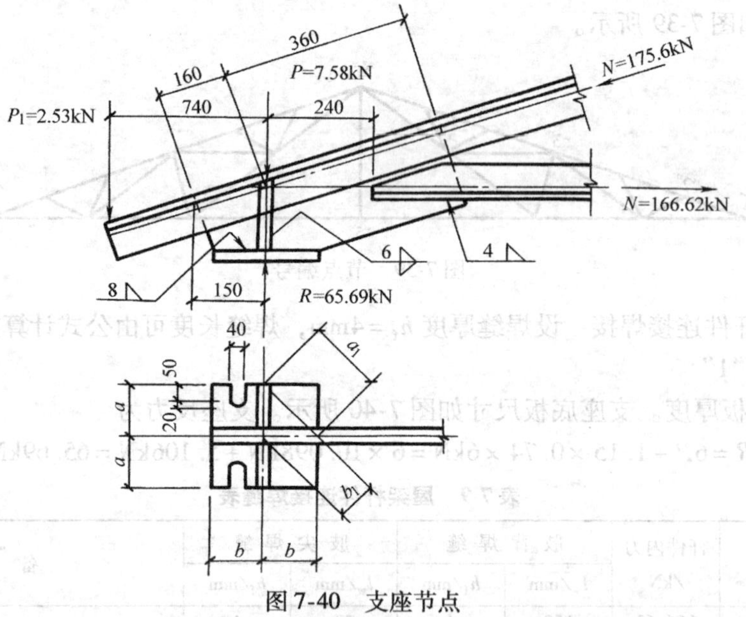

图7-40 支座节点

假定杆件轴心力N全由角钢肢尖焊缝传递，并考虑传力的偏心影响，其中偏心矩$e=(70-20)\text{mm}=50\text{mm}$，则

$$\sqrt{\left(\frac{6Ne}{\beta_f\times2\times0.7\times h_fl_w^2}\right)^2+\left(\frac{N}{2\times0.7h_fl_w}\right)^2}$$

$$=\sqrt{\left(\frac{6\times175.6\times10^3\text{N}\times50\text{mm}}{1.22\times2\times0.7\times4\text{mm}\times510^2\text{mm}^2}\right)^2+\left(\frac{175.6\times10^3\text{N}}{2\times0.7\times4\text{mm}\times510\text{mm}}\right)^2}$$

$$=68.3\text{N/mm}^2<f_f^w=160\text{N/mm}^2$$

（3）节点“2”、“3” 如图7-41所示，节点荷载P假定由角钢肢背的塞焊缝承受，按

构造要求节点板较长，故焊缝强度可以满足，计算从略。

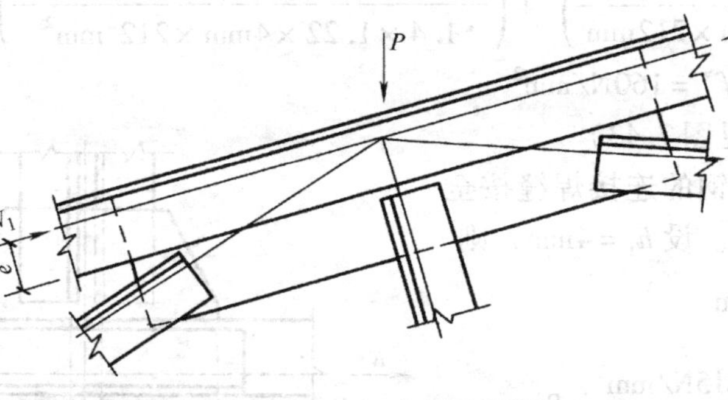

图7-41 上弦中间节点

节点两侧上弦杆轴心力之差 $\Delta N = N_1 - N_2$，假定由角钢肢尖焊缝承受，并考虑偏心力矩 $M = \Delta Ne$ 的影响，计算结果见表7-10。

表7-10 上弦节点肢尖焊缝表

节点名称	节点号	N_2 /kN	N_1 /kN	ΔN /kN	h_f /mm	e /mm	l_w /mm	β_f	$\sqrt{\left(\frac{6\Delta Ne}{1.4\beta_f h_f l_w^2}\right)^2+\left(\frac{N}{1.4h_f l_w}\right)^2}$ /(N/mm²)	f_f^w/ (N/mm²)
上弦节点	2	162.88	175.6	12.72	4	50	120	1.22	43.2	160
	3	166.01	169.25	3.24	4	50	530	1.22	1.21	160

（4）节点“4” 如图7-42所示，节点荷载 P，假定由角钢肢背的塞焊缝承受，同上按构造要求考虑，即可满足，计算从略。

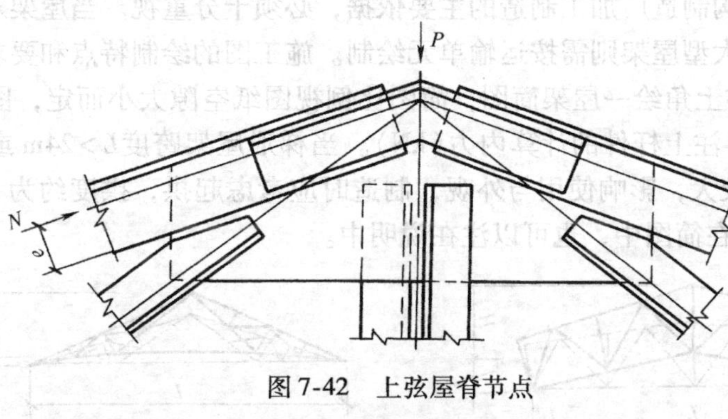

图7-42 上弦屋脊节点

1）上弦杆拼接角钢的连接焊缝以该节间的最大轴力 N 计算。设 $h_f = 4\text{mm}$，则有

$$l_m' = \frac{N}{4\times0.7h_f f_f^w} + 8\text{mm} = \frac{159.65\times10^3\text{N}}{4\times0.7\times4\text{mm}\times160\text{N/mm}^2} + 8\text{mm} = 97\text{mm}，取120\text{mm}$$

2）上弦杆角钢与节点板的连接焊缝以上述轴心力的15%按下式计算。设 $h_f = 4\text{mm}$，$e = 50\text{mm}$，l_m'按构造要求为220mm，取 $l_w = (220-8)\text{mm} = 212\text{mm}$，则

$$\sqrt{\left(\frac{0.15N}{2\times0.7h_f l_w}\right)^2+\left(\frac{6\times0.15Ne}{2\times0.7\beta_f h_f l_w^2}\right)^2}$$

$$= \sqrt{\left(\frac{0.15 \times 159.65 \times 10^3 \mathrm{N}}{1.4 \times 4\mathrm{mm} \times 212\mathrm{mm}}\right)^2 + \left(\frac{0.15 \times 6 \times 159.65 \times 10^3 \mathrm{N} \times 50\mathrm{mm}}{1.4 \times 1.22 \times 4\mathrm{mm} \times 212^2 \mathrm{mm}^2}\right)^2}$$

$$= 31.4\mathrm{N/mm}^2 < f_f^w = 160\mathrm{N/mm}^2$$

（5）节点“5”（见图7-43）

1）下弦杆拼接角钢的连接焊缝按全截面的等强度条件计算。设 $h_f = 4\mathrm{mm}$，则

$$l_w' = \frac{A_n f}{4 \times 0.7 h_f f_f^w} + 8\mathrm{mm}$$

$$= \frac{8.78 \times 10^2 \mathrm{mm}^2 \times 215\mathrm{N/mm}^2}{4 \times 0.7 \times 4\mathrm{mm} \times 160\mathrm{N/mm}^2} + 8\mathrm{mm}$$

$= 113\mathrm{mm}$，取125mm

拼接角钢选用∟56×4切成，长度为 $2l_w' + 10\mathrm{mm} = 260\mathrm{mm}$。接头的位置视材料长度而定，最好设在跨中节点处，当接头不在节点时，应增设垫板。

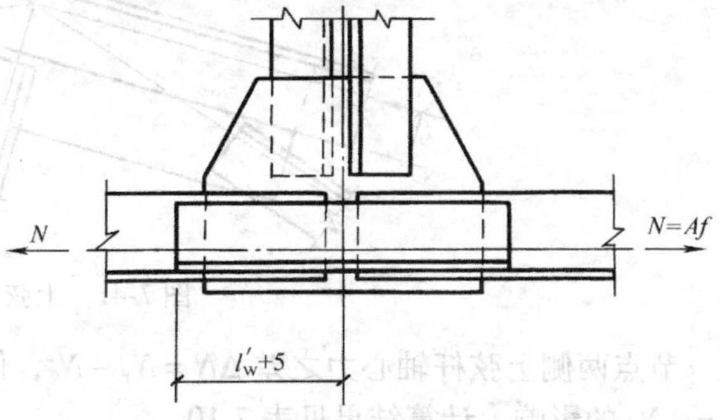

图7-43 下弦杆拼接节点

2）下弦杆角钢与节点板的连接焊缝，以该节间的最大轴力 N 的15%计算，设 $h_f = 4\mathrm{mm}$。

$$l_w' = \frac{0.15N}{4 \times 0.7 h_f f_f^w} + 8\mathrm{mm} = \frac{0.15 \times 90.88 \times 10^3 \mathrm{N}}{4 \times 0.7 \times 4\mathrm{mm} \times 160\mathrm{N/mm}^2} + 8\mathrm{mm}$$

$$= 15.6\mathrm{mm} < 8h_f + 10\mathrm{mm} = 42\mathrm{mm}，取55\mathrm{mm}。$$

三角形屋架施工图如图7-44（见全文后插页）和图7-45（见全文后插页）所示。

7. 钢屋盖施工图

施工图是在钢结构制造厂加工制造的主要依据，必须十分重视。当屋架对称时，可仅绘半榀屋架的施工图，大型屋架则需按运输单元绘制。施工图的绘制特点和要求说明如下：

1）通常在图纸左上角绘一屋架简图，简图比例视图纸空隙大小而定，图中一半注上几何长度（mm），另一半注上杆件的计算内力（kN）。当梯形屋架跨度 $L > 24\mathrm{m}$ 或三角形屋架跨度 $L > 15\mathrm{m}$ 时，挠度较大，影响使用与外观，制造时应考虑起拱，拱度约为 $L/500$，如图7-46所示。起拱值可注在简图中，也可以注在说明中。

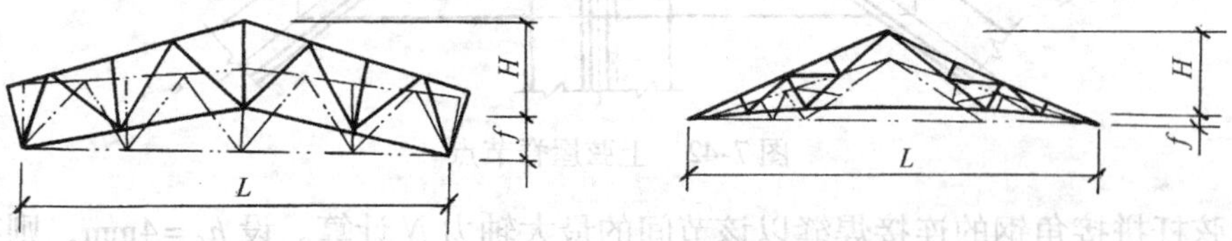

图7-46 屋架的起拱

2）施工图的主要图面用以绘制屋架的立面图，上、下弦的平面图，必要的侧面图和剖面图，以及某些安装节点或特殊零件的大样图。屋架施工图通常采用两种比例尺：杆件轴线一般为1∶20～1∶30，以免图幅太大；节点（包括杆件截面、节点板和小零件）一般为1∶10～1∶15，可清楚地表达节点的细部构造要求。

3）安装单元或运送单元是构件的一部分或全部，在安装过程或运输过程中，作为一个整体来安装或运送的。一般屋架可划分为两个或三个运送单元，但可作为一个安装单元进行

安装。在施工图中应注明各构件的型号和尺寸，并根据结构布置方案、工艺技术要求、各部位连接方法及具体尺寸等情况，对构件进行详细编号。编号的原则是，只有在两个构件的所有零件的形状、尺寸、加工记号、数量和装配位置等全部相同时，才给予相同的编号。不同种类的构件，还应在其编号前面冠以不同的字母代号。此外，连支撑、系杆的屋架和不连支撑、系杆的屋架因在连接孔和连接零件上有所区别，一般给予不同编号等，但可以只绘一张施工图。如果将连支撑、系杆和不连支撑、系杆的屋架做得相同，则只需一个编号而且吊装简便。

4）在施工图中应全部注明各零件(杆件和板件)的定位尺寸、孔的位置，以及对工厂加工和工地施工的所有要求。定位尺寸主要有：杆件轴线至角钢肢背的距离，节点中心至所连腹杆的近端端部距离，节点中心至节点板上、下和左、右边缘的距离等。

5）在施工图中应注明各零件的型号和尺寸，对所有零件也必须进行详细编号，并附材料表。表中角钢要注明型号和长度，节点板等板件要注明长、宽和厚度。零件编号按主次、上下、左右一定顺序逐一进行。完全相同的零件用同一编号，两个零件的形状和尺寸完全一样而开孔位置等不同但系镜面对称的，亦用同一编号。不过应在材料表中注明正、反的字样以示区别。材料表一般包括各零件的截面、长度、数量(正、反)和质量。材料表的用处主要是配料和算出用钢指标，其次是为吊装时配备起重运输设备，还可使一切零件毫无遗漏地表示清楚。

6）施工图的说明应包括所用钢材的钢号、焊条型号、焊接方法和质量要求；图中未注明的焊缝和螺孔尺寸；以及油漆、运输和加工要求等图中未表现的其他内容。

7.2.4 刚接屋架(框架横梁)设计特点

与框架柱铰接的屋架，通常忽略水平力，但当屋面为轻屋面而柱的起重机荷载较大时，屋架弦杆的轴向力也较大，故不可忽略。

与柱刚接的屋架，其杆件的内力可先按简支桁架分析，然后把支座弯矩的作用考虑进去。刚接屋架的支座弯矩和相应剪力的最不利组合见图7-6。屋架杆件在最不利组合支座弯矩作用下的内力，可将弯矩化成图7-47所示的一对水平力 $H = M/h_0$ 后计算求得。

屋架杆件的截面选择与前述的方法相同，但对与柱刚接的屋架，其下弦端节间可能受压时，长细比的控制应按压杆考虑，即仅在恒载与风载联合作用下受压时，$[\lambda] = 250$；在恒载与风载和起重机荷载联合作用下受压时，$[\lambda] = 150$。若下弦杆在屋架平面内的长细比或稳定性不能满足要求时，可采用图7-48的方法予以加强。

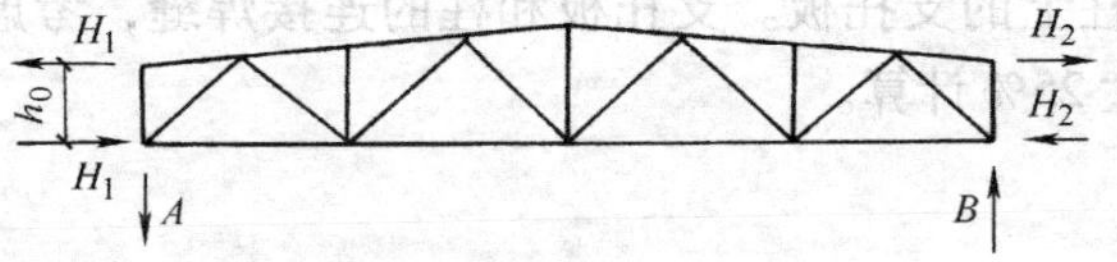

图7-47 屋架支座弯矩化成力偶作用

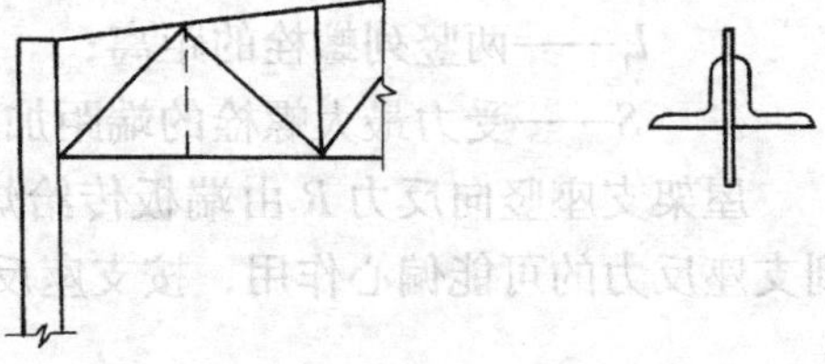

图7-48 屋架下弦杆受压时的加强方法
a）加撑杆 b）加强弦杆截面

屋架与柱刚性连接时，屋架支座处除传递竖向支座反力外，还有由端弯矩产生的上下弦水平力。图7-49所示为一种刚性连接构造示例。计算时可认为上弦最大的内力由上盖板传递，上弦的竖向连接板与柱翼缘的连接螺栓按构造决定。下弦及端斜杆轴线汇交于柱的内边缘以减少节点板的尺寸。下弦节点的连接螺栓承受水平拉力 H 和偏心弯矩 $M=He$。螺栓拉力的计算方法见第3章。由于此处一般属小偏心，所有螺栓均受拉力，故最大拉力应按下式计算

$$N_{max}=\frac{H}{n}+\frac{Hey_1}{2\sum y_i^2}\leqslant N_t^b \tag{7-27}$$

式中 n——螺栓总个数；

e——水平拉力 H 至螺栓群中心轴的距离；

y_i——每个螺栓至中心轴的距离；

y_1——边行受力最大的一个螺栓至中心轴的距离；

N_t^b——单个螺栓的抗拉承载力设计值。

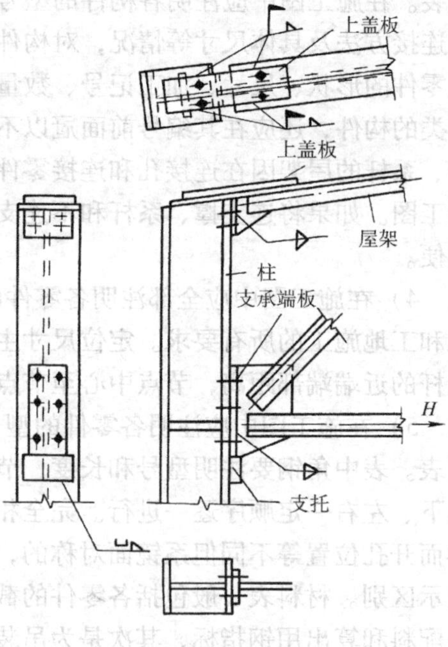

图7-49 屋架与柱刚接

屋架下弦节点与支承端板的连接焊缝受支座反力 R 和最大水平力 H_1（拉力或压力）以及偏心弯矩 $M=H_1e_1$ 的作用，按下式计算

$$\sqrt{\left(\frac{R}{2\times0.7h_fl_w}\right)^2+\frac{1}{\beta_f^2}\left(\frac{H_1}{2\times0.7h_fl_w}+\frac{6H_1e_1}{2\times0.7h_fl_w^2}\right)^2}\leqslant f_f^w \tag{7-28}$$

式中 β_f——正面角焊缝强度增大系数，当间接受动态荷载时（如屋架设有悬挂式起重机），$\beta_f=1.22$，当直接承受动态荷载时，$\beta_f=1.0$；

e_1——水平力至焊缝中心的距离。

下弦节点的支承端板在水平拉力 H 作用下受弯，近似按嵌固于两列螺栓间的梁式板计算，所需厚度为

$$t=\sqrt{\frac{3N_{max}l_1}{2Sf}} \tag{7-29}$$

式中 N_{max}——由式(7-27)计算的一个螺栓所受的最大拉力；

l_1——两竖列螺栓的距离；

S——受力最大螺栓的端距加螺栓竖向间距的1/2。

屋架支座竖向反力 R 由端板传给焊接于柱上的支托板。支托板和柱的连接焊缝，考虑到支座反力的可能偏心作用，按支座反力加大25%计算。

7.3 厂房柱的设计

厂房柱承受轴力、弯矩和剪力作用，属于压弯构件。其设计原理、方法及计算长度确定

已在第6章述及，这里仅就其计算和构造的特点加以说明。

7.3.1　柱的截面验算

单阶柱的上柱，一般为实腹工字形截面，选取最不利的内力组合，按第6章的计算方法进行截面验算。阶形柱的下段柱一般为格构式压弯构件，需要验算在框架平面内的整体稳定以及屋盖肢与起重机肢的单肢稳定。计算单肢稳定时，应注意分别选取对所验算的单肢产生最大压力的内力组合。

考虑到格构式柱的缀材体系传递两肢间的内力情况还不十分明确，为了确保安全，还需按起重机肢单独承受最大起重机垂直轮压 R_{max} 进行补充验算。此时起重机肢承受的最大压力为

$$N_1 = R_{max} + \frac{(N - R_{max})y_2}{a} + \frac{M - M_R}{a} \tag{7-30}$$

式中　R_{max}——起重机竖向荷载及起重机梁自重等所产生的最大计算压力；

M——使起重机肢受压的下段柱计算弯矩，包括 R_{max} 的作用；

N——与 M 相应的内力组合的下段柱轴向力；

M_R——仅由 R_{max} 作用对下段柱产生的计算弯矩，与 M、N 同一截面；

y_2—柱截面重心轴至屋盖肢重心线的距离；

a—下柱屋盖肢和起重机肢重心线间的距离。

当起重机梁为凸缘支座时，其支反力沿起重机肢轴线传递，起重机肢按承受轴心压力 N_1 计算单肢的稳定性。当起重机梁为平板式支座时，尚应考虑由于相邻两起重机梁支座反力差（$R_1 - R_2$）所产生的框架平面外的弯矩

$$M_y = (R_1 - R_2)e \tag{7-31}$$

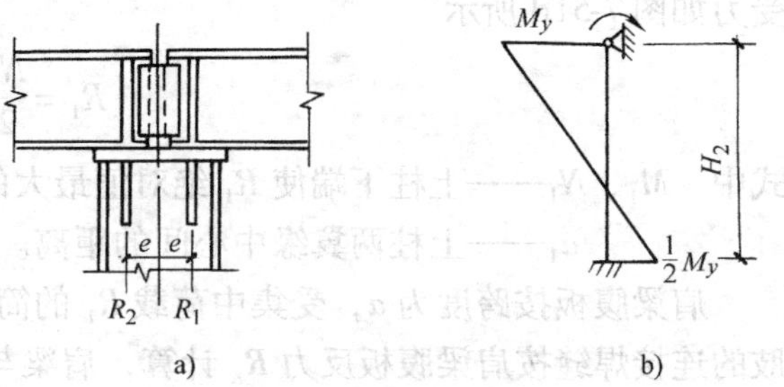

图7-50　起重机肢的弯矩计算图

M_y 全部由起重机肢承受，其沿柱高度方向弯矩的分布可近似地假定在起重机梁支承处为铰接，在柱底部为刚性固定，分布如图7-50所示。起重机肢按实腹式压弯杆验算在弯矩 M_y 作用平面内（即框架平面外）的稳定性。

7.3.2　肩梁的构造和计算

阶形柱支承起重机处，是上、下柱连接和传递起重机梁支反力的重要部位，它由上盖板、下盖板、腹板及垫板组成，也称肩梁。肩梁有单壁式和双壁式两种。

1. 单壁式肩梁

图7-51a所示为单壁式肩梁，当起重机梁为凸缘支座时，将肩梁腹板嵌入起重机肢的槽口。为了加强腹板，可在起重机梁凸缘宽度范围内，在肩梁腹板两侧局部各贴焊一小板，可采用图7-51b或图7-51c的布置形式，以承受起重机梁的最大支座反力或将肩梁在此范围内局部加厚。起重机梁为平板式支座时，宜在起重机肢腹板上和起重机梁端加劲肋的相应位置上设置加劲肋，如图7-51b所示。

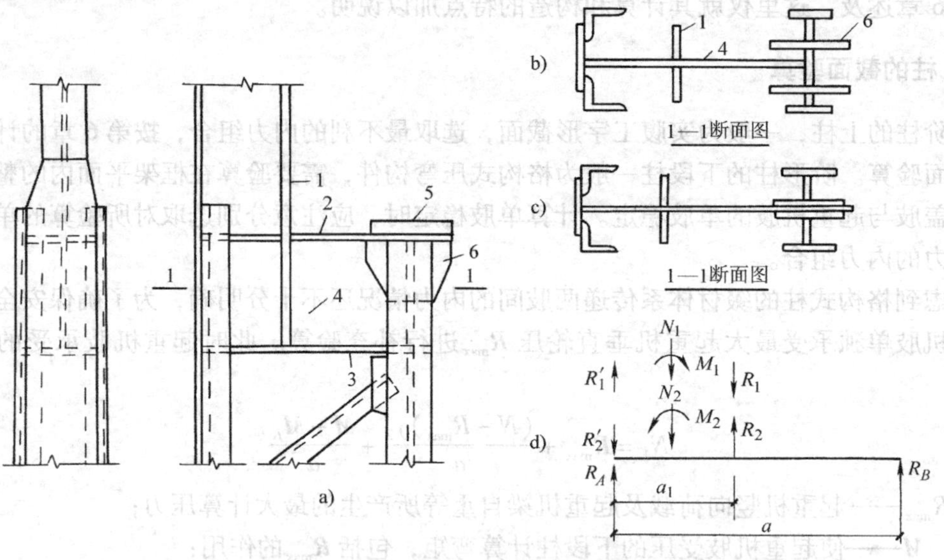

图 7-51 肩梁的受力和单壁式肩梁构造

1—上柱翼缘 2—肩梁上盖板 3—肩梁下盖板 4—肩梁腹板 5—垫板 6—加劲肋

外排柱的上柱外翼缘直接以对接焊缝与下柱屋盖肢腹板拼接，上柱腹板一般由角焊缝焊于该范围的上盖板上。单壁式肩梁的上柱内翼缘应开槽口插入肩梁腹板，由角焊缝连接，其受力如图 7-51d 所示

$$R_1 = \frac{N_1}{2} + \frac{M_1}{a_1} \tag{7-32}$$

式中 M_1、N_1——上柱下端使 R_1 绝对值最大的最不利内力组合中的弯矩和轴压力；

a_1——上柱两翼缘中心间的距离。

肩梁腹板按跨度为 a，受集中荷载 R_1 的简支梁计算，如图 7-51d 所示。肩梁与下柱屋盖肢的连接焊缝按肩梁腹板反力 R_A 计算，肩梁与下柱起重机肢的连接焊缝按肩梁腹板反力 R_B 计算。当起重机梁为凸缘支座时应按（$R_{max}+R_B$）计算，R_{max} 为起重机荷载传给柱的最大压力。这些连接焊缝的计算长度应取不大于 $60h_f$，而 $h_f \geqslant 8$mm。

起重机梁为平板支座时，起重机肢加劲肋按起重机梁最大支座反力计算端面承压应力和连接焊缝，加劲肋高度不宜小于 500mm，其上端应刨平顶紧盖板。

2. *双壁式肩梁*

单壁式肩梁构造简单，但平面外刚度较差，较大型的厂房柱通常采用双壁式肩梁，如图 7-52 所示。其计算方法与单壁式基本相同，只是在计算腹板时，应考虑两块腹板共同受力。

双壁式肩梁将上柱下端加宽后插入两肩梁腹板之间并焊接，上盖板与单壁式肩梁的相同，不要做成封闭式，以免施焊困难。

肩梁高度一般取为下柱截面宽度 a 的 1/3 左右。为了保证对上柱的嵌固，肩梁截面对其水平轴的截面二次矩 I_x 不宜小于上柱截面对强轴的截面二次矩。

7.3.3 托架与柱的连接

托架通常支承于钢柱的腹板上，如图 7-53 所示。钢柱上应设置支托板和加劲肋以承受

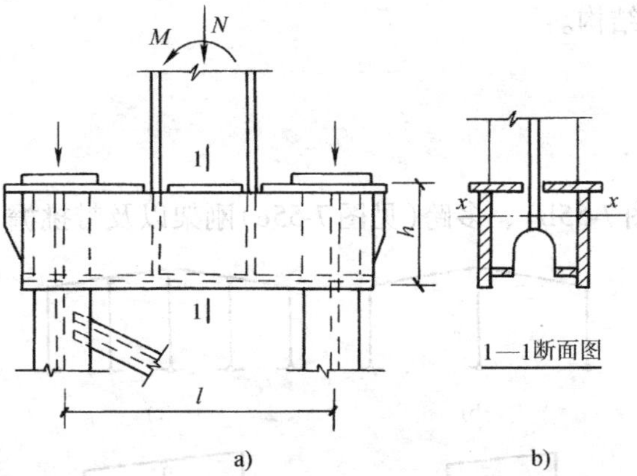

图7-52 双壁式肩梁构造

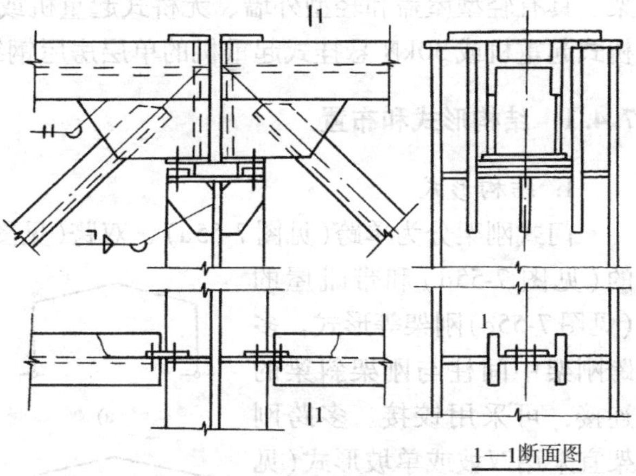

图7-53 托架与钢柱连接

托架的垂直反力，连接托架与柱的螺栓数由构造确定。托架支承端板的厚度一般不宜小于20mm，其下端应刨平；反力较大时，还应该验算其端面承压应力。图7-54所示为托架支承于混凝土柱的构造示例。

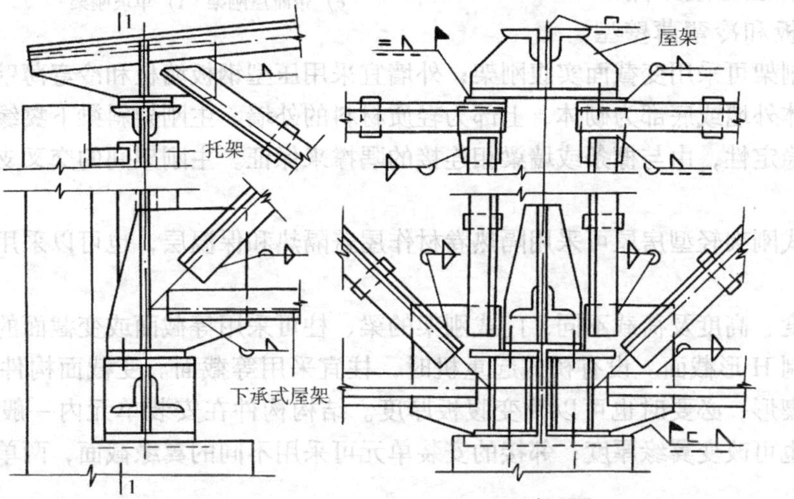

图7-54 托架与混凝土柱的连接

7.4 轻型门式刚架结构

在工业发达国家，门式刚架轻型房屋钢结构经数十年发展，目前已非常广泛地应用于各种房屋中。CECS 102—1998《门式刚架轻型房屋钢结构技术规程》自1998年批准发布以来，显著地推动了我国门式刚架轻型房屋钢结构的发展。目前，此种结构作为我国建筑钢结构中应用最广泛的类型之一，已积累了较多的工程经验；同时，在工程实践中也发现了一些需要对原规程进行修改和补充之处。本节的内容按CECS 102—2002《门式刚架轻型房屋钢结构技术规程》编写，这里所说的轻型门式刚架结构，专指主要承重结构为单跨或多跨实腹门式刚架、具有轻型屋盖和轻型外墙、无桥式起重机或有起重量不大于200kN的A1～A5工作级别桥式起重机或30kN悬挂式起重机的单层房屋钢结构。

7.4.1 结构形式和布置

1. 结构形式

门式刚架分为单跨(见图7-55a)、双跨(见图7-55b)、多跨(见图7-55c)刚架以及带挑檐的(见图7-55d)和带毗屋的(见图7-55e)刚架等形式。多跨刚架中间柱与刚架斜梁的连接，可采用铰接。多跨刚架宜采用双坡或单坡形式(见图7-55f)，必要时也可采用由多个双坡单跨相连的多跨刚架形式。

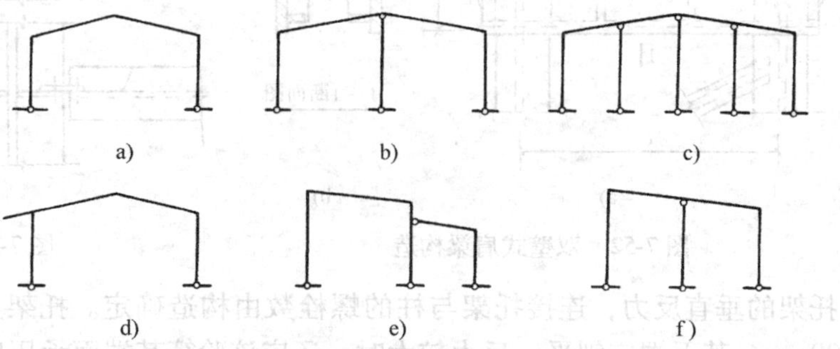

图7-55 门式刚架形式示例

a）单跨刚架 b）双跨刚架 c）多跨刚架 d）带挑檐刚架 e）带毗屋刚架 f）单坡刚架

在门式刚架轻型房屋钢结构体系中，屋盖应采用压型钢板屋面板和冷弯薄壁型钢檩条；主刚架可采用变截面实腹刚架；外墙宜采用压型钢板墙板和冷弯薄壁型钢墙梁，也可以采用砌体外墙或底部为砌体、上部为轻质材料的外墙。主刚架斜梁下翼缘和刚架柱内翼缘的出平面稳定性，由与檩条或墙梁相连接的隅撑来保证。主刚架间的交叉支撑可采用张紧的圆钢。

单层门式刚架轻型房屋可采用隔热卷材作屋盖隔热和保温层，也可以采用带隔热层的板材作屋面。

根据跨度、高度及荷载不同，门式刚架的梁、柱可采用等截面或变截面的实腹焊接工字形截面或轧制H形截面。设有桥式起重机时，柱宜采用等截面。变截面构件通常改变腹板的高度做成楔形，必要时也可以改变腹板厚度。结构构件在安装单元内一般不改变翼缘截面，必要时也可改变翼缘厚度；邻接的安装单元可采用不同的翼缘截面，两单元相邻截面高度宜相等。

门式刚架可由多个梁、柱单元构件组成。柱一般为单独的单元构件，斜梁可根据运输条件划分为若干个单元。单元构件本身采用焊接，单元构件之间可通过端板以高强度螺栓连接。

门式刚架轻型房屋的屋面坡度宜取1/8～1/20，在雨水较多的地区宜取其中的较大值。

门式刚架的柱脚多按铰接支承设计，通常为平板支座，设一对或两对地脚螺栓。当用于工业厂房且有50kN以上桥式起重机时，宜将柱脚设计成刚接。

2. 建筑尺寸

门式刚架的跨度，一般为9～36m，以3m为模数。计算时取横向刚架柱轴线间的距离。柱的轴线可取通过柱下端(较小端)中心的竖向轴线；工业建筑边柱的定位轴线宜取柱外皮；斜梁的轴线可取通过变截面梁段最小端中心与斜梁上表面平行的轴线。

门式刚架的高度，应取地坪至柱轴线与斜梁轴线交点的高度。无起重机时应根据使用要求的室内净高确定，一般为4.5～9.0m；当有桥式起重机时应根据轨顶标高和起重机净空要求而定，一般不宜大于12m。

门式刚架的间距，即柱网轴线间的纵向距离宜采用6～9m。

3. 结构平面布置

门式刚架轻型房屋钢结构的纵向温度区段长度不大于300m，横向温度区段长度不大于150m。当需要设置伸缩缝时，可在搭接檩条的螺栓连接处采用长圆孔并使该处屋面板在构造上允许胀缩；或者设置双柱。在多跨刚架局部抽掉中间柱或边柱处，可布置托梁或托架。

山墙可设置由斜梁、抗风柱、墙架及其支撑组成的山墙墙架，或采用门式刚架。

4. 墙架布置

门式刚架轻型房屋钢结构侧墙墙梁的布置，应考虑设置门窗、挑檐、雨篷等构件和围护材料的要求。

门式刚架轻型房屋钢结构的侧墙，当采用压型钢板作围护面时，墙梁宜布置在刚架柱的外侧，其间距随墙板板型和规格确定，且不应大于计算要求的值。

门式刚架轻型房屋的外墙，当抗震设防烈度不高于6度时，可采用轻型钢墙板或砌体；当抗震设防烈度为7度、8度时，可采用轻型钢墙板或非嵌砌砌体；当抗震设防烈度为9度时，宜采用轻型钢墙板或与柱柔性连接的轻质墙板。

5. 支撑布置

在每个温度区段或分期建设的区段中，应分别设置能独立构成空间稳定结构的支撑体系。柱间支撑的间距根据安装条件确定，一般取30～45m，不大于60m。房屋高度较大时，柱间支撑要分层设置。在设置柱间支撑的开间应同时设置屋盖横向支撑，以组成几何不变体系。

端部支撑宜设在温度区段端部的第二个开间，这种情况下，在第一开间的相应位置宜设置刚性系杆。刚架转折处(如柱顶和屋脊)应沿房屋全长设置刚性系杆。

由支撑斜杆等组成的水平桁架，其直腹杆宜按刚性系杆考虑。刚性系杆可由檩条兼作，此时檩条应满足对压弯杆件的刚度和承载力要求；当不满足时，可在刚架斜梁间设置钢管、H型钢或其他截面的杆件。

门式刚架轻型房屋钢结构的支撑，可采取带张紧装置的十字交叉圆钢支撑。圆钢与构件的夹角为30°～60°，宜接近45°。

当设有起重量不小于50kN的桥式起重机时，柱间宜采用型钢支撑。在温度区段端部起重机梁以下不宜设置柱间刚性支撑；在设有带驾驶室且起重量大于150kN桥式起重机的跨间应在屋盖边缘设置纵向支撑桁架。当桥式起重机起重量较大时，尚应采取措施增加起重机梁的侧向刚度。

7.4.2 作用效应计算

1. 变截面刚架的内力计算

变截面门式刚架应采用弹性分析方法确定内力。仅在构件全部为等截面时才允许采用塑性分析方法，并按《钢结构设计规范》的规定进行设计。

变截面门式刚架宜按平面结构分析内力，一般不考虑应力蒙皮效应。当有必要且有条件时，可以考虑屋面板的应力蒙皮效应。内力分析可采用有限元法(直接刚度法)，计算时宜将构件分为若干段，每段可视为等截面；也可采用楔形单元。

2. 变截面刚架的侧移计算

变截面门式刚架的柱顶侧移应采用弹性分析方法确定。

当单跨变截面门式刚架斜梁上缘坡度不大于1:5时，在柱顶水平力作用下的侧移u，可按下列公式估算：

柱脚铰接刚架

$$u=\frac{Hh^3}{12EI_c}(2+\xi_t) \tag{7-33}$$

柱脚刚接刚架

$$u=\frac{Hh^3}{12EI_c}\frac{3+2\xi_t}{6+2\xi_t} \tag{7-34}$$

$$\xi_t=\frac{I_cL}{hI_b} \tag{7-35}$$

式中 h、L——刚架柱高度和刚架跨度。当坡度大于1:10时，L应取横梁沿坡折线的总长度$2s$，如图7-56所示；

I_c、I_b——柱和横梁的平均截面二次矩，对楔形构件$I_c=(I_{c0}+I_{c1})/2$，I_{c0}、I_{c1}分别为柱小头和大头的截面二次矩；对双楔形横梁$I_b=[I_{b0}+\beta I_{b1}+(1-\beta)I_{b2}]/2$，$I_{b0}$、$I_{b1}$、$I_{b2}$分别为楔形横梁最小截面、檐口和跨中截面的截面二次矩，β为楔形横梁长度比值(见图7-56)；

H——刚架柱顶等效水平力；

ξ_t——刚架柱与刚架梁的线刚度比值。

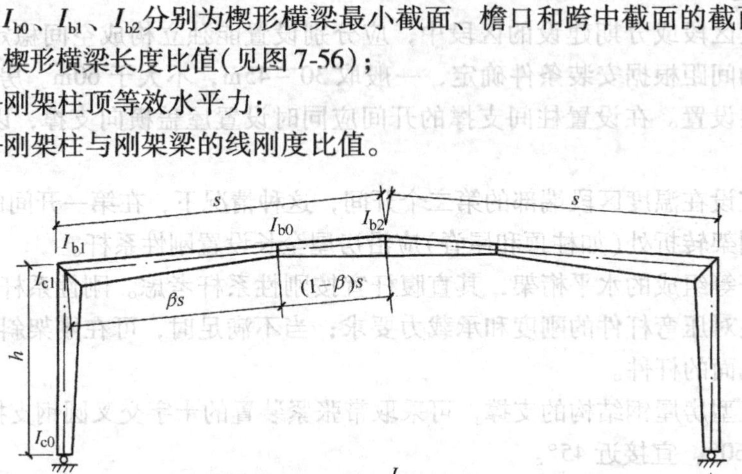

图7-56 变截面刚架的几何尺寸

当估算刚架在沿柱高度均布水平风荷载作用下的侧移时(见图7-57)，对柱脚铰接框架$H=0.67W$；对柱脚刚接框架$H=0.45W$，$W=(W_1+W_4)h$，为均布荷载的总值，W_1、W_4分别为刚架两侧承受的沿柱高度均布水平风荷载(kN/m)，按规程CECS 102—2002附录A规定的标准值计算。当估算刚架在起重机水平荷载P_c作用下的侧移时(见图7-58)，对柱脚铰

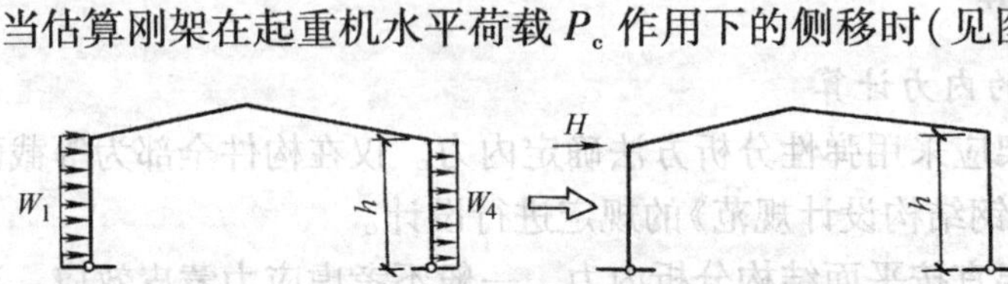

图7-57 刚架在均布风荷载作用下柱顶的等效水平力

接框架 $H=1.15\eta P_c$；对柱脚刚接框架 $H=\eta P_c$，η 为起重机水平荷载 P_c 作用高度与柱高度之比。

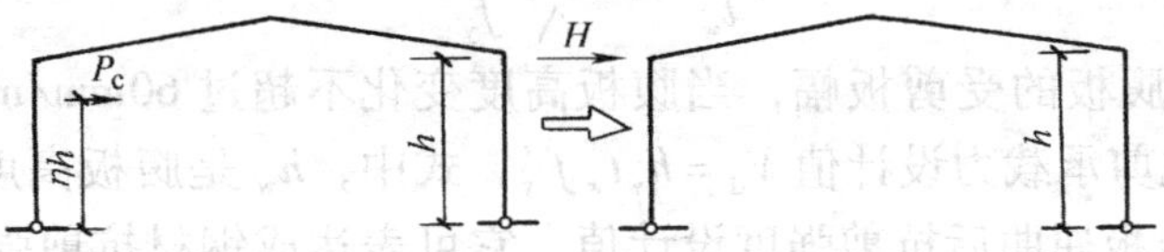

图 7-58 刚架在起重机水平荷载作用下柱顶的等效水平力

中间柱为摇摆柱的两跨（见图 7-59）或多跨刚架，柱顶侧移可按式（7-33）或式（7-34）计算，但式（7-35）中的 L 应以 $2s$ 代替，s 为单坡面长度（见图 7-56）。

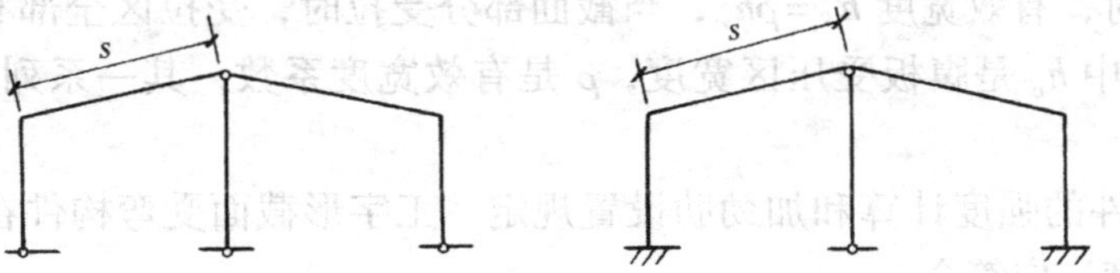

图 7-59 有摇摆柱的两跨刚架

当中间柱与横梁刚性连接时，可将多跨刚架视为多个单跨刚架的组合体（每个中间柱分为两半，其截面二次矩各为 $I/2$），按下列公式计算整个刚架在柱顶水平荷载作用下的侧移

$$u=\frac{H}{\sum K_i} \tag{7-36}$$

$$K_i=\frac{12EI_{ei}}{h_i^3(2+\xi_{ti})} \tag{7-37}$$

$$\xi_{ti}=\frac{I_{ei}l_i}{h_iI_{bi}} \tag{7-38}$$

$$I_{ei}=\frac{I_l+I_r}{4}+\frac{I_lI_r}{I_l+I_r} \tag{7-39}$$

式中 $\sum K_i$——柱脚铰接时各单跨刚架的侧向刚度之和；

h_i——所计算跨两柱的平均高度；

l_i——与所计算柱相连接的单跨刚架梁的长度；

I_{ei}——两柱截面二次矩不相同时的等效截面二次矩；

I_l、I_r——左、右两柱的截面二次矩，如图 7-60 所示；

I_{bi}——与所计算柱相连接的单跨刚架梁的截面二次矩；

ξ_{ti}——所计算柱与相连接的单跨刚架梁的线刚度比值。

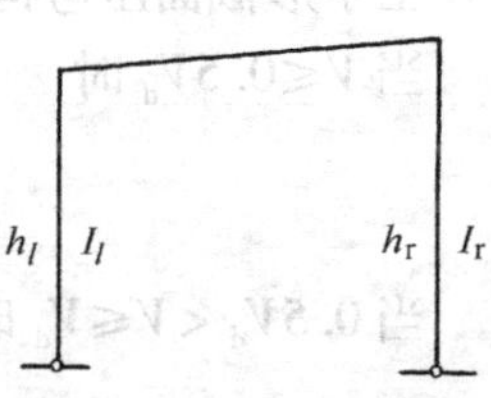

图 7-60 左、右两柱的截面二次矩

7.4.3 构件设计

1. 变截面刚架构件计算

（1）板件最大宽厚比和屈曲后强度利用的规定 工字形截面构件受压翼缘自由外伸宽度 b 与其厚度 t 之比

$$\frac{b}{t}\leqslant 15\sqrt{\frac{235}{f_y}} \tag{7-40a}$$

工字形截面梁、柱构件腹板计算的高度 h_0 与其厚度 t_w 之比

$$\frac{h_0}{t_w} \leqslant 250\sqrt{\frac{235}{f_y}} \tag{7-40b}$$

工字形截面构件腹板的受剪板幅，当腹板高度变化不超过60mm/m时，可考虑屈曲后强度(拉力场)，其抗剪承载力设计值 $V_d = h_w t_w f'_v$，式中，h_w 是腹板高度，对楔形腹板取板幅平均高度；f'_v 是腹板屈曲后抗剪强度设计值，它可表达成钢材抗剪强度设计值 f_v 和与板件受剪有关的参数 λ_w 的二元函数，它们的一系列计算式详见 CECS 102—2002。

当利用腹板屈曲后抗剪强度时，横向加劲肋间距 a 宜为 $h_w \sim 2h_w$。

工字形截面构件腹板受弯及受压板幅利用屈曲后强度时，应按有效宽度计算截面特性。当截面全部受压时，有效宽度 $h_e = \rho h_w$，当截面部分受拉时，受拉区全部有效，受压区有效宽度 $h_e = \rho h_c$，式中 h_c 是腹板受压区宽度，ρ 是有效宽度系数，其一系列表达式详见 CECS 102—2002。

（2）刚架构件的强度计算和加劲肋设置规定　工字形截面受弯构件在剪力 V 和弯矩 M 共同作用下的强度，应符合：

当 $V \leqslant 0.5V_d$ 时

$$M \leqslant M_e \tag{7-41}$$

当 $0.5V_d < V \leqslant V_d$ 时

$$M \leqslant M_f + (M_e - M_f)\left[1 - \left(\frac{V}{0.5V_d} - 1\right)^2\right] \tag{7-42}$$

式中　M_f——两翼缘所承担的弯矩，对双轴对称截面 $M_f = A_f(h_w + t)f$；

M_e——构件有效截面所承担的弯矩，$M_e = W_e f$；

W_e——构件有效截面最大受压纤维的截面系数；

A_f——构件翼缘的截面面积；

V_d——腹板抗剪承载力设计值，$V_d = h_w t_w f'_v$。

工字形截面压弯构件在剪力 V、弯矩 M 和轴压力 N 共同作用下的强度，应符合：

当 $V \leqslant 0.5V_d$ 时

$$M \leqslant M_e^N = M_e - \frac{NW_e}{A_e} \tag{7-43}$$

当 $0.5V_d < V \leqslant V_d$ 时

$$M \leqslant M_f^N + (M_e^N - M_f^N)\left[1 - \left(\frac{V}{0.5V_d} - 1\right)^2\right] \tag{7-44}$$

式中　M_f^N——兼承受压力 N 时两翼缘所能承受的弯矩，对双轴对称截面 $M_f^N = A_f(h_w + t)(f - N/A)$；

A_e——有效截面面积。

梁腹板应在与中柱连接处、较大集中荷载作用处和翼缘转折处设置横向加劲肋。

梁腹板利用屈曲后强度时，其中间加劲肋除承受集中荷载和翼缘转折产生的压力外，还应承受拉力场产生的压力。该压力为 $N_s = V - 0.9h_w t_w \tau_{cr}$，$\tau_{cr}$ 是利用拉力场时腹板的屈曲切应力，它是钢材抗剪强度 f_v 和参数 λ_w 的二元函数，详见 CECS 102—2002。

当验算加劲肋稳定性时，其截面应包括每侧 $15t_w\sqrt{235/f_y}$ 宽度范围内的腹板面积，计算

长度取 h_w。

（3）变截面柱在刚架平面内的稳定计算

$$\frac{N_0}{\varphi_{x\gamma}A_{e0}}+\frac{\beta_{mx}M_1}{\left(1-\frac{N_0}{N'_{Ex0}}\varphi_{x\gamma}\right)W_{e1}}\leqslant f \tag{7-45}$$

式中 N'_{Ex0}——参数 $N'_{Ex0}=\pi^2 EA_{e0}/1.1\lambda^2$，计算 λ 时回转半径 i_0 以小头为准；

N_0——小头的轴向压力设计值；

M_1——大头的弯矩设计值；

A_{e0}——小头的有效截面面积；

W_{e1}——大头有效截面最大受压纤维的截面系数；

$\varphi_{x\gamma}$——杆件轴心受压稳定系数，计算长细比 λ 时，取小头的回转半径，而对楔形柱计算长度系数取 μ_γ 由《钢结构设计规范》查得；

β_{mx}——等效弯矩系数，有侧移刚架柱的等效弯矩系数 β_{mx} 取 1.0。

截面高度呈线性变化的柱，在刚架平面的计算长度 $h_0=\mu_\gamma h$，这里 h 为柱高，μ_γ 为计算长度系数。μ_γ 可由下列三种方法之一确定：①查表法，用于柱脚铰接的刚架；②一阶分析法，用于柱脚铰接和刚接的刚架；③二阶分析法，用于柱脚铰接和刚接的刚架。三种方法各自的使用条件和具体计算要求详见 CECS 102—2002。

（4）变截面柱在刚架平面外的稳定计算

$$\frac{N_0}{\varphi_y A_{e0}}+\frac{\beta_t M_1}{\varphi_{b\gamma}W_{e1}}\leqslant f \tag{7-46}$$

式中 φ_y——轴心受压构件弯矩作用平面外稳定系数，以小头为准，按《钢结构设计规范》的规定采用，计算长度取侧向支承点间的距离，若各段线刚度差别较大，确定计算长度时可考虑各段间的相互约束；

$\varphi_{b\gamma}$——均匀弯曲楔形受弯构件的整体稳定系数，详见 CECS 102—2002；

N_0——所计算构件段小头截面的轴压力；

M_1——所计算构件段大头截面的弯矩；

β_t——等效弯矩系数，对一端弯矩为零的区段，$\beta_t=1-N/N'_{Ex_0}+0.75(N/N'_{Ex_0})^2$，对两端弯曲应力基本相等的区段，$\beta_t=10$；

N'_{Ex_0}——在刚架平面内以小头为准的柱的参数。

（5）变截面柱的抗剪承载力验算 变截面柱下端铰接时，应验算柱端的抗剪承载力。当不满足承载力要求时，应对该处腹板进行加强。

（6）斜梁和隅撑设计规定 实腹式刚架斜梁在平面内可按压弯构件计算强度，在平面外应按压弯构件计算稳定。实腹式刚架斜梁的出平面计算长度，应取侧向支承点间的距离；当斜梁两翼缘侧向支承点间的距离不等时，应取最大受压翼缘侧向支承点间的距离。

当实腹式刚架斜梁的下翼缘受压时，必须在受压翼缘两侧布置隅撑作为斜梁的侧向支承，隅撑的另一端连接在檩条上。隅撑应按轴心受压构件设计，轴压力 N 按下式计算

$$N=\frac{Af}{60\cos\theta}\sqrt{\frac{f_y}{235}} \tag{7-47}$$

式中 A——实腹斜梁被支撑翼缘的截面面积；

f——实腹斜梁钢材的强度设计值；

f_y——实腹斜梁钢材的屈服强度；

θ——隅撑与檩条轴线的夹角。

当隅撑成对布置时，每根隅撑的计算轴压力可取式(7-47)计算值的1/2。

当斜梁上翼缘承受集中荷载处不设横向加劲肋时，除应按《钢结构设计规范》的规定验算腹板上边缘正应力、切应力和局部压应力共同作用时的折算应力外，尚应满足下列要求

$$F \leqslant 15\alpha_m t_w^2 f\sqrt{\frac{t_f}{t_w}\frac{235}{f_y}} \tag{7-48}$$

式中 F——上翼缘所受的集中荷载；

t_f、t_w——斜梁翼缘和腹板的厚度；

α_m——参数，$\alpha_m = 1.5 - M/(W_e f)$，$\alpha_m \leqslant 1.0$，在斜梁负弯矩区取零；

M——集中荷载作用处的弯矩；

W_e——有效截面最大受压纤维的截面系数。

斜梁不需计算整体稳定的侧向支承点间最大长度，可取斜梁下翼缘宽度的$16\sqrt{235/f_y}$倍。

2. 等截面刚架构件计算

等截面刚架按弹性设计时，其构件可按上述变截面刚架构件计算的规定进行计算。

等截面刚架按塑性设计时，其构件应按《钢结构设计规范》中塑性设计的规定进行设计。

3. 檩条设计

檩条宜优先采用实腹式构件，也可采用空腹式构件；跨度大于9m时宜采用格构式构件，并应验算受压翼缘的稳定性。实腹式檩条宜采用卷边槽形和斜卷边Z形冷弯薄壁型钢，也可以采用直卷边Z形冷弯薄壁型钢；格构式檩条可采用平面桁架式、空间桁架式或下撑式檩条；檩条一般设计成单跨简支构件，实腹式檩条也可设计成连续构件。

当檩条跨度大于4m时，宜在檩条间跨中位置设置拉条或撑杆。当檩条跨度大于6m时，应在檩条跨度三分点处各设一道拉条或撑杆。当屋面材料为压型钢板，屋面刚度较大且与檩条有可靠连接时，可少设或不设拉条。

作用在檩条上的荷载以及荷载效应组合，对于门式刚架轻型房屋钢结构有其自身的特点，设计计算时应按照CECS 102—2002的有关规定执行。

当屋面能阻止檩条侧向位移和扭转的情况下，可仅按下式计算檩条在风荷载效应参与组合时的强度，而整体稳定性可不做计算

$$\frac{M_x}{W_{enx}} + \frac{M_y}{W_{eny}} \leqslant f \tag{7-49}$$

式中 M_x、M_y——对截面x轴和y轴的弯矩；

W_{enx}、W_{eny}——对主轴x和主轴y的有效净截面系数(对冷弯薄壁型钢)或净截面系数(对热轧型钢)。

当屋面不能阻止檩条侧向位移和扭转时，应按下式计算檩条的稳定性

$$\frac{M_x}{\varphi_{bx} W_{ex}} + \frac{M_y}{W_{ey}} \leqslant f \tag{7-50}$$

式中 W_{ex}、W_{ey}——对主轴 x 和主轴 y 的有效截面系数（对冷弯薄壁型钢）或毛截面系数（对热轧型钢）；

φ_{bx}——梁的整体稳定系数，根据不同情况按《冷弯薄壁型钢结构技术规范》或《钢结构设计规范》的规定计算。

在风吸力作用下，当屋面能阻止檩条上翼缘侧向位移和扭转时，受压下翼缘的稳定性应按 CECS 102—2002 附录 E 的规定计算。

计算檩条时，不应考虑隅撑作为檩条的支承点。

4. 墙架构件设计

轻型墙体结构的墙梁宜采用卷边槽形或斜卷边 Z 形冷弯薄壁型钢。

墙梁可设计成简支或连续构件，两端支承在刚架柱上。当墙梁有一定竖向承载力，墙板落地，且墙梁与墙板间有可靠连接时，可不设中间柱，并可不考虑自重引起的弯矩和剪力。若有条形窗或房屋较高且墙梁跨度较大时，墙架柱的数量应由计算确定；当墙梁需承受墙板及自重时，应考虑双向弯曲。

当墙梁跨度为 4 ~6m 时，宜在跨中设一道拉条；当墙梁跨度大于 6m 时，宜在跨间三分点处各设一道拉条。在最上层墙梁处宜设斜拉条将拉力传至承重柱或墙架柱；当墙板的竖向荷载有可靠途径直接传至地面或托梁时，可不设拉条。

单侧挂墙板的墙梁，应计算其强度和稳定。

在承受朝向面板的风压时，墙梁的强度下式验算

$$\frac{M_x}{W_{enx}}+\frac{M_y}{W_{eny}}\leqslant f \tag{7-51a}$$

$$\frac{3V_{y,\max}}{2h_0t}\leqslant f_y \tag{7-51b}$$

$$\frac{3V_{x,\max}}{4b_0t}\leqslant f_y \tag{7-51c}$$

式中 M_x、M_y——水平荷载和竖向荷载产生的弯矩，下标 x 和 y 分别表示墙梁的竖向主轴和水平主轴；

V_x、V_y——水平荷载和竖向荷载产生的剪力；

b_0、h_0——墙梁在竖向和水平向的计算高度，取型钢板件连接处两圆弧起点之间的距离；

t——墙梁壁厚。

在风吸力作用下，外侧设有压型钢板的墙梁的稳定性按 CECS 102—2002 附录 E 的规定计算。

当外侧设有压型钢板的实腹式刚架柱的内侧翼缘受压时，可沿内侧翼缘设置成对的隅撑作为柱的侧向支承。隅撑的另一端连接在墙梁上。隅撑所受轴压力可按式(7-47)计算，其中被支承翼缘的截面面积和钢材的强度应取刚架柱的值。

5. 支撑构件设计

门式刚架轻型房屋钢结构中的交叉支撑和柔性系杆可按拉杆设计，非交叉支撑中的受压杆件及刚性系杆应按压杆设计。

刚架斜梁上横向水平支撑的内力，应根据纵向风荷载按支承于柱顶的水平桁架计算；对

交叉支撑可不计压杆的受力。

刚架柱间支撑的内力，应根据柱列所受纵向风荷载（如有起重机，还应计入起重机纵向制动力）按支承于柱脚基础上的竖向悬臂桁架计算；对于交叉支撑可不计压杆的受力。当同一柱列设有多道纵向柱间支撑时，纵向力在支撑间可按均匀分布考虑。

支撑构件受拉或受压的计算，应遵循《钢结构设计规范》或《冷弯薄壁型钢结构技术规范》中关于轴心受拉或轴心受压构件的规定。

6. *屋面板和墙板设计*

屋面板和墙板材料可选用建筑外用彩色镀锌或镀铝锌压型钢板、夹心压型复合板和玻璃纤维增强水泥外墙板（GRC板）等轻质材料。

墙板应根据所受荷载计算其强度和变形。压型钢板应采用预涂层彩色钢板制作。一般建筑屋面或墙面宜采用长尺压型钢板，其厚度宜为0.4～1.0mm。压型钢板的计算和构造，应符合《冷弯薄壁型钢结构技术规范》的规定。其他墙板应按有关标准的规定计算。

当在屋面板上开设直径大于300mm的圆洞和单边长度大于300mm的方洞时，宜根据计算采用次结构加强。不宜在屋脊开洞。屋面板上应避免通长大面积开孔（含采光孔），开孔宜分块均匀布置。

墙板的自重宜直接传至地面，板与板间应适当连接。

7.4.4 连接和节点设计

1. *焊接*

当被连接板的最小厚度大于4mm时，其对接焊缝、角焊缝和部分熔透对接焊缝的强度，应分别按《钢结构设计规范》的规定计算。当最小厚度不大于4mm时，正面角焊缝的强度增大系数 β_f 取1.0。

当T形接头的腹板厚度不大于8mm且不要求全熔透，在技术设备和其他技术条件具备时，经过工艺评定合格，符合CECS 102—2002附录F的规定，可采用自动或半自动埋弧焊接单面角焊缝。

当连接板的最小厚度不大于4mm时，喇叭形焊缝的抗剪强度按下式计算

$$\tau = \frac{N}{tl_w} \leqslant \gamma f \tag{7-52}$$

式中 N——通过焊缝形心的轴心拉力或轴心压力；

t——被连接板件的最小厚度；

l_w——焊缝的有效长度，等于焊缝长度扣除2倍焊脚尺寸；

f、γ——被连接板件钢材抗拉强度设计值及折算系数，N作用线垂直于焊缝轴线方向时，取 $\gamma=0.8$，N作用线平行于焊缝轴线方向时，取 $\gamma=0.7$。

当连接板的最小厚度大于4mm时，单边喇叭形焊缝的抗剪强度按下式计算

1）当N作用线垂直于焊缝轴线方向时

$$\tau = \frac{N}{h_f l_w} \leqslant 0.75 f_f^w \tag{7-53}$$

2）当N作用线平行于焊缝轴线方向时

$$\tau = \frac{N}{h_f l_w} \leqslant 0.7 f_f^w \tag{7-54}$$

式中 h_f——焊脚尺寸，如图7-61所示；

f_f^w——角焊缝抗剪强度设计值。

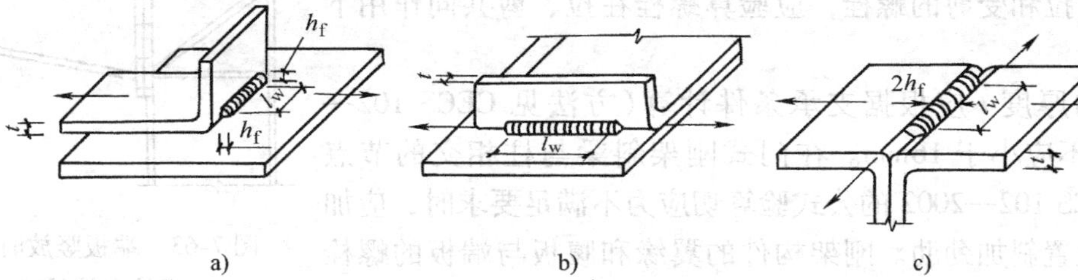

图7-61 喇叭形焊缝

a）作用力垂直于焊缝轴线方向 b）作用力平行于焊缝轴线方向

c）作用力分别平行于和垂直于焊缝轴线方向

单边喇叭形焊缝的焊角尺寸 h_f 不得小于被连接板件的厚度；在组合结构中，组合件间的喇叭形焊缝可采用断续焊缝，但其长度不得小于 $8t$ 和 40mm，断续焊缝间的净距不得大于 $15t$（对受压构件）或 $30t$（对受拉构件），t 为焊件的最小厚度。

2. 节点设计

门式刚架斜梁与柱的连接可采用端板竖放（见图7-62a）、端板横放（见图7-62b）和端板斜放（见图7-62c）三种形式。斜梁拼接时宜使端板与构件外边缘垂直（见图7-62d）。

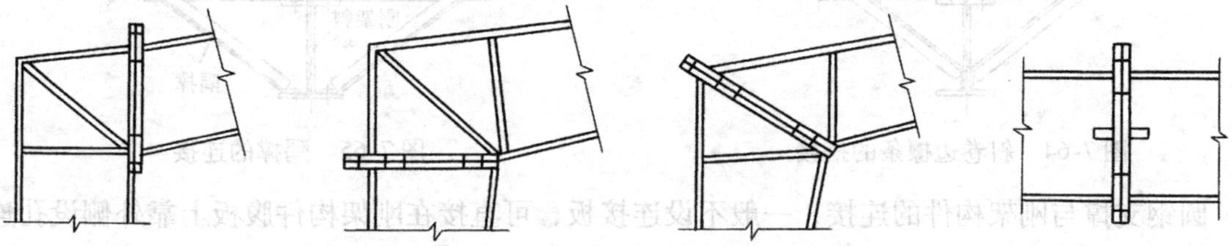

图7-62 刚架斜梁的连接

a）端板竖放 b）端板横放 c）端板斜放 d）斜梁拼接

端板连接（见图7-62）应按所受最大内力设计。当内力较小时，应按能承受不小于较小被连接截面承载力的一半设计。主刚架构件的连接应采用高强度螺栓，可采用承压型或摩擦型连接。当为端板连接且只受轴向力和弯矩，或剪力小于其抗剪滑移承载力（按抗滑移系数为0.3计算）时，端板表面可不作专门处理。起重机梁与制动梁的连接宜采用摩擦型高强度螺栓，通常选用M16～M24。起重机梁与刚架连接处宜设长圆孔。檩条和墙梁与刚架斜梁和柱的连接常采用M12普通螺栓。

端板连接的螺栓应成对对称布置。在斜梁的拼接处，应采用将端板两端伸出截面高度范围以外的外伸式连接，如图7-62d所示。在斜梁与刚架柱连接处的受拉区，宜采用端板外伸式连接，如图7-62a、c所示。当采用端板外伸式连接时，宜使翼缘内外的螺栓群中心与翼缘的中心重合或接近。螺栓中心至翼缘板表面的距离应满足拧紧螺栓时的施工要求，不宜小于35mm。螺栓端距不应小于2倍螺栓孔径。门式刚架受压翼缘的螺栓不宜少于两排。当受拉翼缘两侧各设一排螺栓尚不能满足承载力要求时，可在翼缘内侧增设螺栓（见图7-63），其间距可取75mm，且不小于3倍螺栓孔径。与斜梁端板连接的柱翼缘部分应与端板等厚度

（见图 7-63）。当端板上两对螺栓间的最大距离大于 400mm 时，应在端板的中部增设一对螺栓。

同时受拉和受剪的螺栓，应验算螺栓在拉、剪共同作用下的强度。

端板的厚度 t 应根据支承条件计算（方法见 CECS 102—2002），但不应小于 16mm。在门式刚架斜梁与柱相交的节点域，按 CECS 102—2002 的公式验算切应力不满足要求时，应加厚腹板或设置斜加劲肋。刚架构件的翼缘和腹板与端板的螺栓连接处，构件腹板强度不满足 CECS 102—2002 的公式计算值时，可设置腹板加劲肋或局部加厚腹板。

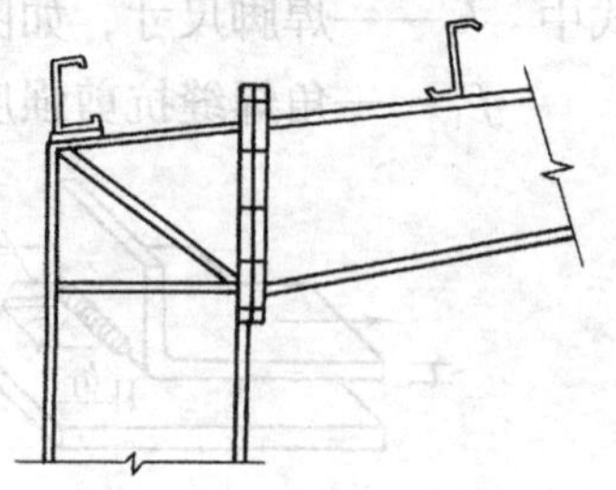

图 7-63 端板竖放时的螺栓和檐檩

檩条与刚架连接处可采用简支连接或连续搭接。当采用连续搭接时，檩条的搭接长度 $2a$（见图 7-64）及其连接螺栓直径，应该按连续檩条支座处的弯矩确定。

隅撑宜采用单角钢制作，可连接在刚架下（内）翼缘附近的腹板上（图 7-64）距翼缘不大于 100mm 处，也可连接在下（内）翼缘上（见图 7-65）。通常以单个螺栓连接，计算时应考虑承载力折减系数。

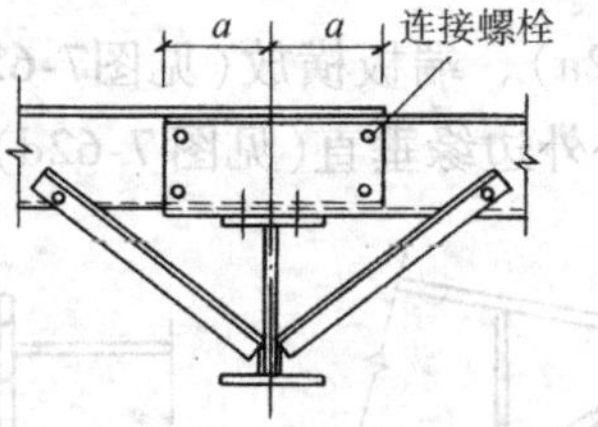

图 7-64 斜卷边檩条的搭接

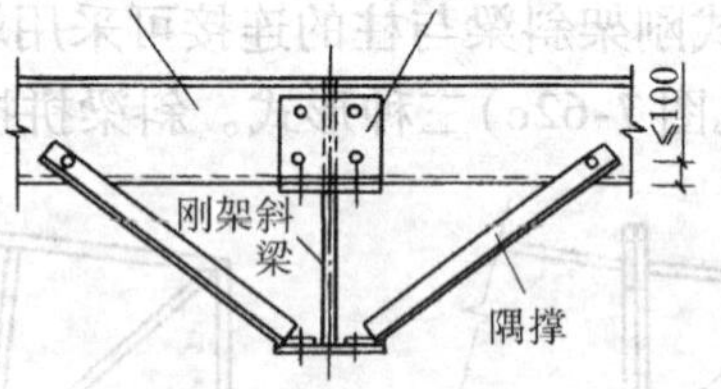

图 7-65 隅撑的连接

圆钢支撑与刚架构件的连接，一般不设连接板，可直接在刚架构件腹板上靠外侧设孔连接，如图 7-66 所示。

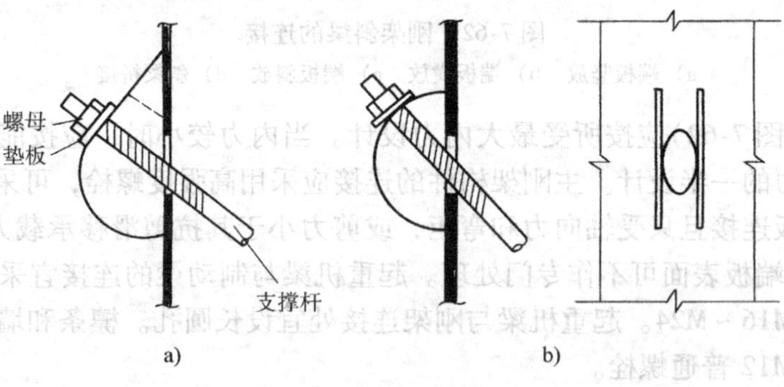

图 7-66 圆钢支撑的连接

a）楔形垫块 b）弧形支承板

屋面板之间的连接及面板与檩条或墙梁的连接，宜采用带橡皮垫圈的自钻自攻螺钉。螺钉的间距不应大于 300mm。

门式刚架轻型房屋钢结构的柱脚，宜采用平板式铰接柱脚，如图 7-67a、b 所示；当有必要时，也可采用刚接柱脚，如图 7-67c、d 所示。变截面柱下端的宽度应根据具体情况确定，但不宜小于 200mm。

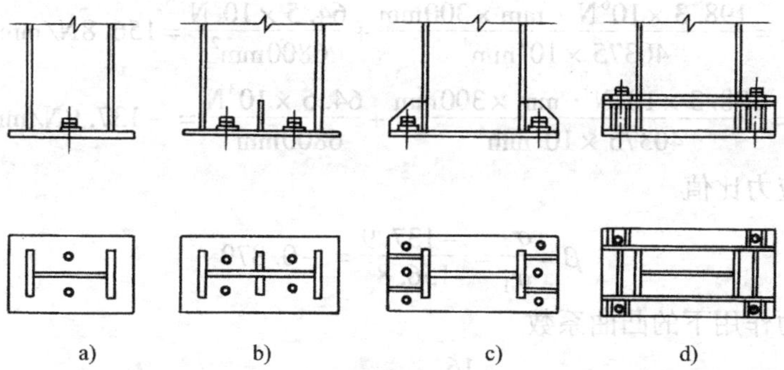

图7-67 门式刚架轻型房屋钢结构的柱脚

a）一对锚栓的铰接柱脚 b）两对锚栓的铰接柱脚

c）带加劲肋的刚接柱脚 d）带靴梁的刚接柱脚

【例7-2】 图7-68所示单跨门式刚架，柱为楔形柱，梁为等截面梁，截面尺寸及刚架几何尺寸如图所示，屋面坡度为1/12，材料为Q235—B·F。已知楔形柱大头截面的内力为 $M_1=198.3\text{kN}\cdot\text{m}$，$N_1=64.5\text{kN}$，$V_1=27.3\text{kN}$；柱小头截面内力为 $N_0=85.8\text{kN}$，$V_0=31.6\text{kN}$。试验算该刚架柱的强度及整体稳定性。

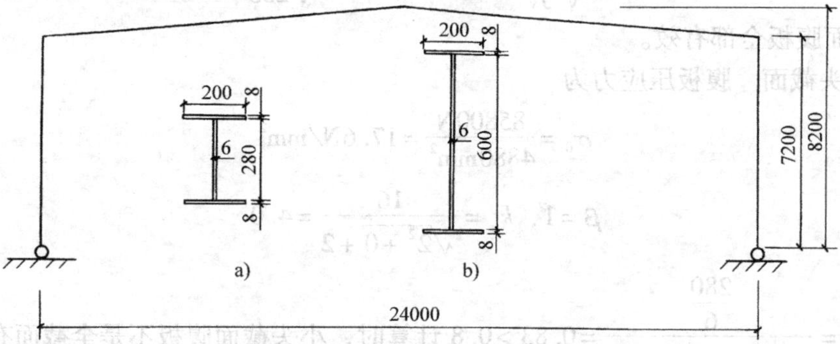

图7-68 门式刚架几何尺寸及柱、梁截面尺寸

a）柱小头截面尺寸 b）梁柱大头截面尺寸

【解】 1. 计算截面几何特性

刚架梁及楔形柱大头、小头截面的毛截面几何特性计算结果见表7-11。

表7-11 刚架梁、柱的毛截面几何特性

构件名称	截面	A/mm^2	$I_x/$ $\times10^4\text{mm}^4$	$I_y/$ $\times10^4\text{mm}^4$	$W_x/$ $\times10^3\text{mm}^3$	i_x/mm	i_y/mm
刚架梁		6800	40375	1068	1311	243.1	39.6
刚架柱	大头	6800	40375	1068	1311	243.1	39.6
	小头	4880	7733	1067	52.25	125.9	46.8

2. 楔形柱腹板的有效宽度计算

（1）大头截面 腹板边缘的最大应力为

$$\sigma_1 = \frac{198.3 \times 10^6 \text{N} \cdot \text{mm} \times 300\text{mm}}{40375 \times 10^4 \text{mm}^4} + \frac{64.5 \times 10^3 \text{N}}{6800\text{mm}^2} = 156.8\text{N/mm}^2$$

$$\sigma_2 = \frac{198.3 \times 10^6 \text{N} \cdot \text{mm} \times 300\text{mm}}{40375 \times 10^4 \text{mm}^4} + \frac{64.5 \times 10^3 \text{N}}{6800\text{mm}^2} = -137.9\text{N/mm}^2$$

腹板边缘正应力比值

$$\beta = \frac{\sigma_2}{\sigma_1} = \frac{-137.9}{156.8} = -0.879$$

腹板在正应力作用下的凸曲系数

$$k_\sigma = \frac{16}{\sqrt{(1+\beta)^2 + 0.112(1-\beta)^2} + (1+\beta)}$$
$$= \frac{16}{\sqrt{(1-0.879)^2 + 0.112(1+0.879)^2} + (1-0.879)} = 21$$

与板件受弯、受压有关的系数

$$\lambda_\rho = \frac{\frac{h_w}{t_w}}{28.1\sqrt{k_\sigma}\sqrt{\frac{235}{f_y}}} = \frac{600}{28.1 \times \sqrt{21} \times \sqrt{\frac{235}{235}}} = 0.78 \leqslant 0.8$$

大头截面腹板全部有效。

（2）小头截面　腹板压应力为

$$\sigma_0 = \frac{85800\text{N}}{4880\text{mm}^2} = 17.6\text{N/mm}^2$$

$$\beta = 1,\ k_\sigma = \frac{16}{\sqrt{2^2 + 0} + 2} = 4.0$$

当按 $\lambda_\rho = \frac{\frac{280}{6}}{28.1 \times \sqrt{4} \times \sqrt{\frac{235}{235}}} = 0.83 > 0.8$ 计算时，小头截面腹板不是全截面有效。

当按 $\lambda_\rho = \frac{\frac{280}{6}}{28.1 \times \sqrt{4} \times \sqrt{\frac{235}{1.1 \times 17.6}}} = 0.24 \leqslant 0.8$ 计算时，小头截面腹板是全截面有效，根据 CSCE 102—2002 的规定，当板边最大应力 $\sigma_1 < f$ 时，计算 λ_ρ 可用 $\gamma_{R}\sigma_1$ 代替 f_y，因此可以认为小头截面腹板全截面有效。

3. 楔形柱的计算长度

柱的线刚度 $K_1 = \frac{\frac{I_{c1} + I_{c0}}{2}}{h} = \frac{\frac{(40375 + 7733) \times 10^4}{2}}{7200}\text{mm}^4/\text{m} = 33408\text{mm}^4/\text{m}$

梁的线刚度　$K_2 = \frac{I_b}{L} = \frac{40375 \times 10^4}{24000}\text{mm}^4/\text{m} = 16822\text{mm}^4/\text{m}$

$$\frac{K_2}{K_1} = \frac{16822}{33408} = 0.5$$

$$\frac{I_{c0}}{I_{c1}}=\frac{7733\times10^4}{40735\times10^4}=0.19$$

查表得柱的计算长度系数$\mu_\gamma=1.2$

柱平面内的计算长度 $l_{0x}=\mu_\gamma h=1.2\times7200\text{mm}=8640\text{mm}$

柱平面外的计算长度根据柱间支撑的布置情况取其几何高度的1/2，即$l_{0y}=3600\text{mm}$。

4. 楔形柱的强度计算

柱腹板上不设加劲肋，$k_\tau=5.43$，偏于安全地按最大宽度计算

$$\lambda_w=\frac{\dfrac{h_w}{t_w}}{37\sqrt{k_\tau}\sqrt{\dfrac{235}{f_y}}}=\frac{\dfrac{600}{6}}{37\times\sqrt{5.34}}=1.17$$

腹板屈曲后抗剪强度设计值

$$\begin{aligned}f'_v&=[1-0.64(\lambda_w-0.8)]f_v\\&=[1-0.64\times(1.17-0.8)]\times125\text{N/mm}^2=95.4\text{N/mm}^2\end{aligned}$$

柱腹板抗剪承载力设计值

$$\begin{aligned}V_d&=h_wt_wf'_v=600\text{mm}\times6\text{mm}\times95.4\text{N/mm}^2\\&=343.4\text{kN}\end{aligned}$$

因为 $V_1=27.3\text{kN}<0.5V_d$，所以

$$\begin{aligned}M_e^N&=M_{e1}-\frac{NW_{e1}}{A_{e1}}\\&=1.311\times10^6\text{mm}^3\times215\text{N/mm}^2-64.5\text{kN}\times\frac{1.311\times10^6\text{mm}^3}{6800\text{mm}^2}\\&=269.4\text{kN}\cdot\text{m}>M_1=198.3\text{kN}\cdot\text{m}\end{aligned}$$

柱大头截面强度无问题，小头截面积虽小，但弯矩为零，强度也无问题。

5. 楔形柱平面内稳定计算

$$\lambda_x=\frac{l_{0x}}{i_x}=\frac{8640}{125.9}=68.6，\text{查表得 }\varphi_{x\gamma}=0.76$$

$$N'_{Ex0}=\frac{\pi^2EA_{e0}}{1.1\lambda_x^2}=\frac{3.14^2\times2.06\times10^5\text{N/mm}^2\times4880\text{mm}^2}{1.1\times68.6^2}=1915\text{kN}$$

等效弯矩系数$\beta_{mx}=1.0$

$$\begin{aligned}&\frac{N_0}{\varphi_{x\gamma}A_{e0}}+\frac{\beta_{mx}M_1}{\left(1-\dfrac{N_0}{N'_{Ex0}}\varphi_{x\gamma}\right)W_{e1}}=\frac{85.8\times10^3\text{N}}{0.76\times4880\text{mm}^2}+\frac{198.3\times10^6\text{N}\cdot\text{mm}}{\left(1-\dfrac{85.8}{1915}\times0.76\right)\times1.311\times10^6\text{mm}^3}\\&=23.1\text{N/mm}^2+156.6\text{ N/mm}^2=179.7\text{N/mm}^2<f=215\text{N/mm}^2\end{aligned}$$

6. 楔形柱平面外稳定计算

需要对柱上、下段分别计算。假定分段处的内力为大头和小头截面的平均值，即 $M=99.15\text{kN}\cdot\text{m}$，$N=75.15\text{kN}$，腹板高度也是大小头的平均值440mm，可以算得分段处截面几何特性，$A=5840\text{mm}^2$，$I_y=1067\times10^4\text{mm}^4$，$i_y=42.7\text{mm}$ 和 $W_x=891\times10^3\text{mm}^3$。下面计算上段的平面外稳定性，此段的小头在分段处$\lambda_y=\dfrac{l_{0y}}{i_y}=\dfrac{3600}{42.7}=84.3$，查表得 $\varphi_y=0.659$。

$$i_{y0}=\left[\frac{\frac{200^3\text{mm}^3\times 8\text{mm}}{12}}{\left(200\text{mm}\times 8\text{mm}+\frac{246.4\text{mm}\times 6\text{mm}}{3}\right)}\right]^{\frac{1}{2}}=50.5\text{mm}$$

柱的楔率 $\gamma=d_1/d_0-1=616/456-1=0.35$，不大于 $0.268h/d_0$ 及6.0，则

$$\mu_s=1+0.023\gamma\sqrt{\frac{lh_0}{A_f}}=1+0.023\times 0.35\times\sqrt{\frac{3600\times 456}{200\times 8}}=1.26$$

$$\mu_w=1+0.00358\gamma\sqrt{\frac{l}{i_{y0}}}=1+0.00358\times 0.35\times\sqrt{\frac{3600}{50.5}}=1.01$$

$$\lambda_{y0}=\frac{\mu_s l}{i_{y0}}=1.26\times\frac{3600}{50.5}=89.8$$

梁的整体稳定系数

$$\varphi_{by}=\frac{4320}{\lambda_{y0}^2}\frac{A_0h_0}{W_{x0}}\sqrt{\left(\frac{\mu_s}{\mu_w}\right)^4+\left(\frac{\lambda_{y0}t_0}{4.4h_0}\right)^2}\left(\frac{235}{f_y}\right)$$

$$=\frac{4320}{89.8^2}\times\frac{5840\times 456}{891000}\times\sqrt{\left(\frac{1.26}{1.01}\right)^4+\left(\frac{89.8\times 8}{4.4\times 456}\right)^2}\times\left(\frac{235}{235}\right)=2.56>0.6$$

φ_{by} 修正后 $\varphi_b=1.07-\frac{0.282}{2.56}=0.96<1.0$。等效弯矩系数 $\beta_t=1.0$（因上柱段两端弯曲应力基本相等）。

$$\frac{N_0}{\varphi_y A_{e0}}+\frac{\beta_t M_1}{\varphi_{by}W_{e1}}=\frac{75.15\times 10^3\text{N}}{0.659\times 5840\text{mm}^2}+\frac{198.3\times 10^6\text{N}\cdot\text{mm}}{0.96\times 1.311\times 10^6\text{mm}^3}$$

$$=(19.5+157.6)\text{N/mm}^2=177.1\text{N/mm}^2<f$$

下段柱计算方法同上，也满足要求，这里从略。

讨论：强度计算属于截面承载力问题。对于底部铰接的柱，上端弯矩最大，这里只验算大头截面。计算时，抗剪承载力考虑了屈曲影响。如果剪力很大，V_1 接近 V_d，则还应考虑是否需要验算其他截面。

7.5 起重机梁的设计

7.5.1 起重机梁的荷载及工作性能

起重机梁直接承受由起重机产生的三个方向的荷载：竖向荷载、横向水平荷载和纵向水平荷载。竖向荷载包括起重机系统和起重物的自重以及起重机梁系统的自重。当起重机沿轨道运行、起吊、卸载等时，将引起起重机梁的振动；且当起重机越过轨道接头处的空隙时，还将发生撞击，这些振动和撞击都将对梁产生动力效应，使梁受到的起重机轮压值大于静荷轮压值。设计中将竖向轮压的动力效应用加大轮压值的方法加以考虑。

1. 起重机最大轮压

起重机的竖向标准荷载为起重机的最大轮压标准值，可在起重机产品规格中直接查得。计算起重机梁的强度时，应乘以荷载分项系数 $\gamma_Q=1.4$；同时还应考虑起重机的动力作用，

乘以动力系数。对悬挂起重机(包括电动葫芦)及工作级别为A1~A5的软钩起重机，动力系数取1.05；对工作级别为A6~A8的软钩起重机、硬钩起重机和其他特种起重机，动力系数可取1.1。

2. 起重机横向水平力

起重机的横向水平荷载按GB 50009—2001《建筑结构荷载规范》的规定可取起重机上横行小车重量Q'与额定起重量Q的总和乘以重力加速度g，并乘以下列百分数：软钩起重机，$Q \leqslant 100$kN时，取12%，$Q = 150 \sim 500$kN时，取10%，$Q \geqslant 750$kN时，取8%；硬钩起重机，取20%。

横向水平荷载应等分于桥架的两端，分别由轨道上的车轮平均传至轨道，其方向与轨道垂直，并考虑正反两个方向的刹车情况。

悬挂式起重机的水平荷载应由支撑系统承受，可不计算；手动起重机及电动葫芦可不考虑水平荷载。

对重级工作制起重机，由于起重机梁轨道容易磨损，卡轨力应予加大，因此《钢结构设计规范》规定在计算重级工作制起重机梁(起重机桁架)及其制动结构的强度、稳定以及连接强度时，应考虑由起重机摆动引起的横向水平力(此水平力不与荷载规范规定的横向水平荷载同时考虑)，作用于每个轮压处的此水平力标准值可由下式进行计算

$$H_k = \alpha P_{k,\max} \tag{7-55}$$

式中 $P_{k,\max}$——起重机最大轮压标准值；

α——系数，对一般软钩起重机$\alpha = 0.1$，抓斗或磁盘起重机宜采用$\alpha = 0.15$，硬钩起重机宜采用$\alpha = 0.2$。

起重机工作制(旧)与起重机工作级别(新)对应关系见表7-12。

表7-12 起重机工作制(旧)与起重机工作级别(新)对应关系表

起重机工作制	起重机工作级别							
	A1	A2	A3	A4	A5	A6	A7	A8
轻级	+	+	+					
中级				+	+			
重级						+	+	+
特重级								+

7.5.2 起重机梁的截面组成

根据起重机梁所受的荷载，必须将起重机梁上翼缘加强或设置制动系统以承受起重机的横向水平力。当跨度及荷载很小时，可采用型钢梁(工字钢或H型钢加焊钢板、角钢或槽钢)。当起重机额定起重量$Q \leqslant 300$kN，跨度$l \leqslant 6$m时，可以将起重机梁的上翼缘加强，使它在水平面内具有足够的抗弯强度和刚度。对于跨度或起重量较大的起重机梁，应设置制动梁或制动桁架。图7-69a所示为一个边列柱的起重机梁，设置有钢板和槽钢组成的制动梁；起重机梁的上翼缘为制动梁的内翼缘，槽钢为制动梁的外翼缘。制动梁的宽度不宜小于1.0~1.5m，宽度较大时宜采用制动桁架，如图7-69b所示。制动桁架是用角钢组成的平行弦桁架。起重机梁的上翼缘兼作制动桁架的弦杆。制动梁和制动桁架统称为制动结构。制动

结构不但用以承受横向水平荷载，保证起重机梁的整体稳定，并且可作为检修走道。制动梁腹板（兼作走道板）宜用花纹钢板以防行走滑倒，其厚度一般为6～10mm，走道的活荷载一般按2kN/m^{2}考虑。

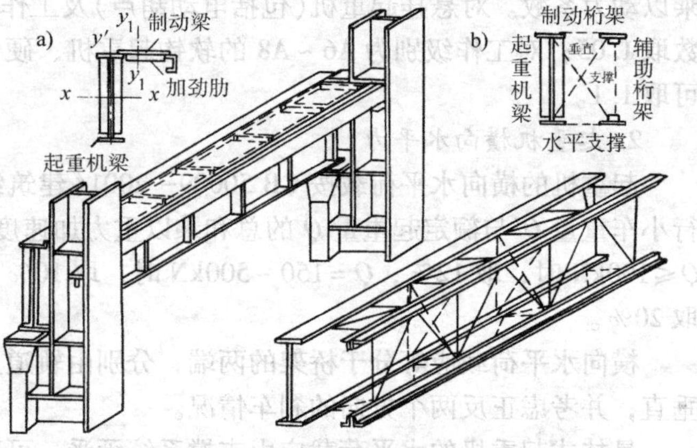

图7-69 焊接起重机梁的截面形式和制动结构

当A6～A8级起重机梁的跨度≥12m，或A1～A5级起重机梁的跨度≥18m时，为增加起重机梁和制动结构的整体刚度和抗扭性能，对边列柱的起重机梁宜设置与起重机梁平行的垂直辅助桁架，并在辅助桁架和起重机梁之间设置水平支撑和垂直支撑，如图7-69b所示。垂直支撑虽然对增加整体刚度有利，但在起重机梁竖向变位的影响下，容易受力过大而破坏，因此应避免设置在靠近梁的跨度中央处。对柱的两侧均有起重机梁的中列柱，则应在两起重机梁间设置制动结构、水平支撑和垂直支撑。

7.5.3 起重机梁的连接

起重机梁下翼缘与框架柱的连接，一般采用M20～M27的普通螺栓固定。螺栓上的垫板厚度约取16～18mm。

当起重机梁位于设有柱间支撑的框架柱上时（见图7-70），下翼缘与起重机平台间应另加连接板用焊缝或高强度螺栓连接，按承受起重机纵向水平荷载和山墙传来的风力进行计算。

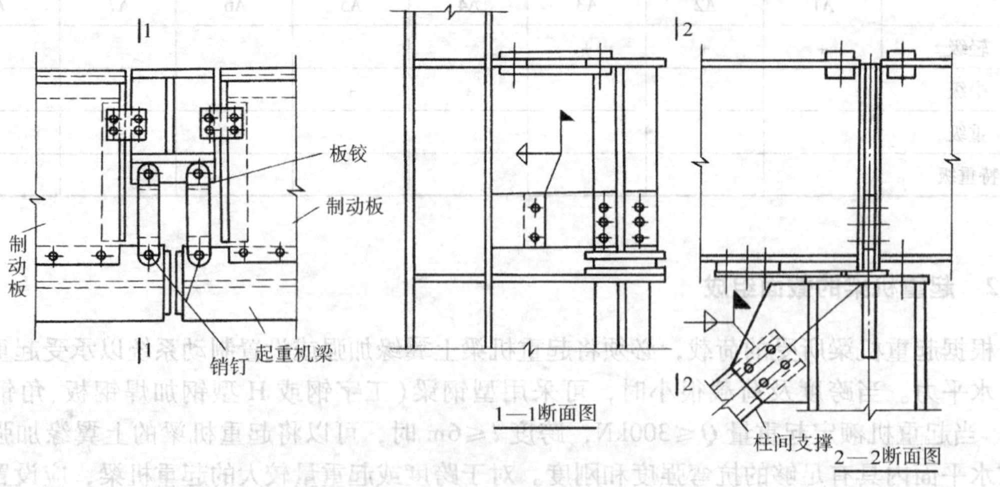

图7-70 起重机梁与柱的连接

起重机梁上翼缘与柱的连接应能传递全部支座处的水平反力。同时，对重级工作制起重机梁应注意采取适宜的构造措施，减少对起重机梁的约束，以保证起重机梁在简支状态下工作。上翼缘与柱宜通过连接板用大直径销钉连接，如图7-70所示。板铰连接较好地体现了不改变起重机梁简支条件的设计思想。板铰宜按传递全部支座水平反力的轴心受力构件计算(对重级工作制起重机梁应考虑增大系数)。板铰直径按抗剪和承压计算，一般为36~80mm。

对于重级工作制起重机梁，其上翼缘与制动结构的连接应首选高强螺栓连接，可将制动结构作为水平受弯构件，按传递剪力的要求确定螺栓间距。不过一般可按100~150mm等间距布置。对于轻、中级工作制起重机梁，其上翼缘与制动结构的连接可采取工地焊接方式，一般可用6~8mm焊脚尺寸的焊缝沿全长搭接焊，仰焊部分可为间断焊缝。

起重机梁之间的纵向连接通常在梁端高度下部加设调整填板，并用普通螺栓连接。

7.5.4　起重机梁的截面验算

焊接起重机梁的初选截面方法与普通焊接梁相似，但起重机梁的上翼缘同时受有起重机横向水平荷载的作用。

求出起重机梁最不利的内力之后，根据第5章组合梁截面选择的方法试选起重机梁截面，但需注意两点：

1）起重机梁所需净截面系数按下式计算

$$W_{nx}=\frac{M_{x\max}}{\alpha f}\tag{7-56}$$

式中　α——考虑横向水平荷载作用的系数，取0.7~0.9(重级工作制起重机取偏小值，轻、中级工作制起重机取偏大值)；

$M_{x\max}$——两台起重机竖向荷载产生的最大弯矩设计值。

2）起重机梁的最小高度由下式确定

$$h_{\min}=\frac{\sigma_k l^2}{5E[v_T]}\tag{7-57}$$

式中　σ_k——竖向荷载标准值产生的应力，可用$\sigma_k=\frac{M_{xk1}}{W_{nx}}$进行估算，$M_{xk1}$为起重机梁在自重和一台起重机竖向荷载标准值作用下的最大弯矩，W_{nx}为由式(7-56)计算的净截面系数；

$[v_T]$——竖向挠度的允许值。

制动结构的截面可参考有关资料预先假定。

1. 强度验算

上翼缘的正应力按下列公式计算：

无制动结构

$$\sigma=\frac{M_{x\max}}{W_{nx1}}+\frac{W_{y\max}}{W_{ny}}\leqslant f\tag{7-58}$$

有制动梁时

$$\sigma=\frac{M_{x\max}}{W_{nx1}}+\frac{W_{y\max}}{W_{ny1}}\leqslant f\tag{7-59}$$

有制动桁架

$$\sigma=\frac{M_{x\max}}{W_{nx1}}+\frac{W_{y\max}}{W_{ny}}+\frac{N}{A_{nf}}\leqslant f\tag{7-60}$$

下翼缘的正应力按下列计算

$$\sigma=\frac{M_{x\max}}{W_{nx2}}\leqslant f \tag{7-61}$$

式中 W_{nx1}、W_{nx2}——起重机梁对 x 轴的上部及下部纤维的净截面系数；

W_{ny}——起重机梁上翼缘截面(包括加强板、角钢或槽钢)对 y 轴的净截面系数；

W_{ny1}——制动梁截面对 y_1 轴起重机梁上翼缘外边缘纤维的截面系数；

A_{nf}——起重机梁上翼缘及 $15t_w$ 腹板的净截面面积之和；

$M_{x\max}$、$M_{y\max}$——起重机竖向荷载及横向水平力产生的计算弯矩；

N——横向水平荷载或摇摆力在起重机梁上翼缘所产生的轴向压力。

N 按下式计算

$$N=\frac{M_{y\max}}{b} \tag{7-62}$$

式中 b——起重机梁与辅助桁架或起重机梁与起重机梁轴线间水平距离；

$M_{y\max}$——起重机横向水平荷载或摇摆力对制动桁架在起重机梁上翼缘产生的局部弯矩，可近似地按 $M=(1/3\sim1/4)Ta$ 计算，T 为作用于一个起重机轮上的横向水平荷载或摇摆力，a 为制动桁架节间长度。

切应力

$$\tau=\frac{V_{\max}S}{It_w}\leqslant f_v \tag{7-63}$$

式中 $V_{\max}$——梁支座处最大剪力；

S——梁中和轴以上毛截面对中和轴的面积矩；

I——梁毛截面二次矩；

t_w——腹板厚度。

腹板计算高度上边缘的局部承压强度应按下式计算

$$\sigma_c=\frac{\psi F}{t_w l_z}\leqslant f \tag{7-64}$$

$$l_z=a+5h_y+2h_R \tag{7-65}$$

式中 F——考虑动力系数的起重机最大轮压的设计值；

ψ——对重级工作制的起重机梁取 1.35，其他情况取 1.0；

l_z——集中荷载在腹板计算高度上边缘的假定分布长度；

a——集中荷载沿梁跨度方向的支承长度，对钢轨上的轮压可取为 50mm；

h_y——自梁顶面至腹板计算高度上边缘的距离(对焊接梁即翼缘板厚度)；

h_R——轨道的高度，对梁顶无轨道的梁 $h_R=0$。

此外，还应按下式验算起重机梁上翼缘与腹板交界处的折算应力

$$\sqrt{\sigma^2+\sigma_c^2-\sigma\sigma_c+3\tau^2}\leqslant\beta_1 f \tag{7-66}$$

$$\sigma=\frac{M_{\max}}{W_{nx1}}\times\frac{h}{h_w},\quad \tau=\frac{VS_2}{It_w}$$

式中 β_1——系数，当 σ 与 σ_c 异号时，取 $\beta_1=1.2$，当 σ 与 σ_c 同号时，取 $\beta_1=1.1$；

h——梁的高度；

h_w——腹板高度；

S_2——计算点以上毛截面(起重机梁上翼缘)对中和轴的面积矩。

2. 整体稳定验算

无制动结构时，按下式验算起重机梁的整体稳定性

$$\frac{M_{x\max}}{\varphi_b W_x}+\frac{M_{y\max}}{W_y}\leqslant f \tag{7-67}$$

式中 W_x——按起重机梁受压纤维确定的对 x 轴的毛截面系数；

W_y——上翼缘对 y 轴的毛截面系数；

φ_b——梁的整体稳定系数，按附录3确定。

当采用制动梁或制动桁架时，梁的整体稳定能够保证，可不必验算。

3. 局部稳定验算

腹板局部稳定的计算原理和方法见第5章，起重机梁腹板除承受弯矩产生的正应力和剪应力外，尚承受起重机最大垂直轮压传来的局部压应力。

4. 刚度验算

验算起重机梁的刚度时，应按效应最大的一台起重机的荷载标准值计算，且不乘以动力系数。起重机梁的竖向挠度 v 可按下式近似计算

$$v=\frac{M_{xk\max}l^2}{10EI_x}\leqslant[v_T] \tag{7-68}$$

对重级工作制起重机梁除计算竖向的刚度外，还应按下式验算其水平方向的刚度

$$u=\frac{M_{yk\max}l^2}{10EI_{y1}}\leqslant\frac{l}{2200} \tag{7-69}$$

式中 $M_{xk\max}$——竖向荷载标准值作用下梁的最大弯矩；

$M_{yk\max}$——跨内一台起重量最大起重机横向水平荷载标准值作用下所产生的最大弯矩；

I_{y1}——制动结构截面对形心轴 y_1 的毛截面二次矩，对制动桁架应考虑腹杆变形的影响，I_{y1} 乘以0.7的折减系数；

$[v_T]$——竖向挠度的允许值。

5. 翼缘与腹板连接焊缝

翼缘焊缝的计算见第5章。上翼缘焊缝除承受水平切应力外，还承受由起重机轮压引起的竖向应力；下翼缘焊缝仅承受翼缘和腹板间的水平切应力。对于重级工作制的起重机梁上翼缘与腹板的连接应采用焊透的T形连接焊缝，焊缝质量不低于二级焊缝标准，可认为与腹板等强而不再验算其强度。

6. 疲劳验算

起重机梁在动态荷载的反复作用下，可能产生疲劳破坏。在设计起重机梁时，首先应采用塑性、韧性好的钢材，并尽量避免截面的急剧变化，以免产生过大的应力集中。

钢材的冷作硬化也会加速疲劳破坏，因此起重机梁尽量避免冷弯、冷压等冷作加工。凡冲成孔应进行扩钻，可以消除孔周边的硬化区。对于重级工作制起重机梁受拉翼缘的边缘，当用手工气割或剪切机切割时，应沿全长刨边，以消除其硬化边缘和表面不平现象。焊接对结构的疲劳性能有很大影响，对桁架式构件的影响更为显著，所以对起重机桁架或制动桁架，应优先采用高强度螺栓连接。焊接工字形起重机梁，其翼缘和腹板的拼接应采用加引弧

板的焊透对接焊缝，割除引弧板后应用砂轮打磨使之平整。试验证明，疲劳现象在结构的受拉区特别敏感。因此《钢结构设计规范》规定，起重机梁的受拉翼缘，除与腹板焊接外，不得焊接其他任何零件，且不得在受拉翼缘打火等。对重级工作制起重机梁和重级、中级工作制起重机桁架，除以上构造措施外，还要验算其疲劳强度。焊接起重机梁应对受拉翼缘与腹板连接处的主体金属、受拉区加劲肋的端部和受拉翼缘与支撑的连接等处的主体金属以及角焊缝连接处进行疲劳验算。

7.5.5 起重机梁设计例题

1. 设计资料

简支起重机梁，跨度 12m，2 台 500/100kN 重级工作制（A7 级）桥式起重机，起重机跨度 $L=28.5\text{m}$，横行小车自重 $g=165\text{kN}$。起重机轮压简图如图 7-71 所示，最大轮压标准值 $F_k=448\text{kN}$。轨道型号 QU80（轨高 130mm，底宽 130mm）。

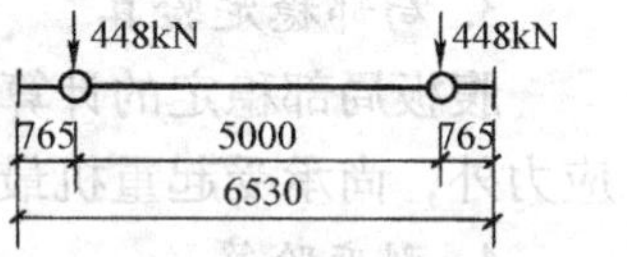

图 7-71 轮压简图

起重机梁材料采用 Q345，腹板与翼缘连接焊缝采用自动焊。

制动梁宽度为 1.0m。

2. 内力计算

（1）两台起重机作用下的内力 竖向轮压在支座 A 处产生的最大剪力，最不利轮位可能如图 7-72a 所示，但也可能如图 7-72b 所示。

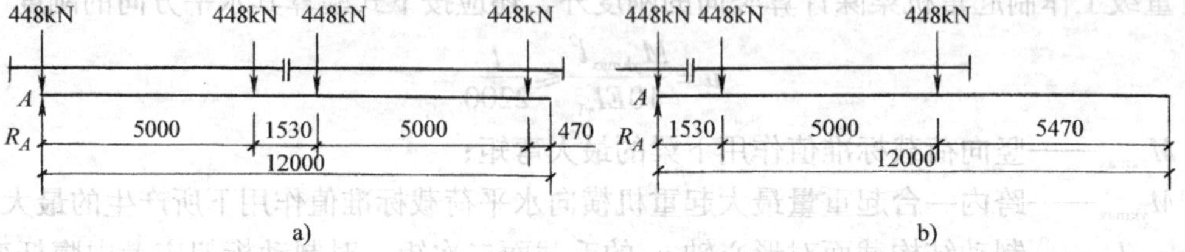

图 7-72 最大剪力轮压

由图 7-72a 有

$$V_{kA}=R_A=448\text{kN}\times\frac{1}{12}\times(0.47+5.47+7.00+12)=931\text{kN}$$

由图 7-72b 有

$$V_{kA}=448\text{kN}\times\frac{1}{12}\times(5.47+10.47+12)=1043\text{kN}$$

最大剪力标准值为

$$V_{k\max}=1043\text{kN}$$

竖向轮压产生的绝对最大弯矩轮压如图 7-73 所示，最大弯矩在 C 点处，其值为

$$R_A=3\times448\text{kN}\times\frac{6.578}{12}=736.7\text{kN}$$

$$M_{kC}=736.7\text{kN}\times6.578\text{m}-448\text{kN}\times5\text{m}$$
$$=2606\text{kN}\cdot\text{m}$$

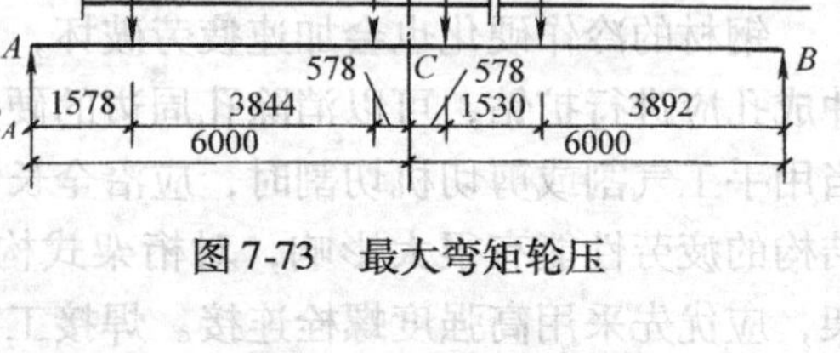

图 7-73 最大弯矩轮压

计算起重机梁及制动结构的强度时应考虑由起重机摆动引起的横向水平力 H_k，此处 $H_k=0.1F_k$，产生的最大水平弯矩为

$$M_{yk}=0.1M_{kC}=260.6\text{kN}\cdot\text{m}$$

（2）一台起重机作用下的内力　最大剪力(见图 7-74a)为

$$V_{k1}=448\text{kN}\times\frac{1}{12}(7+12)=709.3\text{kN}$$

最大弯矩(见图 7-74b)为

$$R_A=2\times448\text{kN}\times\frac{4.75}{12}=354.7\text{kN}$$

$$M_{kC1}=354.7\text{kN}\times4.75\text{m}=1685\text{kN}\cdot\text{m}$$

在 C 点处的相应剪力

$$V_{kC1}=R_A=354.7\text{kN}$$

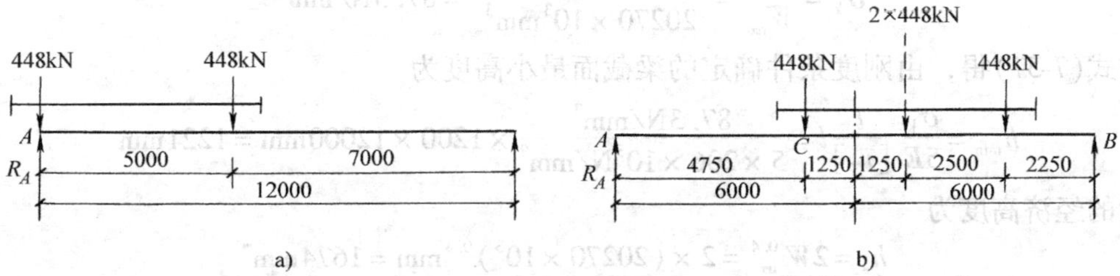

图 7-74　一台起重机的最大剪力和最大弯矩轮压

计算制动结构的水平挠度时，应采用由一台起重机横向水平荷载标准值 T_k(按荷载规范取值)所产生的挠度。

$$T_k=\frac{10}{100}\times\frac{Q+g}{n}=\frac{10}{100}\times\frac{500\text{kN}+165\text{kN}}{4}=16.6\text{kN}$$

水平荷载最不利轮位与图 7-74b 相同，产生的最大水平弯矩为

$$M_{yk1}=1685\text{kN}\cdot\text{m}\times\frac{16.6}{448}=62.44\text{kN}\cdot\text{m}$$

（3）内力汇总　起重机梁内力汇总见表 7-13。

表 7-13　起重机梁内力汇总表

两台起重机时			一台起重机时			
计算强度和稳定(设计值)			计算竖向挠度(标准值)	计算疲劳(标准值)		计算水平挠度(标准值)
$M_{x\max}$	M_y	$V_{x\max}$	M_{xk}	M_{xk1}	V_{k1}	M_{yk1}
$1.1\times1.4\times2606+1.1\times1.2\times0.05\times2606\text{kN}\cdot\text{m}=4185\text{kN}\cdot\text{m}$	$1.4\times260.6\text{kN}\cdot\text{m}=364.8\text{kN}\cdot\text{m}$	$1.1\times1.4\times1043+1.1\times1.2\times0.05\times1043\text{kN}=1675\text{kN}$	$1.05\times1685\text{kN}\cdot\text{m}=1769\text{kN}\cdot\text{m}$	$1685\text{kN}\cdot\text{m}$	$709\text{kN}\cdot\text{m}$	$62.44\text{kN}\cdot\text{m}$

注：1. 起重机梁和轨道等自重设为竖向荷载的 0.05 倍。

2. 竖向荷载动力系数为 1.1；恒荷载分项系数为 1.2；起重机荷载分项系数为 1.4。

3. 与 $M_{x\max}$ 相应的剪力设计值 $V_c=1.1\times1.4\times288.7\text{kN}+1.1\times1.2\times0.05\times288.7\text{kN}=463.7\text{kN}$。

3. 截面选择

钢材为Q345，其强度设计值为：抗弯，

$$f_1 = 310\text{N/mm}^2 \quad (t \leqslant 16\text{mm}),$$

$$f_2 = 295\text{N/mm}^2 \quad (t = 17 \sim 35\text{mm});$$

抗剪，$f_v = 180\text{N/mm}^2 \quad (t \leqslant 16\text{mm})$。

估计翼缘板厚度超过16mm，故抗弯强度设计值取为295N/mm²；而腹板厚度不超过16mm，故抗剪强度取为$f_v = 180\text{N/mm}^2$。

（1）梁高 h 需要的梁的净截面系数为

$$W_{nx} = \frac{M_{x\max}}{\alpha f} = \frac{4185 \times 10^6 \text{N} \cdot \text{mm}}{0.7 \times 295\text{N/mm}^2} = 20270 \times 10^3 \text{mm}^3$$

由一台起重机竖向荷载标准值产生的弯曲应力为

$$\sigma_k = \frac{M_{xk1}}{W_{nx}} = \frac{1769 \times 10^6 \text{N} \cdot \text{mm}}{20270 \times 10^3 \text{mm}^3} = 87.3\text{N/mm}^2$$

按式(7-57)得，由刚度条件确定的梁截面最小高度为

$$h_{\min} = \frac{\sigma_k}{5E} \frac{l}{[v_T]} l = \frac{87.3\text{N/mm}^2}{5 \times 206 \times 10^3 \text{N/mm}^2} \times 1200 \times 12000\text{mm} = 1221\text{mm}$$

梁的经济高度为

$$h_s = 2W_{nx}^{0.4} = 2 \times (20270 \times 10^3)^{0.4} \text{mm} = 1674\text{mm}$$

取腹板高度 $h_w = 1600\text{mm}$。

（2）腹板高度 t_w 由抗剪要求

$$t_w \geqslant 1.2 \frac{V_{x\max}}{h_w f_v} = \frac{1675 \times 10^3 \text{N}}{1600\text{mm} \times 180\text{N/mm}^2} \times 1.2 = 7.0\text{mm}$$

由经验公式得

$$t_w = \frac{\sqrt{h_w}}{3.5} = \frac{\sqrt{1600}}{3.5} = 11.4\text{mm}$$

取 $t_w = 12\text{mm}$。

（3）翼缘板厚度 b 和厚度 t 需要的翼缘板截面积约为

$$A_{f1} = \frac{W_{nx}}{h_w} - \frac{1}{6} t_w h_w = \frac{20270}{160} \text{cm}^2 - \frac{1}{6} \times 1.2 \times 160\text{cm}^2 = 94.7\text{cm}^2$$

因起重机钢轨用压板与起重机梁上翼缘连接，故上翼缘在腹板两侧均有螺栓孔。另外，本设计是跨度为12m的重级工作制起重机梁，应设置辅助桁架和水平、垂直支撑系统，因此下翼缘也应有连接水平支撑的螺栓孔（见图7-75），设上、下翼缘的螺栓孔直径为$d_0 = 24\text{mm}$。

$$b = \left(\frac{1}{5} \sim \frac{1}{3}\right) h = 33 \sim 55\text{cm}$$

取上翼缘宽度500mm（留两个螺栓孔），下翼缘宽度500mm（留一个螺栓孔）。

$$t = \frac{94.7\text{cm}^2}{50\text{cm} - 2 \times 2.4\text{cm}} = 2.1\text{cm}，取 t = 22\text{mm}$$

$$\frac{b_1}{t} = \frac{24.4}{2.2} = 11.1 < 15\sqrt{\frac{235}{345}} = 12.4（满足局部稳定要求）$$

(4) 制动板设计 制动板选用8mm厚花纹钢板，制动梁外侧翼缘(即辅助桁架的上弦)选用2∟90×8($A=27.9\text{cm}^2, I_y=467\text{cm}^4$)。

(5) 截面几何特性(见图7-75) 起重机梁毛截面二次矩为

$$I_x=\frac{1}{12}(50\text{cm}\times164.4^3\text{cm}^3-48.8\text{cm}\times160^3\text{cm}^3)$$

$$=1857000\text{cm}^4$$

净截面二次矩(假设中和轴 x-x 与毛截面的相同)为

$$I_{nx}=1857000\text{cm}^4-3\times2.4\text{cm}\times2.2\text{cm}\times82.2^2\text{cm}^2$$

$$=1750000\text{cm}^4$$

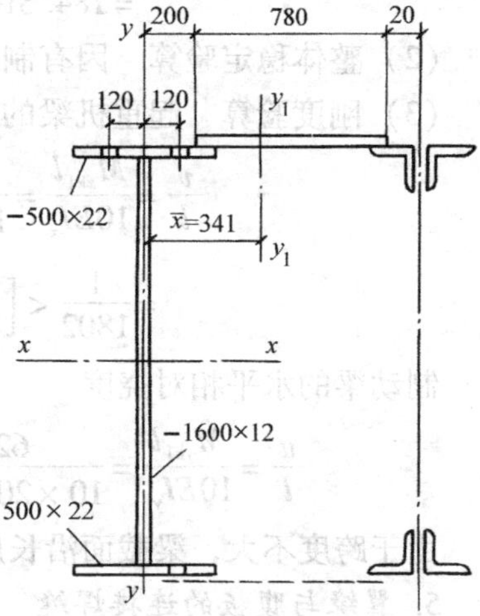

图7-75 梁截面

起重机梁净截面系数为

$$W_{nx}=\frac{1750000\text{cm}^4}{82.2\text{cm}}=21290\text{cm}^3$$

制动梁净截面积为

$$A_n=(50\text{cm}-2\times2.4\text{cm})\times2.2\text{cm}+78\text{cm}\times0.8\text{cm}+27.9\text{cm}^2=189.7\text{cm}^2$$

制动梁截面重心至起重机梁腹板中心之间的距离为

$$\bar{x}=\frac{1}{189.7\text{cm}^2}\times(78\text{cm}\times0.8\text{cm}\times59\text{cm}+27.9\text{cm}^2\times100\text{cm})=34.1\text{cm}$$

制动梁对 y_1-y_1 轴的毛截面二次矩为

$$I_{y1}=\frac{1}{12}\times2.2\text{cm}\times50^3\text{cm}^3+2.2\text{cm}\times50\text{cm}\times34.1^2\text{cm}^2+467\text{cm}^4+27.9\text{cm}^2\times65.9^2\text{cm}^2+\frac{1}{12}\times0.8\text{cm}\times78^3\text{cm}^3+78\text{cm}\times0.8\text{cm}\times24.9^2\text{cm}^2$$

$$=343000\text{cm}^4$$

制动梁对起重机梁上翼缘外边缘点的净截面系数为

$$W_{ny1}=\frac{343000\text{cm}^4-2.4\text{cm}\times2.2\text{cm}\times(46.1^2\text{cm}^2+22.1^2\text{cm}^2)}{59.1\text{cm}}=5570\text{cm}^3$$

4. 截面验算

(1) 验算强度 上翼缘正应力

$$\frac{M_x}{W_{nx}}+\frac{M_y}{W_{ny1}}=\frac{4185\times10^6\text{N}\cdot\text{mm}}{21290\times10^3\text{mm}^3}+\frac{364.8\times10^6\text{N}\cdot\text{mm}}{5570\times10^3\text{mm}^3}$$

$$=262.1\text{N/mm}^2<f_2=295\text{N/mm}^2$$

切应力

$$\tau=\frac{V_xS}{I_xt_w}=\frac{1675\times10^3\text{N}}{1857000\times10^4\text{mm}^4\times12\text{mm}}\times\left(500\text{mm}\times22\text{mm}\times811\text{mm}+800\text{mm}\times12\text{mm}\times\frac{800\text{mm}}{2}\right)=96\text{N/mm}^2<f_v=180\text{N/mm}^2$$

腹板局部压应力

$$\sigma_c=\frac{\psi F}{t_wl_z}=\frac{1.35\times448\text{kN}\times10^3\times1.4\times1.1}{12\text{mm}\times(50\text{mm}+2\times130\text{mm}+5\times22\text{mm})}$$

$$=184.8\text{N/mm}^2 < f_1 = 310\text{N/mm}^2$$

（2）整体稳定验算　因有制动梁，不需验算起重机梁的整体稳定性。

（3）刚度验算　起重机梁的竖向相对挠度

$$\frac{v}{l} = \frac{M_{xk1} l}{10EI_x} = \frac{1769\times10^6\text{N}\cdot\text{mm}\times12000\text{mm}}{10\times206\times10^3\text{N/mm}^2\times1857000\times10^4\text{mm}^4}$$

$$= \frac{1}{1802} < \left[\frac{v_T}{l}\right] = \frac{1}{1200}$$

制动梁的水平相对挠度

$$\frac{u}{l} = \frac{M_{yk1} l}{10EI_{y1}} = \frac{62.44\times10^6\text{N}\cdot\text{mm}\times12000\text{mm}}{10\times206\times10^3\text{N/mm}^2\times343000\times10^4\text{mm}^4} = \frac{1}{9430} < \frac{1}{2200}$$

由于跨度不大，梁截面沿长度不予改变。

5. *翼缘与腹板的连接焊缝*

1）腹板与上翼缘的连接采用焊透的T形对接焊缝，焊缝质量不低于二级。不必计算。

2）腹板与下翼缘的连接采用角焊缝，需要的焊脚尺寸为

$$h_f \geqslant \frac{1}{1.4f_f^w}\frac{v_x S_1}{I_x} = \frac{1}{1.4\times200\text{N/mm}^2}\times\frac{1675\times10^3\text{N}\times500\text{mm}\times22\text{mm}\times811\text{mm}}{1857000\times10^4\text{mm}^4}$$

$$=2.9\text{mm}$$

采用 $h_f = 8\text{mm} \geqslant 1.5\sqrt{t} = 1.5\sqrt{22}\text{mm} = 7.04\text{mm}$

6. *腹板加劲肋设计*

因受压翼缘连有制动板，可以认为扭转受到完全约束。

因 $\frac{h_0}{t_w} = \frac{1600}{12} = 133 \leqslant 170\sqrt{\frac{235}{345}} = 140$，只需设置横向加劲肋。设间距 $a = 1200\text{mm}$，全跨有10个板段。

1）靠近跨中的板段，在最大弯矩附近的应力为

$$\tau = \frac{V_c}{h_0 t_w} = \frac{463.7\times10^3\text{N}}{1600\text{mm}\times12\text{mm}} = 24.2\text{N/mm}^2$$

$$\sigma = \frac{M_{max}}{W_{nx}}\frac{h_0}{h} = \frac{4185\times10^6\text{N}\cdot\text{mm}}{21290\times10^3\text{mm}^3}\times\frac{1600\text{mm}}{1644\text{mm}} = 191.3\text{N/mm}^2$$

$$\sigma_c = \frac{F}{t_w l_z} = \frac{448\times10^3\text{N}\times1.4\times1.1}{12\text{mm}\times(50\text{mm}+2\times130\text{mm}\times5\times22\text{mm})} = 136.9\text{N/mm}^2$$

各自的临界应力为

由 $\lambda_b = \frac{\frac{h_0}{t_w}}{177}\sqrt{\frac{345}{235}} = 0.91 > 0.85$ 但小于1.25得

$$\sigma_{cr} = [1-0.75(\lambda_b-0.85)]f = 296\text{N/mm}^2$$

由 $\lambda_s = \frac{\frac{h_0}{t_w}}{41\sqrt{4+5.34\times\left(\frac{h_0}{a}\right)^2}}\sqrt{\frac{345}{235}} = 1.07 > 0.8$ 但小于1.2得

$$\tau_{cr}=[1-0.59(\lambda_s-0.8)]f_v=151\text{N/mm}^2$$

由 $\lambda_c=\dfrac{\dfrac{h_0}{t_w}}{28\sqrt{10.9+13.4\times\left(1.83-\dfrac{a}{h_0}\right)^3}}\sqrt{\dfrac{345}{235}}=1.09>0.9$ 但小于 1.2 得

$$\sigma_{c,cr}=[1-0.79(\lambda_c-0.9)]f=263.5\text{N/mm}^2$$

验算稳定

$$\left(\frac{\sigma}{\sigma_{cr}}\right)^2+\frac{\sigma_c}{\sigma_{c,cr}}+\left(\frac{\tau}{\tau_{cr}}\right)^2=\left(\frac{191.3}{296}\right)^2+\frac{136.9}{263.5}+\left(\frac{24.2}{151}\right)^2=0.963<1.0\text{，通过。}$$

2）靠近支座的端部板段，可假定 $\sigma=0$，$V=V_{max}$，则

$$\tau=\frac{1675\times10^3\text{N}}{1600\text{mm}\times12\text{mm}}=87.2\text{N/mm}^2$$

σ_c 不变，验算稳定

$$\left(\frac{\sigma}{\sigma_{cr}}\right)^2+\frac{\sigma_c}{\sigma_{c,cr}}+\left(\frac{\tau}{\tau_{cr}}\right)^2=\frac{136.9}{263.5}+\left(\frac{87.2}{151}\right)^2=0.85<1.0\text{，通过。}$$

3）中间横向加劲肋截面（腹板两侧成对配置）。外伸宽度

$$b_s\geqslant\frac{h_0}{30}+40\text{mm}=\frac{1600\text{mm}}{30}+40\text{mm}=93.3\text{mm}\text{，取 }120\text{mm}$$

厚度

$$t_s=\frac{1}{15}b_s=\frac{1}{15}\times120\text{mm}=8\text{mm}$$

选用截面—120×8。

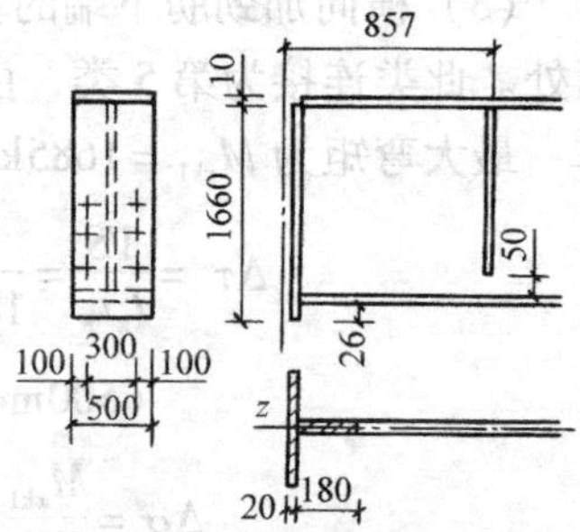

图 7-76 支座加劲肋

4）支座加劲肋。支座处设用凸缘加劲板（见图 7-76），其截面选用—500×20。

稳定性验算：按承受能力最大支座反力 $R=V_{max}=1675\text{kN}$ 的轴心压杆，验算在腹板平面外的稳定。

$$A=50\text{cm}\times2\text{cm}+18\text{cm}\times1.2\text{cm}=121.6\text{cm}^2$$

$$I_z=\frac{1}{12}\times2.0\text{cm}\times50^3\text{cm}^3=20800\text{cm}^4$$

$$i_x=\sqrt{\frac{20800\text{cm}^4}{121.6\text{cm}^2}}=13.1\text{cm}$$

$$\lambda=\frac{h_0}{i_x}=\frac{160}{13.1}=12.2$$

由 $\lambda\sqrt{\dfrac{345}{235}}=14.8$，查表得 $\varphi=0.98$（b 类轴心受压构件截面，不考虑扭转效应）。

整体稳定验算

$$\frac{R}{\varphi A}=\frac{1676\times10^3\text{N}}{0.98\times121.6\times10^2\text{mm}^2}=141\text{N/mm}^2<f_2=295\text{N/mm}^2$$

验算端面承压应力

$$\sigma_{ce}=\frac{R}{A_{ce}}=\frac{1676\times10^3\text{N}}{500\text{mm}\times20\text{mm}}=167.5\text{N/mm}^2<f_{ce}=400\text{N/mm}^2$$

支承加劲肋与腹板的连接焊缝计算：焊缝长度$\sum l_w=2\times(160\text{cm}-1\text{cm})=318\text{cm}$，需要的焊脚尺寸为

$$h_f=\frac{R}{0.7f_f^w\sum l_w}=\frac{1675\times10^3\text{N}}{0.7\times200\text{N/mm}^2\times3180\text{mm}}=3.8\text{mm}$$

取$h_f=8\text{mm}$，大于最小焊脚尺寸$1.5\sqrt{20}\text{mm}=6.7\text{mm}$

7. 起重机梁的拼接

由钢板规格，翼缘板(厚22mm,宽0.5m)和腹板(厚12mm,宽1.6m)的长度均可达12m，且运输也无困难，故不需进行拼接。

8. 起重机梁的疲劳强度验算

(1) 下翼缘与腹板连接处的主体金属　由于应力幅$\Delta\sigma=\sigma_{max}-\sigma_{min}$，其中$\sigma_{min}$为恒载与起重机荷载产生的应力，$\sigma_{min}$为恒载产生的应力，故$\Delta\sigma$为起重机竖向荷载产生的应力。

$$\Delta\sigma=\frac{M_{xk1}}{M_{nx}}\frac{h_0}{h}=\frac{1685\times10^6\text{N}\cdot\text{mm}}{21290\times10^3\text{mm}^3}\times\frac{1600\text{mm}}{1640\text{mm}}=77\text{N/mm}^2$$

由附表6-1查得此种连接类别为3类，再由式(2-4)计算得$[\Delta\sigma]_{2\times10^6}=118\text{N/mm}^2$

验算公式为

$$\alpha_f\Delta\sigma=0.8\times77\text{N/mm}^2=61.6\text{N/mm}^2<[\Delta\sigma]_{2\times10^6}=118\text{N/mm}^2$$

(2) 下翼缘连接支撑的螺栓孔处　设一台起重机最大弯矩截面处正好有螺栓孔。

$$\Delta\sigma=\frac{M_{xk1}}{W_{nx}}=\frac{1685\times10^6\text{N}\cdot\text{mm}}{21290\times10^3\text{mm}^3}=79.1\text{N/mm}^2$$

(3) 横向加劲肋下端的主体金属　对于截面沿长度不改变的梁，可只验算最大弯矩截面处。此类连接为第5类，由式(2-4)计算得$[\Delta\sigma]_{2\times10^6}=90\text{N/mm}^2$。

最大弯矩为$M_{xk1}=1685\text{kN}\cdot\text{m}$，相应的剪力$V=354.7\text{kN}$。

$$\Delta\tau=\frac{VS}{I_xt_w}=\frac{354.7\times10^3\text{N}}{1857000\times10^4\text{mm}^4\times12\text{mm}}\times(500\text{mm}\times22\text{mm}\times811\text{mm}+50\text{mm}\times12\text{mm}\times775\text{mm})=15\text{N/mm}^2$$

$$\Delta\sigma=\frac{M_{xk1}}{W_{nx}}\times\frac{750}{822}=\frac{1685\times10^6\text{N}\cdot\text{mm}}{21290\times10^3\text{mm}^3}\times\frac{750}{822}=72.2\text{N/mm}^2$$

主拉应力幅为

$$\Delta\sigma_0=\frac{\Delta\sigma}{2}+\sqrt{\left(\frac{\Delta\sigma}{2}\right)^2+(\Delta\tau)^2}=\frac{72.2}{2}\text{N/mm}^2+\sqrt{\left(\frac{72.2}{2}\right)^2+15^2}\text{N/mm}^2=75.2\text{N/mm}^2$$

验算式为

$$\alpha_f\Delta\sigma_0=0.8\times75.2\text{N/mm}^2=60.2\text{N/mm}^2<[\Delta\sigma]_{2\times10^6}=90\text{N/mm}^2$$

(4) 下翼缘与腹板连接的角焊缝　此角焊缝$h_f=8\text{mm}$，疲劳类别为8类，$[\Delta\tau]_{2\times10^6}=59\text{N/mm}^2$，角焊缝的应力幅为

$$\Delta\tau_f = \frac{V_{k1}S_1}{2\times0.7h_fI_x} = \frac{709\times10^3\text{N}\times500\text{mm}\times22\text{mm}\times811\text{mm}}{1.44\times8\text{mm}\times1857000\times10^4\text{mm}^4}$$

$$=30.4\text{N/mm}^2$$

$$\alpha_f\Delta\tau_f = 0.8\times30.4\text{N/mm}^2 = 24.3\text{N/mm}^2 < [\Delta\tau]_{2\times10^6} = 59\text{N/mm}^2$$

（5）支座加劲肋与腹板连接的角焊缝　此角焊缝 $h_f = 8\text{mm}$，疲劳类别为 8 类。

$$\Delta\tau_f = \frac{V_{k1}}{2\times0.7h_fl_w} = \frac{709\times10^3\text{N}}{1.4\times8\text{mm}\times(1600\text{mm}-10\text{mm})} = 39.8\text{N/mm}^2$$

$$\alpha_f\Delta\tau_f = 0.8\times39.8\text{N/mm}^2 = 31.9\text{N/mm}^2 < [\Delta\tau]_{2\times10^6} = 59\text{N/mm}^2$$

7.6 墙架体系

厂房的围护结构承受由墙体传来的荷载并将荷载传递到基础或厂房框架柱上，这种结构构件系统称为墙架。墙架构件有横梁、墙架柱、抗风桁架和支撑等。

墙架结构体系有整体式和分离式两种。整体式墙架直接利用厂房框架柱与中间墙架柱一起组成墙架结构来支承横梁和墙体；分离式墙架是在框架柱外侧另设墙架柱与中间墙架柱和横梁等组成独立的墙架结构体系。分离式墙架虽然要多消耗一些钢材，但可避免墙架构件与起重机梁辅助桁架、柱间支撑以及落水管等相冲突时构造处理的困难，目前在大型厂房中经常采用。

7.6.1 墙体类型

厂房围护墙分为砌体自承重墙、大型混凝土墙板和轻型墙皮三大类。

砌体自承重墙由砌体本身承受砌体自重并通过基础梁传给基础，而水平方向的风荷载和地震力等则传给墙架柱和框架柱。当厂房较高时，宜在适当高度设置承重墙梁，以便将上部墙自重传给墙架柱或框架柱，同时，为了减小墙架柱的跨度，常利用起重机梁系统的制动结构或下弦水平支撑作为墙架柱中部的抗风支撑，如图 7-77a 所示。

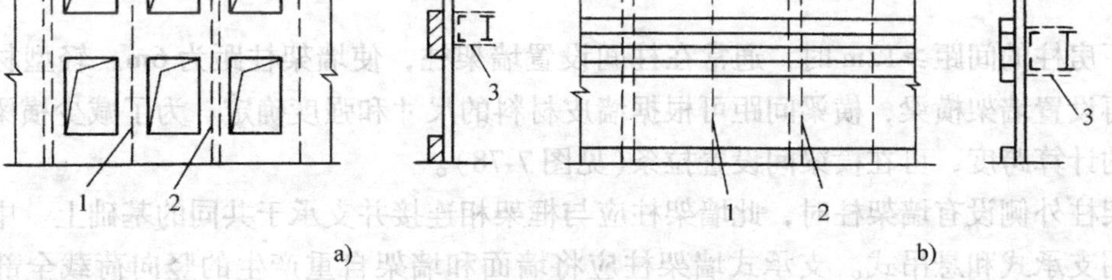

图 7-77　砌体的承重墙及大型板侧墙

1—墙架柱　2—框架柱　3—抗风桁架

大型混凝土墙板有预应力和非预应力两种。墙板应连于墙架柱或框架柱上以传递水平荷载和墙板自重，其中支承墙板自重的支托一般每隔 4～5 块板设置一个，如图 7-77b 所示。

轻型墙皮是将压型钢板、压型铝合金板、石棉瓦和瓦楞铁等连接于墙架横梁上，通过横梁将水平荷载和墙皮自重传给墙架柱或框架柱，如图 7-78 所示。

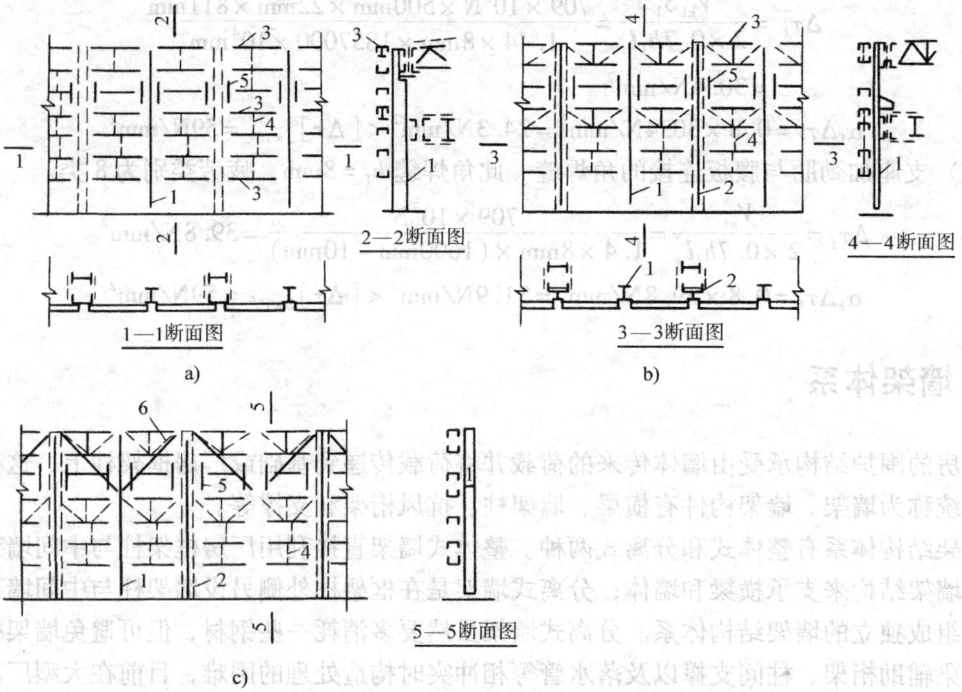

图7-78 轻型墙的墙架布置

1—墙架柱 2—框架柱 3—墙架横梁 4—拉条 5—窗镶边构件 6—斜拉杆

当采用压型钢板和压型铝合金板作墙板时，由于压型板平面尺寸大，一片墙可以从屋面到基脚用一块压型板拉通，并通过弯钩螺栓或拉铆钉、射钉或自攻螺钉与墙架柱和横梁进行可靠连接，形成了一个能够传递竖向荷载和沿压型板平面方向的水平荷载的结构体系。近年来有试验结果和理论分析证明，压型板与周边构件进行可靠连接后，面内刚度很好，能传递纵横方向的面内剪力，这种抗剪薄膜作用(应力蒙皮效应)能使厂房结构体系简化，节约钢材，有很好的经济效益。

7.6.2 墙架结构的布置

当厂房柱的间距≥12m时，通常在柱间设置墙架柱，使墙架柱距为6m。轻型材料的墙体还需再设置墙架横梁，横梁间距可根据墙皮材料的尺寸和强度确定。为了减少横梁在竖向荷载下的计算跨度，可在横梁间设置拉条(见图7-78)。

框架柱外侧设有墙架柱时，此墙架柱应与框架相连接并支承于共同的基础上。中间墙架柱可采用支承式和悬吊式。支承式墙架柱应将墙面和墙架自重产生的竖向荷载全部传至基础，但不应承受托架、起重机梁辅助桁架传来的竖向荷载。为了将水平风荷载传给制动梁或制动桁架以及屋盖纵向水平支撑，因此支承式墙架柱与这些构件的连接应采用板铰形式，如图7-79a所示。

悬吊式墙架柱是根据具体情况将其吊挂于起重机梁辅助桁架上、托架上(见图7-79b)或顶部的边梁(边桁架)上。悬吊式墙架柱下端用板铰或用长圆孔螺栓与基础相连(见图7-80)，使其不传递竖向力而只传递水平力。这样可节约大部分基础材料，且使墙架柱部分或全部为

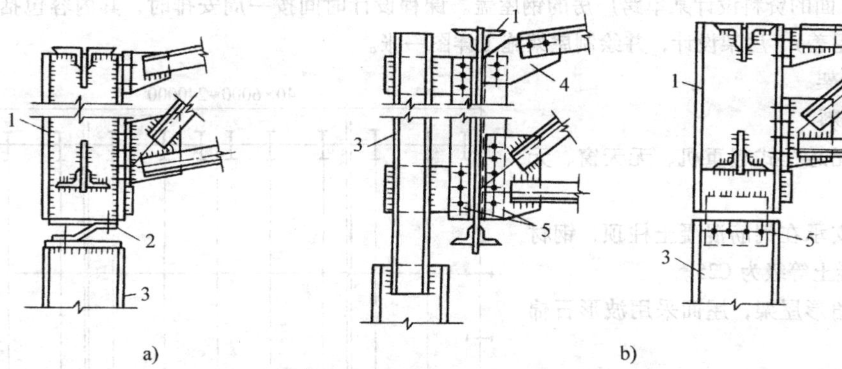

图 7-79 墙架柱与屋架和托架的连接

1—托架 2—弹簧板 3—墙架柱 4—屋架 5—高强度螺栓

拉弯构件，受力情况有所改善。

山墙墙架柱间距宜与纵墙的间距相同（一般采用6m），使外墙围护构件尺寸统一，当山墙下部有大洞口时，应予以加强，如图7-81所示。山墙墙架柱上端宜尽量使其支承于屋架横向支撑节点上。当墙架柱位置与横向支撑节点不重合时，应设置分布梁，把水平荷载传至支撑节点处。为保证山墙的刚度，在墙架柱之间还可设置柱间支撑。

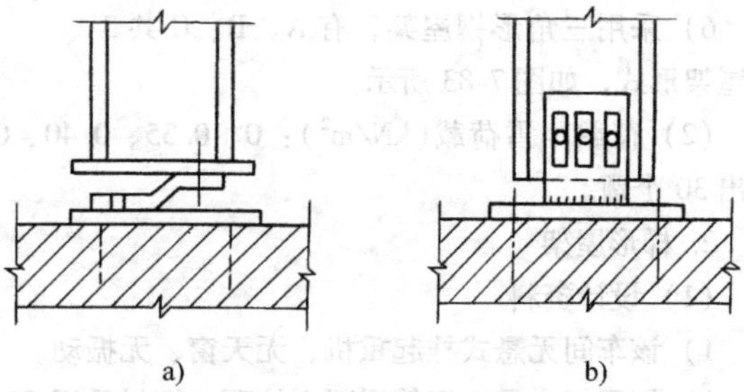

图 7-80 悬吊式墙架柱与基础连接

a）板铰连接 b）长圆孔螺栓连接

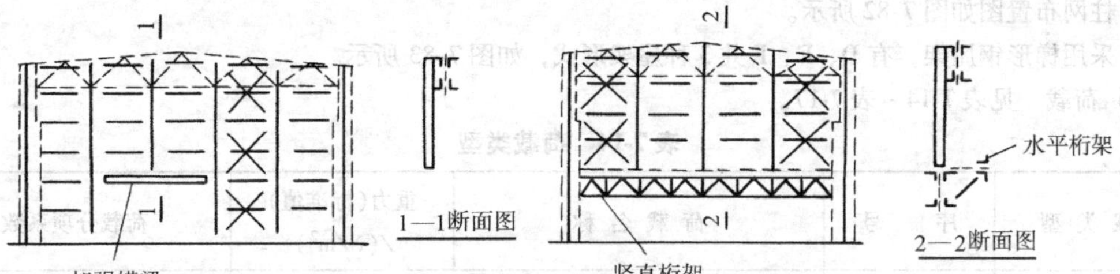

图 7-81 山墙下部有大洞口时墙架布置

习 题

7-1 单层厂房结构的组成原则和屋盖结构体系的布置有哪些要求？

7-2 厂房的支撑有哪几种？其作用是什么？怎样布置？

7-3 钢屋架的腹杆布置及计算长度有哪些规定？为什么？

7-4 屋架的荷载汇集、杆件的内力计算与组合有何特点？

7-5 弦杆的计算长度如何确定？其截面选择及垫板布置有哪些原则？

7-6 简述节点的设计步骤。节点设计有哪些要求和特点？

7-7 简述屋架施工图的绘制步骤。

7-8 简述起重机梁的设计特点。

7-9 根据下面的资料设计某单跨厂房的钢屋盖。课程设计时间按一周安排时，其内容包括支撑布置、檩条设计(有檩屋盖)、屋架设计，并绘制屋架施工详图一张。

1. 三角形屋架

（1）设计资料

1）该车间无悬挂式起重机、无天窗、无振动。

2）钢屋架支承在钢筋混凝土柱顶，钢材采用 Q235，混凝土等级为 C25。

3）对于三角形屋架，屋面采用波形石棉瓦，槽钢檩条。

4）车间长度为 240m，柱距为 6m。车间跨度为 $L=12$m、18m、24m。

5）柱网布置图如图 7-82 所示。

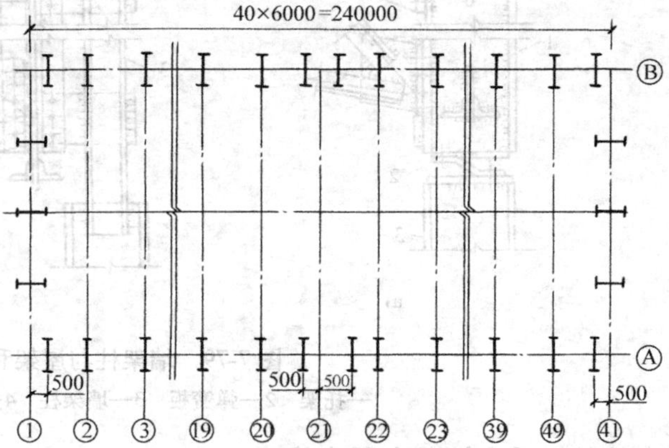

图 7-82 习题 7-9 图

6）采用三角形钢屋架，有 A、B、C 共 3 种屋架形式，如图 7-83 所示。

（2）荷载 雪荷载(kN/m^2)：0、0.35、0.40、0.45、0.50、0.55、0.60、0.65、0.70、0.75，可以组合出 30 个题。

2. 梯形屋架

（1）设计资料

1）该车间无悬式挂起重机、无天窗、无振动。

2）钢屋架支承在钢筋混凝土柱顶，钢材采用 Q235，混凝土等级为 C25。

3）对于梯形屋架，屋面采用 1.5m×6.0m 的预应力钢筋混凝土大型屋面板(屋面板不作支撑用)。

4）车间长度为 240m，柱距为 6m。车间跨度为 $L=27$m、30m、33m。

5）柱网布置图如图 7-82 所示。

6）采用梯形钢屋架，有 D、E、F 共 3 种屋架形式，如图 7-83 所示。

（2）荷载 见表 7-14 ~ 表 7-17。

表 7-14 荷载类型

荷载类型	序号	荷载名称	重力(标准值)/(N/m^2)		荷载分项系数
永久荷载 A	1	预应力钢筋混凝土屋面板(包括嵌缝)	1400(400)		1.2
	2	SBS 改性沥青防水卷材	400		
	3	找平层(2cm 厚)	400		
	4	保温层(1)	1000		
	5	保温层(2)	1400		
可变荷载 B	a	活荷载	500		1.4
	b	作用在屋架下弦节点上的设备	1	1000	1.4
			2	700	1.4
	c	活荷载加积灰荷载		1500	1.4

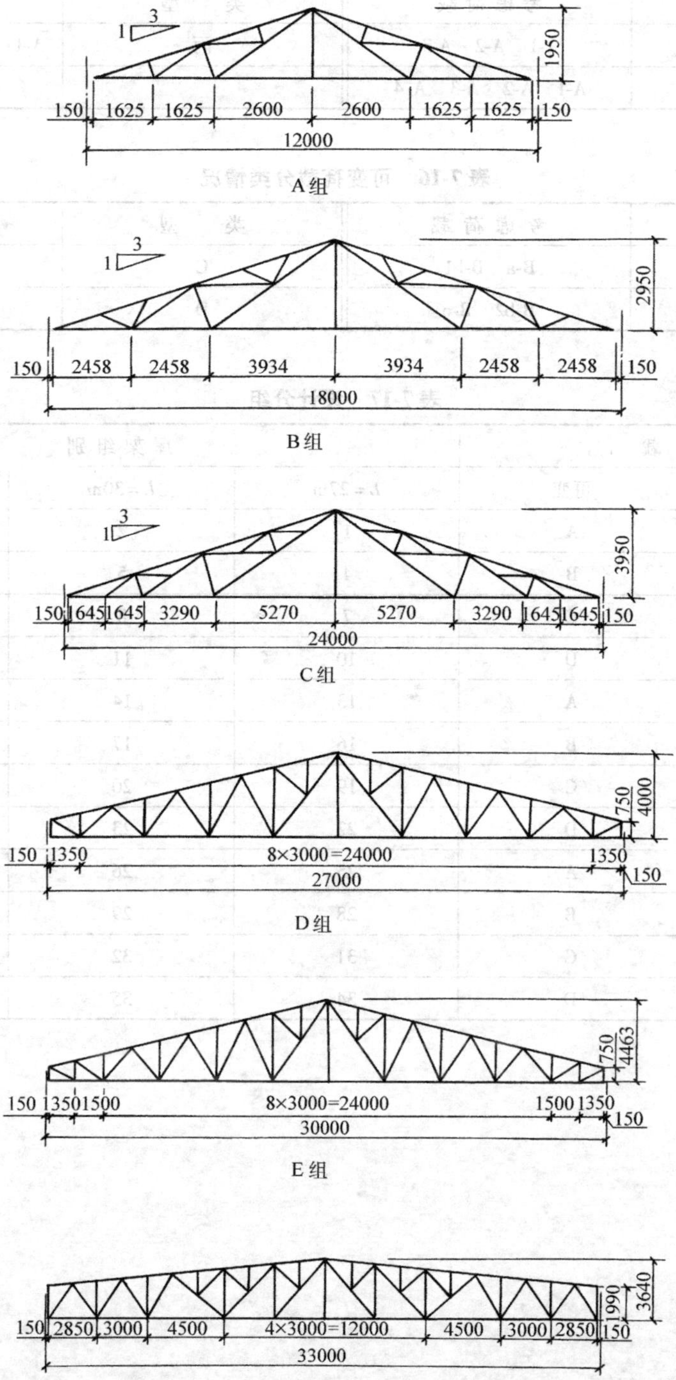
3
1
1950
150
1625
1625
2600
2600
1625
1625
150
12000
A组
3
1
2950
150
2458
2458
3934
3934
2458
2458
150
18000
B组
3
1
3950
150
1645
1645
3290
5270
5270
3290
1645
1645
150
24000
C组
750
4000
150
1350
8×3000=24000
1350
150
27000
D组
750
4463
150
1350
1500
8×3000=24000
1500
1350
150
30000
E组
1990
3640
150
2850
3000
4500
4×3000=12000
4500
3000
2850
150
33000
F组

图7-83 屋架简图

表 7-15 永久荷载分类情况

类　型	考虑荷载	类　型	考虑荷载
甲	A-1 A-2 A-3	丙	A-1 A-2 A-3 A-4 A-5
乙	A-1 A-2 A-3 A-4		

表 7-16 可变荷载分类情况

类　型	考虑荷载	类　型	考虑荷载
A	B-a B-b1	C	B-a B-b2
B	B-b2 B-c	D	B-b1 B-c

表 7-17 设计分组

荷　载		屋架组别		
永久	可变	$L=27m$	$L=30m$	$L=33m$
甲	A	1	2	3
	B	4	5	6
	C	7	8	9
	D	10	11	12
乙	A	13	14	15
	B	16	17	18
	C	19	20	21
	D	22	23	24
丙	A	25	26	27
	B	28	29	30
	C	31	32	33
	D	34	35	36

第8章 多、高层房屋结构

8

近30年来，随着我国经济的快速发展，钢材产量和品种日益增加，在北京、上海、深圳、大连、天津等大、中城市相继建成了一大批钢结构的高层建筑。由于钢结构具有建筑取材对环境破坏小、造型美观、抗震性能好、工业化程度高、施工周期短、地基费用省等一系列优点，与混凝土材料相比，属环保型和可再次利用型材料，越来越受到人们的青睐，在建筑工程中发挥着独特的作用，发展钢结构建筑、特别是钢结构高层建筑，已成为工程建设的一项基本政策。

8.1 多、高层房屋的结构体系

8.1.1 多、高层钢结构的特点

随着经济的发展、技术的进步，高层钢结构建筑的优势日益显露出来，从用钢量、面积利用系数、基础费用、工期等多方面的综合经济效益来看，其结构性能有如下特点：

(1) 结构自重轻　据统计，钢结构的高层建筑自重约为 $8 \sim 15\text{kN/m}^2$，而钢筋混凝土高层建筑的自重约为 $15 \sim 18\text{kN/m}^2$，前者约为后者的60%。建筑物自重的减轻，减小了地震作用；上部结构传至基础的竖向荷载大为减轻，降低了地基处理的技术难度，基础工程造价也就有较大幅度的下降。

(2) 抗震性能好　由于钢材具有良好的弹塑性性能，在地震作用下，钢结构具有良好的延性，能够减弱地震反应，具有抵抗强烈地震的变形能力。

(3) 减少结构所占建筑面积，能充分利用建筑空间　对于30～40层的钢筋混凝土高层建筑，其结构(柱及核芯筒)面积约为建筑楼层面积的7%，若采用钢结构，相应的结构面积约为建筑楼层面积的3%，这样可增加建筑使用面积4%左右，其经济效益相当可观。此外，由于钢结构的承载能力大，设计柱网尺寸的选择幅度较大，更利于满足建筑功能的空间划分，提高了建筑布置的灵活性。

(4) 施工周期短　钢结构工厂化程度高，各构件采用高强度螺栓和焊缝连接，施工速度比钢筋混凝土结构快1.5倍左右，相应的施工周期缩短，建筑物能早日投入使用，使投资方在经济效益上获得早回报。

(5) 耐火性能差　钢结构是不耐火的结构，在火灾烈焰下，随着构件温度迅速上升，钢材的屈服强度和弹性模量将急剧下降，当达到600℃时，构件完全丧失承载能力而导致结

构倒塌。因此，当建筑物有防火要求时，钢构件表面必须采用防火涂料保护，满足 JGJ 99—1998《高层民用建筑钢结构技术规程》(以下简称《高钢规程》)的相关要求。

8.1.2 多、高层钢结构的结构体系

在大量工程实践的基础上，根据不同建筑高度、不同抗侧力结构对水平荷载效应的适应性，将多、高层建筑钢结构的结构体系分为：纯框架结构体系、框架-抗震墙结构体系、框架-支撑结构体系、框架-核芯筒结构体系以及筒体结构体系。

1. 纯框架结构体系

钢框架由水平杆件(钢梁)和竖向构件(钢柱)正交或非正交连接构成，沿房屋纵、横向设置，形成双向抗侧力结构，承受竖向荷载和任意方向水平荷载的作用(见图 8-1)。

框架结构在建筑平面设计中具有较大的灵活性，由于可以采用较大的柱距而获得较大的使用空间，易于满足多功能的使用要求。结构刚度比较均匀，构造简单，便于施工。结构具有较好的延性，自振周期较长，且自重较轻，对地震作用不敏感，是较好的抗震结构形式。框架结构靠钢梁、钢柱的抗弯刚度来提供整体结构的侧向刚度，所以其抗侧力能力较弱，在水平荷载作用下，柱顶侧向位移较大，在框架柱内引起 $P\text{-}\Delta$ 效应较严重，同时易使非结构构件损坏，这种变形特点使框架结构体系在使用时其建筑高度将受到限制，一般适用于≤30层的高层钢结构。

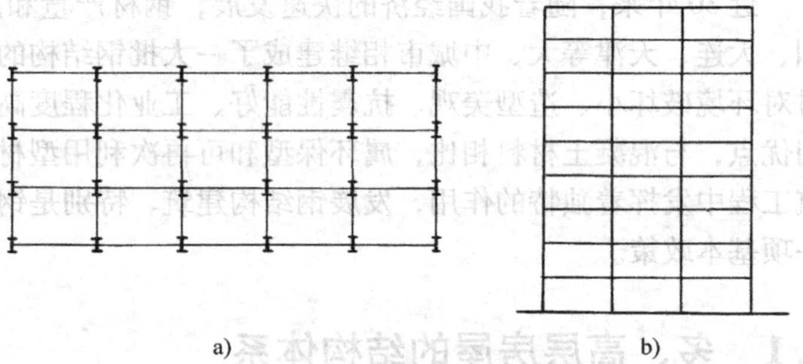

a) b)

图 8-1 框架结构体系

a) 结构平面 b) 结构剖面

【工程实例 8-1】 北京长富宫中心(见图 8-2)

该建筑建于 1987 年，为旅馆建筑，地下 2 层，地上 26 层，房屋高度为 96m，标准层层高 3.3m。建筑平面为 25.8m×48m 的矩形平面，主要柱网尺寸为 8m×9.8m。框架柱为焊接箱形截面，尺寸为 450mm×450mm，钢板厚度由 19～42mm 逐渐变化。框架梁为焊接工字形截面，梁高 650mm，梁宽 200～250mm，翼缘板厚由 19～32mm，腹板厚 12mm。次梁采用轧制 H 型钢。纵、横框架梁与框架柱之间采用刚性连接，次梁与框架梁采用高强度螺栓的铰接连接。

2. 框架-抗震墙结构体系

在框架结构的基础上，沿房屋纵、横向布置一定数量的抗震墙就组成了框架-抗震墙结构体系。这种结构的受力特点是整个建筑的竖向荷载由钢框架承担，而水平荷载由钢框架和抗震墙共同承担。由于抗震墙的侧向刚度很大，水平荷载所引起的水平剪力主要由抗震墙承担，而水平荷载所引起的倾覆力矩由钢框架和抗震墙共同承担。这种结构体系既有框架结构的优点，又有较大的侧向刚度，同时还能充分发挥材料的强度作用，具有较好的技术经济指标，可用于 40～60 层的高层钢结构。

抗震墙按其材料和结构形式可分为钢筋混凝土抗震墙、钢筋混凝土带缝抗震墙和钢板抗

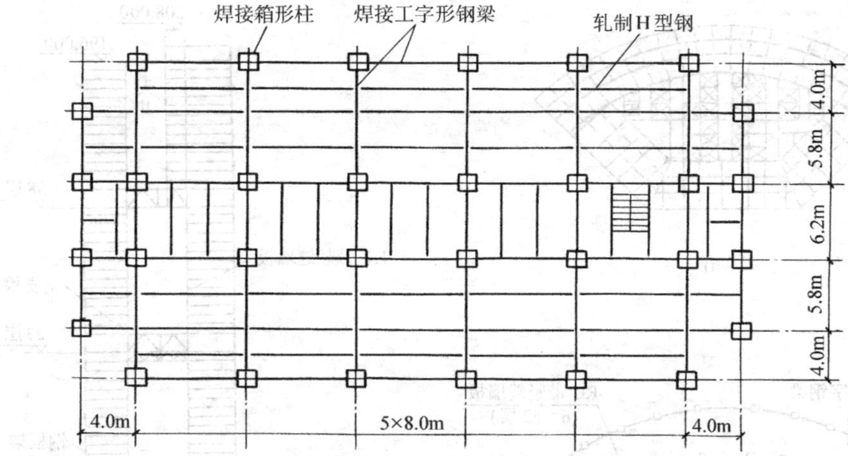

图 8-2 北京长富宫中心标准层结构平面图

震墙。

钢筋混凝土抗震墙刚度较大，地震时易发生应力集中，导致墙体产生斜向裂缝而发生脆性破坏。为避免这种现象，可采用带缝抗震墙，即在钢筋混凝土抗震墙中按一定间距设置竖缝(见图 8-3)。这种抗震墙成为并列壁柱，在风荷载和小震下处于弹性阶段，保证结构的使用功能。在强震时并列壁柱进入塑性阶段，能吸收大量地震能量，而继续保持承载力，防止建筑物倒塌。

钢板抗震墙是以钢板(或带加劲肋)作为抗震墙结构，与钢框架组合，起到刚性构件的作用(见图 8-4)。在水平刚度相同的条件下，框架-钢板抗震墙结构的耗钢量比纯框架结构要省。钢板厚度一般采用 8～10mm，当建筑物的抗震设防烈度不小于 7 度时，宜在钢板两侧设置纵、横向的加劲肋，以防止局部失稳，提高板的临界承载力。当建筑物的抗震设防烈度小于 7 度时，可不设置加劲肋。钢板抗震墙的周边与框架梁、柱连接，一般采用高强度螺栓连接。

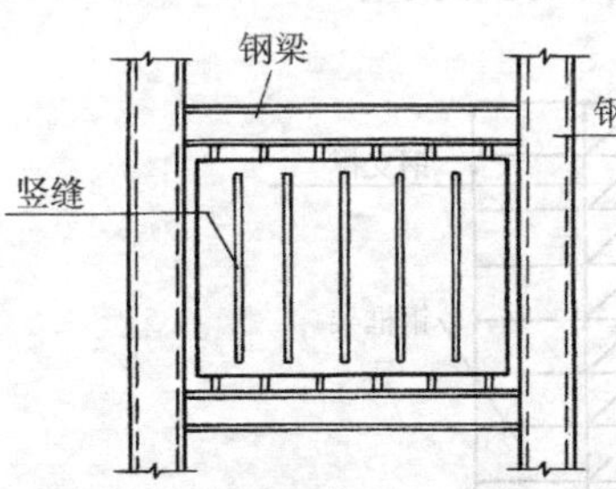

图 8-3 带竖缝钢筋混凝土抗震墙

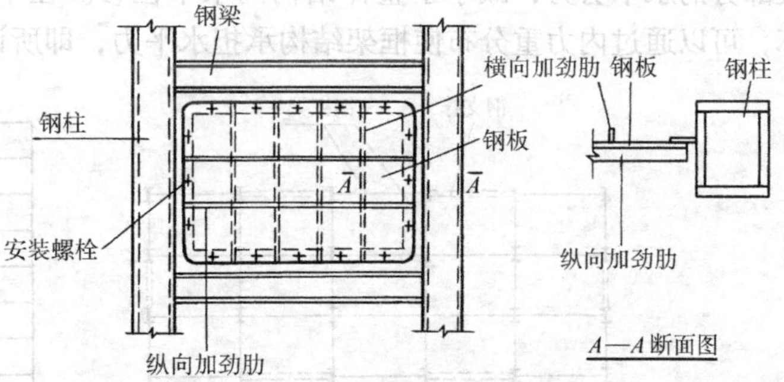

图 8-4 带加劲肋钢板抗震墙

【工程实例 8-2】 北京京广中心大厦主楼(见图 8-5)

北京京广中心大厦主楼为综合性多用途建筑，地下 3 层，地上 51 层，总高度为 208m，平面为扇形，结构采用框架-抗震墙体系。地面以上框架柱采用焊接方管，框架梁采用焊接工字钢，抗震墙采用预制钢筋混凝土带竖缝墙板。墙板主要承担风荷载、水平地震作用产生的楼层水平剪力，并增大了其周边的框架梁的抗弯刚度。通过对结构的地震反应分析，墙板

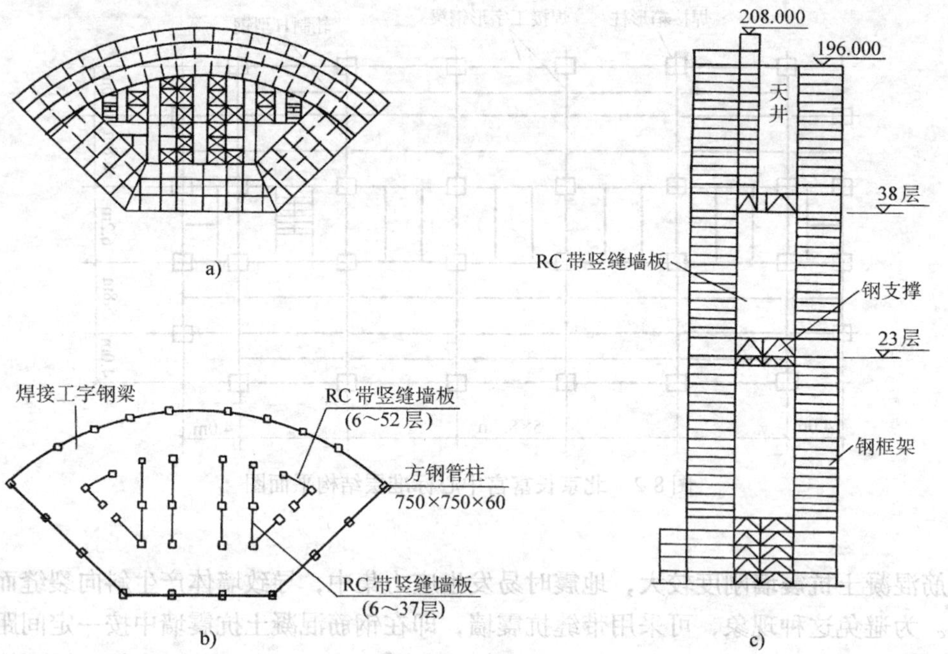

图 8-5 北京京广中心大厦

a) 标准层结构平面 b) 墙板布置平面 c) 结构横剖面

的恰当配置，使大厦主楼的纵、横向动力特性大致相同，各种情况下的层间侧移值及总侧移均满足变形要求。

3. 框架-支撑结构体系

在框架结构的基础上，沿房屋纵、横向布置一定数量的竖向支撑桁架结构就组成了框架-支撑结构体系(见图8-6)。这种结构体系是高层钢结构中应用最多的结构体系之一，其特点是框架和支撑系统协同工作，竖向支撑桁架具有较大的侧向刚度，起抗震墙作用，承担大部分的水平剪力，减小了整体结构的水平位移。在罕遇地震作用下，若支撑系统遭到破坏，可以通过内力重分布使框架结构承担水平力，即所谓两道抗震设防。

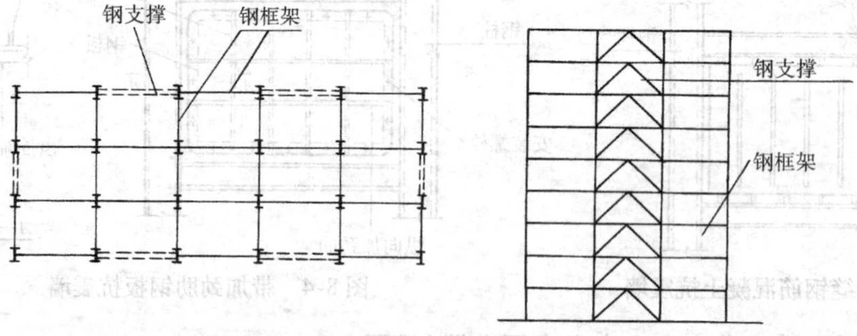

图 8-6 框架-支撑结构体系

a) 结构平面 b) 结构立面

支撑应沿建筑物的两个方向布置，支撑的数量、形式及刚度应根据建筑物的高度、水平力作用情况进行设置。在抗震建筑中，支撑一般在同一竖向柱距内连续布置(见图8-7a)，使层间刚度变化比较均匀。当不考虑抗震时，根据建筑物的立面要求，宜可交错布置(见图8-7b)。当竖向支撑桁架设置在建筑物中部时，外围柱一般不参加抵抗水平力。

支撑桁架的类型有中心支撑和偏心支撑。中心支撑是斜杆与横梁、柱汇交于一点，汇交时无偏心距的影响。根据斜杆的布置形式不同，中心支撑的形式主要有十字交叉斜杆、单斜杆、人字形斜杆、V形斜杆、K形斜杆等(见图8-8)。在水平地震的往复作用下，斜杆易产生重复压曲而降低受压承载力，尤其是K形斜杆支撑在水平地震的往复作用下，使支撑及其节点、相邻的构件产生很大的附加应力，所以对于地震区的建筑，不得采用K形斜杆支撑。为了避免水平地震的往复作用下中心支撑的这一缺点，在地震区的高层建筑宜采用偏心支撑。偏心支撑指斜杆与横梁、柱的交点有一定的偏心距，此偏心距即为消能梁段。偏心支撑在水平地震的作用下，一是通过消能梁段的非弹性变形进行耗能，二是通过消能梁段剪切屈服在先(同跨的其余梁段未屈服)，而保护斜杆屈曲在后。偏心支撑的类型如图8-9所示。

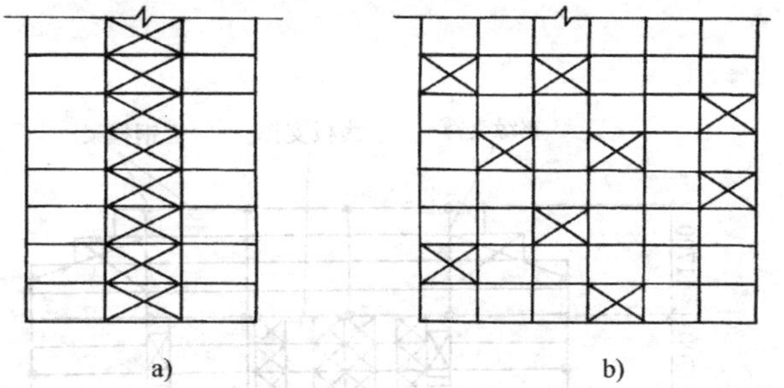

图8-7 竖向支撑的立面布置

a) 连续布置 b) 交错布置

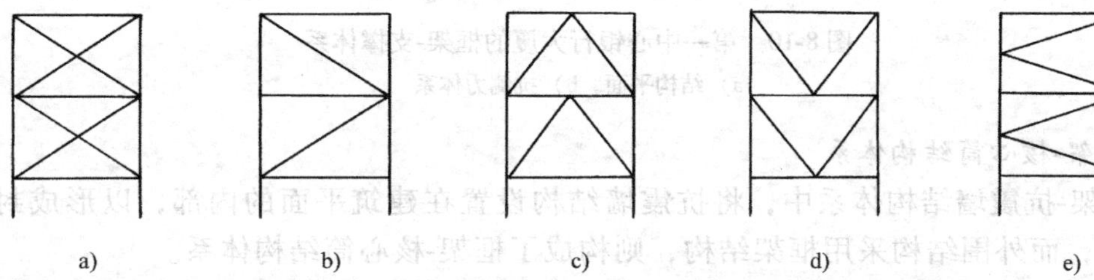

图8-8 中心支撑类型

a) 交叉形斜杆 b) 单斜杆 c) 人字形斜杆 d) V形斜杆 e) K形斜杆

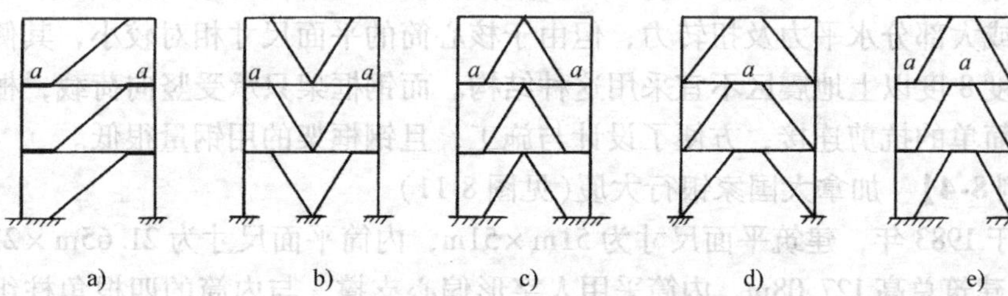

图8-9 偏心支撑类型

a) 单斜杆式 b) V字形式 c) 人字形式 d) 门架式1 e) 门架式2

注：粗线a为消梁段。

【工程实例8-3】 第一中心银行大厦(见图8-10)

第一中心银行大厦是位于美国印第安纳波尼斯的一幢52层的钢结构办公大楼，高度为

190m，标准层平面尺寸为58m×37m。大楼的抗侧力结构采用框架-支撑体系，周边为钢框架，内部为支撑。支撑系统由两片翼缘支撑和两片腹板支撑组成。翼缘支撑为抵抗倾覆力矩提供了最大的力臂，同时将楼面核心区的重力荷载传递至外柱。

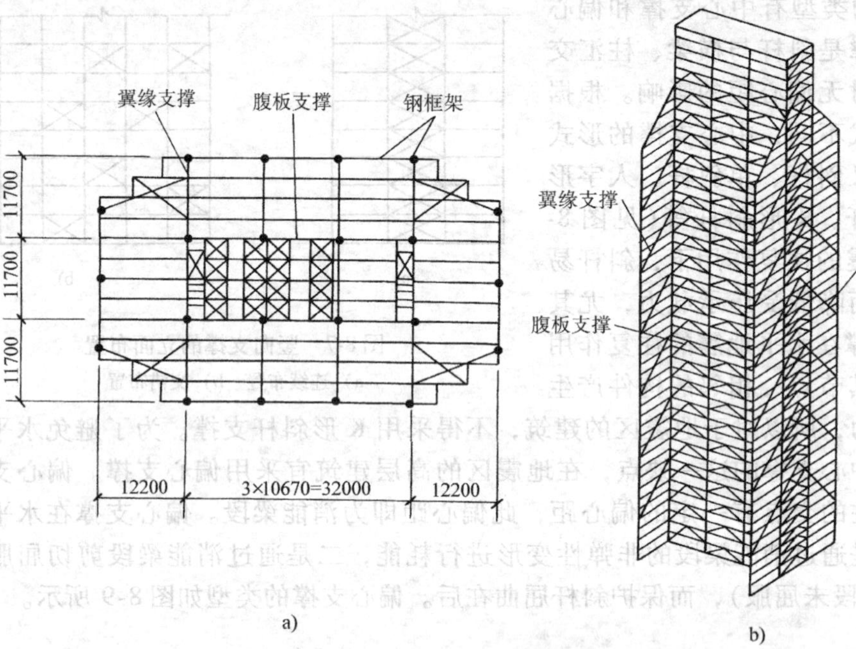

图 8-10 第一中心银行大厦的框架-支撑体系

a）结构平面 b）抗侧力体系

4. 框架-核心筒结构体系

在框架-抗震墙结构体系中，将抗震墙结构设置在建筑平面的内部，以形成封闭的核心筒体，而外围结构采用框架结构，则构成了框架-核心筒结构体系。

框架-核心筒结构体系在布置时，通常结合建筑平面的使用要求。建筑物的电梯间、楼梯间等公用设施服务区常设置在建筑平面的中心部位，在服务区的四周设置办公区。在结构布置上，将服务区作为核心内筒，而办公区的周边设置一圈外框架。核心筒作为抗侧力结构，承受全部或大部分水平力及扭转力，但由于核心筒的平面尺寸相对较小，其侧向刚度有限，故设防烈度8度以上地震区不宜采用这种结构。而钢框架只承受竖向荷载，框架梁、柱的连接可采用简单的抗剪连接，方便了设计与施工，且钢框架的用钢量很低。

【工程实例 8-4】 加拿大国家银行大厦(见图 8-11)

该大厦建于1983年，建筑平面尺寸为51m×51m，内筒平面尺寸为21.65m×21.65m，标准层高3.9m，建筑总高127.08m。内筒采用人字形偏心支撑，与内筒的四根角柱组成空间桁架，内筒中的其余钢柱仅承受竖向荷载。

5. 筒体结构体系

筒体体系分外框架筒体系、筒中筒体系、束筒体系、外支撑桁架筒体系等。

(1) 外框架筒体系(见图 8-12a) 由围绕房屋周边的密柱深梁和内部承重框架构成。密柱是指柱子间距不大，一般在3～4.5m，柱截面亦不大。深梁是指具有较高截面的窗间梁，截面高度在0.9～1.5m，与密排柱连接在一起，承担全部水平荷载，而

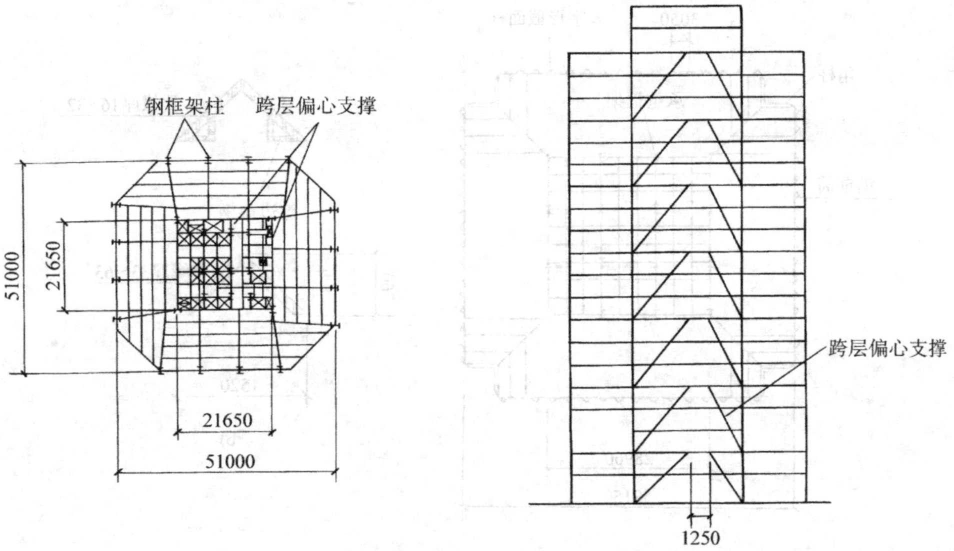

a) b)

图 8-11 加拿大国家银行大厦的框架-核心筒体系

a）标准层结构平面 b）结构剖面

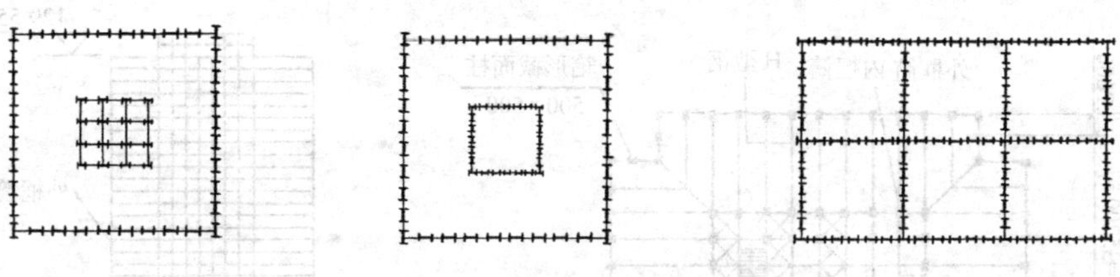

a) b) c)

图 8-12 各类筒体结构平面图

a）外框筒体系 b）筒中筒体系 c）束筒体系

各楼层的重力荷载按荷载面积比例分配给内部框架和外围框筒。由于内部框架仅承担重力荷载，所以梁、柱节点可以采用铰接形式。

【工程实例 8-5】 芝加哥标准石油公司大厦(见图 8-13)

该大厦建于 1973 年，地下 5 层、地上 82 层，建筑高 342m，标准层层高 3.86m。建筑平面尺寸为 59.15m×59.15m，内部承重框架平面尺寸为 28.96m×28.96m。外筒钢柱柱距为 3.05m，柱截面采用人字形，开口边宽 1.52m，深梁截面高 1.68m，由于截面较高，为满足在剪力作用下腹板的稳定性要求在梁截面中部设置纵向加劲肋。

(2) 筒中筒体系(见图 8-12b) 由内框筒和外框筒构成，共同抵抗水平荷载，其外框筒多采用密柱深梁的钢框筒，内框筒可采用钢结构或钢筋混凝土结构筒体。筒中筒结构体系是一种空间工作性能更高效的抗侧力体系。

【工程实例 8-6】 上海国际贸易中心大厦(见图 8-14)

该大厦建筑平面为矩形，在四个角部有局部收进，地下 2 层、地上 35 层，建筑总高度为 140m。建筑平面尺寸为 40.4m×50m，内筒宽度为 25.6m×16m，内、外筒柱距均为 3.2m，内外筒之间的跨度为 12.2m，钢柱采用箱形截面，梁采用轧制 H 型钢，楼板采用压

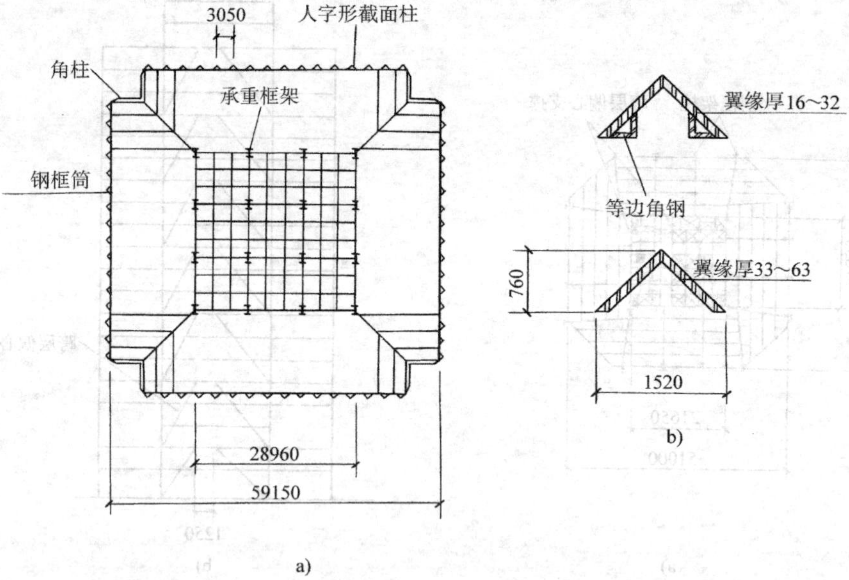

图 8-13 芝加哥标准石油公司大厦

a）结构平面 b）框筒柱截面

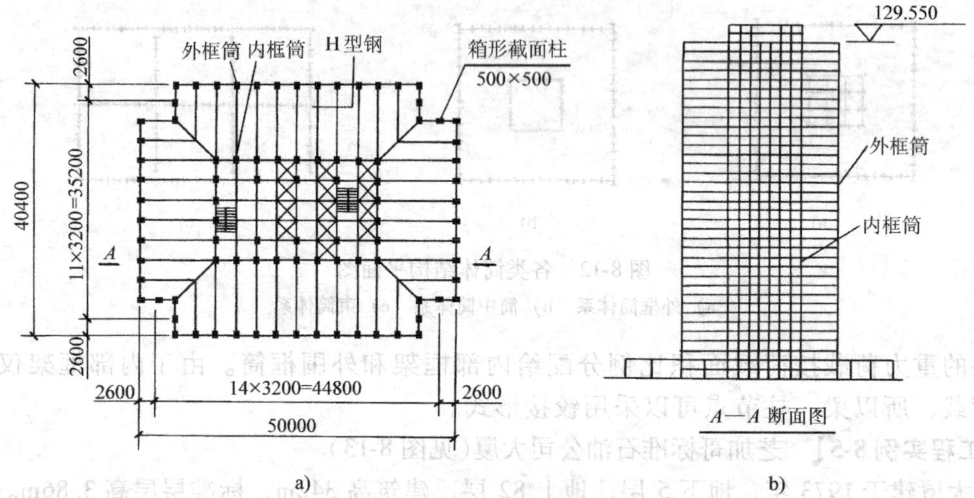

图 8-14 上海国际贸易中心大厦

a）结构平面图 b）结构断面图

型钢板上浇钢筋混凝土板，厚90mm，压型钢板仅作模板使用。

（3）束筒体系（见图 8-12c） 由两个以上的筒体相连、成为整体性更好、侧向刚度更大的结构体系。由于束筒体系是筒体的组合群，可以组成任何形状，使建筑立面形式更加丰富。

【工程实例 8-7】 西尔斯大厦（见图 8-15）

该办公大厦建于 1974 年的美国芝加哥市，地下 3 层、地上 110 层，标准层层高 3.92m，建筑总高度为443m。该建筑底部平面尺寸为68.55m×68.55m，平面由 9 个小筒组成，每个小筒平面尺寸为22.85m×22.85m。束筒的钢柱柱距均为4.57m，截面采用焊接 H 型钢，束筒的钢梁采用焊接工字截面，而各层楼盖的钢梁跨度为22.85m，利用第35层、第66层、第90层三个设备层或避难层，沿9个子框筒的各榀框架设置一层楼高的桁架，由于跨度较大，采用芬克式桁架，截面高1.02m，间距为4.57m，形成三道刚性环梁，提高框筒束抵抗竖向变形的能力，并在桁架各杆之间可穿越专业管道。

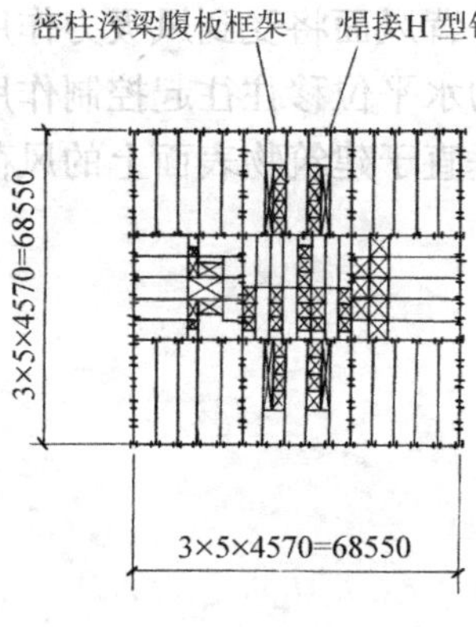

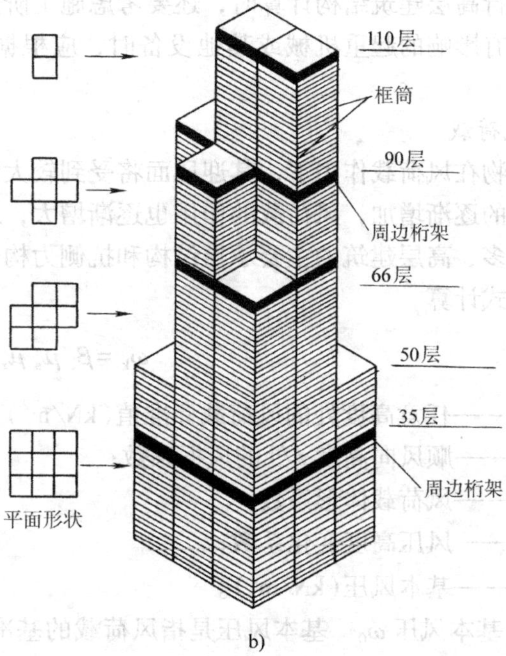

图8-15 西尔斯大厦

a) 1~50层结构平面 b) 总体透视图

8.2 多、高层钢结构的计算特点

8.2.1 荷载

作用在多、高层建筑上的荷载有竖向荷载和水平荷载。竖向荷载包括永久荷载和可变荷载。水平荷载包括风荷载和水平地震作用。随着建筑高度的逐渐增加，水平荷载将成为控制荷载，从而对结构体系的选择以及结构材料的用量都有极大的影响。

1. 竖向荷载

永久荷载主要指结构自重，即按结构构件的设计尺寸与材料单位体积的自重(或单位面积的自重)计算确定。对于自重变异较大的材料和构件(如现场制作的保温材料、混凝土薄壁构件等)，考虑到结构的可靠性，在设计中应根据该荷载对结构的不利情况，进行取值。

可变荷载包括楼面和屋面活荷载以及雪荷载，其标准值应按GB 50009—2001《建筑结构荷载规范》(简称《荷载规范》)和《高钢规程》的相关规定采用。

对于多层建筑，在分析结构构件的内力时，常将活荷载进行不利布置，通过对多种情况的分析比较，从中选取构件内力的最大值。而对于高层建筑，这部分的工作量将会是很大的，并且与永久荷载相比，楼面和屋面活荷载值较小，其不利布置的影响也就较小，为简化计算，不考虑活荷载的不利布置。在计算高层建筑的构件效应时，楼面和屋面竖向荷载仅考虑各跨满载的情况。当活荷载较大时，可将简化后的框架梁的跨中弯矩计算值乘以 1.1 ~ 1.2 的系数，梁端弯矩计算值乘以 1.05 ~ 1.1 的系数予以提高。

在进行高层建筑结构计算时，还要考虑施工阶段的情况。如在施工中采用附墙塔、爬塔等对结构有影响的起重机械或其他设备时，应根据具体情况对结构或构件进行施工阶段的验算。

2. 风荷载

建筑物在风荷载作用下，其迎风面将受到较大的压力，背风面将受到风吸力作用。随着建筑高度的逐渐增加，风荷载的作用也逐渐增大，对结构的水平位移往往起控制作用。

计算多、高层建筑的主要承重结构和抗侧力构件时，垂直于建筑物表面上的风荷载标准值，按下式计算

$$\omega_k = \beta_z \mu_s \mu_z \omega_0 \tag{8-1}$$

式中 ω_k——任意高度处的风荷载标准值（kN/m^2）；

β_z——顺风向高度 z 处的风振系数；

μ_s——风荷载体形系数；

μ_z——风压高度变化系数；

ω_0——基本风压（kN/m^2）。

（1）基本风压 ω_0　基本风压是指风荷载的基准压力，以当地比较空旷平坦地面上、离地面 10m 高度处、10min 平均的风速观测数据，经概率统计得出 50 年一遇最大值确定的风速，再考虑相应的空气密度，计算确定的风压。一般结构应按《荷载规范》给出的风压值采用，取值时应满足以下要求：

1）《荷载规范》附录 D 中附表 D.4 中（$n=50$）一栏所给出的 50 年一遇的风压值采用，但不得小于 $0.3kN/m^2$。

2）《荷载规范》附录 D 中附表 D.4 中以 $n=10$、$n=50$、$n=100$ 三栏，分别表示重现期为 10 年、50 年、100 年的风压值。由于建筑物的重要性不同，其重现期也就不同，所对应的基本风压值也就不一样。对一般结构，重现期为 50 年；而对于高层建筑，重现期为 100 年，但对于高层建筑的围护结构，重现期仍为 50 年。

3）基本风压值也可以按《荷载规范》附图 D.5.3 全国基本风压分布图取值，图中未给出的城市或建设地点的基本风压值，可根据当地“年最大风速”资料，按基本风压定义，通过统计分析确定。

（2）风压高度变化系数 μ_z　μ_z 取值时应根据建筑物离地面或海平面的高度以及地面的粗糙程度确定，按《荷载规范》中表 7.2.1 取值。应注意的是，此表仅适用于地形平坦或稍有起伏的情况，对于其他地形条件的建筑物，如山峰、山坡、山间盆地、谷地以及远海海面、海岛的建筑物，还应考虑地形条件的修正系数 η，可按《荷载规范》中有关规定采用。

（3）风荷载体型系数 μ_s　风荷载体型系数主要用于描述建筑物表面在稳定风压作用下的静态压力的分布规律，与建筑物的体型、平面尺寸以及周围环境密切相关。取值时应满足以下规定：

1）对于单独高层建筑的风荷载体型系数，按《高钢规程》附录一的规定采用。对重要的、超高的或体型复杂的高层建筑，当无风荷载体形系数的相关资料时，应由风洞试验确定。

2）城市内新建高层建筑，要考虑周围已有的高层建筑，特别是邻近已有的高层建筑对气流产生干扰，使作用在新建建筑物的风荷载值增大。规定：一般可将单独高层建筑的风荷载体型系数μ_s乘以相互干扰增大系数μ_{BF}，其参考值见表8-1。当无相关资料可以借鉴或外形极不规则高层建筑以及高度较大的超高层建筑，应利用建筑群体模型，通过边界层风洞试验确定。

3）对于围护结构，当风作用在高层建筑的表面时，压力分布很不均匀，在角隅、檐口、边棱处以及附属结构部位（如阳台、雨篷等悬挑构件），局部风压将会超过平均风压，所以验算高层建筑的围护结构及其连接时，其局部体型系数按下列规定采用：

外表面：风压力区按《高钢规程》附录一的规定采用；风吸力区按表8-2采用。

内表面：对封闭式建筑物，按外表面风压的正负情况取－0.2或0.2。

表8-1 建筑群体风荷载体型系数的增大系数μ_{BF}

方向	d/B	d/H	地面粗糙度	风向角θ									
				0°	10°	20°	30°	40°	50°	60°	70°	80°	90°
顺风向	≤3.5	≤0.7	A、B类	1.15	1.35	1.45	1.50～1.80	1.45～1.75	1.40	1.40	1.30	1.25	1.15
			C、D类	1.10	1.15	1.25	1.30～1.55	1.25～1.50	1.20	1.20	1.10	1.10	1.10
	≥7.5	≥1.5	A、B类 C、D类	1.00									
横风向	≤2.25	≤0.45	A、B类	1.30～1.50									
			C、D类	1.10～1.30									
	≥7.5	≥1.5	A、B类 C、D类	1.00									

注：1. θ为风向与相邻建筑物平面形心之间连线夹角，d为两建筑物之间的距离，B、H分别为所讨论建筑物迎风面宽度和高度。

2. d/B或d/H为上表中间值时，采用插值法确定。

3. 表中同一格有两个数时，低值适用于两个高层建筑，高值适用于两个以上高层建筑。

表8-2 风吸力区的局部体型系数

部位		局部体型系数
外墙构件、玻璃幕墙	墙面一般位置	－1.0
	墙角、屋面周边和屋面坡度大于10°的屋脊部位①	－1.5
	檐口、雨篷、遮阳板、阳台	－2.0

① 作用宽度为房屋总高度的0.1，但不小于1.5m。

（4）顺风向风振系数β_z 风工程研究结果表明，由风引起的高层结构振动比较显著，而且随着结构自振周期的加长，结构风振也随之加强，结构在z高度处的风振系数β_z，按下式计算

$$\beta_z = 1 + \frac{\xi \nu \varphi_z}{\mu_z} \tag{8-2}$$

式中 ξ——脉动增大系数，即风振动力系数，对于高层钢结构，可根据$\omega_0 T_1^2$（$kN \cdot s^2/m^2$）的数值按《荷载规范》表7.4.3取值，T_1可采用《荷载规范》附录E中结构的近似基本自振周期计算；

ν——脉动影响系数，按《荷载规范》中表7.4.4-1～表7.4.4-3取值；

φ_z——振型系数，应根据结构动力计算确定，对于高层建筑，当截面沿高度不变且抗震墙和框架均起主要作用时，可按表8-3取值，一般情况下，对结构的顺风向响应，可仅考虑第1振型的影响，对结构的横风向共振响应，应验算第1～第4振型频率；

μ_z——风压高度变化系数。

表8-3 高层建筑振型系数 φ_z

相对高度 z/H	振型序号 1	2	3	4
0.1	0.02	−0.09	0.22	−0.38
0.2	0.08	−0.30	0.58	−0.73
0.3	0.17	−0.50	0.70	−0.40
0.4	0.27	−0.68	0.46	0.33
0.5	0.38	−0.63	−0.03	0.68
0.6	0.45	−0.48	−0.49	0.29
0.7	0.67	−0.18	−0.63	−0.47
0.8	0.74	0.17	−0.34	−0.62
0.9	0.86	0.58	0.27	−0.02
1.0	1.00	1.00	1.00	1.00

由上述计算来看，公式比较复杂，计算繁琐，为了对β_z有一个更直观的了解以及方便设计，将β_z进行简化处理，制成表格，见表8-4。

表8-4 等截面钢结构高层建筑的顺风向风振系数 β_z

z/H	$\omega_0 T_1^2$															
	0.5				1.0				5.0				≥10.0			
	地面粗糙度				地面粗糙度				地面粗糙度				地面粗糙度			
	A类	B类	C类	D类	A类	B类	C类	D类	A类	B类	C类	D类	A类	B类	C类	D类
1.0	1.65	1.74	1.92	2.22	1.64	1.74	1.91	2.14	1.60	1.67	1.76	1.92	1.56	1.59	1.67	1.78
0.9	1.60	1.68	1.86	2.15	1.58	1.69	1.85	2.08	1.55	1.61	1.71	1.87	1.51	1.54	1.62	1.74
0.8	1.55	1.63	1.81	2.11	1.54	1.64	1.80	2.05	1.51	1.57	1.68	1.84	1.47	1.51	1.59	1.71
0.7	1.50	1.58	1.75	2.06	1.49	1.58	1.74	1.99	1.46	1.52	1.63	1.80	1.43	1.46	1.55	1.67
0.6	1.46	1.53	1.70	2.00	1.44	1.54	1.69	1.95	1.42	1.48	1.58	1.76	1.39	1.42	1.51	1.64
0.5	1.41	1.49	1.66	1.98	1.40	1.49	1.65	1.92	1.38	1.44	1.55	1.74	1.35	1.39	1.48	1.62
0.4	1.36	1.44	1.60	1.93	1.35	1.44	1.60	1.87	1.33	1.39	1.50	1.70	1.31	1.35	1.44	1.59
0.3	1.31	1.38	1.55	1.88	1.30	1.38	1.54	1.82	1.28	1.34	1.45	1.67	1.26	1.30	1.40	1.56
0.2	1.25	1.32	1.49	1.83	1.24	1.32	1.48	1.78	1.23	1.20	1.40	1.63	1.21	1.26	1.35	1.53
0.1	1.18	1.25	1.41	1.78	1.18	1.25	1.40	1.73	1.17	1.22	1.34	1.59	1.16	1.20	1.29	1.50

注：1. ω_0为基本风压（B类地貌），T_1为结构基本周期。

2. H为建筑总高度。

在高层建筑的顶部有小体型的凸出部分(如伸出屋顶的电梯间、屋顶瞭望塔建筑)，设计时应考虑鞭端效应，可根据小体型建筑作为独立体时的基本自振周期 T_u 与主体建筑的基本自振周期 T_1 的比例，按下列规定计算：

1) 当 $T_u \leq T_1/3$ 时，可假定主体建筑的高度延伸至小体型建筑的顶部，其风振系数 β_z 按表8-4取值。

2) 当 $T_u > T_1/3$ 时，其风振系数 β_z 应按风振理论进行计算。

对高层建筑围护结构的外墙挂板、金属幕墙、玻璃幕墙等构件，在风荷载作用下不需要计算风振影响，但应考虑瞬时风压的作用，所以围护结构的风荷载采用式(8-1)计算，将主体结构的风振系数 β_z 以考虑风压脉动的阵风系数 β_{gz} 代替。围护结构的阵风系数 β_{gz} 应按《荷载规范》中表7.5.1取值。

3. 地震作用

(1) 计算原则 高层建筑钢结构根据“小震不坏，中震可修，大震不倒”的抗震设计目标，采用两阶段设计方法：第一阶段设计按多遇地震计算地震作用，验算构件的承载力和稳定以及结构的层间侧移；第二阶段设计按罕遇地震计算地震作用，验算结构的层间侧移和层间侧移延性比。

第一阶段设计时，其地震作用应符合下列要求：

1) 通常情况下，应在结构的两个主轴方向分别计入水平地震作用，各方向的水平地震作用应全部由该方向的抗侧力构件承担。

2) 当有斜交抗侧力构件时，宜分别计入各抗侧力构件方向的水平地震作用。

3) 质量和刚度明显不均匀、不对称的结构，应计入水平地震作用的扭转影响。

4) 按9度抗震设防的高层建筑钢结构，或8度和9度抗震设防的大跨度和长悬臂构件，应计入竖向地震作用。

第二阶段设计时，考虑发生高于本地区基本烈度的地震时，建筑结构能够“大震不倒”，对结构的薄弱层进行罕遇地震下变形验算，以满足规范规定的限值要求。

(2) 高层建筑钢结构的设计反应谱 GB 50011—2001《建筑抗震设计规范》(简称《抗震规范》)的地震反应谱是以地震影响系数曲线(见图8-16)的形式给出的。建筑结构的地震影响系数 α 根据烈度、场地类别、设计地震分组和结构自振周期以及阻尼比确定。图8-16中，当结构的阻尼比取0.05时，地震影响系数曲线的阻尼调整系数 $\eta_2=1.0$，此时水平地震影响系数达到最大值为 α_{max}，按表8-5的规定取值；当结构的阻尼比不等于0.05时，地震影响系数曲线的阻尼调整系数 η_2 按《抗震规范》第5.1.5条确定。地震影响系数的特征周期 T_g，即设计特征周

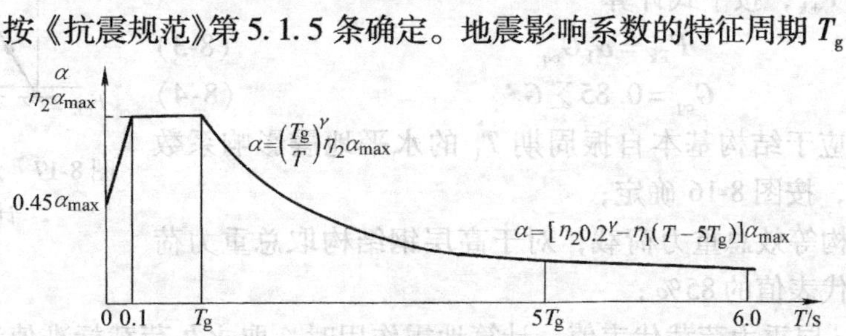

图8-16 地震影响系数曲线

α—地震影响系数 α_{max}—地震影响系数最大值 η_1—直线下降段的下降斜率调整系数

γ—衰减指数 T_g—特征周期 η_2—阻尼调整系数 T—结构自振周期

期，不仅与场地类别有关，还与设计地震分组有关，按表 8-6 规定取值。

表 8-5 水平地震影响系数最大值 α_{max}

地震影响	6度	7度		8度		9度
设计基本地震加速度值	0.05g	0.10g	0.15g	0.20g	0.30g	0.40g
多遇地震	0.04	0.08	0.12	0.16	0.24	0.32
罕遇地震	—	0.50	0.72	0.90	1.20	1.40

注：g 为重力加速度。

表 8-6 设计特征周期 T_g 值

设计地震分组	场地类别			
	Ⅰ类	Ⅱ类	Ⅲ类	Ⅳ类
第一组	0.25	0.35	0.45	0.65
第二组	0.30	0.40	0.55	0.75
第三组	0.35	0.45	0.65	0.90

注：计算 8 度、9 度罕遇地震作用时，特征周期应增加 0.05s。

（3）水平地震作用计算　高层钢结构的水平地震作用的计算方法可采用底部剪力法、振型分解反应谱法和时程分析法，可根据结构情况以及各方法的适用条件，选用合理的计算方法。

1）底部剪力法。其适用范围：建筑平、立面比较规则，以剪切变形为主且质量和刚度分布比较均匀，高度不超过 60m 的高层钢结构，或初步估算高度超过 60m 的高层钢结构的构件截面尺寸。

底部剪力法以地震弹性反应谱理论为基础，仅适用于结构的弹性地震反应分析。在水平地震作用下，结构以“串联质点系”为计算模型(见图 8-17)，即各楼层仅按一个自由度计算，求出该结构底部的总剪力，然后按一定比例分配到各楼层，计算出各楼层的水平地震作用后，即可按静力方法计算结构构件的内力。

水平地震作用下结构底部的总剪力标准值，即结构的总水平地震作用标准值 F_{Ek}，按下式计算

$$F_{Ek}=\alpha_1 G_{eq} \tag{8-3}$$

$$G_{eq}=0.85\sum G_i \tag{8-4}$$

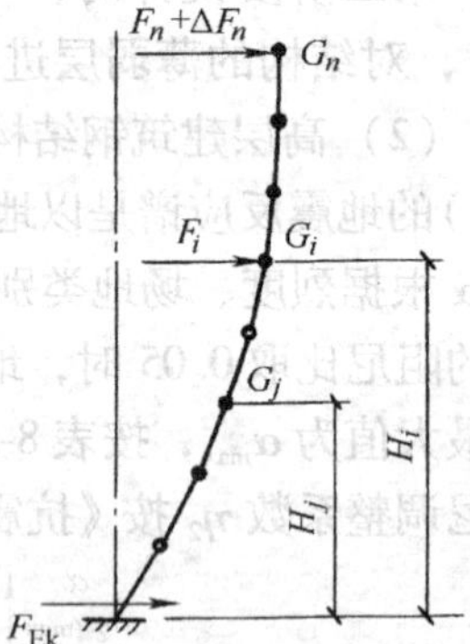

图 8-17　水平地震作用下计算简图

式中　α_1——相应于结构基本自振周期 T_1 的水平地震影响系数值，按图 8-16 确定；

G_{eq}——结构等效总重力荷载，对于高层钢结构取总重力荷载代表值的 85%；

G_i——第 i 层重力荷载代表值，计算地震作用时，取永久荷载标准值和各可变荷载组合值之和，各可变荷载组合值系数按表 8-7 采用。

表 8-7 组合值系数

可变荷载种类		组合值系数
雪荷载		0.5
屋面积灰荷载		0.5
屋面活荷载		不计入
按实际情况计算的楼面活荷载		1.0
按等效均布荷载计算的楼面活荷载	藏书库、档案库	0.8
	其他民用建筑	0.5
起重机悬挂物重力	硬钩起重机	0.3
	软钩起重机	不计入

注：硬钩起重机的吊重较大时，组合值系数应按实际情况采用。

各楼层水平地震作用标准值 F_i

$$F_i = \frac{G_i H_i}{\sum\limits_{j=1}^{n} G_j H_j} F_{\mathrm{Ek}}(1 - \delta_n) \qquad (i = 1,2,\cdots,n) \tag{8-5}$$

顶部附加水平地震作用标准值 ΔF_n

$$\Delta F_n = \delta_n F_{\mathrm{Ek}} \tag{8-6}$$

式中 G_i G_j——集中于质点 i、j 的重力荷载代表值；

H_i、H_j——质点 i、j 的计算高度；

δ_n——顶部附加地震作用系数，对于高层钢结构，按表 8-8 确定。

表 8-8 顶部附加地震作用系数 δ_n

T_g/s	$T_1 > 1.4T_g$	$T_1 \leqslant 1.4T_g$
≤0.35	$0.08T_1 + 0.07$	
0.35 ~0.55	$0.08T_1 + 0.01$	0.0
>0.55	$0.08T_1 - 0.02$	

注：T_1 为结构基本自振周期；T_g 为特征周期。

采用底部剪力法时，凸出屋面的小塔楼的地震作用效应，宜乘以增大系数 3，对于高层钢结构，此增大部分的影响宜向下传递 1 ~2 层。

2）振型分解反应谱法。凡不适宜用底部剪力法计算水平地震作用的高层钢结构，均应采用振型分解反应谱法。振型分解反应谱法是基于地震弹性反应谱理论的设计方法，所以仅适用于结构的弹性分析，是现阶段结构抗震设计的主要方法。

当建筑体型完全对称且不考虑扭转耦联影响的结构时，其结构 j 振型 i 质点的水平地震作用(见图 8-18)标准值为

$$F_{ji} = \alpha_j \gamma_j X_{ji} G_i \qquad (i = 1,2,\cdots,n; j = 1,2,\cdots,m) \tag{8-7}$$

$$\gamma_j = \sum_{i=1}^{n} X_{ji} G_i \Big/ \sum_{i=1}^{n} X_{ji}^2 G_i \tag{8-8}$$

式中 α_j——相应于j振型自振周期的地震影响系数，按表8-5取值；

X_{ji}——j振型i质点的水平相对位移；

γ_j——j振型的参与系数。

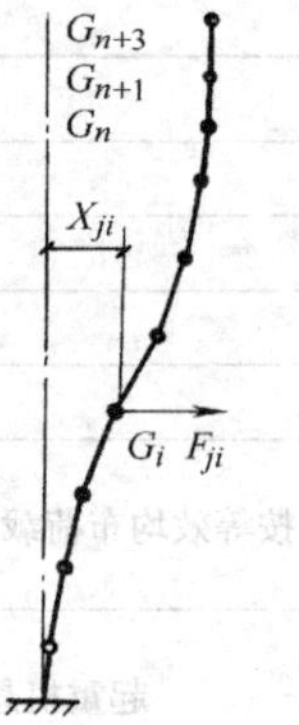

图8-18 振型分解反应谱法计算模型

水平地震作用标准值所引起结构构件的效应（弯矩、剪力、轴向力和变形）为

$$S_{\mathrm{Ek}} = \sqrt{\sum S_j^2} \tag{8-9}$$

式中 S_j——j振型水平地震作用标准值的效应，可只取前2~3个振型，当基本自振周期大于1.5s或房屋高宽比大于5时，振型个数应增加。

当结构平面的两个方向分别计算水平地震作用效应时，对角柱和两个方向的支撑和抗震墙所共有的柱构件，要考虑同时承受两个方向的水平地震作用效应，计算时可采用简化方法，将一个方向的荷载产生的柱内力提高30%。

鉴于目前的高层建筑功能复杂、体型多样化，使得结构的质量和刚度分布明显不均，此时应按空间协同工作进行水平地震作用和作用效应的计算。

3）时程分析法。该法又称直接动力法，能够比较真实的反映结构在地震作用下的变化过程。在结构的底部输入选定的地震波，对动力方程进行直接积分，计算地震过程中每一时刻位移、速度、加速度反应，描述结构在强震作用下在弹性和非弹性阶段的内力变化以及构件逐渐开裂、损坏直至结构倒塌的全过程，从而了解塑性铰出现的情况，找出结构薄弱部位予以加强。但时程分析得到的只是一条具体地震波的地震反应，具有一定的特殊性，而结构的地震反应受地震波特性的影响是很大的，因此《高钢规程》中规定：采用不少于四条能反映当地特性的地震加速度波，其中宜包括一条本地区历史上发生地震时的实测记录波。地震波的持续时间不宜过短，宜取10~20s或更长。

鉴于我国目前条件，不可能都具备当地的强震记录，所以实际工程当中经常用El Center、Taft或采用根据当地地震危险性分析获得的人工模拟地震波，或其他一些容易找到数据的波形，使地震波的频谱特性能反映当地场地土性质，较真实地反映建筑结构在强震作用下的地震反应。

高层建筑钢结构的第一阶段抗震设计中，当遇到竖向布置特别不规则的建筑、甲类建筑和表8-9所列高度范围的建筑时，应采用时程分析法作补充验算。高层建筑钢结构进行第二阶段抗震设计时，结构一般进入弹塑性状态，所以只能采用时程分析法计算。

表8-9 采用时程分析的房屋高度范围

烈度、场地类别	房屋高度范围/m	烈度、场地类别	房屋高度范围/m
8度Ⅰ、Ⅱ类场地和7度	>100	9度	>60
8度Ⅲ、Ⅳ类场地	>80		

(4) 竖向地震作用计算 按9度抗震设防的高层建筑，其竖向地震作用（向上或向下）标准值（见图8-19）为

$$F_{\mathrm{Evk}} = \alpha_{\mathrm{vmax}} G_{\mathrm{eq}} \tag{8-10}$$

分配到各楼层的竖向地震作用，即质点 i 的竖向地震作用标准值为

$$F_{vi}=\frac{G_iH_i}{\sum G_jH_j}F_{Evk} \tag{8-11}$$

式中 α_{vmax}——竖向地震影响系数的最大值，水平地震影响系数最大值的65%；

H_i、H_j——质点 i、j 的计算高度；

G_i、G_j——质点 i、j 的重力荷载代表值；

G_{eq}——结构等效总重力荷载，可取重力荷载代表值的75%，即 $0.75\sum_{i=1}^{n}G_i$。

各层的竖向地震作用效应可按各构件承受重力荷载代表值的比例分配，并宜乘以增大系数1.5，同时考虑竖向地震作用向上或向下所产生的不利组合。

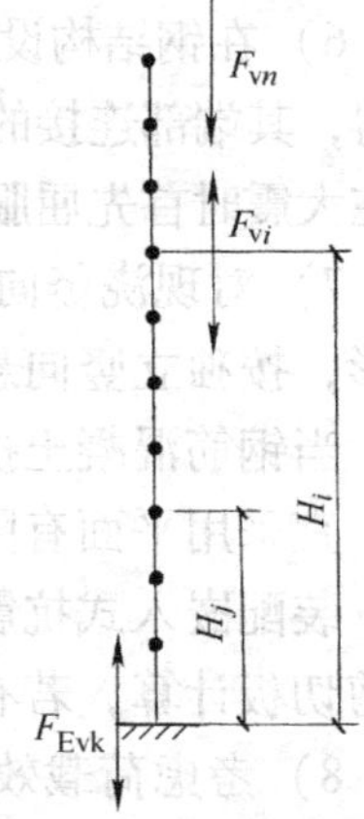

图8-19 竖向地震作用计算简图

8.2.2 结构的承载力与变形计算

1. 计算的一般规定

1）高层建筑钢结构的作用效应计算采用弹性设计，对有抗震设防要求的高层建筑，由于允许结构进入弹塑性状态，所以要进行弹塑性分析，即应验算在罕遇地震作用下结构的层间位移和层间位移延性比。

2）高层建筑钢结构通常采用现浇组合楼盖，在其自身平面内的刚度是相当大的，通常假设具有绝对刚性。为满足这一假定，在设计中应采取相应的构造措施来保证楼面的整体刚度。当不能保证楼面的整体刚度时，如楼面整体性较差、楼面开孔较大、有较长外伸段楼面或相邻层刚度有突变的楼面，则宜采用楼板的实际刚度，或对按刚性楼面假定计算所得结果进行调整。

3）当进行结构的弹性分析时，宜考虑现浇钢筋混凝土楼板与钢梁的共同工作，并且在设计中应使楼板与钢梁间有可靠连接。当进行结构的弹塑性分析时，钢筋混凝土楼板可能严重开裂，故此时不宜考虑楼板与钢梁的共同工作。

当进行框架弹性分析时，压型钢板组合楼盖中梁的截面二次矩应乘以增大系数：两侧有楼板的梁取1.5，对仅一侧有楼板的梁取1.2。

4）高层建筑钢结构计算模型应根据具体的结构形式和计算内容确定。一般情况下，可采用平面抗侧力结构的空间协同计算模型；当结构布置规则、质量及刚度沿高度分布均匀、不计扭转效应时，可采用平面结构计算模型；当结构平面或立面不规则、体型复杂、无法划分成平面抗侧力单元的结构，或为筒体结构时，应采用空间结构计算模型。

5）高层建筑钢结构的梁柱构件跨度与截面高度之比一般都很小，因此当作为杆件体系进行内力与位移分析时，应考虑梁柱的弯曲变形、剪切变形和柱轴向变形的影响。由于梁轴力很小，而且与楼板组成刚性楼盖，分析时通常视为无限刚性，所以一般不考虑梁的轴向变形，但当梁同时作为腰桁架或帽桁架的弦杆或支撑桁架的杆件时，轴向变形不能忽略。此外，由于梁柱的节点域较薄，其剪切变形对侧移的影响较大，必须考虑其影响。但剪切变形

对结构内力影响较小，不需对结构内力进行修正。

6）在钢结构设计中，柱间支撑两端应为刚性连接，但计算内力时按两端铰接的计算简图求得，其端部连接的刚度通过修正支撑的计算长度加以考虑。若采用偏心支撑，由于其消能梁段在大震时首先屈服，受力性能不同，应按单独单元计算。

7）对现浇竖向连续钢筋混凝土抗震墙的计算，宜计入墙的弯曲变形、剪切变形和轴向变形，按独立竖向悬臂弯曲构件考虑。

当钢筋混凝土抗震墙上有比较规则的开孔时，可按带刚域的框架计算；当有复杂开孔时，宜采用平面有限元法计算。

装配嵌入式抗震墙，可按相同水平力作用下侧移相同的原则，将其折算成等效支撑或等效剪切板计算，若有可靠的理论依据，也可用其他简便的计算模型作分析。

8）考虑荷载效应组合时，应区分地震区与非地震区，同时还要区分是用于承载力极限状态验算还是正常使用极限状态验算。

用于承载力极限状态验算。无地震作用效应组合时，荷载效应的组合设计值为

$$S=\gamma_G S_{Gk}+\psi_Q\gamma_Q S_{Qk}+\psi_w\gamma_w S_{wk} \tag{8-12}$$

式中 S_{Gk}、S_{Qk}、S_{wk}——永久荷载效应标准值、可变荷载效应标准值、风荷载效应标准值；

γ_G——永久荷载分项系数，当永久荷载效应对结构有利时取 1.0，当永久荷载效应对结构不利时，对由可变荷载效应控制的组合时取 1.2，对由永久荷载效应控制的组合时取 1.35；

γ_Q——可变荷载分项系数，一般情况下应取 1.4，对标准值大于 $4kN/m^2$ 的工业房屋楼面结构的活荷载应取 1.3；

γ_w——风荷载分项系数，应取 1.4；

ψ_Q——可变荷载组合值系数，一般情况下应取 0.7，对书库、档案库、贮藏室、通风机房和电梯机房，楼面活荷载组合值系数应取 0.9；

ψ_w——风荷载组合值系数，应取 1.0。

有地震作用效应组合时，荷载效应的组合设计值为

$$S=\gamma_G S_{GE}+\gamma_{Eh}S_{Ehk}+\gamma_{Ev}S_{Evk}+\psi_w\gamma_w S_{wk} \tag{8-13}$$

式中 S_{GE}、S_{Ehk}、S_{Evk}、S_{wk}——重力荷载代表值、水平地震作用标准值、竖向地震作用标准值、风荷载标准值所产生的效应；

γ_G、γ_{Eh}、γ_{Ev}、γ_w——重力荷载、水平地震作用、竖向地震作用、风荷载的分项系数(见表 8-10)；

ψ_w——风荷载组合值系数，应取 0.2。

表 8-10 荷载与作用的组合和分项系数

	组 合 情 况	重力荷载 γ_G	水平地震作用 γ_{Eh}	竖向地震作用 γ_{Ev}	风荷载 γ_w	适 用 条 件
1	重力荷载，水平地震作用	1.2	1.3	—	—	各类建筑
2	重力荷载，竖向地震作用	1.2	—	1.3	—	9 度高层建筑；8 度、9 度长悬臂结构
3	重力荷载，水平、竖向地震作用	1.2	1.3	0.5	—	9 度高层建筑；8 度、9 度长悬臂结构

（续）

组合情况		重力荷载 γ_G	水平地震作用 γ_{Eh}	竖向地震作用 γ_{Ev}	风荷载 γ_w	适用条件
4	重力荷载，风荷载 水平地震作用	1.2	1.3	—	1.4	60m 以上高层建筑
5	重力荷载，风荷载 水平、竖向地震作用	1.2	1.3	0.5	1.4	9 度 60m 以上高层建筑； 8 度、9 度长悬臂结构

注：重力荷载效应对构件承载力有利时取 $\gamma_G = 1.0$。

用于正常使用极限状态验算。重力荷载作用下构件的挠度验算时，荷载效应组合值

$$S = S_{Gk} + S_{Qk} \tag{8-14}$$

风荷载作用下结构的侧移验算时，荷载效应组合值

一般情况 $$S = S_{wk} \tag{8-15}$$

当重力荷载产生的侧移不可忽略时 $$S = S_{wk} + S_{Gk} + \psi_Q S_{Qk} \tag{8-16}$$

水平地震作用下结构的侧移验算时，荷载效应组合值

一般情况 $$S = S_{Ehk} \tag{8-17}$$

当重力荷载产生的侧移不可忽略时 $$S = S_{Ehk} + S_{Gk} \tag{8-18}$$

9）当进行第一阶段抗震设计的构件承载力验算时，应按表 8-10 中选择可能出现的组合情况及相应的荷载和作用分项系数，分别进行内力设计值组合，取各构件的最不利组合进行截面设计。当进行第一阶段抗震设计的结构侧移验算时，应取与构件承载力验算相同的组合，但各荷载和作用的分项系数取 1.0，取结构最不利位移标准进行位移限值验算。当进行第二阶段抗震设计采用时程分析法验算时，不应计入风荷载，其竖向荷载宜取重力荷载代表值，同时考虑的荷载和作用均取标准值。

10）高层建筑钢结构的二阶效应较强，一般应验算结构的整体稳定性。二阶效应主要指 P-Δ 效应和梁柱效应，根据理论分析和工程实例计算，若将结构的层间位移、柱的轴压比和长细比限制在一定范围内，就能控制二阶效应对结构极限承载力的影响。《高钢规程》中第 5.2.10 条给出可不需验算结构整体稳定的条件。否则，应按第 5.2.11 条验算结构整体稳定。

2. 结构承载力计算

非抗震设防要求的多高层建筑钢结构，在重力荷载和风荷载作用下，结构各构件的承载力应满足下式要求

$$\gamma_0 S \leqslant R \tag{8-19}$$

式中 γ_0——结构重要性系数；

S——荷载效应组合设计值；

R——结构构件承载力设计值。

进行多遇地震作用下多高层钢结构各构件承载力验算时，应满足下式要求

$$S \leqslant \frac{R}{\gamma_{RE}} \tag{8-20}$$

式中 S——包含地震作用的荷载效应组合设计值；

R——结构构件承载力设计值；

γ_{RE}——结构构件承载力抗震调整系数，按表 8-11 取值。

表 8-11 承载力抗震调整系数 γ_{RE}

材 料	结构构件	γ_{RE}	材 料	结构构件	γ_{RE}
钢	柱、梁	0.75	钢	节点板件、连接螺栓	0.85
	支撑	0.80		连接焊缝	0.90

注：当仅计算竖向地震作用时，各类结构构件承载力抗震调整系数均取为 1.0。

3. 结构变形计算

(1) 重力荷载作用下构件允许挠度 为保证楼盖有较好的整体刚度和使用性能，要求在重力荷载作用下楼盖主梁和次梁的挠度不大于其允许限值：主梁挠度$\leqslant l/400$；次梁挠度$\leqslant l/250$(l 为梁的跨度)。

(2) 风荷载作用下结构的侧移限值 高层建筑钢结构在风荷载作用下，按弹性方法计算所得的侧移值应符合下列规定：

1) 结构顶端质心处的侧移 Δ，不宜超过建筑高度 H 的 1/500，即 $\Delta/H\leqslant 1/500$。

2) 楼层质心处的层间侧移 Δu，不宜超过楼层高度 h 的 1/400，即 $\Delta u/h\leqslant 1/400$。

3) 结构平面端部构件的最大侧移，不得超过质心侧移的 1.2 倍。

(3) 地震作用下结构的侧移限值 第一阶段抗震设计的结构侧移验算，即多遇地震作用时，结构的侧移应满足下列要求：

1) 最大弹性层间侧移 Δu_e 不得超过楼层高度 h 的 1/300，即 $\Delta u_e/h\leqslant 1/300$。

2) 结构平面端部构件的最大侧移，不得超过该楼层质心侧移的 1.3 倍。

第二段抗震设计的结构侧移验算，即罕遇烈度地震作用时，侧移应满足下列要求：

1) 结构薄弱层的弹塑性层间侧移 Δu_p 不得超过该薄弱层高度 h 的 1/50，即 $\Delta u_p/h\leqslant 1/50$。

2) 结构层间侧移延性比不得超过表 8-12 中数值。所谓层间侧移延性比是结构在罕遇地震下的最大层间侧移与其进入弹塑性状态时的层间侧移的比值。

表 8-12 结构层间侧移延性比

结 构 类 别	层间侧移延性比	结 构 类 别	层间侧移延性比
钢框架	3.5	中心支撑框架	2.5
偏心支撑框架	3.0	有混凝土剪力墙的钢框架	2.0

结构在罕遇地震作用下应进行薄弱层的弹塑性变形验算的建筑物应符合 GB 50011—2001《建筑抗震设计规范》中第 5.5.2 条的规定。

8.3 压型钢板组合楼(屋)盖设计

楼盖是建筑物的主要功能结构，承受楼层上的各种竖向荷载。在多高层钢结构中，楼(屋)盖的工程量占有很大的比重，对结构的工作性能、造价及施工速度等都有重要的影响，所以在确定楼盖结构方案时，应考虑以下要求：

1) 保证楼盖有足够的整体刚度。

2）减轻结构的自重，减小结构层的高度。

3）有利于现场安装方便及快速施工。

4）较好的防火、隔声性能，并便于管线的铺设。

多高层钢结构的楼板一般采用现浇混凝土楼板、叠合楼板、预制楼板及压型钢板组合楼板。其中最常用的是压型钢板组合楼板，其特点是有利于各种复杂管线系统的铺设；施工过程中无传统模板支模、拆模的繁琐作业，可同时进行一层或几层楼板的混凝土浇筑，而不影响钢结构的施工；压型钢板质量轻，吊装容易，可快速就位。因此，压型钢板组合楼板在施工速度、简易程度和安全性等综合效果上更优于其他结构形式的楼板，是目前实际工程中应用较多的楼盖形式。

8.3.1　组合形式

多高层钢结构中的楼板，普遍采用在压型钢板上浇筑混凝土而形成的组合楼板和非组合楼板。这两种类型楼板主要区别在对压型钢板的功能要求。组合楼板中的压型钢板不仅用作永久性模板，而且作为混凝土板下部的受拉钢筋，与混凝土共同工作。非组合楼板中的压型钢板仅用作永久性模板，不考虑与混凝土共同工作。楼板的形式不同，其受力状态亦不同，设计时应有不同的考虑。

在设计中，非组合楼板中的压型钢板，只承受施工荷载和湿混凝土的重力。当混凝土达到设计强度后，按单向密肋板计算，承受全部荷载，与普通钢筋混凝土板一样，此时压型钢板已无结构功能。而组合楼板的设计应分阶段进行，即施工阶段和使用阶段。在任一阶段中，压型钢板与混凝土板之间的连接，主要靠以下几种方式实现：

1）依靠压型钢板的纵向波槽（见图8-20a）。

2）依靠压型钢板上的压痕、开的小洞或冲成的不闭合孔眼（见图8-20b）。

3）依靠压型钢板上焊接的横向钢筋（见图8-20c）。

4）在任何情况下，均应设置端部锚固件（栓钉）（见图8-20d）。

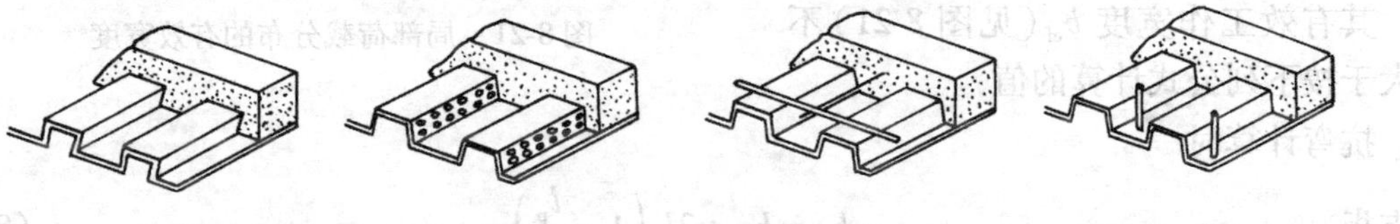

a)　b)　c)　d)

图8-20　组合板的连接

8.3.2　组合楼板的设计要求

1. 一般规定

1）压型钢板一般由厚0.8～1.0mm的热镀锌薄板成型，长度宜为8～12m，以充分发挥经济效益。

2）压型钢板表面的油污应清除，避免长期暴露而生锈。

3）在有较严重的腐蚀情况下，不宜采用压型钢板组合楼盖体系。

4）各块压型钢板之间，应用接缝紧固件将其连成整体，接缝紧固件的间距不应大于500mm。

5）在组合楼板的设计中，应进行施工阶段和使用阶段的验算。

施工阶段应对作为浇筑混凝土底模的压型钢板进行强度和变形的验算。此时，应采用弹性方法计算。强边(顺肋)方向的正、负弯矩和挠度按单向板计算，弱边方向不计算。

使用阶段应对组合楼板进行强度和变形的验算。当压型钢板上的混凝土厚度为50～100mm时，强边(顺肋)方向的正弯矩和挠度按简支单向板计算；强边(顺肋)方向的负弯矩按固端板取值，弱边方向不计算。当压型钢板上的混凝土厚度大于100mm时，组合板的挠度应按强边(顺肋)方向的简支单向板计算；强度计算应按下列规定：当$0.5<\lambda_e<2.0$时，应按双向板计算；当$\lambda_e\leqslant0.5$或$\lambda_e\geqslant2.0$时，应按单向板计算

$$\lambda_e=\frac{\mu l_x}{l_y} \tag{8-21}$$

式中 μ——板的受力异向性系数，$\mu=(I_x/I_y)^{1/4}$，I_x、I_y为强边方向和弱边方向的截面二次距，计算I_y时只考虑压型钢板顶面以上的混凝土厚度h_c；

l_x——组合板强边(顺肋)方向的跨度；

l_y——组合板弱边(垂直肋)方向的跨度。

6）组合楼板在施工阶段，压型钢板作为浇筑混凝土的模板，此时，应考虑的荷载有：

永久荷载：压型钢板、钢筋和湿混凝土的自重；对于湿混凝土的重力要考虑压型钢板挠度$\delta>20$mm的凹坑堆积量(可取0.7δ)。

可变荷载：施工荷载和附加荷载。施工荷载宜取不小于1.5kN/m²，附加荷载主要指混凝土堆放、管线和泵的荷载等。

组合楼板使用阶段的荷载应为全部的永久荷载和可变荷载。

7）当组合楼板上作用有局部荷载时，其有效工作宽度b_{ef}(见图8-21)不得大于按下列公式计算的值

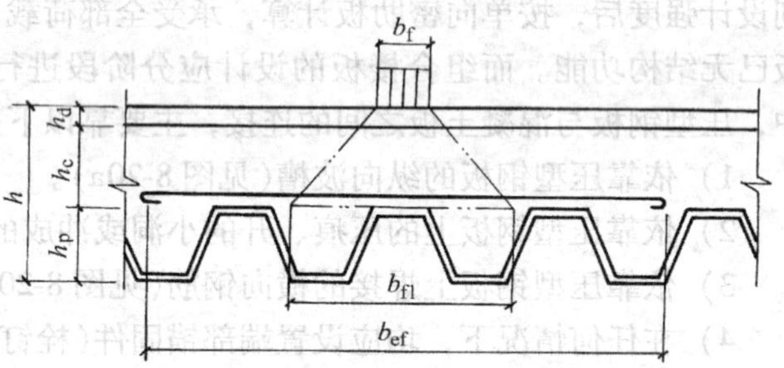

图8-21 局部荷载分布的有效宽度

抗弯计算时

简支板
$$b_{ef}=b_{f1}+2l_p\left(1-\frac{l_p}{l}\right) \tag{8-22a}$$

连续板
$$b_{ef}=b_{f1}+\left[4l_p\left(1-\frac{l_p}{l}\right)\right]\Big/3 \tag{8-22b}$$

抗剪计算时

$$b_{ef}=b_{f1}+l_p\left(1-\frac{l_p}{l}\right) \tag{8-23a}$$

$$b_{f1}=b_f+2(h_c+h_d) \tag{8-23b}$$

式中 l——组合板跨度；

l_p——荷载作用点到楼板较近支座的距离；

b_{f1}——集中荷载在组合板中的分布宽度；

b_f——荷载宽度；

h_c——压型钢板顶面以上的混凝土计算厚度；

h_d——地板饰面层的厚度。

2. 组合楼板设计

（1）施工阶段

1）强度验算。压型钢板在施工阶段的受弯承载力，应符合下式要求

$$\frac{M}{W_s} \leqslant f \tag{8-24}$$

式中　M——压型钢板沿强边（顺肋）方向一个波宽（见图8-22）的弯矩设计值；

f——压型钢板钢材的强度设计值；

W_s——压型钢板一个波宽的截面系数。

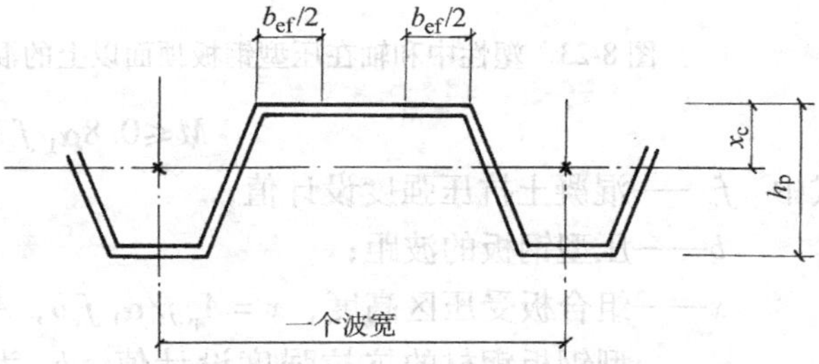

图8-22　压型钢板的波宽及受压翼缘的计算宽度

W_s 一般取受压边 W_{sc} 与受拉边 W_{st} 的较小值，W_{sc}、W_{st} 分别按下式计算

$$W_{sc} = \frac{I_s}{x_c},\ W_{st} = \frac{I_s}{h_p - x_c}$$

式中　I_s——一个波宽内对压型钢板截面形心轴的惯性距，其中受压翼缘的有效计算宽度 b_{ef} 应不大于 $50t$，t 为压型钢板的厚度；

x_c——压型钢板受压翼缘至形心轴的距离；

h_p——压型钢板截面的总高度。

2）挠度验算。压型钢板在施工阶段根据下料后的实际布板情况，按单向单跨简支板或两跨连续板验算：

单跨简支板
$$\omega = \frac{5ql^4}{384EI_s} \leqslant [\omega] \tag{8-25a}$$

两跨连续板
$$\omega = \frac{ql^4}{185EI_s} \leqslant [\omega] \tag{8-25b}$$

式中　q——一个波宽内的均布短期荷载标准值；

EI_s——一个波宽内压型钢板截面的弯曲刚度；

l——压型钢板楼板的计算跨度；

$[\omega]$——挠度限值，可取 $l/180$ 及 20mm 的较小值。

（2）使用阶段

1）强度验算。在承载力极限状态下，组合板应具备足够抵抗设计荷载的能力，主要使其不发生跨中的弯曲破坏、压型钢板与混凝土界面的纵向剪切破坏以及斜截面剪切破坏。

① 弯曲强度计算。组合板正截面抗弯承载力应按塑性设计计算，假定截面受拉区和受压区的材料均达到强度设计值。但考虑到作为受拉钢筋的压型钢板没有混凝土保护层厚度，中和轴附近材料强度发挥不够充分等原因，对压型钢板钢材强度设计值与混凝土的抗压强度设计值，均应乘以折减系数0.8。

当 $A_p f \leq \alpha_1 f_c h_c b$ 时，塑性中和轴在压型钢板顶面以上的混凝土截面内(见图 8-23)，组合板的弯矩应符合下式要求

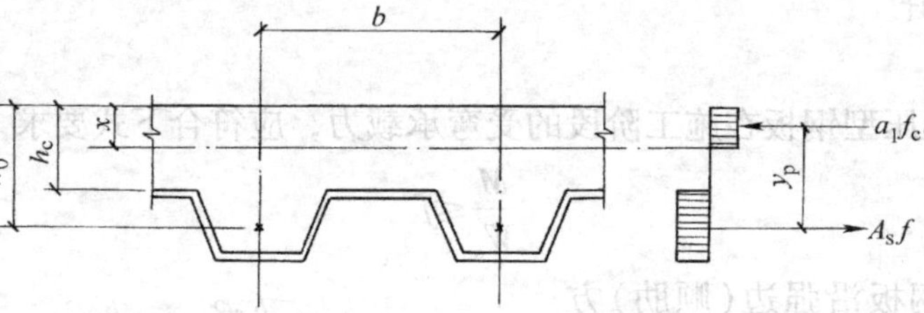

图 8-23 塑性中和轴在压型钢板顶面以上的混凝土截面内时的受弯承载力计算图

$$M \leq 0.8\alpha_1 f_c x b y_p \tag{8-26}$$

式中 f_c——混凝土抗压强度设计值；

b——压型钢板的波距；

x——组合板受压区高度，$x = A_p f / \alpha_1 f_c b$，$A_p$ 为压型钢板波距内的截面面积，f 为压型钢板钢材的抗拉强度设计值，h_c 为压型钢板以上混凝土计算厚度，当 $x > 0.55h_0$ 时取 $0.55h_0$，h_0 为组合板的有效高度；

y_p——压型钢板截面应力合力至混凝土受压区截面应力合力的距离，$y_p = h_0 - x/2$；

α_1——受压区混凝土矩形应力图的应力与混凝土轴心抗压强度设计值的比值。当混凝土强度等级不超过 C50 时取 1.0；当混凝土强度等级为 C80 时取 0.94；当混凝土强度等级在 C50 ~ C80 之间时，可按线形内插取值。

当 $A_p f > \alpha_1 f_c h_c b$ 时，塑性中和轴在压型钢板内(见图 8-24)，组合板的弯矩应符合下式要求

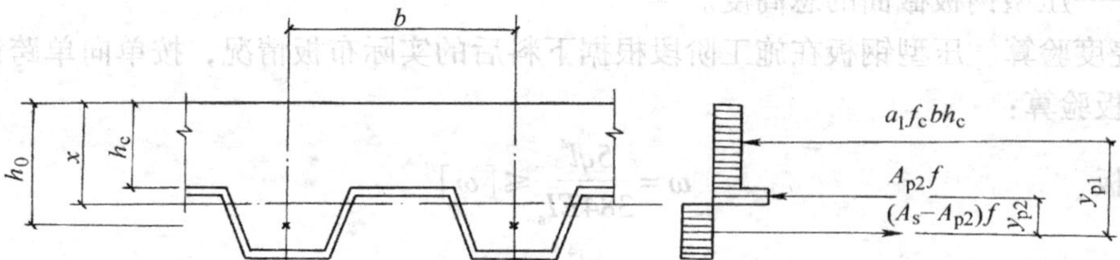

图 8-24 塑性中和轴在压型钢板截面内时的受弯承载力计算图

$$M \leq 0.8(\alpha_1 f_c h_c b y_{p1} + A_{p2} f y_{p2}) \tag{8-27}$$

$$A_{p2} = 0.5\left(A_p - \frac{\alpha_1 f_c h_c b}{f}\right) \tag{8-28}$$

式中 A_{p2}——塑性中和轴以上的压型钢板波距内截面面积；

y_{p1}、y_{p2}——压型钢板受拉区截面应力合力分别至受压区混凝土板截面和压型钢板截面压应力合力的距离。

当压型钢板仅作为模板使用时，楼板承受正弯矩，应在波槽内设置钢筋，其配筋计算与混凝土板的配筋计算相同，此时，楼板截面高度取压型钢板的波高加混凝土板厚。

对于压型钢板楼板的负弯矩配筋计算，无论是否考虑其组合作用，统一按 T 形截面梁进行计算。

a. 当 $M_n > \alpha_1 f_c bh_p(h_p/2 + h_c - a_c) + 1000\alpha_1 f_c h_c(h_c/2 - a_c)$ 时，说明楼板负弯矩过大，无法进行配筋计算，应加大压型钢板顶面以上混凝土厚度。

式中 M_n——楼板负弯矩设计值；

b——单位长度内压型钢板的下翼缘宽度(mm)；

h_p——压型钢板的高度(mm)；

h_c——压型钢板顶面以上混凝土计算厚度(mm)；

a_c——混凝土保护层厚度(mm)。

b. 当 $M_n \leqslant \alpha_1 f_c bh_p(h_p/2 + h_c - a_c)$ 时，中和轴在压型钢板中(见图8-25)，由 $\alpha_1 f_c bx = f_{sy} A_s$，$M_n = \alpha_1 f_c bx(h_c - x/2)$ 可得

$$x = \frac{\alpha_1 f_c bh_0 - \sqrt{\alpha_1^2 f_c^2 b^2 h_0^2 - 2\alpha_1 f_c bM_n}}{\alpha_1 f_c b} \tag{8-29}$$

$$A_s = \frac{\alpha_1 f_c bx}{f_{sy}} \tag{8-30}$$

式中 h_0——压型钢板楼板的有效高度，$h_0 = h_p + h_c - a_c$；

x——混凝土受压区高度；

f_{sy}——钢筋的屈服强度；

A_s——单位长度内压型钢板楼板的配筋面积。

c. 当 $M_n > \alpha_1 f_c bh_p(h_p/2 + h_c - a_c)$ 时，中和轴在混凝土板内(见图8-26)，

由 $\begin{cases} \alpha_1 f_c bh_p + 1000\alpha_1 f_c x = f_{sy} A_s \\ M_n = \alpha_1 f_c bh_p(h_p/2 + h_c - a_c) + 1000\alpha_1 f_c x(h_0 - x/2) \end{cases}$，$h_0 = h_c - a_c$，可得

$$x = \frac{1000\alpha_1 f_c h_0 - \sqrt{1000^2 \alpha_1^2 f_c^2 h_0^2 - 2 \times 1000\alpha_1 f_c M_n}}{1000\alpha_1 f_c} \tag{8-31}$$

$$A_s = \frac{\alpha_1 f_c bh_p + 1000\alpha_1 f_c x}{f_{sy}} \tag{8-32}$$

式中 x——压型钢板顶面以上混凝土受压区高度(mm)；

A_s——单位长度内压型钢板楼板的配筋面积(mm^2)。

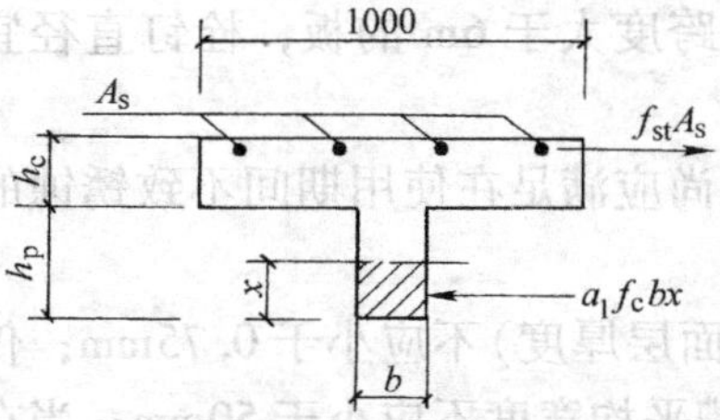

图8-25 中和轴在压型钢板内

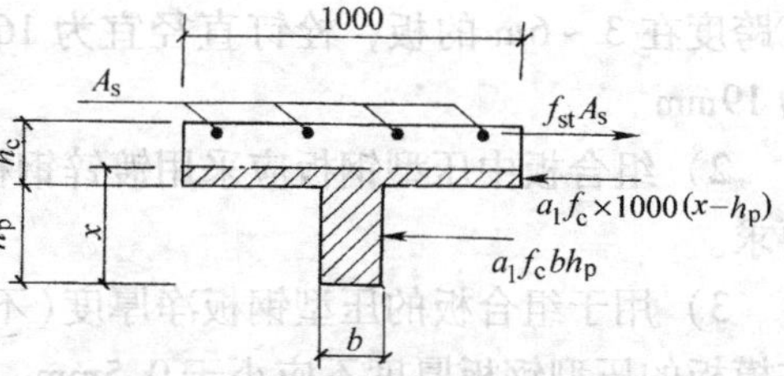

图8-26 中和轴在混凝土板内

② 斜截面抗剪承载力计算。组合楼板斜截面抗剪承载力应满足下列要求

$$V_{in} \leqslant 0.07 f_t bh_0 \tag{8-33}$$

式中 V_{in}——组合板一个波距内斜截面最大剪力设计值；

f_t——混凝土轴心抗拉强度设计值；

b——压型钢板的一个波距；

h_0——组合楼板的有效高度。

③ 局部荷载作用下冲切承载力验算。组合楼板在局部荷载作用下冲切力设计值，应满足下式要求

$$V_l \leqslant 0.6 f_t u_{cr} h_c \tag{8-34}$$

式中 h_c——压型钢板以上混凝土计算厚度(mm)；

u_{cr}——临界周界长度(mm)，如图 8-27 所示。

2）挠度验算。计算组合楼板的挠度时，不论其支承情况如何，均按简支单向板计算沿强边(顺肋)方向的挠度，按荷载效应的标准组合并考虑荷载长期作用影响进行计算，所得挠度 v 不应大于跨度的 1/360。组合楼板的挠度可采用换算单质的截面刚度进行计算。

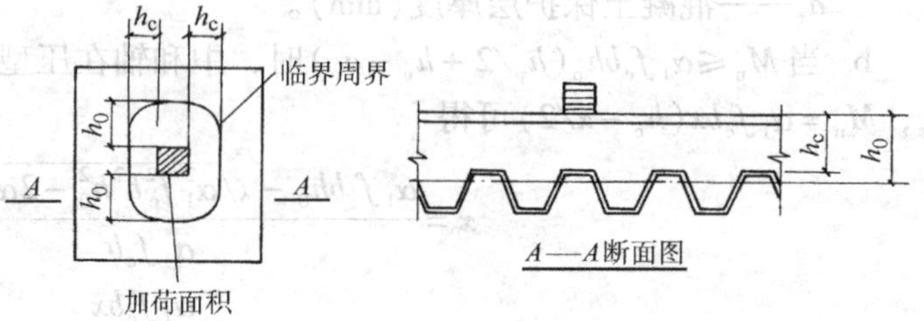

图 8-27 临界周界长度

3）裂缝验算。应对组合楼板负弯矩部位进行混凝土裂缝宽度验算，可忽略压型钢板的作用，按楼板所处的环境类别确定裂缝控制等级，并满足 GB 50010—2002《混凝土结构设计规范》中楼板最大裂缝宽度限值的要求。

4）自振频率验算。组合楼板的振动舒适度，应通过验算楼板的自振频率，使其不小于 15Hz 来控制，组合楼板的自振频率 f 按下式进行估算

$$f = \frac{1}{0.178\sqrt{v}} \tag{8-35}$$

式中 v——永久荷载产生的挠度(cm)。

3. 组合楼板构造要求

1）为防止组合楼板中压型钢板与混凝土之间产生相对滑移，应在组合板端部设置栓钉锚固件。栓钉的位置在端支座的压型钢板凹肋处，穿透压型钢板并将栓钉、钢板均焊牢在钢梁上。栓钉的直径按下列规定采用：①跨度小于 3m 的板，栓钉直径宜为 13mm 或 16mm；②跨度在 3～6m 的板，栓钉直径宜为 16mm 或 19mm；③跨度大于 6m 的板，. 栓钉直径宜为 19mm。

2）组合板中压型钢板应采用镀锌钢板，其镀锌层厚度尚应满足在使用期间不致锈蚀的要求。

3）用于组合板的压型钢板净厚度(不包括镀锌层和饰面层厚度)不应小于 0.75mm；仅作模板的压型钢板厚度不应小于 0.5mm，浇筑混凝土的波槽平均宽度不应小于 50mm；当在槽内设置栓钉锚固件时，压型钢板总高度不应大于 80mm。

4）组合板的总厚度不应小于 90mm；压型钢板顶面以上混凝土厚度不应小于 50mm；此外，尚应满足楼板防火保护层厚度的要求。

5）组合板中的压型钢板在钢梁上的支承长度，不应小于 50mm；在砌体上的支承长度不应小于 75mm。

6）组合板在下列情况之一时应配置钢筋：①为组合板提供储备承载力的附加抗拉钢

筋；②在连续组合板或悬臂组合板的负弯矩区配置连续钢筋；③在集中荷载区段和孔洞周围配置分布钢筋；④改善防火效果的受拉钢筋；⑤在压型钢板上翼缘焊接横向钢筋，应配置在剪跨区段内，其间距为150～300mm。

7）连续组合板在中间支座负弯矩区的上部纵向钢筋，应伸过梁的反弯点，并应满足锚固长度且设置弯钩；下部纵向钢筋在支座处应连续配置，不得中断。

8）组合板在集中荷载作用下，应设置横向钢筋，钢筋的截面面积不应小于压型钢板顶面以上混凝土板截面面积的0.2%，其延伸宽度不应小于组合板的有效工作宽度。

9）当连续组合板按简支板设计时，在中间支座处上部抗裂钢筋的截面面积不应小于混凝土截面面积的0.2%，抗裂钢筋从支座边缘算起的长度，不应小于跨度的1/6，且应与不少于5支分布钢筋相交。

抗裂钢筋最小直径为4mm，最大间距为150mm。顺肋方向钢筋保护层厚度宜为20mm。与抗裂钢筋垂直的分布钢筋直径，不应小于抗裂钢筋直径的2/3，其间距不应大于抗裂钢筋间距的1.5倍。

10）压型钢板的表面处理。压型钢板支承在钢梁上时，在其支承长度范围内应涂防锈漆，其厚度不宜超过50μm。压型钢板板肋与钢梁平行时，钢梁上翼缘表面不应涂防锈漆，以使钢梁表面与混凝土之间有良好的结合。压型钢板端部的栓钉部位宜进行适当的除锌处理，以提高栓钉的焊接质量。

8.3.3　组合梁的设计要求

本节所述组合梁，是指压型钢板组合楼板和钢梁之间通过抗剪连接件而构成整体、共同受力的梁。

与钢筋混凝土梁板结构相比，可节约模板，减少预埋件，减轻自重，降低层高，方便施工，缩短工期，且便于安装管线。与钢梁相比，混凝土板对钢梁起侧向支撑作用，提高或保证了钢梁的整体稳定，同时可利用混凝土楼板的受压作用，增加梁截面的有效高度，既提高了梁的抗弯承载力，又提高了梁的抗弯刚度，由此而节省钢材。所以在多高层建筑钢结构中常采用组合梁。

1. 组合梁的形式及工作原理

组合梁通常由以下四部分组成（见图8-28）：

1）钢筋混凝土翼板。钢筋混凝土可作为组合梁的受压翼缘，同时亦可保证梁的整体稳定性。

2）板托。根据需要和具体情况可设亦可不设。设置板托给支模带来一定的麻烦，但可增加梁高，节约钢材，同时还能改善钢筋混凝土翼板的横向受弯条件。

3）抗剪连接件。抗剪连接件是钢梁与钢筋混凝土翼板共同工作的基础，承受钢梁与钢筋混凝土翼板接触面之间的纵向剪力，避免产生相对剪切滑动，同时承受两者之间的掀起力，防止其分离。根据抗剪连接件的设置数量，将组合梁分为完全抗剪连接组合梁和部分抗剪连接组合梁。部分抗剪连接组合梁中由于抗剪连接件的数量较少，不能保证钢梁与钢筋混凝土翼板的共同受力，组合作用很小，故实际设计时不再考虑其组合作用。在多高层建筑钢结构中常采用完全抗剪连接组合梁。

4）钢梁。钢梁在组合梁中主要承受拉力和剪力。钢梁上翼缘为钢筋混凝土翼板的支座，固定抗剪连接件，同时还可用作施工翼板时的支承结构。在组合梁受弯时，钢梁上翼缘抵抗弯曲应力的作用远小于钢梁下翼缘，所以钢梁可设计成上翼缘窄、下翼缘宽的不对称截面。

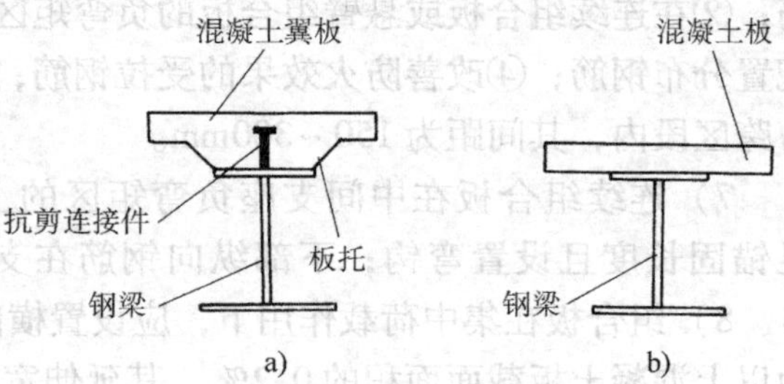

图 8-28 组合梁的组成
a）设板托 b）无板托

组合梁的工作原理如图 8-29 所示。图 8-29a 所示为混凝土翼板与钢梁相互独立工作的情况。在竖向荷载作用下，混凝土翼板与钢梁发生弯曲变形，在接触面之间发生相对滑移，各自承担一部分弯矩，M_c 为混凝土翼板承受的弯矩，M_s 为钢梁承受的弯矩，在弹性阶段的应力如图 8-29c 所示。当混凝土翼板与钢梁之间通过一定数量的抗剪连接件紧密结合时，由于抗剪件的阻碍作用，接触面之间不会发生相对滑移。在竖向荷载作用下，接触面之间的剪力全部由抗剪连接件承担，混凝土翼板和钢梁就像一个整体一样共同工作，具有一个中和轴的组合截面（见图 8-29b），共同承受竖向荷载所产生的截面弯矩。其弹性阶段的应力如图8-29d 所示。

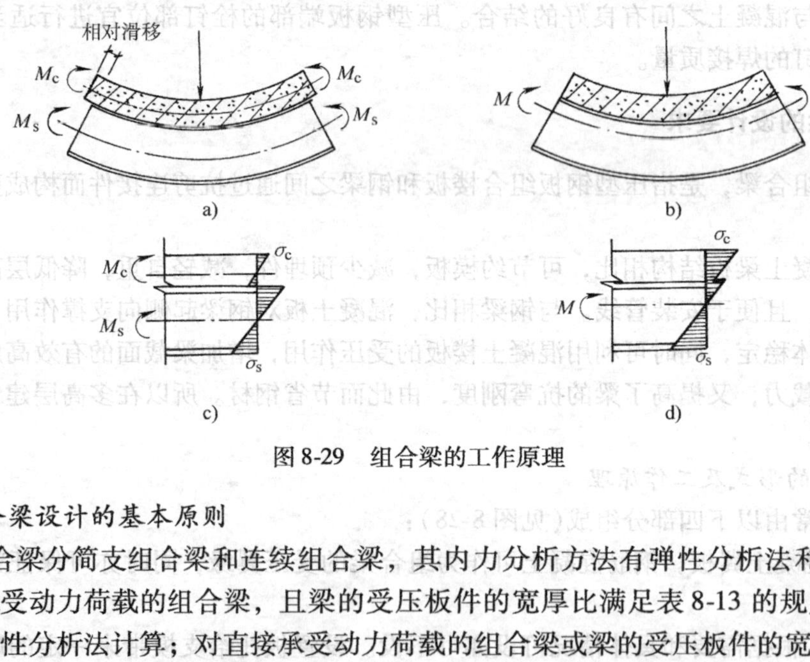

图 8-29 组合梁的工作原理

2. 组合梁设计的基本原则

1）组合梁分简支组合梁和连续组合梁，其内力分析方法有弹性分析法和塑性分析法。对不直接承受动力荷载的组合梁，且梁的受压板件的宽厚比满足表 8-13 的规定时，其承载能力可用塑性分析法计算；对直接承受动力荷载的组合梁或梁的受压板件的宽厚比不满足表 8-13 的规定时，可用弹性分析法计算。

2）组合梁的承载能力采用弹性分析法计算时，假定钢梁和混凝土都是理想的弹塑性体，计算时将混凝土的截面换算成钢截面。

3）组合梁的承载能力采用塑性分析法时，假定钢材和混凝土全部达到塑性应力状态，截面正应力分布类似钢筋混凝土梁，而剪力则假定全部由钢梁承担。组合梁受弯时，当塑性中和轴在混凝土翼板内时，钢梁将全部受拉，此时对钢梁板件的宽厚比无理论上的要求，仅考虑施工或其他原因，可按弹性设计的规定取值。当塑性中和轴在钢梁截面内时，钢梁将随同组合梁绕中和轴形成塑性铰，此时为保证钢梁塑性性能的充分发挥，钢梁板件的宽厚比应满足表8-13的要求。

表8-13 塑性设计时钢梁板件的宽厚比

截面形式	翼缘	腹板
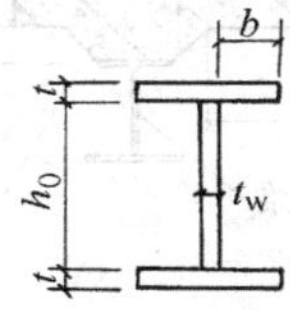 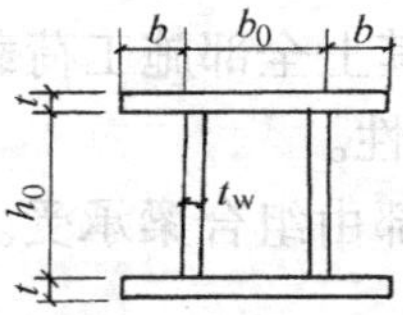	$\frac{b}{t}\leqslant 9\sqrt{235/f_y}$ $\frac{b_0}{t}\leqslant 30\sqrt{235/f_y}$	当$\frac{A_s f_{sy}}{Af}<0.37$时， $\frac{h_0}{t}\leqslant\left(72-100\frac{A_s f_{sy}}{Af}\right)\sqrt{235/f_y}$ 当$\frac{A_s f_{sy}}{Af}\geqslant 0.37$时， $\frac{h_0}{t}\leqslant 35\sqrt{235/f_y}$

注：A_s为负弯矩截面中钢筋的截面面积；f_{sy}为钢筋强度设计值；A为钢梁截面面积；f_y为钢材屈服强度；f为钢材强度设计值。

4）组合梁正常使用极限状态下的挠度计算采用弹性理论进行计算。

5）在强度计算和变形计算中，为简化计算，常将板托截面忽略不计。

6）组合梁计算时不考虑受拉混凝土的作用，但梁截面按弹性理论分析时，当中和轴位于混凝土翼板内且受拉区较浅时，为简化计算，不考虑中和轴以下开裂混凝土的影响，即按翼板混凝土的全截面计算。

7）组合梁中钢筋混凝土翼板按现行《混凝土结构设计规范》设计，并满足现行《混凝土结构工程施工及验收规范》的要求。

8）组合梁材料强度设计值的取值：

混凝土翼板：不论弹性分析还是塑性分析，均采用现行《混凝土结构设计规范》所规定的材料强度设计值。

钢梁：按现行《钢结构设计规范》所规定的材料强度设计值f取值。

9）进行组合梁计算时，由于剪力滞后效应，仅钢梁附近一定宽度范围内的混凝土板能有效的参与组合梁的工作。组合梁混凝土翼板的有效宽度b_e（见图8-30）按下式计算

$$b_e=b_0+b_1+b_2 \tag{8-36}$$

式中 b_0——板托顶部的宽度，当板托倾角$\alpha<45°$时，应按$\alpha=45°$计算板托顶部的宽度，当无板托时，则取钢梁上翼缘的宽度；

b_1、b_2——梁外侧和内侧的翼板计算宽度，各取梁跨度l的1/6和翼板厚度h_{c1}的6倍中较小值，此外，b_1尚不应超过混凝土翼板实际外伸宽度s_1，b_2不应超过相邻钢梁上翼板或板托间净距s_0的1/2，当为中间梁时，式(8-36)中的b_1等于b_2。

在图8-30中，h_{c1}为混凝土翼板的厚度，当采用压型钢板混凝土组合板时，翼板厚度h_{c1}等于组合板的总厚度减去压型钢板的肋高，但在计算混凝土翼板的有效宽度时，压型钢板混凝土组合板的翼板厚度h_{c1}可取有肋处板的总厚度；h_{c2}为板托高度，当无板托时，$h_{c2}=0$。

10）组合梁设计与施工条件有关。对施工时钢梁下无临时支撑的组合梁，应分两个阶段进行计算。

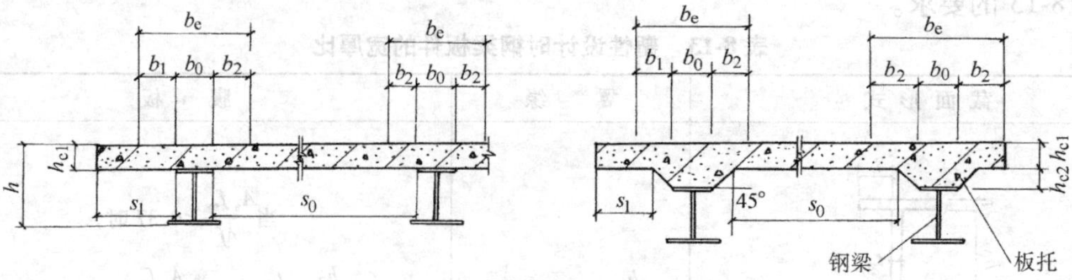

图 8-30 组合梁混凝土翼板的有效宽度

第一阶段：在混凝土翼板强度达到 75% 以前，组合梁自重及其上全部施工荷载仅由钢梁独立承担。此时钢梁应按一般受弯构件计算其强度、刚度和稳定性。

第二阶段：在混凝土翼板强度达到 75% 以后所增加的荷载全部由组合梁承受。此时可不考虑钢梁的整体稳定性。

当组合梁按弹性理论分析时，其挠度和强度的计算应将第一阶段和第二阶段计算所得的挠度值和应力值叠加；当组合梁按塑性理论分析时，其强度的计算不分阶段，按照组合梁一次承受全部荷载的情况进行计算，应力叠加原理不再适用。

对施工时钢梁下设有临时支撑的组合梁，不论是弹性分析还是塑性分析，组合梁均按一次承受全部荷载的情况进行挠度和承载力的验算，且不分施工阶段。此时，对钢梁在施工时的强度和稳定仍应进行验算。

3. 组合梁设计

在多高层钢结构建筑中，组合梁一般不直接承受动力荷载，因此多采用塑性设计法进行内力分析。当截面采用塑性设计时，其基本假定：

1）钢梁与混凝土翼板之间有可靠连接，能充分发挥组合截面的抗弯能力。

2）可按简单塑性理论形成塑性铰的假定来计算组合梁的抗弯承载力。位于塑性中和轴一侧的受拉混凝土，因为开裂而退出工作；板托部分亦可忽略，而混凝土受压区假定为均匀受压，并达到弯曲抗压强度设计值 $\alpha_1 f_c$。根据塑性中和轴的位置，钢梁可能全部受拉或部分受拉，但都假定为均匀受力，并达到钢材的塑性强度设计值 f_p。

3）假定剪力全部由钢梁承担，并按塑性设计进行验算，此时可忽略剪力对组合梁抗弯承载力的影响。

4）当塑性中和轴在钢梁腹板内时，钢梁各板件的宽厚比应满足表 8-13 的要求。

5）忽略钢筋混凝土翼板受压区钢筋的作用。

6）组合梁不存在应力叠加问题，在计算组合梁的最终承载力时，不考虑施工过程有无支撑情况，也不考虑混凝土的徐变、收缩及温度作用的影响。在计算施工时钢梁的承载力以及组合梁的挠度时仍按弹性方法分析。

（1）组合梁在施工阶段的验算　在混凝土强度达到 75% 以前的施工阶段，组合梁中钢梁承受钢梁自重、现浇混凝土板重及施工荷载，这一阶段应验算钢梁的强度和稳定性。

1）强度验算：应分别按式(5-3)和式(5-5)验算钢梁的抗弯和抗剪承载力。

当梁端有截面削弱时，尚应按下式进行梁端净截面抗剪强度验算

$$\tau=\frac{V}{A_n}\leqslant f_v \tag{8-37}$$

式中 A_n——钢梁截面受剪的净面积。

2）整体稳定性验算：钢梁在弯矩作用下，会发生侧向弯扭失稳。为防止梁的这种失稳出现，施工阶段钢梁的受压翼缘通过设置刚性铺板或侧向支承来保证其整体稳定性。

对于受压翼缘的自由长度 l_1 与其宽度之比不超过表5-3的数值时，可不验算钢梁的整体稳定。

对于采用压型钢板—现浇钢筋混凝土的组合梁，当压型钢板肋与钢梁垂直，且每个肋均与钢梁通过栓钉连接时，压型钢板可以靠自身平面内的剪切刚度对钢梁的整体侧向失稳起约束作用。

若施工阶段钢梁的整体稳定不满足上述条件，应按式(5-24)验算钢梁的整体稳定：

3）局部稳定验算：施工阶段钢梁的受压翼缘应满足式(5-26)或表8-13的要求，以防止钢梁板件发生局部失稳。

当梁腹板满足 $\frac{h_0}{t_w}\leqslant 80\sqrt{\frac{235}{f_v}}$ 且梁上无集中荷载作用时，梁腹板即使不设置加劲肋也可保证梁的局部稳定，否则，应在梁腹板处设置加劲肋。

4）挠度验算：施工阶段钢梁的挠度计算应采用弹性方法，计算的挠度值应满足规范中相应限值的要求，同时不应超过25mm，以防止梁下凹段增加混凝土的用量和自重。

（2）组合梁在使用阶段的验算 组合梁在使用阶段应进行截面的抗弯强度、抗剪强度、所需抗剪栓钉数量、挠度以及负弯矩区段混凝土裂缝宽度的验算。在这里仅介绍完全抗剪连接组合梁的验算。

1）抗弯强度验算。当组合梁的塑性中和轴在混凝土翼板内（见图8-31），即 $Af\leqslant b_e h_{c1} f_c$ 时

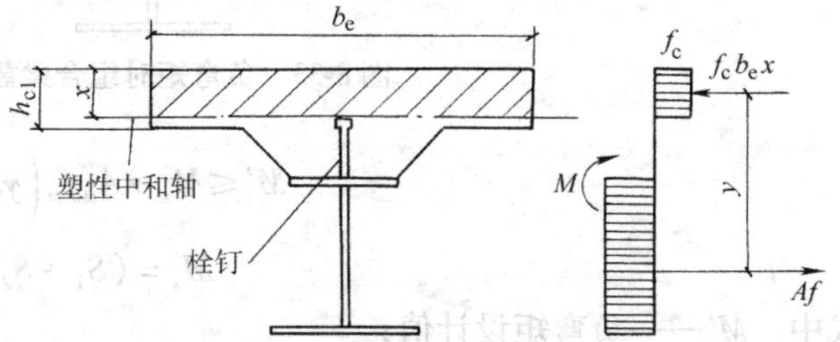

图8-31 塑性中和轴在混凝土翼板内时组合梁截面及应力图形

$$M\leqslant b_e x f_c y \tag{8-38}$$

$$x=\frac{Af}{b_e f_c} \tag{8-39}$$

式中 M——正弯矩设计值；

A——钢梁的截面面积；

x——混凝土翼板受压区高度；

y——钢梁截面应力的合力至混凝土受压区截面应力的合力距离；

f_c——混凝土抗压强度设计值。

当组合梁的塑性中和轴在钢梁内（见图8-32），即 $Af>b_e h_{c1} f_c$ 时

$$M\leqslant b_e h_{c1} f_c y_1 + A_c f y_2 \tag{8-40}$$

$$A_c=0.5\left(A-\frac{b_e h_{c1} f_c}{f}\right) \tag{8-41}$$

式中 A_c——钢梁受压区截面面积；

y_1——钢梁受拉区截面形心至混凝土翼板受压区截面形心的距离；

y_2——钢梁受拉区截面形心至钢梁受压区截面形心的距离。

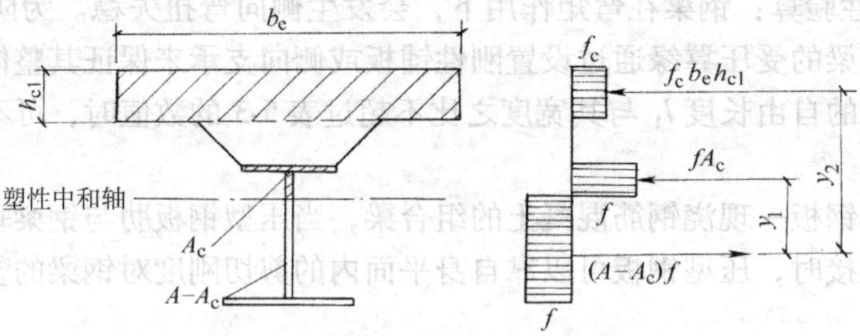

图 8-32 塑性中和轴在钢梁内时组合梁截面及应力图形

当组合梁为连续组合梁时，在支座负弯矩作用区段（见图 8-33），组合梁截面的抗弯强度验算采用下式

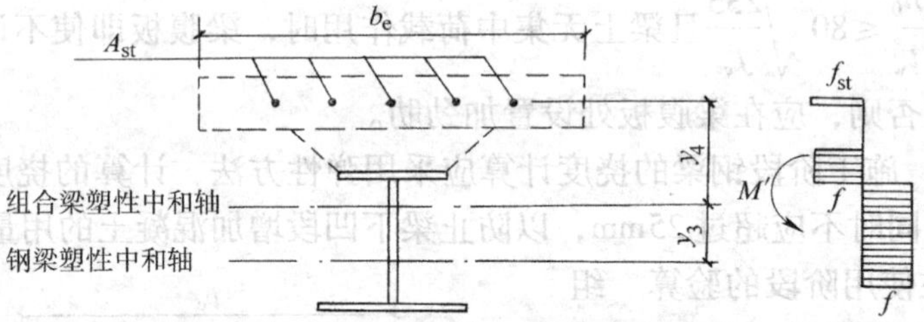

图 8-33 负弯矩时组合梁截面及应力图形

$$M' \leqslant M_s + A_{st} f_{st}\left(y_3 + \frac{y_4}{2}\right) \tag{8-42}$$

$$M_s = (S_1 + S_2) f \tag{8-43}$$

式中 M'——负弯矩设计值；

S_1、S_2——钢梁塑性中和轴（平分钢梁截面积的轴线）以上和以下截面对该轴的面积矩；

A_{st}——负弯矩区混凝土翼板有效宽度范围内的纵向钢筋截面面积；

f_{st}——钢筋抗拉强度设计值；

y_3——纵向钢筋截面形心至组合梁塑性中和轴的距离；

y_4——组合梁塑性中和轴至钢梁塑性中和轴的距离，当组合梁塑性中和轴在钢梁腹板内时，$y_4 = A_{st} f_{st}/(2t_w f)$，当组合梁塑性中和轴在钢梁翼缘内时，$y_4$ 等于钢梁塑性中和轴至腹板上边缘的距离。

2）抗剪强度验算。组合梁截面上的全部剪力，假定由钢梁腹板承担，其抗剪强度应符合下式要求

$$V \leqslant h_w t_w f_v \tag{8-44}$$

式中 h_w、t_w——腹板高度和厚度；

f_v——钢材抗剪强度设计值。

应注意的是，采用塑性设计法计算组合梁强度时，在下列部位可不考虑弯矩与剪力的相互影响：一是受正弯矩的组合梁截面；二是 $A_{st} f_{st} \geqslant 0.15Af$ 的受负弯矩的组合梁截面。

3）抗剪连接件的计算。组合梁的抗剪连接件主要有栓钉、槽钢和弯筋等（见图 8-34）。当采用压型钢板—现浇混凝土组合板时，组合梁中抗剪连接件宜采用栓钉连接。

单个栓钉连接件的承载力设计值

$$N_v^c=\beta_v 0.43A_s\sqrt{E_c f_c}\leqslant\beta_v 0.7A_s\gamma f \tag{8-45}$$

式中　E_c——混凝土的弹性模量；

A_s——栓钉钉杆截面面积；

f——栓钉抗拉强度设计值；

γ——栓钉材料抗拉强度与屈服强度（均用最小规定值）之比；

β_v——压型钢板混凝土翼板影响栓钉承载力的折减系数。

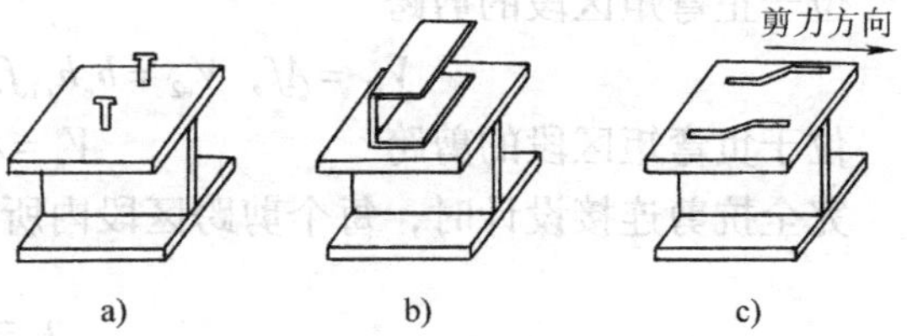

图 8-34　抗剪连接件的外形及设置方向

a）栓钉连接件　b）槽钢连接件　c）弯筋连接件

β_v 可根据压型钢板的摆放位置进行计算：当压型钢板平行于钢梁布置（见图 8-35a），$b_w/h_e<1.5$ 时

$$\beta_v=0.6\frac{b_w}{h_e}\left(\frac{h_d-h_e}{h_e}\right)\leqslant 1 \tag{8-46}$$

当压型钢板垂直于钢梁布置（见图 8-35b）时

$$\beta_v=\frac{0.85}{\sqrt{n_0}}\frac{b_w}{h_e}\left(\frac{h_d-h_e}{h_e}\right)\leqslant 1 \tag{8-47}$$

式中　b_w——混凝土凸肋的平均宽度，当肋的上部宽度小于下部宽度时（见图 8-35c），改取上部宽度；

h_e——混凝土凸肋高度；

h_d——栓钉高度；

n_0——在梁某一截面处一个肋中布置的栓钉数，当多于 3 个时按 3 个计算。

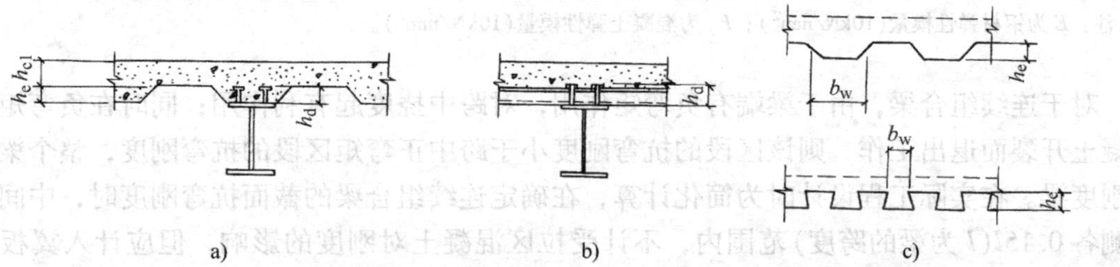

图 8-35　压型钢板混凝土组合板作翼板的组合梁

a）肋与钢梁平行的组合梁截面　b）肋与钢梁垂直的组合梁截面　c）压型钢板组合板剖面

当栓钉位于负弯矩区时，由于混凝土翼板处于受拉状态，栓钉所受混凝土的约束程度不如正弯矩区的栓钉高，所以位于负弯矩区的栓钉抗剪承载力设计值 N_v^c 应折减，折减系数：中间支座两侧为 0.9；悬臂部分为 0.8。

抗剪连接件的计算，应以弯矩绝对值最大点及零弯矩点为界限，划分为若干个剪跨区（见图 8-36），逐段进行。每个剪跨区段内钢梁与混凝土翼板交界面的纵向剪力 V_s 按下式确定：

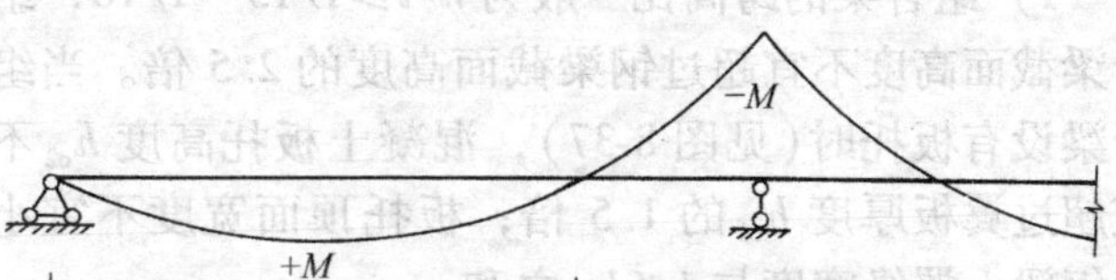

图 8-36　连续梁剪跨区划分图

位于正弯矩区段的剪跨

$$V_{s1}=Af,\ V_{s2}=b_e h_{c1} f_c,\ V_s=\min\{V_{s1},V_{s2}\}$$

位于负弯矩区段的剪跨 $V_s=A_{st}f_{st}$

完全抗剪连接设计时，每个剪跨区段内所需的连接件总数 n_f，按下式计算

$$n_f=\frac{V_s}{N_v^c} \tag{8-48}$$

按式(8-48)计算所得连接件数量，可在对应的剪跨区段内均匀布置。

4）挠度计算。组合梁的挠度计算应按弹性方法，并分别在荷载标准组合和荷载准永久组合下用截面折减刚度进行计算，以其中较大者作为设计依据。

对于简支组合梁，考虑滑移效应影响的折减刚度 B 按下式计算

$$B=\frac{EI_{eq}}{1+\zeta} \tag{8-49}$$

式中 E——钢梁的弹性模量；

I_{eq}——组合梁的换算截面二次矩，对荷载标准组合，将截面中的混凝土翼板有效宽度 b_e 除以钢材与混凝土弹性模量的比值 α_E（见表8-14）换算为钢截面宽度后，计算整个截面的二次矩，对荷载准永久组合，则除以 $2\alpha_E$ 进行换算；

ζ——刚度折减系数，按《钢结构设计规范》第11.4.3条计算。

表8-14 钢与混凝土弹性模量之比

混凝土强度等级	C20	C25	C30	C35	C40	C45	C50	C55	C60
E	20.6								
E_c	2.55	2.80	3.00	3.15	3.25	3.35	3.45	3.55	3.60
α_E	8.08	7.36	6.87	6.54	6.34	6.15	5.97	5.80	5.72

注：E 为钢材弹性模量($10kN/mm^2$)；E_c 为混凝土弹性模量($10kN/mm^2$)。

对于连续组合梁，由于梁端有负弯矩作用，对跨中挠度起有利作用；同时在负弯矩区段混凝土开裂而退出工作，则该区段的抗弯刚度小于跨中正弯矩区段的抗弯刚度，整个梁成为变刚度梁。在实际工程设计时为简化计算，在确定连续组合梁的截面抗弯刚度时，中间支座两侧各 $0.15l$（l 为梁的跨度）范围内，不计受拉区混凝土对刚度的影响，但应计入翼板有效宽度 b_e 范围内配置的纵向钢筋的作用，其余区段仍按式(8-49)计算折减刚度。

5）负弯矩区段混凝土裂缝宽度验算：应按GB 50010—2002《混凝土结构设计规范》的相关规定验算负弯矩区段混凝土裂缝宽度。

4. 组合梁构造要求

1）组合梁的跨高比一般为 $h/l \geqslant 1/15 \sim 1/16$；组合梁截面高度不宜超过钢梁截面高度的2.5倍。当组合梁设有板托时（见图8-37），混凝土板托高度 h_{c2} 不宜超过翼板厚度 h_{c1} 的1.5倍；板托顶面宽度不宜小于钢梁上翼缘宽度与 $1.5h_{c2}$ 之和。

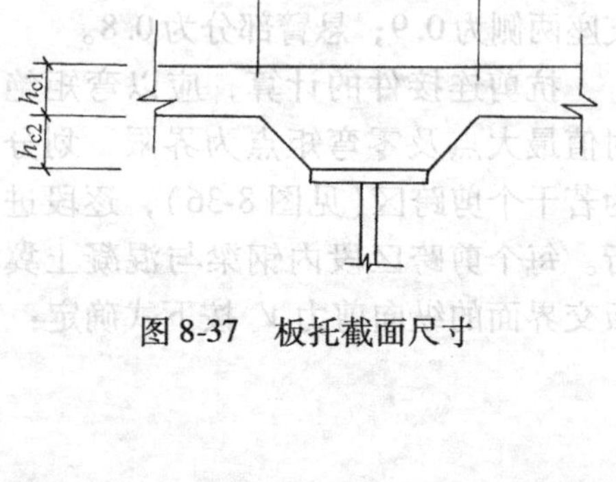

图8-37 板托截面尺寸

2）组合梁边梁混凝土翼板的构造应满足图8-38的要求。有板托时，伸出长度不宜小于 h_{c2}；无板托

时，应同时满足伸出钢梁中心线不小于150mm、伸出钢梁翼缘边不小于50mm的要求。

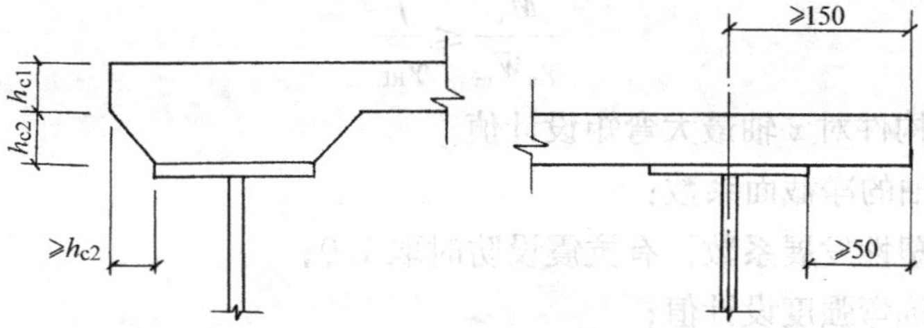

图8-38　边梁构造图

3）抗剪连接件的设置：①栓钉连接件钉头下表面或槽钢连接件上翼缘下表面高出翼板底部钢筋顶面不宜小于30mm；②连接件沿梁跨度方向的最大间距不应大于混凝土翼板（包括板托）厚度的4倍，且不大于400mm；③连接件的外侧边缘与钢梁翼缘边缘之间的距离不应小于20mm；④连接件的外侧边缘至混凝土翼板边缘间的距离不应小于100mm；⑤连接件顶面的混凝土保护层厚度不应小于15mm。

4）当抗剪连接件为栓钉连接时，为保证栓钉抗剪承载力充分发挥作用，同时要满足下列要求：①当栓钉位置不正对钢梁腹板时，如果钢梁上翼缘承受拉力，则栓钉杆直径不应大于钢梁上翼缘厚度的1.5倍，如果钢梁上翼缘不承受拉力，则栓钉杆直径不应大于钢梁上翼缘厚度的2.5倍；②栓钉长度不应小于其杆径的4倍；③栓钉沿梁轴线方向的间距不应小于杆径的6倍，垂直于梁轴线方向的间距不应小于杆径的4倍；④用压型钢板做底模的组合梁，栓钉杆直径不宜大于19mm，混凝土凸肋宽度不应小于栓钉杆直径的2.5倍，栓钉高度h_d应符合$(h_e+30\text{mm})\leqslant h_d\leqslant(h_e+75\text{mm})$的要求（见图8-35）。

8.4　钢构件及连接的设计特点

多、高层钢结构静力（包括恒荷载、楼面活荷载、风荷载和等效地震静力作用）设计计算步骤一般为：①计算各种荷载作用下各构件的内力；②验算各种荷载组合作用下各构件的承载力和稳定性。

通过进行多遇地震作用下结构弹性变形验算和构件承载力及稳定性验算，保证“小震不坏”；通过进行罕遇地震作用下结构极限变形验算，保证“大震不倒”。

钢构件设计时，在非地震作用组合下，构件承载力应满足式（8-19）的要求，按第4、5、6章的方法进行设计；在地震作用组合下，构件承载力应满足式（8-20）的要求，按本节内容进行设计。

8.4.1　钢梁的设计

在多、高层建筑钢结构中，无论框架梁还是仅承受重力荷载的梁，其受力状态均为单向受弯，所以钢梁一般选用双轴对称的轧制窄翼缘H型钢或焊接工字形截面，对跨度较大或受荷较大，而高度又受到限制的部位，可采用抗弯和抗扭性能都较好的箱形截面。钢梁的设计内容有强度和稳定承载力的验算。

1. 钢梁强度

1）钢梁的抗弯强度按单向受弯采用下式计算

$$\frac{M_x}{\gamma_x W_{nx}} \leqslant \frac{f}{\gamma_{RE}} \tag{8-50}$$

式中 M_x——计算构件对 x 轴最大弯矩设计值；

W_{nx}——对 x 轴的净截面系数；

γ_x——截面塑性发展系数，有抗震设防时取 1.0；

f——钢材抗弯强度设计值；

γ_{RE}——承载力抗震调整系数，按表 8-11 取值。

2）在主平面内受弯的实腹式钢梁，不考虑腹板屈曲后强度时，其抗剪强度应按下式验算

$$\tau = \frac{VS}{It_w} \leqslant \frac{f_v}{\gamma_{RE}} \tag{8-51a}$$

框架梁端截面的抗剪强度按下式计算

$$\tau = \frac{V}{A_{wn}} \leqslant \frac{f_v}{\gamma_{RE}} \tag{8-51b}$$

式中 V——计算截面沿腹板平面作用的剪力；

S——计算切应力处以上毛截面对中和轴的面积矩；

I——毛截面二次矩；

t_w——腹板厚度；

A_{wn}——扣除扇形切角和螺栓孔后的腹板受剪面积；

f_v——钢材抗剪强度设计值。

2. 钢梁的整体稳定

（1）不验算钢梁整体稳定性的范围 一般情况下，应对钢梁的整体稳定性进行验算。当满足下列情况之一时，可不验算钢梁整体稳定性：

1）刚性铺板：在钢梁的受压翼缘上有与其牢固连接、能阻止梁受压翼缘侧向位移的各种钢筋混凝土板、钢板以及在压型钢板上浇注混凝土的板，均可视为刚性铺板；单纯的压型钢板，必须在平面内有足够的抗剪刚度时，才能视为刚性铺板。

2）对按 6 度抗震设防和非抗震设防的结构，当钢梁设有侧向支撑体系时，对 H 型钢或等截面工字形简支梁，受压翼缘自由长度与其宽度之比的限值满足表 5-3 的要求。

3）对按 7 度以上抗震设防的高层建筑，当钢梁设有侧向支撑体系时，钢梁受压翼缘在支撑连接点间的长度与其宽度之比，即钢梁的侧向长细比 λ_y 应满足下列要求

$$当 -1 \leqslant \frac{M_1}{W_{px} f} \leqslant 0.5 时，\lambda_y \leqslant \left(60 - 40\frac{M_1}{W_{px} f}\right)\sqrt{\frac{235}{f_y}} \tag{8-52a}$$

$$当 0.5 < \frac{M_1}{W_{px} f} \leqslant 1.0 时，\lambda_y \leqslant \left(40 - 10\frac{M_1}{W_{px} f}\right)\sqrt{\frac{235}{f_y}} \tag{8-52b}$$

式中 λ_y——弯矩作用平面外的长细比，$\lambda_y = l_1/i_y$，l_1 为侧向支承点间的距离，i_y 为截面对 y-y 轴的回转半径；

M_1——与塑性铰相距为 l_1 的侧向支承点处的弯矩，当在长度 l_1 内为同向曲率时，$\frac{M_1}{W_{px}f}$ 为正，当为反向曲率时，$\frac{M_1}{W_{px}f}$ 为负；

W_{px}——钢梁对 x 轴的塑性截面系数；

f_y、f——钢材的屈服强度和强度设计值。

在罕遇地震作用下可能出现塑性铰处，梁的上下翼缘均应设支撑点。

4）钢框架梁的上翼缘采用抗剪连接件与组合楼板连接时，可不验算地震作用下的整体稳定。

（2）当钢梁不满足（1）中的要求时，应对钢梁进行整体稳定的验算　当钢梁支座处采取必要的构造措施，能阻止梁端截面发生扭转时，实腹式钢梁在最大刚度主平面内单向受弯时，其整体稳定性应按下式验算

$$\frac{M_x}{\varphi_b W_x} \leqslant \frac{f}{\gamma_{RE}} \tag{8-53}$$

式中　M_x——绕 x 轴作用的最大弯矩设计值；

W_x——按受压纤维确定的梁毛截面系数；

φ_b——梁的整体稳定系数。

（3）整体稳定系数 φ_b 的计算　由于多、高层建筑钢结构中，钢梁多采用轧制H型钢简支梁或焊接工字形等截面简支梁，其整体稳定系数 φ_b 按附录3计算。

3.钢梁的局部稳定

在钢梁设计中，为了保证梁的安全承载，还必须考虑梁的局部稳定问题，即限制梁受压翼缘的宽厚比以及腹板的高厚比。

抗震设计时，可以允许框架梁出现塑性铰，为保证塑性变形能充分发挥，对板件的宽厚比有更严格的限制，应满足表8-15的要求。

表8-15　框架梁板件宽厚比限值

梁截面形状	板件部位	房屋总层数	非抗震，6度	7度	8度	9度
工字形箱形	翼缘悬伸部位（b_1/t）	≤12层	11	11	10	9
		>12层	11	10	9	9
	腹板（h_0/t_w）	≤12层（$N_b/Af<0.37$）	$85-120N_b/Af$	$85-120N_b/Af$	$80-110N_b/Af$	$72-100N_b/Af$
		≤12层（$N_b/Af \geqslant 0.37$）		40	39	35
		>12层	$85-120N_b/Af$	$80-110N_b/Af$	$72-100N_b/Af$	$72-100N_b/Af$
箱形	两腹板之间的翼缘（b_0/t）	≤12层	36	36	32	30
		>12层	36	32	30	30

注：1. N_b 为梁的轴向力，A 为梁的截面面积，f 为钢材的抗压强度设计值。

2. 表中数值仅适用于钢材屈服强度 $f_y=235\text{N/mm}^2$ 的Q235钢，钢材为其他钢号时，应乘以调整系数 $\sqrt{235/f_y}$。

3. 翼缘板自由外伸宽度 b_1：对焊接截面，取腹板边至翼缘板边缘的距离；对轧制截面，取内圆弧起点至翼缘板边缘的距离。

4. 表中所示截面如图8-39所示。

8.4.2 钢柱的设计

1. 轴心受压柱

在多、高层钢结构中，常采用梁与柱铰接的轴心受压柱，如框架-核心筒体系，将抗侧力结构置于内筒以形成核心筒体，承受全部或大部分侧向及扭转荷载，外围结构可以是铰接框架，只承受重力荷载。

轴心受压柱宜采用双轴对称截面，通常为轧制或焊接H型钢，或由四块钢板焊接而成的箱形截面。

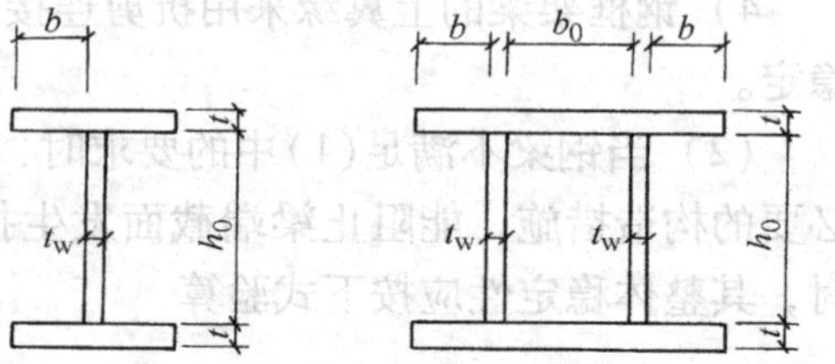

图8-39 工字形和箱形截面

高层建筑中轴心受压柱的主要特点是钢材厚度可能超过40mm，有时甚至超过100mm。这种板件较厚($t\geqslant$40mm)的构件，残余应力高于较薄板件组成的截面，且沿板厚度方向的变化比较显著，导致构件抗压性能降低，对构件的稳定影响较大。所以当采用这种材质的钢板时，应符合GB/T 5313—1985《厚度方向性能钢板》的规定。

轴心受压柱在非抗震设计的计算内容同第4章的内容，不再赘述。这里只介绍抗震设计的计算内容。

(1) 强度验算 轴心受压钢柱的强度，除高强度螺栓摩擦连接处外，应按下式验算

$$\sigma=\frac{N}{A_n}\leqslant\frac{f}{\gamma_{RE}} \tag{8-54a}$$

高强度螺栓摩擦连接处柱的强度应按下式验算

$$\sigma=\left(1-0.5\frac{n_1}{n}\right)\frac{N}{A_n}\leqslant\frac{f}{\gamma_{RE}} \tag{8-54b}$$

式中 N——柱轴心压力设计值；

A_n——柱净截面面积；

n——在节点或拼接处，构件一端连接的高强度螺栓数目；

n_1——所验算截面(最外列螺栓处)的高强度螺栓数目；

γ_{RE}——承载力抗震调整系数，按表8-11取值。

格构式轴心受压钢柱的剪力V，沿构件的全长认为是不变的，可按式(4-51)计算。

(2) 稳定性验算 实腹式轴心受压钢柱的整体稳定，按下式验算

$$\frac{N}{\varphi A}\leqslant\frac{f}{\gamma_{RE}} \tag{8-55}$$

式中 N——柱轴心压力设计值；

A——柱毛截面面积；

f——钢材抗压强度设计值；

φ——轴心受压构件的稳定系数，取截面两个主轴稳定系数中的较小者；

γ_{RE}——承载力抗震调整系数，按表8-11取值。

高层建筑中实腹式轴心受压钢柱的局部稳定同第4章的局部稳定的要求。

(3) 刚度验算 有抗震设防时，轴心受压钢柱的长细比λ不宜大于120。

2. 框架柱

与梁刚性连接，并参与承受水平作用的框架柱应满足以下验算内容：

（1）强度验算 框架柱在轴向压力 N 和弯矩 M 作用下，考虑其截面局部发展塑性变形，其强度应按下列公式验算

$$\frac{N}{A_n}\pm\frac{M_x}{\gamma_x W_{nx}}\pm\frac{M_y}{\gamma_y W_{ny}}\leqslant\frac{f}{\gamma_{RE}} \tag{8-56}$$

式中 A_n——验算截面的净截面面积；

M_x、M_y——验算截面处绕 x 轴和 y 轴的弯矩；

W_{nx}、W_{ny}——验算截面处绕 x 轴和 y 轴的净截面系数；

γ_x、γ_y——对 x 轴和 y 轴的截面塑性发展系数，抗震设计时均取1.0；

f——钢材抗压或抗拉强度设计值。

在多遇地震作用下进行构件承载力计算时，承托钢筋混凝土抗震墙的钢框架柱有地震作用产生的内力，应乘以增大系数1.5。

多、高层钢结构采用“强柱弱梁”的设计概念，在罕遇地震作用下，使塑性铰首先出现在梁端而不是柱端，所以在钢框架的任一节点处，节点左右梁端和上下柱端的全塑性承载力应满足下式要求

$$\sum W_{pc}\left(f_{yc}-\frac{N}{A_c}\right)\geqslant\eta\sum W_{pb}f_{yb} \tag{8-57}$$

式中 N——框架柱轴心压力设计值；

A_c——框架柱截面面积；

W_{pc}、W_{pb}——柱和梁的塑性截面系数；

f_{yc}、f_{yb}——柱和梁的钢材屈服强度；

η——强柱系数，超过6层的钢框架，6度Ⅳ类场地和7度时可取1.0，8度时可取1.05，9度时可取1.15。

属于下列情况之一时，可不按式(8-57)进行验算：

1）当柱所在楼层的受剪承载力高出上一层柱的受剪承载力的25%。

2）柱轴向力设计值与柱全截面面积和钢材抗拉强度设计值乘积的比值即 $N/A_c f\leqslant0.4$。

3）作为轴心受压构件在两倍地震力作用下稳定性得到保证时。

在罕遇地震作用下不可能出现塑性铰的部分，框架柱应控制轴压比，应满足下列要求

$$N\leqslant\frac{0.6A_c f}{\gamma_{RE}} \tag{8-58}$$

（2）整体稳定性验算 按第6章的内容进行验算，所不同的是，当进行抗震设计时，钢材强度设计值 f 应除以地震力调整系数 γ_{RE}（按表8-11取值）。

（3）框架柱的计算长度 多、高层钢框架的等截面柱，在框架平面内的计算长度应等于该层柱高乘以计算长度系数 μ。柱的计算长度系数 μ 应根据不同情况区别对待。

1）当仅验算框架柱在重力荷载作用下的稳定性时，柱的计算长度系数 μ 按第6章的规定采用。

2）当计算重力和风荷载或多遇地震作用组合下的稳定性时，对于纯框架体系，当层间

位移小于0.001h(h 为楼层层高)时，此时侧移影响可以忽略，可按无侧移情况确定 μ 值；对有竖向支撑(或抗震墙)的结构，当层间位移标准值不超过1/250时，柱的计算长度系数 μ 可取1.0。

(4) 板件宽厚比　在地震作用下，为防止框架柱的局部失稳，板件的宽厚比应满足表8-16中的要求。

表8-16　钢框架柱板件宽厚比限值

柱截面形状	板件部位	房屋总层数	6度	7度	8度	9度
工字形	翼缘悬伸部(b_1/t)	≤12层	13	13	12	11
		>12层	13	11	10	9
	腹板(h_0/t_w)	≤12层	—	52	48	44
		>12层	43	43	43	43
箱形	两腹板之间的翼缘(b_0/t 或 h_0/t_w)	≤12层	40	40	36	36
		>12层	39	37	35	33

注：1. 表中数值仅适用于钢材屈服强度 $f_y=235\text{N/mm}^2$ 的Q235钢，当钢材为其他钢号时，应乘以调整系数 $\sqrt{235/f_y}$。
2. 翼缘板自由外伸宽度 b_1：对焊接截面，取腹板边至翼缘板边缘的距离；对轧制截面，取内圆弧起点至翼缘板边缘的距离。
3. 表中所示截面如图8-39所示。
4. 表中6度设防、房屋总层数≤12层时截面腹板高厚比限值与其应力差 α_0 有关。详见《钢结构设计规范》第5.4.2条的规定。

(5) 刚度验算　对抗震设防的结构，为使框架柱具有足够的延性和稳定性，柱的长细比应满足表8-17的限值要求。

表8-17　钢框架柱长细比 λ 的限值

抗震设防烈度	6度		7度		8度		9度	
房屋总层数	≤12层	>12层	≤12层	>12层	≤12层	>12层	≤12层	>12层
长细比 λ	120	120	120	80	120	60	100	60

注：表中数值仅适用于钢材屈服强度 $f_y=235\text{N/mm}^2$ 的Q235钢，当钢材为其他钢号时，应乘以调整系数 $\sqrt{235/f_y}$。

8.4.3　抗侧力结构的设计

高层建筑的抗侧力结构包括各种竖向支撑体系、钢板剪力墙和钢筋混凝土剪力墙等。有关钢筋混凝土剪力墙的设计和构造，应参照《钢筋混凝土高层建筑结构设计与施工规程》的规定。本节主要介绍竖向支撑体系的设计和构造。

竖向支撑类似一竖向桁架系统，结构体系中的框架柱通常为桁架的弦杆，斜腹杆需专门设置。竖向支撑布置时，可沿房屋的纵向、横向单向布置或双向布置，其数量及位置应尽量与结构重心一致，且桁架中斜杆与其他杆件的夹角应尽量接近45°。

竖向支撑分中心支撑类型和偏心支撑类型。

1. 中心支撑

中心支撑类型如图8-8所示。其中K形支撑的交点位于柱上，在地震作用下，因受压斜杆屈曲或受拉斜杆屈服引起较大的侧向变形，易使柱首先破坏，因此，抗震设防的结构不得采用K形支撑。当采用仅受拉的单斜杆支撑时，应同时设不同倾斜方向的两组单斜杆(见图8-40)，且每层中不同方向单斜杆的截面面积在水平方向的投影面积之差不得大于10%，以保证结构在两个方向具有相同的抗侧能力。

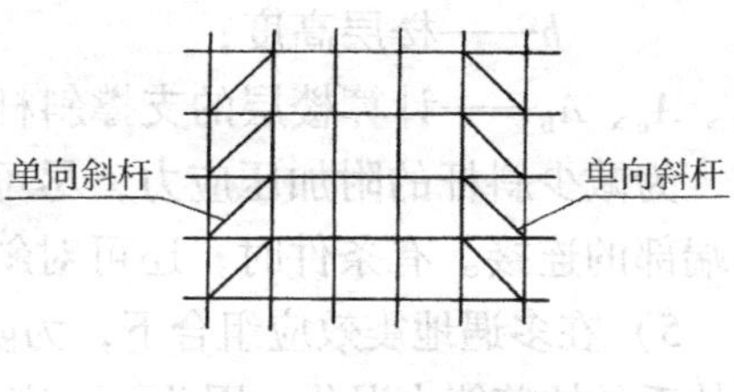

图8-40　单斜杆支撑的对称布置

多、高层建筑中的杆件数量巨大，对支撑杆件一般采用结构分析程序进行内力分析，但在初步设计阶段，可采用近似计算方法，确定支撑杆件的内力。

(1) 内力计算特点

1) 中心支撑的斜杆可按两端铰接杆件进行内力分析，不论其两端与框架的连接是铰接还是刚接。

2) 当支撑斜杆轴线偏离梁与柱轴线交点不超过斜杆截面宽度时，仍可按中心支撑框架分析，但节点设计应计入偏心产生的附加弯矩的影响。

3) 在重力和水平力(风荷载或多遇地震作用)下，支撑作为竖向桁架的斜杆除承受水平荷载引起的剪力外，还承受因重力荷载在水平位移状态下产生附加弯曲而引起的附加剪力。楼层附加剪力 V_i 可按下式计算

$$V_i = 1.2\frac{\Delta u_i}{h_i}\sum G_i \tag{8-59}$$

式中　h_i——计算楼层的高度；

$\sum G_i$——计算楼层以上的全部重力荷载，对人字形和V形支撑尚应考虑支撑所在跨钢梁传来的楼面竖向荷载；

Δu_i——计算楼层的层间位移。

4) 对十字交叉支撑、人字形支撑和V形支撑的斜杆，除按式(8-59)计算附加剪力外，还应计入柱在重力作用下的弹性压缩变形在斜杆中引起的附加压应力。附加压应力可按下式计算：

对十字交叉支撑的斜杆

$$\Delta\sigma_{\mathrm{br}} = \frac{\sigma_{\mathrm{c}}}{\left(\frac{l_{\mathrm{br}}}{h}\right)^2 + \frac{h}{l_{\mathrm{br}}}\frac{A_{\mathrm{br}}}{A_{\mathrm{c}}} + 2\frac{b_3}{l_{\mathrm{br}}h^2}\frac{A_{\mathrm{br}}}{A_{\mathrm{b}}}} \tag{8-60}$$

对人字形和V形支撑的斜杆

$$\Delta\sigma_{\mathrm{br}} = \frac{\sigma_{\mathrm{c}}}{\left(\frac{l_{\mathrm{br}}}{h}\right)^2 + \frac{b^3}{24l_{\mathrm{br}}}\frac{A_{\mathrm{br}}}{I_{\mathrm{b}}}} \tag{8-61}$$

式中　σ_{c}——斜杆端部连接固定后，该楼层以上各层增加的永久荷载和活荷载产生的柱压应力；

l_{br}——支撑斜杆长度；

b、I_b——支撑所在跨梁的长度、绕水平主轴的截面二次矩；

h——楼层高度；

A_{br}、A_c、A_b——计算楼层的支撑斜杆、支撑所在跨的柱、梁的截面面积。

为减少斜杆的附加压应力，尽可能在各楼层大部分永久荷载施加完毕后，再固定支撑斜杆端部的连接。有条件时，还可对斜杆施加预拉力，以抵消附加压应力的影响。

5）在多遇地震效应组合下，为防止支撑斜杆受压屈曲后，使横梁产生较大变形，并使结构体系的抗剪能力退化，因此，人字形支撑和V形支撑的斜杆内力应乘以增大系数1.5，十字交叉支撑和单斜杆支撑的斜杆内力应乘以增大系数1.3。

（2）截面设计及构造要求　中心支撑斜杆是轴心受力构件，可设计成只承受拉力，也可设计成既能受拉又能受压。当按非抗震设计时，杆件截面设计按第4章的轴心受力构件设计方法。当按抗震设计时，应满足以下要求：

1）强度验算。中心支撑斜杆的截面有削弱时（高强度螺栓摩擦型连接处除外），按下式进行强度验算

$$\sigma=\frac{N_{br}}{A_n}\leqslant\frac{f}{\gamma_{RE}} \tag{8-62}$$

式中　N_{br}——支撑斜杆所承受的轴心拉力或轴心压力设计值；

A_n——支撑斜杆净截面面积；

f——钢材强度设计值；

γ_{RE}——承载力抗震调整系数，按表8-11取值。

2）稳定性验算。中心支撑斜杆在多遇地震效应组合下，受压（稳定性）承载力

$$\frac{N_{br}}{\varphi A_{br}}\leqslant\frac{\eta f}{\gamma_{RE}} \tag{8-63}$$

$$\eta=\frac{1}{1+0.35\lambda_n} \tag{8-64}$$

$$\lambda_n=\frac{\lambda}{\pi}\sqrt{\frac{f_y}{E}} \tag{8-65}$$

式中　N_{br}——支撑斜杆所承受的轴心压力设计值；

A_{br}——支撑斜杆截面面积；

η——受循环荷载时的设计强度降低系数；

φ——轴心受压构件的稳定系数，按第4章中规定取值；

λ、λ_n——支撑斜杆的长细比和正则化长细比；

f、f_y、E——钢材强度设计值、屈服强度和弹性模量；

γ_{RE}——承载力抗震调整系数，按表8-11取值。

3）刚度。支撑系统在地震作用下的滞回特性，主要取决于斜杆的受压性能。斜杆的长细比λ较大，滞回曲线所围成的面积较小，吸收的地震能量就较少。因此，有抗震设防的结构，其支撑斜杆的长细比控制就要严一些。中心支撑斜杆的长细比λ不宜大于表8-18的限值。

表 8-18　钢结构中心支撑杆件长细比 λ 限值

类　型		6、7度	8度	9度
≤12层	按压杆设计	150	120	120
	按拉杆设计	200	150	150
>12层		120	90	60

注：表中数值仅适用于 Q235 钢，采用其他牌号钢材应乘以 $\sqrt{235/f_y}$。

4）局部稳定。板件的局部失稳影响支撑斜杆的承载力和消能能力，其宽厚比需要加以限制。支撑板件的宽厚比不应大于表 8-19 的规定限值。

表 8-19　钢结构中心支撑杆件宽厚比（或径厚比）限值

截面形状	板件部位	房屋总层数	6度	7度	8度	9度
工字形	翼缘悬伸部(b_1/t)	≤12层	$10+0.1\lambda$	13	11	9
		>12层	13	8	8	7
	腹板(h_0/t_w)	≤12层	$25+0.5\lambda$	33	30	27
		>12层	43	23	23	21
箱形	两腹板之间的翼缘(b_0/t 或 h_0/t_w)	≤12层	40	31	28	25
		>12层	39	21	21	19
圆管	外径与壁厚的(D/t)	>12层	42	40	40	38

注：1. 表中数值仅适用于钢材屈服强度 $f_y=235\text{N/mm}^2$ 的 Q235 钢，当钢材为其他钢号时，应乘以调整系数 $\sqrt{235/f_y}$。
2. 翼缘板自由外伸宽度 b_1：对焊接截面，取腹板边至翼缘板边缘的距离；对轧制截面，取内圆弧起点至翼缘板边缘的距离。
3. 表中所示截面如图 8-39 所示。
4. λ 为杆件两个方向长细比中的较大值，当 $\lambda<30$ 时取 $\lambda=30$，当 $\lambda>100$ 时取 $\lambda=100$。

2. 偏心支撑

在高层建筑钢结构中，当采用框架-支撑体系时，若为 8 度及以上抗震设防结构，宜选用偏心支撑体系作为整个结构体系的抗侧力构件。

（1）偏心支撑的基本性能　偏心支撑类型如图 8-9 所示。偏心支撑框架中的支撑斜杆，应至少在一端与梁连接（不在柱节点处），另一端可连接在梁与柱相交处，或在偏离另一支撑的连接点与梁连接，并在支撑与柱之间或在支撑与支撑之间形成消能梁段（图 8-9 中粗实线用 a 表示）。

偏心支撑框架在多遇地震作用下，结构为弹性状态，在罕遇地震作用下，消能梁段剪切屈服，通过非弹性剪切变形，来消耗结构的地震能量，而支撑、柱和梁（除消能梁段外）仍为弹性工作阶段。所以，消能梁段就像偏心支撑框架结构的“保险丝”，防止其他受压杆件的非延性破坏。图 8-41 给出两种偏心支撑框架的塑性变形机构。

（2）消能梁段的设计

1）消能梁段的类型。消能梁段的耗能方式与其长度密切相关，而根据长度不同又将消能梁段分为剪切屈服型和弯曲屈服型两种。

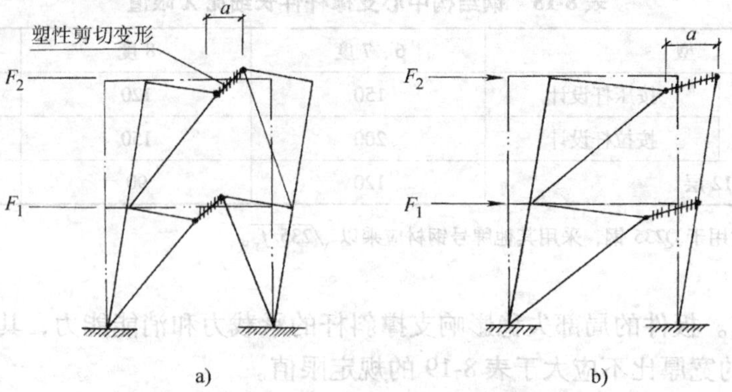

图 8-41 偏心支撑框架的塑性变形机构

当消能梁段的净长度 $a \leqslant 1.6M_{lp}/V_{lp}$（$M_{lp}$为消能梁段塑性受弯承载力；$V_{lp}$为消能梁段塑性受剪承载力）时，剪力很大，两端弯矩相对较小，梁段在其端部尚未弯曲屈服之前即发生剪切破坏，梁段的非弹性变形主要是剪切变形，因此属于剪切屈服型；当消能梁段的净长度 $a > 1.6M_{lp}/V_{lp}$时，剪力较小，两端弯矩相对较大，梁段的非弹性变形主要是弯曲变形，因此属于弯曲屈服型。试验研究表明，剪切屈服型消能梁段对偏心支撑框架抵抗大震特别有利。一方面，能使其弹性刚度与中心支撑框架接近；另一方面，其耗能能力和滞回性能优于弯曲屈服型。所以，剪切屈服型消能梁段的净长度 a 最好不超过 $1.3M_{lp}/V_{lp}$，但也不能太短，而导致过早的塑性破坏，一般取框架梁净长度的 0.1 ~ 0.15 倍。

当支撑斜杆轴力的水平分量在消能梁段中产生轴力时，为保证消能梁段在往复荷载下具有良好的滞回性能，除适当降低此梁段的受剪承载力外，还需适当减小该梁段的长度。当消能梁段承受的轴力 $N_l > 0.16Af$ 时，其净长度应符合下列公式要求：

当 $\rho(A_w/A) < 0.3$ 时，$a < 1.6M_{lp}/V_{lp}$ (8-66a)

当 $\rho(A_w/A) \geqslant 0.3$ 时，$a \leqslant [1.15 - 0.5\rho(A_w/A)]1.6M_{lp}/V_{lp}$ (8-66b)

$$\rho = \frac{N_l}{V_l} \tag{8-66c}$$

式中 N_l、V_l——消能梁段承受的轴向力设计值和剪力设计值；

ρ——消能梁段轴向力设计值与剪力设计值的比值；

A、A_w——消能梁段的截面面积和腹板截面面积。

2）消能梁段承载力。

翼缘正应力：

消能梁段的轴力所产生的梁段翼缘平均正应力 σ_n，应按下式计算：

消能梁段净长度 $a < 2.2M_{lp}/V_{lp}$时，$\sigma_n = \dfrac{V_{lp}}{V_l}\dfrac{N_l}{2b_f t_f}$ (8-67a)

消能梁段净长度 $a \geqslant 2.2M_{lp}/V_{lp}$时，$\sigma_n = \dfrac{N_l}{A_l}$ (8-67b)

当 $\sigma_N < 0.15f_y$ 时，取 $\sigma_n = 0$。

式中 N_l、V_l——消能梁段承受的轴向力设计值和剪力设计值；

A_l——消能梁段的截面面积；

b_f、t_f——消能梁段翼缘宽度和腹板厚度。

塑性承载力：

消能梁段塑性受弯承载力　$M_{lp} = W_p f_y$　(8-68a)

消能梁段塑性受剪承载力　$V_{lp} = 0.58 f_y h_0 t_w$　(8-68b)

消能梁段承受轴向力时的全塑性受弯承载力　$M_{pc} = W_p (f_y - \sigma_n)$　(8-68c)

式中　h_0——消能梁段腹板计算高度；

t_w——消能梁段腹板厚度；

W_p——消能梁段的塑性截面系数；

σ_n——轴力产生的消能梁段翼缘平均正应力，按式(8-67)计算。

受剪承载力：

当 $N_l \leqslant 0.15Af$ 时，$V_l \leqslant 0.9V_{lp}/\gamma_{RE}$　(8-69a)

$V_{lp} = 0.58A_w f_y$ 或 $V_{lp} = 2M_{lp}/a$，两者取较小值。

$$A_w = (h - 2t_f)t_w；M_{lp} = W_p f$$

当 $N_l > 0.15Af$ 时，$V_l \leqslant 0.9V_{lc}/\gamma_{RE}$　(8-69b)

$V_{lc} = 0.58A_w f_y \sqrt{1 - \frac{N}{(Af)^2}}$ 或 $V_{lc} = 24M_{lp}\frac{1 - N/Af}{a}$，两者取较小值。

式中　V_l、N_l——消能梁段的剪力设计值和轴力设计值；

V_{lp}、V_{lc}——消能梁段的塑性受剪承载力和计入轴力影响的受剪承载力；

M_{lp}——消能梁段的塑性受弯承载力；

a、h、t_w、t_f——消能梁段的净长度、截面高度、腹板厚度和翼缘厚度；

γ_{RE}——消能梁段承载力抗震调整系数，取0.85；

其余参数意义同前。

消能梁段截面腹板强度验算：

为使消能梁段在多遇地震作用下仍处于弹性状态，腹板承担的剪力值，不宜超过其受剪承载力的80%，即

$$\frac{V_l}{0.8 \times 0.58h_0 t_w} \qquad (8\text{-}70)$$

消能梁段截面翼缘强度验算：

在多遇地震作用下，当消能梁段净长度 $a < 2.2M_{lp}/V_{lp}$ 时，腹板完全用于抗剪，轴力和弯矩全部由翼缘承担，即　$\left(\frac{M_l}{h} + \frac{N_l}{2}\right)\frac{1}{b_f t_f} \leqslant \frac{f}{\gamma_{RE}}$　(8-71a)

当消能梁段净长度 $a \geqslant 2.2M_{lp}/V_{lp}$ 时，轴力和弯矩由全截面承担，即

$$\frac{M_l}{W} + \frac{N_l}{A_l} \leqslant \frac{f}{\gamma_{RE}} \qquad (8\text{-}71b)$$

式中　M_l、N_l——多遇地震作用效应组合下消能梁段的弯矩设计值和轴向力设计值；

h、W、A_l——消能梁段的截面高度、截面系数和截面面积。

3）消能梁段的构造要求。为使消能梁段具有很好的延性和耗能能力，偏心支撑框架消能梁段的钢材屈服强度不应大于345MPa。消能梁段及与消能梁段同一跨内的非消能梁段，其板件的宽厚比不应大于表8-20的限值。

表 8-20 偏心支撑框架梁板件宽厚比限值

板件名称		宽厚比限值
翼缘外伸部分		8
腹板	当 $N/Af \leqslant 0.14$ 时	$90[1-1.65N/(Af)]$
	当 $N/Af > 0.14$ 时	$33[2.3-N/(Af)]$

注：1. 表中数值仅适用于钢材屈服强度 $f_y = 235\text{N/mm}^2$ 的 Q235 钢，当钢材为其他钢号时，应乘以调整系数 $\sqrt{235/f_y}$。

2. A，N 分别为偏心支撑框架梁的截面面积和轴力设计值，f 为钢材抗压强度设计值。

3. 表中截面如图 8-39 所示。

消能梁段的腹板不得贴焊补强板，也不得开洞，以免降低腹板的弹塑性变形能力；消能梁段应按抗震要求设置中间加劲肋；消能梁段两端上下翼缘应设置侧向支撑，且支撑的轴力设计值不得小于消能梁段翼缘轴向承载力设计值的6%，即 $0.06b_f t_f f$。

（3）支撑斜杆的设计　偏心支撑框架的设计意图是提供消能梁段，当地震作用足够大时，消能梁段屈服而支撑不屈服。能否实现这一意图，取决于支撑的承载力。支撑斜杆的轴力设计值按以下两式计算，并取较小值。

$$N_{br} = \eta \frac{V_{lp}}{V_l} N_{br,com} \tag{8-72a}$$

$$N_{br} = \eta \frac{M_{pc}}{M_l} N_{br,com} \tag{8-72b}$$

式中 $N_{br,com}$——在跨间梁的竖向荷载和水平作用最不利组合下，支撑斜杆的轴向力设计值；

V_{lp}、M_{pc}——消能梁段的塑性受剪承载力和承受轴力时的全塑性承载力；

V_l、M_l——在竖向荷载和水平作用最不利组合下，消能梁段的剪力设计值和弯矩设计值；

η——偏心支撑杆件的内力增大系数，见表 8-21。

表 8-21 偏心支撑杆件的内力增大系数 η

杆件名称	7度	8度	9度
支撑斜杆	1.4	1.4	1.5
支撑横梁	1.5	1.5	1.6
支撑柱	1.5	1.5	1.6

偏心支撑斜杆的受压稳定性的验算按下式进行

$$\frac{N_{br}}{\varphi A_{br}} \leqslant \frac{f}{\gamma_{RE}} \tag{8-73}$$

式中 N_{br}——支撑斜杆轴力设计值，按式(8-72)计算取值；

A_{br}——支撑斜杆的截面面积；

φ——由支撑斜杆长细比确定的轴心受压构件稳定系数。

8.4.4 连接节点的设计

多、高层建筑钢结构中各种钢构件需在工厂和工地连接在一起，才能成为完整的结构。许多钢结构事故及震害表明，钢结构的整体破坏大多是由节点首先破坏引起的，所以节点设计不仅对结构的安全有重要的影响，而且直接影响钢结构的制作、安装及造价。因此钢结构的节点设计是钢结构设计工作中的重要环节。

1. 一般要求

（1）节点设计的一般原则

1）节点设计应传力可靠、构造简单、加工方便。

2）保证节点具有足够的强度、刚度，同时应具有良好的延性。

3）节点的受力计算模型应与节点的实际受力情况一致，节点的构造应与计算假定符合。

（2）高层钢结构建筑的节点连接　当非抗震设防时，应按结构处于弹性阶段设计；当抗震设防时，应按结构处于弹塑性阶段设计，节点连接的承载力应高于构件截面的承载力。要求抗震设防的结构，当风荷载起控制作用时，仍应满足抗震设防的各种要求。

（3）抗震设防的高层建筑钢结构框架　对于柱贯通型节点，从梁端算起1/10的跨长或两倍梁截面高度的范围内；对于梁贯通型节点，从柱端算起1/10的柱高或两倍柱截面高度的范围内，节点设计应验算下列各项：

1）节点连接的最大承载力。

2）构件塑性区的板件宽厚比。

3）受弯构件塑性区侧向支承点间的距离。

4）节点域柱腹板的宽厚比和受剪承载力。

（4）节点的构造　在节点设计中，节点的构造应避免采用约束度大和易产生层状撕裂的连接形式，如T形接头、十字接头和角部接头等（见图8-42），这些地方的约束程度使得母材在厚度方向引起应变，由于延性有限而无法调整，应采用合理的连接构造（见图8-43）。

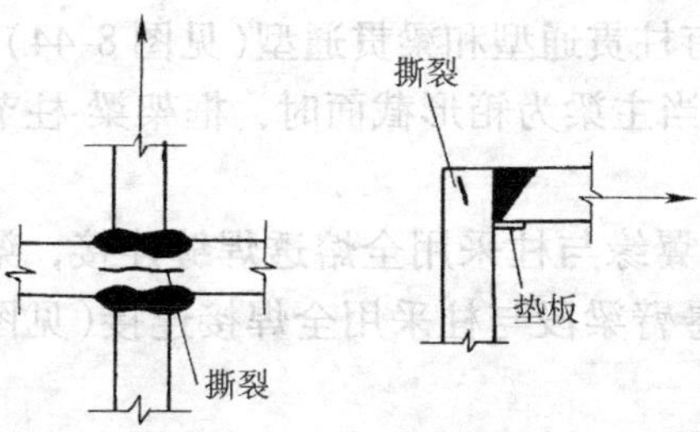

图8-42　易产生层间撕裂的焊接节点

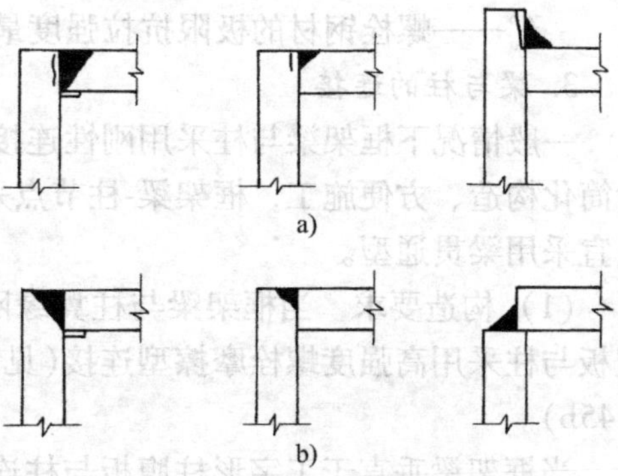

图8-43　易产生层间撕裂的焊接节点及相应的改进措施

a）原构造　b）改进构造

2. 节点的连接

高层建筑钢结构的节点连接，可采用焊接、高强度螺栓或栓焊混合连接。焊接的传力最充分，不会滑移，良好的焊接构造和焊接质量可提供足够的延性，但要求对焊缝进行探伤检查，并且焊接有较大的残余应力；高强度螺栓施工方便，但连接或拼接全部采用高强度螺栓，会使接头尺寸过大，板材消耗较多，且螺栓价格也较贵，此外高强度螺栓连接在大震时也易产生滑移；栓焊连接在工程实际中应用较普遍，即翼缘用焊接，腹板用高强度螺栓连接。施工时，先用螺栓安装定位，然后对翼缘施焊。但由于翼缘焊接时温度很高，对腹板高强度螺栓的预拉力有一定的降低影响，所以在设计时，对腹板的高强度螺栓的实际应力留有一定的富裕度。

（1）焊接连接的设计原则　节点的焊接连接根据受力情况可采用全熔透焊接或部分熔透焊接。当遇到下列情况之一时，应采用全熔透焊缝：

1）要求与母材等强的焊接连接。

2）框架节点塑性区段的焊接连接。

焊缝的坡口形式和尺寸，必须符合焊接工艺的要求，且满足现行国家标准的相关规定；焊缝熔敷金属应与母材强度相匹配，当不同强度的钢材焊接时，为保证焊缝具有较好的延性，应按强度较低的钢材选用焊接材料。

（2）高强度螺栓连接的设计原则　高强度螺栓的连接分摩擦型连接和承压型连接。摩擦型连接依靠被连接件之间的摩擦力来传递内力，以摩擦阻力刚被克服作为连接的承载能力极限状态。这种连接变形较小，所以，高层建筑钢结构要承受风荷载或地震的反复作用，其主要承力构件的连接均应采用高强度螺栓的摩擦型连接，而不得采用承压型连接，避免在使用荷载下产生滑移，加大节点变形。

在强烈地震作用下，连接板件间的摩阻力有可能被克服，所以高强度螺栓摩擦型连接的最大受剪承载力，应按下式计算

$$N_v^b = 0.75 n_v A_e^b f_u^b \tag{8-74}$$

式中　N_v^b——单个高强度螺栓的最大受剪承载力；

n_v——连接部位单个螺栓的受剪面数目；

A_e^b——螺栓螺纹处的有效截面面积；

f_u^b——螺栓钢材的极限抗拉强度最小值。

3. 梁与柱的连接

一般情况下框架梁与柱采用刚性连接，其节点类型有柱贯通型和梁贯通型（见图8-44）。为简化构造、方便施工，框架梁-柱节点采用柱贯通型。当主梁为箱形截面时，框架梁-柱节点宜采用梁贯通型。

（1）构造要求　当框架梁与柱翼缘刚性连接时，梁翼缘与柱采用全熔透焊缝连接，梁腹板与柱采用高强度螺栓摩擦型连接（见图8-45a），或悬臂梁段与柱采用全焊接连接（见图8-45b）。

当框架梁垂直于工字形柱腹板与柱连接时，应在梁翼缘对应位置设置柱的横向加劲肋，在梁高的范围内设置柱的竖向连接板。梁与柱的现场连接中，梁翼缘与柱横向加劲肋采用全熔透焊缝连接，并应避免连接处板件宽度的突变，腹板与柱连接用高强度螺栓连接（见图8-46a）；当采用悬臂梁段时，梁段与柱全部焊接（见图8-46b）。

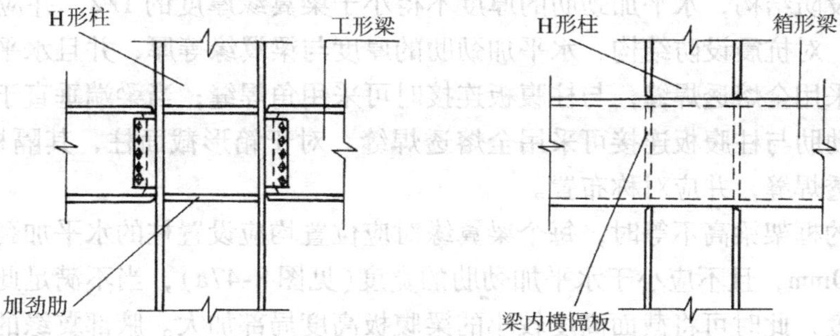

a)　　b)

图 8-44　框架梁-柱节点类型

a）柱贯通型　b）梁贯通型

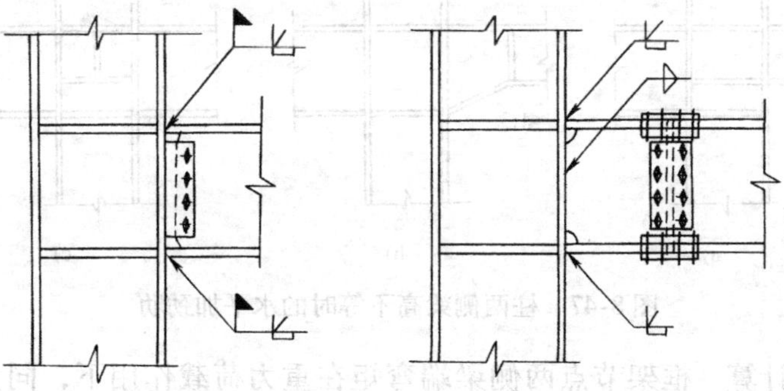

a)　　b)

图 8-45　框架梁与柱翼缘节点刚性连接

a）栓焊连接　b）全焊接连接

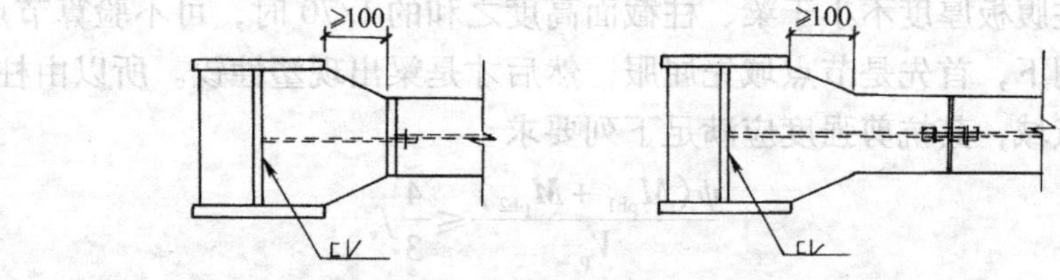

a)　　b)

图 8-46　梁端垂直于工字形柱腹板与柱的刚性连接

a）梁直接与柱连接　b）悬臂梁段与柱全部焊接

在图 8-45、图 8-46 工字形截面中，在梁翼缘的对应位置设置柱的水平加劲肋（或隔板），水平加劲肋的中心线应与梁翼缘的中心线对准。由于水平加劲肋能传递梁翼缘的集中力，对非抗震设防结构，水平加劲肋的厚度不得小于梁翼缘厚度的 1/2，并应符合板件宽厚比的限值要求。对抗震设防结构，水平加劲肋的厚度与梁翼缘等厚，并且水平加劲肋与柱翼缘焊接时，宜采用全熔透焊缝，与柱腹板连接时可采用角焊缝；当梁端垂直于柱腹板平面焊接时，水平加劲肋与柱腹板连接可采用全熔透焊缝。对于箱形截面柱，其隔板与柱的焊接，采用坡口全熔透焊缝，并应对称布置。

当柱两侧的框架梁高不等时，每个梁翼缘对应位置均应设置柱的水平加劲肋。加劲肋间距不应小于 150mm，且不应小于水平加劲肋的宽度（见图 8-47a），当不满足此要求时，应调整梁的端部高度，此时可将截面高度较小的梁腹板高度局部加大。腋部翼缘的坡度不得大于 1:3（见图 8-47b）；当与柱相连的梁在柱的两个互相垂直的方向高度不等时，同样也应分别设置柱的水平加劲肋。

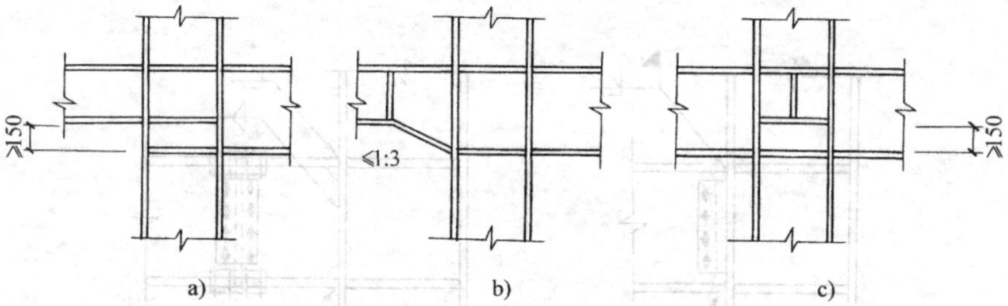

图 8-47 柱两侧梁高不等时的水平加劲肋

（2）节点域的计算 框架节点两侧梁端弯矩在重力荷载作用下，同为负弯矩，大体上能相互平衡，对节点域柱腹板基本上不产生水平剪力；但在水平荷载作用下，节点两侧梁端弯矩有较大的同方向的不平衡弯矩，使节点域的柱腹板承受较大的水平剪力。对 H 形柱和箱形柱的节点，无论节点内有无水平加劲肋，节点域的柱腹板均应验算其受剪时的强度和稳定性。

为防止节点域的柱腹板受剪时发生局部失稳，节点域的柱腹板厚度（对箱性柱取一块腹板的厚度）t_w 应符合下列要求

$$t_w \geqslant \frac{1}{90}(h_b + h_c) \tag{8-75}$$

式中 h_b、h_c——梁腹板高度和柱腹板高度。

当节点域柱腹板厚度不小于梁、柱截面高度之和的 1/70 时，可不验算节点域的稳定性。

在大震作用下，首先是节点域先屈服，然后才是梁出现塑性铰。所以由柱翼缘与水平加劲肋包围的节点域，其抗剪强度应满足下列要求

$$\frac{\psi(M_{pb1} + M_{pb2})}{V_p} \leqslant \frac{4}{3} f_v \tag{8-76}$$

$$\frac{M_{b1} + M_{b2}}{V_p} \leqslant \frac{4}{3} \frac{f_v}{\gamma_{RE}} \tag{8-77}$$

式中 M_{pb1}、M_{pb2}——节点域两侧梁的全塑性受弯承载力；

ψ——折减系数，6 度Ⅳ类场地和 7 度时取 0.6，8 度、9 度时取 0.7；

V_p——节点域的体积，对工字形截面 $V_p = h_b h_c t_w$，对箱形截面 $V_p = 1.8 h_b h_c t_w$，

h_b、h_c 为梁腹板高度和柱腹板高度，l_w 为柱在节点域的腹板高度；

M_{b1}、M_{b2}——节点域两侧梁的弯矩设计值；

f_v——钢材的抗剪强度设计值；

γ_{RE}——节点域承载力抗震调整系数，取0.85。

当节点域厚度不满足式(8-76)、式(8-77)的要求时，对工字形组合截面柱宜将柱腹板在节点域局部加厚(见图8-48)，对H型钢柱，可在节点域加焊贴板，贴板上下边缘应伸出加劲肋以外不小于150mm，并用不小于5mm的角焊缝将其上、下边与柱腹板焊接，其侧边采用填充对接焊缝或角焊缝与柱翼缘相连接。

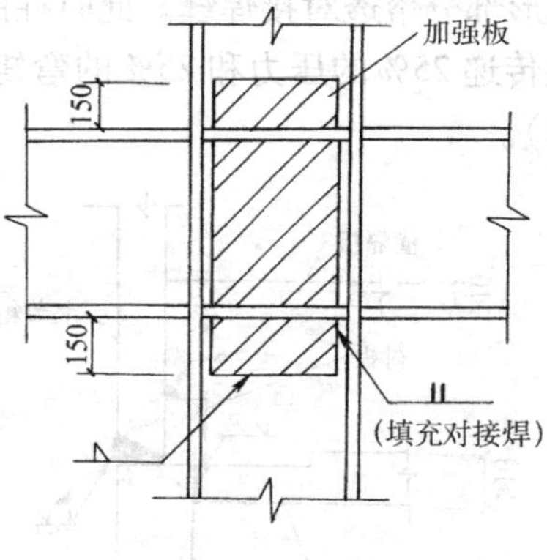

图8-48　节点域腹板加强

4. 柱与柱的连接

(1) 构造要求

1) 钢框架宜采用工字形截面和箱形截面柱。

2) 在制作和安装过程中，由于运输条件的限制，或柱截面发生变化，需要将柱进行拼接。柱的拼接节点一般都是刚性节点，接头位置应避开弯矩大的区段，一般设置在距楼板顶面以上1.0～1.3m的位置。

3) 在柱的工地接头处，应预先在柱上安装耳板作为临时固定和定位校正。耳板的厚度应根据阵风和其他施工荷载确定，并不得小于10mm。耳板仅设置在柱的一个方向的两侧(见图8-49)，或柱接头受弯应力最大处。

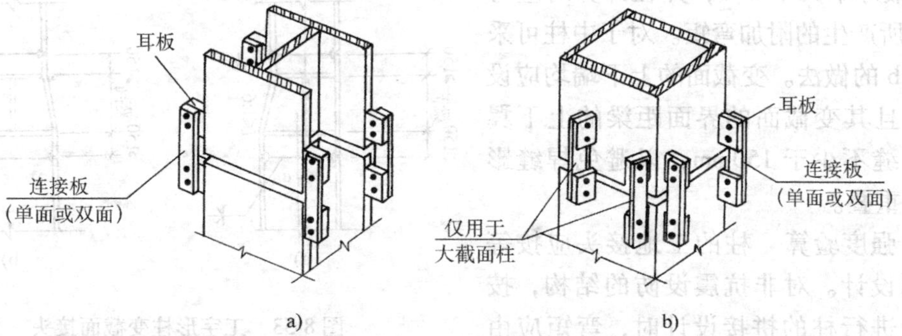

图8-49　钢柱工地接头安装耳板

a) H形柱　b) 箱形柱

4) 对于工字形截面柱在工地接头，通常采用栓焊连接或全焊接连接。翼缘接头宜采用坡口全熔透焊缝，腹板可采用高强度螺栓连接。当采用全焊接接头时，上柱翼缘应开V形坡口，腹板应开K形坡口(见图8-50)。

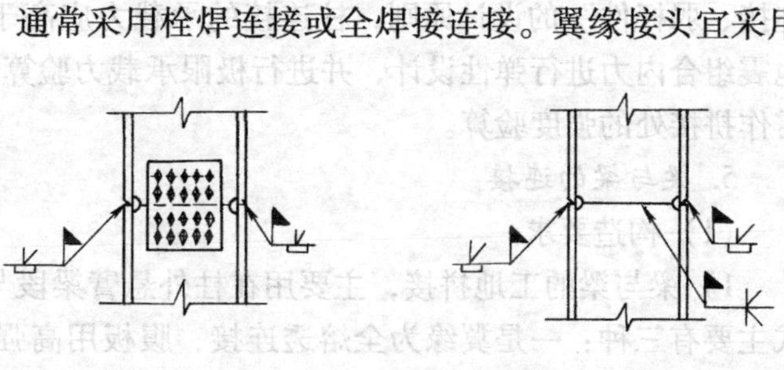

图8-50　工字形柱工地接头

5) 箱形柱在工地接头应全部采用焊接，其坡口应采用图8-51所示的形式。下节箱形柱的上端应设置隔板，并应与柱口齐平，厚度不小于16mm，其边缘应与柱口截面一起刨平。在上节箱形柱安装单元的下部附近，尚应设置上柱隔板，其厚度不宜小于10 mm。柱在工地接头上下侧各100mm范围内，截面组装焊缝应采用坡口全熔透焊缝。

6）非抗震设防的高层建筑钢结构，柱接头处弯矩较小翼缘不产生拉力时，可采用单边V形部分熔透对接焊缝。此时柱的上下端应磨平顶紧，并应与柱轴线垂直，这种柱接触面直接传递25%的压力和25%的弯矩。坡口焊缝的有效深度 t_e 不宜小于壁厚 t 的1/2(见图8-52)。

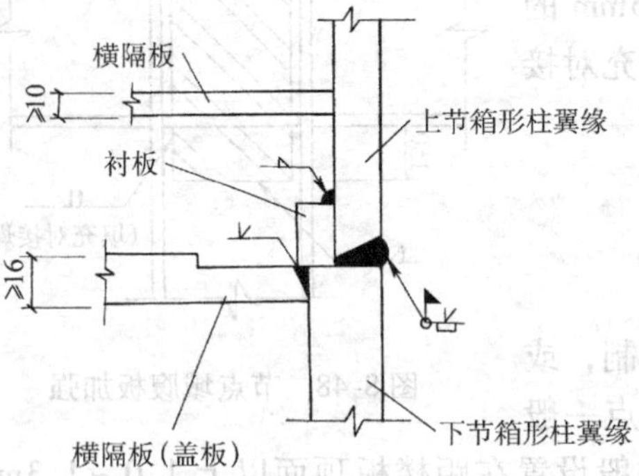

图8-51 箱形柱工地焊接

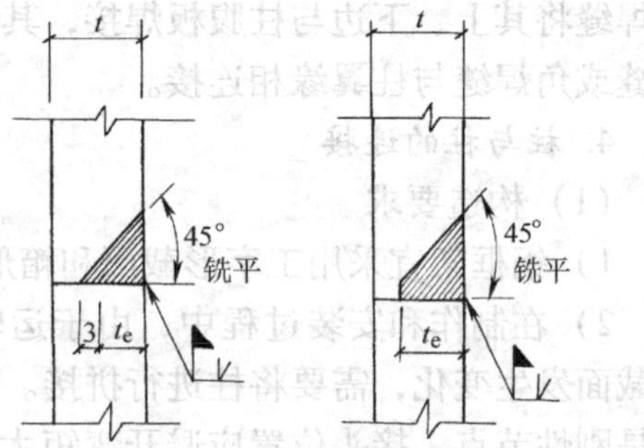

图8-52 柱接头部分熔透焊缝

7）当柱需要改变截面尺寸时，柱截面高度通常保持不变，而改变其翼缘厚度。当根据设计要求必须改变截面高度时，对边柱宜采用如图8-53a的做法，变截面区段的坡度不应大于1:4，最好不大于1:6，并在计算时应考虑偏心 e 所产生的附加弯矩。对于中柱可采用图8-53b的做法。变截面的上下端均应设置隔板，且其变截面的界面距梁的上下翼缘连接焊缝不少于150mm，以避免焊缝影响区相互重叠。

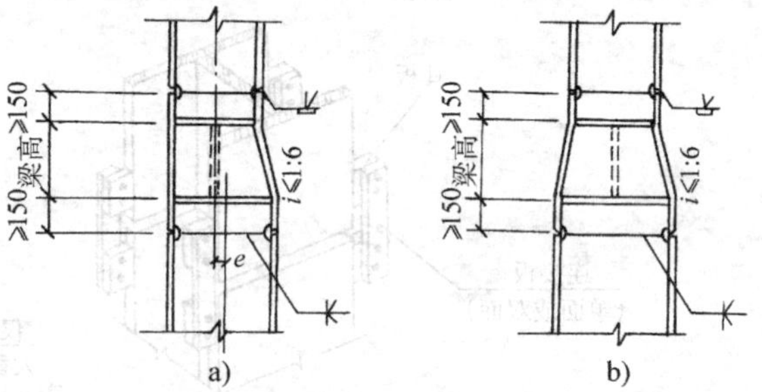

图8-53 工字形柱变截面接头

(2) 强度验算 柱的工地接头应按等强度原则设计。对非抗震设防的结构，按构件内力进行柱的拼接设计时，弯矩应由翼缘和腹板承受，剪力由腹板承受，轴力应由翼缘和腹板分担。其计算按第6章内容进行。对抗震设防的结构，为使结构符合“强连接、弱杆件”的设计原则，柱连接的承载力应高于母材的承载力，柱的接头及连接应按地震组合内力进行弹性设计，并进行极限承载力验算。当柱的拼接为全熔透焊缝连接时，无需作拼接处的强度验算。

5. 梁与梁的连接

(1) 构造要求

1）梁与梁的工地拼接，主要用在柱外悬臂梁段与中间梁段的工地现场拼接，其连接形式主要有三种：一是翼缘为全熔透连接，腹板用高强度螺栓连接的栓焊连接(见图8-54a)；二是翼缘和腹板都用高强度螺栓连接(见图8-54b)；三是翼缘和腹板都采用全熔透焊缝连接

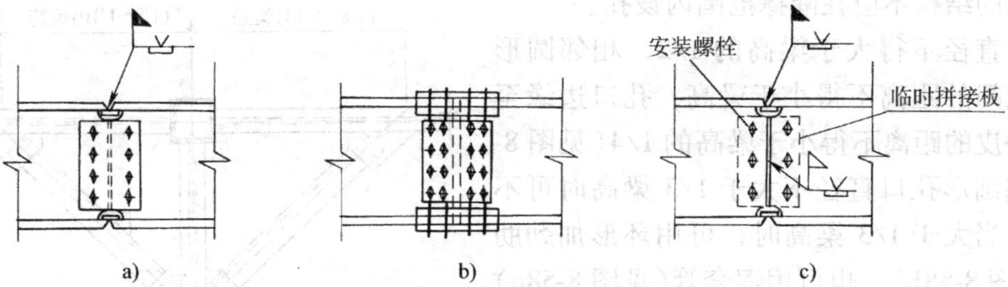

图 8-54　梁与梁的拼接形式

（见图 8-54c）。在高层建筑钢结构中，应用最多的是栓焊连接。

2）主梁与次梁的连接有简支连接和刚性连接。简支连接即将主次梁的节点设计为铰接，次梁为简支梁，这种节点构造简便，制作安装方便，是实际工程中常用的主次梁节点连接形式（见图 8-55）。如果次梁跨数较多、荷载较大、或结构为井字梁、或次梁带有悬挑梁，则主次梁节点宜为刚性连接（见图 8-56），可以节约钢材，减少次梁的挠度。

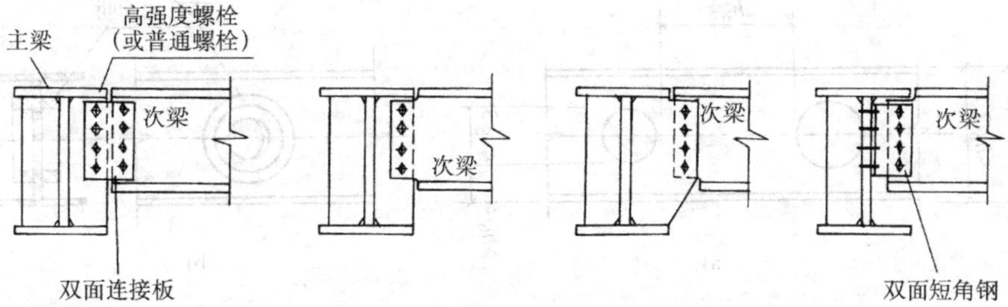

图 8-55　主梁与次梁的简支连接

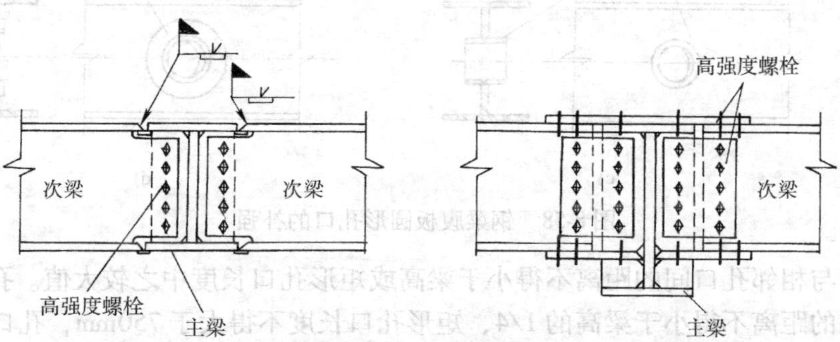

图 8-56　主梁与次梁的刚性连接

3）按抗震设计时，在罕遇地震作用下，主梁与柱刚性连接节点处允许出现塑性铰。已形成塑性铰的截面，在结构尚未达到破坏机构前必须继续变形，为了使塑性铰在转动过程中能保持承受弯矩极限值的能力，不但要避免板件的局部屈曲，而且必须避免板件的侧向扭转屈曲，所以应在塑性铰处及其附近适当距离设置侧向支撑。理论分析和试验研究表明，框架横梁下翼缘在距柱轴线 1/8～1/10 梁跨度处，应设置隅撑（见图 8-57）。侧向隅撑的长细比不得大于 $130\sqrt{235/f_y}$。

4）当必须有管道穿过钢梁腹板时，腹板中的孔洞应予补强。补强时，弯矩仅由翼缘承担，剪力由孔口截面的腹板和补强板共同承担。但不应在距梁端相当于梁高的范围内设孔，抗震设防的结构不应在隅撑范围内设孔。

孔口直径不得大于梁高的1/2，相邻圆形孔口边缘间的距离不得小于梁高，孔口边缘至梁翼缘外皮的距离不得小于梁高的1/4(见图8-58a)。当圆形孔口直径不大于1/3梁高时可不予补强；当大于1/3梁高时，可用环形加劲肋加强(见图8-58b)，也可用钢套管(见图8-58c)或环形补强板(见图8-58d)加强。当采用环形加劲肋加强时，加劲肋截面不宜小于100mm×10mm，加劲肋边缘至孔口边缘的距离不宜大于12mm；圆形孔口用钢套管加强时，其厚度不宜小于梁腹板厚度；用环形板加强时，可在梁腹板两侧设置，环行板的厚度可稍小于腹板厚度，可取75~125mm。

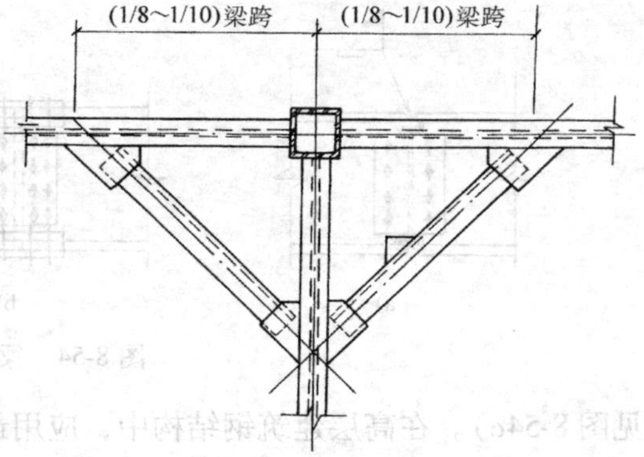

图8-57 梁的侧向隅撑

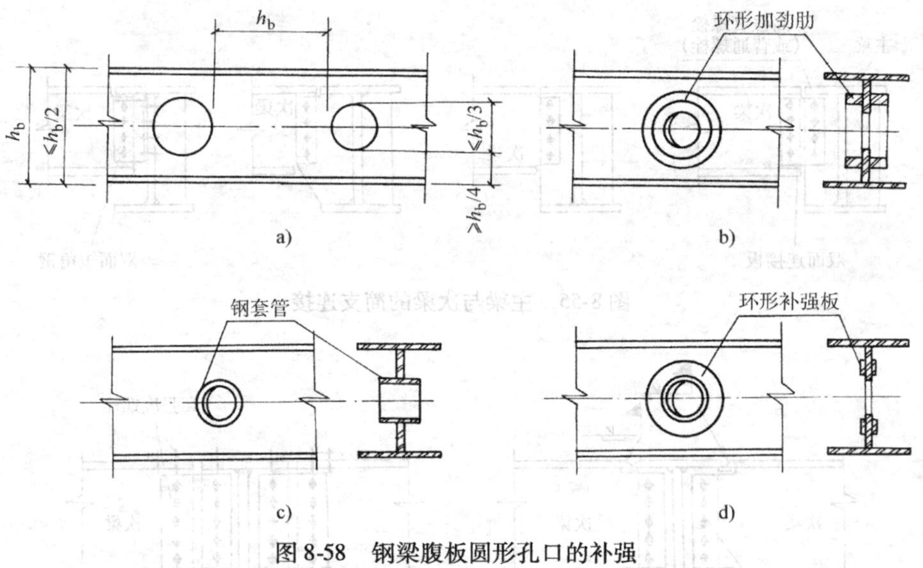

图8-58 钢梁腹板圆形孔口的补强

矩形孔口与相邻孔口间的距离不得小于梁高或矩形孔口长度中之较大值。孔口上下边缘至梁翼缘外皮的距离不得小于梁高的1/4，矩形孔口长度不得大于750mm，孔口高度不得大于梁高的1/2，其边缘应采用纵向和横向加劲肋加强。孔口边缘的加劲肋端部宜伸至孔口边缘以外各300mm；当矩形孔口长度大于梁高时，其横向加劲肋应沿梁全高设置(见图8-59)。矩形孔口加劲肋截面不宜小于125mm×18mm。当孔口长度大于500mm时，应在梁腹板两侧设置加劲肋。

(2) 强度验算 对非抗震设防的结构，梁的接头位置应尽量靠近反弯点处，按所在截面处梁的内力进行设计。此时，梁翼缘的连接按其所分配的弯矩进行验算；梁腹板的连接则应按所在截面在全部剪力、剪力偏心弯矩及所分配弯矩的共同作用下进行验算。当接头处内力较小时，接头承载力不应小于梁截面承载力的50%。

对抗震设防的结构，为符合"强连接、弱杆件"的设计原则，梁接头的承载力应高于母材的承载力。梁接头应按地震组合内力进行弹性设计，并应进行极限承载力验算。梁接头

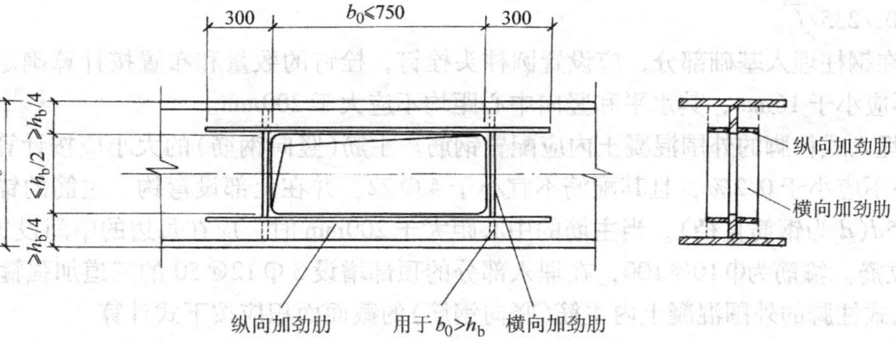

图 8-59 钢梁腹板矩形孔口的补强

按弹性设计时，腹板应计入弯矩，且受剪承载力不应小于构件截面受剪承载力的50%。

梁的隅撑按轴心受压构件进行设计，其轴压力设计值 N，按下式计算

$$N=\frac{A_{\mathrm{f}}f}{85\sin\alpha}\sqrt{\frac{f_{\mathrm{y}}}{235}} \tag{8-78}$$

式中 A_f——梁受压翼缘的截面面积；

α——隅撑与梁轴线的夹角，当两个方向的梁互相垂直时，可取 $\alpha=45°$；

f——隅撑钢材抗压强度设计值；

f_y——隅撑钢材屈服强度。

6. 钢柱柱脚

高层钢结构框架柱的柱脚连接方式有埋入式、外包式和外露式。高层钢结构框架柱的柱脚反力很大，宜采用埋入式或外包式的刚性连接；仅传递垂直荷载的铰接连接可采用外露式。

(1) 埋入式柱脚 将钢柱底端直接插入混凝土基础或基础梁中，然后浇筑混凝土形成刚性固定基础。

1）埋入式柱脚(见图 8-60)的埋深对轻型工字形柱，不得小于钢柱截面高度的2倍；对于大截面工字形和箱形柱，不得小于钢柱截面高度的3倍。

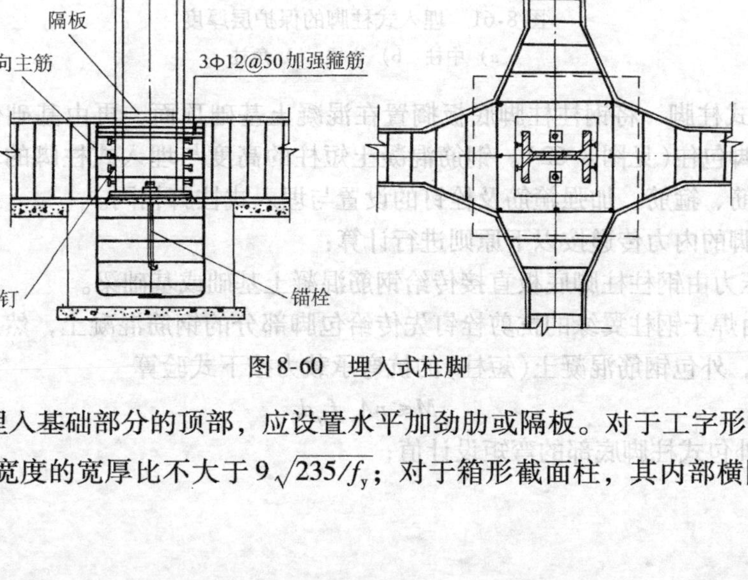

图 8-60 埋入式柱脚

2）在钢柱埋入基础部分的顶部，应设置水平加劲肋或隔板。对于工字形截面柱，其水平加劲肋的外伸宽度的宽厚比不大于 $9\sqrt{235/f_y}$；对于箱形截面柱，其内部横隔板的宽厚比

不大于 $30\sqrt{235/f_y}$。

3）在钢柱埋入基础部分，应设置圆柱头栓钉，栓钉的数量和布置按计算确定。但栓钉的直径不应小于16mm，其水平和竖向中心距均不应大于200mm。

4）埋入式柱脚的外围混凝土内应配置钢筋。主筋(竖向钢筋)的大小应按计算确定，但其配筋率不应小于0.2%，且其配筋不宜小于4Φ22，并在上部设弯钩。主筋的锚固长度不应小于35d(d为钢筋直径)，当主筋的中心距大于200mm时，应在每边的中间设置不小于Φ16的架立筋。箍筋为Φ10@100，在埋入部分的顶部增设3Φ12@50的三道加强箍筋。

埋入式柱脚的外围混凝土内主筋(竖向钢筋)的截面面积应按下式计算

$$A_s = \frac{M}{d_0 f_{sy}} \tag{8-79a}$$

$$M = M_0 + Vd \tag{8-79b}$$

式中 M——作用于钢柱柱脚底部的弯矩；

M_0——柱脚弯矩设计值；

V——柱脚剪力设计值；

d——钢柱埋深；

d_0——受拉侧与受压侧纵向主筋合力点间的距离；

f_{sy}——钢筋抗拉强度设计值。

5）埋入式柱脚钢柱翼缘的混凝土保护层厚度，对于中柱不得小于180mm(见图8-61a)；对边柱和角柱不得小于250mm(见图8-61b、c)。

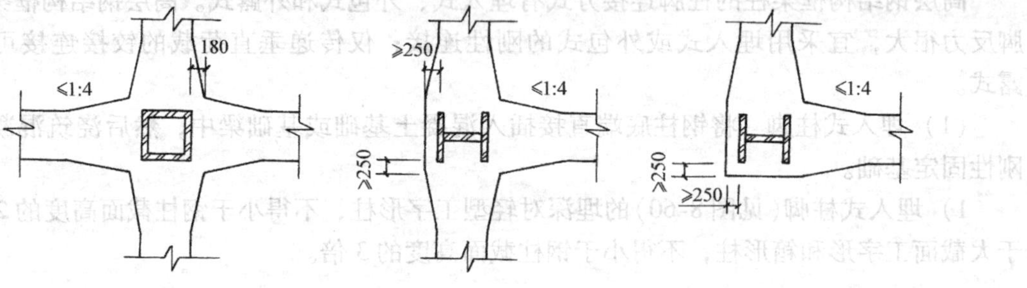

图8-61 埋入式柱脚的保护层厚度

a）中柱 b）边柱 c）角柱

（2）外包式柱脚 将钢柱柱脚底板搁置在混凝土基础顶面，再由基础伸出钢筋混凝土短柱将钢柱柱脚包住(见图8-62)。钢筋混凝土短柱的高度与埋入式柱脚的埋入深度要求相同，短柱内主筋、箍筋、加强箍筋及栓钉的设置与埋入式柱脚相同。

外包式柱脚的内力传递按以下原则进行计算：

1）轴心压力由钢柱柱脚底板直接传给钢筋混凝土基础或基础梁。

2）弯矩由焊于钢柱翼缘的抗剪栓钉先传给包脚部分的钢筋混凝土，然后再传给基础或基础梁。所以，外包钢筋混凝土(短柱)的抗弯承载力按下式验算

$$M \leqslant nA_s f_{sy} d_0 \tag{8-80}$$

式中 M——外包式柱脚底部的弯矩设计值；

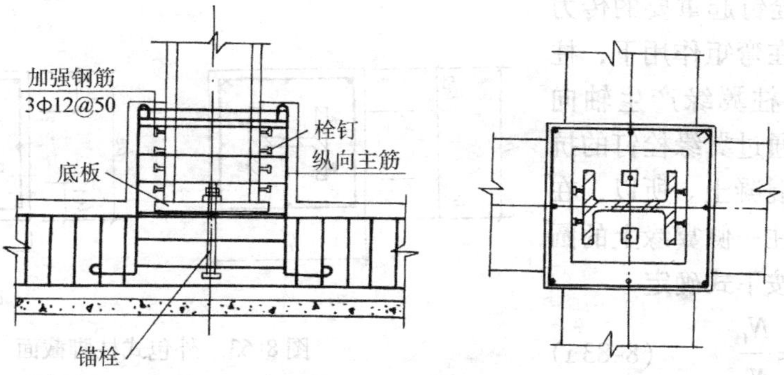

图 8-62　外包式柱脚

A_s——一根受拉主筋截面面积；

n——受拉主筋的根数；

f_{sy}——受拉主筋的抗拉强度设计值；

d_0——受拉主筋重心至受压区主筋重心间的距离。

3）水平剪力由底板和混凝土基础间的摩擦力抵消一部分，其余由包脚混凝土和水平箍筋共同承担。当钢柱为工字形截面时（见图 8-63a），外包混凝土的受剪承载力按下式计算

$$V-0.4N\leqslant V_{rc} \tag{8-81a}$$

$$V_1=b_{rc}h_0(0.07f_{cc}+0.5f_{ysh}\rho_{sh}) \tag{8-81b}$$

$$V_2=b_{rc}h_0\left(\frac{0.14f_{cc}b_e}{b_{rc}}+f_{ysh}\rho_{sh}\right) \tag{8-81c}$$

$$V_{rc}=\min\{V_1,V_2\} \tag{8-81d}$$

式中　V——柱脚剪力设计值；

N——柱最小轴力设计值；

V_{rc}——外包混凝土所分配到的受剪承载力；

b_{rc}——外包钢筋混凝土总厚度；

b_e——外包钢筋混凝土的有效宽度，$b_e=b_{e1}+b_{e2}$；

f_{cc}——混凝土轴心抗压强度设计值；

f_{ysh}——水平箍筋抗拉强度设计值；

ρ_{sh}——水平箍筋的配筋率，$\rho_{sh}=A_{sh}/b_{rc}s$，当 $\rho_{sh}>0.6\%$ 时取 0.6%；

A_{sh}——一支水平箍筋的截面面积；

s——箍筋间距；

h_0——混凝土受压区边缘至受拉钢筋重心的距离。

当钢柱为箱形截面时（见图 8-63b），外包混凝土受剪承载力为

$$V-0.4N\leqslant V_{rc} \tag{8-82a}$$

$$V_{rc}=b_eh_0(0.07f_{cc}+0.5f_{ysh}\rho_{sh}) \tag{8-82b}$$

式中　b_e——钢柱两侧混凝土的有效宽度之和，每侧不得小于 180mm；

ρ_{sh}——水平箍筋的配筋率，$\rho_{sh}=A_{sh}/b_{rc}s$，当 $\rho_{sh}\geqslant1.2\%$ 时取 1.2%；

其余符号同式(8-81)。

4）柱脚的栓钉起重要的传力作用。钢柱底端在弯矩作用下，柱截面的正应力使柱翼缘产生轴向力，此轴向力需通过翼缘栓钉的抗剪强度传给外包混凝土。所以，在计算平面内，钢柱一侧翼缘上的圆柱头栓钉数量 n 按下式确定

$$n=\frac{N_f}{N_v^s} \qquad (8\text{-}83a)$$

$$N_f=\frac{M}{h_c-t_f} \qquad (8\text{-}83b)$$

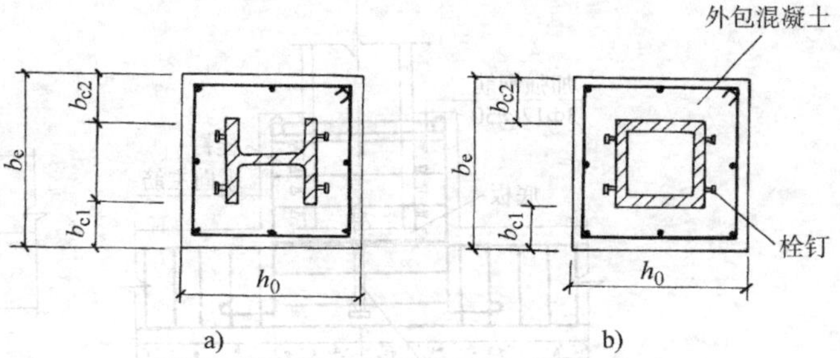

图 8-63 外包式柱脚截面
a）工字形柱 b）箱形柱

式中 N_f——钢柱一侧抗剪栓钉传递的翼缘轴力；

N_v^s——一个圆柱头栓钉的受剪承载力设计值，栓钉直径不得小于16mm；

M——外包混凝土顶部箍筋处的钢柱弯矩设计值；

h_c——钢柱截面高度；

t_f——钢柱翼缘厚度。

（3）外露式柱脚 由柱脚锚栓固定的外露式柱脚作为铰接柱脚常用在多高层建筑中有地下室的钢结构建筑，其构造简单、安装方便。铰接柱脚仅承受轴心压力和水平剪力。图 8-64 所示是常用的铰接柱脚连接方式，其设计应符合下列规定：

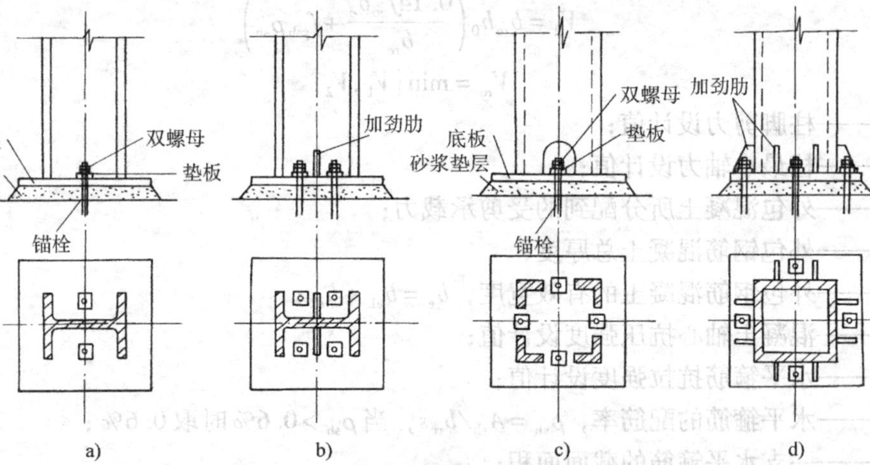

图 8-64 外露式柱脚铰接连接形式

1）钢柱底板尺寸应根据基础混凝土的抗压强度设计值确定。

2）当钢柱底板压应力出现负值时，应由锚栓来承受拉力。锚栓应采用屈服强度较低的材料，使柱脚在转动时具有足够的变形能力，所以宜采用 Q235 钢。锚栓直径应不小于20mm，当锚栓直径大于60mm 时，可按钢筋混凝土压弯构件中计算钢筋的方法确定锚栓的直径。

3）锚栓和支承托座应连接牢固，后者应能承受锚栓的拉力。

4）锚栓的内力应由其与混凝土之间的粘结力传递，所以锚栓深入支座内的锚固长

度不应小于25d(d为锚栓直径)。锚栓上端设置双螺帽以防螺栓松动，锚栓下端应设弯钩，当埋设深度受到限制时，锚栓应固定在锚板或锚梁上。

5）柱脚底板的水平反力，由底板和基础混凝土间的摩擦力传递，摩擦系数取0.4。当水平反力超过摩擦力时，应在底板下部焊接抗剪键(见图8-65)或外包钢筋混凝土。抗剪键的截面及埋深根据计算确定。

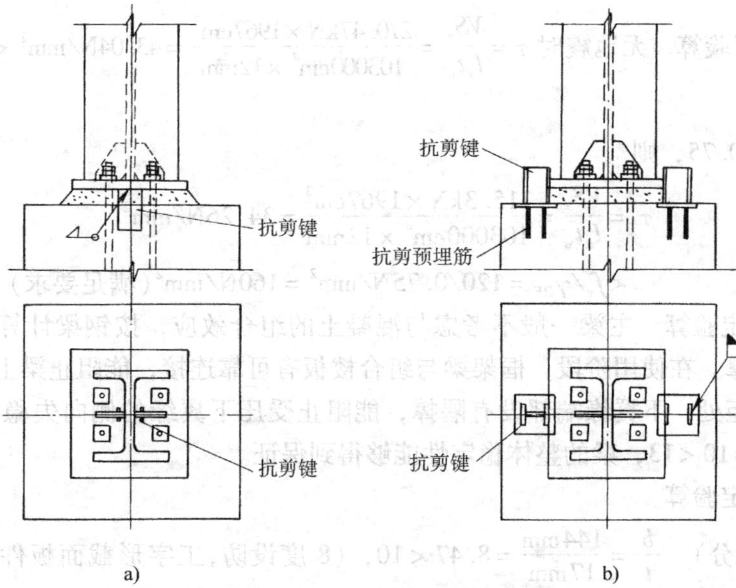

图8-65 抗剪键的设置

【例8-1】 框架梁、框架柱构件设计

1. 框架梁

(1) 截面参数 横向框架梁的截面选择HM582×300×12×17，其截面特性如下

$A=174.5\text{cm}^2$，$I_x=103000\text{cm}^4$，$I_y=7670\text{cm}^4$，$i_x=24.3\text{cm}$，$i_y=6.63\text{cm}$，$W_x=3530\text{cm}^3$，$W_y=511\text{cm}^3$，$S_x=30\text{cm}\times1.7\text{cm}\times29.15\text{cm}+\dfrac{28.3^2\text{cm}^2\times1.2\text{cm}}{2}=1967\text{cm}^3$

(2) 截面控制内力 各框架梁选用同一截面，从所有组合中选择最不利组合进行验算。最不利内力组合：

$$M=538.56\text{kN}\cdot\text{m},\ N=60.30\text{kN},\ V=270.47\text{kN}(\text{无地震参与的组合})$$

$$M=521.03\text{kN}\cdot\text{m},\ N=-41.16\text{kN},\ V=215.31\text{kN}(\text{有地震参与的组合})$$

(3) 强度验算 截面无削弱，按拉弯构件验算正应力，在主次梁连接处，主梁腹板设置加劲肋，故不必计算局部压应力。

1）抗弯强度验算。无地震时，$\gamma_x=1.05$，则

$$\frac{N}{A_n}\pm\frac{M}{\gamma_x W_x}=\frac{60.30\text{kN}}{174.5\text{cm}^2}\pm\frac{538.56\text{kN}\cdot\text{m}}{1.05\times3530\text{cm}^3}$$

$$=3.46\text{N/mm}^2\pm145.30\text{N/mm}^2=\begin{matrix}148.76\text{N/mm}^2\\141.84\text{N/mm}^2\end{matrix}$$

$$<f=205\text{N/mm}^2(\text{满足要求})$$

有地震时，$\gamma_x=1.0$，$\gamma_{RE}=0.75$，则

$$\frac{N}{A_n} \pm \frac{M}{\gamma_x W_x} = \frac{-41.16\text{kN}}{174.5\text{cm}^2} \pm \frac{521.03\text{kN} \cdot \text{m}}{1.0 \times 3530\text{cm}^3}$$

$$= -2.36\text{N/mm}^2 \pm 147.60\text{N/mm}^2 = \begin{matrix} -142.96\text{N/mm}^2 \\ 145.24\text{N/mm}^2 \end{matrix}$$

$$< \frac{f}{\gamma_{RE}} = \frac{205}{0.75}\text{N/mm}^2 = 273.33\text{N/mm}^2\text{(满足要求)}$$

2）抗剪强度验算、无地震时 $\tau = \frac{VS_x}{I_x t_w} = \frac{270.47\text{kN} \times 1967\text{cm}^3}{103000\text{cm}^4 \times 12\text{mm}} = 43.04\text{N/mm}^2 < f_v = 120\text{N/mm}^2$（满足要求）

有地震时，$\gamma_{RE} = 0.75$，则

$$\tau = \frac{VS_x}{I_x t_w} = \frac{215.3\text{kN} \times 1967\text{cm}^3}{103000\text{cm}^4 \times 12\text{mm}} = 34.26\text{N/mm}^2$$

$$< f_v/\gamma_{RE} = 120/0.75\text{N/mm}^2 = 160\text{N/mm}^2\text{(满足要求)}$$

（4）整体稳定验算　主梁一般不考虑与混凝土的组合效应，按钢梁计算。框架梁在施工阶段设临时支撑。在使用阶段，框架梁与组合楼板有可靠连接，能阻止梁上翼缘的侧向失稳，在支座负弯矩处，下翼缘端部设有隅撑，能阻止受压下翼缘的侧向失稳，同时 $l_1/b_1 = 3000\text{mm}/300\text{mm} = 10 < 13$，梁的整体稳定性能够得到保证。

（5）局部稳定验算

翼缘(悬伸部分)　$\frac{b}{t} = \frac{144\text{mm}}{17\text{mm}} = 8.47 < 10$，(8 度设防,工字形截面板件宽厚比限值为10,满足要求)

腹板

$$\frac{h_0}{t_w} = \frac{548\text{mm}}{12\text{mm}} = 45.7 < \left(85 - 110\frac{N_b}{Af}\right)\sqrt{\frac{235}{f_y}}$$

$$= \left(85 - 110 \times \frac{41.16\text{kN}}{17450\text{mm}^2 \times 205\text{N/mm}^2}\right)$$

$$= 83.73\text{(满足要求)}$$

（6）挠度计算　根据电算结果，梁在恒载＋活载作用下最大挠度值为 18.03mm，最大挠度/梁跨度 = 1/499 < $[v_T]$ = 1/400，在活载作用下最大挠度值为 15.80mm，最大挠度/梁跨度 = 1/569 < $[v_Q]$ = 1/500，满足要求。

2. 框架柱

柱的验算包括强度、整体稳定性、局部稳定性验算和抗震验算。

（1）截面参数　框架柱截面选择 HW400×400×13×21，其截面特性如下

$$A = 219.5\text{cm}^2,\ I_x = 66900\text{cm}^4,\ I_y = 22400\text{cm}^4,\ i_x = 17.5\text{cm}$$

$$i_y = 10.1\text{cm},\ W_x = 3340\text{cm}^3,\ W_y = 1120\text{cm}^3$$

（2）截面控制内力　各框架柱截面相同，从内力组合中选择最不利组合进行验算。最不利内力组合为无地震作用组合：

柱上端　$M = -55.30\text{kN} \cdot \text{m}$，$N = 1975.10\text{kN}$，$V = 21.03\text{kN}$

柱下端　$M = -58.26\text{kN} \cdot \text{m}$，$N = -1961.70\text{kN}$，$V = 20.03\text{kN}$

（3）强度验算　截面无削弱，截面塑性发展系数为 $\gamma_x = 1.05$，$\gamma_y = 1.2$，截面应力为

柱上端 $\frac{N}{A_n}+\frac{M}{\gamma_x W_x}=\frac{1975.10\text{kN}}{219.5\text{cm}^2}+\frac{55.30\text{kN}\cdot\text{m}}{1.05\times 3340\text{cm}^3}$

$=89.98\text{N/mm}^2+15.77\text{N/mm}^2$

$=105.75\text{N/mm}^2<f=205\text{N/mm}^2$（满足要求）

柱下端 $\frac{N}{A_n}+\frac{M}{\gamma_x W_x}=\frac{1961.70\text{kN}}{219.5\text{cm}^2}+\frac{58.26\text{kN}\cdot\text{m}}{1.05\times 3340\text{cm}^3}$

$=89.37\text{N/mm}^2+16.61\text{N/mm}^2$

$=105.98\text{N/mm}^2<f=205\text{N/mm}^2$（满足要求）

（4）稳定验算

1）弯矩作用平面内。框架柱的计算长度按附录5计算取值。框架为有侧移，则

$$K_1=\frac{\sum\frac{I_b}{l_b}}{\sum\frac{I_c}{l_c}}=\frac{\frac{103000\text{cm}^4}{780\text{cm}}+\frac{103000\text{cm}^4}{900\text{cm}}}{\frac{66900\text{cm}^4}{540\text{cm}}+\frac{66900\text{cm}^4}{420\text{cm}}}=0.87$$

柱脚为刚接，故 $K_2=10$，查附表5-1，$\mu_x=1.20$，则

$$\lambda_x=\frac{1.20\times 540\text{cm}}{17.5\text{cm}}=37.03$$

因 $\frac{b}{h}=\frac{400\text{mm}}{400\text{mm}}=1>0.8$，对 x 轴的截面类型为 b 类，

查附表4-2，稳定性系数 $\varphi_x=0.910$，有侧移框架 $\beta_{mx}=1.0$，则

$$N'_{Ex}=\frac{\pi^2 EA}{1.1\lambda_x^2}=\frac{\pi^2\times 2.06\times 10^5\text{N/mm}^2\times 219.5\text{cm}^2}{1.1\times 37.03^2}=29587.03\text{kN}$$

$$\frac{N}{\varphi_x A}+\frac{\beta_{mx}M}{\gamma_x W_x\left(1-0.8\frac{N}{N'_{Ex}}\right)}$$

$$=\frac{1961.70\text{kN}}{0.910\times 219.5\text{cm}^2}+\frac{1.0\times 58.26\text{kN}\cdot\text{m}}{1.05\times 3340\text{cm}^3\times\left(1-0.8\times\frac{1961.70\text{kN}}{29587.03\text{kN}}\right)}$$

$=98.21\text{N/mm}^2+17.54\text{N/mm}^2=115.75\text{N/mm}^2<f=205\text{N/mm}^2$（满足要求）

2）弯矩作用平面外。框架柱的计算长度按附录5计算取值，则

$$K_1=\frac{\sum\frac{I_b}{l_b}}{\sum\frac{I_c}{l_c}}=\frac{\frac{103000\text{cm}^4\times 2}{720\text{cm}}}{\frac{22400\text{cm}^4}{540\text{cm}}+\frac{22400\text{cm}^4}{420\text{cm}}}=3.02$$

柱脚为刚接，$K_2=10$，查附表5-1，$\mu_y=1.07$，则

$$\lambda_y=\frac{1.07\times 540\text{cm}}{10.1\text{cm}}=57.2$$

因 $\frac{b}{h}=\frac{400\text{mm}}{400\text{mm}}=1>0.8$，对 y 轴的截面类型为 b 类，查附表4-2，稳定性系数 $\varphi_y=0.6376$，因为框架有侧移 $\beta_{tx}=1.0$，截面影响系数 $\eta=1.0$，则

$$\varphi_b=1.07-\frac{\lambda_y^2}{44000}\frac{f_y}{235}=1.07-\frac{57.2^2}{44000}\times\frac{225}{235}=0.996$$

$$\frac{N}{\varphi_y A}+\eta\frac{\beta_{tx}M}{\varphi_b W_x}=\frac{1961.70\text{kN}}{0.6376\times 219.5\text{cm}^2}+1.0\times\frac{1.0\times 58.26\text{kN}\cdot\text{m}}{0.996\times 3340\text{cm}^3}$$

$$=140.12\text{N/mm}^2+17.51\text{N/mm}^2=157.63\text{N/mm}^2<f$$

$$=205\text{N/mm}^2\text{（满足要求）}$$

（5）抗震验算

1）柱的刚度验算。根据 GB 50011—2001《建筑抗震设计规范》中表 8.3.1 有

$$\lambda_x=37.03<120\times\sqrt{\frac{235}{f_y}}=120\times\sqrt{\frac{235}{225}}=122.6\text{（满足要求）}$$

$$\lambda_y=57.2<120\times\sqrt{\frac{235}{f_y}}=120\times\sqrt{\frac{235}{225}}=122.6\text{（满足要求）}$$

2）地震作用参与组合的截面验算（不考虑截面的塑性发展）。有地震作用组合：

柱上端　$M=-311.87\text{kN}\cdot\text{m}$，$N=1393.81\text{kN}$，$V=-106.64\text{kN}$

柱下端　$M=-264.02\text{kN}\cdot\text{m}$，$N=-1380.41\text{kN}$，$V=106.64\text{kN}$

a. 强度验算

$$\frac{N}{A_n}+\frac{M}{W_x}=\frac{1393.81\text{kN}}{219.5\text{cm}^2}+\frac{311.87\text{kN}\cdot\text{m}}{3340\text{cm}^3}$$

$$=63.50\text{N/mm}^2+93.37\text{N/mm}^2$$

$$=156.87\text{N/mm}^2<f/\gamma_{RE}=205\text{N/mm}^2/0.75$$

$$=273.33\text{N/mm}^2\text{（满足要求）}$$

b. 弯矩作用平面内的稳定计算

$$\frac{N}{\varphi_x A}+\frac{\beta_{mx}M}{W_x\left(1-0.8\dfrac{N}{N'_{Ex}}\right)}$$

$$=\frac{1393.81\text{kN}}{0.910\times 219.5\text{cm}^2}+\frac{1.0\times 311.87\text{kN}\cdot\text{m}}{3340\text{cm}^3\times\left(1-0.8\times\dfrac{1393.81\text{kN}}{29587.03\text{kN}}\right)}$$

$$=69.78\text{N/mm}^2+97.03\text{N/mm}^2$$

$$=166.81\text{N/mm}^2<f/\gamma_{RE}=205\text{N/mm}^2/0.75=273.33\text{N/mm}^2\text{（满足要求）}$$

c. 弯矩作用平面外的稳定计算

$$\frac{N}{\varphi_y A}+\eta\frac{\beta_{tx}M}{\varphi_b W_x}=\frac{1393.81\text{kN}}{0.6376\times 219.5\text{cm}^2}+\frac{1.0\times 311.87\text{kN}\cdot\text{m}}{0.996\times 3340\text{cm}^3}$$

$$=99.59\text{N/mm}^2+93.75\text{N/mm}^2$$

$$=193.34\text{N/mm}^2<f/\gamma_{RE}=273.33\text{N/mm}^2\text{（满足要求）}$$

3）框架柱板件宽厚比验算。根据 GB 50011—2001《建筑抗震设计规范》表 8.3.2-1 有

翼缘　$\dfrac{b}{t_f}=\dfrac{193.5\text{mm}}{21\text{mm}}=9.21<12\times\sqrt{\dfrac{235}{f_y}}=12\times\sqrt{\dfrac{235}{225}}=12.26$（满足要求）

腹板　$\dfrac{h_0}{t_w}=\dfrac{400\text{mm}-21\text{mm}\times 2}{13\text{mm}}=27.5<48\times\sqrt{\dfrac{235}{f_y}}=48\times\sqrt{\dfrac{235}{225}}=49.06$（满足要求）

4）强柱弱梁验算。

$\dfrac{N}{Af}=\dfrac{1393.81\times10^3}{219.5\times10^2\times205}=0.31<0.4$，可不验算。

【例8-2】 节点设计

节点设计包括框架梁与框架柱、次梁与框架梁的连接设计。连接设计必须满足传力和刚度的要求，同时还须与计算简图一致，另外还要尽量简化构造，方便施工。在设计中，框架梁与框架柱连接采用栓焊连接方式的刚性连接，主次梁的连接为铰接。次梁通过主梁腹板加劲肋与主梁相连。为方便压型钢板铺设，次梁与主梁上表面平齐布置。

1. 框架梁与框架柱节点域验算

框架柱腹板设置与框架梁翼缘相对应的加劲肋，厚度同框架梁翼缘厚度，加劲肋与柱翼缘采用坡口全熔透焊缝连接，与柱腹板采用角焊缝连接。

（1）节点域的稳定性验算　8度设防时，框架柱腹板应满足：

$$t_w=13\text{mm}\geqslant\frac{h_{wb}+h_{wc}}{90}=\frac{548\text{mm}+358\text{mm}}{90}=10.1\text{mm}(\text{满足要求})$$

（2）节点域抗剪屈服承载力验算　节点域的屈服承载力应符合下式要求

$$\frac{\psi(M_{pb1}+M_{pb2})}{V_p}\leqslant\frac{4}{3}f_v$$

式中，ψ 为折减系数，8度设防时取0.7。

$$V_p=h_{wb}h_{wc}t_w=548\text{mm}\times358\text{mm}\times13\text{mm}=2550392\text{mm}^3$$

$$M_{pb1}=M_{pb2}=W_pf_y=1.15\times3530\text{cm}^3\times235\text{N/mm}^2=953.98\text{kN}\cdot\text{m}$$

$$\frac{\psi(M_{pb1}+M_{pb2})}{V_p}=\frac{0.7\times2\times953.98\text{kN}\cdot\text{m}}{2550392\text{mm}^3}$$

$$=523.67\text{N/mm}^2>\frac{4}{3}f_v=\frac{4}{3}\times125\text{N/mm}^2=166.67\text{N/mm}^2$$

因此，应加大节点域腹板厚度

$$t_w\geqslant\frac{\psi(M_{pb1}+M_{pb2})}{h_{wb}h_{wc}\times\frac{4}{3}f_v}=\frac{0.7\times2\times953.98\text{kN}\cdot\text{m}}{548\text{mm}\times358\text{mm}\times166.67\text{N/mm}^2}=41\text{mm}$$

在柱腹板节点域处两侧贴焊14mm厚的钢板，加厚钢板伸至柱腹板加劲肋外各150mm，采用对接焊缝与柱腹板连接。

（3）节点域的抗剪承载力验算　工字形截面柱的节点域应满足

$$\frac{(M_{b1}+M_{b2})}{V_p}\leqslant\frac{4}{3}\frac{f_v}{\gamma_{RE}}$$

式中　γ_{RE}——节点域承载力抗震调整系数，取0.85；

M_{b1}、M_{b2}——节点域两侧梁的弯矩设计值。

按电算结果知，节点两侧的梁的弯矩设计值分别为

$$M_{b1}=521.03\text{kN}\cdot\text{m}，M_{b2}=9.32\text{kN}\cdot\text{m}(\text{有地震参与的组合})$$

$$V_p=h_{wb}h_{wc}t_w=548\text{mm}\times358\text{mm}\times41\text{mm}=8043544\text{mm}^3$$

$$\frac{(M_{b1}+M_{b2})}{V_p}=\frac{(521.03\text{kN}\cdot\text{m}+9.32\text{kN}\cdot\text{m})}{8043544\text{ mm}^3}$$

$$=65.93\text{kN} < \frac{4}{3}\frac{f_v}{\gamma_{RE}} = \frac{4\times125\text{N/mm}^2}{3\times0.85} = 196.08\text{N/mm}^2\text{（满足要求）}$$

2. 框架梁与框架柱栓焊连接

梁翼缘与柱采用完全焊透的坡口对接焊缝连接，梁腹板与柱连接采用高强螺栓连接（见图8-66）。柱截面为HW400×400×13×21；梁截面采用HM582×300×12×17。

钢材抗拉强度$f_u=400\text{ N/mm}^2$，焊条采用E43型，二级焊缝，抗拉强度$f_t^w=205\text{N/mm}^2$，螺栓采用10.9级高强度螺栓摩擦型连接，摩擦面喷砂处理，摩擦系数$\mu=0.45$；M24螺栓预拉力$P=225\text{kN}$，螺栓孔径26mm。

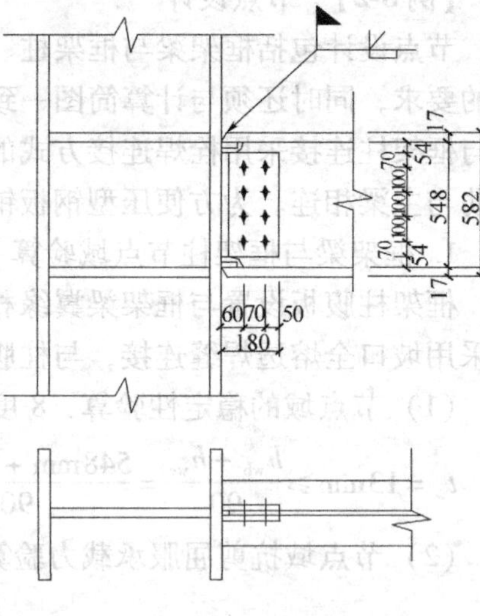

图8-66 框架梁与框架柱的连接

内力组合设计值。$M=538.56\text{kN}\cdot\text{m}$，$N=60.30\text{kN}$，$V=270.47\text{kN}$（无地震参与的组合）

（1）梁翼缘完全焊透的对接焊缝强度梁腹板净截面二次矩

$$I_{w0}=\frac{12\text{mm}\times(548\text{mm})^3}{12}-2\times12\text{mm}\times26\text{mm}\times(50^2+150^2)\text{mm}^2=14896.66\text{cm}^4$$

梁翼缘截面二次矩 $I_f=I-I_{w0}=103000\text{cm}^4-14896.66\text{cm}^4=88103.34\text{cm}^4$

梁翼缘承担的弯矩 $M_f=\frac{I_f}{I}M=\frac{88103.34\text{cm}^4}{103000\text{cm}^4}\times538.56\text{kN}\cdot\text{m}=460.67\text{kN}\cdot\text{m}$

梁腹板承担的弯矩 $M_w=M-M_f=538.56\text{kN}\cdot\text{m}-460.67\text{kN}\cdot\text{m}=77.89\text{kN}\cdot\text{m}$

梁翼缘对接焊缝抗弯强度

$$\sigma=\frac{M_f}{W_f}=\frac{460.67\text{kN}\cdot\text{m}}{88103.34\text{cm}^3/29.1\text{cm}}=152.16\text{N/mm}^2<f_t^w=205\text{N/mm}^2\text{（满足要求）}$$

（2）梁腹板与柱之间的高强螺栓连接计算 采用8个M24高强螺栓，单个高强螺栓的承载力设计值为

$$N_v^b=0.9n_f\mu_p=0.9\times2\times0.45\times225\text{kN}=182.25\text{kN}$$

$$N_1^V=\frac{V}{n}=\frac{270.47\text{kN}}{8}=33.81\text{kN}$$

$$N_1^M=\frac{My_1}{\sum y_i^2}=\frac{77.89\text{kN}\cdot\text{m}\times150\text{mm}}{4\times(50^2+150^2)\text{mm}}=116.84\text{kN}$$

$$N=\sqrt{(N_1^V)^2+(N_1^M)^2}=\sqrt{33.81^2\text{kN}+116.84^2\text{kN}}$$

$$=121.63\text{kN}<N_v^b=182.25\text{kN}\text{（满足要求）}$$

腹板连接板钢材同框架梁，厚度$t=8\text{mm}$。

（3）节点极限承载力验算

1）梁翼缘的抗弯极限承载力

$$M_u=bt_f(h-t_f)f_u=300\text{mm}\times17\text{mm}\times(582\text{mm}-17\text{mm})\times400\text{N/mm}^2$$

$$=1152.6\text{kN}\cdot\text{m}$$

梁全截面塑性受弯承载力

$$M_p = W_p f_y = 1.15 \times 3530\text{cm}^3 \times 225\text{N/mm}^2 = 913.39\text{kN}\cdot\text{m}$$

工字形截面对 x 轴的 W_p/W 的比值为1.10~1.17之间，本例取为1.15，则

$$M_u = 1152.6\text{kN}\cdot\text{m} > 1.2M_p = 1.2 \times 913.39\text{kN}\cdot\text{m} = 1096.07\text{kN}\cdot\text{m}（满足要求）$$

2）腹板的极限抗剪承载力。取螺栓连接处极限抗剪承载力和腹板净截面极限抗剪承载力中的较小值。腹板连接高强螺栓的极限抗剪承载力

$$V_{vu}^b = 0.58 n_f A_e^b f_u^b = 0.58 \times 2 \times 352.5\text{mm}^2 \times 1040\text{N/mm}^2 = 425.26\text{kN}$$

$$V_{cu}^b = d\sum t f_{cu}^b = 24\text{mm} \times 12\text{mm} \times 1.5 \times 375\text{N/mm}^2 = 162\text{kN}$$

其中 A_e^b 为螺栓螺纹处的有效截面面积；f_u^b 为螺栓钢材的抗拉强度最小值；f_{cu}^b 为螺栓连接板的极限承压强度，取 $1.5f_u$。

$V_u = \min(V_{vu}^b, V_{cu}^b) = 162\text{kN}$；$V_{u1} = 8V_u = 8 \times 162\text{kN} = 1296\text{kN}$

腹板净截面的极限抗剪承载力

$$V_{u2} = \frac{A_{nw} f_u}{\sqrt{3}} = \frac{(548\text{mm} - 4 \times 26\text{mm}) \times 12\text{mm} \times 375\text{N/mm}^2}{\sqrt{3}} = 1153.55\text{kN}$$

$V_u = \min(V_{u1}, V_{u2}) = 1153.55\text{kN}$

根据 GB 50011—2001 表8.2.8-2有

$$V_u = 1153.55\text{kN} > \frac{1.3 \times 2M_p}{l_n} = \frac{1.3 \times 2 \times 913.39\text{kN}\cdot\text{m}}{9\text{m} - 0.4\text{m}} = 276.14\text{kN}$$

$$V_u = 1153.55\text{kN} > 0.58 h_w t_w f_y = 0.58 \times 548\text{mm} \times 12\text{mm} \times 235\text{N/mm}^2 = 896.31\text{kN}$$

以上验算均满足要求。

3. 主梁与次梁的连接

主梁截面：HM582×300×12×17；次梁截面：HN400×200×8×13，主梁与次梁的连接采用铰接。

次梁传来的剪力设计值为 $V = \frac{1}{2} \times (1.2 \times 73.2\text{kN} + 1.4 \times 129.6\text{kN}) = 134.43\text{kN}$

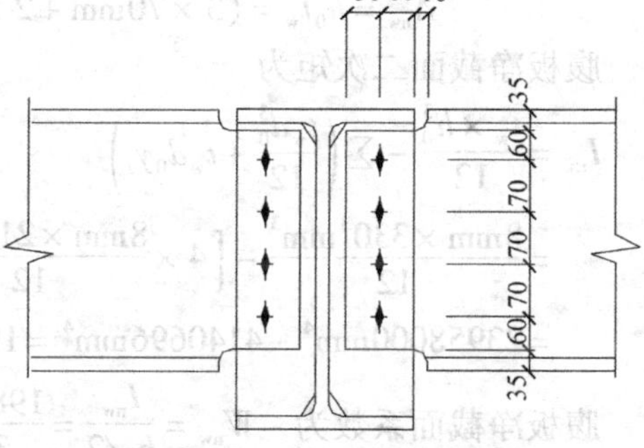

图8-67 主梁与次梁连接图

（1）连接方式和螺栓布置 如图8-67所示，螺栓采用M20的10.9级高强螺栓，承压型连接，螺栓孔直径为21mm，螺栓群承受的偏心扭矩为 $T = Ve = 134.43\text{kN} \times (150\text{mm} - 60\text{mm}) = 12.10\text{kN}\cdot\text{m}$

单个螺栓的抗剪承载力 $N_v^b = n_v \frac{\pi d^2 f_v^b}{4} = 1 \times \frac{\pi \times 20^2\text{mm}^2 \times 310\text{N/mm}^2}{4} = 97.39\text{kN}$

单个螺栓的承压承载力 $N_c^b = d\sum t f_c^b = 20\text{mm} \times 10\text{mm} \times 470\text{N/mm}^2 = 94\text{kN}$

$$N_{min}^b = \min(N_v^b, N_c^b) = 94\text{kN}$$

实际受力分析，安全的取底部螺栓为中心

$$N_{1y}^V = \frac{V}{n} = \frac{134.43\text{kN}}{4} = 33.61\text{kN}，N_{1y}^T = \frac{Ty_1}{\sum y_i^2} = \frac{12.10\text{kN} \times 0.21\text{mm}}{0.07^2 + 0.14^2 + 0.21^2} = 37.04\text{kN}$$

$$N_1 = \sqrt{(N_{1x}^T)^2 + (N_{1y}^V)^2} = \sqrt{33.61^2 + 37.04^2}\text{kN} = 50.02\text{kN} < N_{min}^b = 94\text{kN}（满足要求）$$

（2）腹板加劲的设计 加劲肋厚度为10mm，钢材与主梁相同，与主梁采用双面角焊缝

连接，计算时偏安全的认为只有与腹板连接的竖向焊缝受力。

加劲肋宽度 $\dfrac{b-t_w}{2}=\dfrac{300\text{mm}-12\text{mm}}{2}=144\text{mm}$，取 $b_s=140\text{mm}$

加劲肋厚度 $t_s=10\text{mm}>\dfrac{b_s}{15}=\dfrac{140\text{mm}}{15}=9.3\text{mm}$（满足要求）

按构造要求取 h_f：

$$h_{\text{fmin}}=1.5\sqrt{t_{\max}}=1.5\times\sqrt{12}\text{mm}=5.2\text{mm}$$

$$h_{\text{fmax}}=1.2t_{\min}=1.2\times10\text{mm}=12\text{mm}$$

满足构造要求，焊脚尺寸 h_f 取7mm。

焊条为E43系列，焊条电弧焊，切角取30mm，型钢腹板与翼缘的转角半径取30mm，则焊缝长度 $l_w=582\text{mm}-17\text{mm}\times2-2\times30\text{mm}-2\times30\text{mm}-2\times7\text{mm}=414\text{mm}$

焊缝内力设计值 $V=134.43\text{kN}\cdot\text{m}$，$M=T=12.10\text{kN}\cdot\text{m}$

计算焊缝应力 $\sigma_f=\dfrac{6M}{2h_e l_w^2}=\dfrac{6\times12.10\text{kN}\cdot\text{m}}{2\times0.7\times7\text{mm}\times414^2\text{mm}^2}=43.22\text{N/mm}^2$

$$\tau_f=\frac{V}{h_e\sum l_w}=\frac{134.43\text{kN}}{0.7\times7\text{mm}\times2\times414\text{mm}}=33.13\text{N/mm}^2$$

$$\sqrt{\left(\frac{\sigma_f}{\beta_f}\right)^2+\tau_f^2}=\sqrt{\left(\frac{43.22\text{N/mm}^2}{1.22}\right)^2+(33.13\text{N/mm}^2)^2}$$

$$=48.50\text{N/mm}^2<f_f^w=160\text{N/mm}^2\text{（满足要求）}$$

（3）次梁外伸腹板承载力验算　次梁腹板净截面面积为

$$A_{nw}=h_0t_w=(3\times70\text{mm}+2\times60\text{mm})t_w=330\text{mm}\times8\text{mm}=2640\text{mm}^2$$

腹板净截面二次矩为

$$I_{nw}=\frac{t_w\times h_0^3}{12}-\sum\left(\frac{t_w d_0^3}{12}+t_w d_0 y_i\right)$$

$$=\frac{8\text{mm}\times330^3\text{mm}^3}{12}-\left[4\times\frac{8\text{mm}\times21^3\text{mm}^3}{12}+8\text{mm}\times21\text{mm}\times2\times(35^2+105^2)\text{mm}^2\right]$$

$$=23958000\text{mm}^4-4140696\text{mm}^4=19817304\text{mm}^4$$

腹板净截面系数为 $W_{nw}=\dfrac{I_{nw}}{h_0/2}=\dfrac{19817304\text{mm}^4}{330\text{mm}/2}=120105\text{mm}^3$

$$\tau=\frac{V}{A_{nw}}=\frac{134.43\text{kN}}{2640\text{mm}^2}=50.92\text{N/mm}^2$$

$$\sigma=\frac{M}{W_{nw}}=\frac{12.10\text{kN}\cdot\text{m}}{120105\text{mm}^3}=100.75\text{N/mm}^2$$

$$\sigma_{eq}=\sqrt{\sigma^2+3\tau^2}=\sqrt{100.75^2\text{N/mm}^2+3\times50.92^2\text{N/mm}^2}$$

$$=133.90\text{N/mm}^2<1.1f=1.1\times215\text{N/mm}^2=236.5\text{N/mm}^2$$

习　题

8-1　高层建筑钢结构有哪几种结构体系？简述其特点和适用范围。

8-2　框架—支撑结构体系中，竖向支撑应怎样布置？帽桁架和腰桁架的作用是什么？应怎样布置？

8-3 什么叫高层建筑钢结构的 $P\text{-}\Delta$ 效应？在哪些情况下可不计算结构的整体稳定性？

8-4 高层建筑钢结构的常用楼盖结构有哪些？简述组合楼板在施工阶段和使用阶段的受力特点。

8-5 简述框架—支撑结构体系中偏心支撑与中心支撑的区别和受力特点。K形支撑为什么不宜用于地震区？

8-6 框架—支撑结构体系中，框架柱的弹性压缩变形对支撑体系的受力有何影响？设计时怎样考虑？

8-7 在地震作用下，耗能梁段的受力有何特点？简述罕遇地震作用下耗能梁段的设计要点。

8-8 抗震设计的结构如何才能实现“强柱弱梁”及“强节点，弱杆件”的设计思想？

第 9 章 大跨度房屋结构

大跨度房屋结构常用于公共建筑。公共建筑如大会堂、影剧院、展览馆、音乐厅、体育馆、加盖体育场、市场、火车站、航空港等，受使用要求和建筑造型要求制约，具有大的跨度。它们是为了满足人类社会文化生活不断丰富的需求而产生的。

大跨度房屋结构也用于工业建筑。特别是在航空工业和造船工业中，更多地采用大跨度结构，如飞机制造厂的总装配车间、飞机库，造船厂的船体结构车间等。这些建筑采用大跨度结构是受装配机器(如船舶、飞机)的大型尺寸或工艺过程要求所决定的。

大跨钢结构按几何形状、组成方法、结构材料及受力特点的不同可分为平面结构体系和空间结构体系两大类。属于平面结构体系的有梁式结构、平面刚架和拱式结构等；属于空间结构体系的有平板网架结构、网壳结构、索膜结构等。

9.1 平面承重的大跨屋盖结构

9.1.1 梁式大跨结构

在支座不能承受水平推力的情况下，如屋盖支承于墙体、砌体柱或钢筋混凝柱上时，可采用梁式大跨结构。跨度大时，梁式体系比框架体系及拱式体系重，但制造和安装较为简单。梁式大跨体系主要用于公共建筑，如影剧院、音乐厅、体育建筑。跨度在 50 ~ 70m 及更大时，桁架按常规是梁式体系的主要承重构件，大跨实腹梁从用钢量看是不合适的。

大跨屋盖的外形及腹杆体系，决定于跨度、屋面形式及在公共建筑物里通常设置的吊天棚结构。按重力最优的屋架高跨比为 1/6 ~ 1/8，大跨度(大于 40 ~ 50m)屋架按运输条件不合乎轮廓尺寸的要求($h>3.85$m)，如图 9-1 所示；当采用短尺寸屋面材料以及需要吊天棚时，必须具有较小节间而设置复杂的再分式腹杆体系。

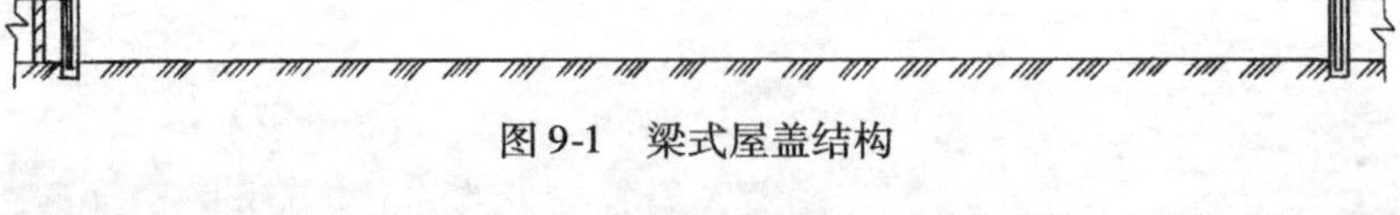

图 9-1 梁式屋盖结构

预应力三角形截面的桁架便于制造、运输和安装(见图 9-2)，给设置大跨梁式结构体系以良好的基础。铺设于屋架上的钢筋混凝土屋面板可参与受压的共同工作，采用管材（方管、圆管）杆件以及施加预应力都使这种结构体系钢材用量比较经济。

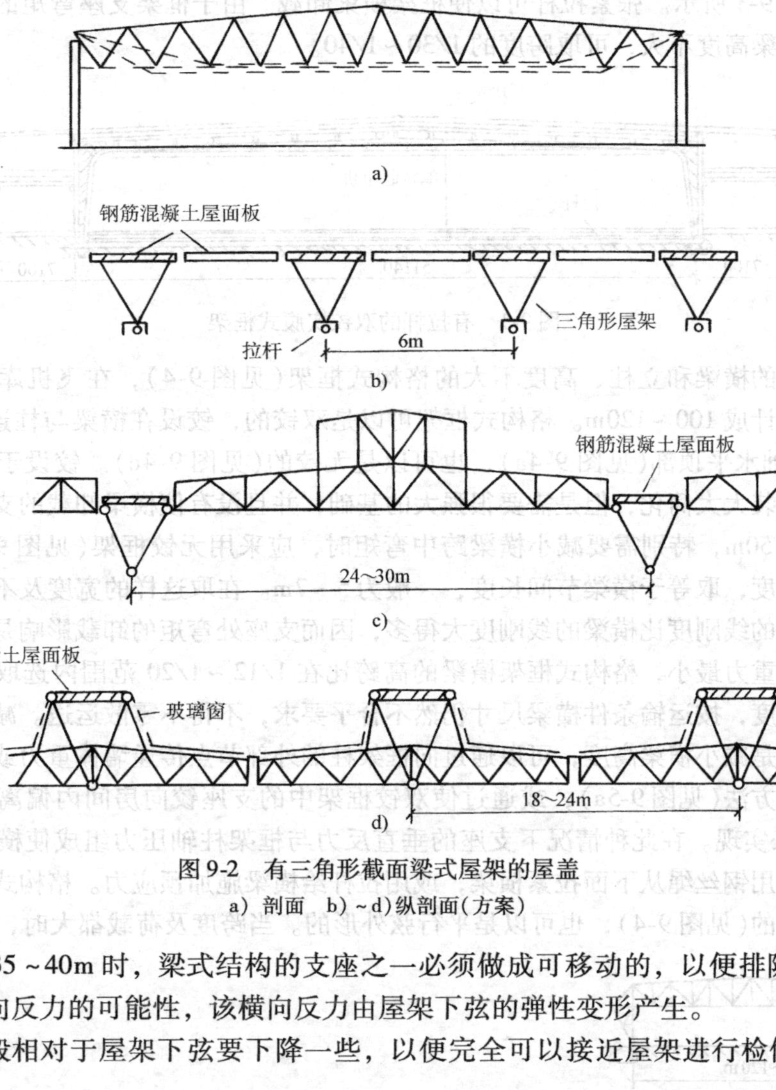

图9-2 有三角形截面梁式屋架的屋盖

a）剖面 b）~d）纵剖面（方案）

跨度大于35～40m时，梁式结构的支座之一必须做成可移动的，以便排除向支承墙体或支柱传递横向反力的可能性，该横向反力由屋架下弦的弹性变形产生。

吊天棚一般相对于屋架下弦要下降一些，以便完全可以接近屋架进行检修、维护、涂装等。

9.1.2 框架结构

1. 框架的体系及形式

覆盖大跨度常采用两铰及无铰框架。无铰框架刚度更好，用钢量省、便于安装。但这种框架需要强大的基础及密实的地基，并对温度作用比较敏感。框架的横梁高度可以取比屋架高度小，这在跨度大时有重要意义。例如，在车库和展览馆里，减小横梁高度可使墙体高度降低，缩小房屋体积，因而降低维护费和使用费。

大跨屋盖的框架体系可以有各种各样的外形。汽车库及飞机库的框架，与跨度尺寸相比其高度不大。展览馆及某些工业厂房的框架一般都有很大的高度。

大跨屋盖中既可用实腹式也可用格构式框架。实腹式框架仅在跨度不太大时（$L=50$～

60m)采用。它的优点是用工量较少，可装运性好，可降低房屋高度。实腹式框架常设计成双铰的。为了减轻支座结构，可以在地板水平之下的支座铰处设置拉杆，以承受框架的横向水平力，如图9-3所示。张紧拉杆可以使框架横梁卸载。由于框架支座弯矩的卸载作用使实腹式框架的横梁高度不大，可取跨度的1/30～1/40。

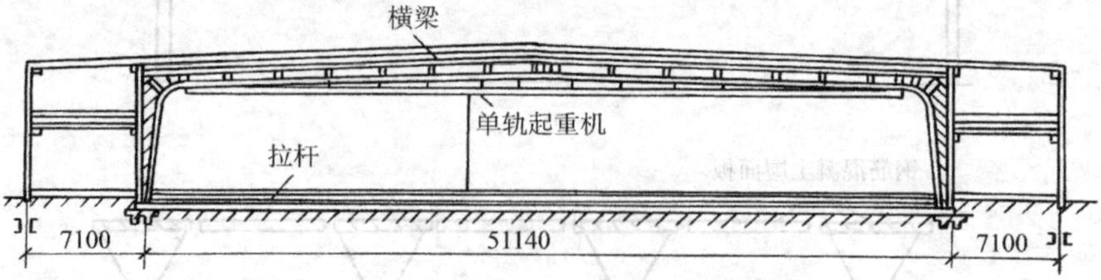

图9-3 有拉杆的双铰实腹式框架

具有强大的横梁和立柱、高度不大的格构式框架(见图9-4)，在飞机库建设中得到应用，跨度常设计成100～120m。格构式框架可以是双铰的，铰设在横梁与柱连接处(见图9-4b)或设在基础水平顶部(见图9-4a)，也可以是无铰的(见图9-4c)。铰设于横梁与柱连接处时，结构安装大大简化，但是需要很强大的基础，并且没有使横梁卸载的支座负弯矩。当跨度在120～150m，特别需要减小横梁跨中弯矩时，应采用无铰框架(见图9-4c)。格构式框架立柱的宽度，取等于横梁节间长度，一般为5～7m。在取这样的宽度及不大的立柱高度情况下，立柱的线刚度比横梁的线刚度大得多，因而支座处弯矩的卸载影响是非常显著的。

为使结构重力最小，格构式框架横梁的高跨比在1/12～1/20范围内选取。但是即使横梁取这样的高度，按运输条件横梁尺寸仍然不合乎要求，不得不零散运送。减小框架横梁中的弯矩因而也是减小横梁高度，可以通过向框架柱的外部节点传递墙体重力或传递主跨旁偏跨屋盖重力的方法(见图9-5a)，或通过使双铰框架中的支座铰向房间内偏离柱轴线的方法(见图9-5b)来实现。在此种情况下支座的垂直反力与框架柱轴压力组成使横梁卸载的附加弯矩。也可以用钢丝绳从下面拉紧横梁，或用拉杆给横梁施加预应力。格构式框架的横梁可以是梯形外形的(见图9-4)，也可以是平行弦外形的。当跨度及荷载都大时，格构式框架的

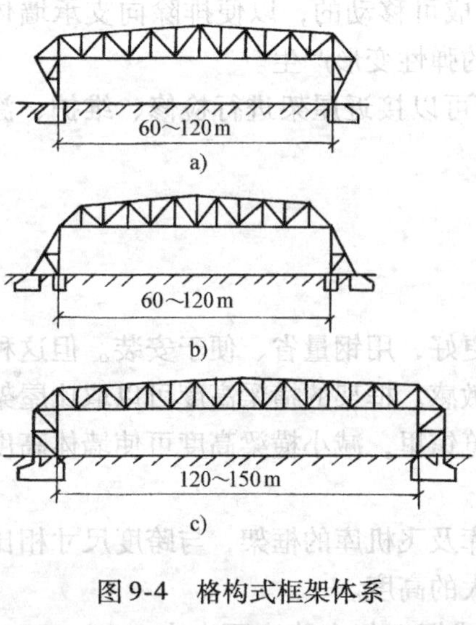

图9-4 格构式框架体系

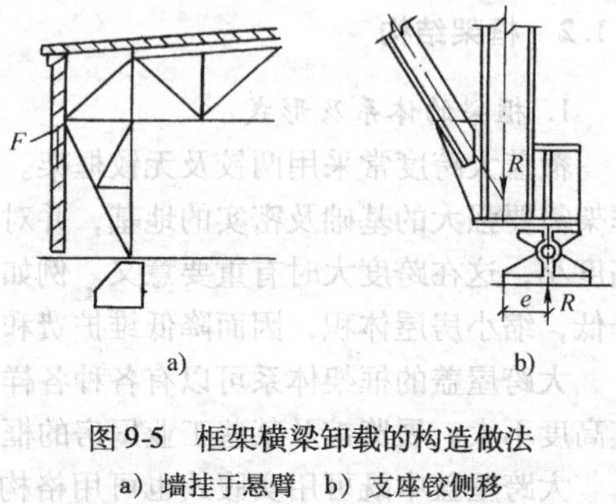

图9-5 框架横梁卸载的构造做法

a) 墙挂于悬臂 b) 支座铰侧移

横梁可为双壁式重型桁架。跨度较小(40～50m)时，它们的截面和节点可以和普通单壁式桁架一样。

在展览馆、加盖市场、火车站里，当框架高度在15～20m、跨度在40～50m时，可以采用具有折线形横梁的格构式框架，如图9-6所示。这种外形的框架，横梁及柱通常具有相同的截面高度(一般为跨度的1/15～1/25)。此种框架按普通桁架制造。框架中垂直荷载产生的内力不大，而风的侧压力却有很重要的影响。

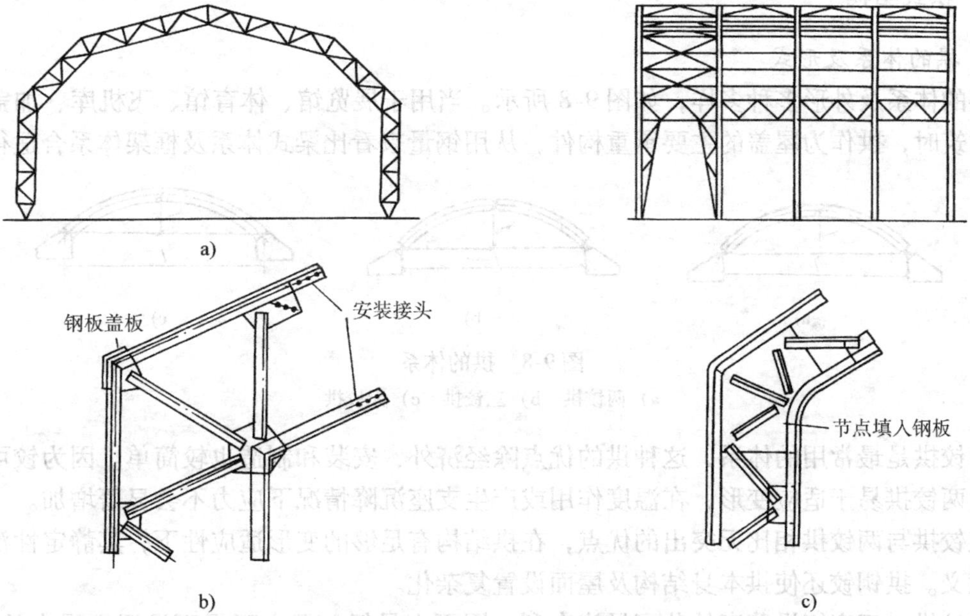

图9-6 折线形横梁的格构式框架

a）框架简图 b）格构式节点 c）实腹式填入钢板节点

2. 计算原则及构造特点

为了简化静力计算，格构式普通框架可以折算成与其等效的实腹式框架，重型的格构式框架按格构式体系考虑全部腹杆的变形进行计算。大跨框架的挠度仅用可变荷载求得，永久荷载产生的挠度由相应的结构起拱来抵消。当跨度大于50m且刚性柱(支座)不高时，要计入框架的温度应力。两铰框架中，框架柱可以做成沿高度变截面形式(见图9-3)，这样能减轻结构自重并使它具有较好的外观。

横梁与柱连接的框架节点内角弯折处应做成平缓曲线，以避免应力集中，如图9-7所示。节点中同时存在弯矩和轴力时，节点应力可按长方曲杆公式计算。

为使转角处腹板不失稳，应在其内部受压区设置短加劲肋，如图9-7a所示。

大跨格构式框架，其杆件内力≥2000kN时，应按重型桁架设计。其杆件截面通常设计成双腹板，重型桁架的杆件(无论腹杆还是弦杆)在不同节间可有不同的尺寸，但截面种类相同，常采用H形截面、二翼缘朝里的槽形截面、箱形截面等。

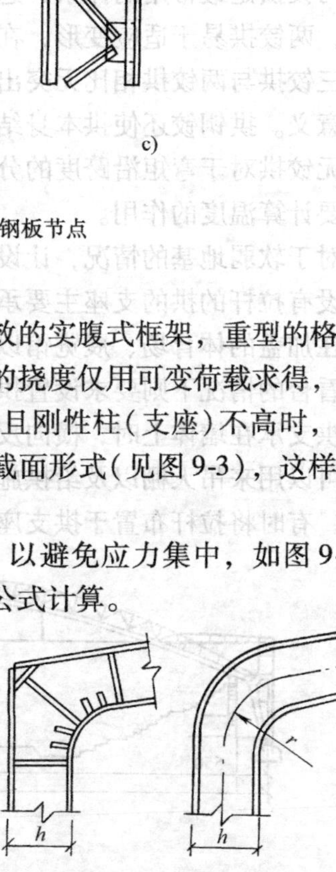

图9-7 实腹框架节点构造

当反力大于2500～3000kN时，框架的支座应设计成辊轴式铰支座，如图9-13b所示；反力较小时，可采用单面弧形平板式铰支座，如图9-13a所示。

在非重型格构式框架中，横梁与柱连接的节点(见图9-6)是最重要的地方，因此宜使其全部在工厂里制作。弦杆通常要切口并弯折成型后用对接焊缝连接(见图9-6b)，再以钢盖板补强。

9.1.3 拱式结构

1. 拱的体系及形式

拱的体系及外形多种多样，如图9-8所示。当用于展览馆、体育馆、飞机库、加盖的市场等建筑时，拱作为屋盖的主要承重构件，从用钢量来看比梁式体系及框架体系合适得多。

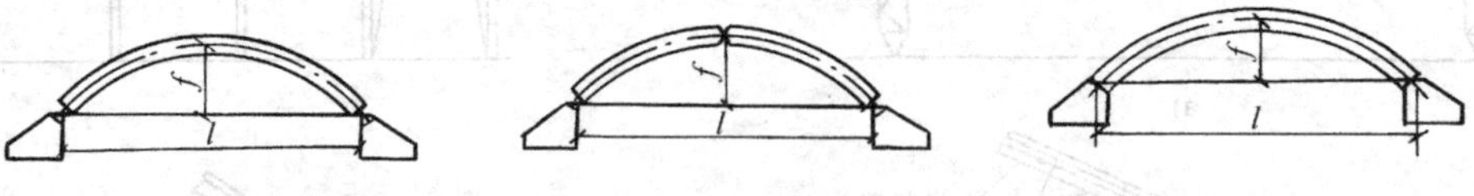

图9-8 拱的体系

a）两铰拱 b）三铰拱 c）无铰拱

两铰拱是最常用的体系，这种拱的优点除经济外，安装和制造也较简单。因为铰可自由转动，两铰拱易于适应变形，在温度作用或产生支座沉降情况下应力不会显著增加。

三铰拱与两铰拱相比无突出的优点，在拱结构有足够的变形适应性下，其静定性没有实质性意义。拱钥铰还使拱本身结构及屋面设置复杂化。

无铰拱对于弯矩沿跨度的分配最为有利，因而也最轻。但它不得不设置更强大的基础，而且要计算温度的作用。

对于软弱地基的情况，让设置于地板水平之下的拉杆来承担拱的横向水平力可能更为合适。设有拉杆的拱的支座主要承受垂直荷载，故这种情况下支座比较轻巧。

在加盖的体育场、展览馆以及飞机库里，拱的支座常常是房屋的墙体、看台等。没有横墙或看台的情况下则要求设置拱扶壁以承受拱的水平推力。

拱支承在墙体上时，横向反力也可用在支座铰水平处设置拉杆的办法加以解决。拉杆同时还可以用来吊天棚以及给拱施加预应力。为了在不增加房屋高度的情况下增大房间的有效高度，有时将拉杆布置于拱支座铰水平之上，如图9-9所示。

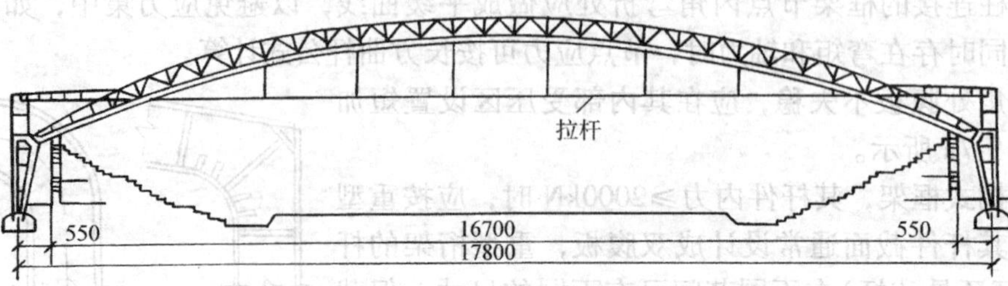

图9-9 设有抬高拉杆的拱

拱的外形应接近于压力曲线。当对称的、沿拱弦线均布的荷载值起主要作用时(在扁平拱中)，二次抛物线的拱形最为合适。抛物线常用圆弧代替，对扁平拱这不会引起内力实质性的变化，但却可以大大简化拱的设计与制造，因而在圆弧曲率不变的情况下可使拱之构件及节点达到最大标准化。

对于自重很大的高拱，宜采用悬链线外形。高拱中风荷载引起很大的内力，而且风荷载有可能自两面作用，并给出两条截然离散的风压线。此时拱的外形宜取两条极端风压曲线的中间线。

当拱支承于地面水平标高处时，在构造上不便沿拱曲线表面布置填充墙壁，设门窗困难，房屋外形也不美观。此外，支座处拱下的房间由于高度不够而不能充分利用。因此，在展览馆、加盖市场及火车站顶盖中，拱常设计成在拱下有垂直段的，如图9-10所示。这样的拱按其外形及工作性质接近于框架体系，由于转角处弯矩太大，从用钢量看不太合适。

在多跨拱中，相邻跨的横向反力在很大程度上相互抵消掉，并且中间支座仅因来自单方面的垂直活荷载及风荷载才受弯工作。这种拱的支座截面不大，几乎不占房间的面积，因此这种方案适用于火车站顶盖、展览馆及其他类似建筑中。

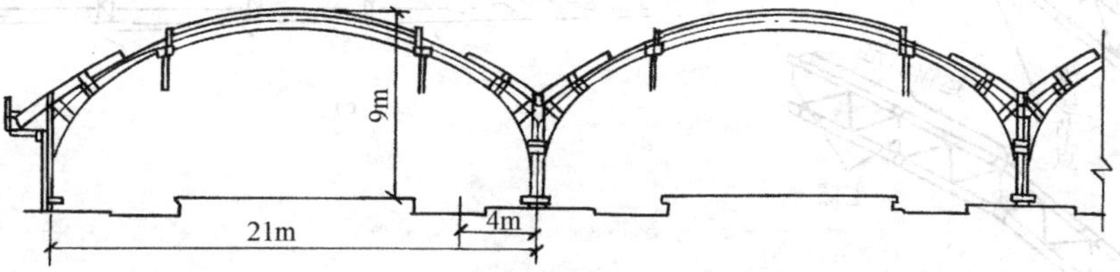

图9-10 车站月台顶盖的多跨拱

2. 拱的构造特点

两铰实腹式拱经常设计成平行弦，如图9-11a所示；格构式拱也可做成平行弦，或者当拱高度较大时做成折线形外弦，在支座之上有一垂直段，如图9-11b所示。当拱的外形为圆弧时，平行弦为结构构件的定型化创造了前提，而且其建筑造型也是完全可以接受的。

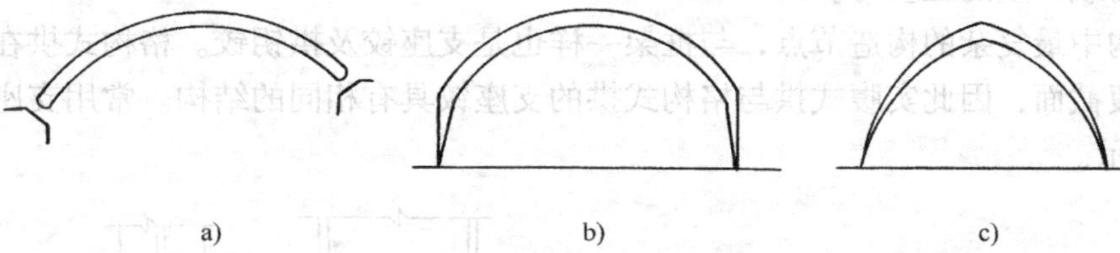

图9-11 拱弦的外形

实腹式拱的截面高度一般为跨度的1/50～1/80，格构式拱的截面高度则为跨度的1/30～1/60。拱截面高度可以取得这样小，说明拱的弯矩值不大。

实腹式拱通常设计成焊接的宽翼缘工字钢截面或轧制H型钢截面，在扁平拱中纵向力较大，因此拱的腹板设计比实腹式框架或梁的腹板厚度更大。

格构式拱的构造通常类似于轻型桁架。拱弦可由角钢、T型钢、轻型槽钢、圆钢管或方钢管构成。内力大时采用双腹板截面，如果压力曲线不超过截面的高度范围，则两弦杆均为受压，这种情况下必须特别注意拱的稳定性。腹杆构件的截面因剪力不大可按长细比确定，选用角钢或小槽钢构成。格构式拱的腹杆，可设计成有附加竖杆的三角形体系(见图9-12a)、无附加竖杆的三角形体系及斜腹杆体系(见图9-12b)。竖杆或者与弦杆正交(见图9-12a)，或者垂直布置(见图9-12b)。若想使腹杆沿拱长相同，将竖杆正交布置(尤其在圆拱中)最为合适。拱节间的尺寸取接近于拱高。主檩布置在竖平面中，既可保证单腹板拱的稳定性，又可支托屋面构件。安装接头的设置以将拱划分成运输单元(一般为6~9m的发运构件)的条件来考虑。拱通常以大型构件形式，大部分是整拱或半拱进行安装。实腹式拱的曲线外形使制造比较复杂，但能改善结构的外观。格构式拱也可以取折线外形(见图9-12)，以简化制造。

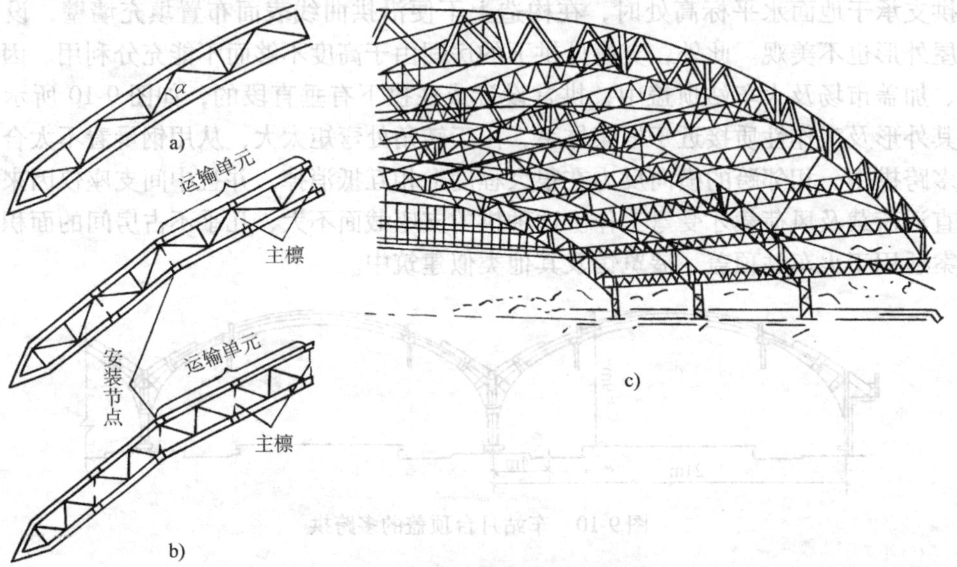

图9-12 格构式拱构造方案

拱式结构可以成功地采用预应力来调整内力。合理分配内力的简单做法之一是拱在支座上就位以后，令支座节点受迫向外偏移。此时在拱的下弦及斜腹杆中产生拉应力，该拉应力足以抵消外荷载产生的压应力。

拱式结构中最复杂的构造节点，与框架一样也是支座铰及拱钥铰。格构式拱在支座处总要过渡到实腹截面，因此实腹式拱与格构式拱的支座铰具有相同的结构。常用支座铰的形式如图9-13所示。

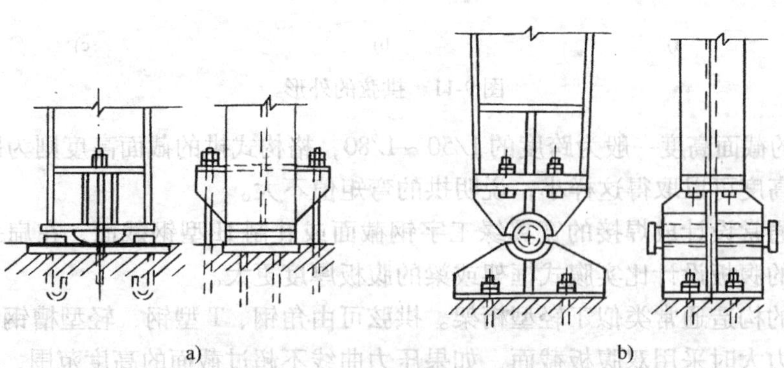

图9-13 拱与框架的支座(铰)节点

a) 平板(铰)支座的节点构造 b) 辊轴(铰)支座的节点构造

3. 拱的计算特点

风荷载是拱结构计算中一项非常重要的荷载。为采光和通风设计的(如窗户等)洞口，对风压值影响很大。当拱端部开敞时(如火车站的顶盖、棚盖)，平行于端部吹的风从两面绕过建筑物，使内部形成真空，因而拱上的压力增大，吸力减小；当风经过宽阔的洞口进入屋盖下在建筑物内部作用时，会造成负压；除此之外，还应考虑侧风压或端风压作用在建筑物上的情况。

拱本身为一受压曲杆，需要验算其稳定性。拱出平面的稳定由横向支撑及檩条体系提供保证。拱顶结构可分解成单个的平面构件(拱、主檩等)，用普通结构力学方法进行内力计算。对于超静定拱式体系，用力法计算最为简便，一般用计算机专用程序处理。

支座(铰)节点的计算，可查阅有关结构设计资料或结构设计手册。

9.2　空间网架屋盖结构

空间网架结构是一种空间网格结构(Space frame)。一般它以大致相同的格子或尺寸较小的单元组成。目前，我国空间结构中以网架结构发展最快，应用最广。

网架结构是指平板网架和网壳结构，人们常常将平板形的空间网格结构简称为网架，将曲面形的空间网格结构简称为网壳。网架一般是双层的，在某些情况下也可做成三层；而网壳有单层和双层两种。平板网架无论在设计、计算、构造还是施工制作等方面均较为简便，因此是近乎“全能”地适用于大、中、小跨度屋盖体系的一种良好的结构形式。

9.2.1　空间结构的特性

空间结构是由一整块连续空间体构成的或者是由许多杆件扩展而成的。不论是何种构成方式，它们都是以整个结构的形体来承受外来荷载的。空间结构里每一构件均是整体结构的一部分，按照空间的几何特性分担承受荷载任务，没有平面结构体系中构件之间的那种主次关系。空间结构不仅具有三维空间的结构体型，而且在荷载作用下为三向受力，呈空间工作状态并以面内力或轴力为主。因其三维结构体型和多向受力计算特征，空间结构将平面结构体系的受力杆件与支撑体系有机地融合在一起，整体性好，能适应各种非对称荷载、集中荷载和动荷载。这一鲜明特征使得空间结构的杆件截面远较平面结构的小，大大地减轻了结构自重。空间结构一般是高次超静定结构，良好的内力重分布能力使其具有额外的安全储备，可靠程度较高。除了优良的力学性能以外，大多数空间结构还具有良好的抗震性能。

空间结构能适应不同跨度、不同支承条件的各种建筑要求。形状上也能适应方形、矩形、多边形、圆形、扇形、三角形以及由此组合而成的各种形状的建筑平面，同时，又有建筑造型轻巧、美观，便于建筑处理和装饰等特点。

9.2.2　平板式空间网架的形式

网架结构的形式较多。按弦杆层数不同可分为双层网架和三层网架；按支承情况分，有周边支承、点支承、周边支承与点支承相结合、两边和三边支承等；按网格单元的组成情况，可分为由两向或三向平面桁架组成的交叉桁架体系、由三角锥体或四角锥体组成的空间桁架角锥体系等。这里只介绍最常用的几种。

1. 按弦杆层数分类

(1) 双层网架　双层网架是由上弦、下弦和腹杆组成的空间结构，如图9-14a 所示，是

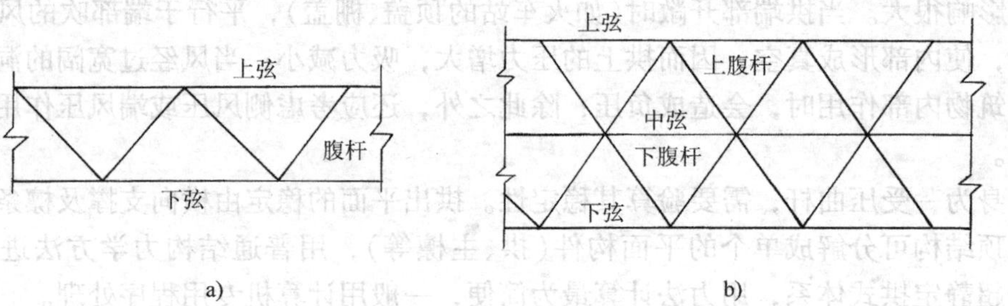

图 9-14 双层及三层网架

最常用的网架形式。

(2) 三层网架 三层网架是由上弦、中弦、下弦、上腹杆和下腹杆组成的空间结构，如图 9-14b 所示，其特点是增加网架高度，减小弦杆内力，减小网格尺寸和腹杆长度。当网架跨度较大时，三层网架用钢量比双层网架用钢量省。但由于节点和杆件数量增多，尤其是中层节点所连杆件较多，使构造复杂，造价有所提高。

2. 按支承情况分类

(1) 周边支承网架 周边支承网架(见图 9-15)是指网架四周边界上的全部节点均为支座。支座节点可支承在柱顶，也可支承在柱间桁架或连系梁上。由于这种网架的支承点多，故传力直接、受力均匀，是采用较多的一种形式。

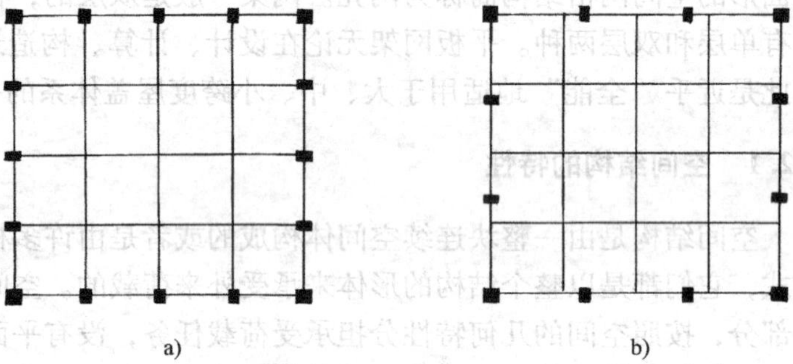

图 9-15 周边支承网架

当网架周边支承于柱顶时，网格宽度可与柱距一致，如图 9-15a 所示。为保证柱子的侧向刚度，沿柱间侧向应设置边桁架或刚性系杆。

当网架周边支承于圈梁时，网格的划分比较灵活，可不受柱距的约束，如图 9-15b 所示。

(2) 点支承网架 点支承网架(见图 9-16)的支座可支承在四个或多个支承柱上。前者称为四点支承网架(见图 9-16a)，后者称为多点支承网架(见图 9-16b)。点支承网架主要适用于体育馆、展览厅等大跨度公共建筑中。

这种网架由于支承点较少，因此支点反力较大。为了使通过支点的主桁架及支点附近的杆件内力不致过大，宜在支承点处设置柱帽以扩散反力。通常将柱帽设置于下弦平面之下(见图 9-17a)，或设置于上弦平面之上(见图 9-17b)。当柱子直接支承上弦节点时，也可在网架内设置伞形柱帽(见图 9-17c)，这种柱帽承载力较低，

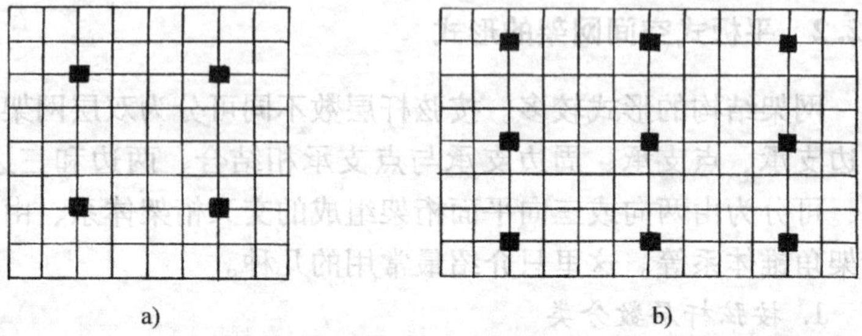

图 9-16 点支承网架

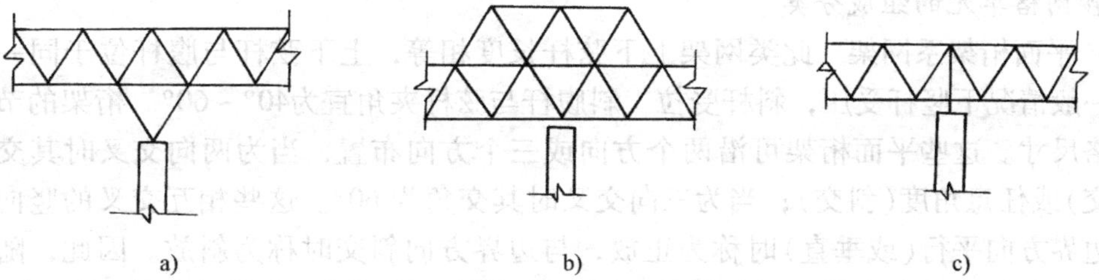

图9-17 柱帽的形式

适用于中小跨度网架。点支承网架周边应有适当悬挑以减少网架跨中杆件的内力及挠度。

(3) 周边支承与点支承相结合的网架 周边支承与点支承相结合的网架(见图9-18)是在周边支承的基础上，在建筑物内部增设中间支承点。这样可以有效地减少网架杆件的内力峰值和挠度，达到节约钢材的目的。这种支承方式的网架适用于大柱网工业厂房、仓库和展览厅等建筑。

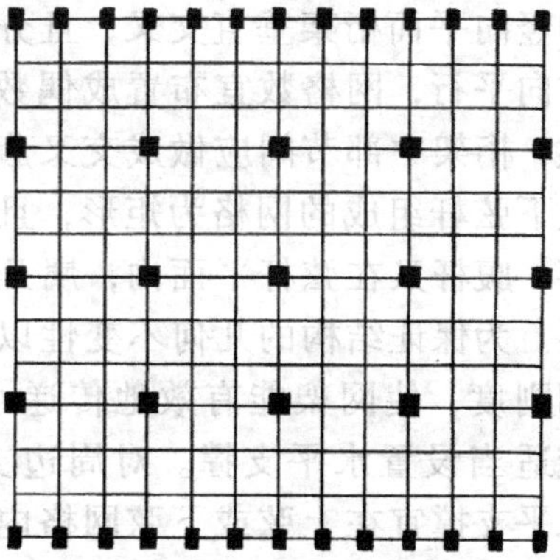

图9-18 周边支承与点支承相结合的网架

(4) 三边支承或两边支承网架 在矩形平面的建筑中，由于考虑扩建或因生产工艺及建筑功能的要求，在网架的一边或两边不允许设置支承柱时，需要将网架设计成三边支承一边自由或两边支承两边自由的形式，如图9-19所示。自由边界的存在对网架的内力分布和变形都不利，故应对自由边界进行适当处理，以改善网架的受力状态。一般的做法是在自由边附近增加网架的层数(见图9-20a)，或者在自由边加设托梁、托架(见图9-20b)。对中、小型网架也可选择增加网架高度或局部加大杆件截面等方法给予改善和加强。

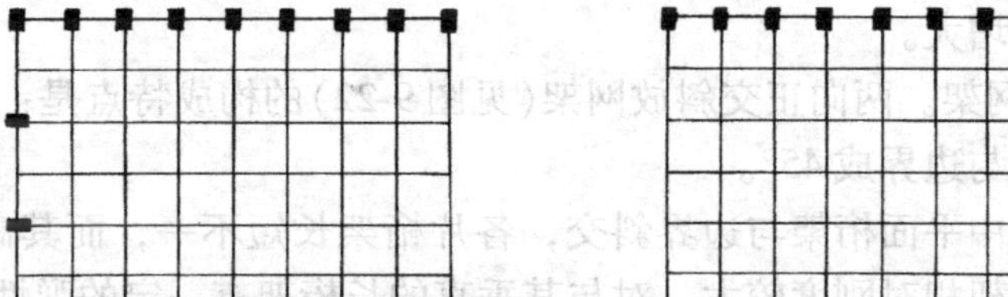

图9-19 三边支承和两边支承网架

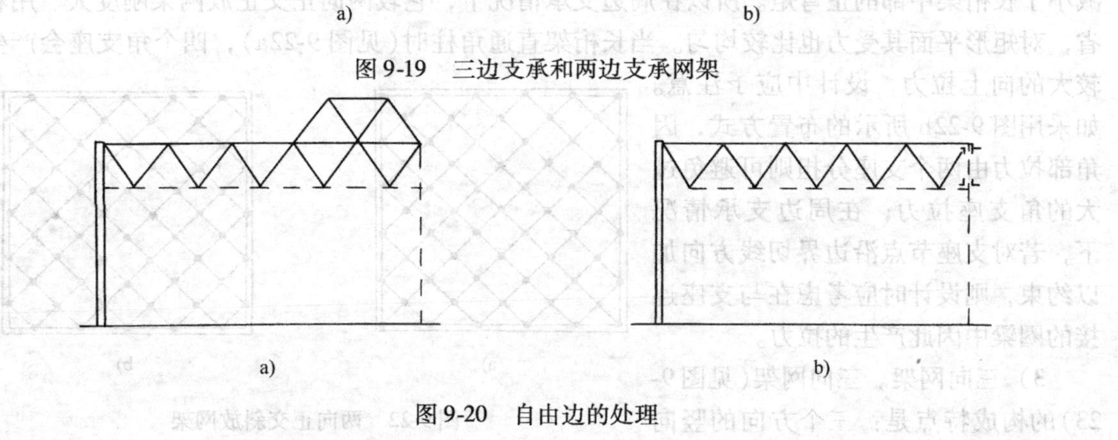

图9-20 自由边的处理

3. 按网格单元的组成分类

（1）平面桁架系网架　此类网架上下弦杆长度相等，上下弦杆与腹杆位于同一垂直平面内。一般情况下竖杆受压，斜杆受拉。斜腹杆与弦杆夹角宜为40°~60°。桁架的节间长度即为网格尺寸。这些平面桁架可沿两个方向或三个方向布置，当为两向交叉时其交角可为90°(正交)或任意角度(斜交)；当为三向交叉时其交角为60°。这些相互交叉的竖向平面桁架当与边界方向平行(或垂直)时称为正放，与边界方向斜交时称为斜放。因此，随着这些桁架之间交角的变化和边界相对位置的不同，构成了一些不同的各具特点的网架形式。

1）两向正交正放网架。两向正交正放网架(见图9-21)的构成特点是：两个方向的竖向平面桁架垂直交叉，且分别与边界方向平行，网格数宜布置成偶数，如为奇数，桁架中部节间应做成交叉腹杆。由于上下弦杆组成的网格为矩形，且平行于边界，腹杆又在弦杆平面内，属几何可变体系。为保证结构的几何不变性以及增加空间刚度，使网架能有效地传递水平荷载，应适当设置水平支撑。对周边支承网架，水平支撑宜在上弦或下弦网格内沿周边设置；对点支承网架，水平支撑则应在通过支承的主桁架附近的四周设置。

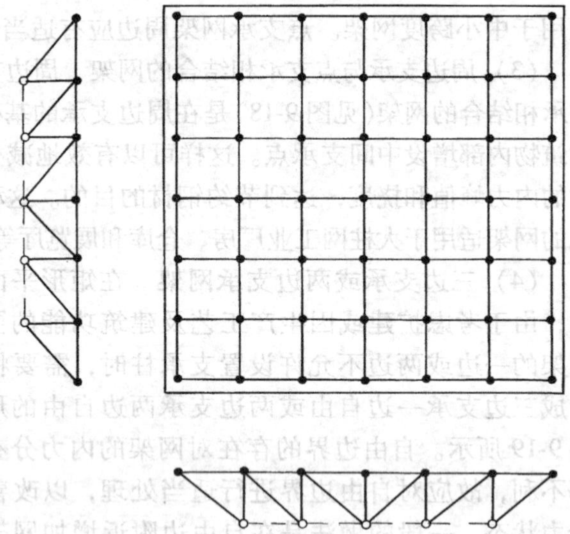

图9-21　两向正交正放网架

两向正交正放网架的受力性能类似于两向交叉梁。对于周边支承者，平面尺寸越接近正方形，两个方向桁架杆件内力越接近，空间作用越显著。随着建筑平面边长比的增大，短向传力作用明显增大。

2）两向正交斜放网架。两向正交斜放网架(见图9-22)的构成特点是：两个方向的竖向平面桁架垂直交叉，且与边界成45°。

两向正交斜放网架中平面桁架与边界斜交，各片桁架长短不一，而其高度又基本相同，因此，靠近角部的短桁架相对刚度较大，对与其垂直的长桁架有一定的弹性支承作用，从而减小了长桁架中部的正弯矩。所以在周边支承情况下，它较两向正交正放网架刚度大、用料省，对矩形平面其受力也比较均匀。当长桁架直通角柱时(见图9-22a)，四个角支座会产生较大的向上拉力，设计中应予注意。如采用图9-22b所示的布置方式，因角部拉力由两个支座分担则可避免过大的角支座拉力；在周边支承情况下，若对支座节点沿边界切线方向加以约束，则设计时应考虑在与支座连接的圈梁中因此产生的拉力。

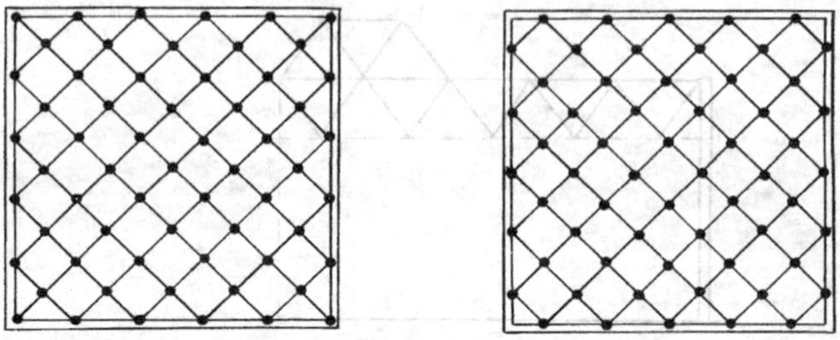

a)　　b)

图9-22　两向正交斜放网架

3）三向网架。三向网架(见图9-23)的构成特点是：三个方向的竖向平面桁架互成60°斜向交叉，上下弦平面内的网格均为几何不变的三角形。网架空间刚度大，受力性能好，内力分布也较均匀，但汇交于一个节点的杆件最多可达13根。节点构造比较复杂，宜采用钢管杆件及焊接空心球节点。三向网架适用于大跨度($l>60\mathrm{m}$)的多边形及圆形平面。

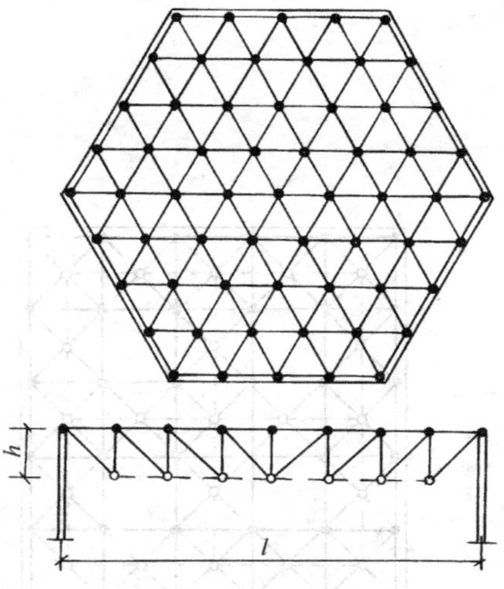

图9-23 三向网架

(2) 四角锥体系 这类网架以四角锥为其组成单元。网架上下弦平面均为方形网格，下弦节点均在上弦网格形心的投影线上，与上弦网格四个节点用斜腹杆相连。通过改变上下弦的位置、方向，并适当地抽去一些弦杆和腹杆，可得到各种形式的四角锥网架。

1) 正放四角锥网架(见图9-24)。正放四角锥网架的构成特点是：以倒四角锥体为组成单元，锥底的四边为网架的上弦杆，锥棱为腹杆，各锥顶相连即为下弦杆，它的上、下弦杆均与相应边界平行。正放四角锥网架的上、下弦节点均分别连接8根杆件。当网格两个方向尺寸相等且腹杆与下弦平面夹角为45°时，网架的所有杆件(上、下弦杆和腹杆)等长，便于制成统一的预制单元，制造、安装都比较方便。正放四角锥网架的杆件受力比较均匀，空间刚度较好，但杆件数量较多，用钢量偏大。这种网架适用于接近于方形的中小跨度网架，宜采用周边支承。

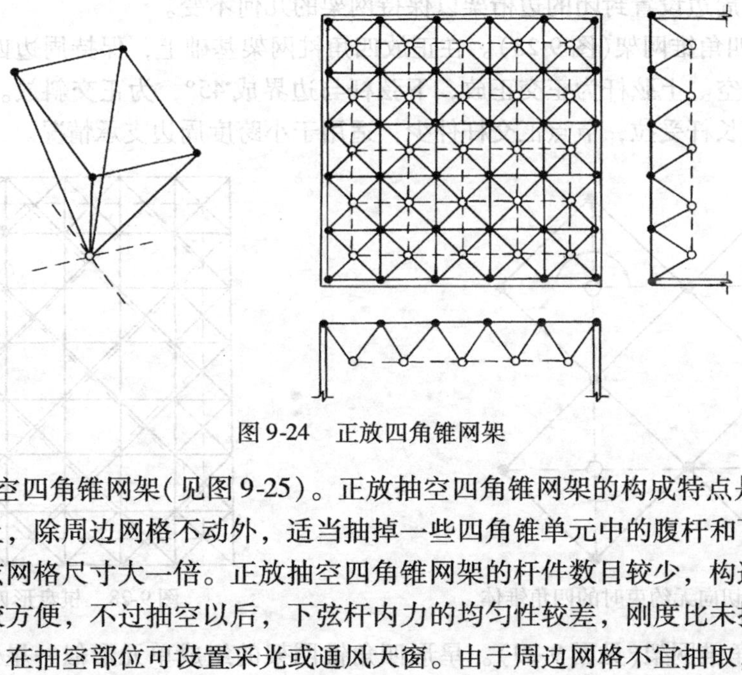
图9-24 正放四角锥网架

2) 正放抽空四角锥网架(见图9-25)。正放抽空四角锥网架的构成特点是：在正放四角锥网架的基础上，除周边网格不动外，适当抽掉一些四角锥单元中的腹杆和下弦杆，使下弦网格尺寸比上弦网格尺寸大一倍。正放抽空四角锥网架的杆件数目较少，构造简单，经济效果好，起拱比较方便，不过抽空以后，下弦杆内力的均匀性较差，刚度比未抽空的正放四角锥网架弱一些。在抽空部位可设置采光或通风天窗。由于周边网格不宜抽取，两个方向网格数宜取奇数。

3) 斜放四角锥网架(见图9-26)。斜放四角锥网架的构成特点是：以倒四角锥体为组成单元，由锥底构成的上弦杆与边界成45°，而连接各锥顶的下弦杆则与相应边界平行。这

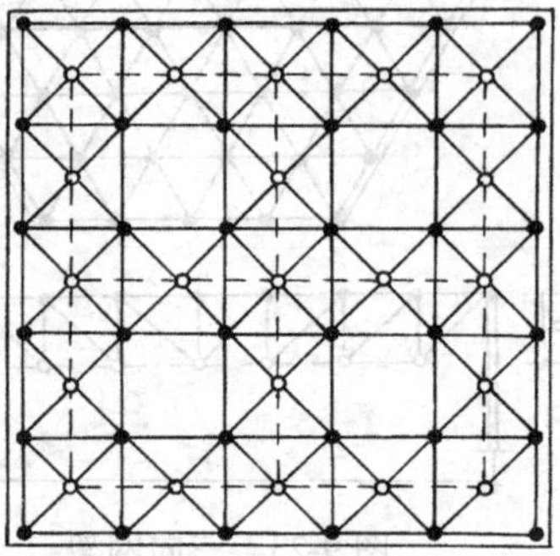

图9-25 正放抽空四角锥网架

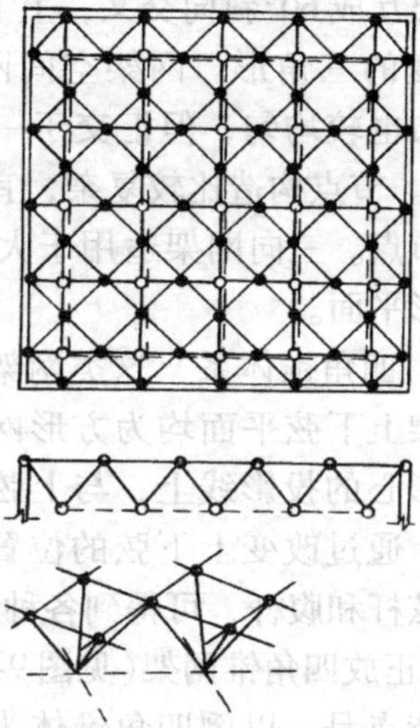

图9-26 斜放四角锥网架

样，它的上弦网格呈正交斜放，下弦网格呈正交正放。网架上弦杆短，下弦杆长，受力合理。下弦节点连接8根杆，上弦节点只连接6根杆。这种网架适用于中小跨度周边支承，或周边支承与点支承相结合的矩形平面。

周边支承的斜放四角锥网架，在支承沿周边切向无约束时，四角锥体可能绕 Z 轴旋转（见图9-27）而造成网架的几何可变，因此必须在网架周边布置刚性边梁；点支承的斜放四角锥网架，可在周边设置封闭的边桁架以保持网架的几何不变。

4）棋盘形四角锥网架（图9-28）。在正放四角锥网架基础上，保持周边四角锥不变，中间四角锥间隔抽空。上弦杆为正交正放，下弦杆与边界成45°，为正交斜放。这种网架上弦短杆受压，下弦长杆受拉，节点汇交杆件少，适用于小跨度周边支承情况。

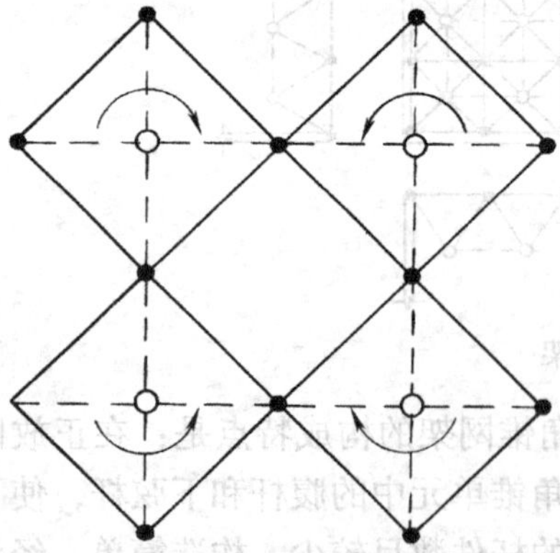

图9-27 周边切向无约束时的四角锥体

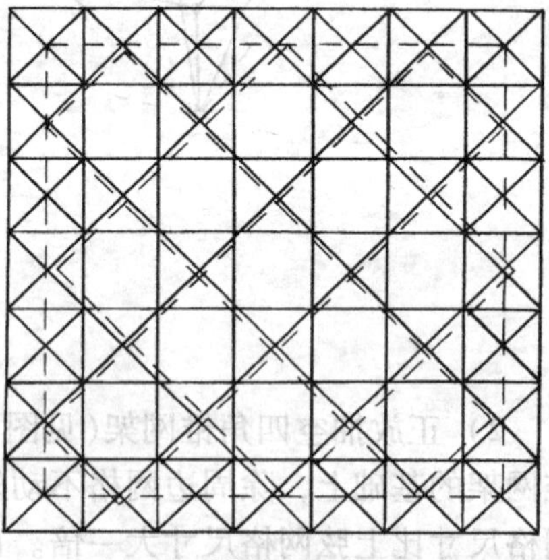

图9-28 棋盘形四角锥网架

5）星形四角锥网架（见图9-29）。星形四角锥网架的组成单元形似一星体，如图9-29b所示。将四角锥底面的四根杆用位于对角线上的十字交叉杆代替，并在中心加设竖杆，即组成星形四角锥。十字交叉杆与边界成45°，构成网架上弦，呈正交斜放。下弦杆呈正交正放。腹杆与上弦杆在同一竖向平面内。星形网架上弦杆比下弦杆短，受力合理。竖杆受压，

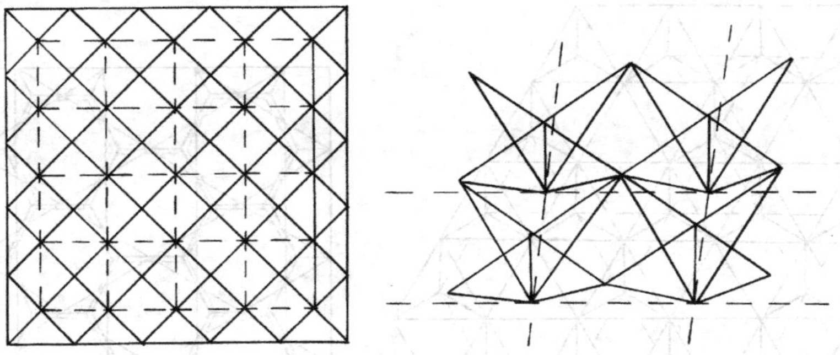

图 9-29 星形四角锥网架

内力等于节点荷载。当网架高度等于上弦杆长度时，上弦杆与竖杆等长，斜腹杆与下弦杆等长。星形网架一般用于中小跨度周边支承情况。

（3）三角锥体系 三角锥体系网架的基本单元是锥底为正三角形的倒置三角锥，如图9-30a 所示。锥底三条边为网架上弦杆，棱边为网架的腹杆，连接锥顶的杆件为网架下弦杆。三角锥体系网架主要有三种形式。

1）三角锥网架(见图9-30)。三角锥网架上下弦平面均为正三角形网格，上下弦节点各连 9 根杆件。当网架高度为网格尺寸的 $\sqrt{2/3}$倍时，上下弦杆和腹杆等长。三角锥网架受力均匀，整体性和抗扭刚度好，适用于平面为多边形的大中跨度建筑。

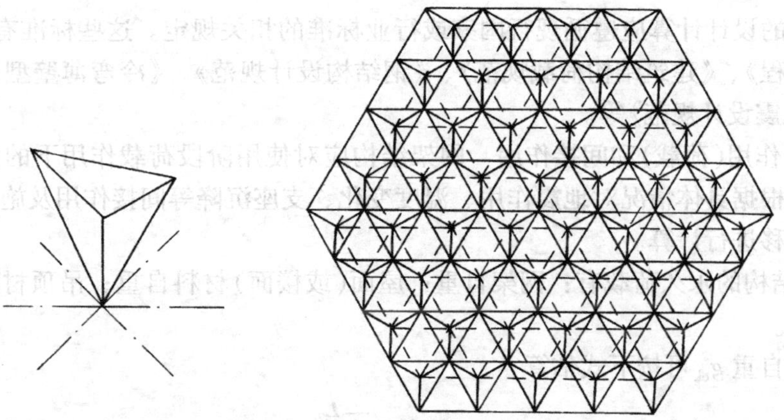

图 9-30 三角锥网架

2）抽空三角锥网架(见图 9-31)。保持三角锥网架的上弦网格不变，按一定规律抽去部分腹杆和下弦杆，可得到抽空三角锥网架。图 9-31 所示的抽杆方法是沿网架周边一圈的网格不抽杆，内部从第二圈开始沿三个方向每间隔一个网格抽掉部分杆，则下弦网格成为多边形的组合。抽杆后，网架空间刚度受到削弱。下弦杆数量减少，内力较大。抽空三角锥网架适用于平面为多边形的中小跨度建筑。

3）蜂窝形三角锥网架(见图9-32)。蜂窝形三角锥网架上弦网格为三角形和六边形，下弦网格为六边形。腹杆与下弦杆位于同一竖向平面内。节点、杆件数量都较少，适用于周边

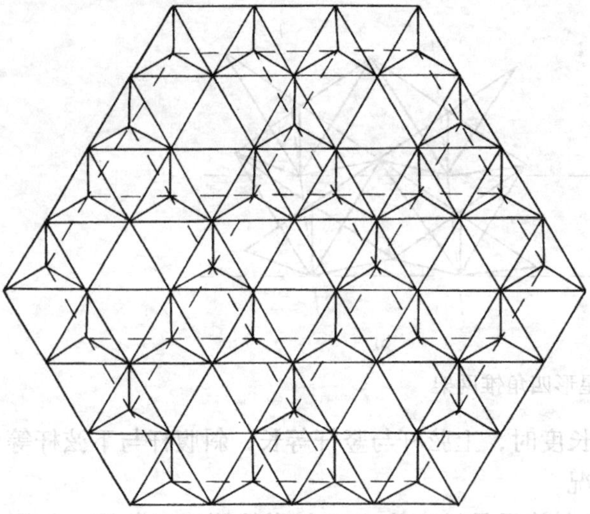

图 9-31　抽空三角锥网架

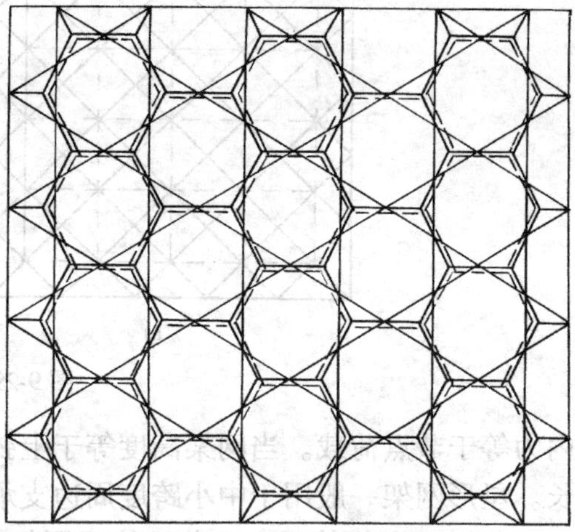

图 9-32　蜂窝形三角锥网架

支承，中小跨度屋盖。蜂窝形三角锥网架本身是几何可变的，借助于支座水平约束来保证其几何不变。

9.2.3　网架结构的设计特点

1. 计算方法要点

网架结构的设计计算应遵循现行国家或行业标准的相关规定。这些标准有：《网架结构设计与施工规程》、《建筑结构荷载规范》、《钢结构设计规范》、《冷弯薄壁型钢结构技术规范》和《建筑抗震设计规范》等。

（1）直接作用（荷载）和间接作用　网架结构应对使用阶段荷载作用下的内力和位移进行计算，并应根据具体情况对地震作用、温度变化、支座沉降等间接作用及施工安装荷载引起的内力和位移进行计算。

1）网架结构的永久荷载有：网架自重；屋面（或楼面）材料自重；吊顶材料的自重；设备管道的重力。

双层网架自重 g_{ok} 可按下式估算

$$g_{ok}=\xi\sqrt{q_w}\frac{L_2}{200} \tag{9-1}$$

式中　q_w——除网架自重以外的屋面荷载（或楼面荷载）的标准值（kN/mm^2）；

L_2——网架的短向跨度（m）；

ξ——系数，对钢管杆件网架取 $\xi=1.0$，对型钢杆件网架取 $\xi=1.2$。

2）网架结构的可变荷载有：屋面（或楼面）活荷载；雪荷载（雪荷载不应与屋面活荷载同时考虑）；风荷载，由于网架刚度较大，自振周期较小，计算风荷载时可不考虑风振系数的影响；积灰荷载；起重机荷载。

3）在抗震设防烈度为 6 度或 7 度的地区，网架屋盖结构可不进行竖向抗震验算；在抗震设防烈度为 8 度或 9 度的地区，网架屋盖结构应进行竖向抗震验算。

对周边支承网架屋盖以及多点支承和周边支承相结合的网架屋盖，竖向地震作用标准值

可按下式确定

$$F_{\mathrm{Evk}i} = \pm \psi_{\mathrm{v}} G_i \tag{9-2}$$

式中 $F_{\mathrm{Evk}i}$——作用在网架第 i 节点上竖向地震作用标准值；

G_i——网架第 i 节点的重力荷载代表值，其中永久荷载取100%，雪荷载及屋面积灰荷载取50%，屋面活荷载不计入；

ψ_{v}——竖向地震作用系数，按表9-1取值。

表9-1 竖向地震作用系数

设防烈度	场地类别		
	Ⅰ	Ⅱ	Ⅲ、Ⅳ
8	可不计算(0.10)	0.08(0.12)	0.10(0.15)
9	0.15	0.15	0.20

注：括号中数值用于设计基本地震加速度为0.3g地区。

对于悬挑长度较大的网架屋盖结构以及用于楼层的网架结构，当设防烈度为8度或9度时，其竖向地震作用标准值可分别取该结构重力荷载代表值的10%或20%。设计基本地震加速度为0.3g时，可取该结构重力荷载代表值的15%。计算重力荷载代表值时，永久荷载取100%，雪荷载和屋面积灰荷载取50%，不计入屋面活荷载。

对于平面复杂或重要的大跨度网架结构可采用振型分解反应谱法或时程分析法作专门的竖向抗震分析和验算。

4）在抗震设防烈度为7度的地区，可不进行网架结构水平抗震验算；在抗震设防烈度为8度的地区，对于周边支承的中小跨度网架可不进行水平抗震验算；在抗震设防烈度为9度的地区，对各种网架结构均应进行水平抗震验算。水平地震作用下网架的内力、位移可采用空间桁架位移法计算。网架的支承结构应按有关规范的规定进行抗震验算。

5）网架结构符合下列条件之一者，可不考虑由于温度变化而引起的内力：支座节点的构造允许网架侧移，且侧移值不小于式(9-3)的计算值；周边支承的网架，当网架验算方向跨度小于40m，且支承结构为独立柱或砖壁柱，在单位力作用下，柱顶位移大于或等于下式的计算值

$$u = \frac{L}{2\xi E A_{\mathrm{m}}}\left(\frac{\alpha E \Delta t}{0.038 f} - 1\right) \tag{9-3}$$

式中 ξ——系数，支承平面内弦杆为正交正放时 $\xi = 1.0$，正交斜放时 $\xi = \sqrt{2}$，三向时 $\xi = 2.0$；

A_{m}——支承(上承或下承)平面内弦杆截面积的算术平均值；

α——网架杆件钢材的线膨胀系数；

f——钢材强度设计值；

E——网架杆件钢材的弹性模量；

Δt——温度差；

L——网架在验算方向的跨度。

6）如果需要考虑温度变化引起的网架内力，可采用空间桁架位移法，或近似计算方法。网架的温度应力计算可参考《网架结构设计与施工规程》。

(2) 计算方法及其特点　网架结构的外荷载按静力等效原则，将节点从屋面积内的荷载集中作用在该节点上。分析结构内力时，可忽略节点刚度的影响，假定节点为铰接，杆件只承受轴力。当杆件上作用有节间荷载时，应同时考虑弯矩的影响。

网架结构的内力和位移可按弹性阶段进行计算。根据网架类型、跨度大小按下列规定选用不同的计算方法。

1）空间桁架位移法。空间桁架位移法又称空间杆系有限元法，分析时以网架的杆件为基本单元，以节点位移为基本未知量。先由杆件内力与节点位移之间的关系建立单元刚度矩阵，然后根据各节点平衡及变形协调条件建立结构的节点荷载和节点位移之间的关系，形成结构总刚度矩阵和总刚度方程。结构总刚度方程是以节点位移为未知量的线性方程组。引进边界条件后，利用计算机求得各节点的位移值，进而可由单元杆件的内力与位移关系求得各杆件内力 N。拉杆以 $N/A \leqslant f$、压杆按 $N/\varphi A \leqslant f$ 进行设计验算。

空间桁架位移法是目前空间杆系结构计算精度最高的一种方法，适用于各种类型、各种平面形状、不同边界条件的网架，静力荷载、地震作用、温度应力等工况均可计算，也能考虑网架与下部支承结构的共同工作。现今有多种较为完善的基于空间桁架位移法编制的空间网架结构商业软件可供设计选用。

2）差分法与拟夹层板法。网架结构的近似计算方法一般以某些特定形式的网架为计算对象，根据不同的对象采用不同的计算假定，因此存在适合不同类型网架的各种近似计算方法。一般说来，这些近似计算方法的适用范围与计算结果的精度均不及空间桁架位移法，但近似法的未知数少，计算比较简便，如辅以相应的计算图表，计算更为简捷。这些近似方法所产生的误差，在某些工程设计中或工程设计的某些阶段里还是可以接受的。因而它们在无法利用计算机或者在计算机还未被广泛使用的情况下，至少曾经是一类具有实用价值的计算方法。

差分法经截面二次矩折算，将网架简化为交叉梁系进行差分计算，它适用于跨度 $L \leqslant$ 40m 由平面桁架系组成的网架、正放四角锥网架。一般按图表计算，其计算误差≤20%。

拟夹层板法将网架简化成正交异性或者各向同性的平板进行计算，它适用于跨度 $L \leqslant$ 40m 由平面桁架系或角锥体组成的网架。一般按图表计算，其计算误差≤10%。

2. 一般设计规定

(1) 选型　网架结构设计首先要选型，通常根据工程的平面形状、跨度大小、支承情况、荷载大小、屋面构造、建筑设计等诸因素，结合以往的工程经验综合分析确定。网架杆件的布置还必须保证不出现结构几何可变的情况。

平面形状为矩形的周边支承网架，当其边长比(长边/短边)≤1.5 时，宜选用正放或斜放四角锥网架、棋盘形四角锥网架、正放抽空四角锥网架、两向正交斜放或正放网架。对中小跨度，也可选用星形四角锥网架和蜂窝形三角锥网架。

平面形状为矩形的周边支承网架，当其边长比(长边/短边)>1.5 时，宜选用两向正交正放网架、正放四角锥网架或正放抽空四角锥网架。当边长比≤2 时，也可用斜放四角锥网架。

平面形状为矩形、多点支承的网架，可选用正放四角锥网架、正放抽空四角锥网架、两向正交正放网架。对多点支承和周边支承相结合的多跨网架还可选用两向正交斜放网架或斜放四角锥网架。

平面形状为圆形、正六边形及接近正六边形且为周边支承网架，可选用三向网架、三角锥网架或抽空三角锥网架。对中小跨度也可选用蜂窝形三角锥网架。

（2）网格尺寸和网架高度　网架的高度与屋面荷载、跨度、平面形状、支承条件及设备管道等因素有关。屋面荷载较大、跨度较大时，网架高度应选得大一些。平面形状为圆形、正方形或接近正方形时，网架高度可取得小一些，狭长平面时，单向传力明显，网架高度应大一些。点支承网架比周边支承的网架高度要大一些。当网架中有穿行管道时，网架高度要满足要求。

网架的网格尺寸与高度关系密切，斜腹杆与弦杆夹角应控制在40°~55°为宜。如夹角过小，节点构造困难。网格尺寸要与屋面材料相适应，网架上直接铺设钢筋混凝土板时，网格尺寸不宜过大，一般不超过3m，否则，安装困难。当屋面采用有檩体系时，檩条长度一般不超过6m。

对周边支承的各类网架高度及网格尺寸可按表9-2选用。

表9-2　网架上弦网格数和跨高比

网架形式	钢筋混凝土屋面体系		钢檩条屋面体系	
	网格数	跨高比	网格数	跨高比
两向正交正放网架，正放四角锥网架，正放抽空四角锥网架	$(2\sim4)+0.2L_2$	$10\sim14$	$(6\sim8)+0.07L_2$	$(13\sim17)-0.03L_2$
两向正交斜放网架，棋盘形四角锥网架，斜放四角锥网架，星形四角锥网架	$(6\sim8)+0.08L_2$			

注：1. L_2 为网架短向跨度，单位为m。

2. 当跨度在18m以下时，网格数可适当减少。

（3）网架结构体系的屋面　屋面材料的选用直接影响到施工进度、用钢量指标、下部结构（包括基础）及整个房屋的性能，不宜仅考虑某一方面而应以综合指标权衡确定。目前，采用较多的有檩体系与轻质屋面防水材料方案可大大减轻网架结构自身以及梁、柱、墙体、基础构件的荷载，而且跨度越大综合影响越大；各种混凝土屋面板、钢丝网水泥板则用于无檩体系中，因为这种体系制作屋面构造层手续多、施工时间长，自重也较大，目前越来越少采用。

（4）网架杆件

1）杆件截面与材料。网架杆件可采用钢管、热轧型钢和冷弯薄壁型钢。在截面积相同的条件下，管截面具有回转半径大，截面特性无方向性，抗压屈承载力高等优点，钢管端部封闭后，内部不易锈蚀，是目前网架杆件常用的截面形式。管材可采用高频焊管或无缝钢管，有条件也可采用薄壁管形截面。材质主要有Q235钢与Q345钢。

2）杆件的计算长度 l_0 及长细比限值[λ]。网架杆件的计算长度 l_0 应按表9-3采用，表中 l 为杆件几何长度（节点中心间距）。

网架杆件的长细比不宜超过下列数值：对受压杆件，其长细比限值[λ]=180。对受拉杆件，支座处及支座附近的杆件长细比限值[λ]=300；一般杆件[λ]=400；直接承受动力荷载的杆件[λ]=250。

表9-3 网架杆件的计算长度 l_0

杆 件	节点形式		
	螺 栓 球	焊接空心球	板 节 点
弦杆及支座腹杆	l	$0.9l$	l
一般腹杆	l	$0.8l$	$0.8l$

3）杆件最小截面规格。为了保证网架杆件的承载力并使其具有必要的刚度，限制杆件的截面规格不得小于钢管 $\phi48\times2$，角钢∟ 50×3。

（5）网架节点设计与构造要点 网架通过节点（有焊接钢板节点、焊接空心球节点、螺栓球节点、焊接钢管节点等）把杆件连系在一起组成空间形体，节点的数目随网格大小的变化而变化，节点的重力一般为网架总重力的20%～25%，所占比例较大。节点构造的好坏，对结构性能、制造安装、耗钢量和工程造价都有相当大的影响。

网架的节点构造应满足下列要求：受力合理，传力明确；保证杆件汇交于一点，不产生附加弯矩；构造简单，制作安装方便，耗钢量小；避免难于检查、清刷、涂装和容易积留湿气或灰尘的死角或凹槽，管形截面应在两端封闭。

1）焊接空心球节点。空心球可分为不加肋（见图9-33a）和加肋（见图9-33b）两种，所用材料为Q235钢或Q345钢。当球直径设计为 D 时，用下料为 $1.414D$ 型的圆板经压制成型做成半球，再由两个半球对焊而成。

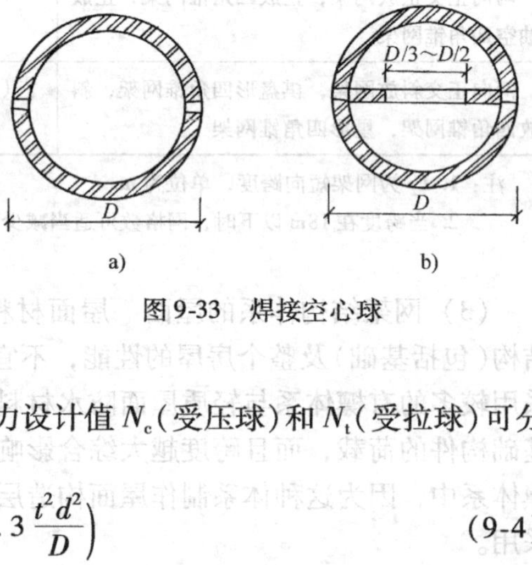

图9-33 焊接空心球

这种节点适用于连接钢管杆件，是广泛应用的一种形式。节点构造是将钢管杆件直接焊接于空心球体上，具有自动对中和“万向”性质，因而适应性很强。

直径 D 为120～500mm的焊接空心球，其承载力设计值 N_c（受压球）和 N_t（受拉球）可分别按下式计算

$$N_c\leqslant\eta_c\left(400td-13.3\frac{t^2d^2}{D}\right) \tag{9-4}$$

$$N_t\leqslant0.55\eta_t td\pi f \tag{9-5}$$

式中 N_c——受压空心球轴心压力设计值（N）；

D——空心球外径（mm）；

t——空心球壁厚（mm）；

d——钢管外径（mm）；

η_c——受压空心球加肋承载力提高系数，加肋 $\eta_c=1.4$，不加肋 $\eta_c=1.0$；

N_t——受拉空心球轴心拉力设计值（N）；

f——钢管材料强度设计值（N/mm^2）；

η_t——受拉空心球加肋承载力提高系数，加肋 $\eta_t=1.1$，不加肋 $\eta_t=1.0$。

空心球外径 D 与壁厚 t 的比值可按设计要求选用，一般地，$D=(25\sim45)t$；空心球壁厚 t 与钢管最大壁厚的比值宜为1.2～2.0；另外，空心球壁厚 t 不宜小于4mm。

在确定空心球外径时，球面上网架相连接杆件与杆件之间的缝隙 a 不宜小于10mm。为了保证缝隙 a，空心球直径也可初步按下式估算

$$D=\frac{d_1+d_2+a}{\theta} \tag{9-6}$$

式中 θ——汇集于空心球节点任意两钢管杆件间的夹角(rad)；

d_1、d_2——组成 θ 角的钢管外径(mm)；

a——d_1 与 d_2 两钢管间净距离，一般 $a \geqslant 10 \sim 20$mm。

2）螺栓球节点。螺栓球节点由螺栓、钢球、销子(或紧固螺钉)、套筒和锥头(或封板)组成(见图9-34)，适用于连接钢管杆件。

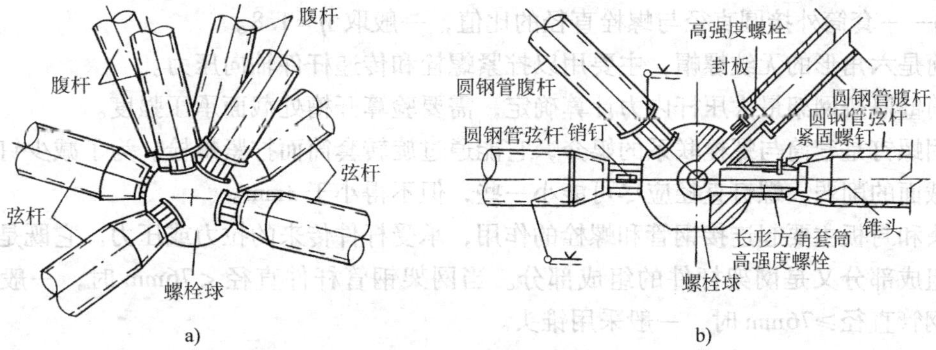

图9-34 螺栓球连接节点

螺栓球节点的套筒、锥头和封板采用Q235系列、Q345系列钢材；钢球采用45号钢；螺栓、销子或紧固螺钉采用高强度钢材如45号钢、40B钢、40Cr钢和20MnTiB钢等。

螺栓是节点中最关键的传力部件，一根钢管杆件的两端各设置一颗螺栓。螺栓由标准件厂家供货。在同一网架中，连接弦杆所采用的高强度螺栓可以是一种统一的直径，而连接腹杆所采用的高强度螺栓可以是另一种统一的直径，即通常情况下，同一网架采用的高强度螺栓的直径规格多于两种。但在小跨度的轻型网架中，连接球体的弦杆和腹杆可以采用同一规格的直径。螺栓直径一般由网架中最大受拉杆件的内力控制，单个螺栓受拉承载力设计值按下式计算

$$N_t^b \leqslant \psi A_e f_t^b \tag{9-7}$$

式中 N_t^b——高强度螺栓的拉力设计值(N)；

ψ——螺栓直径对承载力影响系数，当螺栓直径<30mm时，$\psi=1.0$，当螺栓直径≥30mm时，$\psi=0.93$；

f_t^b——高强度螺栓经热处理后的抗拉强度设计值，对40B钢、40Cr钢与20MnTiB钢取为430N/mm^2，对45钢取为365N/mm^2。

A_e——高强度螺栓的有效截面面积，由附录8附表8-1查取，当螺栓上钻有销孔或键槽时，A_e 应取螺纹处或销孔键槽处两者中的较小值。

钢球的加工成型分为锻压球和铸钢球两种。钢球的直径大小要满足按要求拧入球体的任意相邻两个螺栓不相碰条件。螺栓直径根据计算确定后，钢球直径 D(见图9-35)取下列式中的较大值。

$$D \geqslant \sqrt{\left(\frac{d_2}{\sin\theta}+d_1\cot\theta+2\xi d_1\right)^2+\eta^2 d_1^2} \tag{9-8}$$

$$D \geqslant \sqrt{\left(\frac{\eta d_2}{\sin\theta}+\eta d_1\cot\theta\right)^2+\eta^2 d_1^2} \tag{9-9}$$

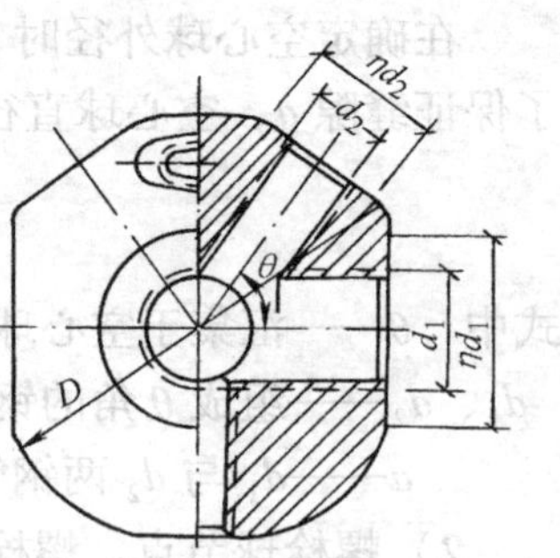

图 9-35 螺栓球

式中 D——钢球直径(mm)；

θ——两个螺栓之间的最小夹角(rad)；

d_1、d_2——螺栓直径(mm)，$d_1 > d_2$；

ξ——螺栓拧进钢球长度与螺栓直径的比值，一般取 $\xi = 1.1$；

η——套筒外接圆直径与螺栓直径的比值，一般取 $\eta = 1.8$。

套筒是六角形的无纹螺帽，主要用以拧紧螺栓和传递杆件轴向压力。

套筒壁厚按网架最大压杆内力计算确定，需要验算开槽处截面承压强度。

紧固螺钉是套筒与螺栓联系的媒介，它能通过旋转套筒而拧紧螺栓。为了减少钉孔对螺栓有效截面的削弱，螺钉直径应尽可能小一些，但不得小于3mm。

锥头和封板主要起连接钢管和螺栓的作用，承受杆件传来的拉力或压力。它既是螺栓球节点的组成部分又是网架杆件的组成部分。当网架钢管杆件直径 < 76mm 时，一般采用封板；当钢管直径 ≥76mm 时，一般采用锥头。

3）支座节点。网架的支座节点分为压力支座节点和拉力支座节点两大类。

压力支座中，平板压力支座(见图 9-36)常用于较小跨度的情况；单面弧形压力支座(见图 9-37)适用于中等跨度；双面弧形压力支座(见图 9-38)适用于大跨度；球铰压力支座(见图 9-39)可用于大跨度且带悬伸的四支点或多支点网架。

拉力支座中，较常用的有平板拉力支座(见图 9-36)和单面弧形拉力支座(见图 9-40)。支座出现拉力情况不多，但在越来越多地采用轻质屋面围护材料以后，反号荷载效应情况应予充分重视。

板式橡胶支座(见图 9-41)适用于大中跨度网架。通过橡胶垫的压缩和剪切变形，支座既可转动又可平移。如果在一个方向加以限制，支座为单向可侧移式，否则，为双向可侧移式。

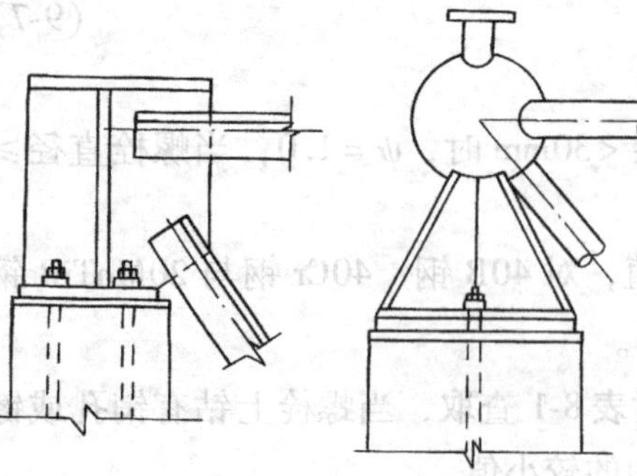
a) b)

图 9-36 平板压力或拉力支座

a）角钢杆件 b）钢管杆件

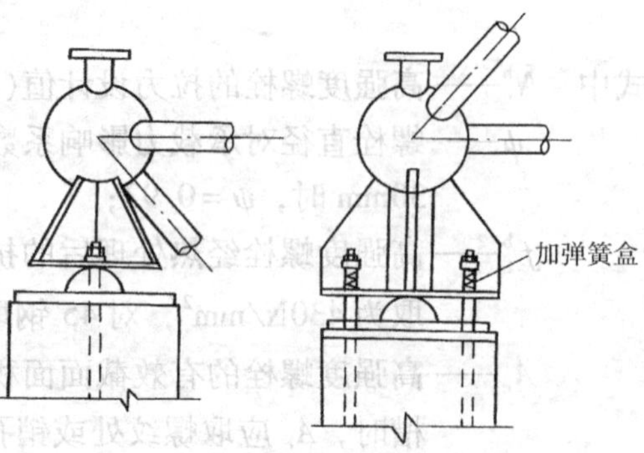

a) b)

图 9-37 单面弧形压力支座

a）两个螺栓连接 b）四个螺栓连接

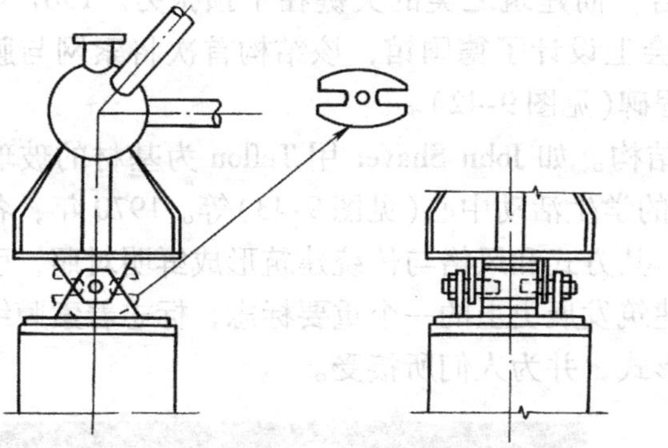

图 9-38　双面弧形压力支座

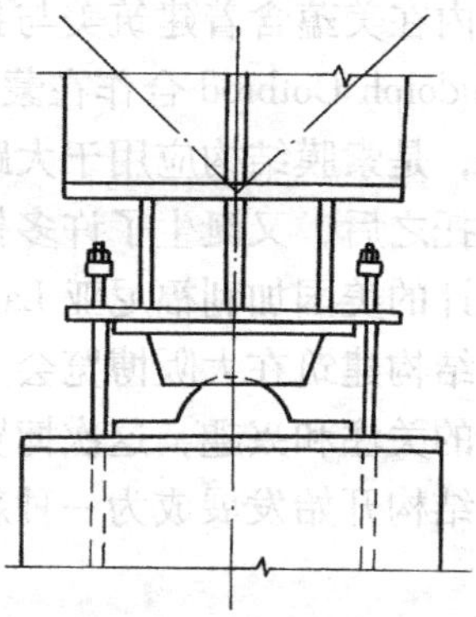

图 9-39　球铰压力支座

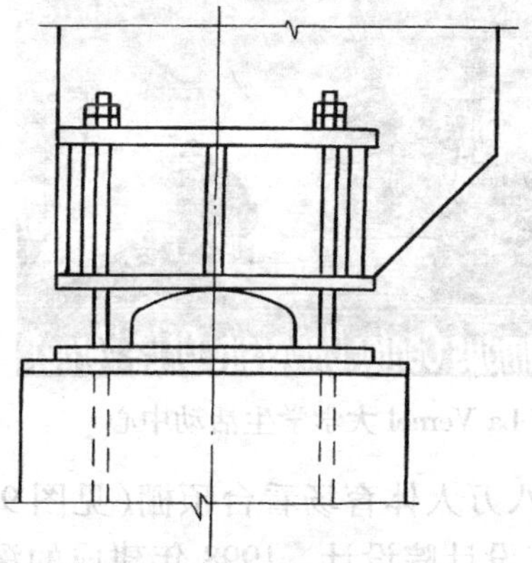

图 9-40　单面弧形拉力支座

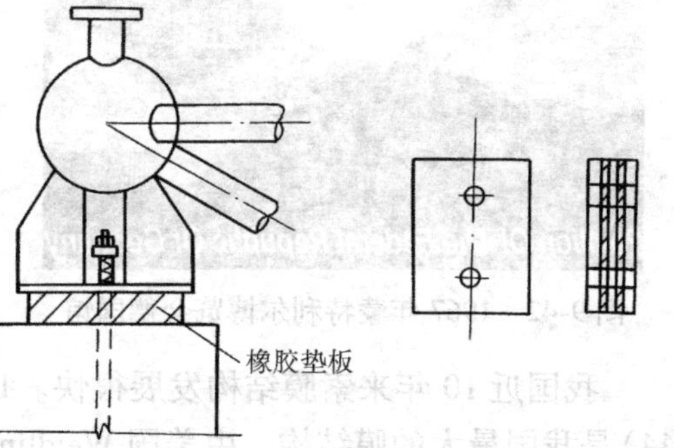

图 9-41　板式橡胶支座

各种支座节点的具体设计，可参考有关设计资料。

(6) 网架的挠度限值　最大挠度限值，$[f]=L_2/250$，L_2 为网架短向跨度。

9.3　索膜结构简介

9.3.1　索膜结构的发展历程

索膜结构的雏形可以追溯到冰川时期游牧民族所使用的帐篷结构，由于其具有结构轻盈、搭建方便、容易搬迁等特点，在其后的发展过程中，广泛应用于临时性建筑，这个时期对这种结构形式的认识只是感性的，也无所谓设计和分析。将其应用于大跨度空间结构，并从理性角度对其进行设计和分析是从 20 世纪中期开始的，随着建筑科学、材料科学、计算机应用、施工技术的日新月异，索膜结构经过几十年的发展，已经成为最具前途的建筑结构形式之一，广泛应用于从公园小品至大跨度体育场等各类建筑。

谈到索膜结构，不能不提到德国结构工程师奥托(Frei Otto)，他被公认为现代张力织物结构的创始人，于 1955 年设计并建造了德国卡赛尔园艺会展中心，这一建筑开创了现代张力织物结构的新纪元。奥托于 1962 ~ 1965 年期间，发表了关于膜结构的研究成果，他认为“了解存在于自然之中的生成过程，人工的完成这种过程乃是设计之道”。也就是说，薄膜结构的内在美蕴含着建筑美与技术美的结合，而建筑之美的关键在于预张力。1967 年，奥托与 Rudolph Gotbrod 合作在蒙特利尔博览会上设计了德国馆，该结构首次将索网与膜材结合起来，是索膜结构应用于大跨度建筑里程碑(见图 9-42)。

奥托之后，又诞生了许多标志性索膜结构。如 John Shaver 用 Teflon 为基材的玻璃纤维织物设计的美国加利福尼亚 La Vernel 大学的学生活动中心(见图 9-43)等。1970 年，各式各样的膜结构建筑在大阪博览会上尽显其色，其方式和风格与传统建筑形成鲜明对照，引起人们广泛的关注和兴趣，这次博览会，成为建筑发展史上的一个重要标志，标志着索膜结构这种柔性结构开始发展成为一种新型的建筑形式，并为人们所接受。

图 9-42 1967 年蒙特利尔博览会德国馆

图 9-43 La Vernel 大学学生活动中心

我国近 10 年来索膜结构发展很快。1997 年竣工的上海八万人体育场看台顶棚(见图 9-44)是我国最大的膜结构，由美国 Weidlinger 公司及上海建筑设计院设计。1998 年建成的深圳华侨城欢乐谷中心表演场(见图 9-45)，曾获结构设计优秀工程奖，结构平面为圆形，膜水平投影面积 5800m^2，整个建筑由 15 个锥形膜单元组成。

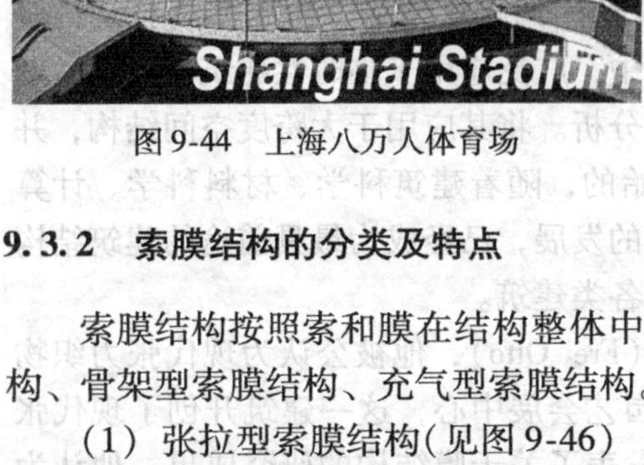

图 9-44 上海八万人体育场

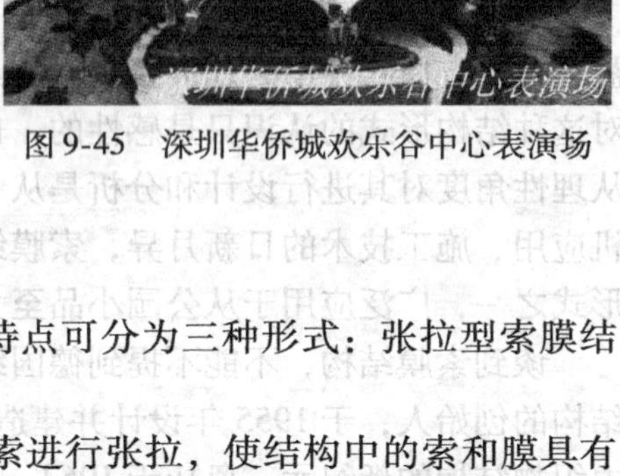

图 9-45 深圳华侨城欢乐谷中心表演场

9.3.2 索膜结构的分类及特点

索膜结构按照索和膜在结构整体中的作用和受力特点可分为三种形式：张拉型索膜结构、骨架型索膜结构、充气型索膜结构。

(1) 张拉型索膜结构(见图 9-46) 一般是通过对索进行张拉，使结构中的索和膜具有初始预张力，从而具有结构刚度，形成稳定的结构体系。这时膜即作为结构的覆盖材料，又是结构受力体系的一部分，张拉索分布于膜的边缘及谷线、脊线处，以帮助膜形成负高斯曲面，达到平衡形状。张拉型索膜结构充分体现了自然界“力”与“美”结合，适合构筑城市标志性建筑及观赏性小品建筑，这种索膜结构对施工技术及精度的要求比较高。

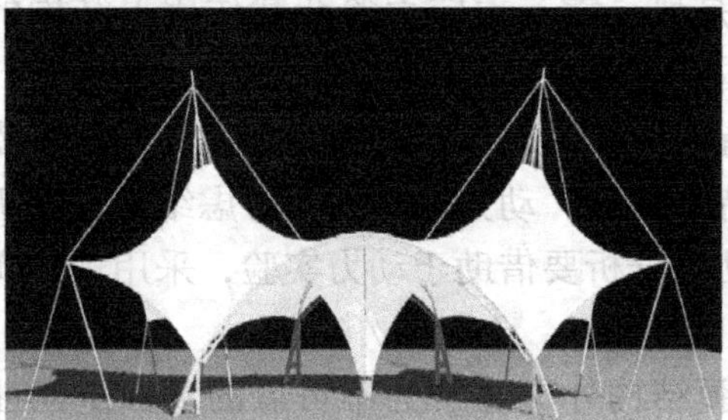

图9-46 张拉型索膜结构

图9-47 骨架型膜结构

（2）骨架型膜结构(见图9-47) 这种结构形式是以刚性支撑为骨架，在骨架上铺设绷紧的膜材而构成。刚性骨架是结构受力的主要构件，可以采用网架、网壳、桁架、索桁架等结构体系，膜材本身不参与结构受力，其作用与普通的屋面板一样，但在荷载承受能力和荷载分布方面与用传统材料制成的屋面板有很大区别。骨架式膜结构的施工相对简单，造价也低于张拉形索膜结构。

（3）充气型索膜结构 该种结构形式以薄膜为表面材料，依靠送风系统向薄膜所围成的封闭区域送风，通过区域内外的压力差来形成稳定的结构体系，索起辅助作用，主要是在结构工作时对膜起辅助支撑和变形约束作用。充气型索膜结构在应用上难度较大，主要表现在气压的控制和维持方面，经济成本也比较大，所以也仅在世界性标志性建筑中得到采用。图9-48和图9-49所示为大阪博览会中的富士馆和蒙特利尔博览会美国馆。

图9-48 大阪博览会富士馆

图9-49 蒙特利尔博览会美国馆

9.3.3 索膜结构的设计与分析

在设计与分析方面，索膜结构与其他建筑结构存在一定的差别，更需要建筑设计与结构设计的密切配合。索膜结构的设计与分析主要包括三部分内容：形态分析、荷载分析、裁剪分析。

（1）形态分析 组成索膜结构的材料索和膜本身是柔性的，其形状是不确定的，只有在施加预应力的情况下才具有确定形状，从而产生刚度以承受外载，因此，形态分析的目的是确定结构的初始形状和基于该形状的预应力分布。对于形态分析各国学者提出了各种不同的方法，如力密度法、动力松弛法、非线性有限元法等，随着对索膜结构认识的不断加深，一些改进方法也相继被提出，如广义最小二乘法、假定刚度法、非线性滑移法等。

（2）荷载分析　索膜结构荷载分析的主要内容是风、雪、预应力等荷载作用下结构的静力和动力分析。其中，静力分析的目的是得出结构在上述荷载作用下的变形和内力分布，一般采用非线性有限元法来完成，但在采用非线性有限元法进行荷载分析时，需要考虑索膜结构的特点，对于膜发生褶皱及索松弛的情况进行特殊处理；动力分析主要考虑结构在随机脉动风荷载作用下的动力响应，通常，索膜结构的动力分析要借助于动力实验，采用理论实验相结合的手段。

（3）裁剪分析　经过形态分析后，所得到的索膜结构外形通常为不可展的双曲空间曲面，无法精确地展开成平面，而在施工过程中，需要将多块二维的膜材拼接以构成空间曲面。将空间曲面展开成二维的膜片的过程就称为索膜结构的裁剪分析。目前，常用的索膜结构裁剪方法有：测地线法、无约束极值法等。

值得指出的是，索膜结构的整个设计分析过程是建筑、结构方案的选择与结构分析计算的交叉反复，如果没有专用的计算机辅助设计系统(CAD)作为工具，很难想象在短时间内能够得出最优方案。

习　题

9-1　大跨度房屋结构主要有哪几种结构体系？简述各种体系的受力特点及用途。

9-2　大跨度房屋常用的结构材料及屋面材料有哪些？

9-3　简述拱的构造特点和计算特点。

9-4　简述大跨框架结构的计算特点。

9-5　简述平板式空间网架的结构形式及计算特点。

9-6　简述索膜结构的分类与特点。

第 10 章 钢结构的制作与安装

10

10.1 钢结构的加工制作

10.1.1 钢结构制造特点及流程

1. 钢结构制造特点

钢结构制造的基本元件大多是热轧型钢和板材。钢材规格、品种虽有一定限度，但可以通过连接制成几何形状和尺寸各异的构件，以满足设计要求；也可通过建立标准的通用模数，使尺寸协调，做到机械化生产，提高工作效率，节省大量材料。

钢结构一般在工厂制作，因为工厂具有较为恒定的工作环境。有刚度大、平整度高的钢平台，精度较高的工装夹具及高效能的设备。施工条件比现场优越，易于保证质量，提高效率。现代化的钢结构制造厂具有进行剪、冲、切、折、割、钻、铆、焊、喷、压、滚、弯、卷、刨、铣、磨、锯、涂、抛、热处理、无损检测等加工能力，并辅以各种专用设备，对所加工的钢结构构件都能达到设计要求。

建筑钢结构的部件不外乎柱、梁、支撑等，连接也由铆接发展为焊接和高强度螺栓连接。目前钢结构构件连接大多以焊栓混合连接为主。一般工厂制作以焊接连接居多，现场以螺栓连接居多，或部分交叉使用。

钢结构制作有严格的工艺标准，每道工序应该怎么做，允许有多大的误差，都有详细规定。特殊构件的加工，还要通过工艺试验来确定相应的工艺标准。每道工序的工人都必须按图样和工艺标准生产。

2. 钢结构制作的依据

钢结构制作的依据是设计图和国家规范。

国家规范主要有 GB 50205—2001《钢结构工程施工质量验收规范》、JGJ 81—1991《建筑钢结构焊接规范》及国家相关部委关于钢结构材料、辅助材料的有关标准等。另外，如网架结构、高耸结构、输电杆塔钢结构等都有相应的施工技术规程可以参照执行。

钢结构制作单位根据设计图和国家有关标准编制工艺图、卡，下达到车间，工人则根据工艺图、卡生产。

3. 钢结构制作的流程

钢结构制作的基本流程如图 10-1 所示。

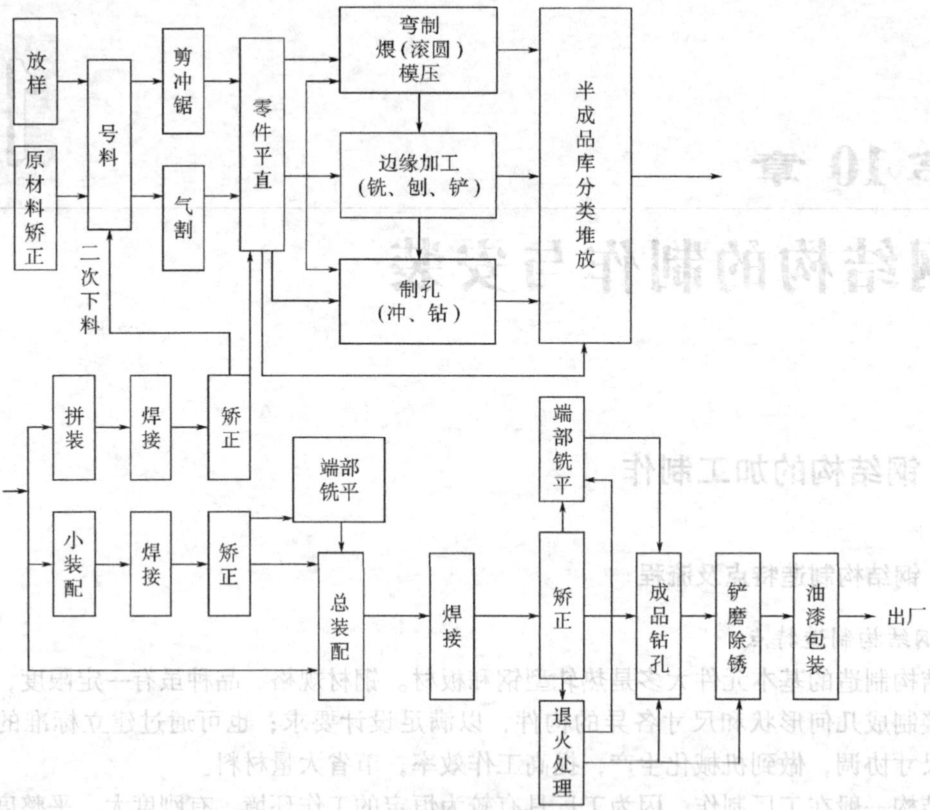

图10-1 钢结构制作基本流程图

10.1.2 加工制作前的准备工作

1. *详图设计和图样审查*

(1) 详图设计 一般设计院提供的设计图，不能直接用来加工制作钢结构，而是要考虑加工工艺，如公差配合、加工余量、焊接控制等因素后，在原设计图的基础上绘制加工制作图(又称施工详图)。详图设计一般由加工单位负责进行，应根据建设单位的技术设计图以及发包文件中所规定的规范、标准和要求进行。加工制作图是最后沟通设计人员及施工人员意图的详图，是实际尺寸、划线、剪切、坡口加工、制孔、弯制、拼装、焊接、涂装、产品检查、堆放、发送等各项作业的指示书。

(2) 图样审查 图样审查的目的，一方面，是检查图样设计的深度能否满足施工的要求，核对图样上构件的数量和安装尺寸，检查构件之间有无矛盾等；另一方面，也对图样进行工艺审核，即审查在技术上是否合理、构造是否便于施工、图样上的技术要求按加工单位的施工水平能否实现等。图样审查的主要内容包括：

1) 设计文件是否齐全。设计文件包括设计图、施工图、图样说明和设计变更通知单等。

2) 构件的几何尺寸是否标注齐全，相关构件的尺寸是否正确。

3) 构件之间的连接形式是否合理，节点是否清楚，是否符合国家标准。

4) 加工符号、焊接符号是否齐全。

5）构件分段是否符合制作、运输、安装的要求。

6）标题栏内构件的数量是否符合工程的总数量。

7）结合本单位的设备和技术条件考虑能否满足图样上的技术要求。

8）图样的标准化是否符合国家规定等。

2. 备料

（1）采购 根据设计图样算出各种材质、规格的材料净用量，并根据构件的不同类型和供货条件，增加一定的损耗率(一般为实际所需量的10%)提出材料预算计划。

目前国际上采取根据构件规格尺寸增加加工余量的方法，不考虑损耗，国内也已开始实行由钢厂按构件表加余量直接供料。

（2）钢材的验收 钢材验收的主要内容：

1）钢材的数量与品种是否与订货单符合。

2）钢材的质量保证书是否与钢材上打印的记号符合。每批钢材必须具备生产厂提供的材质证明书，写明钢材的炉号、钢号、化学成分和力学性能等。可根据国标核对钢材的各项指标。钢厂提供的证明书若由材料供应部门保存，钢结构制造单位可复印存档。

3）核对钢材的规格尺寸。各类钢材外形尺寸的允许偏差在有关国标中有规定。

4）钢材表面质量检验，不论扁钢、钢板和型钢，表面均不允许有结疤、裂纹、折叠和分层等缺陷。有上述缺陷者应另行堆放，以便研究处理。钢材表面的锈蚀深度不得超过其厚度负偏差的1/2。

（3）钢材的堆放 钢材的堆放要减少钢材的变形和锈蚀，节约用地，也要使钢材提取方便。

1）钢材储存的场地条件。钢材的储存可露天堆放，也可堆放在有顶棚的仓库里。露天堆放时，场地要平整，并应高于周围地面，四周留有排水沟；堆放时要尽量使钢材截面的背面向上或向外，以免积雪、积水，两端应有高差，以利排水。堆放在有顶棚的仓库内时，可直接堆放在地坪上，下垫楞木。

2）钢材堆放要求。钢材的堆放要尽量减少钢材的变形和锈蚀；钢材堆放时每隔5～6层放置楞木，其间距以不引起钢材明显的弯曲变形为宜，楞木要上下对齐，在同一垂直面内；考虑材料堆放之间留有一定宽度的通道以便运输。

（4）钢材的标识 钢材端部应树立标牌，标牌要标明钢材的规格、钢号、数量和材质验收证明书编号。钢材端部根据其钢号涂以不同颜色的油漆。钢材的标牌应定期检查。

3. 工艺装备和机具的准备

1）根据设计图样及国家标准定出成品的技术要求。

2）编制工艺流程，确定各工序的公差要求和技术标准。

3）根据用料要求和来料尺寸统筹安排、合理配料，确定拼装位置。

4）根据工艺和图样要求，准备必要的工艺装备(胎、夹、模具)。

10.1.3 零件加工

1. 放样

在钢结构制作中，放样是指把零(构)件的加工边线、坡口尺寸、孔径和弯折、滚圆半径等以1:1的比例从图样上准确地放制到样板和样杆上，并注明图号、零件号、数量等。样板和样杆是下料、制弯、铣边、制孔等加工的依据。

在制作样板和样杆时，要增加零件加工时的加工余量，焊接构件要按工艺需要增加焊接收缩量。高层建筑钢结构按设计标高安装时，柱子的长度还必须增加荷载压缩的变形量。

2. 号料

号料亦称划线，即根据放样提供的零件的材料、尺寸、数量，在钢材上画出切割、铣、刨边、弯曲、钻孔等加工位置，并标出零件的工艺编号。

划线号料时，要根据工艺图的要求，利用标准接头节点，使材料得到充分的利用，损耗率降到最低数量。

3. 切割下料

切割的目的就是将放样和号料的零件形状从原材料上进行下料分离。钢材的切割可以通过切削、冲剪、摩擦机械力和热切割来实现。常用的切割方法有：气割、机械剪切和等离子切割三种方法。

（1）气割 气割法是利用氧气与可燃气体混合产生的预热火焰加热金属表面达到燃烧温度并使金属发生剧烈的氧化，放出大量的热促使下层金属也自行燃烧，同时通以高压氧气射流，将氧化物吹除而引起一条狭小而整齐的割缝。随着割缝的移动，使切割过程连续切割出所需的形状。除手工切割外常用的机械有半自动气割机、特型气割机、数控气割机等。这种切割方法设备灵活、费用低廉、精度高，是目前使用最广泛的切割方法，能够切割各种厚度的钢材，特别是带曲线的零件或厚钢板。气割前，应将钢材切割区域表面的铁锈、污物等清除干净；气割后，应清除熔渣和飞溅物。

（2）机械切割 机械切割法是利用上、下两剪刀的相对运动来切断钢材，也可利用锯片的切削运动把钢材分离，或利用锯片与工件间的摩擦发热使金属熔化而被切断。常用的切割机械有剪板机、联合冲剪机、弓锯床、砂轮切割机等。其中剪切法速度快、效率高，但切口略粗糙；锯割可以切割角钢、圆钢和各类型钢，切割速度和精度都较好。机械剪切的零件，其钢板厚度不宜大于12mm，剪切面应平整。

钢材经剪切后，在离剪切边缘2~3mm范围内，会产生严重的冷作硬化，这部分钢材脆性增大，因此用于钢材厚度较大的重要结构，硬化部分应刨削除掉。

（3）等离子切割 等离子切割法是利用高温高速的等离子焰流将切口处金属及其氧化物熔化并吹掉来完成切割，所以能切割任何金属，特别是熔点较高的不锈钢及有色金属铝、铜等。

4. 成型加工

（1）弯卷成型

1）钢板卷曲。钢板卷曲是通过旋转辊轴对板料进行连续三点弯曲所形成的。当制件曲率半径较大时，可在常温状态下卷曲；如制件曲率半径较小或钢板较厚时，则需在钢板加热后进行。钢板卷曲按其卷曲类型可分为单曲率卷制和双曲率卷制。

2）型钢的弯曲。型钢弯曲时，由于截面重心线与力的作用线不在同一平面上，同时型钢除受弯曲力矩外还受扭矩的作用，所以型钢断面会产生畸变。畸变程度取决于应力的大小，而应力的大小又取决于弯曲半径。弯曲半径越小，则畸变程度越大，为了控制应力与变形，应控制最小弯曲半径。如果构件的曲率半径较大，一般采用冷弯；反之，则采用热弯。

3）钢管的弯曲。管材在外力的作用下弯曲时，其截面会发生变形，且外侧管壁会减薄，内侧管壁会增厚。在自由状态下弯曲时，截面会变成椭圆形。钢管的弯曲半径一般应不小于管子外径的3.5倍(热弯)至4倍(冷弯)。在弯曲过程中，为了尽可能地减少钢管在弯曲过程中的变形，弯制时通常采用下列方式：在管材中加进填充物(装砂或弹簧)后进行弯曲；用滚轮和滑槽压在管材外面进行弯曲；用芯棒穿入管材内部进行弯曲。

(2) 边缘加工 在钢结构制造中，经过剪切或气割过的钢板边缘，其内部结构会发生硬化和变态。为了保证桥梁或重型起重机(吊车)梁等重型构件的质量，需要对边缘进行加工，其刨切量不应小于2.0mm。此外，为了保证焊缝质量，考虑到装配的准确性，要将钢板边缘刨成或铲成坡口，往往还要将边缘刨直或铣平。

一般需要作边缘加工的部位包括：梁翼缘板、支座支承面等具有工艺性要求的加工面；设计图中有技术要求的焊接坡口；尺寸精度要求严格的加劲板、隔板、腹板及有孔眼的节点板等。

常用的边缘加工方法有刨边、铣边、铲边和碳弧电气刨边四种。刨边是用刨边机切削钢材的边缘，加工质量高，但工效低、成本高。铣边是用铣边机滚铣切削钢材的边缘，工效高、能耗少、操作维修方便、加工质量高，应尽可能用铣边代替刨边。铲边分手工铲边和风镐铲边两种，对加工质量不高，工作量不大的边缘加工可以采用。

(3) 折边 在钢结构制造过程中，常把构件的边缘压弯成倾角或一定形状的操作过程称为折边。折边广泛用于薄板构件，它有较长的弯曲线和很小的弯曲半径。薄板经折边后可以大大提高结构的强度和刚度。这类工件的弯曲折边常利用折边机进行。

(4) 模具压制 模具压制是在压力设备上利用模具使钢材成型的一种工艺方法；钢材及构件成型的质量与精度均取决于模具的形状尺寸与制造质量。利用先进和优质的模具使钢材成型可以使钢结构工业达到高质量、高速度的发展。

模具按加工工序分，主要有冲裁模、弯曲模、拉伸模、压延模等四种。

5. 制孔

在钢结构制孔中包括铆钉孔、普通螺栓连接孔、高强度螺栓孔、地脚螺栓孔等，制孔通常有冲孔和钻孔两种。

(1) 钻孔 钻孔是钢结构制造中普遍采用的方法，能用于几乎任何规格的钢板、型钢的孔加工。钻孔的原理是切削，故孔壁损伤较小，孔的精度较高。钻孔在钻床上进行，对于构件因受场地狭小限制，加工部位特殊，不便于使用钻床加工时，可用电钻、风钻等加工。对于重要结构的节点，先预钻小一级孔眼的尺寸，在装配完成调整好尺寸后，扩成设计孔径，铆钉孔、精制螺栓孔多采用这种方法。

(2) 冲孔 冲孔是在冲孔机(冲床)上进行，一般只能在较薄的钢板和型钢上冲孔，且孔径一般不小于钢材的厚度，亦可用于不重要的节点板、垫板和角钢拉撑等小件加工。冲孔生产效率较高，但由于孔的周围产生冷作硬化，孔壁质量较差，有孔口下陷、孔的下方增大的倾向，所以，除孔的质量要求不高时，或作为预制孔(非成品孔)外，在钢结构中较少直接采用。

6. 矫正

钢材使用前，由于材料内部的残余应力及存放、运输、吊运不当等原因，会引起钢材原材料变形；在加工成型过程中，由于操作和工艺原因会引起成型件变形；构件连接过程中会存在焊接变形等。为了保证钢结构的制作及安装质量，必须对不符合技术标准的材料、构件进行矫正。

(1) 火焰矫正 钢材的火焰矫正是利用火焰对钢材进行局部加热，被加热处理的金属由于膨胀受阻而产生压缩塑性变形，使较长的金属纤维冷却后缩短而完成的。

影响火焰矫正效果的因素有三个：火焰加热位置、加热的形式和加热的热量。火焰加热的位置应选择在金属纤维较长的部位。加热的形式有点状加热、线状加热和三角形加热三种。用不同的火焰热量加热，可获得不同的矫正变形的能力。低碳钢和普通低合金结构钢构件用火焰矫正时，常采用600～800℃的加热温度。

(2) 机械矫正 钢材的机械矫正在专用的矫正机上进行。机械矫正的实质是使弯曲的钢材在外力作用下产生过量的塑性变形，以达到平直的目的。它的优点是作用力大、劳动强度小、效率高。

钢材的机械矫正有拉伸机矫正、压力机矫正、多辊矫正机矫正等。拉伸机矫正适用于薄板扭曲、型钢扭曲、钢管、带钢和线材等的矫正；压力机矫正适用于板材、钢管和型钢的局部矫正；多辊矫正机可用于型材、板材等的矫正。

(3) 手工矫正 钢材的手工矫正采用锤击的方法进行，操作简单灵活。手工矫正由于矫正力小、劳动强度大、效率低而用于矫正尺寸较小的钢材。有时在缺乏或不便使用矫正设备时也采用。

在钢材或构件的矫正过程中，应注意以下几点：

1) 为了保证钢材在低温情况下受到外力不至于产生冷脆断裂，碳素结构钢在环境温度低于－16℃时，低合金结构钢在环境温度低于－12℃时，不得进行冷矫正。

2) 考虑到钢材的特性、工艺的可行性以及成型后的外观质量的限制，规定冷矫正和冷弯曲的最小曲率半径和最大弯曲矢高应符合有关的规定，例如：钢板冷矫正的最小弯曲半径为$50t$，最大弯曲矢高为$l^2/400$；冷弯曲的最小弯曲半径为$25t$，最大弯曲矢高为$l^2/200t$（其中l为弯曲弦长；t为钢板厚度）。

3) 矫正时，应尽量避免损伤钢材表面，其划痕深度不得大于0.5mm，且不得大于该钢材厚度负偏差的1/2。

7. 构件组装

钢结构构件的组装是遵照施工图的要求，把已加工完成的各零件或半成品构件，用装配的手段组合成为独立的成品，这种装配的方法通常称为组装。钢构件的大小应根据运输道路、现场条件、运输和安装单位的机械设备能力与结构受力的允许条件等来确定。

组装根据装配构件的特性及组装程度，可分为部件组装、组装、预总装。

部件组装是装配的最小单元的组合，它由两个或两个以上零件按施工图的要求装配成为半成品的结构部件。

组装是把零件或半成品按施工图的要求装配成为独立的成品构件。

预总装是根据施工总图把相关的两个以上成品构件，在工厂制作场地上，按其各构件空间位置总装起来。其目的是直观地反映出各构件装配节点，保证构件安装质量。目前已广泛使用在采用高强度螺栓连接的钢结构构件制造中。

(1) 一般要求

1) 组装前，工作人员必须熟悉构件施工图及有关技术要求，并根据施工图要求复核其需组装的零件质量。

2）由于原材料的尺寸不够，或技术要求需拼接的零件，一般必须在组装前拼接完成。

3）钢构件组装应在平台上进行，平台应测平。用于装配的组装架及胎模要牢固地固定在平台上。

4）组装工作开始前要编制组装顺序表，组拼时严格按照顺序表所规定的顺序进行组拼。

5）组装时，要根据零件加工编号，严格检验核对其材质、外形尺寸，毛刺飞边要清除干净，对称零件要注意方向，避免错装。

6）对于尺寸较大、形状较复杂的构件，应先分成几个部分组装成简单组件，再逐渐拼成整个构件，并注意先组装内部组件，再组装外部组件。

7）组装好的构件或结构单元，应按图样的规定对构件进行编号，并标注构件的质量、重心位置、定位中心线、标高基准线等。构件编号位置要在明显易查处，大构件要在三个面上都编号。

8）钢结构构件组装方法的选择，必须根据构件的结构特性和技术要求，结合制造厂的加工能力、机械设备等情况，选择能有效控制组装质量、生产效率高的方法进行。

9）高层建筑钢结构和框架钢结构构件必须在工厂进行预拼装。

（2）焊接连接的构件组装

1）根据图样尺寸，在平台上画出构件的位置线，焊上组装架及胎模夹具。组装架离平台面不小于50mm，并用卡兰、左右螺旋丝杠或梯形螺栓，作为夹紧调整零件的工具。

2）每个构件的主要零件位置调整好并检查合格后，把全部零件组装上并进行点焊，使之定形。在零件定位前，要留出焊缝收缩量及变形量。高层建筑钢结构的柱子，两端除增加焊接收缩量的长度之外，还必须增加构件安装后荷载压缩变形量，并留好构件端头和支承点铣平的加工余量。

3）为了减少焊接变形，应该选择合理的焊接顺序。如对称法、分段逆向焊接法、跳焊法等。在保证焊缝质量的前提下，采用适量的电流，快速施焊，以减小热影响区和温度差，减小焊接变形和焊接应力。

10.1.4　焊接施工

1. 焊接方法选择

焊接是钢结构使用最主要的连接方法之一。在钢结构制作和安装领域中，广泛使用的是电弧焊。在电弧焊中又以焊条电弧焊、埋弧焊、半自动与自动 CO_2 焊为主。在某些特殊场合，则必须使用电渣焊。焊接的类型、特点和适用范围见表10-1。

表10-1　钢结构焊接方法选择

焊接的类型			特　点	适用范围
电弧焊	焊条电弧焊	交流焊机	利用焊条与焊件之间产生的电弧热焊接，设备简单，操作灵活，可进行各种位置的焊接，是建筑工地应用最广泛的焊接方法	焊接普通钢结构
		直流焊机	焊接技术与交流焊机相同，成本比交流焊机高，但焊接时电弧稳定	焊接要求较高的钢结构

（续）

焊接的类型		特 点	适 用 范 围
电弧焊	埋弧焊	利用埋在焊剂层下的电弧热焊接，效率高，质量好，操作技术要求低，劳动条件好，是大型构件制作中应用最广的高效焊接方法	焊接长度较大的对接、贴角焊缝，一般是有规律的直焊缝
	半自动 CO_2 焊	与埋弧自动焊基本相同，操作灵活，但使用不够方便	焊接较短的或弯曲的对接、贴角焊缝
	自动 CO_2 焊	用 CO_2 或惰性气体保护的实芯焊丝或药芯焊接，设备简单，操作简便，焊接效率高，质量好	用于构件长焊缝的自动焊
电渣焊		利用电流通过液态熔渣所产生的电阻热焊接，能焊大厚度焊缝	用于箱形梁及柱隔板与面板全焊透连接

2. 焊接工艺要点

（1）焊接工艺设计　确定焊接方式、焊接参数及焊条、焊丝、焊剂的规格型号等。

（2）焊条烘烤　焊条和药芯焊丝使用前必须按质量要求进行烘焙，低氢型焊条经过烘焙后，应放在保温箱内随用随取。

（3）定位点焊　焊接结构在拼接、组装时要确定零件的准确位置，要先进行定位点焊。定位点焊的长度、厚度应由计算确定。电流要比正式焊接提高10%～15%，定位点焊的位置应尽量避开构件的端部、边角等应力集中的地方。

（4）焊前预热　预热可降低热影响区冷却速度，防止焊接延迟裂纹的产生。预热区在焊缝两侧，每侧宽度均应大于焊件厚度的1.5倍以上，且不应小于100mm。

（5）焊接顺序确定　一般从焊件的中心开始向四周扩展；先焊收缩量大的焊缝，后焊收缩小的焊缝；尽量对称施焊；焊缝相交时，先焊纵向焊缝，待冷却至常温后，再焊横向焊缝；钢板较厚时分层施焊。

（6）焊后热处理　焊后热处理主要是对焊缝进行脱氢处理，以防止冷裂纹的产生。焊后热处理应在焊后立即进行，保温时间应根据板厚按每25mm板厚1h确定。预热及后热均可采用散发式火焰枪进行。

10.1.5　普通螺栓连接施工

普通螺栓是钢结构常用的紧固件之一，用作钢结构中构件间的连接、固定，或将钢结构固定到基础上，使之成为一个整体。

常用的普通螺栓有六角螺栓、双头螺栓和地脚螺栓等，其用途和分类如下：

（1）六角螺栓　按其头部支承面大小及安装位置尺寸分大六角头与六角头两种；按制造质量和产品等级则分为A、B、C三种。A级螺栓通称精制螺栓，B级螺栓为半精制螺栓。A、B级适用于拆装式结构或连接部位需传递较大剪力的重要结构的安装中。C级螺栓通称为粗制螺栓，由未加工的圆杆压制而成，适用于钢结构安装中的临时固定，或只承受钢板间的摩擦阻力。对于重要的连接中，采用粗制螺栓连接时必须另加特殊支托（牛腿或剪力板）来承受剪力。

（2）双头螺栓　一般又称螺柱，多用于连接厚板和不便使用六角螺栓连接的地方，如混凝土屋架、屋面梁悬挂单轨梁吊挂件等。

（3）地脚螺栓　分为一般地脚螺栓、直角地脚螺栓、锤头螺栓和锚固地脚螺栓。

1. 普通螺栓的连接要求

1）永久螺栓的螺栓头和螺母的下面应放置平垫圈。垫置在螺母下面的垫圈不应多于两个，垫置在螺栓头部下面的垫圈不应多于一个。

2）螺栓头和螺母应与结构构件的表面及垫圈密贴。

3）槽钢和工字钢翼缘之类倾斜面的螺栓连接，应放置斜垫片垫平，以使螺母和螺栓的头部支承面垂直于螺杆，避免螺栓紧固时螺杆受到弯曲力。

4）永久螺栓和锚固螺栓的螺母应根据施工图的设计规定，采用有防松装置的螺母或弹簧垫圈，或用人工方法采取防松措施。

5）对于动荷载或重要部位的螺栓连接，应在螺母的下面按设计要求放置弹簧垫圈。

6）各种螺栓连接，从螺母一侧伸出螺栓的长度应保持在不小于两个完整螺纹的长度。

7）使用螺栓等级和材质应符合施工图的要求。

2. 螺栓直径及长度选择

（1）螺栓直径　原则上应由设计人员按等强原则通过计算确定，但对一个工程来讲，螺栓直径规格应尽可能少，有的还需要适当归类，便于施工和管理。

（2）螺栓长度　通常是指螺栓螺头内侧面到螺杆端头的长度，一般都是以5mm进制；从螺栓的标准规格上可以看出，螺纹的长度基本不变，显而易见，影响螺栓长度的因素主要有被连接件的厚度、螺母高度、垫圈的数量及厚度等，一般可按下式计算

$$L=\delta+H+nh+C \tag{10-1}$$

式中　δ——连接板约束厚度；

H——螺母的高度，一般为0.8D（D为与其相匹配的螺栓直径）；

h——垫圈的厚度；

n——垫圈的个数；

C——螺纹外露部分长度（2～3个螺纹为宜，一般为5mm）。

3. 常用螺栓连接形式

常用螺栓连接形式主要有：平接连接、搭接连接、T形连接等连接方式。

4. 螺栓的布置

螺栓的连接接头中螺栓的排列布置主要有并列和交错排列两种形式，螺栓间的间距确定既要考虑连接效果（连接强度和变形），同时要考虑螺栓的施工要求。

5. 螺栓的紧固

考虑到螺栓受力均匀，尽量减少连接件变形对紧固轴力的影响，保证各节点连接螺栓的质量，螺栓紧固必须从中心开始，对称施拧，施拧时的紧固轴力应不超过相应的规定。永久螺栓拧紧质量检验采用锤敲或用力矩扳手检验，要求螺栓不颤动和偏移，拧紧的真实性用塞尺检查，对接表面高差（不平度）不应超0.5mm。

10.1.6　高强度螺栓连接施工

目前高强度螺栓连接是与焊接并举的钢结构主要连接方法之一。其特点是施工方便、可拆可换、传力均匀、接头刚性好、承载能力大、疲劳强度高、螺母不易松动、结构安全可靠。高强度螺栓普遍应用于大跨度结构、工业厂房、桥梁结构、高层钢框架结构等重要

结构。

高强度螺栓从外形上可分为大六角头高强度螺栓（即扭矩型高强度螺栓）和扭剪型高强度螺栓两种。高强度螺栓和与之配套的螺母、垫圈总称为高强度螺栓连接副。

1. 施工程序

钢结构高强度螺栓施工程序如图 10-2 所示。

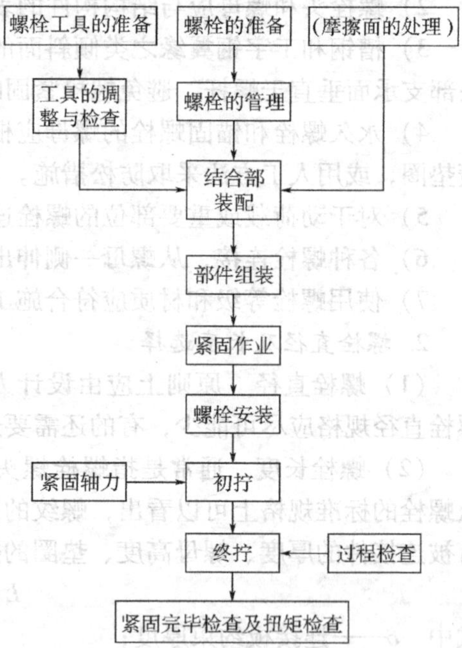

图 10-2 钢结构高强度螺栓施工程序

2. 一般要求

1）高强度螺栓连接在施工前应对连接副实物和摩擦面进行检验和复验，合格后才能进行安装施工。

2）工地储存高强度螺栓时，应放在干燥、通风、防雨、防潮的仓库内，并不得沾染污物。

3）安装时，应按当天需用量领取，当天没有用完的螺栓，必须装回容器内，妥善保管，不得乱扔、乱放。

4）高强度螺栓连接中连接钢板的孔径略大于螺栓直径，并必须采取钻孔成型方法，钻孔后的钢板表面应平整，孔边无飞边和毛刺，连接板表面应无焊接飞溅物、油污等。

5）安装高强度螺栓时接头摩擦面上不允许有毛刺、铁屑、油污、焊接飞溅物。摩擦面应干燥，没有结露、积霜、积雪，并不得在雨天进行安装。

6）使用定扭矩扳手紧固高强度螺栓时，每天应对定扭矩扳手进行校核，合格后方能使用。

3. 安装工艺

1）对每一个连接接头，应先用临时螺栓或冲钉定位，为防止损伤螺纹引起扭矩系数的变化，严禁把高强度螺栓作为临时螺栓使用。对一个接头来说，临时螺栓和冲钉的数量原则上应根据该接头可能承担的荷载计算确定，并应符合下列规定：不得少于安装螺栓总数的1/3；不得少于两个临时螺栓；冲钉穿入数量不宜多于临时螺栓的30%。

2）一个接头上的高强度螺栓连接，应从螺栓群中部开始安装，向四周扩展，逐个拧紧。扭矩型高强度螺栓的初拧、复拧、终拧，每完成一次应涂上相应的颜色或标记，以防漏拧。

3）接头如有高强度螺栓连接又有焊接连接时，宜按先栓后焊的方式施工，先终拧完高强度螺栓再焊接焊缝。

4）高强度螺栓的安装应能自由穿入孔，严禁强行穿入，如不能自由穿入时，该孔应用铰刀进行修整，扩孔数量不得超过一个接头螺栓的1/3，修整后孔的最大直径应小于1.2倍螺栓直径。修孔时，为了防止铁屑落入板叠缝中，铰孔前应将四周螺栓全部拧紧，使板叠密贴后再进行，严禁气割扩孔。

5）高强度螺栓的穿入，应在结构中心位置调整后进行，其穿入方向应以施工方便为准，力求一致；安装时要注意垫圈的正反面，即：螺母带圆台面的一侧应朝向垫圈有倒角的一侧；对于大六角头高强度螺栓连接副靠近螺头一侧的垫圈，其有倒角的一侧朝向螺栓头。

6）高强度螺栓连接副在终拧以后，螺栓螺纹外露应为2~3个，其中允许有10%的螺栓螺纹外露1个或4个。

4. 紧固方法

（1）大六角头高强度螺栓连接副紧固　大六角头高强度螺栓连接副一般采用扭矩法和转角法紧固。

1）扭矩法。使用可直接显示扭矩值的专用扭矩扳手（手动、电动、风动），分初拧和终拧二次拧紧。初拧扭矩为终拧扭矩的60%~80%，其目的是通过初拧，使接头各层钢板达到充分密贴，终拧扭矩把螺栓拧紧。

2）转角法。根据构件紧密接触后，螺母的旋转角度与螺栓的预拉力成正比的关系确定的一种方法。操作时分初拧和终拧两次施拧。初拧可用短扳手将螺母拧至使构件靠拢，并作标记。终拧用专用扳手使螺母从标记位置再旋转一下额定角度，转动角度的大小在施工前由试验确定。

（2）扭剪型高强度螺栓紧固　扭剪型高强度螺栓有一特制尾部，采用带有两个套筒的专用电动扳手紧固。紧固时用专用扳手的两个套筒分别套住螺母和螺栓尾部的梅花头，接通电源后，两个套筒按反向旋转，拧断尾部后即达相应的扭矩值。一般用定扭矩扳手初拧，用专用电动扳手终拧。

10.1.7　钢结构连接质量验收

钢结构连接质量应符合《钢结构工程施工质量验收规范》的规定。其质量验收，可按相应的钢结构制作工程或钢结构安装工程检验批的划分原则划分为一个或若干个检验批进行。

1. 焊缝质量检查

钢结构焊缝质量应根据不同要求分别采用外观检查、超声波检查、射线探伤检查、浸渗探伤检查、磁粉探伤检查等。

碳素结构钢应在焊缝冷却至环境温度，低合金结构钢应在焊接完成24h以后，进行焊缝探伤检查。

2. 普通螺栓连接副终拧检查

普通螺栓连接螺栓紧固检验比较简单，即用3kg小锤，一手扶螺栓（或螺母）头，另一手用锤敲，要求螺栓头（或螺母）不偏移、不颤动、不松动，锤声比较干脆，否则，说明螺栓紧固质量不好，需要重新紧固施工。

3. 高强度螺栓连接副终拧检查

（1）大六角头高强度螺栓连接副的检查　大六角头高强度螺栓连接副应在完成1h后、48h内进行终拧扭矩检查。检查数量：按节点数抽查10%，且不应少于10个；每个被抽查节点按螺栓数抽查10%，且不应少于2个。

1）用小锤敲击法对高强度螺栓进行检查，防止漏拧。小锤敲击法是用手指紧按螺母的一个边，按的位置尽量靠近螺母垫圈处，然后采用0.3~0.5kg的小锤敲击螺母相对应的另一边，如手指感到轻微的颤动既为合格，颤动较大既为欠拧或漏拧，完全不颤动即为超拧。

2）进行扭矩检查。抽查每个节点螺栓数量的10%，但不少于1个。可先在螺母与螺杆的相对应位置划一条直线，然后将螺母拧松约60°，再拧到原位时测得的扭矩与检查扭矩的

偏差在 ±10% 范围内为合格。

3）扭矩检查应在终拧 1h 以后进行，并且在 24h 以内检查完毕。

4）扭矩检查为随机抽样，抽查每个节点螺栓数量的 10%，但不少于 1 个。如发现不符合要求的，应重新抽样 10% 检查，如仍是不合格的，是欠拧、漏拧的，应该重新补拧，是超拧的应予更换螺栓。

（2）扭剪型高强度螺栓连接副的检查　以拧掉梅花头为标志，未在终拧中拧掉梅花头的螺栓数不应大于该节点螺栓数的 5%。对所有梅花头未拧掉的扭剪型高强度螺栓连接副应采用扭矩法或转角法进行终拧并作标记，且按上述的规定进行终拧扭矩检查。检查数量：按节点数抽查 10%，且不应少于 10 个，被抽查节点中梅花头未拧掉的扭剪型高强度螺栓连接副全数进行终拧扭矩检查。

10.2　钢结构的涂装工程

钢结构在常温大气环境中安装、使用，易受大气中水分、氧和其他污染物的作用而被腐蚀。钢结构被腐蚀不仅造成经济损失，还直接影响到结构安全。另外，钢材由于其导热快，比热小，虽是一种不燃烧材料，但极不耐火。未加防火处理的钢结构构件在火灾温度作用下，温度上升很快，只需十几分钟，自身温度就可达 540℃以上，此时钢材的力学性能如屈服点、抗拉强度、弹性模量及载荷能力等都将急剧下降；达到 600℃时，强度则几乎为零，钢构件不可避免地扭曲变形，最终导致整个结构的垮塌毁坏。

因此，根据钢结构所处的环境及工作性能采取相应的防腐与防火措施，是钢结构设计与施工的重要内容。目前国内外主要采用涂料涂装的方法进行钢结构的防腐与防火。

10.2.1　钢结构防腐涂装工程

1. 钢材表面锈蚀和除锈等级标准

（1）锈蚀等级

根据 GB 8923—1988《涂装前钢材表面锈蚀等级和除锈等级》，有 A、B、C、D 四个锈蚀等级：A，全面地覆盖着氧化皮而几乎没有铁锈的钢材表面；B，已发生锈蚀，并且部分氧化皮已经剥落的钢材表面；C，氧化皮因锈蚀而剥落，或者可以刮除，并有少量点蚀的钢材表面；D，氧化皮已因锈蚀而全面剥落，并且已普遍发生点蚀的钢材表面。

（2）钢材表面除锈等级与除锈方法

钢结构构件制作完毕，经质量检验合格后应进行防腐涂料涂装。涂装前钢材表面应进行除锈处理，以提高底漆的附着力，保证涂层质量。除锈处理后，钢材表面不应有焊渣、焊疤、灰尘、油污、水和毛刺等。

《涂装前钢材表面锈蚀等级和除锈等级》将除锈等级分成喷射或抛射除锈、手工和动力工具除锈、火焰除锈三种类型。

1）喷射或抛射除锈，用字母“Sa”表示，分四个等级：

Sa1，表示轻度的喷射或抛射除锈。钢材表面无可见的油脂或污垢，没有附着不牢的氧化皮、铁锈和油漆涂层等附着物。

Sa2，表示彻底地喷射或抛射除锈。钢材表面无可见的油脂和污垢，氧化皮、铁锈等附着物已基本消除，其残留物应是牢固附着的。

Sa2 $\frac{1}{2}$，表示非常彻底地喷射或抛射除锈。钢材表面无可见的油脂、污垢、氧化皮、铁锈和油漆涂层等附着物，任何残留的痕迹应仅是点状或条状的轻微色斑。

Sa3，表示使钢材表观洁净的喷射或抛射除锈。钢材表面无可见的油脂、污垢、氧化皮、铁锈和油漆涂层等附着物，该表面应显示均匀的金属光泽。

2）手工和动力工具除锈，用字母“St”表示，分两个等级：

St2，表示彻底手工和动力工具除锈。钢材表面无可见的油脂和污垢，没有附着不牢的氧化皮、铁锈和油漆涂层等附着物。

St3，表示非常彻底手工和动力工具除锈。钢材表面应无可见的油脂和污垢，并且没有附着不牢的氧化皮、铁锈和油漆涂层等附着物。除锈应比St2更为彻底，底材显露部分的表面应具有金属光泽。

3）火焰除锈，以字母“F1”表示，它包括在火焰加热作业后，以动力钢丝刷清除加热后附着在钢材表面的产物。只有一个等级：

F1，表示钢材表面应无氧化皮、铁锈和油漆涂层等附着物，任何残留的痕迹应仅为表面变色(不同颜色的暗影)。

喷射或抛射除锈采用的设备有空气压缩机、喷射或抛射机、油水分离器等，该方法能控制除锈质量、获得不同要求的表面粗糙度，但设备复杂、费用高、污染环境。手工和动力工具除锈采用的工具有砂布、钢丝刷、铲刀、尖锤、平面砂轮机、动力钢丝刷等，该方法工具简单、操作方便、费用低，但劳动强度大、效率低、质量差。

《钢结构工程施工质量验收规范》规定，钢材表面的除锈方法和除锈等级应与设计文件采用的涂料适应。当设计无要求时，钢材表面除锈等级应符合表10-2的规定。

表10-2 各种底漆或防锈漆要求最低的除锈等级

涂料品种	除锈等级
油性酚醛、醇酸等底漆或防锈漆	St2
高氯化聚乙烯、氯化橡胶、氯磺化聚乙烯、环氧树脂、聚氨酯等底漆或防锈漆	Sa2
无机富锌、有机硅、过氧乙烯等底漆	Sa2 $\frac{1}{2}$

目前国内各大、中型钢结构加工企业一般都具备喷、抛射除锈的能力，所以应将喷、抛射除锈作为首选的除锈方法，而手工和电动工具除锈仅作为喷射除锈的补充手段。随着科学技术的不断发展，不少喷、抛射除锈设备已采用微机控制，具有较高的自动化水平，并配有高效除尘器，消除粉尘污染。

2. 钢结构防腐涂料

钢结构防腐涂料是一种含油或不含油的胶体溶液，涂敷在钢材表面，结成一层薄膜，使钢材与外界腐蚀介质隔绝。涂料分底漆和面漆两种。

底漆是直接涂在钢材表面上的漆，含粉料多，基料少，成膜粗糙，与钢材表面粘结力强，与面漆结合性好。

面漆是涂在底漆上的漆，含粉料少，基料多，成膜后有光泽，主要功能是保护下层底漆。面漆对大气和湿气有高度的不渗透性，并能抵抗由腐蚀介质、阳光紫外线所引起的风化分解。

钢结构的防腐涂层，可由几层不同的涂料组合而成。涂料的层数和总厚度是根据使用条件来确定的，一般室内钢结构要求涂层总厚度为125μm，即底漆和面漆各两道。高层建筑钢结构一般处在室内环境中，而且要喷涂防火涂层，所以通常只刷两道防锈底漆。

3. 防腐涂装方法

钢结构防腐涂装，常用的施工方法有刷涂法和喷涂法两种。

（1）刷涂法　应用较广泛，适宜于油性基料刷涂。因为油性基料虽干燥得慢，但渗透性大，流平性好，不论面积大小，刷起来都会平滑流畅。一些形状复杂的构件，使用刷涂法也比较方便。

（2）喷涂法　施工工效高，适合于大面积施工，对于快干和挥发性强的涂料尤为适合。喷涂的漆膜较薄，为了达到设计要求的厚度，有时需要增加喷涂的次数。喷涂施工比刷涂施工涂料损耗大，一般要增加20%左右。

4. 防腐涂装质量要求

1）涂料、涂装遍数、涂层厚度均应符合设计要求。当设计对涂层厚度无要求时，涂层干漆膜总厚度：室外应为150μm，室内应为125μm，其允许偏差为－25μm。每遍涂层干漆膜厚度的允许偏差为－5μm。

2）配制好的涂料不宜存放过久，涂料应在使用的当天配制。稀释剂的使用应按说明书的规定执行，不得随意添加。

3）涂装时的环境温度和相对湿度应符合涂料产品说明书的要求，当产品说明书无要求时，环境温度宜为5~38℃，相对湿度不应大于85%。涂装时构件表面不应有结露；涂装后4h内应保护免受雨淋。

4）施工图中注明不涂装的部位不得涂装。焊缝处、高强度螺栓摩擦面处，暂不涂装，待现场安装完后，再对焊缝及高强度螺栓接头处补刷防腐涂料。

5）涂装应均匀，无明显起皱、流挂、针眼和气泡等，附着应良好。

6）涂装完毕后，应在构件上标注构件的编号。大型构件应标明其质量、构件重心位置和定位标记。

5. 防腐涂装工程质量检验及验收

（1）涂装前的检查

1）除锈后的钢材表面除锈等级应符合设计要求和国家现行有关标准的规定，不应该存在焊渣、焊疤、灰尘、油污、水和毛刺等现象。当设计无要求时，钢材表面除锈等级应符合表10-2的要求。检查数量按构件数抽查10%，且同类构件不少于3件。检查方法用铲刀检查，并与现行国家标准《涂装前钢材表面锈蚀等级和除锈等级》规定的图片对照观察。

2）进场的涂料应检查有否产品合格证，并经复验合格后，方可使用。

3）涂装环境的检查，环境条件应符合相应的温度和湿度要求。

（2）涂装过程中的检查

1）用湿膜厚度计，测量湿膜厚度，以控制干膜的厚度和质量。

2）每遍涂装均不允许有咬底、剥落、漏涂和起泡等几种缺陷。

(3) 涂装后的检查

1) 涂膜外观，应均匀、平整、饱满和有光泽；颜色应符合设计要求；表面不允许有咬底、裂纹、剥落、针孔等缺陷。

2) 涂料和涂层厚度应符合设计要求。当设计对涂层厚度无要求时，涂层干漆膜总厚度，室外应为150μm，室内应为125μm。每遍涂层干膜厚度的合格质量最大偏差值为-5μm。测定厚度的抽查数，桁架梁、网架等主要构件，抽检20%，最低不少于5件，次要构件抽检10%，最低不少于3件，每件应测3处；板梁及箱形梁等构件表面，每10m² 检测3处。

对宽度在15cm以下的梁或构件，每处选取3点检测(垂直于边长的一条线上的点)，点距为宽度的1/4。对宽度在15cm以上的梁或构件，每处选取5点检测，选点中心位置不限，5个测点分别为边长10cm正方形的四个角和对角线交点，任意一点与构件边缘的距离应在2cm以上。

检测点涂层总平均厚度，应达到规定值的90%以上，其最低值不得低于规定值的80%，一处测点厚度差不得超过平均值的30%。计算时，超过规定厚度20%的测点值，按规定厚度120%计算，不得按实测值计算平均值。

(4) 涂装工程的验收　涂装工程施工完毕后，必须经过验收，符合《钢结构工程施工质量验收规范》钢结构涂装工程的要求后，方可交付使用。

10.2.2 钢结构防火涂装工程

钢结构防火涂料能够起到防火作用，主要有三个方面的原因：一是涂层对钢材起屏蔽作用，隔离了火焰，使钢构件不至于直接暴露在火焰或高温之中；二是涂层吸热后，部分物质分解出水蒸气或其他不燃气体，起到消耗热量，降低火焰温度和燃烧速度，稀释氧气的作用；三是涂层本身多孔轻质或受热膨胀后形成碳化泡沫层，热导率均在0.233W/(m·K)以下，阻止了热量迅速向钢材传递，推迟了钢材受热温升到极限温度的时间，从而提高了钢结构的耐火极限。

1. 钢结构防火涂料

(1) 防火涂料分类　钢结构防火涂料按涂层的厚度分为两类：

1) B类，即薄涂型钢结构防火涂料，涂层厚度一般为2～7mm，有一定装饰效果，高温时涂层膨胀增厚，耐火极限一般为0.5～2h，故又称为钢结构膨胀防火涂料。

2) H类，厚涂型钢结构防火涂料，涂层厚度一般为8～50mm，粒状表面，密度较小，热导率低，耐火极限可达0.5～3h，又称为钢结构防火隔热涂料。

(2) 防火涂料选用

1) 室内裸露钢结构、轻型屋盖钢结构及有装饰要求的钢结构，当规定其耐火极限在1.5h及以下时，宜选用薄涂型钢结构防火涂料。

2) 室内隐蔽钢结构、多层及高层全钢结构、多层厂房钢结构，当规定其耐火极限在2.0h及以上时，宜选用厚涂型钢结构防火涂料。

3) 露天钢结构，如石油化工企业、油(汽)罐支撑、石油钻井平台等钢结构，应选用符合室外钢结构防火涂料产品规定的厚涂型或薄涂型钢结构防火涂料。

选用防火涂料时，应注意不应把薄涂型钢结构防火涂料用于保护2h以上的钢结构；不得将室内钢结构防火涂料，未加改进和采取有效的防火措施，直接用于喷涂保护室外的钢结构。

2. 防火涂料涂装的一般规定

1）防火涂料的涂装，应在钢结构安装就位，并经验收合格后进行。

2）钢结构防火涂料涂装前钢材表面应除锈，并根据设计要求涂装防腐底漆。防腐底漆与防火涂料不应发生化学反应。

3）防火涂料涂装基层不应有油污、灰尘和泥砂等污垢。钢构件连接处4~12mm宽的缝隙应采用防火涂料或其他防火材料，如硅酸铝纤维棉、防火堵料等填补堵平。

4）对大多数防火涂料而言，施工过程中和涂层干燥固化前，环境温度应宜保持在5~38℃之间，相对湿度不应大于85%，空气应流动。涂装时构件表面不应有结露；涂装后4h内应保护免受雨淋。

3. 厚涂型防火涂料涂装

（1）施工方法与机具 厚涂型防火涂料一般采用喷涂施工。机具可为压送式喷涂机或挤压泵，配能自动调压的0.6~0.9m^3/min的空压机，喷枪口径为6~12mm，空气压力为0.4~0.6MPa。局部修补可采用抹灰刀等工具手工抹涂。

（2）涂料的搅拌与配置

1）由工厂制造好的单组分湿涂料，现场应采用便携式搅拌器搅拌均匀。

2）由工厂提供的干粉料，现场加水或用其他稀释剂调配，应按涂料说明书规定配比混合搅拌，边配边用。

3）由工厂提供的双组分涂料，按配制涂料说明规定的配比混合搅拌，边配边用。特别是化学固化干燥的涂料，配制的涂料必须在规定的时间内用完。

4）搅拌和调配涂料，使稠度适宜，即能在输送管道中畅通流动，喷涂后不会流淌和下坠。

（3）施工操作

1）喷涂应分2~5次完成，第一次喷涂以基本盖住钢材表面即可，以后每次喷涂厚度为5~10mm，一般以7mm左右为宜。通常情况下，每天喷涂一遍即可。

2）喷涂时，应注意移动速度，不能在同一位置久留，以免造成涂料堆积流淌；配料及往挤压泵加料应连续进行，不得停顿。

3）施工工程中，应采用测厚针检测涂层厚度，直到符合设计规定的厚度，方可停止喷涂。

4）喷涂后的涂层要适当维修，对明显的乳突，应采用抹灰刀等工具剔除，以确保涂层表面均匀。

4. 薄涂型防火涂料涂装

（1）施工方法与机具

1）喷涂底层、主涂层涂料，宜采用重力（或喷斗）式喷枪，配能自动调压的0.6~0.9m^3/min的空压机。喷嘴直径为4~6mm，空气压力为0.4~0.6MPa。

2）面层装饰涂料，一般采用喷涂施工，也可以采用刷涂或滚涂的方法。喷涂时，应将喷涂底层的喷嘴直径换为1~2mm，空气压力调为0.4MPa。

3）局部修补或小面积施工，可采用抹灰刀等工具手工抹涂。

(2) 施工操作

1) 底层及主涂层一般应喷2~3遍，每遍间隔4~24h，待前遍基本干燥后再喷后一遍。头遍喷涂以盖住基底面70%即可，二、三遍喷涂每遍厚度不超过2.5mm为宜。施工工程中应采用测厚针检测涂层厚度，确保各部位涂层达到设计规定的厚度。

2) 面层涂料一般涂饰1~2遍。若头遍从左至右喷涂，二遍则应从右至左喷涂，以确保全部覆盖住下部主涂层。

5. 防火涂装质量要求

(1) 厚涂型钢结构防火涂层的质量标准

1) 喷涂用的涂料按设计选用，且满足功能要求。产品应具检测合格报告和产品合格证。

2) 涂料平均厚度等于或大于防火设计规定的厚度。个别部位的厚度低于规定的，但必须大于规定的85%且其连续面积的长度不大于1m，同时在5m范围内不再出现类似情况。

3) 涂层应完全闭合，不应有露底和漏涂情况。涂层一般不出现裂缝。如有个别裂缝，其宽度不得大于1mm。

4) 涂层与钢材面之间和各涂层之间，应粘结牢固，无空鼓、脱层和松散现象。

5) 涂层表面应无明显乳突。有外观要求的部位，母线不直度和失圆度允许偏差不应大于8mm。

(2) 薄涂型钢结构防火涂层的质量标准

1) 喷涂应用的涂料是防火设计选用的，有检测合格报告和产品合格证的涂料品种。

2) 涂层厚度等于或大于防火设计规定的厚度。

3) 无漏涂、托粉、明显裂缝等缺陷。如有个别裂缝，其裂缝宽度应不大于0.5mm。

4) 涂层与钢材之间和各层涂层之间，应粘结牢固，无脱层、空鼓等情况。

5) 颜色与外观符合设计要求，轮廓清晰，接茬平整。

10.3 钢结构的安装

10.3.1 施工准备

1. 图样会审和设计变更

(1) 图样会审内容

1) 设计单位资质是否满足，图样是否经设计单位正式签署。

2) 设计单位做设计意图说明和提出工艺要求，制作单位介绍制作工艺。

3) 各专业图样之间有无矛盾。

4) 各图样间平面位置、标高等是否一致，有无遗漏。

5) 各专业施工程序和施工配合有无问题。

6) 安装单位施工方法能否满足设计要求。

(2) 设计变更　图样审核过程中发现的问题，如需要修改设计，应有书面设计变更文件。

2. 施工组织设计

(1) 编制依据 包括设计合同文件、现场调查资料、技术标准及其他参考资料。

(2) 施工组织设计内容

1) 工程概况及特点介绍。

2) 施工程序和工艺设计。

3) 施工机械的选择和吊装方案。

4) 施工现场平面图。

5) 施工进度计划。

6) 劳动组织、材料、机具需求量计划。

7) 质量措施、安全措施、降低成本措施。

3. 文件资料准备

1) 设计文件。

2) 图样会审记录。

3) 文件资料。

4) 施工组织设计、施工方案或作业计划、技术交底、材料成品质量合格证明文件及性能检测报告等。

4. 钢构件的准备工作

构件的准备工作内容多，而且繁琐，检查时应详细、周到。其内容一般包括：

1) 清理构件上预埋件及结合部位的垃圾、水泥浆、铁锈。如杯底、柱脚、柱头、牛腿、屋架、板、梁上的脏物，土胎模也应清理干净，这样既能提高结合部位的安装质量，也可减少高空作业时再清除的困难。

2) 构件上的各种控制线，是检查、校核跨距、间距、垂直度对位的依据，尤为重要。杯口应弹纵横轴线，辅以红铅油画一个三角形。重型柱的杯口及杯深超过60cm，还应弹杯底纵横轴线，便于柱子吊装时对准杯底线。柱子应弹三面控制线，并在柱头、柱脚上1.5m左右位置，将控制线用红铅油画一个三角形，便于校正、检查时目标明显易见。同时，应将牛腿面及柱顶面各控制线一一弹出。屋架及天窗架等构件，要弹出构件的基准线，如板的位置线、校正用垂直线等。

3) 检查构件的强度及构件外形尺寸误差情况。外形尺寸误差过大(超出规范要求)，将影响安装质量和安全工作。必要时要进行处理，为提高安装质量打下基础。

4) 构件编号标在明显处，校对编号与图样是否相符。

10.3.2 单层厂房钢结构安装

一般单层厂房钢结构安装工艺流程如图10-3所示。

1. 安装原则

1) 标准样板间安装选择有柱间支撑的柱间，将屋盖系统安装完毕形成空间稳定结构体系。各项安装误差都控制在允许范围或更小，作为标准样板间。依此控制有关间距尺寸安装；相隔几间，复核屋架垂直度符合要求即可。

2) 并列高低跨屋架的吊装先安装高跨的屋架，后安装低跨的屋架，可凭经验预留柱的垂直度。

3) 相连大、小跨度结构的安装按先大后小的顺序吊装。

4）同跨中屋架按同类型的数量多少吊装，按先多后少的顺序吊装。

5）有屋盖与露天跨的结构吊装先吊装有屋盖跨的结构，后吊装露天跨的。

2. 构件吊装顺序

1）施工方法通常是先吊装竖向构件，后吊装平面构件。

2）竖向构件吊装顺序柱→连系梁→柱间支撑→起重机梁→制动桁架→托架等。

3）平面构件吊装顺序以空间结构体系稳定为原则。

3. 钢柱的安装

钢柱种类很多，断面形式有：口字形、工字形、O字形、Ⅱ字形、Ⅲ字形等。其安装方法如下：

（1）吊点的选择　根据钢柱形状、端面、长度、起重机性能等具体情况，确定钢柱安装的吊点位置和数量。一般钢柱安装采用一点正吊，吊点设在柱顶部。这样，柱身垂直，易于对中校正；当受到起重机械臂长度限制，吊点也可放在柱长的1/3处，此时，钢柱倾斜，不便对中校正。对细长钢柱，为防止钢柱变形，可采用两点或两点以上的吊点。

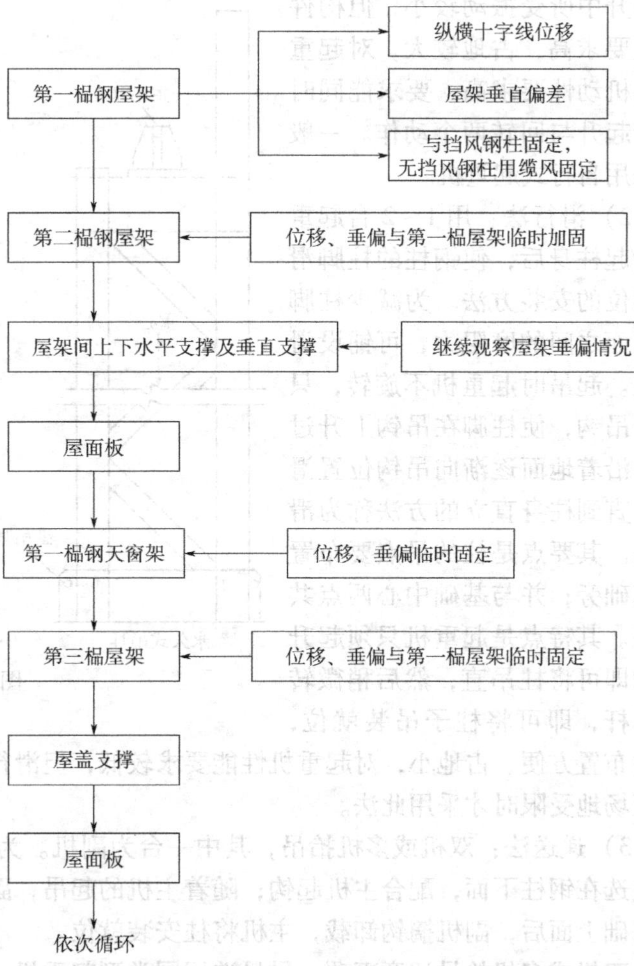

图10-3　一般单层厂房钢结构安装工艺流程

为了保证吊装时索具安全，吊装钢柱时，应设置吊耳，吊耳应基本通过柱子重心的铅垂线（见图10-4）。吊耳设置有二种方法：一种是可装拆的工具式吊耳，其优点是可以反复使用，用钢量少，费用省。另一种是永久性吊耳，其缺点是钢材消耗量大，不可反复使用，柱子吊装完毕后，如影响建筑物使用，尚须用气割割除。

钢柱吊装前应设置登高挂梯和柱顶操作台夹箍。

若吊装是将钢丝绳直接绑扎在钢柱本身时，需要注意两点：①钢柱（口字形、工字形）四角做包角（用半圆钢管内夹角）以防钢丝绳割断；②在绑扎处，为防止钢柱局部挤压破坏，可增设加强板，对格构柱添加支撑杆。

（2）起吊方法　重型工业厂房大型钢柱又重又长，根据起重机配备和现场条件确定，可单机、双机、三机吊装。起吊方法可选用旋转法、滑行法和递送法。

1）旋转法：起重机边起钩、边旋转，使柱身绕柱脚旋转而逐渐吊起的方法称为旋转法。其要点是保持柱脚位置不动，并使柱的吊点、柱脚中心和杯口中心三点共圆。其特点是柱吊升中所受振动较小，但构件布置要求高，占地较大，对起重机的机动性要求高，要求能同时进行起升与回转两个动作。一般常采用自行式起重机。

2）滑行法：用1~2台起重机抬起柱身后，使钢柱的柱脚滑移到位的安装方法。为减少柱脚与地面之间的摩阻力，可铺设滑行道。起吊时起重机不旋转，只起升吊钩，使柱脚在吊钩上升过程中沿着地面逐渐向吊钩位置滑行，直到柱身直立的方法称为滑行法。其要点是柱的吊点要布置在基础旁；并与基础中心两点共圆弧。其特点是起重机只须起升吊钩即可将柱吊直，然后稍微转动吊杆，即可将柱子吊装就位，构件布置方便、占地小，对起重机性能要求较低，但滑行过程中柱子受振动。故通常在起重机及场地受限时才采用此法。

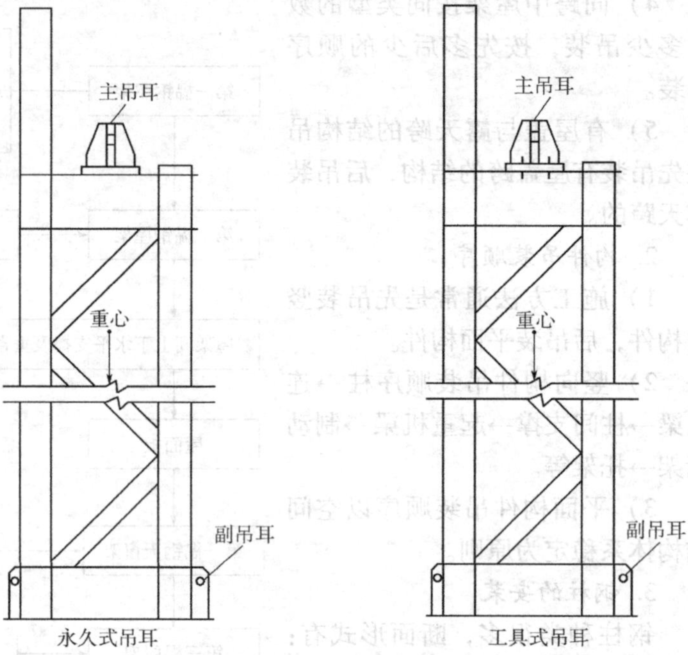

图 10-4 吊耳设置

3）递送法：双机或多机抬吊，其中一台为副机。为减少钢柱脚与地面的摩阻力，副机吊点选在钢柱下面，配合主机起钩；随着主机的起吊，副机要行走或回转，将钢柱脚递送到柱基础上面后，副机摘钩卸载，主机将柱安装就位。

双机或多机抬吊注意事项：尽量选用同类型起重机；根据起重机能力，对起吊点进行荷载分配；各起重机的荷载不宜超过其相应起重能力的80%。在多机抬吊的操作过程中，要互相配合，动作协调，采用铁扁担起吊，尽量使铁扁担保持平衡，倾斜角度小，以防一台起重机失重而使其余起重机超载，造成安全事故；信号指挥中，分指挥必须听从总指挥。

钢柱吊装前，应对基础的地脚螺栓用锥形防护套进行保护，防止螺纹损伤，如图10-5所示。

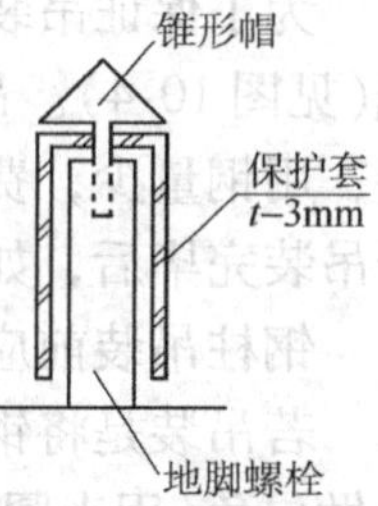

图 10-5 地脚螺栓防护

(3) 钢柱临时固定 对于采用杯口基础钢柱，柱子插入杯口初步校正后即可用钢(或硬木)楔临时固定。方法是当柱插入杯口使柱身中心线对准杯口(或杯底)中心线后刹车，用撬杠拨正初校，在柱子杯口边四周空隙每边塞入两个钢(或硬木)楔，在将钢柱下落到杯底后复查对位，同时打紧两侧的楔子，起重机脱钩完成一个柱子的吊装(见图10-6)。对于采用地脚螺栓方式连接的钢柱，钢柱吊装就位并初步调整柱底与基础基准线达到准确位置后，拧紧全部螺栓的螺母进行临时固定，达到安全后摘除吊钩。

对于重型或高10m以上细长柱及杯口较浅的钢柱，或遇到刮风天气，有时还在钢柱大面两侧加设缆风绳或支撑加以固定。

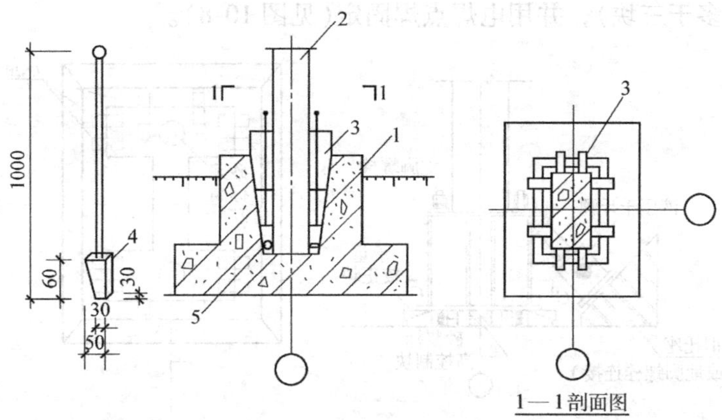

图10-6 钢柱临时固定方法

1—杯形基础 2—柱 3—钢或木楔 4—钢塞 5—嵌小钢塞或卵石

（4）钢柱校正 钢柱校正要做三件工作：调整柱底板标高、对准纵横十字线和校正柱垂直度(见图10-7)。

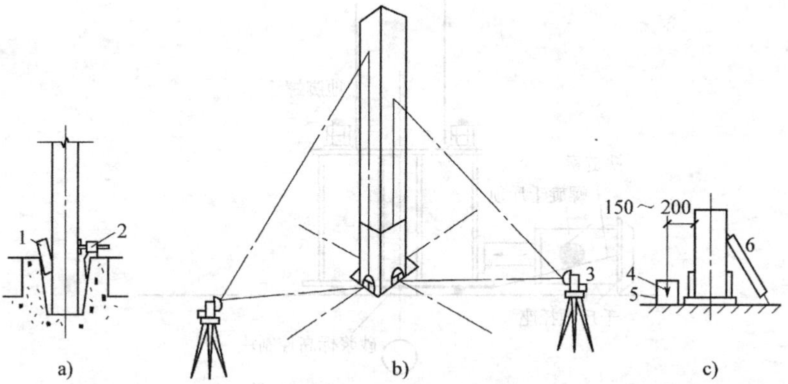

图10-7 钢柱校正示意图

a）就位调整 b）用两台经纬仪测量 c）线坠测量

1—楔块 2—螺钉顶 3—经纬仪 4—线坠 5—水桶 6—调整千斤顶

1）调整柱底板标高。根据钢柱实际长度、柱底平整度和牛腿顶到柱底部距离，重点要保证牛腿顶部标高值，然后决定基础标高的调整数值。

2）对准纵横十字线。钢柱底部制作时，用钢冲在柱底板侧面打出互相垂直的四个面，每个面一个点，用三个点与基础面十字线对准即可，争取达到点线重合，如有偏差可借用线对线方法，在起重机不脱钩的情况下，将三面线对准缓慢降落至标高位置。吊到位置后，利用起重机起重臂回转进行初校，一般钢柱垂直度控制在20mm之内，拧紧柱底地脚螺栓，起重机方可松钩。

对钢柱底部的位移校正可采用螺旋千斤顶加链索、套环和托座，按水平方向顶校钢柱，其效果比较理想，校正后的位移精度为1mm之内。

3）校正垂直度。垂直度采用螺旋千斤顶或液压千斤顶对柱子垂直度进行校正时，在校正过程中须不断观察柱底和砂浆标高控制块之间是否有间隙，以防校正过程中顶升过度造成水平标高产生误差。一待垂直度校正完毕，再度紧固地脚螺栓，并塞紧柱子底部四周的承重校正块(每摞不得多于三块)，并用电焊点焊固定(见图 10-8)。

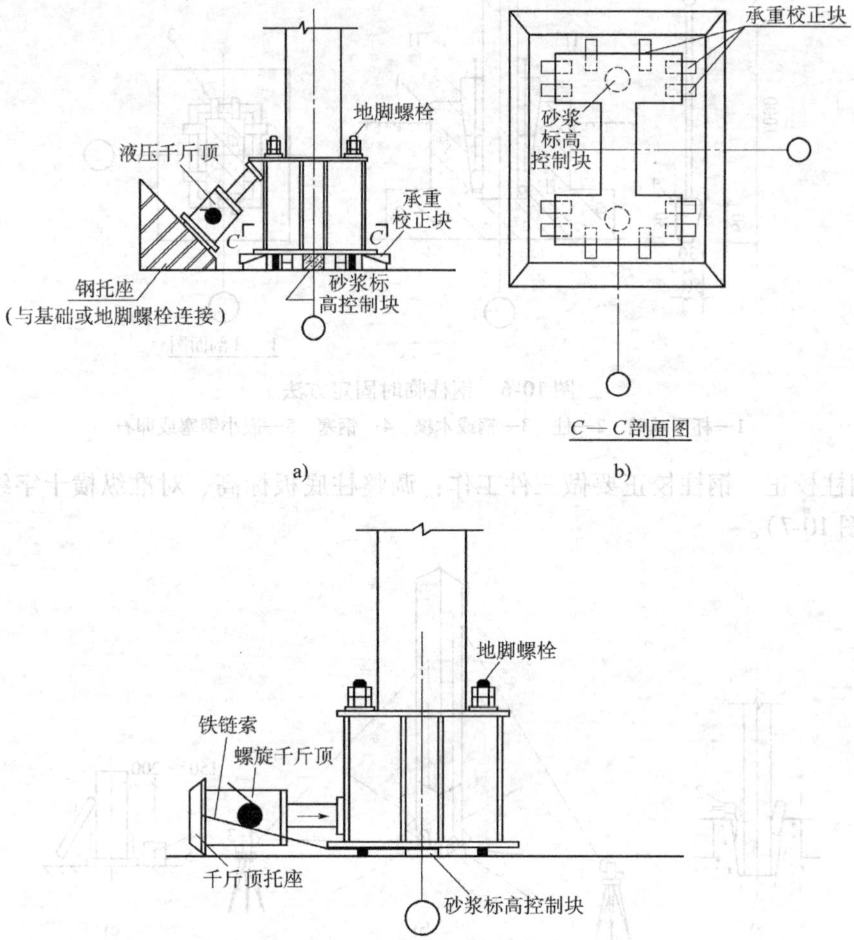

图 10-8 柱子垂直度校正示意图

为了防止钢柱在垂直度校正过程中产生轴线位移，应在位移校正后在柱子底脚四周用(4～6 块)10mm 厚钢板作定位靠模，并用电焊与基础面埋件焊接固定，防止移动。

在吊装竖向构件或屋架时，还须对钢柱进行复核，此时，一般采用链条葫芦拉钢丝绳缆索进行校正，待竖向构件(特别是柱间支撑)或屋架安装完后，方可松开缆索。

柱子垂直度校正要做到“四校、五测、三记录”，以保证柱子在组成排架或框架后的安装质量。

所谓四校是：初校；基础灌浆后复校；安装起重机梁时校正；安装屋盖时校正。复校最好在早上或阴天进行，以减少阳光温度的影响而造成的误差。

所谓五测是：初校为一测；灌浆后进行二测；安装起重机梁或连系梁时调校为三测；安装屋架时调校为四测；屋面吊好后进行五测。

所谓三记录是：初校灌浆后复核做好记录；安装起重机梁或连系梁时做好记录；安装屋盖后做好记录。

(5) 最后固定 钢柱可采用赶浆法灌浆固定、压浆法灌浆固定、地脚螺栓固定，如图 10-9 所示。

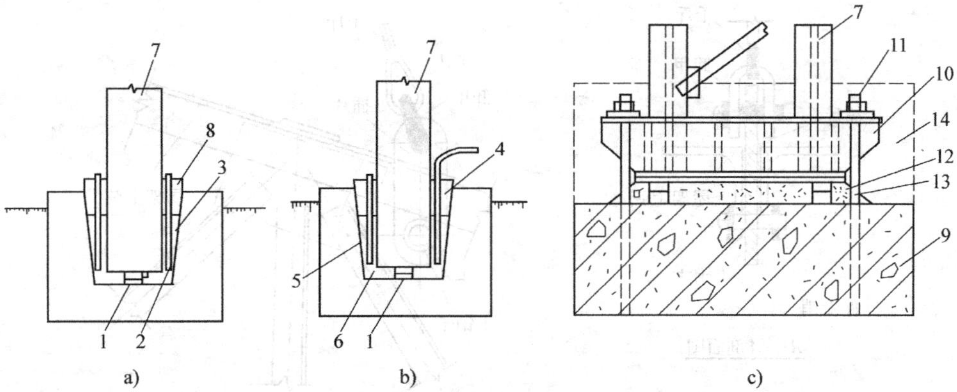

图10-9 钢柱固定示意图

a）赶浆法灌浆固定 b）压浆法灌浆固定 c）地脚螺栓固定

1—钢垫板 2—细石混凝土 3—插入式振捣棒 4—压浆管 5—排气管 6—水泥砂浆

7—柱 8—钢楔 9—基础 10—钢柱脚 11—地脚螺栓 12—钢垫板

13—二次灌浆细石混凝土 14—柱脚外包混凝土

4. 钢屋架安装

为防止钢屋架在安装过程中的变形，安装前需要加固。

单机吊(吊点加铁扁担)常加固下弦。双机吊装常加固上弦。吊装绑扎处必须位于桁架节点，以防屋架产生弯曲变形。第一榀屋架起吊就位后，应在屋架两侧用缆风绳固定。如果端部有抗风柱已校正，可与其固定。第二榀屋架就位后，屋架的每个坡面用一个间隙调整器，进行屋架垂直度校正；然后，两端支座中螺栓固定或焊接→安装垂直支撑→水平支撑→检查无误，成为样板跨，依此类推继续安装。

（1） 吊装

1） 钢屋架吊装时，须对柱子横向进行复测和复校。

2） 钢屋架吊装时应验算屋架平面外刚度，如刚度不足时，采取增加吊点的位置或采用加铁扁担的施工方法。

3） 钢屋架的吊点选择，除应保证屋架的平面刚度外，尚须考虑：屋架的重心位于内吊点的连线之下，否则，应采取防止屋架倾倒的措施(即在屋架屋脊处多增加一个保险吊点和吊索)。另外，对外吊点的选择应使屋架下弦处于受拉状态。

4） 钢屋架吊装一般采用千斤捆扎法(应用麻袋或橡皮包角)，吊装千斤的安全系数应取10；另一个是采用插片吊耳法，此法施工方便、安全(见图10-10)。

5） 钢屋架吊装前，应在屋架上下弦绑扎扶手栏杆。屋架跨中平面应搭设上下登高用爬梯(见图10-11)。

（2） 钢屋架校正

1） 钢屋架吊装到位后，第一榀和第二榀屋架应拉设屋架缆索固定，此时采用松紧缆索对屋架进行垂直度校正；第三榀及以后的屋架采用屋架临时固定支撑来进行校正它的垂直度(图10-12)。屋架临时固定支撑主要放置在屋脊和檐沟处，一般跨度在18m之内的屋架，设三道临时固定支撑；18 ~30m 的设五道临时固定支撑。

2） 钢屋架校正方法有两种：一种是下弦两端拉线与上弦中央挂重锤的方法；另一种方

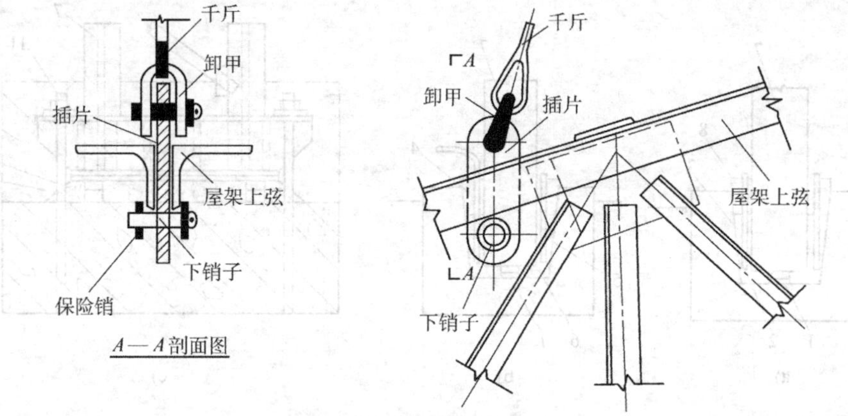

图 10-10 插片吊耳

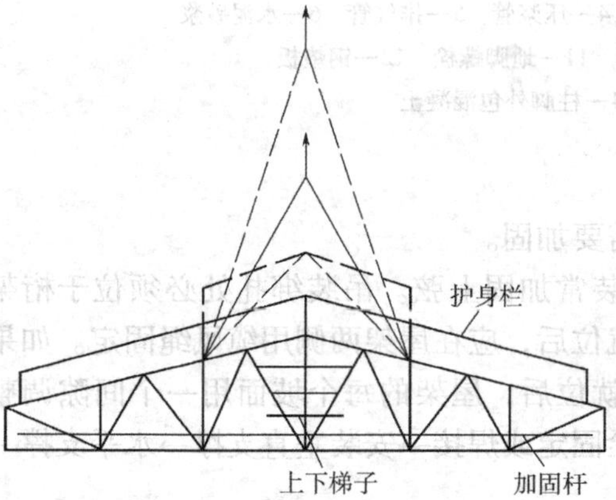

图 10-11 钢屋架吊装示意图

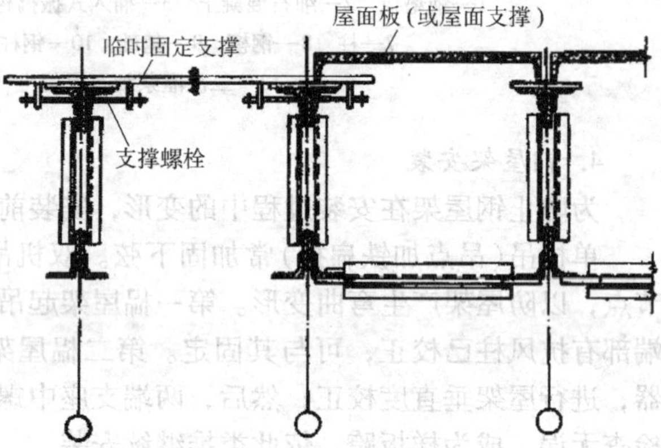

图 10-12 钢屋架垂直度校正

法是用经纬仪校正屋架上弦垂直度。当在屋架上弦两端和中央夹三把标尺，待三把标尺的定长刻度在同一直线上，则屋架垂直度校正完毕(见图 10-13)。

3）钢屋架校正完毕，拧紧屋架临时固定支撑两端螺杆和屋架两端搁置处的螺栓，随即安装屋架永久支撑系统。

4）焊接屋架两端搁置处的连接，待电焊结束，起重机吊钩才可松钩。

5. 钢托架和辅助桁架的吊装与校正

1）钢托架和辅助桁架的吊装。吊装时，须对柱子的纵向垂直度进行复测和复校。与屋架的吊装方法相同。

2）钢托架和辅助桁架的校正。钢托架和辅助桁架的垂直度主要依附柱子的垂直度。

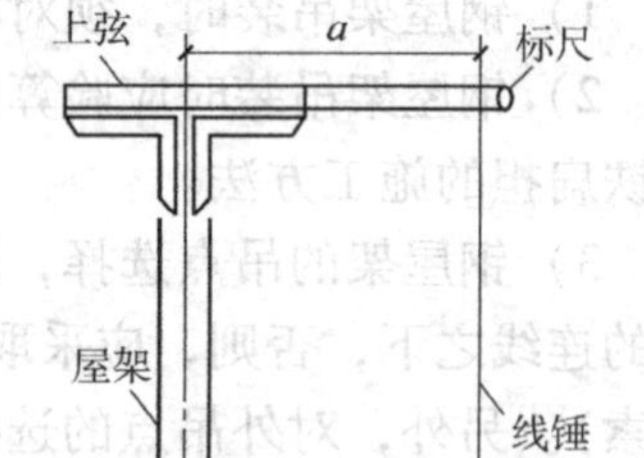

图 10-13 钢屋架垂直度校正方法

6. 钢支撑的安装

(1) 柱间支撑的安装 柱间支撑安装前，复核和复校钢柱的垂直度，待达到验收标准后，随即安装和固定柱间支撑，使其形成刚性排架，减少竖向构件安装过程中间的累计误差。焊接柱间支撑时，应严密观察和校正柱子的垂直度变化情况，防止柱子发生永久性的超验收标准的误差出现。

（2）屋面系统支撑的安装

1）屋架上、下弦的水平支撑安装一般采取整体安装方法，如发现螺孔有错位现象，一般处理支撑系统，并应观察屋架的垂直度情况的变化。

2）垂直支撑的安装基本与桁架安装方法类同。

7. 钢起重机梁安装

1）吊点利用工具式吊耳，可安全、可靠和方便地进行起吊，如图 10-14 所示。

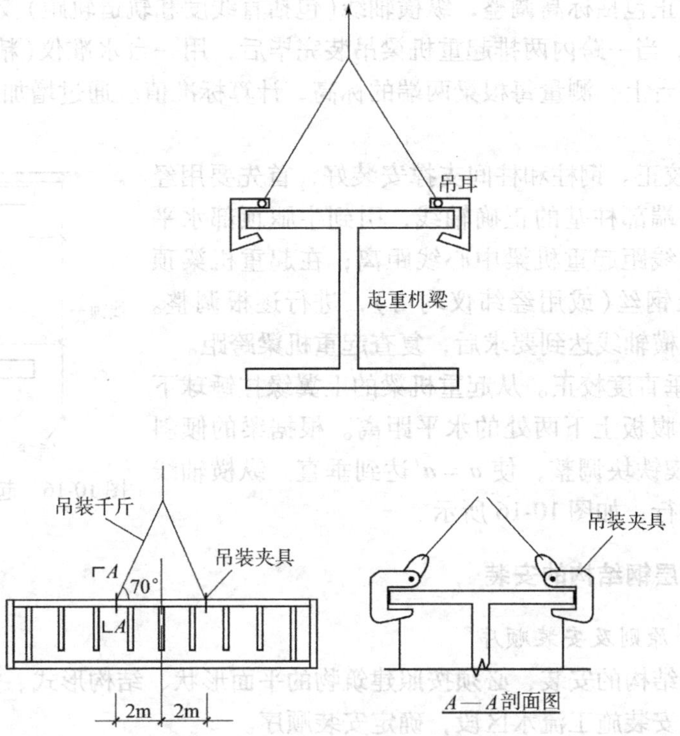

图 10-14　钢起重机梁吊装示意图

2）千斤捆扎法：此法简便。但在千斤与钢行车梁的棱角处，须采用护角器做保护以防止千斤割伤（见图 10-15）。

3）固定式吊耳吊装：对于偏心较大的起重机梁，吊装时可采用电焊吊耳的方法，但此法目前一般很少使用。吊装时严禁在起重机梁的下翼缘和腹板上焊接悬挂物和卡具。

起重机梁与牛腿连接采用螺栓紧固，起重机梁下翼缘一端开正圆孔，另一端则应开椭圆孔；在复测好的柱子起重机梁纵横轴线上即可对起重机梁进行吊装。

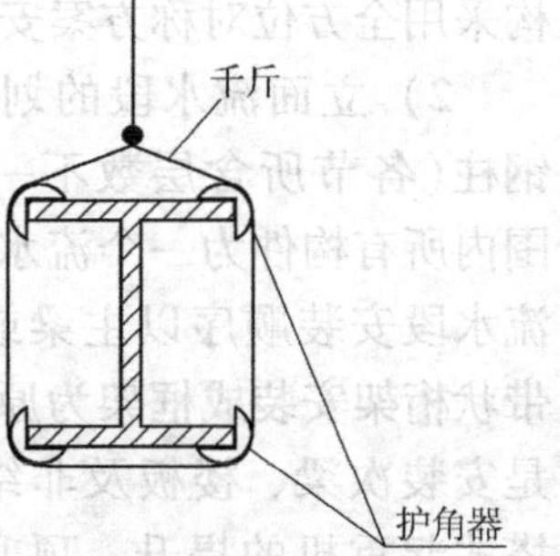

图 10-15　护角器

8. 起重机梁的校正

校正顺序：标高调整→纵横轴线（包括直线度和轨道轨距）校正→垂直度校正。起重机梁吊装前注意事项：①严格控制定位轴线；②认真做好钢柱底部临时标高垫块的准备工作；③密切注意钢柱吊装后的位移和垂直度偏差数值；④实测起重机梁搁置端部梁高的制作误差值。

起重机梁吊装后注意事项：①先进行起重机梁表面的标高测定；②进行起重机梁的中心线放线工作；③对照起重机梁中心线，对起重机梁垂直度、位移、蛇形差、标高等进行校正；④安装起重机梁端部斜撑或中部剪刀支撑(即制动系统)，使起重机梁基本固定；⑤最后复测起重机梁的有关质量数据，达到标准后，进行制动系统的安装和紧固。

起重机梁的校正时间控制：①标高校正在屋盖吊装前进行；②其他项目校正宜安排在屋盖吊装完成后进行，因为屋盖安装可能会引起钢柱在跨度方向有微小的变动，从而影响校正质量。

起重机梁的校正包括标高调整，纵横轴线(包括直线度和轨道轨距)校正和垂直度校正。

1）标高调整。当一跨内两排起重机梁吊装完毕后，用一台水准仪(精度为 ±3mm)在梁上或专门搭设的平台上，测量每根梁两端的标高，计算标准值。通过增加垫板的措施进行调整，达到规范要求。

2）纵横轴线校正。钢柱和柱间支撑安装好，首先要用经纬仪，将每轴列中端部柱基的正确轴线，引到牛腿顶部水平位置，定出正确轴线距起重机梁中心线距离；在起重机梁顶面中心线拉一通长钢丝(或用经纬仪均可)，进行逐根调整。当两排起重机梁纵横轴线达到要求后，复查起重机梁跨距。

3）起重机梁垂直度校正。从起重机梁的上翼缘挂锤球下去，测量线绳到梁腹板上下两处的水平距离。根据梁的倾斜程度($a \neq a'$)，用楔铁块调整，使 $a = a'$达到垂直。纵横轴线和垂直度可同时进行，如图 10-16 所示。

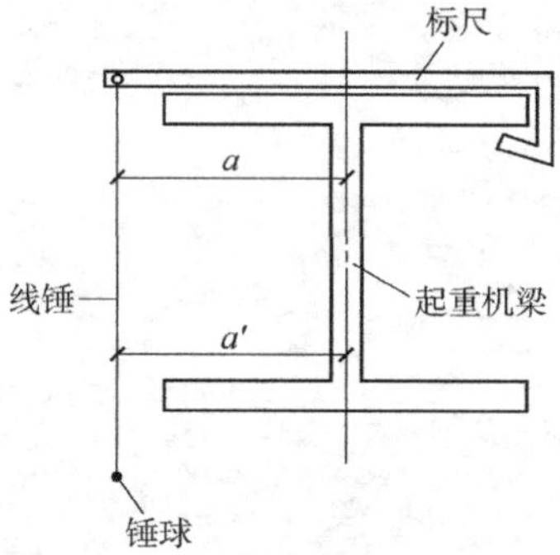

图 10-16 起重机梁垂直度校正

10.3.3 多层及高层钢结构的安装

1. 流水段划分原则及安装顺序

多高层建筑钢结构的安装，必须按照建筑物的平面形状、结构形式、安装机械的数量和位置等，合理划分安装施工流水区段，确定安装顺序。

1）平面流水段的划分应考虑钢结构在安装过程中的整体稳定性和对称性。其安装顺序一般应由中央向四周扩展，以减少焊接误差。筒体结构的安装顺序为先内筒后外筒；对称结构采用全方位对称方案安装。

2）立面流水段的划分以一节钢柱(各节所含层数不一)高度范围内所有构件为一个流水段。每个流水段安装顺序以主梁或钢支撑、带状桁架安装成框架为原则；其次是安装次梁、楼板及非结构构件。塔式起重机的提升、顶升与锚固，均应满足组装框架的需要。

一般钢结构标准单元施工顺序如图 10-17 所示。

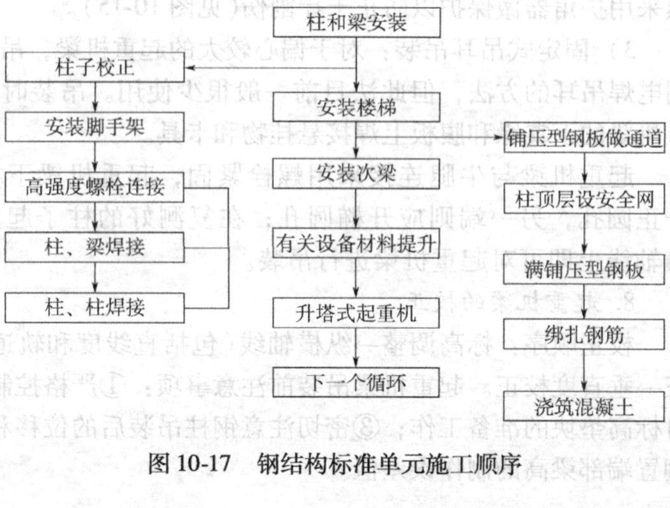

图 10-17 钢结构标准单元施工顺序

多高层建筑钢结构安装前，应

根据安装流水段和构件安装顺序，编制构件安装顺序表。表中应注明每一构件的节点型号、连接件的规格数量、高强度螺栓规格数量、栓焊数量及焊接量、焊接形式等。构件从成品检验、运输、现场核对、安装、校正到安装后的质量检查，应统一使用该安装顺序表。

2. 构件吊点设置与起吊

（1）钢柱 根据钢柱的重量和起重机的起重量，钢柱的吊装可用双机抬吊或单机吊装。单机吊装以回转法起吊，柱根垫以垫木，严禁柱根拖地；而双机抬吊是指钢柱吊离地面后，在空中进行回直。

吊装H型钢柱、箱形柱时，可利用其接头耳板作吊环，配以相应的吊索、吊架和销钉。钢柱起吊如图10-18所示。

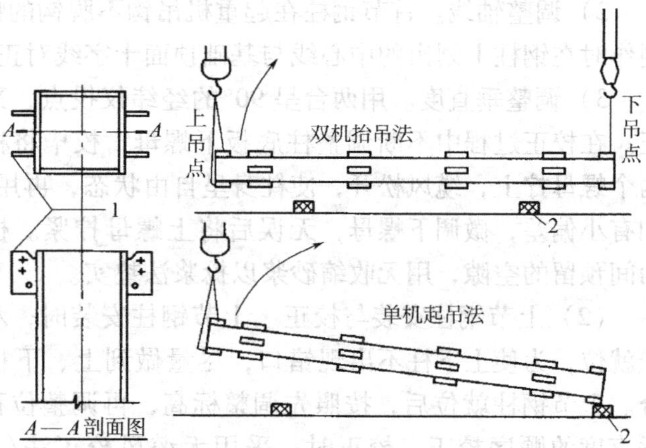

图10-18 钢柱起吊示意图

1—吊耳 2—垫木

（2）钢梁 距梁端500mm处开孔，用特制卡具两点平吊，次梁可三层串吊，如图10-19所示。

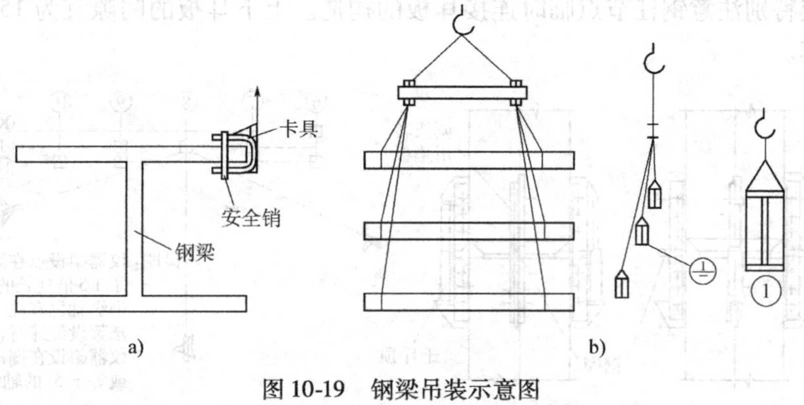

图10-19 钢梁吊装示意图

a）卡具设置示意 b）钢梁吊装

（3）组合件 因组合件形状、尺寸不同，可计算重心确定吊点，采用两点吊、三点吊或四点吊。凡不易计算者，可加设捯链协助找重心，构件平衡后起吊。

（4）零件及附件 钢构件的零件及附件应随构件一并起吊。尺寸较大、重量较大的节点板，钢柱上的爬梯、大梁上的轻便走道等，应牢固固定在构件上。

3. 构件安装与校正

钢柱安装与校正：

（1）首节钢柱的安装与校正 安装前，应对建筑物的定位轴线、首节柱的安装位置、基础的标高和基础混凝土强度进行复检，合格后才能进行安装。钢柱就位后，先调整标高，再调整轴线，最后调整垂直度。为控制安装偏差，对高层钢结构先确定标准柱。标准柱是指能控制框架平面轮廓的少数柱，一般选择平面轮廓的转角柱为标准柱，正方形框架取四根转角柱，矩形框架当长短边之比大于2时取六根柱，多边形框架则取转角柱为标准柱。

1）调整柱顶标高。根据钢柱实际长度、柱底平整度，利用柱子底板下地脚螺栓上的调整螺母调整柱底标高，以精确控制柱顶标高(见图10-20)。

2）调整轴线。首节钢柱在起重机吊钩不脱钩的情况下，利用制作时在钢柱上划出的中心线与基础顶面十字线对正就位。

3）调整垂直度。用两台呈90°的经纬仪投点，采用缆风法校正。在校正过程中不断调整柱底板下螺母，校毕将柱底板上面的两个螺母拧上，缆风松开，使柱身呈自由状态，再用经纬仪复核。如有小偏差，微调下螺母，无误后将上螺母拧紧。柱底板与基础面间预留的空隙，用无收缩砂浆以捻浆法垫实。

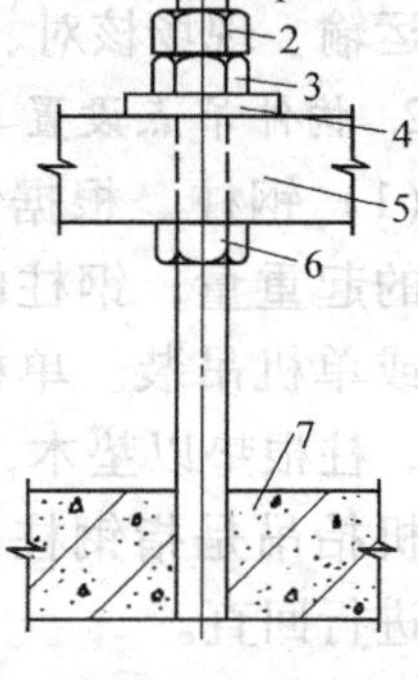

图10-20 采用调整螺母控制标高

1—地脚螺栓 2—止退螺母 3—紧固螺母 4—螺母垫圈 5—柱子底板 6—调整螺母 7—钢筋混凝土基础

(2) 上节钢柱安装与校正 上节钢柱安装时，利用柱身中心线就位，为使上下柱不出现错口，尽量做到上、下柱定位轴线重合。上节钢柱就位后，按照先调整标高，再调整位移，最后调整垂直度的顺序校正。校正时，采用无缆风校正法(见图10-21)，即利用塔吊、钢楔、垫板、撬棍及千斤顶等工具，在钢柱呈自由状态下进行校正。此法施工简单、校正速度快、易于吊装就位和确保安装精度。为适应无缆风校正法，应特别注意钢柱节点临时连接耳板的构造。上下耳板的间隙宜为15～20mm，以便于插入钢楔。

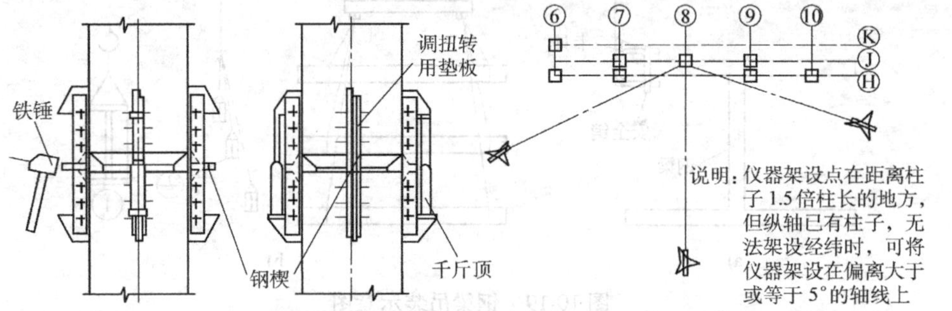

图10-21 无缆风校正法示意图

1）标高调整。钢柱一般采用相对标高安装，设计标高复核的方法。钢柱标高的调整，每安装一节钢柱后，对柱顶进行一次标高实测，标高误差超过6mm需进行调整，多以低碳钢板垫到规定要求。钢柱吊装就位后，合上连接板，穿入大六角高强度螺栓，但不夹紧，通过吊钩起落与撬棍拨动调节上下柱之间间隙。量取上柱柱根标高线与下柱柱头标高线之间的距离，符合要求后在上下耳板间隙中打入钢楔限制钢柱下落。正常情况下，标高偏差调整至零。

2）位移调整。钢柱定位轴线应从地面控制轴线直接引上，不得从下层柱的轴线引上。钢柱轴线偏移时，可在上柱和下柱耳板的不同侧面夹入一定厚度的垫板加以调整，然后微微夹紧柱头临时接头的连接板。钢柱的位移每次只能调整3mm，若偏差过大只能分次调整。起重机至此可松吊钩。校正位移时应注意防止钢柱扭转。钢柱轴线位移的校正，以下节钢柱顶部的实际柱中心线为准，安装钢柱的底部对准下节钢柱的中心线即可。在每一节柱的全部构件安装、焊接、栓接完成并验收合格后，才能从地面引测上一节柱的定位轴线。

3）垂直度调整。一般取标准柱的柱基中心线为基准点，用激光铅直仪以基准点为依据对标准柱的垂直度进行观测，于柱顶固定有测量目标。为使激光束通过，在激光仪上方的金属或混凝土楼板上都需固定一个小钢管，激光仪设在地下室底板上的基准点处。除标准柱外，其他柱的误差量测不用激光仪器，通常用测量法。调整时，在钢柱偏斜方向的同侧锤击钢楔或微微顶升千斤顶，在保证单节柱垂直度符合要求的前提下，将柱顶偏轴线位移校正至零，然后拧紧上下柱临时接头的大六角高强度螺栓至额定扭矩。

注意：为达到调整标高和垂直度的目的，临时接头上的螺栓孔应比螺栓直径大4.0mm。由于钢柱制造允许误差一般为 -1 ~ +5mm，螺栓孔扩大后能有足够的余量将钢柱校正准确。

钢梁的安装与校正：

1）钢梁安装时，同一列柱，应先从中间跨开始对称地向两端扩展；同一跨钢梁，应先安上层梁再安中下层梁。

2）在安装和校正柱与柱之间的主梁时，可先把柱子撑开，跟踪测量、校正，预留接头焊接收缩量，这时柱产生的内力，在焊接完毕焊缝收缩后也就消失了。

3）一节柱的各层梁安装好后，应先焊上层主梁后焊下层主梁，以使框架稳固，便于施工。一节柱（三层）的竖向焊接顺序是：上层主梁→下层主梁→中层主梁→上柱与下柱焊接。

每天安装的构件，应形成空间稳定体系，确保安装质量和结构安全。

4. *楼层压型钢板安装*

多高层钢结构楼板，一般多采用压型钢板与混凝土叠合层组合而成（见图10-22）。一节柱的各层梁安装校正后，应立即安装本节柱范围内的各层楼梯，并铺好各层楼面的压型钢板，进行叠合楼板施工。

楼层压型钢板安装工艺流程是：弹线→清板→吊运→布板→切割→压合→侧焊→端焊→封堵→验收→栓钉焊接。

压型钢板安装铺设：

1）在铺板区弹出钢梁的中心线并画出压型钢板铺放的位置线，主梁的中心线是铺设压型钢板固定位置的控制线，并决定压型钢板与钢梁熔透焊接的焊点位置；次梁的中心线决定熔透焊栓钉的焊接位置。因压型钢板铺设后难以观察次梁翼缘的具体位置，故将次梁的中心线及次梁翼缘返弹在主梁的中心线上，固定栓钉时再将其返弹在压型钢板上。

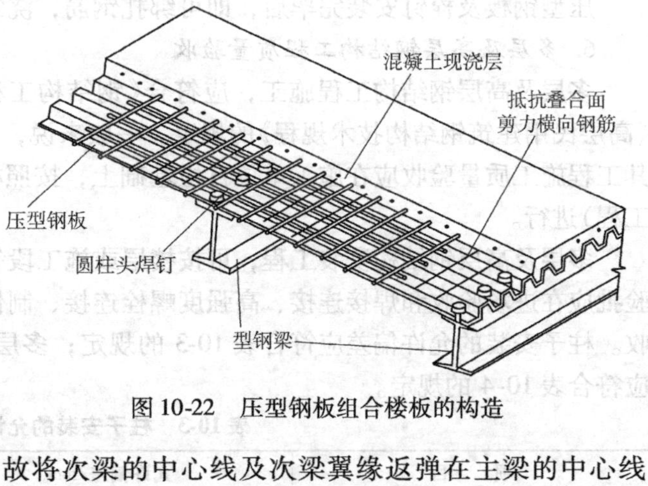

图10-22 压型钢板组合楼板的构造

2）将压型钢板分层分区按料单清理、编号，并运至施工指定部位。

3）用专用软吊索吊运。吊运时，应保证压型钢板板材整体不变形、局部不卷边。

4）按设计要求铺设。压型钢板铺设应平整、顺直，铺放时要对正相邻两排压型钢板的端头波形槽口，以便钢筋能顺利通过。压型钢板与钢梁的锚固支承长度应符合设计要求，且不应小于 50mm。

5）采用等离子切割机或剪板钳裁剪边角。裁减放线时，富余量应控制在 5mm 范围内。

6）压型钢板固定。压型钢板与压型钢板侧板间连接采用咬口钳压合，使单片压型钢板间连成整板；然后用点焊将整板侧边及两端头与钢梁固定，最后采用栓钉固定。为了浇筑混凝土时不漏浆，端部肋做封端处理。

5. *栓钉焊接*

为使组合楼板与钢梁有效地共同工作，抵抗叠合面间的水平剪力作用，通常采用栓钉穿过压型钢板焊于钢梁上。栓钉焊接的材料与设备有栓钉、焊接瓷环和栓钉焊机。

焊接时，先将焊接用的电源及制动器接上，把栓钉插入焊枪的长口，焊钉下端置入母材上面的瓷环内。按焊枪电钮，栓钉被提升，在瓷环内产生电弧，在电弧发生后规定的时间内，用适当的速度将栓钉插入母材的熔池内。焊完后，立即除去瓷环，并在焊缝的周围去掉卷边，检查焊钉焊接部位。栓钉焊接工序如图 10-23 所示。

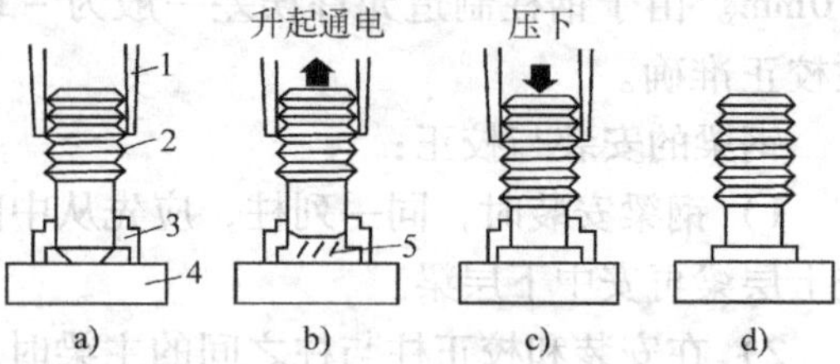

图 10-23 栓钉焊接工序

a）焊接准备 b）引弧 c）焊接 d）焊后清理

1—焊枪 2—栓钉 3—瓷环 4—母材 5—电弧

栓钉焊接质量检查：

1）外观检查。栓钉根部焊脚应均匀，焊脚立面的局部未熔合或不足 360°的焊脚应进行修补。

2）弯曲试验检查。栓钉焊接后应进行弯曲试验检查，可用锤击使栓钉从原来轴线弯曲 30°或采用特制的导管将栓钉弯成 30°，若焊缝及热影响区没有肉眼可见的裂纹，即为合格。

压型钢板及栓钉安装完毕后，即可绑扎钢筋，浇筑混凝土。

6. *多层及高层钢结构工程质量验收*

多层及高层钢结构工程施工，应符合《钢结构工程施工质量验收规范》和 JGJ 99—1998《高层民用建筑钢结构技术规程》的规定。一般来说，钢结构作为主体结构，属于分部工程，其工程施工质量验收应在施工单位自检基础上，按照检验批、分项工程、分部工程(子分部工程)进行。

多层及高层钢结构安装工程，可按楼层或施工段等划分为一个或若干个检验批。每个检验批应在进场验收和焊接连接、高强度螺栓连接、制作等分项工程验收合格的基础上进行验收。柱子安装的允许偏差应符合表 10-3 的规定；多层及高层钢结构中构件安装的允许偏差应符合表 10-4 的规定。

表 10-3 柱子安装的允许偏差

项 目	允许偏差/mm	检 验 方 法
底层柱柱底轴线对定位轴线偏移	3.0	用全站仪或激光经纬仪和钢直尺实测
柱子定位轴线	1.0	
单节柱的垂直度	h/1000，且不应大于 10.0	

注：h 为单节柱高。

表10-4 多层及高层钢结构中构件安装的允许偏差

项 目	允许偏差/mm	检 验 方 法
上下柱连接处的错口	3.0	用钢直尺检查
同一层柱的各柱顶高度差	5.0	用水准仪检查
同一根钢梁两端顶面的高差	l/1000，且不应大于10.0	用水准仪检查
主梁与次梁表面的高差	±2.0	用直尺和钢直尺检查
压型金属板在钢梁上相邻列的错位	15.0	用直尺和钢直尺检查

注：l为邻列两节柱的净距。

10.3.4 轻型门式刚架结构的安装

门式刚架结构是大跨建筑常用的结构形式之一。轻型门式刚架结构是指主要承重结构采用实腹门式刚架，具有轻型屋盖和轻型外墙的单层房屋钢结构。近几年来，随着彩色压型钢板、H型钢、冷弯薄壁型钢的引进和发展，我国轻型门式刚架结构发展迅速，广泛用于大型工业厂房、仓库、飞机库，以及现代商业、文化娱乐设施和体育馆等大度跨建筑。

1. 门式刚架结构主刚架的安装

轻型门式刚架结构的主刚架，一般采用变截面或等截面实腹式焊接H型钢或轧制H型钢。门式刚架结构的安装宜先立柱，然后将在地面组装好的斜梁吊起就位，并与柱连接。安装工艺流程为：钢柱安装→钢柱校正→斜梁地面拼装→斜梁安装、临时固定→钢柱重校→高强度螺栓紧固→复校→安装檩条、拉杆→钢结构验收。

（1）起重机选择　轻型门式刚架结构构件重量较轻，且一般单层建筑安装标高为10m左右，所以起重机选择以大跨度斜梁起重高度(包括索具高度)为原则，可采用履带式起重机、汽车式起重机，多跨可采用轻便的小型塔式起重机。根据现场条件和构件大小，可采用单机起吊或双机抬吊；根据工期要求也可采用多机流水作业。

（2）刚架柱的安装　轻型门式刚架钢柱的安装顺序是：吊装单根钢柱→柱标高调整→纵横十字线位移→垂直度校正。刚架柱一般采用一点起吊，吊耳放在柱顶处。为防止钢柱变形，也可两点或三点起吊。对于大跨轻型门式刚架变截面H型钢柱，由于柱根小、柱顶大，头重脚轻，且重心是偏心的，因此安装固定后，为防止倾倒必要时需加临时支撑。

（3）刚架斜梁的拼接与安装　轻型门式刚架斜梁的特点是跨度大(即构件长)、侧向刚度小，为确保安装质量和安全施工，提高生产效率，减小劳动强度，应根据场地和起重设备条件，最大限度地将扩大拼装工作在地面完成。

刚架斜梁一般采用立放拼接，拼装程序是：将要拼接的单元放在拼装平台上→找平→拉通线→安装普通螺栓定位→安装高强度螺栓→复核尺寸(见图10-24)。

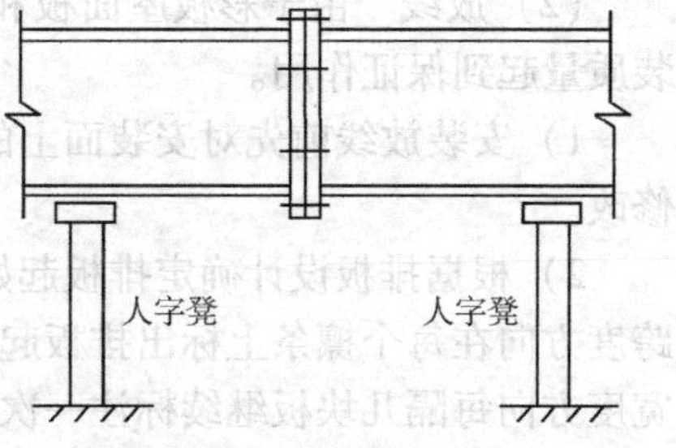

图10-24 斜梁拼接示意

斜梁的安装顺序是：先从靠近山墙的有柱间支撑的两榀刚架开始，刚架安装完毕后将其间的檩条、支撑、隅撑等全部装好，并检查其垂直度；然后以这两榀刚架为起点，向建筑物另一端顺序安装。除最初安装的两榀刚架外，所有其余刚架间的檩条、墙梁和檐檩的螺栓均应在校准后再拧紧。

斜梁的起吊应选好吊点，大跨度斜梁的吊点须经计算确定。斜梁可选用单机两点或三点、四点起吊，或用铁扁担以减小索具对斜梁产生的压力。对于侧向刚度小、腹板高厚比大的斜梁，为防止构件扭曲和损坏，应采取多点起吊及双机抬升。

2. *檩条和墙梁的安装*

轻型门式刚架结构的檩条和墙梁，一般采用卷边槽形、Z形冷弯薄壁型钢或高频焊接轻型H型钢。檩条和墙梁通常与焊于刚架斜梁和柱上的角钢支托连接。檩条和墙梁端部与支托的连接螺栓不应少于两个。

3. *彩板围护结构安装*

轻型门式刚架结构中，目前主要采用彩色钢板夹芯板(亦称彩钢保温板)作围护结构。彩板夹芯板按功能不同分为屋面夹芯板和墙面夹芯板。屋面板和墙面板的边缘部位，要设置彩板配件用来防风雨和装饰建筑外形。屋面配件有屋脊件、封檐件、山墙封边件、高低跨泛水件、天窗泛水件、屋面洞口泛水件等；墙面配件有转角件、板底泛水件、板顶封边件、门窗洞口包边件等。

彩板连接件常用的有自攻螺钉、拉铆钉和开花螺栓(分为大开花螺栓和小开花螺栓)。板材与承重构件的连接，采用自攻螺钉、大开花螺钉等；板与板、板与配件、配件与配件连接，采用铝合金拉铆钉、自攻螺钉和小开花螺钉等。

屋面工程的施工工序如图10-25所示。墙面板的施工工序与此相似。

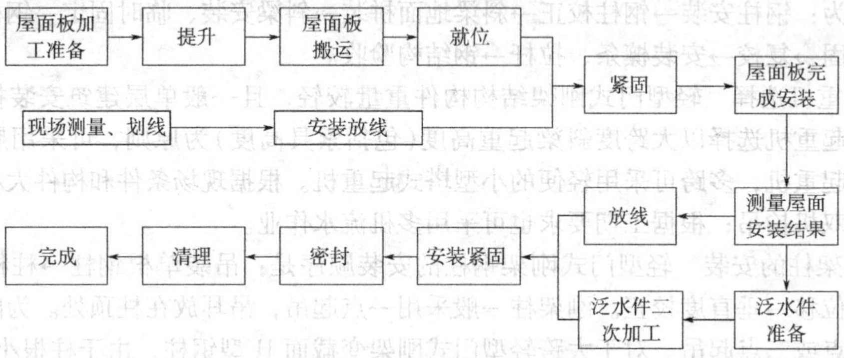

图10-25 屋面工程的施工工序

(1) 施工工具 板材施工安装多为手提工具，常用的有电钻、自攻枪、拉铆枪、手提圆盘锯、螺钉旋具、铁剪、钳子等。手提式电动工具应合理配置电源接入线，这对大型工程施工是非常必要的。

(2) 放线 由于彩板屋面板和墙面板是预制装配结构，故安装前的放线工作对后期安装质量起到保证作用。

1) 安装放线前先对安装面上的已有建筑成品进行测量，对达不到安装要求的部分提出修改。

2) 根据排板设计确定排板起始线的位置。屋面施工中，先在檩条上标定出起点，即沿跨度方向在每个檩条上标出排板起点，各个点的连线应与建筑物的纵轴线垂直，然后在板的宽度方向每隔几块板继续标注一次，以限制和检查板的宽度安装偏差积累(见图10-26)。

墙板安装也应用类似的方法放线，除此之外还应标定其支承面的垂直度，以保证形成墙面的垂直平面。

3）屋面板及墙面板安装完毕后，对配件的安装进行二次放线，以保证檐口线、屋脊线、门窗口和转角线等的水平度和垂直度。

（3）板材安装

1）实测安装板材的长度，按实测长度核对对应板号的板材长度，必要时对该板材进行剪裁。

2）将提升到屋面的板材按排板起始线放置，并使板材的宽度标志线对准起始线；在板长方向两端排出设计要求的构造长度（见图10-27）。

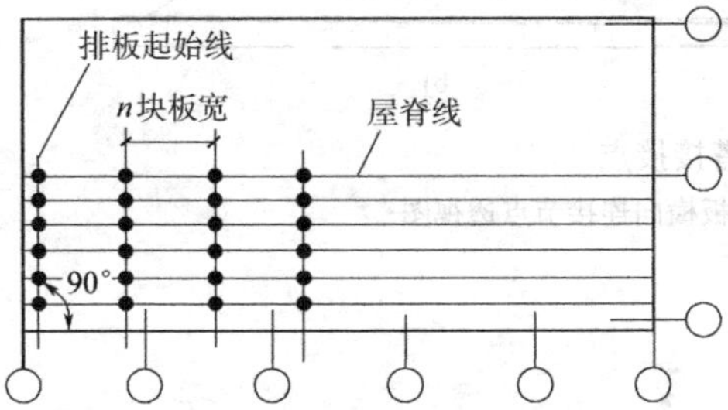

图10-26 安装放线示意

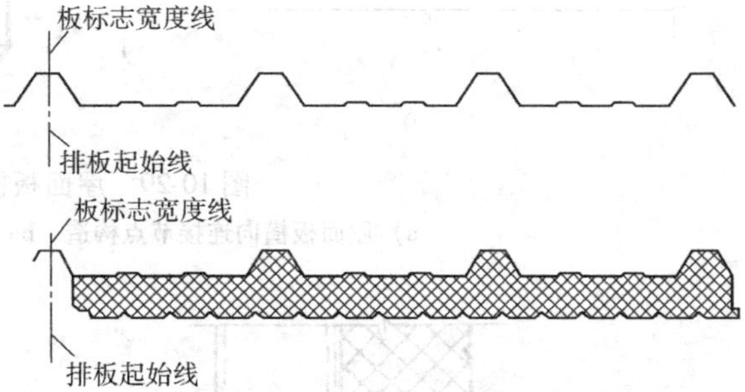

图10-27 板材安装示意

3）用紧固件紧固板材两端，然后安装第二块板。其安装顺序为先自左（右）至右（左），后自上而下。

4）安装到下一放线标志点处时，复查本标志段内板材安装的偏差，满足要求后进行全面紧固。紧固自攻螺钉时应掌握紧固的程度，过度会使密封垫圈上翻，甚至将板面压的下凹而积水；紧固不够会使密封不到位而出现漏雨。

5）安装完后的屋面应及时检查有无遗漏紧固点。

6）屋面板的纵、横向搭接，应按设计要求铺设密封条和密封胶，并在搭接处用自攻螺钉或带密封胶的拉铆钉连接，紧固件应设在密封条处。纵向搭接（板短边之间的搭接）时，可将夹芯板的底板在搭接处切掉搭接长度，并除去该部分的芯材。屋面板纵、横向连接节点构造如图10-28、图10-29所示。

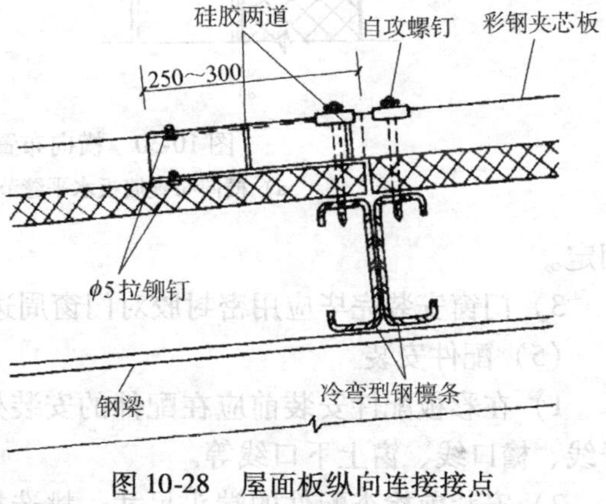

图10-28 屋面板纵向连接接点

7）墙面板安装。夹芯板用于墙面时多为平板，一般采用横向布置，节点构造如图10-30所示。墙面板底部表面应低于室内地坪30~50mm，且应在底表面抹灰找平后安装，如图10-31所示。

（4）门窗安装

1）门窗一般安装在钢墙梁上，如图10-32所示。安装时，应先安装门窗四角的包边件，并使泛水边压在门窗的外边沿处；然后安装门窗。由于门窗的外廓尺寸与洞口尺寸为紧密配合，一般应控制门窗尺寸比洞口尺寸小5mm左右。

2）门窗就位并做临时固定后，应对门窗的垂直度和水平度进行检查，无误后再做

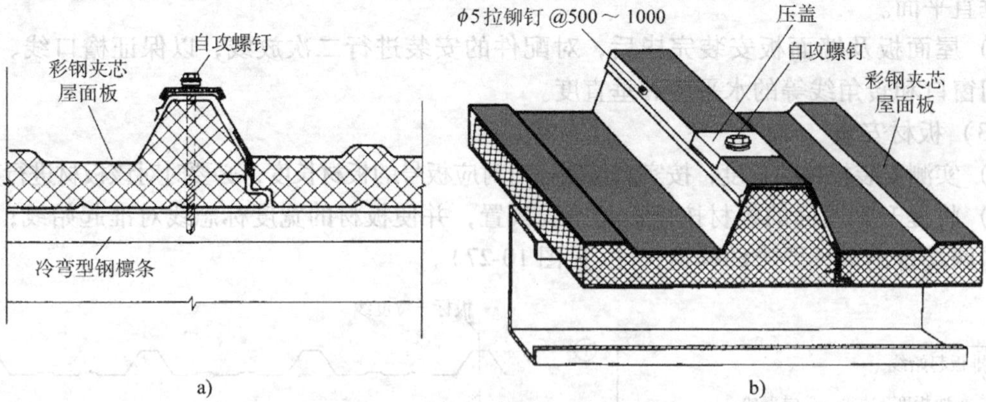

图 10-29 屋面板横向搭接接点

a）屋面板横向连接节点构造 b）屋面板横向连接节点透视图

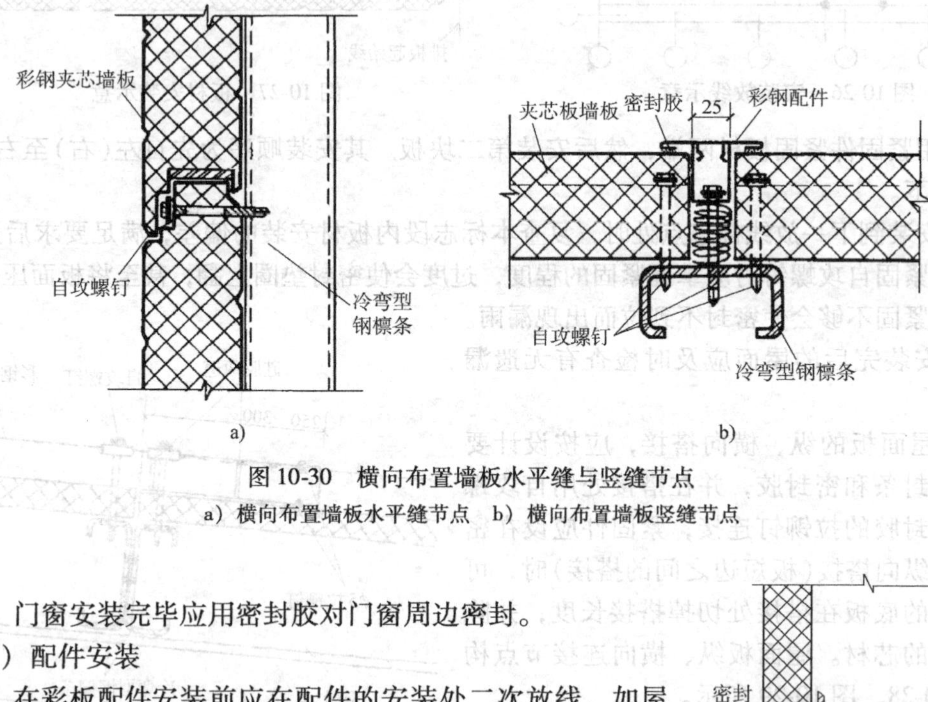

图 10-30 横向布置墙板水平缝与竖缝节点

a）横向布置墙板水平缝节点 b）横向布置墙板竖缝节点

固定。

3）门窗安装完毕应用密封胶对门窗周边密封。

（5）配件安装

1）在彩板配件安装前应在配件的安装处二次放线，如屋脊线、檐口线、窗上下口线等。

2）安装前检查配件的端头尺寸，挑选搭接口处的合适搭接头。

3）安装配件的搭接口时，应在被搭接处涂上密封胶或设置双面胶条，搭接后立即紧固，如图 10-32 所示。

4）安装配件至拐角处时，应按交接处配件断面形状加工拐折处的接头，以保证拐点处有良好的防水效果和外观效果。

图 10-31 墙面板底部构造

4. 质量验收

轻型门式刚架结构的安装施工，应符合《钢结构工程施工质量验收规范》、CECS 102:

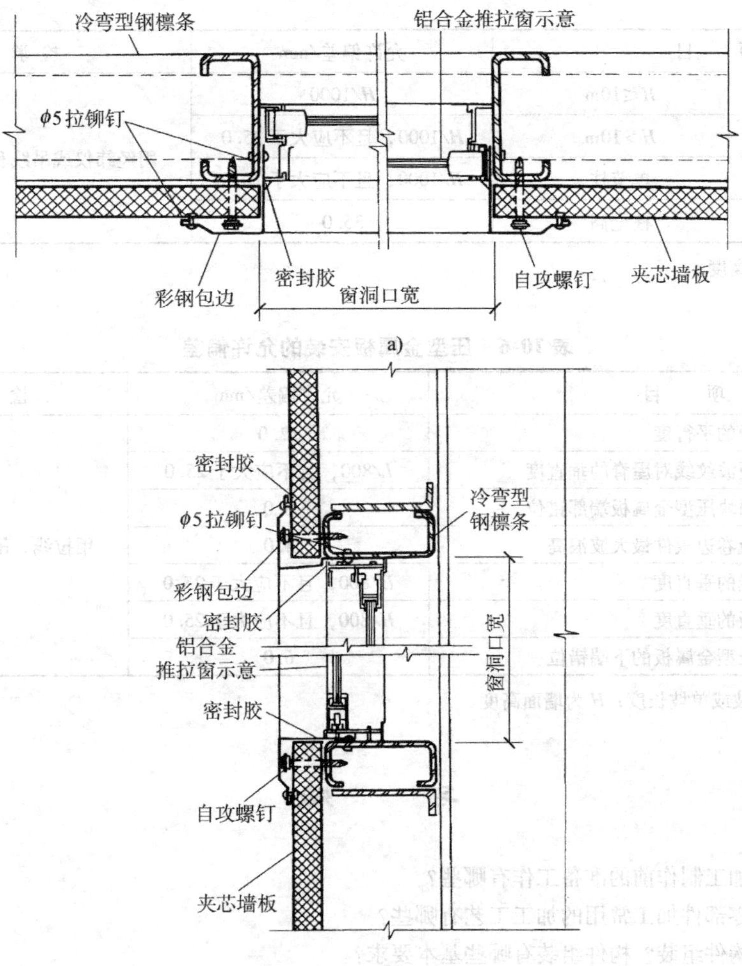

图10-32　窗口节点示意图

a) 窗口水平节点　b) 窗口上下节点

2002《门式刚架轻型房屋钢结构技术规程》及其他相关规范、规程的规定。门式刚架结构安装工程质量验收，可按变形缝或空间刚度单元等划分成一个或若干个检验批进行。压型金属板安装工程质量验收，可按变形缝、施工段或屋面、墙面等划分成一个或若干个检验批进行。

刚架柱安装的允许偏差应符合表10-5的规定。压型金属板安装的允许偏差应符合表10-6的规定。

表10-5　刚架柱安装的允许偏差

项　　目		允许偏差/mm	检 验 方 法
柱脚底座中心线对定位轴线的偏移		5.0	用吊线和钢直尺检查
柱基准点标高	有起重机梁的柱	+3.0 -5.0	用水准仪检查
	无起重机梁的柱	+5.0 -8.0	
弯曲矢高		H/1200，且不应大于15.0	用经纬仪或拉线和钢直尺检查

（续）

项目			允许偏差/mm	检验方法
柱轴线垂直度	单层柱	$H \leqslant 10m$	$H/1000$	用经纬仪或吊线和钢直尺检查
		$H > 10m$	$H/1000$，且不应大于25.0	
	多节柱	单节柱	$H/1000$，且不应大于10.0	
		柱全高	35.0	

注：H 为刚架柱高度。

表10-6 压型金属板安装的允许偏差

项目		允许偏差/mm	检验方法
屋面	檐口与屋脊的平行度	12.0	用拉线、吊线和钢直尺检查
	压型金属板波纹线对屋脊的垂直度	$L/800$，且不应大于25.0	
	檐口相邻两块压型金属板端部错位	6.0	
	压型金属板卷边板件最大波浪高	4.0	
墙面	墙板波纹线的垂直度	$H/800$，且不应大于25.0	
	墙板包角板的垂直度	$H/800$，且不应大于25.0	
	相邻两块压型金属板的下端错位	6.0	

注：L 为屋面半坡或单坡长度；H 为墙面高度。

习　题

10-1　钢结构加工制作前的准备工作有哪些？

10-2　钢结构零部件加工常用的加工工艺有哪些？

10-3　什么是构件组装？构件组装有哪些基本要求？

10-4　简述常用的钢结构焊接方法及其适用范围。

10-5　简述普通螺栓连接的施工操作要点。

10-6　高强螺栓连接有哪些主要施工工具？试介绍高强螺栓连接的施工工艺流程。

10-7　螺栓的初拧和终拧有什么不同？如何检查终拧质量？

10-8　钢结构防腐涂装的作用是什么？

10-9　钢结构常用的防火涂料有哪几类？如何选择？

10-10　钢结构防腐、防火涂装施工过程主要包括哪些步骤？

10-11　钢柱有哪几种吊装方法？

10-12　钢柱的校正包括什么内容？怎样进行校正？

10-13　钢柱安装应注意哪些问题？

10-14　简述钢起重机梁的安装步骤。

10-15　钢起重机梁的校正包括什么内容？怎样进行校正？

10-16　多高层钢结构安装如何进行轴线的竖向传递？

10-17　简述多高层钢结构楼层压型钢板安装的工艺流程。

10-18　什么是栓钉焊接？如何进行质量检查？

10-19　简述轻型门式刚架结构主刚架的安装工艺流程。

10-20　简述屋面彩板安装的施工步骤。

附　录

附录1　钢材和连接的强度设计值

附表 1-1　钢材的强度设计值

钢材		抗拉、抗压和抗弯 $f/(N/mm^2)$	抗剪 $f_v/(N/mm^2)$	端面承压（刨平顶紧）$f_{ce}/(N/mm^2)$
牌　号	厚度或直径/mm			
Q235 钢	≤16	215	125	325
	>16~40	205	120	
	>40~60	200	115	
	>60~100	190	110	
Q345 钢	≤16	310	180	400
	>16~35	295	170	
	>35~50	265	155	
	>50~100	250	145	
Q390 钢	≤16	350	205	415
	>16~35	335	190	
	>35~50	315	180	
	>50~100	295	170	
Q420 钢	≤16	380	220	440
	>16~35	360	210	
	>35~50	340	195	
	>50~100	325	185	

注：表中厚度系指计算点的厚度，对轴心受力构件系指截面中较厚板件的厚度。

附表 1-2　焊缝的强度设计值

焊接方法和焊条型号	构件钢材		对接焊缝				角焊缝
	牌号	厚度或直径/mm	抗压强度 f_c^w /(N/mm²)	焊缝质量为下列等级时，抗拉强度 f_t^w/(N/mm²)		抗剪强度 f_v^w /(N/mm²)	抗拉、抗压和抗剪 f_f^w /(N/mm²)
				一级、二级	三级		
自动焊、半自动焊和 E43 型焊条的手工焊	Q235 钢	≤16	215	215	185	125	160
		>16~40	205	205	175	120	
		>40~60	200	200	170	115	
		>60~100	190	190	160	110	

（续）

焊接方法和焊条型号	构件钢材		对接焊缝				角焊缝
	牌号	厚度或直径/mm	抗压强度 f_c^w/(N/mm²)	焊缝质量为下列等级时，抗拉强度 f_t^w/(N/mm²)		抗剪强度 f_v^w/(N/mm²)	抗拉、抗压和抗剪 f_f^w/(N/mm²)
				一级、二级	三级		
自动焊、半自动焊和E50型焊条的手工焊	Q345钢	≤16	310	310	265	180	200
		>16~35	295	295	250	170	
		>35~50	265	265	225	155	
		>50~100	250	250	210	145	
自动焊、半自动焊和E55型焊条的手工焊	Q390钢	≤16	350	350	300	205	220
		>16~35	335	335	285	190	
		>35~50	315	315	270	180	
		>50~100	295	295	250	170	
	Q420钢	≤16	380	380	320	220	220
		>16~35	360	360	305	210	
		>35~50	340	340	290	195	
		>50~100	325	325	275	185	

注：1. 自动焊和半自动焊所采用的焊丝和焊剂，应保证其熔敷金属的力学性能不低于GB/T 5293—1999《埋弧焊用碳钢焊丝和焊剂》和GB/T 12470—2003《低合金钢埋弧焊用焊剂》中相关的规定。

2. 焊缝质量等级应符合GB 50205—2001《钢结构工程施工质量验收规范》的规定。其中厚度小于8mm钢材的对接焊缝，不应采用超声波探伤确定焊缝质量等级。

3. 对接焊缝在受压区的抗弯强度设计值取 f_c^w，在受拉区的抗弯强度设计值取 f_t^w。

4. 表中厚度系指计算点的钢材厚度，对轴心受拉和轴心受压构件系指截面中较厚板件的厚度。

附表1-3 螺栓连接的强度设计值 （单位：N/mm²）

螺栓的钢材牌号（或性能等级）和构件的钢材牌号		普通螺栓						锚栓	承压型连接高强度螺栓		
		C级螺栓			A级、B级螺栓						
		抗拉	抗剪	承压	抗拉	抗剪	承压	抗拉	抗拉	抗剪	承压
普通螺栓	4.6级、4.8级	170	140	—	—	—	—	—	—	—	—
	5.6级		—	—	—	210	190	—	—	—	—
	8.8级		—	—	—	400	320	—	—	—	—
锚栓	Q235钢	—	—	—	—	—	—	140	—	—	—
	Q345钢	—	—	—	—	—	—	180	—	—	—
承压型连接高强度螺栓	8.8级	—	—	—	—	—	—	—	400	250	—
	10.9级	—	—	—	—	—	—	—	500	310	—
构件	Q235钢	—	—	305	—	—	405	—	—	—	470
	Q345钢	—	—	385	—	—	510	—	—	—	590
	Q390钢	—	—	400	—	—	530	—	—	—	615
	Q420钢	—	—	425	—	—	560	—	—	—	655

注：1. A级螺栓用于 $d≤24$mm和 $l≤10d$ 或 $l≤150$mm（按较小值）的螺栓；B级螺栓用于 $d>24$mm或 $l>10d$ 或 $l>150$mm（按较小值）的螺栓。d 为公称直径，l 为螺杆公称长度。

2. A、B级螺栓孔的精度和孔壁表面粗糙度、C级螺栓孔的允许偏差和孔壁表面粗糙度，均应符合GB 50205—2001《钢结构工程施工质量验收规范》的要求。

附表 1-4 结构构件或连接设计强度的折减系数

项 次	情 况			折减系数
1	单面连接的单角钢	按轴心受力计算强度和连接		0.85
		按轴心受压计算稳定性	等边角钢	0.6 +0.0015λ，但不大于 1.0
			短边相连的不等边角钢	0.5 +0.0025λ，但不大于 1.0
			长边相连的不等边角钢	0.70
2	无垫板的单面施焊对接焊缝			0.85
3	施工条件较差的高空安装焊缝和铆钉连接			0.90
4	沉头和半沉头铆钉连接			0.80

注：1. λ 为长细比，对中间无联系的单角钢压杆，应按最小回转半径计算；当 $\lambda<20$ 时，取 $\lambda=20$。

2. 当几种情况同时存在时，其折减系数应连乘。

附录 2 受弯构件的挠度允许值

附表 2-1 受弯构件的挠度允许值

项 次	构件类别	挠度允许值 $[v_T]$	挠度允许值 $[v_Q]$
1	起重机梁和起重机桁架（按自重和起重量最大的一台起重机计算挠度）		
	（1）手动起重机和单梁起重机（含悬挂起重机）	$l/500$	—
	（2）轻级工作制桥式起重机	$l/800$	
	（3）中级工作制桥式起重机	$l/1000$	
	（4）重级工作制桥式起重机	$l/1200$	
2	手动或电动葫芦的轨道梁	$l/400$	—
3	有重轨（质量≥38kg/m）轨道的工作平台梁	$l/600$	—
	有轻轨（质量≤24kg/m）轨道的工作平台梁	$l/400$	
4	楼（屋）盖梁或桁架，工作平台梁（第 3 项除外）和平台板		
	（1）主梁或桁架（包括设有悬挂起重设备的梁和桁架）	$l/400$	$l/500$
	（2）抹灰顶棚的次梁	$l/250$	$l/350$
	（3）除（1）、（2）款外的其他梁（包括楼梯梁）	$l/250$	$l/300$
	（4）屋盖檩条		
	支承无积灰的瓦楞铁和石棉瓦者	$l/150$	
	支承压型金属板、有积灰的瓦楞铁和石棉瓦等屋面者	$l/200$	
	支承其他屋面材料者	$l/200$	
	（5）平台板	$l/150$	
5	墙架构件（风荷载不考虑阵风系数）		
	（1）支柱		$l/400$
	（2）抗风桁架（作为连续支柱的支承时）		$l/1000$
	（3）砌体墙的横梁（水平方向）		$l/300$
	（4）支承压型金属板、瓦楞铁和石棉瓦墙面的横梁（水平方向）		$l/200$
	（5）带有玻璃窗的横梁（竖直和水平方向）	$l/200$	$l/200$

注：1. l 为受弯构件的跨度（对悬臂梁和伸臂梁为悬伸长度的 2 倍）。

2. $[v_T]$ 为永久和可变荷载标准值产生的挠度（如有起拱应减去拱度）的允许值；$[v_Q]$ 为可变荷载标准值产生的挠度的允许值。

附录3 梁的整体稳定系数

附3.1 焊接工字形和轧制H型钢等截面简支梁

焊接工字形等截面(见附图3-1)简支梁的整体稳定系数 φ_b 应按下式计算

$$\varphi_b=\beta_b\frac{4320}{\lambda_y^2}\frac{Ah}{W_x}\left[\sqrt{1+\left(\frac{\lambda_y t_1}{4.4h}\right)^2}+\eta_b\right]\frac{235}{f_y} \qquad 附(3\text{-}1)$$

式中 β_b——梁整体稳定的等效临界弯矩系数，按附表3-1采用；

λ_y——梁在侧向支承点间对截面弱轴 y-y 的长细比，$\lambda_y=l_1/i_y$，i_y 为梁毛截面对 y 轴的截面回转半径，l_1 为受压翼缘侧向支承点间的距离；

A——梁的毛截面面积；

h、t_1——梁截面的全高和受压翼缘厚度；

η_b——截面不对称影响系数。

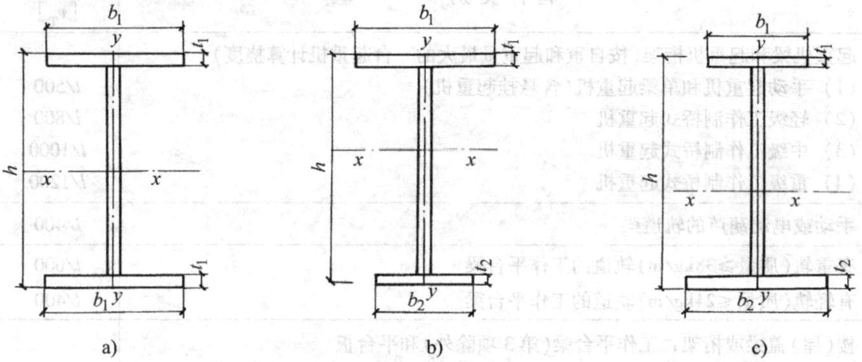

附图3-1 焊接工字形截面

a) 双轴对称工字形截面(轧制H型钢截面) b) 加强受压翼缘的单轴对称工字形截面 c) 加强受拉翼缘的单轴对称工字形截面

附表3-1 等截面H型钢和焊接工字形截面简支梁系数 β_b

项次	侧向支撑	荷载		$\xi=\frac{l_1t_1}{b_1h}$		适用范围
				$\xi\leq2.0$	$\xi>2.0$	
1	跨中无侧向支撑	均布荷载作用在	上翼缘	$0.69+0.13\xi$	0.95	附图3-1a、b的截面
2			下翼缘	$1.73-0.20\xi$	1.33	
3		集中荷载作用在	上翼缘	$0.73+0.18\xi$	1.09	
4			下翼缘	$2.23-0.28\xi$	1.67	
5	跨度中点有一个侧向支撑点	均布荷载作用在	上翼缘	1.15		附图3-1中的截面
6			下翼缘	1.40		
7		集中荷载作用在截面高度上任意位置		1.75		

（续）

项次	侧向支撑	荷载		$\xi=\frac{l_1t_1}{b_1h}$		适用范围
				$\xi\leqslant2.0$	$\xi>2.0$	
8	跨中有不少于两个等距离侧向支撑点	任意荷载作用在	上翼缘	1.20		附图 3-1 中的截面
9			下翼缘	1.40		
10	梁端有弯矩，但跨中无荷载作用			$1.75-1.05\left(\frac{M_2}{M_1}\right)+0.3\left(\frac{M_2}{M_1}\right)^2$，但$\leqslant2.3$		

注：1. $\xi=\frac{l_1t_1}{b_1h}$，其中 b_1 和 l_1 见第 5 章。

2. M_1 和 M_2 为梁的端弯矩，使梁产生同向曲率时，M_1 和 M_2 取同号，产生反向曲率时，取异号，$|M_1|\geqslant|M_2|$。

3. 表中项次 3、4 和 7 的集中荷载是指一个或少数几个集中荷载位于跨中央附近的情况，对其他情况的集中荷载，应按表中项次 1、2、5、6 内的数值采用。

4. 表中项次 8、9 的 β_b，当集中荷载作用在侧向支承点处时，取 $\beta_b=1.20$。

5. 荷载作用在上翼缘系指荷载作用点在翼缘表面，方向指向截面形心；荷载作用在下翼缘系指荷载作用点在翼缘表面，方向背向截面形心。

6. 对 $\alpha_b>0.8$ 的加强受压翼缘工字形截面，下列情况的 β_b 值应乘以相应的系数：项次 1：当 $\xi\leqslant1.0$ 时，乘以 0.95；项次 3：当 $\xi\leqslant0.5$ 时，乘以 0.90；当 $0.5<\xi\leqslant1.0$ 时，乘以 0.95。

对双轴对称工字形截面（见附图 3-1a）

$$\eta_b=0$$

对单轴对称工字形截面（见附图 3-1b、c）

加强受压翼缘 $\eta_b=0.8(2\alpha_b-1)$

加强受拉翼缘 $\eta_b=2\alpha_b-1$

$\alpha_b=\frac{I_1}{I_1+I_2}$，$I_1$ 和 I_2 分别为受压翼缘和受拉翼缘对 y 轴的截面二次矩。

当按附式(3-1)算得的 $\varphi_b\geqslant0.60$ 时，应按下式计算的 φ_b' 代替 φ_b 值

$$\varphi_b'=1.07-\frac{0.282}{\varphi_b}\leqslant1.0 \qquad 附(3\text{-}2)$$

注：附式(3-1)亦适用于等截面铆接（或高强度螺栓连接）简支梁，其受压翼缘厚度 t_1 包括翼缘角钢厚度在内。

附 3.2　轧制 H 型钢简支梁

轧制 H 型钢简支梁整体稳定系数 φ_b 应按附式(3-1)计算，取 $\eta_b=0$。当所得的 $\varphi_b\geqslant0.6$ 时，应按附式(3-2)算得相应的 φ_b' 代替 φ_b 值。

附 3.3　轧制普通工字钢简支梁

轧制普通工字钢简支梁整体稳定系数 φ_b 应按附表 3-2 采用。当所得的 $\varphi_b\geqslant0.6$ 时，应按附式(3-2)算得相应的 φ_b' 代替 φ_b 值。

附表 3-2 轧制普通工字钢简支梁的 φ_b

项次	荷载情况			工字钢型号	自由长度 l_1/m								
					2	3	4	5	6	7	8	9	10
1	跨中无侧向支承点的梁	集中荷载作用于	上翼缘	10~20	2.00	1.30	0.99	0.80	0.68	0.58	0.53	0.48	0.43
				22~32	2.40	1.48	1.09	0.86	0.72	0.62	0.54	0.49	0.45
				36~63	2.80	1.60	1.07	0.83	0.68	0.56	0.50	0.45	0.40
2			下翼缘	10~20	3.10	1.95	1.34	1.01	0.82	0.69	0.63	0.57	0.52
				22~40	5.50	2.80	1.84	1.37	1.07	0.86	0.73	0.64	0.56
				45~63	7.30	3.60	2.30	1.62	1.20	0.96	0.80	0.69	0.60
3		均布荷载作用于	上翼缘	10~20	1.70	1.12	0.84	0.68	0.57	0.50	0.45	0.41	0.37
				22~40	2.10	1.30	0.93	0.73	0.60	0.51	0.45	0.40	0.36
				45~63	2.60	1.45	0.97	0.73	0.59	0.50	0.44	0.38	0.35
4			下翼缘	10~20	2.50	1.55	1.08	0.83	0.68	0.56	0.52	0.47	0.42
				22~40	4.00	2.20	1.45	1.10	0.85	0.70	0.60	0.52	0.46
				45~63	5.60	2.80	1.80	1.25	0.95	0.78	0.65	0.55	0.49
5	跨中有侧向支承点的梁（不论荷载作用点在截面高度上的位置）			10~20	2.20	1.39	1.01	0.79	0.66	0.57	0.52	0.47	0.42
				22~40	3.00	1.80	1.24	0.96	0.76	0.65	0.56	0.49	0.43
				45~63	4.00	2.20	1.38	1.01	0.80	0.66	0.56	0.49	0.43

注：1. 同附表 3-1 的注 3、5。

2. 表中的 φ_b 适用于 Q235 钢。对其他钢号，表中数值应乘以 $235/f_y$。

附 3.4 轧制槽钢简支梁

轧制槽钢简支梁的整体稳定系数，不论荷载形式和荷载作用点在截面高度上的位置均可按下式计算

$$\varphi_b = \frac{570bt}{l_1 h}\frac{235}{f_y} \qquad 附(3\text{-}3)$$

式中 h、b、t——槽钢截面的高度、翼缘宽度和平均厚度。

按附式(3-3)算得的 $\varphi_b \geqslant 0.6$ 时，应按附式(3-2)算得相应的 φ_b' 代替 φ_b 值。

附 3.5 双轴对称工字形等截面（含 H 型钢）悬臂梁

双轴对称工字形等截面（含 H 型钢）悬臂梁的整体稳定系数，可按附式(3-1)计算，但式中系数 φ_b 应按附表 3-3 查得，$\lambda_y = l_1/i_y$（l_1 为悬臂梁的悬伸长度）。当求得的 φ_b 值大于 0.6 时，应按附式(3-2)算得相应的 φ_b' 代替 φ_b 值。

附表 3-3 双轴对称工字形等截面（含 H 型钢）悬臂梁的系数 φ_b

项次	荷载形式		$0.60 \leqslant \xi \leqslant 1.24$	$1.24 < \xi \leqslant 1.96$	$1.96 < \xi \leqslant 3.10$
1	自由端一个集中荷载作用在	上翼缘	$0.21 + 0.67\xi$	$0.72 + 0.26\xi$	$1.17 + 0.03\xi$
2		下翼缘	$2.94 - 0.65\xi$	$2.64 - 0.40\xi$	$2.15 - 0.15\xi$
3	均布荷载作用在上翼缘		$0.62 + 0.82\xi$	$1.25 + 0.31\xi$	$1.66 + 0.10\xi$

注：1. 本表是按支承端为固定的情况确定的，当用于由邻跨延伸出来的伸臂梁时，应在构造上采取措施加强支承处的抗扭能力。

2. 表中 ξ 见附表 3-1 注 1。

附录 4 轴心受压构件的稳定系数

附表 4-1 a 类截面轴心受压构件的稳定系数 φ

$\lambda\sqrt{\frac{f_y}{235}}$	0	1	2	3	4	5	6	7	8	9
0	1.000	1.000	1.000	1.000	0.999	0.999	0.998	0.998	0.997	0.996
10	0.995	0.994	0.993	0.992	0.991	0.989	0.988	0.986	0.985	0.983
20	0.981	0.979	0.977	0.976	0.974	0.972	0.970	0.968	0.966	0.964
30	0.963	0.961	0.959	0.957	0.955	0.952	0.950	0.948	0.946	0.944
40	0.941	0.939	0.937	0.934	0.932	0.929	0.927	0.924	0.921	0.919
50	0.916	0.913	0.910	0.907	0.904	0.900	0.897	0.894	0.890	0.866
60	0.883	0.879	0.875	0.871	0.867	0.863	0.858	0.854	0.849	0.844
70	0.839	0.834	0.829	0.824	0.818	0.813	0.807	0.801	0.795	0.789
80	0.783	0.776	0.770	0.763	0.757	0.750	0.743	0.736	0.728	0.721
90	0.714	0.706	0.699	0.691	0.684	0.676	0.668	0.661	0.653	0.645
100	0.638	0.630	0.622	0.615	0.607	0.600	0.592	0.585	0.577	0.570
110	0.563	0.555	0.548	0.541	0.534	0.527	0.520	0.514	0.507	0.500
120	0.494	0.488	0.481	0.475	0.469	0.463	0.457	0.451	0.445	0.440
130	0.434	0.429	0.423	0.418	0.412	0.407	0.402	0.397	0.392	0.387
140	0.383	0.378	0.373	0.369	0.364	0.360	0.356	0.351	0.347	0.343
150	0.339	0.335	0.331	0.327	0.323	0.320	0.316	0.312	0.309	0.305
160	0.302	0.298	0.295	0.292	0.289	0.285	0.282	0.279	0.276	0.273
170	0.270	0.267	0.264	0.262	0.259	0.256	0.253	0.251	0.248	0.246
180	0.243	0.241	0.238	0.236	0.233	0.231	0.229	0.226	0.224	0.222
190	0.220	0.218	0.215	0.213	0.211	0.209	0.207	0.205	0.203	0.201
200	0.199	0.198	0.196	0.194	0.192	0.190	0.189	0.187	0.185	0.183
210	0.182	0.180	0.179	0.177	0.175	0.174	0.172	0.171	0.169	0.168
220	0.166	0.165	0.164	0.162	0.161	0.159	0.158	0.157	0.155	0.154
230	0.153	0.152	0.150	0.149	0.148	0.147	0.146	0.144	0.143	0.142
240	0.141	0.140	0.139	0.138	0.136	0.135	0.134	0.133	0.132	0.131
250	0.130	—	—	—	—	—	—	—	—	—

附表 4-2 b 类截面轴心受压构件的稳定系数 φ

$\lambda\sqrt{\frac{f_y}{235}}$	0	1	2	3	4	5	6	7	8	9
0	1.000	1.000	1.000	0.999	0.999	0.998	0.997	0.996	0.995	0.994
10	0.992	0.991	0.989	0.987	0.985	0.983	0.981	0.978	0.976	0.973
20	0.970	0.967	0.963	0.960	0.957	0.953	0.950	0.946	0.943	0.939
30	0.936	0.932	0.929	0.925	0.922	0.918	0.914	0.910	0.906	0.903
40	0.899	0.895	0.891	0.887	0.882	0.878	0.874	0.870	0.865	0.861
50	0.856	0.852	0.847	0.842	0.838	0.833	0.828	0.823	0.818	0.813
60	0.807	0.802	0.797	0.791	0.786	0.780	0.774	0.769	0.763	0.757

（续）

$\lambda\sqrt{\frac{f_y}{235}}$	0	1	2	3	4	5	6	7	8	9
70	0.751	0.745	0.739	0.732	0.726	0.720	0.714	0.707	0.701	0.694
80	0.688	0.681	0.675	0.668	0.661	0.655	0.648	0.641	0.635	0.628
90	0.621	0.614	0.608	0.601	0.594	0.588	0.581	0.575	0.568	0.561
100	0.555	0.549	0.542	0.536	0.529	0.523	0.517	0.511	0.505	0.499
110	0.493	1.487	0.481	0.475	0.470	0.464	0.458	0.453	0.447	0.442
120	0.437	0.432	0.426	0.421	0.416	0.411	0.406	0.402	0.397	0.392
130	0.387	0.383	0.378	0.374	0.370	0.365	0.361	0.357	0.353	0.349
140	0.345	0.341	0.337	0.333	0.329	0.326	0.322	0.318	0.315	0.311
150	0.308	0.304	0.301	0.298	0.295	0.291	0.288	0.285	0.282	0.279
160	0.276	0.273	0.270	0.267	0.265	0.262	0.259	0.256	0.254	0.251
170	0.249	0.246	0.244	0.241	0.239	0.236	0.234	0.232	0.229	0.227
180	0.225	0.223	0.220	0.218	0.216	0.214	0.212	0.210	0.208	0.206
190	0.204	0.202	0.200	0.198	0.197	0.195	0.193	0.191	0.190	0.188
200	0.186	0.184	0.183	0.181	0.180	0.178	0.176	0.175	0.173	0.172
210	0.170	0.169	0.167	0.166	0.165	0.163	0.162	0.160	0.159	0.158
220	0.156	0.155	0.154	0.153	0.151	0.150	0.149	0.148	0.146	0.145
230	0.144	0.143	0.142	0.141	0.140	0.138	0.137	0.136	0.135	0.134
240	0.133	0.132	0.131	0.130	0.129	0.128	0.127	0.126	0.125	0.124
250	0.123	—	—	—	—	—	—	—	—	—

附表 4-3　c 类截面轴心受压构件的稳定系数 φ

$\lambda\sqrt{\frac{f_y}{235}}$	0	1	2	3	4	5	6	7	8	9
0	1.000	1.000	1.000	0.999	0.999	0.998	0.997	0.996	0.995	0.993
10	0.992	0.990	0.988	0.986	0.983	0.981	0.978	0.976	0.973	0.970
20	0.966	0.959	0.953	0.947	0.940	0.934	0.928	0.921	0.915	0.909
30	0.902	0.896	0.890	0.884	0.877	0.871	0.865	0.858	0.852	0.846
40	0.839	0.833	0.826	0.820	0.814	0.807	0.801	0.794	0.788	0.781
50	0.775	0.768	0.762	0.755	0.748	0.742	0.735	0.729	0.722	0.715
60	0.709	0.702	0.695	0.689	0.682	0.676	0.669	0.662	0.656	0.649
70	0.643	0.636	0.629	0.623	0.616	0.610	0.604	0.597	0.591	0.584
80	0.578	0.572	0.566	0.559	0.553	0.547	0.541	0.535	0.529	0.523
90	0.517	0.511	0.505	0.500	0.494	0.488	0.483	0.477	0.472	0.467
100	0.463	0.458	0.454	0.449	0.445	0.441	0.436	0.432	0.428	0.423
110	0.419	0.415	0.411	0.407	0.403	0.399	0.395	0.391	0.387	0.383
120	0.379	0.375	0.371	0.367	0.364	0.360	0.356	0.353	0.349	0.346
130	0.342	0.339	0.335	0.332	0.328	0.325	0.322	0.319	0.315	0.312

（续）

$\lambda\sqrt{\frac{f_y}{235}}$	0	1	2	3	4	5	6	7	8	9
140	0.309	0.306	0.303	0.300	0.297	0.294	0.291	0.288	0.285	0.282
150	0.280	0.277	0.274	0.271	0.269	0.266	0.264	0.261	0.258	0.256
160	0.254	0.251	0.249	0.246	0.244	0.242	0.239	0.237	0.235	0.233
170	0.230	0.228	0.226	0.224	0.222	0.220	0.218	0.216	0.214	0.212
180	0.210	0.208	0.206	0.205	0.203	0.201	0.199	0.197	0.196	0.194
190	0.192	0.190	0.189	0.187	0.186	0.184	0.182	0.181	0.179	0.178
200	0.176	0.175	0.173	0.172	0.170	0.169	0.168	0.166	0.165	0.163
210	0.162	0.161	0.159	0.158	0.157	0.156	0.154	0.153	0.152	0.151
220	0.150	0.148	0.147	0.146	0.145	0.144	0.143	0.142	0.140	0.139
230	0.138	0.137	0.136	0.135	0.134	0.133	0.132	0.131	0.130	0.129
240	0.128	0.127	0.126	0.125	0.124	0.124	0.123	0.122	0.121	0.120
250	0.119	—	—	—	—	—	—	—	—	—

附表 4-4　d 类截面轴心受压构件的稳定系数 φ

$\lambda\sqrt{\frac{f_y}{235}}$	0	1	2	3	4	5	6	7	8	9
0	1.000	1.000	0.999	0.999	0.998	0.996	0.994	0.992	0.990	0.987
10	0.984	0.981	0.978	0.974	0.969	0.965	0.960	0.955	0.949	0.944
20	0.937	0.927	0.918	0.909	0.900	0.891	0.883	0.874	0.865	0.857
30	0.848	0.840	0.831	0.823	0.815	0.807	0.799	0.790	0.782	0.774
40	0.766	0.759	0.751	0.743	0.735	0.728	0.720	0.712	0.705	0.697
50	0.690	0.683	0.675	0.668	0.661	0.654	0.646	0.639	0.632	0.625
60	0.618	0.612	0.605	0.598	0.591	0.585	0.578	0.572	0.565	0.559
70	0.552	0.546	0.540	0.534	0.528	0.522	0.516	0.510	0.504	0.498
80	0.493	0.487	0.481	0.476	0.470	0.465	0.460	0.454	0.449	0.444
90	0.439	0.434	0.429	0.424	0.419	0.414	0.410	0.405	0.401	0.397
100	0.394	0.390	0.387	0.383	0.380	0.376	0.373	0.370	0.366	0.363
110	0.359	0.356	0.353	0.350	0.346	0.343	0.340	0.337	0.334	0.331
120	0.328	0.325	0.322	0.319	0.316	0.313	0.310	0.307	0.304	0.301
130	0.299	0.296	0.293	0.290	0.288	0.285	0.282	0.280	0.277	0.275
140	0.272	0.270	0.267	0.265	0.262	0.260	0.258	0.255	0.253	0.251
150	0.248	0.246	0.244	0.242	0.240	0.237	0.235	0.233	0.231	0.229
160	0.227	0.225	0.223	0.221	0.219	0.217	0.215	0.213	0.212	0.210
170	0.208	0.206	0.204	0.203	0.201	0.199	0.197	0.196	0.194	0.192
180	0.191	0.189	0.188	0.186	0.184	0.183	0.181	0.180	0.178	0.177
190	0.176	0.174	0.173	0.171	0.170	0.168	0.167	0.166	0.164	0.163
200	0.162	—	—	—	—	—	—	—	—	—

附录5 柱的计算长度系数

附表5-1 有侧移框架柱的计算长度系数μ

K_2 \ K_1	0	0.05	0.1	0.2	0.3	0.4	0.5	1	2	3	4	5	≥10
0	∞	6.02	4.46	3.42	3.01	2.78	2.64	2.33	2.17	2.11	2.08	2.07	2.03
0.05	6.02	4.16	3.47	2.86	2.58	2.42	2.31	2.07	1.94	1.90	1.87	1.86	1.83
0.1	4.46	3.47	3.01	2.56	2.33	2.20	2.11	1.90	1.79	1.75	1.73	1.72	1.70
0.2	3.42	2.86	2.56	2.23	2.05	1.94	1.87	1.70	1.60	1.57	1.55	1.54	1.52
0.3	3.01	2.58	2.33	2.05	1.90	1.80	1.74	1.58	1.49	1.46	1.45	1.44	1.42
0.4	2.78	2.42	2.20	1.94	1.80	1.71	1.65	1.50	1.42	1.39	1.37	1.37	1.35
0.5	2.64	2.31	2.11	1.87	1.74	1.65	1.59	1.45	1.37	1.34	1.32	1.32	1.30
1	2.33	2.07	1.90	1.70	1.58	1.50	1.45	1.32	1.24	1.21	1.20	1.19	1.17
2	2.17	1.94	1.79	1.60	1.49	1.42	1.37	1.24	1.16	1.14	1.12	1.12	1.10
3	2.11	1.90	1.75	1.57	1.46	1.39	1.34	1.21	1.14	1.11	1.10	1.09	1.07
4	2.08	1.87	1.73	1.55	1.45	1.37	1.32	1.20	1.12	1.10	1.08	1.08	1.06
5	2.07	1.86	1.72	1.54	1.44	1.37	1.32	1.19	1.12	1.09	1.08	1.07	1.05
≥10	2.03	1.83	1.70	1.52	1.42	1.35	1.30	1.17	1.10	1.07	1.06	1.05	1.03

注：1. 表中的计算长度系数μ值按下式算得

$$\left[36K_1K_2-\left(\frac{\pi}{\mu}\right)^2\right]\sin\frac{\pi}{\mu}+6(K_1+K_2)\frac{\pi}{\mu}\cos\frac{\pi}{\mu}=0$$

K_1、K_2分别为相交于柱上端、柱下端的横梁线刚度之和与柱线刚度之和的比值。当横梁远端为铰接时，应将横梁线刚度乘以0.5；当横梁远端为嵌固时，则应乘以2/3。

2. 当横梁与柱铰接时，取横梁线刚度为零。
3. 对底层框架柱，当柱与基础铰接时，取$K_2=0$(对平板支座可取$K_2=0.1$)；当柱与基础刚接时，取$K_2=10$。
4. 当与柱刚性连接的横梁所受轴心压力N_b较大时，横梁线刚度应乘以折减系数α_N：

横梁远端与柱刚接时 $\alpha_N=1-N_b/(4N_{Eb})$

横梁远端铰支时 $\alpha_N=1-N_b/N_{Eb}$

横梁远端嵌固时 $\alpha_N=1-N_b/(2N_{Eb})$

式中，$N_{Eb}=\pi^2EI_b/l^2$，I_b为横梁截面二次矩；l为横梁长度。

附表5-2 无侧移框架柱的计算长度系数μ

K_2 \ K_1	0	0.05	0.1	0.2	0.3	0.4	0.5	1	2	3	4	5	≥10
0	1.000	0.990	0.981	0.964	0.949	0.935	0.922	0.875	0.820	0.791	0.773	0.760	0.732
0.05	0.990	0.981	0.971	0.955	0.940	0.926	0.914	0.867	0.814	0.784	0.766	0.754	0.726
0.1	0.981	0.971	0.962	0.946	0.931	0.918	0.906	0.860	0.807	0.778	0.760	0.748	0.721
0.2	0.964	0.955	0.946	0.930	0.916	0.903	0.891	0.846	0.795	0.767	0.749	0.737	0.711
0.3	0.949	0.940	0.931	0.916	0.902	0.889	0.878	0.834	0.784	0.756	0.739	0.728	0.701
0.4	0.935	0.926	0.918	0.903	0.889	0.877	0.866	0.823	0.774	0.747	0.730	0.719	0.693
0.5	0.922	0.914	0.906	0.891	0.878	0.866	0.855	0.813	0.765	0.738	0.721	0.710	0.685
1	0.875	0.867	0.860	0.846	0.834	0.823	0.813	0.774	0.729	0.704	0.688	0.677	0.654
2	0.820	0.814	0.807	0.795	0.784	0.774	0.765	0.729	0.686	0.663	0.648	0.638	0.615
3	0.791	0.784	0.778	0.767	0.756	0.747	0.738	0.704	0.663	0.640	0.625	0.616	0.593

（续）

K_2 \ K_1	0	0.05	0.1	0.2	0.3	0.4	0.5	1	2	3	4	5	≥10
4	0.773	0.766	0.760	0.749	0.739	0.730	0.721	0.688	0.648	0.625	0.611	0.601	0.580
5	0.760	0.754	0.748	0.737	0.728	0.719	0.710	0.677	0.638	0.616	0.601	0.592	0.570
≥10	0.732	0.726	0.721	0.711	0.701	0.693	0.685	0.654	0.615	0.593	0.580	0.570	0.549

注：1. 表中的计算长度系数μ值按下式算得

$$\left[\left(\frac{\pi}{\mu}\right)^2+2(K_1+K_2)-4K_1K_2\right]\frac{\pi}{\mu}\sin\frac{\pi}{\mu}-2\left[(K_1+K_2)\left(\frac{\pi}{\mu}\right)^2+4K_1K_2\right]\cos\frac{\pi}{\mu}+8K_1K_2=0$$

K_1、K_2分别为相交于柱上端、柱下端的横梁线刚度之和与柱线刚度之和的比值。当横梁远端为铰接时，应将横梁线刚度乘以1.5；当横梁远端为嵌固时，则将横梁线刚度乘以2.0。

2. 当横梁与柱铰接时，取横梁线刚度为零。
3. 对底层框架柱，当柱与基础铰接时，取$K_2=0$（对平板支座可取$K_2=0.1$）；当柱与基础刚接时，取$K_2=10$。
4. 当与柱刚性连接的横梁所受轴心压力N_b较大时，横梁线刚度应乘以折减系数α_N：

横梁远端与柱刚接和横梁远端铰支时　　$\alpha_N=1-N_b/N_{Eb}$

横梁远端嵌固时　　$\alpha_N=1-N_b/(2N_{Eb})$

N_{Eb}的计算式见附表5-1注4。

附表5-3　柱上端为自由的单阶柱下段的计算长度系数μ_2

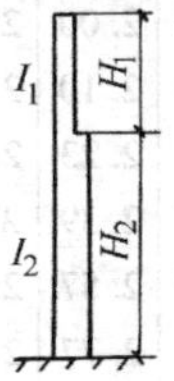

$$K_1=\frac{I_1}{I_2}\cdot\frac{H_2}{H_1}$$

$$\eta_1=\frac{H_1}{H_2}\sqrt{\frac{N_1}{N_2}\cdot\frac{I_2}{I_1}}$$

式中　N_1——上段柱的轴心力；

N_2——下段柱的轴心力。

η_1 \ K_1	0.06	0.08	0.1	0.12	0.14	0.16	0.18	0.20	0.22	0.24	0.26	0.28	0.3	0.4	0.5	0.6	0.7	0.8
0.2	2.00	2.01	2.01	2.01	2.01	2.01	2.01	2.02	2.02	2.02	2.02	2.02	2.02	2.03	2.04	2.05	2.06	2.07
0.3	2.01	2.02	2.02	2.02	2.03	2.03	2.03	2.04	2.04	2.05	2.05	2.05	2.06	2.08	2.10	2.12	2.13	2.15
0.4	2.02	2.03	2.04	2.04	2.05	2.06	2.07	2.07	2.08	2.09	2.09	2.10	2.11	2.14	2.18	2.21	2.25	2.28
0.5	2.04	2.05	2.06	2.07	2.08	2.10	2.11	2.12	2.13	2.15	2.16	2.17	2.18	2.24	2.29	2.35	2.40	2.45
0.6	2.06	2.08	2.10	2.12	2.14	2.16	2.18	2.19	2.21	2.23	2.25	2.26	2.28	2.36	2.44	2.52	2.59	2.66
0.7	2.10	2.13	2.16	2.18	2.21	2.24	2.26	2.29	2.31	2.34	2.36	2.38	2.41	2.52	2.62	2.72	2.81	2.90
0.8	2.15	2.20	2.24	2.27	2.31	2.34	2.38	2.41	2.44	2.47	2.50	2.53	2.56	2.70	2.82	2.94	3.06	3.16
0.9	2.24	2.29	2.35	2.39	2.44	2.48	2.52	2.56	2.60	2.63	2.67	2.71	2.74	2.90	3.05	3.19	3.32	3.44
1.0	2.36	2.43	2.48	2.54	2.59	2.64	2.69	2.73	2.77	2.82	2.86	2.90	2.94	3.12	3.29	3.45	3.59	3.74
1.2	2.69	2.76	2.83	2.89	2.95	3.01	3.07	3.12	3.17	3.22	3.27	3.32	3.37	3.59	3.80	3.99	4.17	4.34
1.4	3.07	3.14	3.22	3.29	3.36	3.42	3.48	3.55	3.61	3.66	3.72	3.78	3.83	4.09	4.33	4.56	4.77	4.97
1.6	3.47	3.55	3.63	3.71	3.78	3.85	3.92	3.99	4.07	4.12	4.18	4.25	4.31	4.61	4.88	5.14	5.38	5.62
1.8	3.88	3.97	4.05	4.13	4.21	4.29	4.37	4.44	4.52	4.59	4.66	4.73	4.80	5.13	5.44	5.73	6.00	6.26
2.0	4.29	4.39	4.48	4.57	4.65	4.47	4.82	4.90	4.99	5.07	5.14	5.22	5.30	5.66	6.00	6.32	6.63	6.92
2.2	4.71	4.81	4.91	5.00	5.10	5.19	5.28	5.37	5.46	5.54	5.63	5.71	5.80	6.19	6.57	6.92	7.26	7.58
2.4	5.13	5.24	5.34	5.44	5.54	5.64	5.74	5.84	5.93	6.03	6.12	6.21	6.30	6.73	7.14	7.52	7.89	8.24
2.6	5.55	5.66	5.77	5.88	5.99	6.10	6.20	6.31	6.41	6.51	6.61	6.71	6.80	7.27	7.71	8.13	8.52	8.90
2.8	5.97	6.09	6.21	6.33	6.44	6.55	6.67	6.78	6.89	6.99	7.10	7.21	7.31	7.81	8.28	8.73	9.16	9.57
3.0	6.39	6.52	6.64	6.77	6.89	7.01	7.13	7.25	7.37	7.48	7.59	7.71	7.82	8.35	8.86	9.34	9.80	10.24

注：表中的计算长度系数μ_2值系按下式算得　$\eta_1K_1\tan\frac{\pi}{\mu_2}\tan\frac{\pi\eta_1}{\mu_2}-1=0$

附表 5-4 柱上端可移动但不转动的单阶柱下段的计算长度系数μ_2

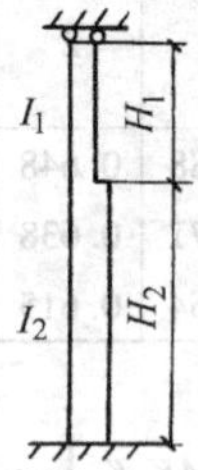

$$K_1=\frac{I_1}{I_2}\,\frac{H_2}{H_1}$$

$$\eta_1=\frac{H_1}{H_2}\sqrt{\frac{N_1}{N_2}\,\frac{I_2}{I_1}}$$

式中 N_1——上段柱的轴心力；

N_2——下段柱的轴心力。

η_1 \ K_1	0.06	0.08	0.10	0.12	0.14	0.16	0.18	0.20	0.22	0.24	0.26	0.28	0.3	0.4	0.5	0.6	0.7	0.8
0.2	1.96	1.94	1.93	1.91	1.90	1.89	1.88	1.86	1.85	1.84	1.83	1.82	1.81	1.76	1.72	1.68	1.65	1.62
0.3	1.96	1.94	1.93	1.92	1.91	1.89	1.88	1.87	1.86	1.85	1.84	1.83	1.82	1.77	1.73	1.70	1.66	1.63
0.4	1.96	1.95	1.94	1.92	1.91	1.90	1.89	1.88	1.87	1.86	1.85	1.84	1.83	1.79	1.75	1.72	1.68	1.66
0.5	1.96	1.95	1.94	1.93	1.92	1.91	1.90	1.89	1.88	1.87	1.86	1.85	1.85	1.81	1.77	1.74	1.71	1.69
0.6	1.97	1.96	1.95	1.94	1.93	1.92	1.91	1.90	1.90	1.89	1.88	1.87	1.87	1.83	1.80	1.78	1.75	1.73
0.7	1.97	1.97	1.96	1.95	1.94	1.94	1.93	1.92	1.92	1.91	1.90	1.90	1.89	1.86	1.84	1.82	1.80	1.78
0.8	1.98	1.98	1.97	1.96	1.96	1.95	1.95	1.94	1.94	1.93	1.93	1.93	1.92	1.90	1.88	1.87	1.86	1.84
0.9	1.99	1.99	1.98	1.98	1.98	1.97	1.97	1.97	1.97	1.96	1.96	1.96	1.96	1.95	1.94	1.93	1.92	1.92
1.0	2.00	2.00	2.00	2.00	2.00	2.00	2.00	2.00	2.00	2.00	2.00	2.00	2.00	2.00	2.00	2.00	2.00	2.00
1.2	2.03	2.04	2.04	2.05	2.06	2.07	2.07	2.08	2.08	2.09	2.10	2.10	2.11	2.13	2.15	2.17	2.18	2.20
1.4	2.07	2.09	2.11	2.12	2.14	2.16	2.17	2.18	2.20	2.21	2.22	2.23	2.24	2.29	2.33	2.37	2.40	2.42
1.6	2.13	2.16	2.19	2.22	2.25	2.27	2.30	2.32	2.34	2.36	2.37	2.39	2.41	2.48	2.54	2.59	2.63	2.67
1.8	2.22	2.27	2.31	2.35	2.39	2.42	2.45	2.48	2.50	2.53	2.55	2.57	2.59	2.69	2.76	2.83	2.88	2.93
2.0	2.35	2.41	2.46	2.50	2.55	2.59	2.62	2.66	2.69	2.72	2.75	2.77	2.80	2.91	3.00	3.08	3.14	3.20
2.2	2.51	2.57	2.63	2.68	2.73	2.77	2.81	2.85	2.89	2.92	2.95	2.98	3.01	3.14	3.25	3.33	3.41	3.47
2.4	2.68	2.75	2.81	2.87	2.92	2.97	3.01	3.05	3.09	3.13	3.17	3.20	3.24	3.38	3.50	3.59	3.68	3.75
2.6	2.87	2.94	3.00	3.06	3.12	3.17	3.22	3.27	3.31	3.35	3.39	3.43	3.46	3.62	3.75	3.86	3.95	4.03
2.8	3.06	3.14	3.20	3.27	3.33	3.38	3.43	3.48	3.53	3.58	3.62	3.66	3.70	3.87	4.01	4.13	4.23	4.32
3.0	3.26	3.34	3.41	3.47	3.54	3.60	3.65	3.70	3.75	3.80	3.85	3.89	3.93	4.12	4.27	4.40	4.51	4.61

注：表中的计算长度系数μ_2值由 $\tan\frac{\pi\eta_1}{\mu_2}+\eta_1K_1\tan\frac{\pi}{\mu_2}=0$ 计算。

附录6 疲劳计算的构件和连接分类

附表 6-1 构件和连接分类

项次	简 图	说 明	类别
1	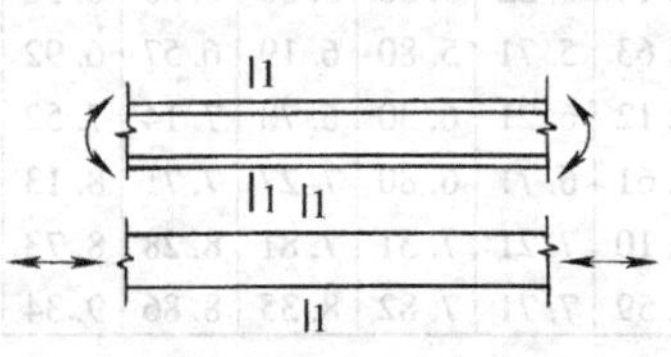	无连接处的主体金属 1. 轧制型钢 2. 钢板 1）两边为轧制边或刨边 2）两侧为自动、半自动切割边（切割质量标准应符合 GB 50205—2001《钢结构工程施工及验收规范》）	 1 1 2

（续）

项次	简 图	说 明	类别
2	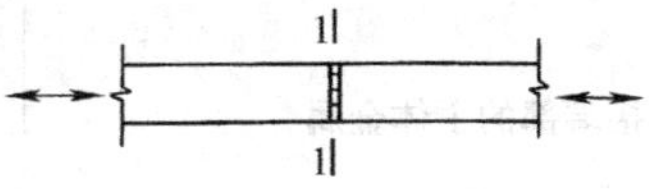	横向对接焊缝附近的主体金属 1. 符合 GB 50205—2001《钢结构工程施工及验收规范》的一级焊缝 2. 经加工、磨平的一级焊缝	 3 2
3	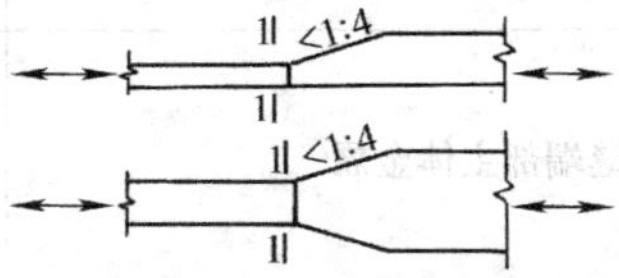	不同厚度（或宽度）横向对接焊缝附近的主体金属、焊缝加工成平滑过渡并符合一级焊缝标准	2
4	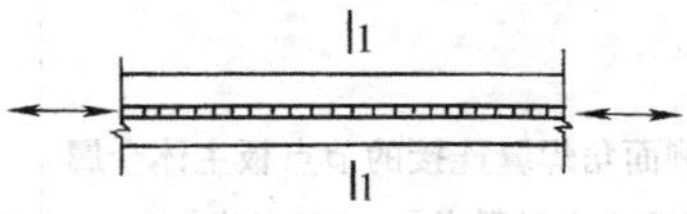	纵向对接焊缝附近的主体金属，焊缝符合二级焊缝标准	2
5	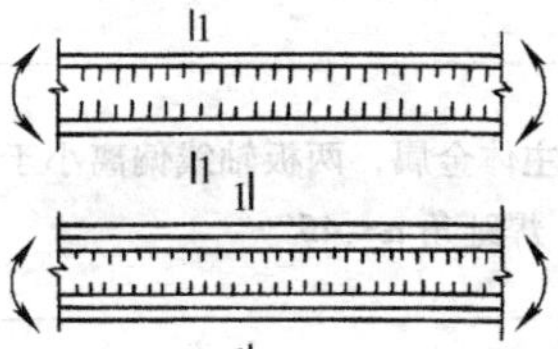	翼缘连接焊缝附近的主体金属 1. 翼缘板与腹板的连接焊缝 1）自动焊，二级 T 形对接和角接组合焊缝 2）自动焊，角焊缝，外观质量标准符合二级 3）手工焊，角焊缝，外观质量标准符合二级 2. 双层翼缘板之间的连接焊缝 1）自动焊，角焊缝，外观质量标准符合二级 2）手工焊，角焊缝，外观质量标准符合二级	 2 3 4 3 4
6	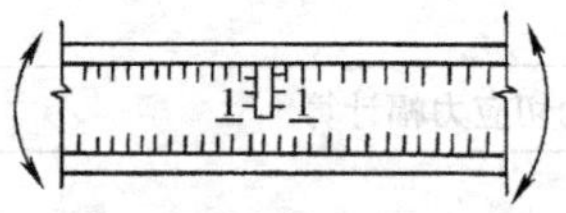	横向加劲肋端部附近的主体金属 1. 肋端不断弧（采用回焊） 2. 肋端断弧	 4 5
7	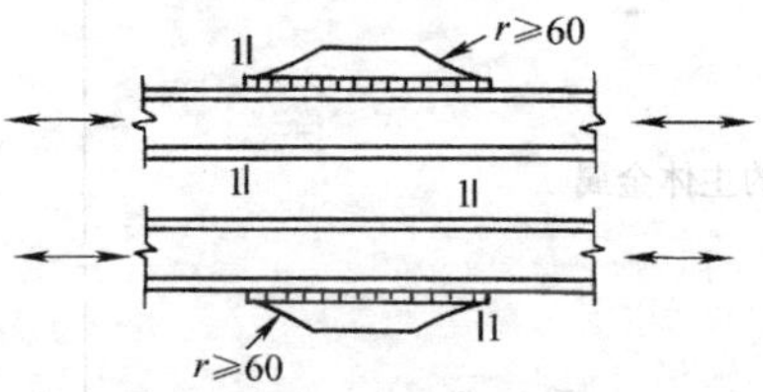	梯形节点板用对接焊缝焊于梁翼缘、腹板以及桁架构件处的主体金属，过渡处在焊后铲平、磨光、圆滑过渡，不得有焊接起弧、灭弧缺陷	5
8	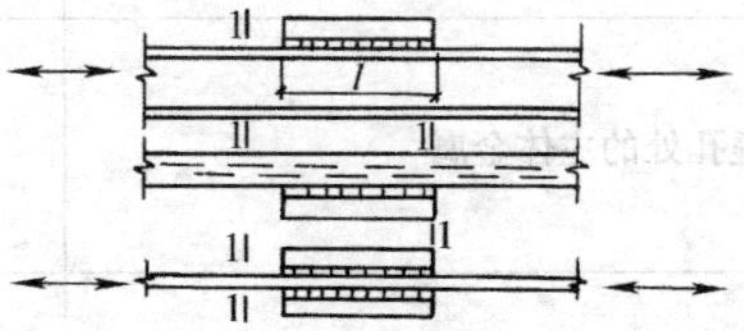	矩形节点板焊接于构件翼缘或腹板处的主体金属，$l>150$mm	7
9	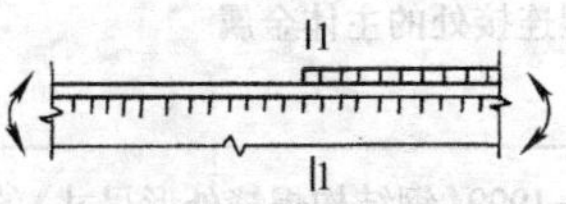	翼缘板中断处的主体金属（板端有正面焊缝）	7
10	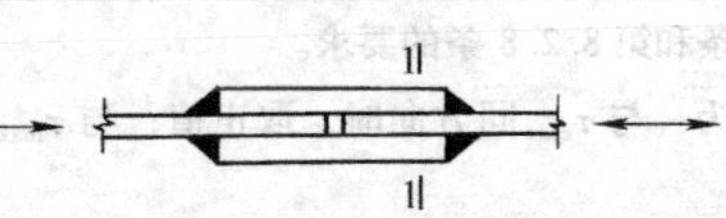	向正面角焊缝过渡处的主体金属	6

（续）

项次	简 图	说 明	类别
11	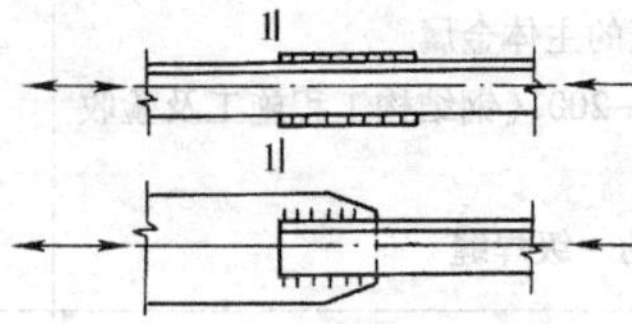	两侧面角焊缝连接端部的主体金属	8
12	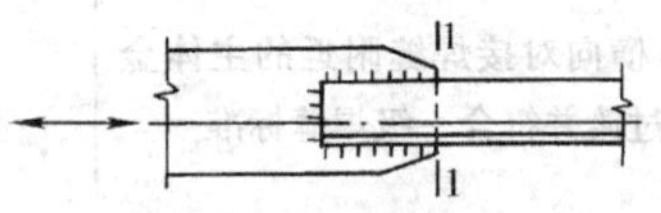	三面围焊的角焊缝端部主体金属	7
13	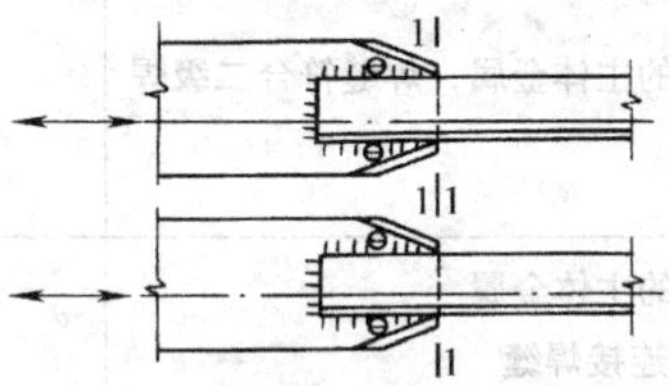	三面围焊或两侧面角焊缝连接的节点板主体金属（节点板计算宽度按应力扩散角 $\theta=30°$ 考虑）	7
14	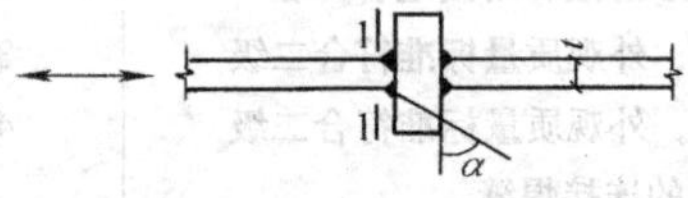	K 形对接焊缝处的主体金属，两板轴线偏离小于 $0.15t$，焊缝为二级，焊趾角 $\alpha \leqslant 45°$	5
15	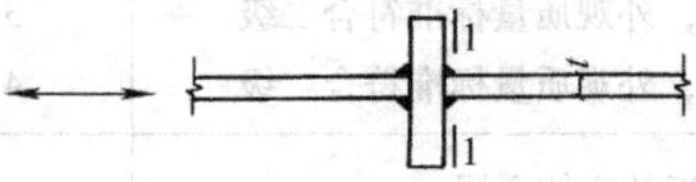	十字接头角焊缝处的主体金属，两板轴线偏离小于 $0.15t$	7
16	角焊缝	按有效截面确定的切应力幅计算	8
17	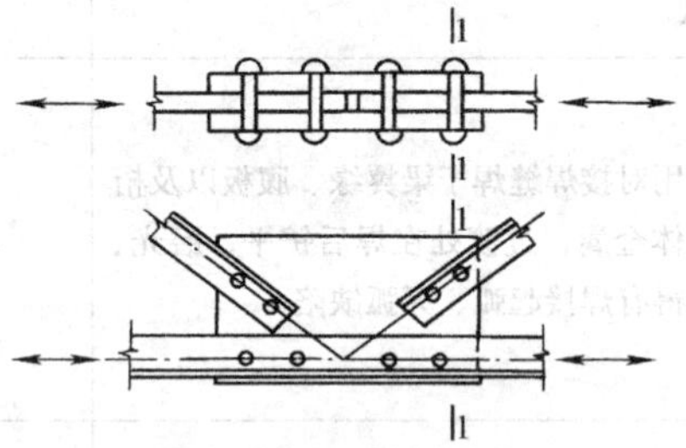	铆钉连接处的主体金属	3
18	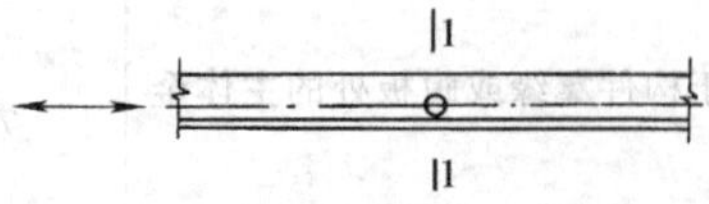	连系螺栓和虚孔处的主体金属	3
19	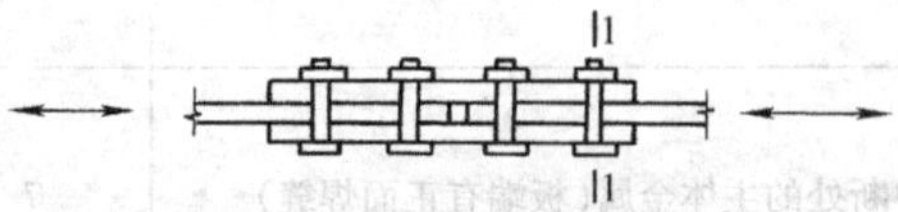	高强度螺栓摩擦型连接处的主体金属	2

注：1. 所有对接焊缝均需焊透，所有焊缝的外形尺寸均应符合 JB 7949—1999《钢结构焊缝外形尺寸》的规定。

2. 角焊缝应符合 GB 50017—2003《钢结构设计规范》第 8.2.7 条和第 8.2.8 条的要求。

3. 项次 16 中的切应力幅 $\Delta\tau=\tau_{max}-\tau_{min}$，其中 τ_{min} 的正负值为：与 τ_{max} 同方向时，取正值；与 τ_{max} 反方向时，取负值。

4. 第 17、18 项中的应力应以净截面面积计算，第 19 项应以毛截面面积计算。

附录7　型　钢　表

附表7-1　普通工字钢

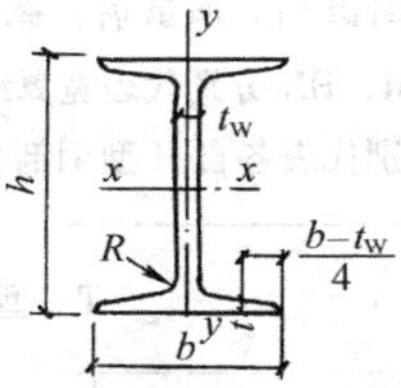

h—高度；　i—回转半径；

b—翼缘宽度；　S—半截面的静力矩；

t_w—腹板厚；　长度：型号10～18

t—翼缘平均厚；　长5～19m

I—截面二次矩；　型号20～63

W—截面系数；　长6～19m

型号	尺寸 h /mm	b	t_w	t	R	截面积 /cm^2	质量 /(kg/m)	x-x轴 I_x /cm^4	W_x /cm^3	i_x /cm	I_x/S_x /cm	y-y轴 I_y /cm^4	W_y /cm^3	i_y /cm
10	100	68	4.5	7.6	6.5	14.3	11.2	245	49	4.14	8.69	33	9.6	1.51
12.6	126	74	5.0	8.4	7.0	18.1	14.2	488	77	5.19	11.0	47	12.7	1.61
14	140	80	5.5	9.1	7.5	21.5	16.9	712	102	5.75	12.2	64	16.1	1.73
16	160	88	6.0	9.9	8.0	26.1	20.5	1127	141	6.57	13.9	93	21.1	1.89
18	180	94	6.5	10.7	8.5	30.7	24.1	1699	185	7.37	15.4	123	26.2	2.00
20a	200	100	7.0	11.4	9.0	35.5	27.9	2369	237	8.19	17.4	158	31.6	2.11
20b		102	9.0			39.5	31.1	2502	250	7.95	17.1	169	33.1	2.07
22a	220	110	7.5	12.3	9.5	42.1	33.0	3406	310	8.99	19.2	226	41.1	2.32
22b		112	9.5			46.5	36.5	3583	326	8.78	18.9	240	42.9	2.27
25a	250	116	8.0	13.0	10.0	48.5	38.1	5017	401	10.2	21.7	280	48.4	2.40
25b		118	10.0			53.5	42.0	5278	422	9.93	21.4	297	50.4	2.36
28a	280	122	8.5	13.7	10.5	55.4	43.5	7115	508	11.3	24.3	344	56.4	2.49
28b		124	10.0			61.0	47.9	7481	534	11.1	24.0	364	58.7	2.44
32a		130	9.5			67.1	52.7	11080	692	12.8	27.7	459	70.6	2.62
32b	320	132	11.5	15.0	11.5	73.5	57.7	11626	727	12.6	27.3	484	73.3	2.57
32c		134	13.5			79.9	62.7	12173	761	12.3	26.9	510	76.1	2.53
36a		136	10.0			76.4	60.0	15796	878	14.4	31.0	555	81.6	2.69
36b	360	138	12.0	15.8	12.0	83.6	65.6	16574	921	14.1	30.6	584	84.6	2.64
36c		140	14.0			90.8	71.3	17351	964	13.8	30.2	614	87.7	2.60
40a		142	10.5			86.1	67.6	21417	1086	15.9	34.4	660	92.9	2.77
40b	400	144	12.5	16.5	12.5	94.1	73.8	22781	1139	15.6	33.9	693	96.2	2.71
40c		146	14.5			102	80.1	23847	1192	15.3	33.5	727	99.7	2.67
45a		150	11.5			102	80.4	32241	1433	17.7	38.5	855	114	2.89
45b	450	152	13.5	18.0	13.5	111	87.4	33759	1500	17.4	38.1	895	118	2.84
45c		154	15.5			120	94.5	35278	1568	17.1	37.6	938	122	2.79
50a		158	12.0			119	93.6	46472	1859	19.7	42.9	1122	142	3.07
50b	500	160	14.0	20	14	129	101	48556	1942	19.4	42.3	1171	146	3.01
50c		162	16.0			139	109	50639	2026	19.1	41.9	1224	151	2.96
56a		166	12.5			135	106	65576	2342	22.0	47.9	1366	165	3.18
56b	560	168	14.5	21	14.5	147	115	68503	2447	21.6	47.3	1424	170	3.12
56c		170	16.5			158	124	71430	2551	21.3	46.8	1485	175	3.07
63a		176	13.0			155	122	94004	2984	24.7	53.8	1702	194	3.32
63b	630	178	15.0	22	15	167	131	98171	3117	24.2	53.2	1771	199	3.25
63c		180	17.0			180	141	102339	3249	23.9	52.6	1842	205	3.20

附表 7-2 H 型钢和 T 型钢

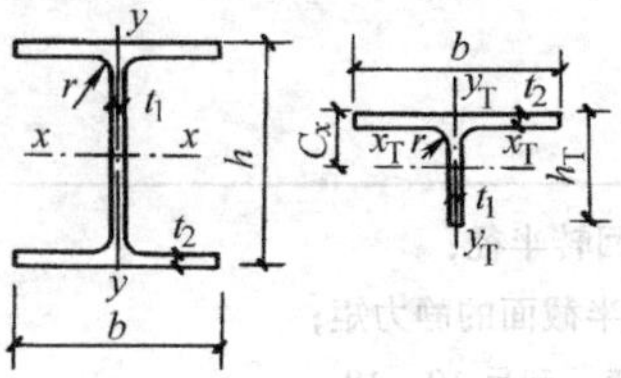

符号 h—H 型钢截面高度；b—翼缘宽度；t_1—腹板厚度；

t_2—翼缘厚度；W—截面系数；i—回转半径；

S—半截面的静力矩；I—截面二次矩

对 T 型钢：截面高度 h_T，截面面积 A_T，质量 q_T，截面二次矩 I_{yT}，等于相应 H 型钢的 1/2，HW、HM、HN 分别代表宽翼缘、中翼缘、窄翼缘 H 型钢；TW、TM、TN 分别代表各自 H 型钢剖分的 T 型钢

H 型钢										H 和 T	T 型钢			
类别	H 型钢规格 ($h\times b\times t_1\times t_2$) /mm	截面积 A /cm²	质量 q /(kg/m)	x-x 轴 I_x /cm⁴	x-x 轴 W_x /cm³	x-x 轴 i_x /cm	y-y 轴 I_y /cm⁴	y-y 轴 W_y /cm³	i_y，i_{yT} /cm	重心 C_x /cm	x_T-x_T 轴 I_{xT} /cm⁴	x_T-x_T 轴 i_{xT} /cm	T 型钢规格 ($h_T\times b\times t_1\times t_2$) /mm	类别
HW	100×100×6×8	21.90	17.2	383	76.5	4.18	134	26.7	2.47	1.00	16.1	1.21	50×100×6×8	TW
	125×125×6.5×9	30.31	23.8	847	136	5.29	294	47.0	3.11	1.19	35.0	1.52	62.5×125×6.5×9	
	150×150×7×10	40.55	31.9	1660	221	6.39	564	75.1	3.73	1.37	66.4	1.81	75×150×7×10	
	175×175×7.5×11	51.43	40.3	2900	331	7.50	984	112	4.37	1.55	115	2.11	87.5×175×7.5×11	
	200×200×8×12	64.28	50.5	4770	477	8.61	1600	160	4.99	1.73	185	2.40	100×200×8×12	
	#200×204×12×12	72.28	56.7	5030	503	8.35	1700	167	4.85	2.09	256	2.66	#100×204×12×12	
	250×250×9×14	92.18	72.4	10800	867	10.8	3650	292	6.29	2.08	412	2.99	125×250×9×14	
	#250×255×14×14	104.7	82.2	11500	919	10.5	3880	304	6.09	2.58	589	3.36	#125×255×14×14	
	#294×302×12×12	108.3	85.0	17000	1160	12.5	5520	365	7.14	2.83	858	3.98	#147×302×12×12	
	300×300×10×15	120.4	94.5	20500	1370	13.1	6760	450	7.49	2.47	798	3.64	150×300×10×15	
	300×305×15×15	135.4	106	21600	1440	12.6	7100	466	7.24	3.02	1110	4.05	150×305×15×15	
	#344×348×10×16	146.0	115	33300	1940	15.1	11200	646	8.78	2.67	1230	4.11	#172×348×10×16	
	350×350×12×19	173.9	137	40300	2300	15.2	13600	776	8.84	2.86	1520	4.18	175×350×12×19	
	#388×402×15×15	179.2	141	49200	2540	16.6	16300	809	9.52	3.69	2480	5.26	#194×402×15×15	
	#394×398×11×18	87.6	147	56400	2860	17.3	18900	951	10.0	3.01	2050	4.67	#197×398×11×18	
	400×400×13×21	219.5	172	66900	3340	17.5	22400	1120	10.1	3.21	2480	4.75	200×400×13×21	
	#400×408×21×21	251.5	197	71100	3560	16.8	23800	1170	9.73	4.07	3650	5.39	#200×408×21×21	
	#414×405×18×28	296.2	233	93000	4490	17.7	31000	1530	10.2	3.68	3620	4.95	#207405×18×28	
	#428×407×20×35	361.4	284	119000	5580	18.2	39400	1930	10.4	3.90	4380	4.92	#214×407× 20×35	
HM	148×100×6×9	27.25	21.4	1040	140	6.17	151	30.2	2.35	1.55	51.7	1.95	74×100×6×9	TM
	194×150×6×9	39.76	31.2	2740	283	8.30	508	67.7	3.57	1.78	125	2.50	97×150×6×9	
	244×175×7×11	56.24	44.1	6120	502	10.4	985	113	4.18	2.27	289	3.20	122×175×7×11	
	294×200×8×12	73.03	57.3	11400	779	12.5	1600	160	4.69	2.82	572	3.96	147×200×8×12	
	340×250×9×14	101.5	79.7	21700	1280	14.6	3650	292	6.00	3.09	1020	4.48	170×250×9×14	
	390×300×10×16	136.7	107	38900	2000	16.9	7210	481	7.26	3.40	1730	5.03	195×300×10×16	

（续）

	H 型钢								H和T				T 型钢	
类别	H型钢规格 ($h \times b \times t_1 \times t_2$) /mm	截面积 A /cm^2	质量 q /(kg/m)	x-x 轴 I_x /cm^4	x-x 轴 W_x /cm^3	x-x 轴 i_x /cm	y-y 轴 I_y /cm^4	y-y 轴 W_y /cm^3	i_y, i_{yT} /cm	重心 C_x /cm	x_T-x_T 轴 I_{xT} /cm^4	x_T-x_T 轴 i_{xT} /cm	T型钢规格 ($h_T \times b \times t_1 \times t_2$) /mm	类别
HM	440×300×11×18	157.4	124	56100	2550	18.9	8110	541	7.18	4.05	2680	5.84	220×300×11×18	TM
	482×300×11×15	146.4	115	60800	2520	20.4	6770	451	6.80	4.90	3420	6.83	241×300×11×15	
	488×300×11×18	164.4	129	71400	2930	20.8	8120	541	7.03	4.65	3620	6.64	244×300×11×18	
	582×300×12×17	174.5	137	103000	3530	24.3	7670	511	6.63	6.39	6360	8.54	291×300×12×17	
	588×300×12×20	192.5	151	118000	4020	24.8	9020	601	6.85	6.08	6710	8.35	294×300×12×20	
	#594×302×14×23	222.4	175	137000	4620	24.9	10600	701	6.90	6.33	7920	8.44	#297×302×14×23	
HN	100×50×5×7	12.16	9.5	192	38.5	3.98	14.9	5.96	1.11	1.27	11.9	1.40	50×50×5×7	TN
	125×60×6×8	17.01	13.3	417	66.8	4.95	29.3	9.75	1.31	1.63	27.5	1.80	62.5×120×6×8	
	150×75×5×7	18.16	14.3	679	90.6	6.12	49.6	13.2	1.65	1.78	42.7	2.17	75×75×5×7	
	175×90×5×8	23.21	18.2	1220	140	7.26	97.6	21.7	2.05	1.92	70.7	2.47	87.5×90×5×8	
	198×99×4.5×7	23.59	18.5	1610	163	8.27	114	23.0	2.20	2.13	94.0	2.82	99×99×4.5×7	
	200×100×5.5×8	27.5	21.7	1880	188	8.25	134	26.8	2.21	2.27	115	2.88	100×100×5.5×8	
	248×124×5×8	32.89	25.8	3560	287	10.4	255	41.1	2.78	2.62	208	3.56	124×124×5×8	
	250×125×6×9	37.87	29.7	4080	326	10.4	294	47.0	2.79	2.78	249	3.62	125×125×6×9	
	298×194×5.5×8	41.55	32.6	6460	433	12.4	443	59.4	3.26	3.22	395	4.36	149×149×5.5×8	
	300×150×6.5×9	47.53	37.3	7350	490	12.4	508	67.7	3.27	3.38	465	4.42	150×150×6.5×9	
	346×174×6×9	53.19	41.8	11200	649	14.5	792	91.0	3.86	3.68	618	5.06	173×174×6×9	
	350×175×7×11	63.66	50.0	13700	782	14.7	985	113	3.93	3.74	816	5.06	175×175×7×11	
	#400×150×8×13	71.12	55.8	18800	942	16.3	734	97.9	3.21	—	—	—	—	
	396×199×7×11	72.16	56.7	20000	1010	16.7	1450	145	4.48	4.17	1190	5.76	198×199×7×11	
	400×200×8×13	84.12	66.0	23700	1190	16.8	1740	174	4.54	4.23	1400	5.76	200×200×8×13	
	#450×150×9×14	83.41	65.5	27100	1200	18.0	793	106	3.08	—	—	—	—	
	446×199×8×12	84.95	66.7	29000	1300	18.5	1580	159	4.31	5.07	1880	6.65	223×199×8×12	
	450×200×9×14	97.41	76.5	33700	1500	18.6	1870	187	4.38	5.13	2160	6.66	225×200×9×14	
	#500×150×10×16	98.23	77.1	38500	1540	19.8	907	121	3.04	—	—	—	—	
	496×199×9×14	101.3	79.5	41900	1690	20.3	1840	185	4.27	5.90	2840	7.49	248×199×9×14	
	500×200×10×16	114.2	89	47800	1910	20.5	2140	214	4.33	5.96	3210	7.50	250×200×10×16	
	#506×201×11×19	131.3	103	56500	2230	20.8	2580	257	4.43	5.95	3670	7.48	#253×201×11×19	
	596×199×10×15	121.2	95.1	69300	2330	23.9	1980	199	4.04	7.76	5200	9.27	298×199×10×15	
	600×200×11×17	135.2	106	78200	2610	24.1	2280	228	4.11	7.81	5802	9.28	300×200×11×17	
	#606×201×12×20	153.3	120	91000	3000	24.4	2720	271	4.21	7.76	6580	9.26	#303×201×12×20	
	#692×300×13×20	211.5	166	172000	4980	26.8	9020	602	6.53	—	—	—	—	
	700×300×13×24	235.5	185	201000	5760	29.3	10800	722	6.18	—	—	—	—	

注："#"表示的规格为非常用规格。

附表 7-3 普通槽钢

符号 同普通工字型钢，
但 W_y 为对应于翼缘肢尖的截面系数

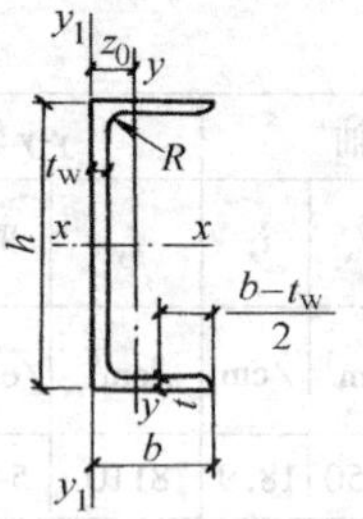

长度：型号 5~8，长 5~12m；
型号 10~18，长 5~19m；
型号 20~40，长 6~19m

型号	尺寸 /mm					截面积 /cm²	质量 /(kg/m)	x-x 轴			y-y 轴			y_1-y_1 轴	z_0 /cm
	h	b	d	t	R			I_x /cm⁴	W_x /cm³	i_x /cm	I_y /cm⁴	W_y /cm³	i_y /cm	I_{y1} /cm⁴	
5	50	37	4.5	7.0	7.0	6.92	5.44	26	10.4	1.94	8.3	3.5	1.10	20.9	1.35
6.3	63	40	4.8	7.5	7.5	8.45	6.63	51	16.3	2.46	11.9	4.6	1.19	28.3	1.39
8	80	43	5.0	8.0	8.0	10.24	8.04	101	25.3	3.14	16.6	5.8	1.27	37.4	1.42
10	100	48	5.3	8.5	8.5	12.74	10.00	198	39.7	3.94	25.6	7.8	1.42	54.9	1.52
12.6	126	53	5.5	9.0	9.0	15.69	12.31	389	61.7	4.98	38.0	10.3	1.56	77.8	1.59
a		58	6.0	9.5	9.5	18.51	14.53	564	80.5	5.52	53.2	13.0	1.70	107.2	1.71
14b	140	60	8.0	9.5	9.5	21.31	16.73	609	87.1	5.35	61.2	14.1	1.69	120.6	1.67
a		63	6.5	10.0	10.0	21.95	17.23	866	108.3	6.28	73.4	16.3	1.83	144.1	1.79
16b	160	65	8.5	10.0	10.0	25.15	19.75	935	116.8	6.10	83.4	17.6	1.82	160.8	1.75
a		68	7.0	10.5	10.5	25.69	20.17	1273	141.4	7.04	98.6	20.0	1.96	189.7	1.88
18b	180	70	9.0	10.5	10.5	29.29	22.99	1370	152.2	6.84	111.0	21.5	1.95	210.1	1.84
a		73	7.0	11.0	11.0	28.83	22.63	1780	178.0	7.86	128.0	24.2	2.11	244.0	2.01
20b	200	75	9.0	11.0	11.0	32.83	25.77	1914	191.4	7.64	143.6	25.9	2.09	268.4	1.95
a		77	7.0	11.5	11.5	31.84	24.99	2394	217.6	8.67	157.8	28.2	2.23	298.2	2.10
22b	220	79	9.0	11.5	11.5	36.24	28.45	2571	233.8	8.42	176.5	30.1	2.21	326.3	2.03
a		78	7.0	12.0	12.0	34.91	27.40	3359	268.7	9.81	175.9	30.7	2.24	324.8	2.07
25b	250	80	9.0	12.0	12.0	39.91	31.33	3619	289.6	9.52	196.4	32.7	2.22	355.1	1.99
c		82	11.0	12.0	12.0	44.91	35.25	3880	310.4	9.30	215.9	34.6	2.19	388.6	1.96
a		82	7.5	12.5	12.5	40.02	31.42	4753	339.5	10.90	217.9	35.7	2.33	393.3	2.09
28b	280	84	9.5	12.5	12.5	45.62	35.81	5118	365.6	10.59	241.5	37.9	2.30	428.5	2.02
c		86	11.5	12.5	12.5	51.22	40.21	5484	391.7	10.35	264.1	40.0	2.27	467.3	1.99
a		88	8.0	14.0	14.0	48.50	38.07	7511	469.4	12.44	304.7	46.4	2.51	547.5	2.24
32b	320	90	10.0	14.0	14.0	54.90	43.10	8057	503.5	12.11	335.6	49.1	2.47	592.9	2.16
c		92	12.0	14.0	14.0	61.30	48.12	8603	537.7	11.85	365.0	51.6	2.44	642.7	2.13
a		96	9.0	16.0	16.0	60.89	47.80	11874	659.7	13.96	455.0	63.6	2.73	818.5	2.44
36b	360	98	11.0	16.0	16.0	68.09	53.45	12652	702.9	13.63	496.7	66.9	2.70	880.5	2.37
c		100	13.0	16.0	16.0	75.29	59.10	13429	746.1	13.36	536.6	70.0	2.67	948.0	2.34
a		100	10.5	18.0	18.0	75.04	58.91	17578	878.9	15.30	592.0	78.8	2.81	1057.9	2.49
40b	400	102	12.5	18.0	18.0	83.04	65.19	18644	932.2	14.98	640.6	82.6	2.78	1135.8	2.44
c		104	14.5	18.0	18.0	91.04	71.47	19711	985.6	14.71	687.8	86.2	2.75	1220.3	2.42

附表 7-4　等边角钢

角钢型号	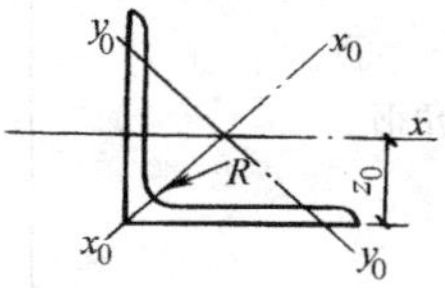 单角钢										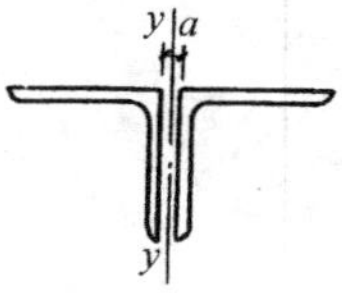 双角钢				
	圆角	重心矩	截面积	质量	截面二	截面系数		回转半径			i_y，当 a 为下列数值：				
	R	z_0	A		次矩 I_x	W_x^{max}	W_x^{min}	i_x	i_{x0}	i_{y0}	6mm	8mm	10mm	12mm	14mm
	/mm		/cm²	/(kg/m)	/cm⁴	/cm³		/cm			/cm				
3	3.5	6.0	1.13	0.89	0.40	0.66	0.29	0.59	0.75	0.39	1.08	1.17	1.25	1.34	1.43
∟20×4		6.4	1.46	1.15	0.50	0.78	0.36	0.58	0.73	0.38	1.11	1.19	1.28	1.37	1.46
3	3.5	7.3	1.43	1.12	0.82	1.12	0.46	0.76	0.95	0.49	1.27	1.36	1.44	1.53	1.61
∟25×4		7.6	1.86	1.46	1.03	1.34	0.59	0.74	0.93	0.48	1.30	1.38	1.47	1.55	1.64
3	4.5	8.5	1.75	1.37	1.46	1.72	0.68	0.91	1.15	0.59	1.47	1.55	1.63	1.71	1.80
∟30×4		8.9	2.28	1.79	1.84	2.08	0.87	0.90	1.13	0.58	1.49	1.57	1.65	1.74	1.82
3	4.5	10.0	2.11	1.66	2.58	2.59	0.99	1.11	1.39	0.71	1.70	1.78	1.86	1.94	2.03
∟36×4		10.4	2.76	2.16	3.29	3.18	1.28	1.09	1.38	0.70	1.73	1.80	1.89	1.97	2.05
		10.7	3.38	2.65	3.95	3.68	1.56	1.08	1.36	0.70	1.75	1.83	1.91	1.99	2.08
3	5	10.9	2.36	1.85	3.59	3.28	1.23	1.23	1.55	0.79	1.86	1.94	2.01	2.09	2.18
∟40×4		11.3	3.09	2.42	4.60	4.05	1.60	1.22	1.54	0.79	1.88	1.96	2.04	2.12	2.20
5		11.7	3.79	2.98	5.53	4.72	1.96	1.21	1.52	0.78	1.90	1.98	2.06	2.14	2.23
3	5	12.2	2.66	2.09	5.17	4.25	1.58	1.39	1.76	0.90	2.06	2.14	2.21	2.29	2.37
4		12.6	3.49	2.74	6.65	5.29	2.05	1.38	1.74	0.89	2.08	2.16	2.24	2.32	2.40
∟45×5		13.0	4.29	3.37	8.04	6.20	2.51	1.37	1.72	0.88	2.10	2.18	2.26	2.34	2.42
6		13.3	5.08	3.99	9.33	6.99	2.95	1.36	1.71	0.88	2.12	2.20	2.28	2.36	2.44
3	5.5	13.4	2.97	2.33	7.18	5.36	1.96	1.55	1.96	1.00	2.26	2.33	2.41	2.48	2.56
4		13.8	3.90	3.06	9.26	6.70	2.56	1.54	1.94	0.99	2.28	2.36	2.43	2.51	2.59
∟50×5		14.2	4.80	3.77	11.21	7.90	3.13	1.53	1.92	0.98	2.30	2.38	2.45	2.53	2.61
6		14.6	5.69	4.46	13.05	8.95	3.68	1.51	1.91	0.98	2.32	2.40	2.48	2.56	2.64
3	6	14.8	3.34	2.62	10.19	6.86	2.48	1.75	2.20	1.13	2.50	2.57	2.64	2.72	2.80
4		15.3	4.39	3.45	13.18	8.63	3.24	1.73	2.18	1.11	2.52	2.59	2.67	2.74	2.82
∟56×5		15.7	5.42	4.25	16.02	10.22	3.97	1.72	2.17	1.10	2.54	2.61	2.69	2.77	2.85
8		16.8	8.37	6.57	23.63	14.06	6.03	1.68	2.11	1.09	2.60	2.67	2.75	2.83	2.91
4	7	17.0	4.98	3.91	19.03	11.22	4.13	1.96	2.46	1.26	2.79	2.87	2.94	3.02	3.09
5		17.4	6.14	4.82	23.17	13.33	5.08	1.94	2.45	1.25	2.82	2.89	2.96	3.04	3.12
∟63×6		17.8	7.29	5.72	27.12	15.26	6.00	1.93	2.43	1.24	2.83	2.91	2.98	3.06	3.14
8		18.5	9.51	7.47	34.45	18.59	7.75	1.90	2.39	1.23	2.87	2.95	3.03	3.10	3.18
10		19.3	11.66	9.15	41.09	21.34	9.39	1.88	2.36	1.22	2.91	2.99	3.07	3.15	3.23
4	8	18.6	5.57	4.37	26.39	4.16	5.14	2.18	2.74	1.40	3.07	3.14	3.21	3.29	3.36
5		19.1	6.88	5.40	32.21	16.89	6.32	2.16	2.73	1.39	3.09	3.16	3.24	3.31	3.39
∟70×6		19.5	8.16	6.41	37.77	19.39	7.48	2.15	2.71	1.38	3.11	3.18	3.26	3.33	3.41
7		19.9	9.42	7.40	43.09	21.68	8.59	2.14	2.69	1.38	3.13	3.20	3.28	3.36	3.43
8		20.3	10.67	8.37	48.17	23.79	9.68	2.13	2.68	1.37	3.15	3.22	3.30	3.38	3.46

（续）

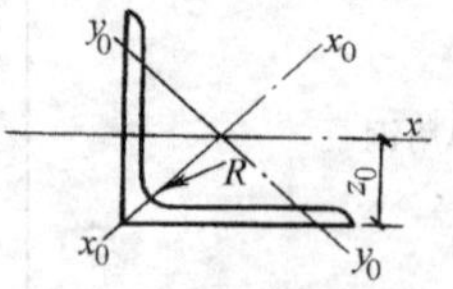

单角钢

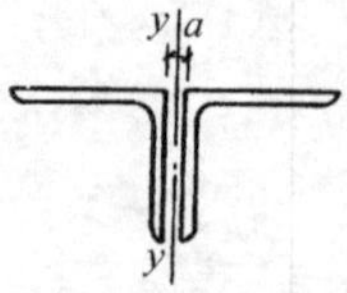

双角钢

角钢型号	圆角 R /mm	重心矩 z_0 /mm	截面积 A /cm²	质量 /(kg/m)	截面二次矩 I_x /cm⁴	截面系数 W_x^{max} /cm³	截面系数 W_x^{min} /cm³	回转半径 i_x /cm	回转半径 i_{x0} /cm	回转半径 i_{y0} /cm	i_y，当 a 为下列数值：6mm /cm	8mm	10mm	12mm	14mm
5	9	20.3	7.41	5.82	39.96	19.73	7.30	2.32	2.92	1.50	3.29	3.36	3.43	3.50	3.58
6		20.7	8.80	6.91	46.91	22.69	8.63	2.31	2.91	1.49	3.31	3.38	3.45	3.53	3.60
∟75×7		21.1	10.16	7.98	53.57	25.42	9.93	2.30	2.89	1.48	3.33	3.40	3.47	3.55	3.63
8		21.5	11.50	9.03	59.96	27.93	11.20	2.28	2.87	1.47	3.35	3.42	3.50	3.57	3.65
10		22.2	14.13	11.09	71.98	32.40	13.64	2.26	2.84	1.46	3.38	3.46	3.54	3.61	3.69
5	9	21.5	7.91	6.21	48.79	22.70	8.34	2.48	3.13	1.60	3.49	3.56	3.63	3.71	3.78
6		21.9	9.40	7.38	57.35	26.16	9.87	2.47	3.11	1.59	3.51	3.58	3.65	3.73	3.80
∟80×7		22.3	10.86	8.53	65.58	29.38	11.37	2.46	3.10	1.58	3.53	3.60	3.67	3.75	3.83
8		22.7	12.30	9.66	73.50	32.36	12.83	2.44	3.08	1.57	3.55	3.62	3.70	3.77	3.85
10		23.5	15.13	11.87	88.43	37.68	15.64	2.42	3.04	1.56	3.58	3.66	3.74	3.81	3.89
6	10	24.4	10.64	8.35	82.77	33.99	12.61	2.79	3.51	1.80	3.91	3.98	4.05	4.12	4.20
7		24.8	12.30	9.66	94.83	38.28	14.54	2.78	3.50	1.78	3.93	4.00	4.07	4.14	4.22
∟90×8		25.2	13.94	10.95	106.5	42.30	16.42	2.76	3.48	1.78	3.95	4.02	4.09	4.17	4.24
10		25.9	17.17	13.48	128.6	49.57	20.07	2.74	3.45	1.76	3.98	4.06	4.13	4.21	4.28
12		26.7	20.31	15.94	149.2	55.93	23.57	2.71	3.41	1.75	4.02	4.09	4.17	4.25	4.32
6	12	26.7	11.93	9.37	115.0	43.04	15.68	3.10	3.91	2.00	4.30	4.37	4.44	4.51	4.58
7		27.1	13.80	10.83	131.9	48.57	18.10	3.09	3.89	1.99	4.32	4.39	4.46	4.53	4.61
8		27.6	15.64	12.28	148.2	53.78	20.47	3.08	3.88	1.98	4.34	4.41	4.48	4.55	4.63
∟100×10		28.4	19.26	15.12	179.5	63.29	25.06	3.05	3.84	1.96	4.38	4.45	4.52	4.60	4.67
12		29.1	22.80	17.90	208.9	71.72	29.47	3.03	3.81	1.95	4.41	4.49	4.56	4.64	4.71
14		29.9	26.26	20.61	236.5	79.19	33.73	3.00	3.77	1.94	4.45	4.53	4.60	4.68	4.75
16		30.6	29.63	23.26	262.5	85.81	37.82	2.98	3.74	1.93	4.49	4.56	4.64	4.72	4.80
7	12	29.6	15.20	11.93	177.2	59.78	22.05	3.41	4.30	2.20	4.72	4.79	4.86	4.94	5.01
8		30.1	17.24	13.53	199.5	66.36	24.95	3.40	4.28	2.19	4.74	4.81	4.88	4.96	5.03
∟110×10		30.9	21.26	16.69	242.2	78.48	30.60	3.38	4.25	2.17	4.78	4.85	4.92	5.00	5.07
12		31.6	25.20	19.78	282.6	89.34	36.05	3.35	4.22	2.15	4.82	4.89	4.96	5.04	5.11
14		32.4	29.06	22.81	320.7	99.07	41.31	3.32	4.18	2.14	4.85	4.93	5.00	5.08	5.15
8	14	33.7	19.75	15.50	297.0	88.20	32.52	3.88	4.88	2.50	5.34	5.41	5.48	5.55	5.62
10		34.5	24.37	19.13	361.7	104.8	39.97	3.85	4.85	2.48	5.38	5.45	5.52	5.59	5.66
∟125×12		35.3	28.91	22.70	423.2	119.9	47.17	3.83	4.82	2.46	5.41	5.48	5.56	5.63	5.70
14		36.1	33.37	26.19	481.7	133.6	54.16	3.80	4.78	2.45	5.45	5.52	5.59	5.67	5.74
10	14	38.2	27.37	1.49	514.7	134.6	0.58	4.34	5.46	2.78	5.98	6.05	6.12	6.20	6.27
12		39.0	32.51	25.52	603.7	154.6	59.80	4.31	5.43	2.77	6.02	6.09	6.16	6.23	6.31
∟140×14		39.8	37.57	29.49	688.8	173.0	68.75	4.28	5.40	2.75	6.06	6.13	6.20	6.27	6.34
16		40.6	42.54	33.39	770.2	189.9	77.46	4.26	5.36	2.74	6.09	6.16	6.23	6.31	6.38

（续）

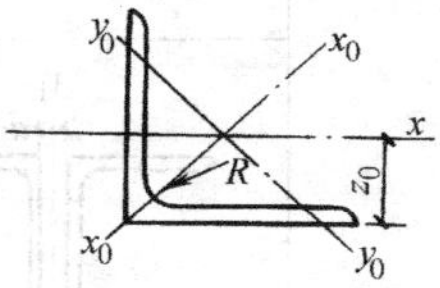

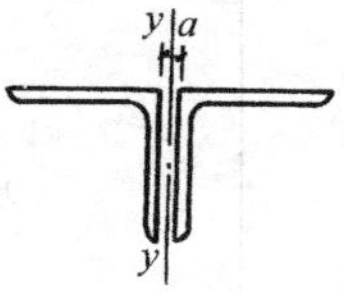

角钢型号	圆角 R	重心矩 z_0	截面积 A	质量	截面二次矩 I_x	截面系数 W_x^{max}	截面系数 W_x^{min}	回转半径 i_x	回转半径 i_{x0}	回转半径 i_{y0}	i_y，当 a 为下列数值：6mm	8mm	10mm	12mm	14mm
	/mm	/mm	$/cm^2$	/(kg/m)	$/cm^4$	$/cm^3$	$/cm^3$	/cm	/cm	/cm	/cm	/cm	/cm	/cm	/cm
10		43.1	31.50	24.73	779.5	180.8	66.70	4.97	6.27	3.20	6.78	6.85	6.92	6.99	7.06
12	16	43.9	37.44	29.39	916.6	208.6	78.98	4.95	6.24	3.18	6.82	6.89	6.96	7.03	7.10
∟160×14		44.7	43.30	33.99	1048	234.4	90.95	4.92	6.20	3.16	6.86	6.93	7.00	7.07	7.14
16		45.5	49.07	38.52	1175	258.3	102.6	4.89	6.17	3.14	6.89	6.96	7.03	7.10	7.18
12		48.9	42.24	33.16	1321	270.0	100.8	5.59	7.05	3.58	7.63	7.70	7.77	7.84	7.91
14	16	49.7	48.90	38.38	1514	304.6	116.3	5.57	7.02	3.57	7.67	7.74	7.81	7.88	7.95
∟180×16		50.5	55.47	43.54	1701	336.9	131.4	5.54	6.98	3.55	7.70	7.77	7.84	7.91	7.98
18		51.3	61.95	48.63	1881	367.1	146.1	5.51	6.94	3.53	7.73	7.80	7.87	7.95	8.02
14		54.6	54.64	42.89	2104	385.1	144.7	6.20	7.82	3.98	8.47	8.54	8.61	8.67	8.75
16		55.4	62.01	48.68	2366	427.0	163.7	6.18	7.79	3.96	8.50	8.57	8.64	8.71	8.78
∟200×18	18	56.2	69.30	54.40	2621	466.5	182.2	6.15	7.75	3.94	8.53	8.60	8.67	8.75	8.82
20		56.9	76.50	60.06	2867	503.6	200.4	6.12	7.72	3.93	8.57	8.64	8.71	8.78	8.85
24		58.4	90.66	71.17	3338	571.5	235.8	6.07	7.64	3.90	8.63	8.71	8.78	8.85	8.92

附表 7-5　不等边角钢

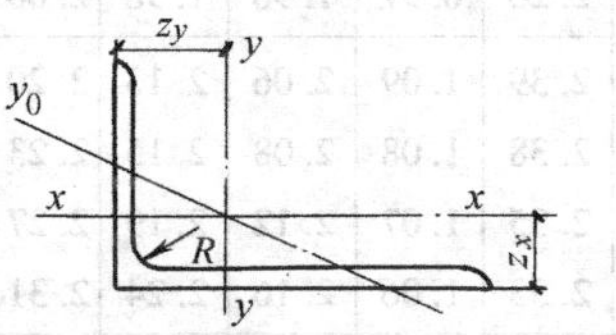

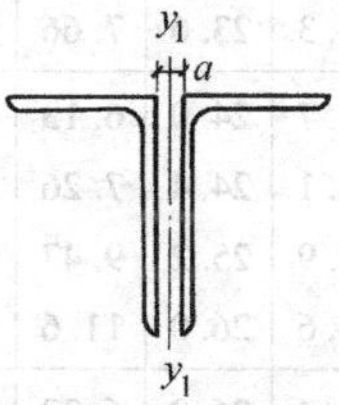

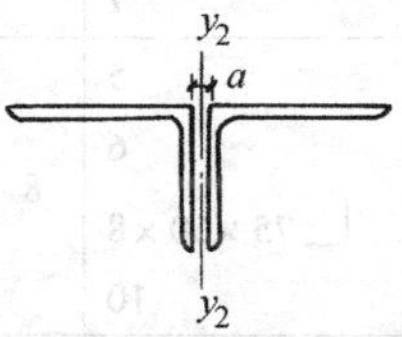

角钢型号 $B\times b\times t$	圆角 R	重心距 z_x	重心距 z_y	截面积 A	质量	回转半径 i_x	回转半径 i_y	回转半径 i_{y0}	y_1，当 a 为下列数 6mm	8mm	10mm	12mm	y_2，当 a 为下列数 6mm	8mm	10mm	12mm
	/mm	/mm	/mm	$/cm^2$	/(kg/m)	/cm	/cm	/cm	/cm	/cm	/cm	/cm	/cm	/cm	/cm	/cm
∟25×16×3		4.2	8.6	1.16	0.91	0.44	0.78	0.34	0.84	0.93	1.02	1.11	1.40	1.48	1.57	1.66
4		4.6	9.0	1.50	1.18	0.43	0.77	0.34	0.87	0.96	1.05	1.14	1.42	1.51	1.60	1.68
3		4.9	10.8	1.49	1.17	0.55	1.01	0.43	0.97	1.05	1.14	1.23	1.71	1.79	1.88	1.96
∟32×20×4	3.5	5.3	11.2	1.94	1.52	0.54	1.00	0.43	0.99	1.08	1.16	1.25	1.74	1.82	1.90	1.99
∟40×25×3		5.9	13.2	1.89	1.48	0.70	1.28	0.54	1.13	1.21	1.30	1.38	2.07	2.14	2.23	2.31
4	4	6.3	13.7	2.47	1.94	0.69	1.26	0.54	1.16	1.24	1.32	1.41	2.09	2.17	2.25	2.34

（续）

角钢型号 $B\times b\times t$	单角钢								双角钢							
	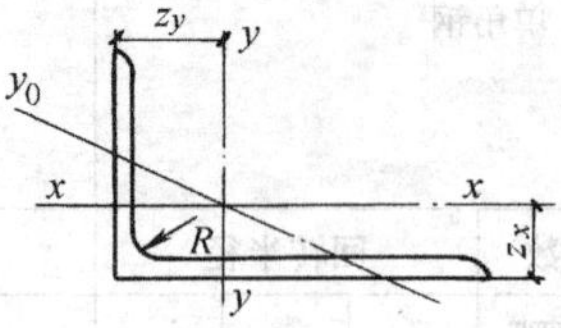								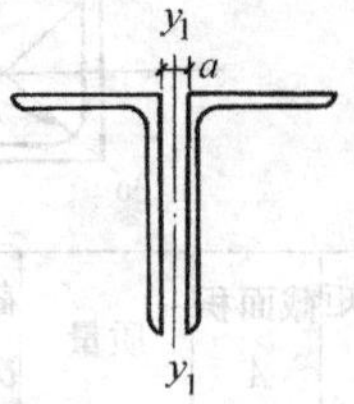				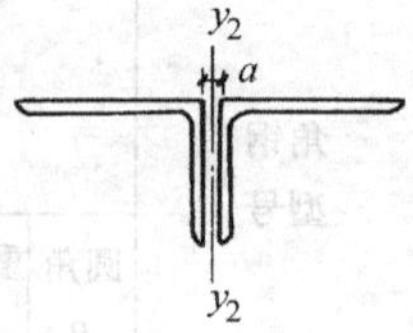			
	圆角	重心距		截面积	质量	回转半径			y_1，当 a 为下列数				y_2，当 a 为下列数			
	R	z_x	z_y	A		i_x	i_y	i_{y0}	6mm	8mm	10mm	12mm	6mm	8mm	10mm	12mm
		/mm		$/cm^2$	/(kg/m)	/cm			/cm				/cm			
3	5	6.4	14.7	2.15	1.69	0.79	1.44	0.61	1.23	1.31	1.39	1.47	2.28	2.36	2.44	2.52
∟45×28×4		6.8	15.1	2.81	2.20	0.78	1.43	0.60	1.25	1.33	1.41	1.50	2.31	2.39	2.47	2.55
3	5.5	7.3	16.0	2.43	1.91	0.91	1.60	0.70	1.37	1.45	1.53	1.61	2.49	2.56	2.64	2.72
∟50×32×4		7.7	16.5	3.18	2.49	0.90	1.59	0.69	1.40	1.47	1.55	1.64	2.51	2.59	2.67	2.75
3	6	8.0	17.8	2.74	2.15	1.03	1.80	0.79	1.51	1.59	1.66	1.74	2.75	2.82	2.90	2.98
∟56×36×4		8.5	18.2	3.59	2.82	1.02	1.79	0.78	1.53	1.61	1.69	1.77	2.77	2.85	2.93	3.01
5		8.8	18.7	4.42	3.47	1.01	1.77	0.78	1.56	1.63	1.71	1.79	2.80	2.88	2.96	3.04
4	7	9.2	20.4	4.06	3.19	1.14	2.02	0.88	1.66	1.74	1.81	1.89	3.09	3.16	3.24	3.32
∟63×40×5		9.5	20.8	4.99	3.92	1.12	2.00	0.87	1.68	1.76	1.84	1.92	3.11	3.19	3.27	3.35
6		9.9	21.2	5.91	4.64	1.11	1.99	0.86	1.71	1.78	1.86	1.94	3.13	3.21	3.29	3.37
7		10.3	21.6	6.80	5.34	1.10	1.97	0.86	1.73	1.81	1.89	1.97	3.16	3.24	3.32	3.40
4	7.5	10.2	22.3	4.55	3.57	1.29	2.25	0.99	1.84	1.91	1.99	2.07	3.39	3.46	3.54	3.62
5		10.6	22.8	5.61	4.40	1.28	2.23	0.98	1.86	1.94	2.01	2.09	3.41	3.49	3.57	3.64
∟70×45×6		11.0	23.2	6.64	5.22	1.26	2.22	0.97	1.88	1.96	2.04	2.11	3.44	3.51	3.59	3.67
7		11.3	23.6	7.66	6.01	1.25	2.20	0.97	1.90	1.98	2.06	2.14	3.46	3.54	3.61	3.69
5	8	11.7	24.0	6.13	4.81	1.43	2.39	1.09	2.06	2.13	2.20	2.28	3.60	3.68	3.76	3.83
6		12.1	24.4	7.26	5.70	1.42	2.38	1.08	2.08	2.15	2.23	2.30	3.63	3.70	3.78	3.86
∟75×50×8		12.9	25.2	9.47	7.43	1.40	2.35	1.07	2.12	2.19	2.27	2.35	3.67	3.75	3.83	3.91
10		13.6	26.0	11.6	9.10	1.38	2.33	1.06	2.16	2.24	2.31	2.40	3.71	3.79	3.87	3.95
5	8	11.4	26.0	6.38	5.00	1.42	2.57	1.10	2.02	2.09	2.17	2.24	3.88	3.95	4.03	4.10
6		11.8	26.5	7.56	5.93	1.41	2.55	1.09	2.04	2.11	2.19	2.27	3.90	3.98	4.05	4.13
∟80×50×7		12.1	26.9	8.72	6.85	1.39	2.54	1.08	2.06	2.13	2.21	2.29	3.92	4.00	4.08	4.16
8		12.5	27.3	9.87	7.75	1.38	2.52	1.07	2.08	2.15	2.23	2.31	3.94	4.02	4.10	4.18
5	9	12.5	29.1	7.21	5.66	1.59	2.90	1.23	2.22	2.29	2.36	2.44	4.32	4.39	4.47	4.55
6		12.9	29.5	8.56	6.72	1.58	2.88	1.22	2.24	2.31	2.39	2.46	4.34	4.42	4.50	4.57
∟90×56×7		13.3	30.0	9.88	7.76	1.57	2.87	1.22	2.26	2.33	2.41	2.49	4.37	4.44	4.52	4.60
8		13.6	30.4	11.2	8.78	1.56	2.85	1.21	2.28	2.35	2.43	2.51	4.39	4.47	4.54	4.62
6	10	14.3	32.4	9.62	7.55	1.79	3.21	1.38	2.49	2.56	2.63	2.71	4.77	4.85	4.92	5.00
∟100×63×7		14.7	32.8	11.1	8.72	1.78	3.20	1.37	2.51	2.58	2.65	2.73	4.80	4.87	4.95	5.03
8		15.0	33.2	12.6	9.88	1.77	3.18	1.37	2.53	2.60	2.67	2.75	4.82	4.90	4.97	5.05
10		15.8	34.0	15.5	12.1	1.75	3.15	1.35	2.57	2.64	2.72	2.79	4.86	4.94	5.02	5.10

（续）

角钢型号 $B\times b\times t$	单角钢								双角钢							
	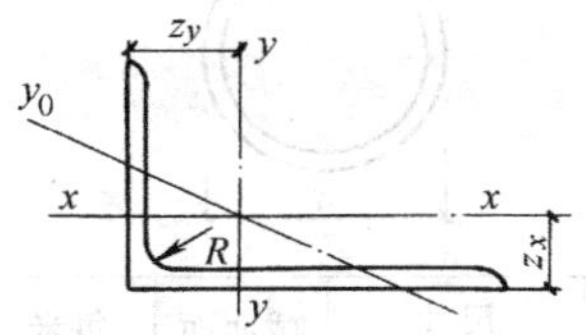								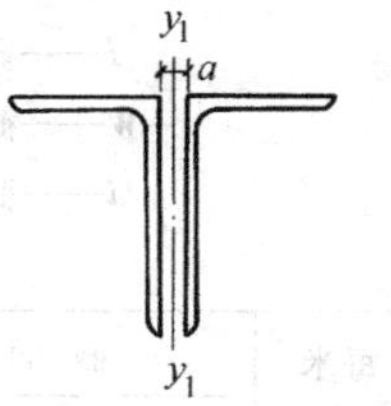				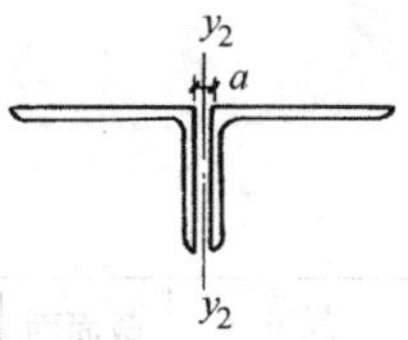			
	圆角 R	重心距 z_x	重心距 z_y	截面积 A	质量	回转半径 i_x	回转半径 i_y	回转半径 i_{y0}	y_1，当 a 为下列数 6mm	8mm	10mm	12mm	y_2，当 a 为下列数 6mm	8mm	10mm	12mm
	/mm	/mm	/mm	/cm²	/(kg/m)	/cm	/cm	/cm	/cm	/cm	/cm	/cm	/cm	/cm	/cm	/cm
6	10	19.7	29.5	10.6	8.35	2.40	3.17	1.73	3.31	3.38	3.45	3.52	4.54	4.62	4.69	4.76
∟100×80×7		20.1	30.0	12.3	9.66	2.39	3.16	1.71	3.32	3.39	3.47	3.54	4.57	4.64	4.71	4.79
8		20.5	30.4	13.9	10.9	2.37	3.15	1.71	3.34	3.41	3.49	3.56	4.59	4.66	4.73	4.81
10		21.3	31.2	17.2	13.5	2.35	3.12	1.69	3.38	3.45	3.53	3.60	4.63	4.70	4.78	4.85
6	10	15.7	35.3	10.6	8.35	2.01	3.54	1.54	2.74	2.81	2.88	2.96	5.21	5.29	5.36	5.44
∟110×70×7		16.1	35.7	12.3	9.66	2.00	3.53	1.53	2.76	2.83	2.90	2.98	5.24	5.31	5.39	5.46
8		16.5	36.2	13.9	10.9	1.98	3.51	1.53	2.78	2.85	2.92	3.00	5.26	5.34	5.41	5.49
10		17.2	37.0	17.2	13.5	1.96	3.48	1.51	2.82	2.89	2.96	3.04	5.30	5.38	5.46	5.53
7	11	18.0	40.1	14.1	11.1	2.30	4.02	1.76	3.13	3.18	3.25	3.33	5.90	5.97	6.04	6.12
∟125×80×8		18.4	40.6	16.0	12.6	2.29	4.01	1.75	3.13	3.20	3.27	3.35	5.92	5.99	6.07	6.14
10		19.2	41.4	19.7	15.5	2.26	3.98	1.74	3.17	3.24	3.31	3.39	5.96	6.04	6.11	6.19
12		20.0	42.2	23.4	18.3	2.24	3.95	1.72	3.20	3.28	3.35	3.43	6.00	6.08	6.16	6.23
8	12	20.4	45.0	18.0	14.2	2.59	4.50	1.98	3.49	3.56	3.63	3.70	6.58	6.65	6.73	6.80
10		21.2	45.8	22.3	17.5	2.56	4.47	1.96	3.52	3.59	3.66	3.73	6.62	6.70	6.77	6.85
140×90×12		21.9	46.6	26.4	20.7	2.54	4.44	1.95	3.56	3.63	3.70	3.77	6.66	6.74	6.81	6.89
14		22.7	47.4	30.5	23.9	2.51	4.42	1.94	3.59	3.66	3.74	3.81	6.70	6.78	6.86	6.93
10	13	22.8	52.4	25.3	19.9	2.85	5.14	2.19	3.84	3.91	3.98	4.05	7.55	7.63	7.70	7.78
12		23.6	53.2	30.1	23.6	2.82	5.11	2.18	3.87	3.94	4.01	4.09	7.60	7.67	7.75	7.82
∟160×100×14		24.3	54.0	34.7	27.2	2.80	5.08	2.16	3.91	3.98	4.05	4.12	7.64	7.71	7.79	7.86
16		25.1	54.8	39.3	30.8	2.77	5.05	2.15	3.94	4.02	4.09	4.16	7.68	7.75	7.83	7.90
10	14	24.4	58.9	28.4	22.3	3.13	5.81	2.42	4.16	4.23	4.30	4.36	8.49	8.56	8.63	8.71
12		25.2	59.8	33.7	26.5	3.10	5.78	2.40	4.19	4.26	4.33	4.40	8.53	8.60	8.68	8.75
∟180×110×14		25.9	60.6	39.0	30.6	3.08	5.75	2.39	4.23	4.30	4.37	4.44	8.57	8.64	8.72	8.79
16		26.7	61.4	44.1	34.6	3.05	5.72	2.37	4.26	4.33	4.40	4.47	8.61	8.68	8.76	8.84
12	14	28.3	65.4	37.9	29.8	3.57	6.44	2.75	4.75	4.82	4.88	4.95	9.39	9.47	9.54	9.62
14		29.1	66.2	43.9	34.4	3.54	6.41	2.73	4.78	4.85	4.92	4.99	9.43	9.51	9.58	9.66
∟200×125×16		29.9	67.0	49.7	39.0	3.52	6.38	2.71	4.81	4.88	4.95	5.02	9.47	9.55	9.62	9.70
18		30.6	67.8	55.5	43.6	3.49	6.35	2.70	4.85	4.92	4.99	5.06	9.51	9.59	9.66	9.74

注：一个角钢的截面二次矩，截面系数按下式计算

$I_x = Ai_x^2$，$I_y = Ai_y^2$　$W_x^{max} = I_x/z_x$，$W_x^{min} = I_x/(b-z_x)$；　$W_y^{max} = I_y/z_y$，$W_y^{min} = I_y/(B-z_y)$

附表 7-6 热轧无缝钢管

I——截面二次矩
W——截面系数
i——截面回转半径

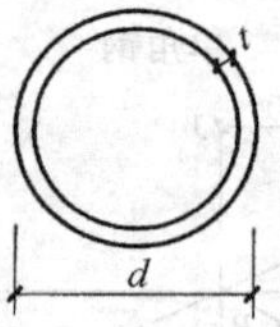

尺寸 *d* /mm	尺寸 *t* /mm	截面面积 *A* /cm²	每米质量 /(kg/m)	截面特性 *I* /cm⁴	截面特性 *W* /cm³	截面特性 *i* /cm
32	2.5	2.32	1.82	2.54	1.59	1.05
	3.0	2.73	2.15	2.90	1.82	1.03
	3.5	3.13	2.46	3.23	2.02	1.02
	4.0	3.52	2.76	3.52	2.20	1.00
38	2.5	2.79	2.19	4.41	2.32	1.26
	3.0	3.30	2.59	5.09	2.68	1.24
	3.5	3.79	2.98	5.70	3.00	1.23
	4.0	4.27	3.35	6.26	3.29	1.21
42	2.5	3.10	2.44	6.07	2.89	1.40
	3.0	3.68	2.89	7.03	3.35	1.38
	3.5	4.23	3.32	7.91	3.77	1.37
	4.0	4.78	3.75	8.71	4.15	1.35
45	2.5	3.34	2.62	7.56	3.36	1.51
	3.0	3.96	3.11	8.77	3.90	1.49
	3.5	4.56	3.58	9.89	4.40	1.47
	4.0	5.15	4.04	10.93	4.86	1.46
50	2.5	3.73	2.93	10.55	4.22	1.68
	3.0	4.43	3.48	12.28	4.91	1.67
	3.5	5.11	4.01	13.90	5.56	1.65
	4.0	5.78	4.54	15.41	6.16	1.63
	4.5	6.43	5.05	16.81	6.72	1.62
	5.0	7.07	5.55	18.11	7.25	1.60
54	3.0	4.81	3.77	15.68	5.81	1.81
	3.5	5.55	4.36	17.79	6.59	1.79
	4.0	6.28	4.93	19.76	7.32	1.77
	4.5	7.00	5.49	21.61	8.00	1.76
	5.0	7.70	6.04	23.34	8.64	1.74
	5.5	8.38	6.58	24.96	9.24	1.73
	6.0	9.05	7.10	26.46	9.80	1.71
57	3.0	5.09	4.00	18.61	6.53	1.91
	3.5	5.88	4.62	21.14	7.42	1.90
	4.0	6.66	5.23	23.52	8.25	1.88
	4.5	7.42	5.83	25.76	9.04	1.86
	5.0	8.17	6.41	27.86	9.78	1.85
	5.5	8.90	6.99	29.84	10.47	1.83
	6.0	9.61	7.55	31.69	11.12	1.82

尺寸 *d* /mm	尺寸 *t* /mm	截面面积 *A* /cm²	每米质量 /(kg/m)	截面特性 *I* /cm⁴	截面特性 *W* /cm³	截面特性 *i* /cm
60	3.0	5.37	4.22	21.88	7.29	2.02
	3.5	6.21	4.88	24.88	8.29	2.00
	4.0	7.04	5.52	27.73	9.24	1.98
	4.5	7.85	6.16	30.41	10.14	1.97
	5.0	8.64	6.78	32.94	10.98	1.95
	5.5	9.42	7.39	35.32	11.77	1.94
	6.0	10.18	7.99	37.56	12.52	1.92
63.5	3.0	5.70	4.48	26.15	8.24	2.14
	3.5	6.60	5.18	29.79	9.38	2.12
	4.0	7.48	5.87	33.24	10.47	2.11
	4.5	8.34	6.55	36.50	11.50	2.09
	5.0	9.19	7.21	39.60	12.47	2.08
	5.5	10.02	7.87	42.52	13.39	2.06
	6.0	10.84	8.51	45.28	14.26	2.04
68	3.0	6.13	4.81	32.42	9.54	2.30
	3.5	7.09	5.57	36.99	10.88	2.28
	4.0	8.04	6.31	41.34	12.16	2.27
	4.5	8.98	7.05	45.47	13.37	2.25
	5.0	9.90	7.77	49.41	14.53	2.23
	5.5	10.80	8.48	53.14	15.63	2.22
	6.0	11.69	9.17	56.68	16.67	2.20
70	3.0	6.31	4.96	35.50	10.14	2.37
	3.5	7.31	5.74	40.53	11.58	2.35
	4.0	8.29	6.51	45.33	12.95	2.34
	4.5	9.26	7.27	49.89	14.26	2.32
	5.0	10.21	8.01	54.24	15.50	2.30
	5.5	11.14	8.75	58.38	16.68	2.29
	6.0	12.06	9.47	62.31	17.80	2.27
73	3.0	6.60	5.18	40.48	11.09	2.48
	3.5	7.64	6.00	46.26	12.67	2.46
	4.0	8.67	6.81	51.78	14.19	2.44
	4.5	9.68	7.60	57.04	15.63	2.43
	5.0	10.68	8.38	62.07	17.01	2.41
	5.5	11.66	9.16	66.87	18.32	2.39
	6.0	12.63	9.91	71.43	19.57	2.38

（续）

尺寸		截面面积 A	每米质量	截面特性		
d /mm	t /mm	/cm^2	/(kg/m)	I /cm^4	W /cm^3	i /cm
76	3.0	6.88	5.40	45.91	12.08	2.58
	3.5	7.97	6.26	52.50	13.82	2.57
	4.0	9.05	7.10	58.81	15.48	2.55
	4.5	10.11	7.93	64.85	17.07	2.53
	5.0	11.15	8.75	70.62	18.59	2.52
	5.5	12.18	9.56	76.14	20.04	2.50
	6.0	13.19	10.36	81.41	21.42	2.48
83	3.5	8.74	6.86	69.19	16.67	2.81
	4.0	9.93	7.79	77.64	18.71	2.80
	4.5	11.10	8.71	85.76	20.67	2.78
	5.0	12.25	9.62	93.56	22.54	2.76
	5.5	13.39	10.51	101.04	24.35	2.75
	6.0	14.51	11.39	108.22	26.08	2.73
	6.5	15.62	12.26	115.10	27.74	2.71
	7.0	16.71	13.12	121.69	29.32	2.70
89	3.5	9.40	7.38	86.05	19.34	3.03
	4.0	10.68	8.38	96.68	21.73	3.01
	4.5	11.95	9.38	106.92	24.03	2.99
	5.0	13.19	10.36	116.79	26.24	2.98
	5.5	14.43	11.33	126.29	28.38	2.96
	6.0	15.65	12.28	135.43	30.43	2.94
	6.5	16.85	13.22	144.22	32.41	2.93
	7.0	18.03	14.16	152.67	34.31	2.91
95	3.5	10.06	7.90	105.45	22.20	3.24
	4.0	11.44	8.98	118.60	24.97	3.22
	4.5	12.79	10.04	131.31	27.64	3.20
	5.0	14.14	11.10	143.58	30.23	3.19
	5.5	15.46	12.14	155.43	32.72	3.17
	6.0	16.78	13.17	166.86	35.13	3.15
	6.5	18.07	14.19	177.89	37.45	3.14
	7.0	19.35	15.19	188.51	39.69	3.12
102	3.5	10.83	8.50	131.52	25.79	3.48
	4.0	12.32	9.67	148.09	29.04	3.47
	4.5	13.78	10.82	164.14	32.18	3.45
	5.0	15.24	11.96	179.68	35.23	3.43
	5.5	16.67	13.09	194.72	38.18	3.42
	6.0	18.10	14.21	209.28	41.03	3.40
	6.5	19.50	15.31	223.35	43.79	3.38
	7.0	20.89	16.40	236.96	46.46	3.37
114	4.0	13.82	10.85	209.35	36.73	3.89
	4.5	15.48	12.15	232.41	40.77	3.87
	5.0	17.12	13.44	254.81	44.70	3.86
	5.5	18.75	14.72	276.58	48.52	3.84
	6.0	20.36	15.98	297.73	52.23	3.82
	6.5	21.95	17.23	318.26	55.84	3.81
	7.0	23.53	18.47	338.19	59.33	3.79
	7.5	25.09	19.70	357.58	62.73	3.77
	8.0	26.64	20.91	376.30	66.02	3.76
121	4.0	14.70	11.54	251.87	41.63	4.14
	4.5	16.47	12.93	279.83	46.25	4.12
	5.0	18.22	14.30	307.05	50.75	4.11
	5.5	19.96	15.67	333.54	55.13	4.09
	6.0	21.68	17.02	359.32	59.39	4.07
	6.5	23.38	18.35	384.40	63.54	4.05
	7.0	25.07	19.68	408.80	67.57	4.04
	7.5	26.74	20.99	432.51	71.49	4.02
	8.0	28.40	22.29	455.57	75.30	4.01
127	4.0	15.46	12.13	292.61	46.08	4.35
	4.5	17.32	13.59	325.29	51.23	4.33
	5.0	19.16	15.04	357.14	56.24	4.32
	5.5	20.99	16.48	388.19	61.13	4.30
	6.0	22.81	17.90	418.44	65.90	4.28
	6.5	24.61	19.32	447.92	70.54	4.27
	7.0	26.39	20.72	476.63	75.06	4.25
	7.5	28.16	22.10	504.58	79.46	4.23
	8.0	29.91	23.48	531.80	83.75	4.22
133	4.0	16.21	12.73	337.53	50.76	4.56
	4.5	18.17	14.26	375.42	56.45	4.55
	5.0	20.11	15.78	412.40	62.02	4.53
	5.5	22.03	17.29	448.50	67.44	4.51
	6.0	23.94	18.79	483.72	72.74	4.50
	6.5	25.83	20.28	518.07	77.91	4.48
	7.0	27.71	21.75	551.58	82.94	4.46
	7.5	29.57	23.21	584.25	87.86	4.45
	8.0	31.42	24.66	616.11	92.65	4.43

（续）

尺寸		截面面积A	每米质量	截面特性			尺寸		截面面积A	每米质量	截面特性		
d	t			I	W	i	d	t			I	W	i
/mm	/mm	/cm^2	/(kg/m)	/cm^4	/cm^3	/cm	/mm	/mm	/cm^2	/(kg/m)	/cm^4	/cm^3	/cm
140	4.5	19.16	15.04	440.12	62.87	4.79	152	4.5	20.85	16.37	567.61	74.69	5.22
	5.0	21.21	16.65	483.76	69.11	4.78		5.0	23.09	18.13	624.43	82.16	5.20
	5.5	23.24	18.24	526.40	75.20	4.76		5.5	25.31	19.87	680.06	89.48	5.18
	6.0	25.26	19.83	568.06	81.15	4.74		6.0	27.52	21.60	734.52	96.65	5.17
	6.5	27.26	21.40	608.76	86.97	4.73		6.5	29.71	23.32	787.82	103.66	5.15
	7.0	29.25	22.96	648.51	92.64	4.71		7.0	31.89	25.03	839.99	110.52	5.13
	7.5	31.22	24.51	687.32	98.19	4.69		7.5	34.05	26.73	891.03	117.24	5.12
	8.0	33.18	26.04	725.21	103.60	4.68		8.0	36.19	28.41	940.97	123.81	5.10
	9.0	37.04	29.08	798.29	114.04	4.64		9.0	40.43	31.74	1037.59	136.53	5.07
	10	40.84	32.06	867.86	123.98	4.61		10	44.61	35.02	1129.99	148.68	5.03
146	4.5	20.00	15.70	501.16	68.65	5.01	159	4.5	21.84	17.15	652.27	82.05	5.46
	5.0	22.15	17.39	551.10	75.49	4.99		5.0	24.19	18.99	717.88	90.30	5.45
	5.5	24.28	19.06	599.95	82.19	4.97		5.5	26.52	20.82	782.18	98.39	5.43
	6.0	26.39	20.72	647.73	88.73	4.95		6.0	28.84	22.64	845.19	106.31	5.41
	6.5	28.49	22.36	694.44	95.13	4.94		6.5	31.14	24.45	906.92	114.08	5.40
	7.0	30.57	24.00	740.12	101.39	4.92		7.0	33.43	26.24	967.41	121.69	5.38
	7.5	32.63	25.62	784.77	107.50	4.90		7.5	35.70	28.02	1026.65	129.14	5.36
	8.0	34.68	27.23	828.41	113.48	4.89		8.0	37.95	29.79	1084.67	136.44	5.35
	9.0	38.74	30.41	912.71	125.03	4.85		9.0	42.41	33.29	1197.12	150.58	5.31
	10	42.73	33.54	993.16	136.05	4.82		10	46.81	36.75	1304.88	164.14	5.28

附表 7-7 电焊钢管

I——截面二次矩

W——截面系数

i——截面回转半径

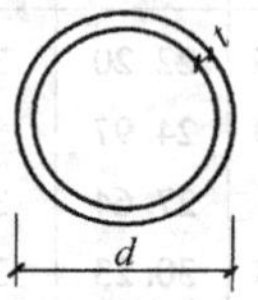

尺寸		截面面积A	每米质量	截面特性			尺寸		截面面积A	每米质量	截面特性		
d	t			I	W	i	d	t			I	W	i
/mm	/mm	/cm^2	/(kg/m)	/cm^4	/cm^3	/cm	/mm	/mm	/cm^2	/(kg/m)	/cm^4	/cm^3	/cm
32	2.0	1.88	1.48	2.13	1.33	1.06	45	2.0	2.70	2.12	6.26	2.78	1.52
	2.5	2.32	1.82	2.54	1.59	1.05		2.5	3.34	2.62	7.56	3.36	1.51
38	2.0	2.26	1.78	3.68	1.93	1.27		3.0	3.96	3.11	8.77	3.90	1.49
	2.5	2.79	2.19	4.41	2.32	1.26	51	2.0	3.08	2.42	9.26	3.63	1.73
40	2.0	2.39	1.87	4.32	2.16	1.35		2.5	3.81	2.99	11.23	4.40	1.72
	2.5	2.95	2.31	5.20	2.60	1.33		3.0	4.52	3.55	13.08	5.13	1.70
42	2.0	2.51	1.97	5.04	2.40	1.42		3.5	5.22	4.10	14.81	5.81	1.68
	2.5	3.10	2.44	6.07	2.89	1.40							

（续）

尺寸		截面面积 A	每米质量	截面特性		
d /mm	t /mm	/cm²	/(kg/m)	I /cm⁴	W /cm³	i /cm
53	2.0	3.20	2.52	10.43	3.94	1.80
	2.5	3.97	3.11	12.67	4.78	1.79
	3.0	4.71	3.70	14.78	5.58	1.77
	3.5	5.44	4.27	16.75	6.32	1.75
57	2.0	3.46	2.71	13.08	4.59	1.95
	2.5	4.28	3.36	15.93	5.59	1.93
	3.0	5.09	4.00	18.61	6.53	1.91
	3.5	5.88	4.62	21.14	7.42	1.90
60	2.0	3.64	2.86	15.34	5.11	2.05
	2.5	4.52	3.55	18.70	6.23	2.03
	3.0	5.37	4.22	21.88	7.29	2.02
	3.5	6.21	4.88	24.88	8.29	2.00
63.5	2.0	3.86	3.03	18.29	5.76	2.18
	2.5	4.79	3.76	22.32	7.03	2.16
	3.0	5.70	4.48	26.15	8.24	2.14
	3.5	6.60	5.18	29.79	9.38	2.12
70	2.0	4.27	3.35	24.72	7.06	2.41
	2.5	5.30	4.16	30.23	8.64	2.39
	3.0	6.31	4.96	35.50	10.14	2.37
	3.5	7.31	5.74	40.53	11.58	2.35
	4.5	9.26	7.27	49.89	14.26	2.32
76	2.0	4.65	3.65	31.85	8.38	2.62
	2.5	5.77	4.53	39.03	10.27	2.60
	3.0	6.88	5.40	45.91	12.08	2.58
	3.5	7.97	6.26	52.50	13.82	2.57
	4.0	9.05	7.10	58.81	15.48	2.55
	4.5	10.11	7.93	64.85	17.07	2.53
83	2.0	5.09	4.00	41.76	10.06	2.86
	2.5	6.32	4.96	51.26	12.35	2.85
	3.0	7.54	5.92	60.40	14.56	2.83
	3.5	8.74	6.86	69.19	16.67	2.81
	4.0	9.93	7.79	77.64	18.71	2.80
	4.5	11.10	8.71	85.76	20.67	2.78
89	2.0	5.47	4.29	51.75	11.63	3.08
	2.5	6.79	5.33	63.59	14.29	3.06
	3.0	8.11	6.36	75.02	16.86	3.04
	3.5	9.40	7.38	86.05	19.34	3.03
	4.0	10.68	8.38	96.68	21.73	3.01
	4.5	11.95	9.38	106.92	24.03	2.99
95	2.0	5.84	4.59	63.20	13.31	3.29
	2.5	7.26	5.70	77.76	16.37	3.27
	3.0	8.67	6.81	91.83	19.33	3.25
	3.5	10.06	7.90	105.45	22.20	3.24

尺寸		截面面积 A	每米质量	截面特性		
d /mm	t /mm	/cm²	/(kg/m)	I /cm⁴	W /cm³	i /cm
102	2.0	6.28	4.93	78.57	15.41	3.54
	2.5	7.81	6.13	96.77	18.97	3.52
	3.0	9.33	7.32	114.42	22.43	3.50
	3.5	10.83	8.50	131.52	25.79	3.48
	4.0	12.32	9.67	148.09	29.04	3.47
	4.5	13.78	10.82	164.14	32.18	3.45
	5.0	15.24	11.96	179.68	35.23	3.43
108	3.0	9.90	7.77	136.49	25.28	3.71
	3.5	11.49	9.02	157.02	29.08	3.70
	4.0	13.07	10.26	176.95	32.77	3.68
114	3.0	10.46	8.21	161.24	28.29	3.93
	3.5	12.15	9.54	185.63	32.57	3.91
	4.0	13.82	10.85	209.35	36.73	3.89
	4.5	15.48	12.15	232.41	40.77	3.87
	5.0	17.12	13.44	254.81	44.70	3.86
121	3.0	11.12	8.73	193.69	32.01	4.17
	3.5	12.92	10.14	223.17	36.89	4.16
	4.0	14.70	11.54	251.87	41.63	4.14
127	3.0	11.69	9.17	224.75	35.39	4.39
	3.5	13.58	10.66	259.11	40.80	4.37
	4.0	15.46	12.13	292.61	46.08	4.35
	4.5	17.32	13.59	325.29	51.23	4.33
	5.0	19.16	15.04	357.14	56.24	4.32
133	3.5	14.24	11.18	298.71	44.92	4.58
	4.0	16.21	12.73	337.53	50.76	4.56
	4.5	18.17	14.26	375.42	56.45	4.55
	5.0	20.11	15.78	412.40	62.02	4.53
140	3.5	15.01	11.78	349.79	49.97	4.83
	4.0	17.09	13.42	395.47	56.50	4.81
	4.5	19.16	15.04	440.12	62.87	4.79
	5.0	21.21	16.65	483.76	69.11	4.78
	5.5	23.24	18.24	526.40	75.20	4.76
152	3.5	16.33	12.82	450.35	59.26	5.25
	4.0	18.60	14.60	509.59	67.05	5.23
	4.5	20.85	16.37	567.61	74.69	5.22
	5.0	23.09	18.13	624.43	82.16	5.20
	5.5	25.31	19.87	680.06	89.48	5.18
168	4.5	23.11	18.14	772.96	92.02	5.78
	5.0	25.60	20.10	851.14	101.33	5.77
	5.5	28.08	22.04	927.85	110.46	5.75
	6.0	30.54	23.97	1003.12	119.42	5.73
	6.5	32.98	25.89	1076.95	128.21	5.71
	7.0	35.41	27.79	1149.36	136.83	5.70
	7.5	37.82	29.69	1220.38	145.28	5.68
	8.0	40.21	31.57	1290.01	153.57	5.66
	9.0	44.96	35.29	1425.22	169.67	5.63
	10	49.64	38.97	1555.13	185.13	5.60

（续）

尺寸		截面面积 A	每米质量	截面特性		
d /mm	t /mm	/cm^2	/(kg/m)	I /cm^4	W /cm^3	i /cm
180	5.0	27.49	21.58	1053.17	117.02	6.19
	5.5	30.15	23.67	1148.79	127.64	6.17
	6.0	32.80	25.75	1242.72	138.08	6.16
	6.5	35.43	27.81	1335.00	148.33	6.14
	7.0	38.04	29.87	1425.63	158.40	6.12
	7.5	40.64	31.91	1514.64	168.29	6.10
	8.0	43.23	33.93	1602.04	178.00	6.09
	9.0	48.35	37.95	1772.12	196.90	6.05
	10	53.41	41.92	1936.01	215.11	6.02
	12	63.33	49.72	2245.84	249.54	5.95
194	5.0	29.69	23.31	1326.54	136.76	6.68
	5.5	32.57	25.57	1447.86	149.26	6.67
	6.0	35.44	27.82	1567.21	161.57	6.65
	6.5	38.29	30.06	1684.61	173.67	6.63
	7.0	41.12	32.28	1800.08	185.57	6.62
	7.5	43.94	34.50	1913.64	197.28	6.60
	8.0	46.75	36.70	2025.31	208.79	6.58
	9.0	52.31	41.06	2243.08	231.25	6.55
	10	57.81	45.38	2453.55	252.94	6.51
	12	68.61	53.86	2853.25	294.15	6.45
203	6.0	37.13	29.15	1803.07	177.64	6.97
	6.5	40.13	31.50	1938.81	191.02	6.95
	7.0	43.10	33.84	2072.43	204.18	6.93
	7.5	46.06	36.16	2203.94	217.14	6.92
	8.0	49.01	38.47	2333.37	229.89	6.90
	9.0	54.85	43.06	2586.08	254.79	6.87
	10	60.63	47.60	2830.72	278.89	6.83
	12	72.01	56.52	3296.49	324.78	6.77
	14	83.13	65.25	3732.07	367.69	6.70
	16	94.00	73.79	4138.78	407.76	6.64
219	6.0	40.15	31.52	2278.74	208.10	7.53
	6.5	43.39	34.06	2451.64	223.89	7.52
	7.0	46.62	36.60	2622.04	239.46	7.50
	7.5	49.83	39.12	2789.96	254.79	7.48
	8.0	53.03	41.63	2955.43	269.90	7.47
	9.0	59.38	46.61	3279.12	299.46	7.43
	10	65.66	51.54	3593.29	328.15	7.40
	12	78.04	61.26	4193.81	383.00	7.33
	14	90.16	70.78	4758.50	434.57	7.26
	16	102.04	80.10	5288.81	483.00	7.20

尺寸		截面面积 A	每米质量	截面特性		
d /mm	t /mm	/cm^2	/(kg/m)	I /cm^4	W /cm^3	i /cm
245	6.5	48.70	38.23	3465.46	282.89	8.44
	7.0	52.34	41.08	3709.06	302.78	8.42
	7.5	55.96	43.93	3949.52	322.41	8.40
	8.0	59.56	46.76	4186.87	341.79	8.38
	9.0	66.73	52.38	4652.32	379.78	8.35
	10	73.83	57.95	5105.63	416.79	8.32
	12	87.84	68.95	5976.67	487.89	8.25
	14	101.60	79.76	6801.68	555.24	8.18
	16	115.11	90.36	7582.30	618.96	8.12
273	6.5	54.42	42.72	4834.18	354.15	9.42
	7.0	58.50	45.92	5177.30	379.29	9.41
	7.5	62.56	49.11	5516.47	404.14	9.39
	8.0	66.60	52.28	5851.71	428.70	9.37
	9.0	74.64	58.60	6510.56	476.96	9.34
	10	82.62	64.86	7154.09	524.11	9.31
	12	98.39	77.24	8396.14	615.10	9.24
	14	113.91	89.42	9579.75	701.81	9.17
	16	129.18	101.41	10706.79	784.38	9.10
299	7.5	68.68	53.92	7300.02	488.30	10.31
	8.0	73.14	57.41	7747.42	518.22	10.29
	9.0	82.00	64.37	8628.09	577.13	10.26
	10	90.79	71.27	9490.15	634.79	10.22
	12	108.20	84.93	11159.52	746.46	10.16
	14	125.35	98.40	12757.61	853.35	10.09
	16	142.25	111.67	14286.48	955.62	10.02
325	7.5	74.81	58.73	9431.80	580.42	11.23
	8.0	79.67	62.54	10013.92	616.24	11.21
	9.0	89.35	70.14	11161.33	686.85	11.18
	10	98.96	77.68	12286.52	756.09	11.14
	12	118.00	92.63	14471.45	890.55	11.07
	14	136.78	107.38	16570.98	1019.75	11.01
	16	155.32	121.93	18587.38	1143.84	10.94
351	8.0	86.21	67.67	12684.36	722.76	12.13
	9.0	96.70	75.91	14147.55	806.13	12.10
	10	107.13	84.10	15584.62	888.01	12.06
	12	127.80	100.32	18381.63	1047.39	11.99
	14	148.22	116.35	21077.86	1201.02	11.93
	16	168.39	132.19	23675.75	1349.05	11.86

附录 8　螺栓和锚栓规格

附表 8-1　螺栓螺纹处的有效截面面积

螺栓直径 d/mm	螺距 p/mm	螺栓有效直径 d_0/mm	螺栓有效面积 A_0/mm²
16	2	14.1236	156.7
18	2.5	15.6545	192.5
20	2.5	17.6545	244.8
22	2.5	19.6545	303.4
24	3	21.1854	352.5
27	3	24.1854	459.4
30	3.5	26.7163	560.6
33	3.5	29.7163	693.6
36	4	32.2472	816.7
39	4	35.2472	975.8
42	4.5	37.7781	1121
45	4.5	40.7781	1306
48	5	43.3090	1473
52	5	47.3090	1758
56	5.5	50.8399	2030
60	5.5	54.8399	2362
64	6	58.3708	2676
68	6	62.3708	3055
72	6	66.3708	3460
76	6	70.3708	3889
80	6	74.3708	4344
85	6	79.3708	4948
90	6	84.3708	5591
95	6	89.3708	6273
100	6	94.3708	6995

附表 8-2　锚栓规格

形　式		Ⅰ 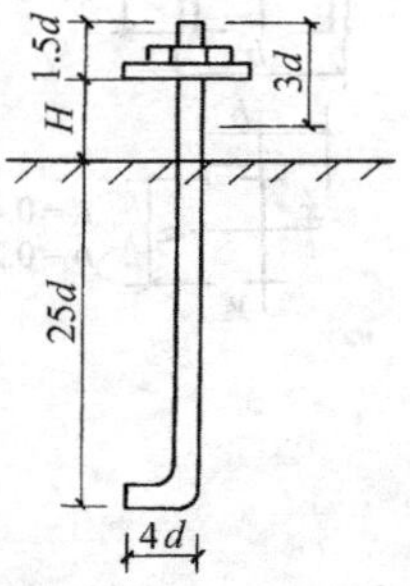				Ⅱ 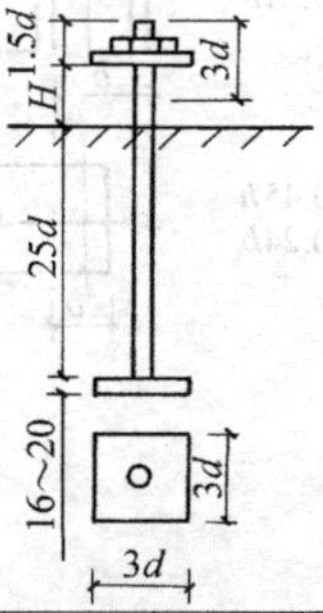				Ⅲ 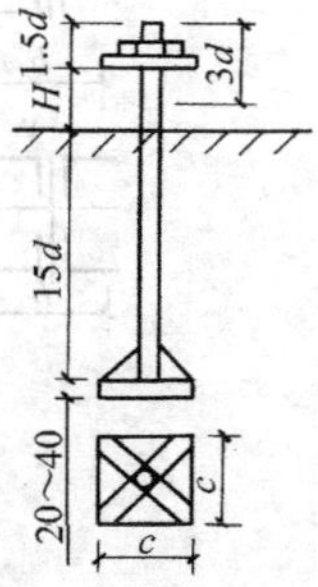		
锚栓直径 d/mm		20	24	30	36	42	48	56	64	72	80	90
锚栓有效截面积/cm²		2.45	3.53	5.61	8.17	11.2	14.7	20.3	26.8	34.6	43.4	55.9
锚栓设计拉力/kN(Q235 钢)		34.3	49.4	78.5	114.1	156.9	206.2	284.2	375.2	484.4	608.2	782.7
Ⅲ型锚栓	锚板宽度 c/mm					140	200	200	240	280	350	400
	锚板厚度 t/mm					20	20	20	25	30	40	40

附录9 各种截面回转半径的近似值

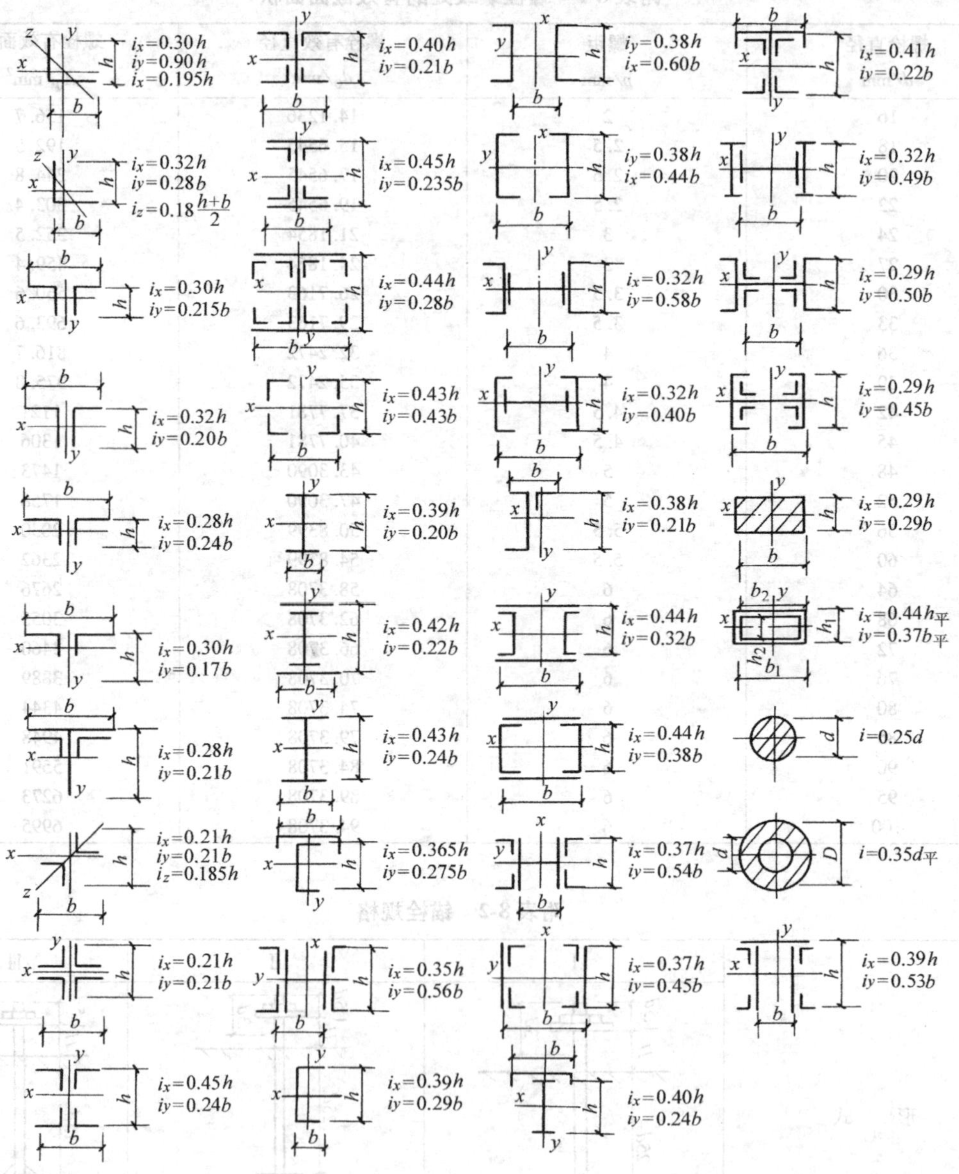

参考文献

[1] GB 50017—2003 钢结构设计规范[S]. 北京：中国计划出版社，2003.
[2] GB 50009—2001 建筑结构荷载规范[S]. 北京：中国建筑工业出版社，2002.
[3] GB 50018—2002 冷弯薄壁型钢结构技术规范[S]. 北京：中国计划出版社，2002.
[4] CECS 102—2002 门式刚架轻型房屋钢结构技术规程[S]. 北京：中国计划出版社，2003.
[5] JGJ 7—1991 网架结构设计与施工规程[M]. 北京：中国建筑工业出版社，1991.
[6] JGJ 99—1998 高层民用建筑钢结构技术规程[M]. 北京：中国计划出版社，2003.
[7] 魏明钟. 钢结构[M]. 武汉：武汉工业大学出版社，2000.
[8] 陈绍蕃. 钢结构[M]. 北京：中国建筑工业出版社，2003.
[9] 张其林. 索和膜结构[M]. 上海：同济大学出版社，2002.
[10] 沈祖炎. 钢结构制作安装手册[M]. 北京：中国建筑工业出版社，1998.
[11] 陈禄如，等. 建筑钢结构施工手册[M]. 北京：中国计划出版社，2002.